教育部高等学校化工类专业教学指导委员会推荐教材

荣获2016年中国石油和化学工业优秀教材一等奖

助剂化学及工艺学

（第二版）

冯亚青　陈立功　主编

U0288852

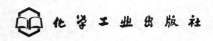

化学工业出版社

·北京·

本书对塑料、橡胶、涂料、石油化工产品和纺织染整助剂等按其作用功能综合编排分类。全书共分 10 章，包括绪论、增塑剂、抗氧剂、热稳定剂、光稳定剂、阻燃剂、交联剂与偶联剂、乳化剂与分散剂、流动性能与流变性能改进剂、其他助剂。着重介绍了各类助剂的基本概念、国内外生产概况、作用原理、结构特征、主要产品合成工艺、应用性能及发展趋势。本书内容丰富，取材新颖、实用性强。

本书可作为高等院校化学、化工及相关专业本科教材，也可供相关专业教师、研究生、各类助剂生产企业及科研单位等人员参考。

图书在版编目（CIP）数据

助剂化学及工艺学/冯亚青，陈立功主编. —2 版. —北京：化学工业出版社，2015.6（2025.1 重印）
教育部高等学校化工类专业教学指导委员会推荐教材
ISBN 978-7-122-22895-6

Ⅰ.①助… Ⅱ.①冯…②陈… Ⅲ.①助剂-高等学校-教材
Ⅳ.①TQ047.1

中国版本图书馆 CIP 数据核字（2015）第 018743 号

责任编辑：何 丽 徐雅妮 文字编辑 李 瑾
责任校对：边 涛 装帧设计：关 飞

出版发行：化学工业出版社（北京市东城区青年湖南街 13 号 邮政编码 100011）
印 装：大厂回族自治县聚鑫印刷有限责任公司
787mm×1092mm 1/16 印张 25 字数 651 千字 2025 年 1 月北京第 2 版第 8 次印刷

购书咨询：010-64518888 售后服务：010-64518899
网 址：http://www.cip.com.cn
凡购买本书，如有缺损质量问题，本社销售中心负责调换。

定 价：69.00 元

教育部高等学校化工类专业教学指导委员会
推荐教材编审委员会

序

化学工业是国民经济的基础和支柱性产业，主要包括无机化工、有机化工、精细化工、生物化工、能源化工、化工新材料等，遍及国民经济建设与发展的重要领域。化学工业在世界各国国民经济中占据重要位置，自 2010 年起，我国化学工业经济总量居全球第一。

高等教育是推动社会经济发展的重要力量。当前我国正处在加快转变经济发展方式、推动产业转型升级的关键时期。化学工业要以加快转变发展方式为主线，加快产业转型升级，增强科技创新能力，进一步加大节能减排、联合重组、技术改造、安全生产、两化融合力度，提高资源能源综合利用效率，大力发展循环经济，实现化学工业集约发展、清洁发展、低碳发展、安全发展和可持续发展。化学工业转型迫切需要大批高素质创新人才，培养适应经济社会发展需要的高层次人才正是大学最重要的历史使命和战略任务。

教育部高等学校化工类专业教学指导委员会（简称"化工教指委"）是教育部聘请并领导的专家组织，其主要职责是以人才培养为本，开展高等学校本科化工类专业教学的研究、咨询、指导、评估、服务等工作。高等学校本科化工类专业包括化学工程与工艺、资源循环科学与工程、能源化学工程、化学工程与工业生物工程等，培养化工、能源、信息、材料、环保、生物工程、轻工、制药、食品、冶金和军工等领域从事工程设计、技术开发、生产技术管理和科学研究等方面工作的工程技术人才，对国民经济的发展具有重要的支撑作用。

为了适应新形势下教育观念和教育模式的变革，2008 年"化工教指委"与化学工业出版社组织编写和出版了 10 种适合应用型本科教育、突出工程特色的"教育部高等学校化学工程与工艺专业教学指导分委员会推荐教材"（简称"教指委推荐教材"），部分品种为国家级精品课程、省级精品课程的配套教材。本套"教指委推荐教材"出版后被 100 多所高校选用，并获得中国石油和化学工业优秀教材等奖项，其中《化工工艺学》还被评选为"十二五"普通高等教育本科国家级规划教材。

党的十八大报告明确提出要着力提高教育质量，培养学生社会责任感、创新精神和实践能力。高等教育的改革要以更加适应经济社会发展需要为着力点，以培养多规格、多样化的应用型、复合型人才为重点，积极稳步推进卓越工程师教育培养计划实施。为提高化工类专业本科生的创新能力和工程实践能力，满足化工学科知识与技术不断更新以及人才培养多样化的需求，2014 年 6 月"化工教指委"和化学工业出版社共同在太原召开了"教育部高等学校化工类专业教学指导委员会推荐教材编审会"，在组织修订第一批 10 种推荐教材的同时，增补专业必修课、专业选修课与实验实践课配套教材品种，以期为我国化工类专业人才培养提供更丰富的教学支持。

本套"教指委推荐教材"反映了化工类学科的新理论、新技术、新应用，强化安全环保意识；以"实例—原理—模型—应用"的方式进行教材内容的组织，便于学生学以致用；加强教育界与产业界的联系，联合行业专家参与教材内容的设计，增加培养学生实践能力的内容；讲述方式更多地采用实景式、案例式、讨论式，激发学生的学习兴趣，培养学生的创新能力；强调现代信息技术在化工中的应用，增加计算机辅助化工计算、模拟、设计与优化等内容；提供配套的数字化教学资源，如电子课件、课程知识要点、习题解答等，方便师生使用。

希望"教育部高等学校化工类专业教学指导委员会推荐教材"的出版能够为培养理论基础扎实、工程意识完备、综合素质高、创新能力强的化工类人才提供系统的、优质的、新颖的教学内容。

教育部高等学校化工类专业教学指导委员会
2015 年 1 月

前言

自 1997 年以来，所编《助剂化学及工艺学》作为精细化工专业本科生教材业已得到了广泛的应用。但由于近二十年来高分子材料助剂领域又得到了进一步的发展；1997 年版《助剂化学及工艺学》在得到广大读者厚爱的过程中，也收集到一些宝贵的建议；在教学过程中，也发现一些章节安排上的不妥之处。基于此，我们对 1997 年版《助剂化学及工艺学》进行了修订。

由于 1997 年版《助剂化学及工艺学》的内容过于繁杂，此次修订我们进行了大幅精简。由原书的 15 章，精简合并为 10 章。其中第 1、第 2、第 6、第 8 章由冯亚青、张宝和孟舒献老师修订；第 3、第 4 章由陈立功老师修订；第 5、第 9 章由李阳老师修订；第 7 章由周雪琴老师修订；第 10 章由闫喜龙老师修订，其中成核剂部分由宋健教授撰写。本书修订过程中得到了博士生赵旭等的无私帮助，特此致谢。

本书在第一版基础上修订完成，在此向为第一版教材编写做出贡献的王利军、刘东志教授表示感谢；对本书的修订给予帮助的天津大学精细化工系的教师们及对本书的修订提出了许多宝贵建议的热心读者，在此一并致谢！

由于笔者水平有限，时间仓促，且本书涉猎的内容广泛，书中疏漏之处在所难免，敬请广大读者批评指正！

编者

2015 年 3 月于天津大学

第一版前言

　　助剂是一类广泛应用于各种材料和产品的精细化学品，在生产加工过程中其用量虽小，但可显著改善制品的性能。近 20 年来，助剂工业得到了极其迅猛的发展，有关各类助剂的研究十分活跃，仅 1990～1994 年有关抗氧剂的文献及专利报道就有 11 万多篇。助剂工业几乎与现在所有行业及人们的衣食住行都密切相关，其涉及领域之广、专用性之强是任何其他行业所无法比拟的。

　　由于助剂的种类繁多，作用各异。近几年来，按应用对象所用助剂的专著时有出版，如《塑料加工助剂》，《橡胶加工助剂》，《纺织染整助剂》，《高分子材料老化与防老》，《阻燃剂》，《增塑剂》，《偶联剂》，《食品添加剂》，《涂料助剂》，《现代润滑油与燃料添加剂》等，但迄今为止还没有一本可供大专院校使用的助剂教材出版。我们在天津大学自编教材《助剂化学》一书的基础上，对塑料，橡胶、纤维、涂料、石油化工产品及纺织染整助剂等按作用机理重新综合编排分类，着重介绍了各类助剂的概念、特点、应用范围、作用机理、合成工艺及国内外发展概况和趋势。通过本书的学习，可使读者较为全面了解各类助剂的作用机理、制备及应用。

　　本教材共分 15 章。其中第 1、2、5、6、13 章由冯亚青编写；第 3、4、10 章由陈立功编写；第 8、11、12、15 章由王利军编写；第 7、9、14 章由刘东志编写。在本教材的筹备及编写过程中得到了孙春光同志的帮助，特此致谢。另外对崔现宝、刘志华、宋哲及所有关心与帮助本书出版的同志，在此一并致谢。

　　由于笔者水平有限，时间仓促，加之该书内容涉及的范围较广，错误和缺点恳请读者批评指正。

编者

1997 年 1 月

目录

1

绪 论

1.1 助剂的概念

助剂又称添加剂。广义上讲，助剂是泛指某些材料和产品在生产和加工过程中为改进生产工艺和产品的性能而加入的辅助物质。狭义地讲，加工助剂是指那些为改善某些材料的加工性能和最终产品的性能而分散在材料中，对材料结构无明显影响的少量化学物质[1,2]。

助剂是精细化工行业中的一大类产品。它能赋予制品以特殊性能，延长其使用寿命，扩大其应用范围，改善加工效率，加速反应过程，提高产品收率。因此，助剂广泛应用于化学工业，特别是塑料、纤维、橡胶等三大合成材料的制造加工，以及有机合成、石油炼制、纺织、印染、农药、医药、涂料、造纸、食品、皮革等精细化工各部门[3,4]。

近年来，我国石油化工、合成材料和精细化工工业有了较大的发展，它们所需要的配套助剂品种和数量也愈来愈多，助剂的应用已遍及国民经济的各个领域。除上述工业部门外，还广泛用于化妆品、选矿、机械、金属加工、照相、染料、颜料、石油开采、洗涤剂等行业，成为工农业生产、尖端科学技术和人民生活中不可缺少的重要组成部分。

以塑料为例，为了降低聚氯乙烯树脂的成型温度，使制品柔软而需要添加增塑剂；为了制备质量轻、抗震、隔热、隔音的泡沫塑料要添加发泡剂；有些塑料的热分解温度与成型加工温度非常接近，不加入热稳定剂就无法成型；聚乙烯和聚丙烯在室外使用时非常容易老化，不加抗氧剂及光稳定剂，使用寿命会大为缩短，聚丙烯在 150℃ 下，只需 0.5h 左右就会严重老化，无法加工成制品，添加适当稳定剂后聚丙烯在上述温度下的老化寿命可以提高到 2000h 以上，从而使其获得迅速发展；没有阻燃剂、抗静电剂，塑料就无法用于航空航天、电子电器、建筑、交通等部门，没有染料或颜料之类的着色剂，塑料制品就会因色调单一而失去商品竞争价值。由此可见，没有助剂的配合，就没有塑料工业的发展。

其他领域也是如此。如橡胶类：纯的丁苯硫化胶的强度只有 $14\sim21kgf/cm^2$ ❶，没有实用价值，以炭黑补强后，可以提高到 $170\sim245kgf/cm^2$，成为应用最广的一种合成橡胶。许多合成纤维由于吸温性小、导电性差、摩擦系数大，不具有可纺性。只有用适当油剂处理后，它们才能顺利地纺纱，得到深受消费者欢迎的各种纺织品。在科学研究和生产技术上遇

---

❶ $1kgf/cm^2 = 98.0665kPa$，全书余同。

到的许多难题，由于助剂的使用，而得到圆满的解决，从而使许多精细化工产品获得更有效地应用。因此，人们又称助剂为"工业味精"。

1.2　助剂的特点

助剂在量和质上的基本特点是小批量、多品种、特定功能、复配使用。

(1) 小批量、多品种　助剂是一个品目繁多的精细化工行业。尽管有的品种如增塑剂中邻苯二甲酸酯类，连续化生产装置最大规模已达 10 万吨/年，但与其他行业相比仍属于小批量。众多的助剂产品都是小批量生产。不同化学结构的助剂品种有成千上万；而同一化学结构的助剂品种，不同厂家赋予了不同的商品名称，故助剂品种繁多，型号各异，难以准确统计[5]。

(2) 特定功能　不同助剂具有特定的功能，如增塑剂能增加高聚物的弹性；抗氧剂可以防止材料氧化老化；热稳定剂防止材料热老化；光稳定剂防止材料光氧老化；阻燃剂增加材料难燃性；交联剂可使线性高分子转变成体型（三维网状结构）高分子；润滑添加剂用于减少摩擦、改善产品应用和加工性能等。

(3) 复配使用　一种材料往往需加入多种功能助剂，如塑料中既要加增塑剂，又要添加抗氧剂、光稳定剂，有的还需要添加阻燃剂等。大多数助剂都具有专门的功能，有些助剂兼具几种作用，但没有一种是万能的助剂。为了达到良好的效果，各类助剂常常配合使用。如果配合得当，不同助剂之间常常会相互增效，即达到所谓"协同作用"。

1.3　助剂的分类

随着化工行业的发展、加工技术的不断进步和产品用途的日益扩大，助剂的类别和品种也日趋增加，成为一个品目十分繁杂的化工行业。因此助剂的分类复杂，大致有以下几种分类方法。

1.3.1　按应用对象分类

按应用对象可分为八大类，每一大类中根据具体应用对象又可分成若干小类。

(1) 高分子材料助剂[6~11]　主要指塑料、橡胶助剂。

塑料助剂又叫塑料添加剂，是聚合物（合成树脂）进行成型加工时为改善其加工性能或为改善树脂本身性能而必须添加的物质。主要包括：增塑剂、热稳定剂、光稳定剂、抗氧剂、交联剂和助交联剂、发泡剂、阻燃剂、润滑剂、抗静电剂、防雾剂、固化剂等。橡胶助剂是橡胶加工用的一大类添加剂，包括硫化剂（交联剂）、硫化促进剂、硫化活性剂、防焦剂、防老剂、软化剂、增塑剂、塑解剂和再生活化剂、增黏剂、胶乳专用助剂等主要助剂，还有着色剂、发泡剂、阻燃剂等。

(2) 纺织染整助剂[12~15]　是纺织工业在纺丝、纺纱、织布、印染至成品的各道加工工序中，根据纤维的性能需加入不同的辅助化学药剂，以提高纺织品质量、改善加工效果、提高生产效率、简化工艺过程、降低生产成本并赋予纺织品优异的应用性能。这种辅助化学品通称为纺织染整助剂。包括织物纤维的前处理助剂、印染和染料加工用助剂、织物后整理助剂。织物纤维的前处理助剂主要有：净洗剂、渗透剂、浆料、化学纤维油剂、煮炼剂、漂白助剂、乳化剂等。印染和染料加工用助剂主要有：消泡剂、匀染剂、黏合剂、交联剂、增稠剂、促染剂、防染剂、拔染剂、还原剂、乳化剂、助溶剂、荧光增白剂、分散剂等。织物后整理助剂主要有：抗静电整理剂、阻燃整理剂、树脂整理剂、柔软整理剂、防水及涂层整理剂、固色剂、紫外线吸收剂等。

(3) 石油工业用助剂[16]　指原油开采和处理添加剂、炼油助剂和石油产品添加剂。原油开采和处理添加剂主要有：钻浆添加剂、强化采油添加剂、原油处理添加剂。石油产品添加剂主要有：燃料和溶剂及其添加剂，润滑油、石蜡、沥青添加剂，油品中的抗氧剂、清净剂、分散剂、降凝剂、防锈添加剂、黏度添加剂等。

(4) 农药助剂[17]　指在农药剂型的加工和施用中，使用的各种辅助物料的总称。包括有助于农药有效成分的分散剂、乳化剂、溶剂、载体、填料；有助于发挥药效或延长药效的稳定剂、控制释放助剂、增效剂；有助于防治对象接触或吸收农药有效成分的湿润剂、渗透剂、黏着剂等；增加安全性及使用方便的防漂移剂、安全剂、解毒剂、消泡剂、警戒色等。

(5) 涂料助剂[18~20]　又称油漆辅料，系配制涂料的辅助材料，能改进涂料性能，促进涂膜形成。包括催干剂、增韧剂、乳化剂、增稠剂、颜料分散剂、消泡剂、流平剂、抗结皮剂、消光剂、光稳定剂、防霉剂、抗静电剂等。其中用量最大的是催干剂和增韧剂。

(6) 食品工业用添加剂[21]　是为改善食品色、香、味等品质，以及为防腐和加工工艺的需要而加入食品中的物质。常用的食品添加剂包括两类：天然添加剂与人工合成添加剂。天然添加剂来自天然物，主要由植物组织中提取，也包括来自动物和微生物的一些色素。人工合成添加剂是指用人工化学合成方法所制得的有机化合物。包括酸度调节剂、抗结剂、消泡剂、抗氧化剂、漂白剂、膨松剂、着色剂、护色剂、酶制剂、增味剂、营养强化剂、防腐剂、甜味剂、增稠剂、香料等。

(7) 饲料添加剂[22]　是指在饲料生产加工、使用过程中添加的少量或微量物质，在饲料中用量很少但作用显著。饲料添加剂是现代饲料工业必需使用的原料，对强化基础饲料营养价值、提高动物生产性能、保证动物健康、节省饲料成本、改善畜产品品质等方面有明显的效果。类型包括胆汁酸、杜仲叶提取物、促生长物质、微量元素、维生素、氨基酸、抗生素驱虫保健、防霉、中草药、调味剂、酸化剂类等。

(8) 医药助剂[23]　在医学中定义为生产药品和调配处方时所用的赋形剂和附加剂，即除了主要药物活性成分以外一切物料的总称，是药物制剂的重要组成成分。大致分为九大类：防腐剂、抗氧化剂、黏合剂、崩解剂、乳化剂、助悬剂、透皮吸收助渗剂、矫味剂、着色剂等。根据临床需要和药物的性质，一种药物常被制成不同的制剂，制剂时需加入的附加剂也是医药助剂。

按应用对象分类还包括木材助剂[24]、金属助剂[25]、水泥添加剂[26]、燃烧助剂[27]等。

1.3.2　按使用范围分类

按使用范围一般可分为合成用助剂、加工用助剂和增效性添加剂三大类。

(1) 合成用助剂　是指在合成反应中所加入的助剂。用量不多，但作用显著，既可以改变反应的速度和方向、提高选择性和转化率，又可以引发、阻聚和终止聚合反应。包括：催化剂、引发剂、溶剂、分散剂、乳化剂、阻聚剂、调节剂、终止剂等。

(2) 加工用助剂　是指材料在加工过程中所加的添加剂。如由生胶、树脂制造橡胶、塑料制品的加工过程中以及化学纤维纺丝和纺纱过程中所需要的各种辅助化学药品。加工助剂有：增塑剂、稳定剂、阻燃剂、发泡剂、固化剂、硫化剂、促进剂、油剂等。

(3) 增效性添加剂　是指添加少量或微量物质而显著增效。如饲料添加剂中需给畜、禽提供各种维生素、微量元素及其他营养成分的各类氨基酸、维生素和微量元素等预先混合配制成的添加剂。

按使用范围分类的方法，一般多用于合成材料助剂的划分[28]。

1.3.3 按作用功能分类

按作用功能分类可分为九大类，如表1-1所示。每一大类中包括若干不同类型助剂，这是概括所有应用对象的一种综合性分类方法。其中最为重要的、具有代表性的、应用面广的助剂类型介绍如下。

表1-1 助剂按作用功能分类

作用功能	助剂类型
稳定化助剂	抗氧剂、光稳定剂、热稳定剂、防霉剂、防腐剂、防锈剂
改善机械性能助剂	硫化剂、硫化促进剂、防焦剂、偶联剂、交联剂、补强剂、填充剂、抗冲击剂
改善加工性能助剂	润滑添加剂、脱模剂、塑解剂、软化剂、消泡剂、匀染剂、黏合剂、交联剂、增稠剂、促染剂、防染剂、乳化剂、分散剂、助溶剂
柔软化和轻质化助剂	增塑剂、发泡剂、柔软剂
改进表面性能和外观的助剂	润滑剂、抗静电剂、防雾滴剂、着色剂、固色剂、增白剂、光亮剂、防粘连剂、滑爽剂、净洗剂、渗透剂、漂白剂、乳化剂、分散剂
难燃性助剂	阻燃剂、不燃剂、填充剂
提高强度、硬度助剂	填充剂、增强剂、补强剂、交联剂、偶联剂
改变味觉助剂	调味剂、酸味剂、鲜味剂、品种改良剂
改进流动和流变性能助剂	降凝剂、黏度指数改进剂、流平剂、增稠剂、流变剂

主要品种有增塑剂、抗氧剂、热稳定剂、光稳定剂、阻燃剂、交联剂与偶联剂、乳化剂和分散剂、流变性能和流动性能改进剂、柔软剂、润滑添加剂、发泡剂与消泡剂、抗静电剂、抗菌剂和防腐剂及防锈剂、成核剂等。

(1) 增塑剂 能增加高聚物的弹性，使之易于加工的物质。又叫塑化剂，是工业上被广泛使用的高分子材料助剂，在塑料加工中添加这种物质，可以使其柔韧性增强。本品大部分用于聚氯乙烯，是产量和消耗量最大的一类有机助剂。从化学结构分类有脂肪族二元酸酯类、苯二甲酸酯类（包括邻苯二甲酸酯类、对苯二甲酸酯类）、苯多酸酯类、苯甲酸酯类、多元醇酯类、氯化烃类、环氧类、柠檬酸酯类、聚酯类等多种。主要品种为邻苯二甲酸酯类[29]。

(2) 抗氧剂 防止材料氧化老化的物质。有自由基抑制剂和过氧化物分解剂两大类。它是稳定化助剂的主体，应用最广。在橡胶工业中，抗氧剂习惯上称作防老剂。包括胺类和酚类两大系列。芳香胺类抗氧剂，是生产数量最多的一类，价格低廉，抗氧效果显著，主要有：二苯胺、对苯二胺和二氢喹啉等化合物及其衍生物或聚合物。酚类抗氧剂主要有受阻酚类抗热氧化。过氧化物分解剂又称辅助抗氧剂，主要是硫代二羧酸酯和亚磷酸酯，通常与主抗氧剂并用。

(3) 热稳定剂 防止材料老化的物质。主要用作聚氯乙烯及氯乙烯共聚物之稳定剂，包括盐基性铅盐、金属皂类和盐类、有机锡化合物等主稳定剂和环氧化合物、亚磷酸酯、多元醇等有机辅助稳定剂。主稳定剂（主要是金属皂类和盐类以及有机锡化合物）与辅助稳定剂、其他稳定化助剂组成的复合稳定剂，在热稳定剂中占据很重要的地位。

(4) 光稳定剂 防止材料光氧老化的物质，又称紫外线光稳定剂。按照其主要的作用机理，光稳定剂可以分为光屏蔽剂、紫外线吸收剂、猝灭剂和自由基捕获剂四大类。光屏蔽剂包括炭黑、氧化锌和一些无机颜料。紫外线吸收剂有水杨酸酯、二苯甲酮、苯并三唑、取代丙烯腈、三嗪等结构。猝灭剂主要是镍的有机螯合物。自由基捕获剂主要是受阻胺类光稳定剂，也是发展最快、效果最好的光稳定剂。

(5) 阻燃剂 增加材料难燃性的物质。难燃包含不燃和阻燃两个概念。阻燃剂广泛用于高分子材料、纺织纤维、纺织制品、造纸等行业。阻燃剂分添加型和反应型两大类。添加型阻燃剂包括磷酸酯、氯化石蜡、有机溴和氯化物、氢氧化铝及氧化锑等；反应型阻燃剂包含有卤代酸酐、卤代双酚 A 和含磷多元醇等类。由于对聚合物材料燃烧时产生大量烟雾所引起的危害日益关切，作为阻燃剂的一个分支，发展了一类新的助剂——烟雾抑制剂[30]。

(6) 交联剂 使线性高分子转变成体型（三维网状结构）高分子的作用谓之"交联"，能引起交联的物质叫交联剂。交联的方法主要有辐射交联和化学交联。化学交联采用交联剂，有机过氧化物是常用的交联剂，其次是酯类；环氧树脂的固化剂也是交联剂，常用的固化剂是胺类和有机酸酐。

能使橡胶起交联的物质称为"硫化剂"，与"硫化剂"配合使用的助剂为硫化促进剂、硫化活化剂、防焦剂。噻唑类及次磺酰胺衍生物是重要的促进剂，还有秋兰姆类、二硫代氨基甲酸盐、胍类、硫脲类、黄原酸盐类、醛胺缩合物及胺类等。硫化活化剂主要有无机类的氧化锌、氧化镁、氧化铝、氧化钙和有机类的硬脂酸和醇胺类。防焦剂主要有亚硝基化合物、有机酸及酸酐、硫代酰亚胺等类。

(7) 偶联剂 是在无机材料或填料与有机合成材料之间起偶联作用的一种物质，也是应用于黏合材料和复合材料中的一种助剂。它在塑料加工过程中可降低合成树脂熔体的黏度，改善填充剂的分散度以提高加工性能，进而使制品获得良好的表面质量及机械、热和电性能。主要有硅烷衍生物、酞酸酯类、锆酸酯类和铬络合物，又称表面改性剂。偶联剂一般由两部分组成：一部分是亲无机基团，可与无机填充剂或增强材料作用；另一部分是亲有机基团，可与合成树脂作用。

(8) 乳化剂和分散剂 乳化剂是指能使互不相溶的两种液体中的任何一种液体均匀稳定地分散到另一种液体体系中的物质。而分散剂则指能使固体微粒均匀稳定地分散在液体体系中的物质。它们广泛用于石油开采、纺织染整、农药、化妆品等行业，大多为表面活性剂，两者有时是相同的。乳化剂分为阴离子型、阳离子型、非离子型三大类；而分散剂主要为阴离子型、阳离子型、非离子型和高分子型。

(9) 流变性能改进剂 指能够改变不同剪切速度下黏度特性的添加剂。包括流变剂、增稠剂和流平剂。应用于涂料、乳液等体系中。流变剂主要有有机膨润土、氢化蓖麻油、聚乙烯蜡、触变性树脂。增稠剂是一类广泛应用于水基乳状体系如乳胶漆涂料印花浆、化妆品和食品等体系中的流变助剂。主要有脂肪酸烷醇酰胺类、甲基纤维素衍生物类、不饱和酸聚合物和有机金属化合物类等。流平剂是一类通过改变涂料与底材之间表面张力而提高润滑性，从而确保涂层表面平整、有光泽的添加剂，主要有溶剂类、醋丁纤维素类、聚丙烯酸酯类、有机硅树脂类和含氟表面活性剂类等。

(10) 流动性能改进剂 用于原油、润滑油和燃料油中控制流动性能变化的一类助剂。包括降凝剂、黏度指数改进剂和低温流动性能改进剂。降凝剂主要有均聚物如聚甲基丙烯酸酯、聚 α-烯烃等，共聚物如以乙烯为基础的聚合物等、以不饱和羧酸酯为基础的聚合物等、N-烷基琥珀酰胺及其衍生物、氢化脂肪仲胺等。黏度指数改进剂包括均聚物如聚甲基丙烯酸酯、聚异丁烯等，共聚物如乙-丙共聚物，聚苯乙烯-不饱和羧酸酰胺共聚物等。低温流动性能改进剂则主要有聚乙烯-醋酸乙烯酯、α-烯烃-马来酸酐共聚物等。

(11) 柔软剂 用来降低纤维间的摩擦系数，以获得柔软效果的物质。柔软剂是一类能改变纤维的静、动摩擦系数的化学物质。当改变静摩擦系数时，手感触摸有平滑感，易于在纤维或织物上移动；当改变动摩擦系数时，纤维与纤维之间的微细结构易于相互移动，也就是纤维或者织物易于变形。二者的综合感觉就是柔软。一般很少使用单一化学结构的产物，多数是由几个组分配制而成，除矿物油、石蜡、植物油、脂肪醇等成分外，还使用大量表面活性剂。柔软剂又分为表面活性剂型、反应型和非表面活性柔软剂三类。

（12）润滑添加剂 为减少摩擦、改善产品应用和加工性能而加入的物质。包括纺丝用油剂、润滑油用油性剂、抗摩剂和极压剂及其塑料加工用润滑添加剂。

纺丝用油剂又分为合成纤维用油剂和天然纤维纺织用油剂。其主要成分为油脂与各种表面活性剂。润滑油用油性剂包括含极性基团的油性剂和含硫油性剂。抗摩剂和极压剂包括硫系极压剂（如硫化异丁烯、硫化四聚丙烯、二苄基二硫化物等）、磷系极压剂（如亚磷酸酯、酸性磷酸酯及其胺盐）、氯系极压剂（如氯化石蜡、五氯联苯、六氯环戊二烯等）、有机金属系极压剂（如环烷酸铅、二烷基二硫代磷酸锌等）、硼酸盐极压剂等。

塑料加工用润滑添加剂主要有脂肪酸酰胺、脂肪酸酯及脂肪酸的金属皂、脂肪醇、烃类及有机硅脱模剂。

（13）发泡剂 是指不与高分子材料发生化学反应，并能在特定条件下产生无害气体的物质。发泡剂可分为物理发泡剂和化学发泡剂。发泡剂主要用于泡沫塑料、海绵橡胶。物理发泡是通过压缩气体的膨胀，或液体的挥发等物理过程而形成的。化学发泡剂则是通过受热时分解所放出的气体而形成的。化学发泡剂又分为无机发泡剂和有机发泡剂。无机发泡剂有碳酸铵、碳酸氢钠、亚硝酸钠等。有机发泡剂主要是偶氮化合物、磺酰肼类化合物和亚硝基化合物等。

（14）消泡剂 用以破坏泡沫或防止泡沫产生的物质，又称为除泡剂或破泡剂，在工业生产过程中会产生许多影响生产的泡沫，需要添加消泡剂。主要用于发酵、蒸馏、印染、造纸、石油开采、污水处理等行业中。主要有低级醇类、有机极性化合物类、矿物油类和有机硅树脂类等，如有机硅氧烷、聚醚、硅和油复合及含胺、亚胺和酰胺类的。

（15）抗静电剂 防止材料加工和使用时的静电危害而加入的一种物质。主要用于塑料和合成纤维的加工（作为纤维油剂的主要成分）。按作用方式的不同，抗静电剂分为内部用抗静电剂和外部用抗静电剂两类。从化学属性看为具有表面活性的物质，分为阴离子型、阳离子型、非离子型和两性型表面活性剂。

（16）抗菌剂和防腐剂 具有抵抗霉菌侵蚀能力的一种物质。用于高分子材料时多称之为抗菌剂，又叫防霉剂。用于食品添加剂时多称之为防腐剂。主要品种有酚类化合物，如苯酚、氯代苯酚及其衍生物等；有机金属化合物，如有机汞化合物，有机锡、有机铜等。

防腐剂是抑制微生物活动，使食品在生产、运输、贮藏和销售过程中防止或减少腐烂的添加剂，主要有苯甲酸及其盐类、山梨酸及其盐类、对羟基苯甲酸酯、丙酸及其盐类等。

（17）防锈剂 用于防止金属腐蚀的一类物质，如防锈水、防锈油和缓蚀剂。常用防锈水有无机类的亚硝酸钠、铬酸盐及重铬酸盐、磷酸盐、硅酸盐及铝酸钠等，有机类的苯甲酸钠、单（三）乙醇胺、巯基苯并噻唑、苯并三氮唑等；防锈油是指用硅油、乳化剂、稳定剂、缓蚀剂（如碱金属的磺酸盐、石油磺酸钡、二壬基萘磺酸钡、十二烯基丁二酸等）、防霉剂、助溶剂等配成的乳剂。缓蚀剂主要有羧酸、金属皂、磺酸、胺、脂及杂环化合物。

（18）成核剂 是用来提高结晶型聚合物的结晶度、加快其结晶速率的一种助剂。成核剂的使用与否直接关系到结晶型塑料的收缩率、尺寸稳定性、透明性和机械强度，因此也是在塑料加工中不容忽视的一种助剂。包括羧酸类：苯甲酸、己二酸、二苯基醋酸；金属盐类：苯甲酸钠、硬脂酸钠、硬脂酸钙、醋酸钠、对苯酚磺酸钠、对苯酚磺酸钙、苯酚钠；无机物成核剂：氮化硼、碳酸钠（或苏打）、碳酸钾等。

1.4　如何选用助剂

助剂类别繁多，约有上百种。品种成千上万，性能差别很大。助剂的选择与应用，只有用之得当，才能效果凸显。必须兼顾应用对象种类、加工方式、制品特征及配合组分等多种因素。以聚合物用助剂为例，选择助剂时应考虑以下几个方面。

1.4.1　助剂与制品的配伍性

助剂应与聚合物匹配，这是选用助剂时首先要考虑的问题。助剂与聚合物的配伍性包括之间的相容性及稳定性。助剂必须长期、稳定、均匀地存在于制品中才能发挥其应用的效能。通常要求所选择的助剂与聚合物要有良好的相容性。如果相容性不好，助剂就容易析出。固体助剂的析出俗称为"喷霜"，液体助剂的析出则称作"渗出"或"出汗"。助剂析出后不仅失去作用，而且影响制品的外观和手感。助剂与聚合物的相容性主要取决于它们结构的相似性。

并非要求所有的助剂都必须与聚合物有良好的相容性。如无机填充剂和无机颜料，它们不溶于聚合物，无相容性而言，它们在聚合物中的分散是非均相的，不会析出。对这类助剂则要求它们细度小、分散性好。也不是所有的助剂与聚合物的相容性愈大愈好。如润滑剂的相容性如果过大，就会起到增塑剂的作用，造成聚合物的软化。助剂与聚合物的配伍性还要考虑它们的稳定性。有些聚合物（如聚氯乙烯）的分解产物是酸性的（放出 HCl），会使一些助剂失效，如与碱性助剂成盐。也有些助剂会加速聚合物的降解。

1.4.2　助剂的耐久性

聚合物材料在使用条件下，仍可保持原来性能的能力叫耐久性。保持耐久性就是防止助剂的损失。助剂的损失主要通过三条途径：挥发、抽出和迁移。挥发性大小取决于助剂本身的结构。一般来讲，分子量愈小，挥发性愈大。抽出性与助剂在不同介质中的溶解度直接相关。要根据制品的使用环境来选择适当的助剂品种。迁移性是指聚合物中某些助剂组分可以转移到与其接触的材料上的性质。迁移性大小与助剂在不同聚合物中的溶解度有关，同时要求助剂应具有耐水、耐油、耐溶剂的能力。

（1）助剂对加工条件的适应性　助剂要满足加工条件的要求，如胶黏剂所用的助剂必须适应合成与配制的工艺条件，应在高温下不分解、不挥发、不升华，对加工设备和模具不产生腐蚀作用。用于热熔胶和热熔压敏胶的抗氧剂，必须有足够的耐热性，否则，助剂的效能就会丧失或削弱。同一种聚合物，由于加工成型的方法不同，所需要的助剂可能有所不同。

（2）助剂对制品用途的适应性　制品用途往往对助剂的选择有一定的制约。不同用途的制品对所欲采用的助剂的外观、气味、污染性、耐久性、电性能、热性能、耐候性、毒性等都有一定要求。如浅色制品不能用易污染助剂。特别是助剂的毒性问题，已引起人们的广泛重视，有争议的毒性助剂限制了其在食品和药物包装材料、水管、医疗器械、玩具塑料和橡胶制品上及纺织制品上的应用，各国都制定了不同的卫生标准。

（3）助剂配合中的协同作用与对抗作用　一种聚合物往往同时使用多种助剂，这些助剂同时处在一个聚合物体系中，彼此之间有所影响。如产生协同效应、加和效应、对抗效应等。加和效应是指两种或两种以上助剂并用时，它们的总效应等于它们各自单独使用效能的加和。协同效应是指两种或两种以上助剂并用时，它们的总效应超过它们各自单独使用效能的加和。例如抗氧剂与紫外线吸收剂配合后用于聚氨酯胶黏剂（添加量为0.1％～0.5％），耐老化效果特别显著。防老剂616（CY666）与亚磷酸酯防老剂并用效果更佳。而对抗效应则相反，是指两种或两种以上助剂并用时，它们的总效应小于它们各自单独使用的效能或加和。例如受阻胺类光稳定剂（HALS）因其本身高碱性，若与酸性助剂配合时，则生成一种不溶性盐，其不能再生为氮氧自由基，故其光稳定效果大为逊色，显示出对抗作用。因此选择助剂配合时一定要考虑选择具有协同作用的不同助剂，而防止对抗效应产生。

1.5 助剂工业的国内外状况及发展动态

1.5.1 国内外助剂工业状况

助剂工业是比较新的化工行业。如果从有机促进剂在橡胶工业中大量采用的20世纪20年代初期算起，到现在只有90多年的历史。早期的助剂主要服务于橡胶工业。国外助剂的生产不断扩大，60年代是助剂的大发展时期。目前美国、西欧、日本的助剂工业已颇具规模。我国的助剂生产是解放初期才开始的。最初只有少数几种橡胶防老和促进剂，后来又陆续有服务于聚氯乙烯的增塑剂和热稳定剂投入生产。70年代以后，我国的助剂生产已具有一定的规模。主要几类助剂的生产能力和实际产量有了很大的增长，品种、质量和技术水平也有了较大的发展和提高。助剂新品种的研制也取得了不少成果。主要行业助剂现状如下。

（1）塑料助剂 塑料助剂是在聚氯乙烯工业化以后逐渐发展起来的。20世纪60年代以后，由于石油化工的兴起，塑料工业发展甚快，塑料助剂已成为重要的化工行业。根据各国塑料品种的构成和塑料用途上的差异，塑料助剂消费量约为塑料产量的8％～10％。而今，增塑剂、阻燃剂和填充剂是用量最大的塑料助剂。从助剂的使用量来看，特别是高性能的塑料助剂的使用量，美国最大，欧洲次之，其次是亚太地区。这是因为欧美等国家对塑料制品的性能要求较高[31]。

我国的塑料助剂行业是随PVC行业的发展而发展起来的。起步于20世纪50年代，70年代至80年代初期为成长期，80年代以后进入了成熟期，从2005年开始，我国塑料助剂行业年均增长率保持在8％～10％的水平，远远高于世界塑料助剂4％的年均增长率[18]。2011年约在320万吨。目前，我国塑料助剂行业已经形成产值300亿元以上的产业，其中约有50亿元的出口。

（2）橡胶助剂 一般是指硫化促进剂和防老剂等有机合成化学品，其耗用量大约是生胶的35％～40％。美国是最大的橡胶助剂生产国，其次是西欧、日本。橡胶助剂的增长，将取决于新橡胶的消费量。在橡胶助剂的应用领域中，有近90％的橡胶助剂是消耗在汽车工业上，其中70％用于橡胶轮胎的生产与改进。目前，全球橡胶工业已进入缓慢而稳定的发展时期，因而与之配套的橡胶助剂行业同样进入了稳定发展阶段[32]。

我国在新中国成立前橡胶助剂全部依赖进口，1952年开始生产防老剂甲、防老剂M，年产38t。随着我国汽车工业的发展，特别是中国子午线轮胎的大规模生产，刺激与带动了中国橡胶助剂工业的发展。2009～2010年国内橡胶助剂业兴起扩建热潮，2010年橡胶助剂行业投入生产的新增产能约为12万吨，总产能超过70万吨。2012年我国橡胶助剂总产量为88.9万吨，其中促进剂产量为34.66万吨；2012年促进剂仍然是产量最大的品种，占橡胶助剂总产量的38％，其中超促进剂品种的产量约为4.70万吨，防老剂产品占35％[33]。

（3）纺织染整助剂　世界纺织助剂的年产量约为 280 万吨，产品近 100 个类别，1.4 万个品种。工业发达国家，纺织助剂与纤维之比约为 15%，世界总的平均水平约为 7%，我国当前水平大致为 4%[34]。

我国作为全球纺织第一大国，印染助剂产量仅占全球的 10%。我国纺织染整助剂由改革开放初期的几十种，到改革开放以后能生产种类齐全的助剂数百种，目前处于自主创新阶段。"十二五"期间，纺织印染工业高新技术不断注入，差别化纤维和新纤维不断出现，多种纤维混纺和交织，对纺织印染助剂提出了更高的要求[35]。随着我国纺织品的新颖化、高档化和功能化，我国印染助剂行业发展空间广阔。

（4）食品添加剂　是食品工业必不可少的主要基础原料，是增补平衡食品营养、改善加工食品品质、延长食品保质期的重要手段。目前，全世界所应用的食品添加剂品种已多达 25000 余种（其中 80% 为香料），直接使用的有 3000～4000 种，其中常用的有 600～1000 种。从使用数量上看，越发达国家食品添加剂的品种越多，比如，美国《食品用化学品法典》中添加剂列出 1967 种，日本使用的食品添加剂约有 1100 种，欧盟允许使用的有 1000～1500 种。美国的食品工业在世界上首屈一指，其食品工业产值在 1992 年就已经达到了 4060 亿美元。食品添加剂的世界市场销售额逐年增加，2006 年达到 310 亿美元。

中国是食品大国，其食品工业产值持续增长。2012 年中国食品工业总产值是 9 万亿元。食品添加剂已成为统领食品工业、影响人类社会的重要力量。我国食品添加剂发展于 20 世纪 80 年代，1981 年在制定第一个《食品添加剂使用卫生标准》时，只允许使用 60 多种，1991 年超过 100 种，年产量 47 万吨。2011 年，在标准中允许使用食品添加剂的种类增加到了 2500 种，当年的产量达到了 762 万吨，其发展态势还在不断加大[16]。

（5）涂料助剂　自 2003 年以来，世界涂料的年均增速约为 3.5%。在世界涂料生产中，如北美、西欧和亚太地区中，亚太地区将保持最快的增长速率，预计其年增幅约为 4.5%，北美和西欧地区的涂料需求年增速分别为 2.7% 和 2.3%，市场需求分别为 815 万吨和 603 万吨，占世界总量的近一半，而亚太地区需求量为 890 万吨，居世界第一[36]。美国涂料助剂市场的规模以年均 2.5% 的速度增加，美国涂料助剂 2002 年的总消费额为 7.1 亿美元，到 2007 年达到 8 亿美元以上，其中，增稠剂约为 2.9 亿美元，占总额度 29%；增塑剂占 0.96 亿美元，防腐剂达到 0.85 亿美元，其他助剂约 2.61 亿美元。其中增长最快的是表面活性剂（年增长率为 3.3%），其次是防霉抗菌剂（年增长率为 3.2%）。涂料用助剂在欧洲 2001 年的营业额达到 12 亿美元，2006 年达到 13.8 亿美元，且利润率在涂料行业中居领先地位[37]。

我国涂料助剂工业自 20 世纪 80 年代初期开始进入较广泛地使用阶段。目前各种类型的国内外中高低档助剂产品相当齐全。年均增速约为 6.4%，2004 年其产量达 300 万吨。中国已成为世界上第二大涂料生产国。这些年，我国企业成功地开发出了一些新助剂品种，如利用我国丰富的稀土资源开发成功的稀土催干剂，水性和溶剂型颜料分散剂聚羧酸盐、聚丙烯酸盐和磷酸酯盐等也先后在国内开发成功，大大提高了我国乳胶漆的制造技术。醚酯类化合物和有机磷酸盐为基料的消泡剂在乳胶漆中也大量使用，使产品性能达到了国外同类产品水平[38]。

1.5.2　助剂的发展趋势

（1）生产大型化、产品专用化　应用广泛的助剂，如增塑剂、热稳定剂等，由于市场需求的不断增加，生产规模不断扩大，技术开发也向着生产大型化、产品专用化发展。增塑剂是世界产量和消费量最大的塑料助剂之一，包括邻苯二甲酸酯、脂肪族二元酸酯、磷酸酯环氧化合物、偏苯三酸酯、石油酯、含氯增塑剂和聚合增塑剂等，目前国外的研究重点是开发具有特殊性能和用途的增塑剂[39]。并且开发出电气绝缘级、食品包装级、医药卫生级等专用品种。如德国巴斯夫公司开发的环保增塑剂可用于食品包装、医用设备和玩具，美国和日本开发的新型增塑剂不仅无毒、无臭而且耐油、耐萃取及耐迁移性良好[31]。橡胶助剂的生产也进一步集中，国外的两家最大的橡胶助剂生产公司 Monsanto 和 Bayer 都在继续兴建大型的橡胶助剂厂，日本的一些大石油化工企业也插手橡胶助剂的生产。食品乳化剂的生化合成法也趋于大规模工业化生产。

（2）多功能化趋势　利用多种官能团的功能化作用，追求一剂多能是多年来助剂研究者们的目标。20 世纪 80 年代以来，随着机理研究和应用技术的进步，多功能化助剂品种的开发取得了很大的进展，抗静电增塑剂、阻燃增塑剂、多功能稳定剂都有产品问世。如塑料助剂实现了包括抗氧性、稳定性、耐老化性等于一体的综合性能，使用起来十分方便，因此是市场上最受欢迎的品种，国外各大助剂公司对此趋之若鹜[31]。

（3）环保、卫生及安全　环保、卫生和安全是社会文明进步的重要标志。进入 21 世纪以来，世界工业生产和科学技术的发展速度明显加快，人们对与人类生存休戚相关的食品卫生与环境保护意识日益增强，所以有关助剂生产、应用的限制法规越来越严，顺应这一潮流，助剂将趋向于低毒性、耐抽出、无污染方面发展。如在塑料制品中使用的含卤阻燃剂，在材料燃烧时释放出大量含卤气体，不仅造成环境污染，还对人身安全造成极大危害，回收十分困难。因此，降低阻燃剂毒性以及开发无毒阻燃剂的呼声越来越高，很多国家已立法明确禁止含卤阻燃剂的使用，于是非卤素阻燃化合物应运而生[18]。欧盟成员国要求确保从 2006 年起投放市场的新电子和电气设备不包含铅、汞、镉、六价铬、多溴联苯醚或多溴联苯[40]。热稳定剂行业向高效、无（低）毒、复配型、无害化方向发展已成总趋势。

（4）高分子量化趋势　迁移和抽提损失是影响助剂使用卫生性和效能持久性的致命因素。高分子量化一方面提高了助剂的耐热稳定性，有效抑制其在高温加工条件下的挥发损失；另一方面，耐迁移性和低抽出性还保证了制品的表面卫生和效能持久。目前，稳定化助剂、增塑剂、阻燃剂等品种的开发进展都反映了这一趋势。在稳定化助剂方面，高分子受阻胺类光稳定剂同时显示了抗热氧化效果；高分子量的增塑剂具有耐抽出性；而高分子量的阻燃剂，其耐热性和与树脂的相容性都得到了相应的提高。在农药中用高效能、低用量、大分子量的表面活性剂如相对分子质量在 10000～50000 的木质素磺酸盐、平均相对分子质量超过 2000 的萘磺酸盐、聚酯/聚醚嵌段共聚物、具有网状立体结构的聚合表面活性剂等将会迅速发展[41]。当然高分子量只是相对而言，对于特定的助剂来说，必然存在着一个最佳分子量范围，确定适宜的分子量范围对于助剂的分子设计大有裨益。

（5）反应型助剂稳步发展　反应型助剂分子内含有反应性基因，它们在制品加工中可以与基体反应并形成键合官能团。一般来说，反应型助剂具有添加量小、不迁移和持久性好等优点，但高的价格和应用技术性强又限制了它们的推广和应用。国外从 20 世纪 70 年代初就开始了这一领域的研究，但真正工业化品种的出现是 80 年代后期的事。如 Sandoz 公司最近报道的新型反应型光稳定剂 HALS[42]，兼顾了添加型的迁移性和反应型的持久性之特点，迁移性使稳定性分子迅速迁移到树脂表面，光反应性将稳定化官能团定域在最易发生光氧化降解的表面聚合物主链上。可以说，该技术的开发成功将标志着反应型助剂研究方面的重大突破。

（6）复配型助剂和集装化技术进展迅速　受法规、成本、效能种种因素的制约，全新结构助剂产品的开发愈加困难，而且事实上也不可能使同一结构的化合物满足产品加工所有性能的要求。因此，根据各种助剂之间的协同作用原理，复配或集中装于一体，不失为提高助剂效能的有效措施。如应用于受阻酚的抗氧剂与亚磷酸酯辅助抗氧剂应用体系的复配型产品，应用于聚氯乙烯加工领域的集装化助剂，无疑对方便塑料加工和满足自动化操作确实有着事半功倍的效果。

1.6 本书讨论范围

由于助剂类别繁多，应用范围十分广泛，限于篇幅，不可能面面俱到地介绍所有助剂，为使读者对如此繁杂的助剂有一全面了解，本书对高分子材料助剂、纺织染整助剂、石油工业用助剂、涂料助剂、食品添加剂等不同应用对象的助剂按作用功能进行综合编排分类。着重对用量大、作用大、影响面大的增塑剂、抗氧剂、热稳定剂、光稳定剂、阻燃剂、交联用助剂、乳化剂和分散剂、流动性能和流变性能改进剂八大类助剂做重点介绍，同时对其他助剂如润滑添加剂、发泡剂与消泡剂、抗静电剂和柔软剂、防腐防霉剂及防锈剂、成核剂进行一般性讨论。重点介绍各类助剂的基本概念、特点、国内外生产概况、作用机理、结构特点、合成工艺、应用特性及发展趋势。对每一类助剂，重点突出它在某一应用领域的作用，如增塑剂、光稳定剂、抗氧剂、热稳定剂、偶联剂、交联剂等将重点介绍其在高分子材料中的应用；阻燃剂介绍在纤维、钢材、电缆、木材、纸张中的应用。乳化剂、分散剂主要介绍在染料加工、涂料工业、制浆造纸工业、化妆品、石油工业的应用。流动性能和流变性能改进剂则着重介绍用于涂料、乳液体系中的流平剂、增稠剂、流变剂。其他助剂中主要介绍分类、应用和发展趋势。

有关助剂的分子设计、合成以及应用与有机化学、精细有机合成化学及工艺学、表面活性剂化学有着极其密切的关系。它是有机化学和表面活性剂化学应用的一个重要方面。通过本书的学习，使读者掌握"助剂"作用的基本原理，全面了解助剂的概况和应用，各章附有参考文献，以便读者查找。

参 考 文 献

[1] 化学工业部科学技术情报研究所编. 世界精细化工手册. 北京：原化学工业部科学技术情报研究所，1982.
[2] CMC 编辑部编. 塑料橡胶用新型添加剂. 吕世光译. 北京：化学工业出版社，1988.
[3] 王伯英. 聚合物助剂商品手册. 北京：化学工业出版社，1988.
[4] 杨国文. 塑料助剂作用原理. 成都：成都科技大学出版社，1991.
[5] 雷鹰，吴峰，陆丹，曾晖扬. 实用化工材料手册. 广州：广东科技出版社，1994.
[6] 合成材料助剂手册编写组. 合成材料助剂手册. 第 2 版. 北京：化学工业出版社，1985.
[7] 陈宇，王朝晖，郑德主编. 中国工程塑料工业协会塑料助剂专业委员会组织编写. 实用塑料助剂手册. 北京：化学工业出版社，2007.
[8] 吕世光. 塑料橡胶助剂手册. 北京：中国轻工业出版社，1995.
[9] 张玉龙. 实用塑料助剂手册. 北京：机械工业出版社，2012.
[10] 中国化工学会橡胶专业委员会编. 橡胶助剂手册. 北京：化学工业出版社，2006.
[11] 张林栋. 化工产品手册：橡塑助剂. 第 5 版. 北京：化学工业出版社，2008.
[12] 丁忠传. 纺织染整助剂. 北京：纺织工业出版社，1985.
[13] 陈溥. 纺织染整助剂实用手册. 北京：化学工业出版社，2006.
[14] 商成杰. 新型染整助剂手册. 北京：中国纺织出版社，2004.
[15] 陈溥. 纺织染整助剂实用手册. 北京：化学工业出版社，2010.
[16] 朱洪法，朱玉霞编. 工业助剂手册. 北京：金盾出版社，2007.
[17] 邵维忠. 农药助剂. 第 3 版. 北京：化学工业出版社，2003.
[18] 钱逢麟，坐玉书. 涂料助剂. 北京：化学工业出版社，1990.

[19] 郭淑静. 国内外涂料助剂品种手册. 北京：化学工业出版社，2009.

[20] 耿星. 现代水性涂料助剂手册. 北京：中国石化出版社，2007.

[21] 张乔. 饲料添加剂. 北京：北京工业大学出版社，1994.

[22] 金时俊. 食品添加剂的现状：生产、性能、应用. 上海：华东化工学院出版社，1992.

[23] 中国市场调查研究中心. 2013 年中国医药助剂产业专项调查分析报告，2013.

[24] 刘启明. 木工胶黏剂. 北京：中国林业出版社，2006.

[25] 郑淑琴，张永明. 全白土型抗重金属助剂的研究与开发. 工业催化，2000，8（5）：34-38.

[26] 田培，刘加平，王玲，冉千平. 混凝土外加剂手册. 北京：化学工业出版社，2009.

[27] 谈启明，张玉芳. 煤，燃烧助剂和新能源开发. 天津师大学报，引 1991，（2）：71-74.

[28] 山西省化工研究所编. 塑料橡胶加工助剂. 北京：化学工业出版社，1981.

[29] 石万聪，盛承祥. 增塑剂. 北京：化学工业出版社，1989.

[30] 王元宏. 阻燃剂化学及应用. 上海：上海科学技术文献出版社，1988.

[31] 杨宝柱. 中国塑料助剂业的发展现状及趋势分析. 世界塑料，2010，28（1）：34-41.

[32] 中国石油与化工联合会. 我国橡胶助剂生产现状与发展重点分析. 中国石油与经济化工分析，2012，（2）：38-42.

[33] 中投顾问. 2014～2018 年中国橡胶助剂行业投资分析及前景预测报告. 中国企业投资网，2013.

[34] 谢云翔，沈文东. 我国纺织染整助剂的现状与发展趋势. 合成技术及应用，2008，23（2）：40-43.

[35] 中国市场报告网. 中国纺织印染助剂行业研究分析与发展趋势预测报告（2013～2018 年）.

[36] 赵金榜. 国内外涂料工业现状及发展趋势. 涂料与涂饰，2006，25（1）：51-54.

[37] 刘和平. 涂料助剂的现状及发展趋势. 广东化工，2007，34（7）：70-73.

[38] 穆颖. 中国涂料用助剂的现状与发展展望. 涂料技术与文摘，5 现，2007，10：5-9.

[39] 钱伯章. 世界塑料助剂发展现状和趋势. 精细石油化工进展，2008，9（2）：50-58.

[40] 张志新. 热稳定剂生产现状及需求预测. 现代化工，2002，22（2）：49-51.

[41] 凌世海. 农药助剂工业现状和发展趋势. 安徽化工，2007，33（1）：2-7.

[42] 梁斌. 我国塑料助剂市场现状与发展趋势. 江苏化工，2002，30（1）：12-17.

2

增 塑 剂

2.1 增塑剂

2.1.1 增塑剂的定义

增塑剂通常是一种"类溶剂"的物质,是加入到塑料、树脂或弹性体等物质中时能改进它们的加工性,增加可塑性、柔韧性、拉伸性或膨胀性的物质。加入增塑剂可以降低塑料的熔融黏度、玻璃化温度和弹性体的弹性模量,而不会改变被增塑物质的基本化学特性[1,2]。

增塑剂的主要作用是削弱聚合物分子间的次价键,即范德华力,从而增加了聚合物分子链的移动性,降低了聚合物分子链的结晶性,即增加了聚合物的塑性。表现为聚合物的硬度、模量、转化温度和脆化温度的下降,以及伸长率、曲挠性和柔韧性的提高。

一些常用的热塑性高分子聚合物具有高于室温的玻璃化转变温度(T_g),在此温度下,聚合物处于玻璃样的脆性状态。在此温度以上,高分子聚合物呈现较大的回弹性、柔韧性和冲击强度。为了使高分子聚合物具有实用价值,就必须使其玻璃化转变温度降到使用温度以下,增塑剂的加入就起到了这种作用。

2.1.2 增塑剂的分类

由于增塑剂种类繁多,性能不同,用途各异,因此其分类方法也有很多种。常用的分类方法有以下几种。

(1) 按与被增塑物的相容性分类 分为主增塑剂,辅助增塑剂、增量剂三类。

① 主增塑剂 它与被增塑物相容性良好,重量相容比几乎可达1:1,可单独使用。它们不仅能进入树脂分子链的无定形区,还能进入树脂分子链的部分结晶区,能与树脂凝胶,而不会渗出形成液滴或液膜,也不会喷霜在表面结晶。如邻苯二甲酸酯类、磷酸酯类、烷基磺酸苯酯类等。

② 辅助增塑剂 它与被增塑物相容性良好,重量相容比可达1:3。一般不单独使用,需与适当的主增塑剂配合使用。其分子只能插入聚合物的非结晶区域,也叫非溶剂型增塑剂。如脂肪族二元酸酯类、多元醇酯类、脂肪酸单酯类、环氧酯类等。

③ 增量剂 它与被增塑物相容性较差,重量相容比低于1:20。但与主增塑剂或辅助增塑剂有一定的相容性,且能与它们配合,用以降低成本和改善某些性能。如含氯化合物。

（2）按应用性能分类 不同增塑剂有不同的特性，有些品种不仅有增塑功能，而且还有其他作用，这样可以分为耐寒性增塑剂、耐热性增塑剂、阻燃性增塑剂、防霉性增塑剂、无毒性增塑剂、耐候性增塑剂和通用型增塑剂七类。

① 耐寒性增塑剂 能使被增塑物在低温下仍有良好的韧性。主要有癸二酸二辛酯、己二酸二辛酯等。

② 耐热性增塑剂 能使被增塑物的耐热性有所提高。主要是双季戊四醇酯、偏苯三酸酯等。

③ 阻燃性增塑剂 能改善被增塑物的易燃性。主要为磷酸酯类及含卤化合物（如氯化石蜡）等。

④ 防霉（耐菌）性增塑剂 能赋予被增塑物抵抗霉菌破坏的能力。主要有磷酸酯类等。

⑤ 耐候性增塑剂 能使被增塑物的耐光、耐射线等作用的能力有所提高。如环氧大豆油及环氧硬脂酸丁酯（或辛酯）等。

⑥ 无毒性增塑剂 毒性很小或无毒的增塑剂。如磷酸二苯一辛酯及环氧大豆油等。

⑦ 通用型增塑剂 通常为综合性能好、应用范围广、价格较便宜的增塑剂。如邻苯二甲酸酯类。

（3）按化学结构分类 这是最常用的分类法，一般可分为：邻苯二甲酸酯类，脂肪族二元酸酯类，脂肪酸单酯与多元醇的脂肪酸酯类，磷酸酯类，偏苯三酸酯类，烷基磺酸酯类，苯多羧酸酯类，聚酯类，环氧酯类，柠檬酸酯类，含氯化合物类等。详细介绍见 2.3。

（4）按添加方式分类[3] 可分为外增塑剂和内增塑剂两大类。

① 外增塑剂 指在配料加工过程中加入的增塑剂。一般用的即为外增塑剂。通常它们不与聚合物起化学反应，和聚合物的相互作用主要是在升高温度时的溶胀作用，与聚合物形成一种固体溶液。外增塑剂的性能比较全面，而且生产和使用方便，应用最广。现在人们一般说的和以后要讨论的增塑剂大多数指外增塑剂。

② 内增塑剂 它是在树脂合成中，作为共聚单体加进的，以化学键结合到树脂上面。内增塑剂实际上是聚合物分子的一部分。一般是指在聚合物聚合过程中所加入的第二单体。由于第二单体共聚在聚合物的分子结构中，这样就降低了聚合物分子链的有规度，即降低了聚合物分子链的结晶度。例如，氯乙烯-醋酸乙烯共聚物就比氯乙烯均聚物更加柔软。内增塑剂的另一种类型是在聚合物分子链上引入支链（可以是取代基，也可以是接支的分支），由于支链降低了聚合物链与链之间的作用力，从而增强了聚合物的塑性。随着支链长度的增加，增塑作用也越大；但支链超过一定长度后，由于发生支链结晶会使增塑作用降低。内增塑剂的作用温度比较狭窄，而且必须在聚合过程中加入，因此通常仅用在略可挠曲的塑料制品中。

2.1.3 增塑剂的性能要求

增塑剂通常是沸点高、较难挥发的液体，或低熔点的固体。较好的增塑剂，应具有如下的要求。

2.1.3.1 基本性能要求

从全面的性能来说，一个理想的增塑剂应满足以下条件：增塑剂分子应与高聚物的相容性好，同时还要考虑透明性、塑化效率、刚性、强度、伸长率、低温柔软性、低温脆性、橡胶状弹性、耐曲挠性、尺寸稳定性、电绝缘性、耐电压性、介电性、抗静电性和黏合性等[4]。

2.1.3.2 相容性

相容性是增塑剂在聚合物分子链之间处于稳定状态下相互掺混的性能，是作为增塑剂最主要的基本条件。

增塑剂与树脂的相容性跟增塑剂本身的极性及其二者的结构相似性有关。通常，极性相近且结构相似的增塑剂与被增塑树脂相容性好。PVC属极性聚合物，其增塑剂多是酯型结构的极性化合物。

作为主增塑剂使用的烷基碳原子数为4～10个的邻苯二甲酸酯，与PVC的相容性是良好的，但随着烷基碳原子数的进一步增加，其相容性急速下降。因而目前工业上使用的邻苯二甲酸酯类的增塑剂的烷基碳原子数都不超过13个。不同结构的烷基其相容性为：芳环＞脂环族＞脂肪族，如邻苯二甲酸二辛酯＞四氢化邻苯二甲酸二辛酯＞癸二酸二辛酯。

环氧化合物、脂肪族二羧酸酯、聚酯和氯化石蜡与PVC的相容性差，多为辅助增塑剂。

2.1.3.3　塑化效率

增塑剂的塑化效率是使树脂达到某一柔软程度的用量，它和相容性是两个不同的概念。

从化学结构上看，低分子量的增塑剂较高分子量的增塑剂对PVC的增塑效率高。而随着增塑剂分子极性增加、烷基支链化强度提高和芳环结构增多，都会使增塑效率明显下降，在烷基碳原子数和结构相同的情况下，其增塑效率为己二酸酯＞邻苯二甲酸酯＞偏苯三酸酯。

另一方面，具有支链烷基的增塑剂的增塑效率比相应的具有直链烷基的增塑剂的增塑效率差。也就是说，增塑剂分子内极性的增加、支链烷基的增加、环状结构的增加，都可能是造成其塑化效率降低的原因。邻苯二甲酸酯类的烷基碳原子数和塑化效率之间的关系如图2-1所示。从图上可以看出，烷基碳原子数在4左右增塑效率最好。碳原子数小于4的DMP（邻苯二甲酸二甲酯）、DEP（邻苯二甲酸二乙酯），其塑化效率较差是由于它们分子内部极性部分比例过大的原因。

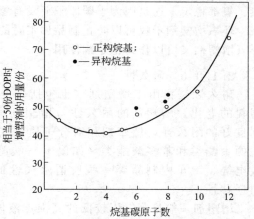

图2-1　邻苯二甲酸酯类的烷基碳原子数与PVC塑化效率的关系

DOP—二辛酯

2.1.3.4　耐寒性

增塑剂的耐寒性与其结构有直接关系。耐寒性对某些处于低温环境或室外，特别是北方地区的制品更有其重要性。通常，相容性良好的增塑剂耐寒性都较差，特别是当增塑剂含有环状结构时耐寒性显著降低。以直链亚甲基为主体的脂肪族酯类有着良好的耐寒性。具有直链烷基的增塑剂，耐寒性是良好的。随着烷基支链的增加，耐寒性也相应变差。一般烷基链越长，耐寒性越好。当增塑剂具有环状结构或烷基具有支链结构时，其耐寒性较差的原因在于低温下环状结构或支链结构在聚合物分子链中的运动困难。不同结构的酯类增塑剂其耐寒性为：芳环＜脂环族＜脂肪族，如邻苯二甲酸二辛酯＜四氢化邻苯二甲酸二辛酯＜癸二酸二辛酯。

目前作为耐寒性增塑剂使用的主要是脂肪族二元酸酯。直链醇的邻苯二甲酸酯、二元醇的脂肪酸以及环氧脂肪酸单酯等也都具有良好的低温性能。据报道，N,N-二取代脂肪族酰胺、环烷二羧酸酯以及氯甲基脂肪酸酯等也是低温性能良好的耐寒增塑剂。

2.1.3.5 耐老化性

塑化物的耐老化性与增塑剂有很大关系。塑化物在200℃左右的加工温度下，一般酯类增塑剂会发生如下的热分解[5]，如图2-2所示。

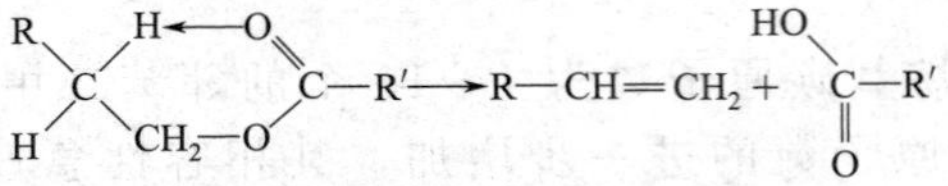

图2-2 酯类增塑剂热分解示意

单从图2-2看，似乎β-碳原子上氢原子少的醇，其热稳定性好。但实际上热稳定性为：邻苯二甲酸二正辛酯＞邻苯二甲酸二辛酯（2-乙基己醇）。这是因为叔氢原子更容易受碳基吸引而氧化分解的缘故，换言之，烷基支链多的增塑剂，耐热性就相对差些。具有支链的醇酯增塑剂的耐热性比相应的正构醇酯差。支链较多的DNP由于具有新戊基的结构，所以热稳定性和DOP相比还略好一些。在增塑剂如DIDP（邻苯二甲酸二异癸酯）、DOP（邻苯二甲酸二异癸酯）中加入抗氧剂可显著改善热稳定性。具有R^1R^2RCH碳链结构的增塑剂，因易生成叔丁基游离基，耐热性、耐氧化性差，但具有$R^3R^2R^1RC$碳链结构的增塑剂，则对热、氧都稳定，这是因为季碳原子上没有氢的缘故。

环氧增塑剂不仅可以防止制品加工时的着色，而且还能使制品得到良好的耐候性。因此环氧增塑剂又可以作为稳定剂使用。

2.1.3.6 耐久性

耐久性是指由于增塑剂（也包括其他添加剂）的挥发、抽出和迁移等的损失而引起塑料的老化。增塑剂的耐久性与增塑剂本身的分子量及分子结构有密切的关系。要得到良好的耐久性，增塑剂相对分子质量在350以上是必要的，相对分子质量在1000以上的聚酯类和苯多酸酯类（如偏苯三酸酯）增塑剂都有良好的耐久性。它们多用在电线电缆、汽车内制品等一些所谓永久性的制品上。耐久性包括耐挥发性、耐抽出性和耐迁移性。

增塑剂一般是蒸气压较低的高沸点液体，然而在聚合物加热成型以及增塑制品在储存时，在制品的表面，增塑剂还会逐渐挥发而散失，而使制品性能恶化，因此要求增塑剂的挥发性越低越好，特别是对汽车内部装饰塑料制品、电线电缆等的要求更高。分子量小的增塑剂挥发性大，同时，一般与PVC树脂相容性好的增塑剂其挥发性较大。分子内具有体积较大的基团的增塑剂，由于它们在塑化物内扩散比较困难，所以挥发性较小。聚合型增塑剂（如聚酯类）由于分子量较大，所以耐挥发性良好。如果仅从耐挥发性来考虑，增塑剂的相对分子质量最好在500以上。

在常用的邻苯二甲酸酯中DBP（邻苯二甲酸二丁酯）的挥发性最大，DIDP、DTDP[邻苯二甲酸二（十三酯）]等挥发性较小。同时正构醇的邻苯二甲酸酯的挥发性比相应的支链醇酯的挥发性要小。在环氧类中，环氧化油类的挥发性最小，环氧四氢邻苯二甲酸酯类次之，而环氧脂肪酸单酯的挥发性较大。在常用的脂肪族二元酸酯中，DOS（癸二酸二辛酯）的挥发性最小，DIDA（己二酸二异癸酯）、DIOS（癸二酸二异辛酸）次之，而DOA（己二酸二辛酯）的挥发性较大。

聚酯类、环氧化油类、DTDP、偏苯三酸酯和双季戊四醇酯类等低挥发性的耐热增塑剂，多用在电线电缆、汽车内制品等需要耐高温的地方。

耐抽出性包括耐油性、耐溶剂性、耐水和耐肥皂水性等。在增塑剂分子结构中，其烷基相对比例大些的，则被汽油或油类溶剂抽出的倾向大一些；相反，苯基、酯基多的极性增塑剂和烷基支链多的增塑剂就难被油抽出。这是因为增塑剂分子在塑化物中扩散更困难的缘故。例如在单体型增塑剂中，像 BBP（邻苯二甲酸丁苄酯）、NDP［邻苯二甲酸二（3,5,5）-三甲基己酯］、TCP（磷酸三甲苯酯）等是耐油性较好的增塑剂；相反，分子中烷基比例大的，耐水性和耐肥皂水性更良好。大部分增塑剂都难于被水抽出，所以用普通的增塑剂生产的经常与水接触的或常用水洗涤的 PVC 软制品，可以比较长期地使用。但是在常与油类接触的情况下，由于一般增塑剂易被油类抽出，所以必须使用耐油性优良的聚酯类增塑剂。

聚酯类增塑剂的性质随着所用原料（二元酸、二元醇）的不同以及端基的不同而有差异，但对其性能影响最大的仍然是分子量。高分子量的聚酯耐挥发性、耐抽出性和耐迁移性良好，但耐寒性和塑化效率较差。相对分子质量在 1000 左右的聚酯类增塑剂的耐油性较差，所以不能无视其抽出性。聚酯的端基为长链醇或脂肪酸等时，耐油性略有降低。尽管如此，一般来讲，聚酯类增塑剂是耐久性优良的增塑剂，多用于需要耐油和耐热的制品中。

增塑剂分子量大的、具有支链结构或环状结构的增塑剂是较难迁移的，如 DNP（邻苯二甲酸二壬酯）、TCP（磷酸三甲苯酯）及聚酯类增塑剂。

2.1.3.7　电绝缘性能

电性能首先要考虑所选用增塑剂的结构特点，一般来说，极性低的增塑剂化合物电绝缘性能差，因为此时聚合物分子链上的偶极自由度较大，从而使电导率增大；另外，分子内支链较多、塑化效率较差的增塑剂，电绝缘性则较好。

极性较弱的耐寒增塑剂（如癸二酸酯类），使塑化物的体积电阻降低甚多；相反，极性较强的增塑剂（如磷酸酯类）有较好的电性能。这是因为极性较弱的增塑剂允许聚合物链上的偶极有更大的自由度，从而电导率增加，电绝缘性降低；另一方面，分子内支链较多的、塑化效率差的增塑剂却有较好的电性能。例如，DNP 和 DOP 相比，使用前者时塑化物的体积电阻要低得多。支链多的 DNP、DTDP 以及 DIOP、DIDP 是电绝缘性良好的增塑剂。氯化石蜡有优良的电性能，常用于电线电缆中。

2.1.3.8　具有难燃性能

大量聚合物材料已广泛用于工农业生产与人民生活中，如建筑、交通、电气、纺织品等，许多场合都要求制品具有难燃性能。

具有阻燃性的增塑剂有磷酸酯类、氯化石蜡和氯化脂肪酸类。磷酸酯类增塑剂的最大特点是阻燃性强，广泛用作 PVC 和纤维素的增塑剂。氯化石蜡的阻燃性与含氯量有关，含氯量愈大，阻燃性愈好，但耐寒性会变差。所以作为增塑剂使用的氯化石蜡通常氯含量为 40%～50%。

2.1.3.9　安全性[6,7]

一般的增塑剂（除少数品种外）或多或少都是有一定毒性的。例如，邻苯二甲酸酯类能引起所谓肺部休克现象。允许用于食品包装的邻苯二甲酸酯类品种，各国有不同的标准。

脂肪族二元酸酯是毒性很低的一类增塑剂。如 DBS（癸二酸二丁酯）用于食品包装薄膜，对人基本上没有潜在的危险，据称是对皮肤无刺激的无毒增塑剂。含氯增塑剂中氯化石蜡基本上无毒，但氯化芳香烃比氯化脂肪烃的毒性要强得多，氯化萘损害肝脏，氯化联苯类的毒性更强，中毒后引起肝脏严重病变。环氧增塑剂是毒性较低的一类增塑剂。柠檬酸酯类增塑剂是无毒增塑剂。磷酸酯是毒性较强的增塑剂，只有磷酸二苯、2-乙基己酯（DPO）是美国食品药品管理局（FDA）允许用于食品包装的唯一的磷酸酯类增塑剂。

食品包装允许用的增塑剂，欧美各国都分别有自己的规定和限制，允许用的增塑剂品种也有差异。但美国、英国、法国、德国、意大利五国都允许使用的食品包装的增塑剂是 DOP、DBP、DBS、TBC（柠檬酸三丁酯）、环氧大豆油。

2.1.3.10　耐霉菌性强

增塑剂的组成和结构不同，受霉菌侵害的程度也不相同。从各种试验结果来看，长链的脂肪酸酯最容易受到侵害，脂肪族二元酸酯也易受侵害；反之，邻苯二甲酸酯类和磷酸酯类有强的抗菌性，特别是以酚类为原料的磷酸酯 [如 TCP、TPP（磷酸三苯酯）等] 是抗菌性强的增塑剂。而环氧大豆油特别容易成为菌类的营养源，所以也容易受到侵害。

需要说明的是，酯基 A—C—OB 与 B—C—OA 结构的增塑剂性能差别不大，酯基通常是 2~3 个，一般酯基较多，混合性、透明性较好，由伯醇合成的酯与由仲醇合成的酯相比，相容性、透明性均好。

但实际上要求一种增塑剂具备以上全部条件往往是不可能的，在多数情况下可以把两种或两种以上的增塑剂混合使用，或者是根据制品的需求、增塑剂商品的性能和市场情况，选择合适的增塑剂单独使用。

2.1.4　增塑剂的工业概况及国内外生产现状[8]

增塑技术可追溯到原始人类的发明，如黏土加水制成陶器，水是增塑剂。后来，明胶加水制软糖或甜点，水也是增塑剂；皮革用鲸油，则是最持久的增塑剂。古代人们把油类添加到沥青中作为船的嵌缝材料，油即起到增塑剂的作用。现代增塑剂工业的最直接渊源是表面涂料的开发。1856 年，巴黎的 Marius Pellen 用火桶胶加蓖麻油制成一种不渗透氢气并可用于橡胶气球的 "特殊漆"；Alexander Parkes 用低氮硝化纤维素与棉籽油或蓖麻油制成硝基漆；著名的 Paris Berard 利用硝酸纤维素与亚麻籽油及清漆混合制成有高度光泽的防水涂料，以及硝酸纤维素加焦油做屋顶涂料等，其中的蓖麻油、亚麻油和其他物质即起到增加塑性和坚韧性的作用。在工业上开始使用增塑剂是从 1868 年 Hyatt 用樟脑添加硝酸纤维素，制成可代替角质、象牙、骨骼等类似物质的特殊物质——赛璐珞。由于这种产品对未来的产品开发有深刻的影响，所以赛璐珞通常被认为是现代塑料和增塑剂工业的起点，也由此才开始产生了现代关于增塑剂和增塑作用的概念。而从 1933 年聚氯乙烯工业化生产以来，增塑剂工业才得到急速的发展。

伴随塑料等工业的快速发展，增塑剂的品种、产量、质量也有了大幅度的进步。目前，除已知的有工业意义的 500 多种增塑剂外，最近又出现了由生产厂家提供的 1200 多种特殊增塑剂以及大量的适于用作增塑剂的化合物[9]。

当前，增塑剂是塑料助剂中产能与消费量最大的品种。全世界的生产能力约为 700 多万吨。北美、欧洲和日本的消费量约占全球消费量的 60%，其余 40% 消费量分布在亚洲、拉丁美洲、南非和中东地区（见表 2-1）。

表 2-1　世界增塑剂产量地区分布情况

地区	1998 年		2004 年		地区	1998 年		2004 年	
	产量/千吨	比例/%	产量/千吨	比例/%		产量/千吨	比例/%	产量/千吨	比例/%
北美	1.130	22.2	1.440	18.8	亚洲	2.130	41.8	3.600	47
欧洲	1.630	32	2.290	29.9	合计	5.100	96	7.330	95.7

美国是增塑剂产量及消耗量较大的国家，2003 年生产能力达到 126.5 万吨[10]（其他年份产量见表 2-2），其增塑剂生产厂有 40 余个，由 6 家大企业直接控制着增塑剂市场；其余的小企业以专用增塑剂见长。美国生产的增塑剂除了满足其国内需求外，其余用于出口。西欧的增塑剂市场继美国之后跃居首位（见表 2-3）。

表 2-2　美国增塑剂产量　　　　　　　　　　　　　　　　　　　单位：万吨

品种	1979年	1983年	1986年	1990年	1992年	1994年	2002年
邻苯二甲酸酯	60.25	53.12	53.35	57.0	57.39	63.84	66.9
DOP	13.67	12.89	12.62	12.24	11.35	11.80	
DIDP	7.95	7.17	6.86	9.13	10.67	10.90	
DINP	7.95	7.26	7.63	9.35	8.99	9.76	
DBP	0.77	0.91	1.09	0.77	0.64	0.64	
DOTP	—	0.91	1.0	1.23	1.73	2.27	
DUP	—	0.91	1.09	1.59	1.50	1.82	
直链 $C_4 \sim C_{11}$ 酯		11.35	10.44	7.76	8.90	11.80	
脂肪酸酯	3.45	3.63	5.77	6.4	6.04	6.72	8.4
DOA	2.12	1.01	2.12	2.42	2.24	2.36	
环氧增塑剂	5.40	5.32	4.99	5.0	5.0	5.27	5.4
ESO	3.26	4.42	4.22	4.31	4.31	4.54	
偏苯三酸酯	1.59	1.82	2.45	2.32	2.68	3.22	4.6
聚酯增塑剂	2.54	2.59	2.13	2.22	2.41	2.45	3.6
乙二醇酯	1.29	0.58	1.59	1.68	1.82	1.77	
磷酸酯	3.09	2.63	2.77	3.09	3.09	3.31	2.5
环状	2.45	2.00	2.09	2.45		2.63	
无环状	0.64	0.64	0.68	0.64		0.68	
苯甲酸酯							3.8
其他	2.27	1.32	5.45	6.58	7.13	8.62	2.7
合计	78.59	70.93	76.91	82.61	83.74	91.43	97.9

注：DINP 为邻苯二甲酸二异壬酯；DOA 为己二酸二（2-乙基）己酯；ESO 为环氧大豆油；DOTP 为对苯二甲酸二辛酯。其他缩略语含义见正文。

表 2-3　2002 年西欧各类增塑剂产量

增速剂类型	产量/千吨	所占比例/%	增速剂类型	产量/千吨	所占比例/%
邻苯二甲酸酯	1227	81.1	聚合物类	41	2.7
邻苯二甲酸 $C_9 \sim C_{10}$ 酯	541	35.8	己二酸酯类	31	2.0
邻苯二甲酸 C_8 酯	350	23.2	磷酸酯类	30	2.0
邻苯二甲酸 C_4 酯	105	6.9	偏苯三酸酯类	22	1.5
线性邻苯二甲酸酯	70	4.6	苯甲酸酯类	10	0.7
邻苯二甲酸苄基酯	59	3.9	柠檬酸酯类	4	0.3
其他	102	6.7	其他	58	3.8
环氧类	90	5.9	合计	1513	100

　　日本每年消耗的增塑剂为 50 万吨，仅次于美国（见表 2-4），其中邻苯二甲酸酯类约占 84%。1988 年增塑剂产量为 49.60 万吨，1989 年为 52.72 万吨，1990 年为 54.27 万吨[8]。日本由于生产增塑剂的原料辛醇及苯酐比较短缺，所以 DOP 的产量一直增加缓慢。1990 年生产 29.54 万吨，比 1989 年的 29.22 万吨仅增加了 1%；而实际消耗 31.2 万吨，比 1989 年增加 3%，不足部分靠进口解决。

　　我国增塑剂的生产始于 20 世纪 50 年代中期，1980 年总生产能力为 15 万吨，1993 年为 30.9 万吨[11]，2006 年已达 70 万吨左右。其中邻苯二甲酸酯类为 65.2 万吨，占增塑剂总量的 73%（见表 2-5），2008 年我国的工业增塑剂生产能力已达 130 万吨/年，但其中约 85% 以上是邻苯酯类增塑剂，并且多数以 DOP、DBP 等为主要品种；而非邻苯酯类的增塑剂不到总产量的 15%，其中生物可降解和以生物为原料的增塑剂产品极少，无法满足 PVC 塑料加工业对增塑剂无毒、生物可降解、环保等多功能的要求。

表 2-4　日本增塑剂生产、销售情况

| 品种 | 2002 年/t | | | | 2003 年/t | | | | 与上年比/% | |
	生产量	构成比	销售量	构成比	生产量	构成比	销售量	构成比	生产量	销售量
邻苯二甲酸系	381755	87.5	382072	87.9	379478	86.9	384933	87.9	99.4	100.7
DBP	4135	1.0	5387	1.2	3283	0.8	4095	0.9	79.4	76.0
DOP	250529	57.4	252949	58.2	248546	56.9	252182	57.6	99.2	99.7
DINP	100040	22.9	97080	22.3	100758	23.1	101938	23.3	100.7	105.0
DIDP	11458	2.6	10756	2.6	11024	2.5	11144	2.6	96.2	103.6
其他	15593	3.6	15900	3.7	15867	3.6	15574	3.6	101.8	97.9
硝酸系	18703	4.3	20971	4.8	21783	5.0	22868	5.2	116.5	109.0
己二酸系	20136	4.6	20170	4.7	19626	4.5	19342	4.4	97.5	95.9
环氧系	15558	3.6	11307	2.6	15577	3.6	10701	2.5	100.1	94.6
合计	436152	100.0	434520	100.0	436464	100.0	437844	100.0	100.1	100.8

注：日本化学工业年鉴 2004 年版。

表 2-5　我国增塑剂产量发展情况/千吨

品种	1987 年	1989 年	1991 年	1993 年	1995 年	1996 年	1997 年	1998 年
邻苯二甲酸酯	182.16	161.83	259.58	225.3	250.1	252	293	259
DBP	92.37	55.21	88.17	85.15	78	77	70	70
DOP	84.2	102.66	169.88	139.16	172	172	182	189
其他	5.59				0.1	3.0	41	
对苯二甲酸酯	1.97	6.63	8.74	6.51	1.3	0.6	0.6	1
脂肪族二元酸	3.68	3.34	2.39	0.9	4.2	2.5	3.0	1.7
烷基磺酸酯	16.41	10.02	16.85	5.97	28.8	10.1	3.7	1.3
环氧酯	3.19	1.84	1.38	1.45	0.4	0.7	0.5	5
氯化石蜡	31.1	30.07	40.49	40.19	50	45	50	46
磷酸酯	1.8	1.62	1.78	1.19	2.0	1.2	1.3	1
其他	36.99	30.62	21.33	27.57	57.5	87	99	67
合计	277.3	245.97	352.54	309.08	394.3	399.1	451.1	382
品种	1999 年	2000 年	2001 年	2002 年	2003 年	2004 年	2005 年	2006 年
邻苯二甲酸酯	328	542	463.81	509.9	562.3	448.6	608.6	652.5
DBP	71	53	86.81	85.2	73.42	61.326	50.8	47.6
DOP	212	418	346.41	379.4	445.5	334.9	497.0	522.4
其他	45		30.59	45.3	43.38		60.8	82.5
对苯二甲酸酯	1.9	2.6	2.84	4.0	0.44	1.478	1.6	
脂肪族二元酸	1.2	0.6		1.4	2.52	1.9		
烷基磺酸酯	0.7	1						
环氧酯	8							
氯化石蜡	42	4						
磷酸酯	1.5	2.5						
其他	72	2		0.4	5.84	0.572	1.3	20.1
合计	455.3	562.7	466.65	515.7	571.1	452.55	611.5	672.6

　　2011 年我国增塑剂总产量已突破 300 万吨/年增塑剂中传统邻苯酯类用量最大，主要采用苯酐和脂肪醇在质子酸催化下经酯化作用生产相应的邻苯酯类化合物，约占增塑剂总产量的 80%，但其致癌嫌疑和毒性引起了全球各界的密切关注[12~14]，欧盟及美国等国家对传统增塑剂产品的性能、应用领域制品的安全性进行了系统的考察，并制定了一系列法律法规限制其在儿童玩具、医用塑料等领域的用量及使用，同时随着石油资源的日益衰竭及人们对环境、卫生及产品性能要求的日益提高，无毒、环保、可生物降解、高效及多功能的塑料助剂成为合成增塑剂的热点。

增塑剂的环境污染和对人类健康的危害是人们长期关注的课题。环境中的微量增塑剂是一种扰乱生态平衡和损害人体健康的污染物。许多国家都规定了环境中允许增塑剂存在的最低值，并对增塑剂的安全使用制定了严格规定。欧盟已于 2005 年 7 月决定在市场上禁止销售含邻苯二甲酸酯的软 PVC 婴儿口咬玩具；美国食品药品管理局（FDA）根据联邦法规准则制定了生产食品及其包装材料时允许使用的物质，其中对那些能直接使用的增塑剂都有明确的具体要求和限制[15]。欧盟管理条例也对可用于食品中的增塑剂有具体规定[12]。这些条例都迫使人们着眼于增塑剂的安全卫生与环境污染。

2.2 增塑机理[16]

关于增塑剂的作用机理已经争论了近半个世纪。曾有人用润滑[17]、凝胶[18]、自由体积[19]等理论来给予解释。

润滑理论认为：增塑剂是起界面润滑剂的作用，聚合物能抵抗形变而具有刚性，是因为聚合物大分子间具有摩擦力（作用力），增塑剂的加入能促进聚合物大分子间或链段间的运动，甚至当大分子的某些部分缔结成凝胶网状时，增塑剂也能起润滑作用而降低分子间的"摩擦力"，使大分子链能相互滑移。换言之，增塑剂产生了"内部润滑作用"。这个理论能解释增塑剂的加入使聚合物黏度减小、流动性增加，易于成型加工，以及聚合物的性质不会明显改变的原因。但单纯的润滑理论，还不能说明增塑过程的复杂机理，而且还可能与塑料的润滑作用原理相混淆。

凝胶理论认为聚合物（主要指无定形聚合物）的增塑过程是使组成聚合物的大分子力图分开，而大分子之间的吸引力又尽量使其重新聚集在一起的过程，这样"时开时集"构成一种动平衡。在一定的温度和浓度下，聚合物大分子间的"时开时集"，造成分子间存在若干物理"连接点"，这些"连接点"在聚合物中不是固定的，而是彼此不断接触"连接"，又不断分开。增塑剂的作用是有选择地在这些"连接点"处使聚合物溶剂化，拆散或隔断物理"连接点"，并把使大分子链聚拢在一起的作用力中心遮蔽起来，导致大分子间的分开。这一理论更适用于增塑剂用量大的极性聚合物的增塑。而对于非极性聚合物的增塑，由于大分子间的作用力较小，认为增塑剂的加入，只不过是减少了聚合物大分子缠结点（连接点）的数目而已。

自由体积的理论则认为：增塑剂加入后会增加聚合物的自由体积。而所有聚合物在玻璃化转变温度 T_g 时的自由体积是一定的，而增塑剂的加入，使大分子间距离增大，体系的自由体积增加，聚合物的黏度和 T_g 下降，塑性加大了。显然，增塑的效果与加入增塑剂的体积成正比。但它不能解释许多聚合物在增塑剂量低时所发生的反增塑现象等。

上述三种理论虽各在一定范围内解释了增塑原理，但迄今还没有一套完整的理论来解释增塑的复杂原理。现就普遍被认为的理论介绍如下。

高分子材料的增塑，是由于材料中高聚物分子链间聚集作用的削弱而造成的。增塑剂分子插入到聚合物分子链之间，削弱了聚合物分子链间的引力，结果增加了聚合物分子链的移动性，降低了聚合物分子链的结晶度，从而使聚合物塑性增加。

在聚合物分子间存在着以下几种作用力。

2.2.1 范德华力

一种永远存在于聚合物分子间或分子内非键合原子间的较弱的作用范围很小的引力。它具有加和性，故有时很大，以致对增塑剂分子插入聚合物分子间的妨碍较大。范德华力包括以下三种力。

（1）色散力 存在于一切分子中，它是由于微小的瞬间偶极的相互作用，使靠近的偶极处于异极相邻状态而产生的一种吸引力。这种力在非极性分子体系中较为严重。

（2）诱导力 存在于极性分子与非极性分子之间的一种力。当极性分子与非极性分子相互作用时，非极性分子中被诱导产生了诱导偶极，这种诱导偶极与极性分子固有偶极间所产生的吸引力称为诱导力。

（3）取向力 存在于极性分子间的一种力。当极性分子相互靠拢，由于固有偶极的取向而引起分子间的一种作用力叫取向力。

2.2.2 氢键

在很多化合物中，氢原子可同时和两个负电性很大而原子半径较小的原子（如 F、O、N 等）相结合，这种结合叫氢键。氢键是一种比较强的分子间作用力，它会妨碍增塑剂分子的插入，特别是氢键数目较多的聚合物分子很难增塑。

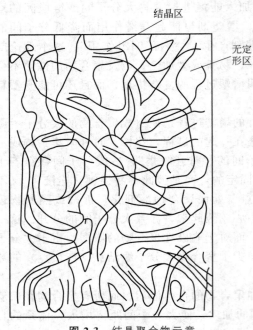

图 2-3　结晶聚合物示意

聚合物分子间的作用力大小取决于聚合物分子链中各基团的性质。具有强极性的基团，分子间作用力大；而具有非极性的基团，则分子间作用力小。聚合物的极性大小按下列顺序排列：聚乙烯醇＞聚醋酸乙烯酯＞聚氯乙烯＞聚丙烯＞聚乙烯。

2.2.3 结晶

有些聚合物的分子链中虽无极性基团，分子不显极性，但这些聚合物链状分子能从卷绕的、杂乱无章的状态变成紧密折叠成行的有规度状态。这时结晶就会产生，分子链间的自由空间变得更小，距离更短，作用力更大。此时增塑剂分子要进入聚合物分子间就更为困难。而一般条件下，工业生产的聚合物不可能是完全结晶的，往往是结晶区穿插在无定形区内的，如图 2-3 所示。

综上所述，当聚合物中加入增塑剂时，在聚合物-增塑体系中，存在着如下几种作用力：聚合物分子与聚合物分子间的作用力（Ⅰ）；增塑剂本身分子间的作用力（Ⅱ）；增塑剂与聚合物分子间的作用力（Ⅲ）。

通常，增塑剂系小分子，故Ⅱ很小，可不考虑。关键在于Ⅰ的大小。若是非极性聚合物，则Ⅰ小，增塑剂易插入其间，并能增大聚合物分子间距离，削弱分子间作用力，起到很好的增塑作用；反之，若是极性聚合物，则Ⅰ大，增塑剂不易插入。需通过选用带极性基团的增塑剂，让其极性基团与聚合物的极性基团作用，代替聚合物极性分子间作用，使Ⅲ增大，从而削弱大分子间的作用力，达到增塑目的。具体来讲，增塑剂分子插入聚合物大分子间，削弱大分子间的作用力而达到增塑，有三种作用形式。

（1）隔离作用 非极性增塑剂加入到非极性聚合物中增塑时，非极性增塑剂的主要作用是通过聚合物-增塑剂间的"溶剂化"作用，来增大分子间的距离，削弱它们之间本来就很小的作用力。许多实验数据指出，非极性增塑剂对降低非极性聚合物的玻璃化转变温度 T_g，是直接与增塑剂的用量成正比的，用量越大，隔离作用越大，T_g 降低越多（但有一定范围）。其关系式可以表示为：

$$\Delta T_g = BV$$

式中，B 为比例常数；V 为增塑剂的体积分数。

由于增塑剂是小分子，其活动较大分子容易，大分子链在其中的热运动也较容易，故聚合物的黏度降低，柔软性等增加。其作用机理可用图 2-4 表示。

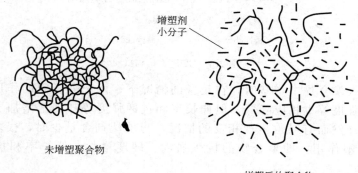

图 2-4 非极性增塑剂对非极性聚合物增塑作用的示意

（2）相互作用 极性增塑剂加入到极性聚合物中增塑时，增塑剂分子的极性基团与聚合物分子的极性基团"相互作用"，破坏了原聚合物分子间的极性连接，减少了连接点，削弱了分子间的作用力，增大了塑性。

其增塑效率与增塑剂的摩尔数成正比：

$$\Delta T_g = Kn$$

式中，K 为比例常数；n 为增塑剂的摩尔数。

其增塑原理见图 2-5。

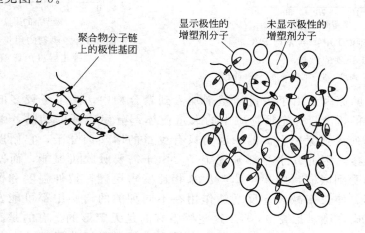

图 2-5 极性增塑剂对极性聚合物增塑作用的示意

（3）遮蔽作用 非极性增塑剂加到极性聚合物中增塑时，非极性的增塑剂分子遮蔽了聚合物的极性基团，使相邻聚合物分子的极性基不发生或很少发生"作用"，从而削弱聚合物分子间的作用力，达到增塑目的。其增塑原理类似于图 2-1。

上述三种增塑作用不可能截然划分，事实上在一种增塑过程中，可能同时存在着几种作用。例如，以 DOP（如图 2-6）增塑 PVC，在升高温度时，DOP 分子插入到 PVC 分子链间，一方面 DOP 的极性酯基与 PVC 的极性基"相互作用"，彼此能很好互溶，不相排斥，从而使 PVC 大分子间作用力减小，塑性增加；另一方面 DOP 的非极性亚甲基夹在 PVC 分子链间，把 PVC 的极性基遮蔽起来，也减少了 PVC 分子链间的作用力。这样在加工变形时，链的移动就容易了。

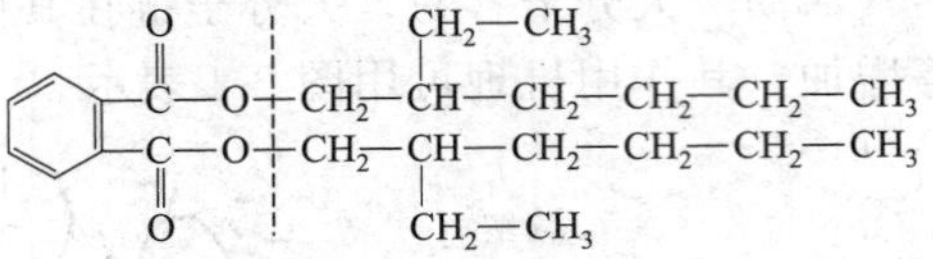

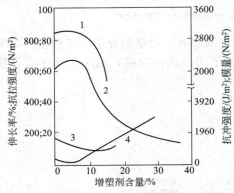

图 2-6　DOP 的结构式

当增塑剂加入聚合物中增塑时，在正常的情况下，由于分子间的作用力降低，因此弹性模量、抗张强度等也相应降低，但伸长率和抗冲强度等却随之增加（如图 2-7）。这种情况是正增塑。然而有时也出现相反的情况，当增塑剂含量少时，很多增塑剂却对一些聚合物起反增塑作用。即聚合物的抗张强度、硬度增加，伸长率和抗冲击强度下降（如图 2-8 所示）。

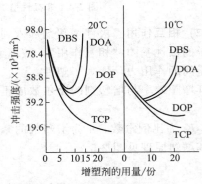

图 2-7　增塑剂（DOP）含量对 PVC 机械
强度的影响

1—模量；2—抗拉强度；3—抗冲强度；4—伸长率

图 2-8　增塑剂的用量对 PVC
冲击强度的影响

产生反增塑的原因是由于少量增塑剂加入到聚合物中，产生了较多的自由体积，增加了大分子移动的机会，无定形物质中的大量流体部分生成新的结晶，因此许多树脂变得有序，而且排列得更紧密。此时，因为只有少量的增塑剂分子，它们以各种力（包括氢键）与树脂连接，因此几乎全部被固定了。由于需要吸收机械能，而使少量的聚合物分子的自由移动受到限制，结果树脂与原来相比变得更硬，拉伸强度和模量都增大，但耐冲击性能变坏、伸长率减少。反增塑作用在不同种类的树脂中都可能发生，如聚甲基丙烯酸甲酯、聚碳酸酯、尼龙 66 等。这些树脂有的是无定形的，有的是高度结晶的。氢键、范德华力、位阻和局部增大的分子有序排列，都限制了分子链的自由移动，而并不一定仅由结晶度所限制。

为了克服初始易产生的反增塑作用，对增塑效果差的增塑剂，加入量不妨大些；但增塑效果良好的增塑剂，如邻苯二甲酸二辛酯在 PVC 中添加少量，就可变反增塑为正增塑。目前人们正在对这种通常认为有害的反增塑作用进行研究，以便为有些需很好增塑的聚合物提供借鉴，并设法对反增塑加以利用。如把富有极性基和环状结构的化合物——氯化联苯、硝化联苯、聚苯基乙二醇和松香酸衍生物等作为聚碳酸酯的反增塑剂，用以降低其伸长率，提高抗张强度等。有关聚合物的增塑和反增塑见图2-9。

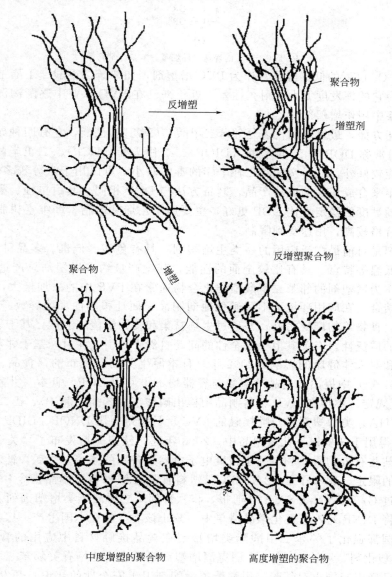

图 2-9 聚合物的增塑与反增塑示意

这里必须指出，不是每种塑料都需要增塑，如聚酰胺、聚苯乙烯、聚乙烯和聚丙烯就不需要增塑；而硝酸纤维素、醋酸纤维素、聚氯乙烯等常需要增塑。使用增塑剂最多的是聚氯乙烯。

2.3 增塑剂的化学及工艺

此部分将按增塑剂的化学结构分类进行介绍。

2.3.1 邻苯二甲酸酯

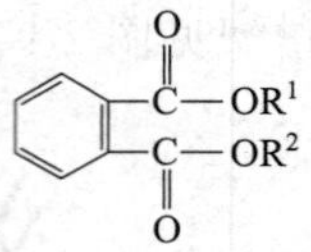

R¹、R² 是 C₁～C₁₃ 的烷基、环烷基、苯基、苄基等

R^1、R^2 为 C_5 以下的低碳醇酯常作为 PVC 增塑剂，如邻苯二甲酸二丁酯是分子量最小的增塑剂，因为它的挥发度太大、耐久性差，近年来已在 PVC 工业中逐渐淘汰，而转向于黏合剂和乳胶漆中用作增塑剂。

在高碳醇酯方面，最重要的代表是邻苯二甲酸二(2-乙基)己酯，它有四种异构体：二辛酯（DEHP，通常称 DOP）、二异辛酯（DIOP）、二仲辛酯（DCP）、二正辛酯（DNOP）。它们除综合性能较好外，二异辛酯和二仲辛酯的毒性较小，可以用于水分较多的食品包装。二正辛酯是近年来合成正醇的成功产品，制备方法与 DOP 相同，其耐旱性、耐候性、耐挥发性及对增塑糊黏度的稳定性比 DOP 更好，主要用于乙烯基树脂、纤维素树脂和合成橡胶的增塑剂。但价格较高，用途受到限制。

这类增塑剂是目前最广泛应用的一类主增塑剂，具有色浅、低毒、多品种、电性能好、挥发性小、耐低温等特点，具有比较全面的性能，其生产量约占增塑剂总产量的 80%。应当指出的是，作为增塑剂的邻苯二甲酸酯类化合物通常在 PVC 中的添加量大，且以溶剂化的形式与树脂结合，在应用环境下不可避免地向制品表面迁移和向环境释放[20]，进而造成对土壤、水体、食物等的广泛污染，并通过生物富集和食物链侵入人体。基于邻苯二甲酸酯类增塑剂应用的广泛性，有关其卫生安全性的问题自然十分引人注目。基于邻苯二甲酸酯产生的环境问题和对人体健康的影响，2002 年，日本厚生劳动省发布的《食品、添加物等规格的修正》（267 号）中提出，食品的包装与容器均不得使用 DOP。日本《儿童玩具标准》、《食品卫生法》规定，不得在 PVC 塑料制品中检出磷酸三甲苯酯（TCP）、己二酸二(2-乙基己基）酯（DEHA）类增塑剂；与嘴接触的 PVC 玩具不得使用 DNOP、DIDP 或 DINP；含PVC 的材料不得用于 3 岁以下儿童用品中。2003 年起，欧盟先后发布了《关于电气电子设备中限制使用某些有害物质》和《关于报废电子电器设备》的条令。之后，针对邻苯二甲酸酯类的迁移量的限定，颁布了 2002/72/EC《塑料食品接触材料及制品指令》[21]。2005 年，美国环保署通过 G/TBT/N/USA/122 通报，将六种邻苯二甲酸酯类增塑剂列入重点控制的黑名单中，并将 DINP 列入有害化学品清单中，禁止该类产品在本国生产[22]。进入 21 世纪以后，世界各国都强化了邻苯二甲酸酯类增塑剂在食品接触材料中应用的管理。在国内，2011 年台湾"塑化剂"风波和 2012 年酒鬼酒增塑剂超标连续两场有关邻苯二甲酸酯类增塑剂的事件无疑已经引起国人对邻苯二甲酸酯类增塑剂卫生安全性的认识，开发和研究环保、安全、卫生的增塑剂迫在眉睫。

邻苯二甲酸酯的制备，一般是由邻苯二甲酸酐与一元醇直接酯化而成，如图 2-10 所示。采用不同的一元醇，可以制得各种不同的邻苯二甲酸酯。

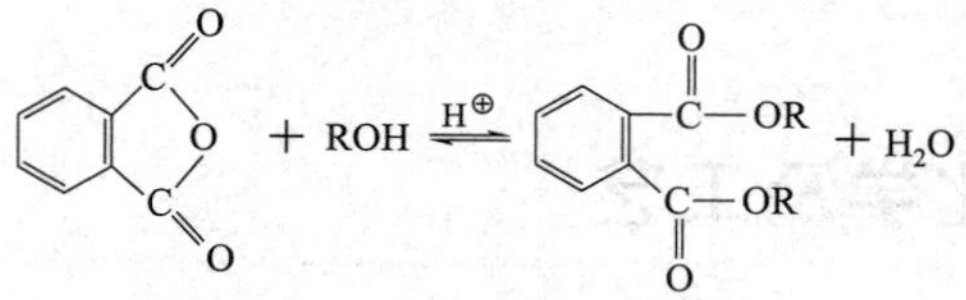

邻苯二甲酸酐　一元醇　　邻苯二甲酸酯

图 2-10　邻苯二甲酸酯的制备

邻苯二甲酸酐酯化，一般是在酸性催化剂的作用下进行的。常用的酸有硫酸、对甲苯磺酸、磷酸等。但酸性催化剂比较容易引起副反应，致使所制得的增塑剂着色，所以近来有人研究用非酸性催化剂，如氧化铝、氢氧化铝等进行酯化，据说效果很好[23]。

2.3.1.1　邻苯二甲酸二辛酯的制备及工艺[24]

邻苯二甲酸二(2-乙基)己酯是由苯酐和 2-乙基己醇在硫酸催化下减压酯化而成，如图 2-11 所示。

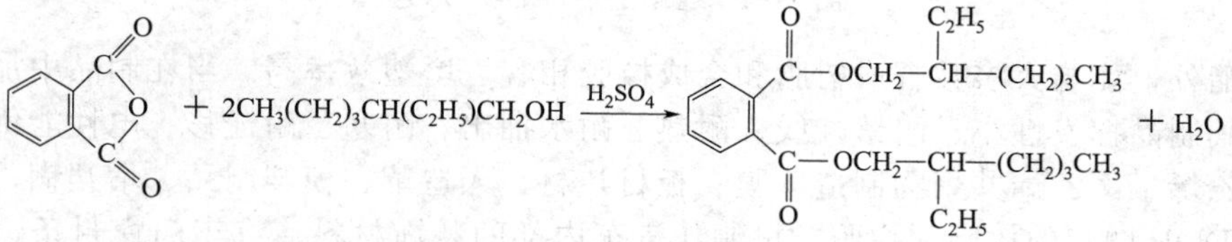

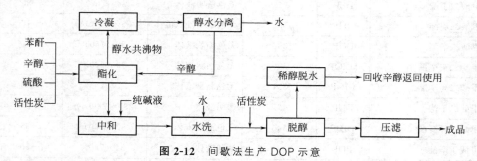

图 2-11　邻苯二甲酸二(2-乙基)己酯的制备

工业过程有间歇法和连续法两种。

（1）间歇法　苯酐与辛醇以 1∶2（重量）的比例，在 0.25%～0.3% 浓 H_2SO_4 催化作用下，于 150℃ 左右进行酯化。酯化在减压下进行，真空度约需 700mmHg❶。酯化时间约 3h，酯化时同时加入总物料量 0.1%～0.3% 的活性炭，粗酯经过 5% 左右的碱液中和，再以 80～85℃ 热水洗涤，分离后的粗酯在 130～140℃、真空度不低于 700mmHg 条件下进行脱醇，脱醇后的粗酯再以直接蒸汽脱除低沸物。必要时可在脱醇时补加一定量的活性炭。粗酯最后经压滤即得成品，为了获得质量更佳的产品，可将脱醇后的粗酯进行蒸馏，再经过滤。其工艺流程示意如图 2-12 所示。

图 2-12　间歇法生产 DOP 示意

间歇法操作简单，投资少。适合多品种小规模的生产和试生产。但产量小，质量不稳定，劳动强度大。

（2）连续法　苯酐与辛醇（重量比 1∶1.6）在硫酸（0.5%）催化下于 ≤120℃ 进行单酯化。单酯液连续进入酯化塔，在 130～150℃、真空度 ≥700mmHg 条件下进行连续酯化，粗酯液以 1/5 体积的 50℃ 水进行酸性水洗，然后以 2%～3% 的纯碱液于 60～70℃ 进行连续中和，中和后的粗酯液以 1∶1（体积比）70～80℃ 水洗涤，往水洗后的粗酯中加入 0.1% 活性炭，在真空度 730mmHg、预热温度 150℃ 的条件下进行连续脱醇，脱醇后的粗酯在 100～120℃ 压滤得产品。其工艺流程示意如图 2-13 所示。

连续法劳动强度小，生产效率高，产品质量稳定，适合单品种大批量生产。综合效益好，是目前生产 DOP 技术最先进的生产方法，但投资较大。

DOP 是塑料加工中使用最广泛的主增塑剂，具有优良的综合性能。除乙酸纤维素和聚

---

❶　1mmHg＝133.322Pa，全书余同。

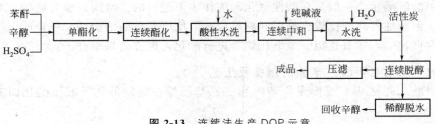

图 2-13 连续法生产 DOP 示意

乙酸乙烯酯外，能与大多数合成树脂和合成橡胶相容，增塑效率高。当在制品中加入25%～40%时，其制品挥发性小、耐紫外线、耐热、耐水抽出、耐寒、耐迁移、电性能优良。广泛用于聚氯乙烯、氯乙烯共聚物制造薄膜、板材片材、人造革、模塑制品、增塑糊、电线电缆包皮。用 DOP 增塑的树脂和橡胶，可制作汽车内部的装饰材料、汽车门窗封条，火车上的扶手、靠背，鞋中的按摩垫[25]、路面标线[26]、汽车车身防脆涂料、反光路标涂料、保护露天设备的涂料。

其他邻苯二甲酸酯类的制备及工艺与 DOP 的制备方法类似。

常见的邻苯二甲酸酯类增塑剂见表 2-6。

表 2-6 常见的邻苯二甲酸酯类增塑剂

化学名称	商品名称	相对分子质量	外观	沸点/℃(mmHg)	凝固点/℃	闪点/℃
邻苯二甲酸二甲酯	DMP	194	无色透明液体	282(760)	0	151
邻苯二甲酸二乙酯	DEP	222	无色透明液体	298(760)	−40	153
邻苯二甲酸二丁酯	DBP	278	无色透明液体	340(760)	−35	170
邻苯二甲酸二庚酯	DHP	362	无色透明油状液体	235～240(10)	−46	193
邻苯二甲酸二辛酯	DOP	390	无色油状液体	387(760)	−55	218
邻苯二甲酸二正辛酯	DNOP	390	无色油状液体	390(760)	−40	219
邻苯二甲酸二异辛酯	DIOP	391	无色黏稠液体	229(5)	−45	221
邻苯二甲酸二壬酯	DNP	439	透明液体	230～239(5)	−25	219
邻苯二甲酸二异癸酯	DIDP	446	无色油状液体	420(5)	−35	225
邻苯二甲酸丁辛酯	BOP	334	油状液体	340(740)	−50	188
邻苯二甲酸丁苄酯	BBP	312	无色油状液体	370(760)	−35	199
邻苯二甲酸二环己酯	DCHP	330	白色结晶状粉末	220～228(760)	65	207
邻苯二甲酸二仲辛酯	DCP	391	无色黏稠液体	235(5)	−60	201
邻苯二甲酸二(十三酯)	DTDP	531	黏稠液体	28～290(4)	−35	243
丁基邻苯二甲酰甘醇酸丁酯	BPBG	336	无色油状液体	219(5)	−35	199

直链醇的邻苯二甲酸酯与许多聚合物都有良好的相容性，且挥发性低、低温性能好，是一类性能十分优良的通用型增塑剂。随着石油化工的发展，近年来，原料直链醇或混合的准直链醇日益丰富，且准直链醇的价格也较低廉。因而直链醇的邻苯二甲酸酯发展十分迅速，广泛地用在汽车内制品、电线、电缆和食品包装等方面。

近年来，由于发现用从椰子油提取的混合醇制备的酯呈现较好的综合性能，因而着力研究用 C_6～C_{10} 之间的混合醇来生产增塑剂。如邻苯二甲酸系列的 710（C_7～C_{10}）酯、711（C_7～C_{11}）酯和911（C_9～C_{11}）酯等，其含直链率在60%～80%之间，以正构醇酯为主体，在性能和价格上都可以和 DOP 相竞争。

2.3.1.2 邻苯二甲酸酯的主要原料来源[27]

邻苯二甲酸酯的原料是邻苯二甲酸酐和醇。

(1) 邻苯二甲酸酐的制备　邻苯二甲酸酐可由萘及二甲苯氧化得到。

1926 年采用萘的气固相催化氧化法制取邻苯二甲酸酐，如图 2-14 所示。所用催化剂是多孔型 V_2O_5-K_2SO_4-SiO_2，接触时间为 4～5s，反应温度 360～370℃，苯酐理论收率为 81.3%～84.8%，重量收率为 94%～98%。

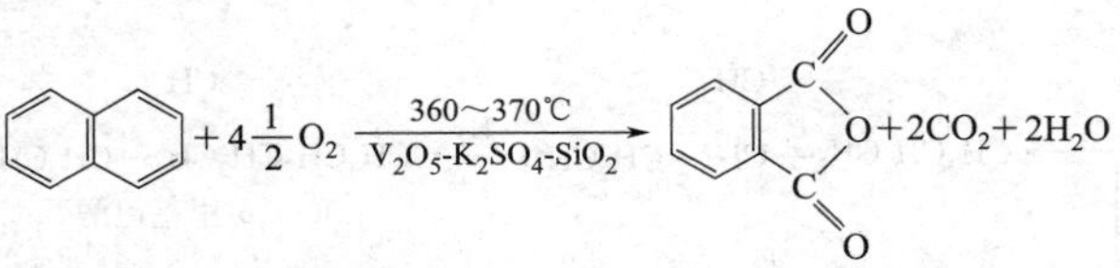

图 2-14　萘的气固相催化氧化法制取邻苯二甲酸酐

焦油萘的资源有限，石油萘价格较贵，于是发展了邻二甲苯氧化制邻苯二甲酸酐的工艺。由此工艺生产的苯酐已占世界总量的 80%，较先进的生产装置其单线生产能力已达 4万吨/年。采用气固相接触催化氧化固定床氧化器，V_2O_5-TiO_2 为主催化剂，收率可达 82.8%，重量收率可达 109%。

(2) 醇的制备　邻苯二甲酯类所用的醇多为长碳链脂肪族一元醇，其制备方法主要有羰基合成法、烷基铝法和酯高压氢化法。

利用羰基合成法，可以使丰富的石油化工产品如丙烯、异丁烯等转变为许多中级和高级一元醇。例如，以丙烯为原料，利用羰基合成法，可以制得正丁醛和异丁醛，进一步可以合成正丁醇和异丁醇，如图 2-15 所示。

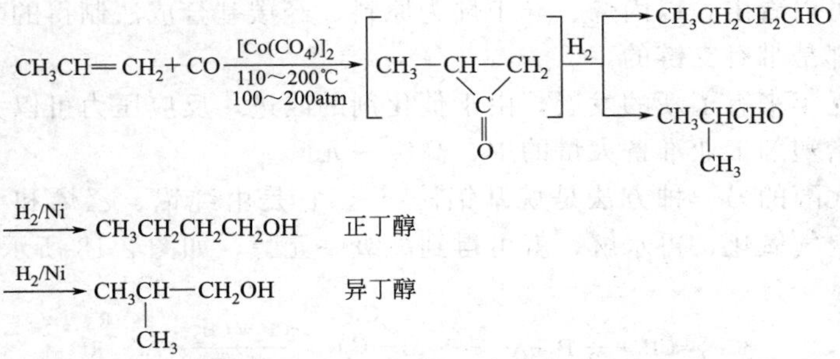

图 2-15　羰基合成法制备正丁醇和异丁醇

1atm＝101325Pa

正丁醛经羟醛缩合反应、脱水、加氢，就得到 2-乙基己醇，也是工业中习惯上所称的"辛醇"，如图 2-16 所示。

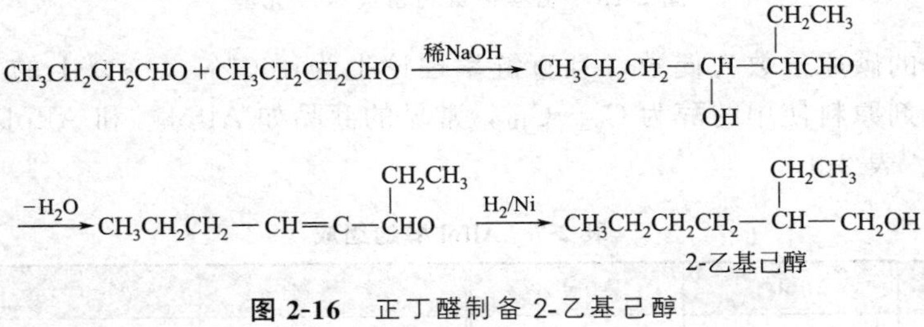

图 2-16　正丁醛制备 2-乙基己醇

采用不同烯烃进行羰基合成可得到不同的醇，如丙烯二聚则得 2-甲基-1-戊烯，然后羰基合成、加氢就可以得到 3-甲基己醇和 2,2-二甲基戊醇，如图 2-17 所示。

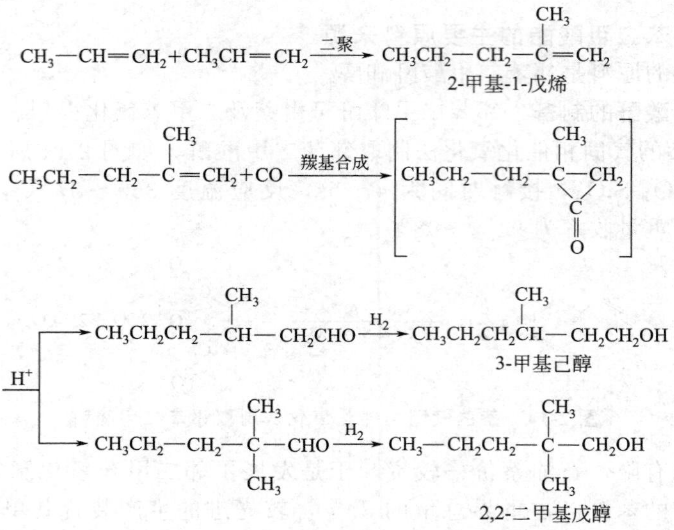

$$CH_3-CH=CH_2 + CH_3CH=CH_2 \xrightarrow{二聚} CH_3CH_2-CH_2-\overset{\overset{\displaystyle CH_3}{|}}{C}=CH_2$$
2-甲基-1-戊烯

$$CH_3CH_2-CH_2-\overset{\overset{\displaystyle CH_3}{|}}{C}=CH_2 + CO \xrightarrow{羰基合成} \left[CH_3CH_2-CH_2-\overset{\overset{\displaystyle CH_3}{|}}{\underset{\underset{\displaystyle O}{\parallel C}}{C}}-CH_2 \right]$$

$$\xrightarrow{H^+}$$

$$\longrightarrow CH_3CH_2-CH_2-\overset{\overset{\displaystyle CH_3}{|}}{CH}-CH_2CHO \xrightarrow{H_2} CH_3CH_2CH_2\overset{\overset{\displaystyle CH_3}{|}}{CH}-CH_2CH_2OH$$
3-甲基己醇

$$\longrightarrow CH_3CH_2-CH_2-\overset{\overset{\displaystyle CH_3}{|}}{\underset{\underset{\displaystyle CH_3}{|}}{C}}-CHO \xrightarrow{H_2} CH_3-CH_2CH_2-\overset{\overset{\displaystyle CH_3}{|}}{\underset{\underset{\displaystyle CH_3}{|}}{C}}-CH_2OH$$
2,2-二甲基戊醇

图 2-17 由丙烯制备 3-甲基己醇和 2,2-二甲基戊醇

3-甲基己醇和 2,2-二甲基戊醇的混合物可以直接用来作为合成增塑剂的原料,这就是一般所称的"庚醇"。

与此类似,丙烯三聚,再经羰基合成、加氢,就得到癸醇(也叫异癸醇)。丙烯四聚,再经羰基合成、加氢,就得到"十三醇"。而异丁烯二聚,再经羰基合成、加氢,则得到"壬醇"。

由以上反应可以看出,以丙烯、异丁烯为原料,经羰基合成法制得的醇,都是伯醇,但除正丁醇以外,都是带有支链的。

羰基合成法近年来有了新的发展,由于催化剂的改进,反应压力可以大大降低,这样就可以更方便地为增塑剂工业准备大量的中、高级一元醇。

合成高级一元醇的另一种方法是烷基铝法[28]。它是由纯铝、乙烯和 H_2 反应,先制得烷基铝,然后经空气氧化,再水解,就可得到高级一元醇,如图 2-18 所示。

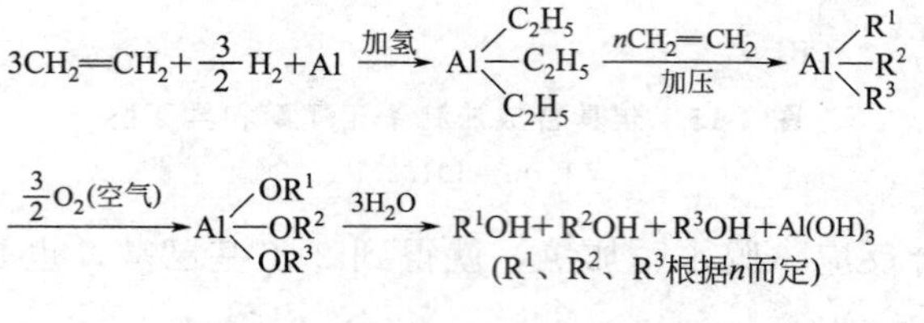

$$3CH_2=CH_2 + \frac{3}{2}H_2 + Al \xrightarrow{加氢} Al\overset{\displaystyle C_2H_5}{\underset{\displaystyle C_2H_5}{\overset{\displaystyle |}{-}C_2H_5}} \xrightarrow[加压]{nCH_2=CH_2} Al\overset{\displaystyle R^1}{\underset{\displaystyle R^3}{\overset{\displaystyle |}{-}R^2}}$$

$$\xrightarrow{\frac{3}{2}O_2(空气)} Al\overset{\displaystyle OR^1}{\underset{\displaystyle OR^3}{\overset{\displaystyle |}{-}OR^2}} \xrightarrow{3H_2O} R^1OH + R^2OH + R^3OH + Al(OH)_3$$
$$(R^1、R^2、R^3根据n而定)$$

图 2-18 烷基铝法制备高级一元醇

所得到的醇的碳原子数为偶数,且直链率理论上为 100%。C_{12} 以上的醇用于合成洗涤剂方面,作增塑剂原料使用的醇为 $C_6 \sim C_{10}$,常见的商品如 $Alfol_{610}$ 和 $Alfol_{810}$,其组成、分析分别见表 2-7、表 2-8。

表 2-7 Alfol 醇的组成

类　别	$Alfol_{610}$	$Alfol_{810}$	类　别	$Alfol_{610}$	$Alfol_{810}$
正构 C_6 醇/%	18.0	0.4	正构 C_{10} 醇/%	47.0	54.1
正构 C_8 醇/%	34.0	45.0	正构 C_{12} 醇/%	0.4	0.5

表 2-8　Alfol 醇的分析

项　　目	Alfol$_{610}$	Alfol$_{810}$	项　　目	Alfol$_{610}$	Alfol$_{810}$
直链率/%	99 以上	99 以上	平均相对分子质量	138	144
平均碳原子数	8.6	9.0			

近年来，由于采用了更优越的生产方法，因而，所得到的醇的碳原子分布范围更窄。

酯高压氢化法是将脂肪酸酯在 $200\sim300$atm❶ 下和大约 $300℃$ 下进行催化加氢分解而得到高级醇，如图 2-19 所示。

$$R^1\!\!-\!\!\overset{\overset{O}{\|}}{C}\!\!-\!\!OR^2+2H_2 \xrightarrow[\text{催化剂}]{\text{高压}} R^1CH_2OH+R^2OH$$

图 2-19　酯高压氢化法制备高级醇

R^1CH_2OH 为高级醇、R^2OH 为低碳醇，在生产中循环使用。

由石蜡氧化生产合成脂肪酸时，其中 $C_5\sim C_9$ 的低级脂肪酸馏分没有什么用途，把 $C_3\sim C_9$ 脂肪酸馏分酯化后加氢成醇，所得到的醇的直链率高，用这种醇制得的增塑剂性能良好。

制备高级一元醇的另一种方法是由 α-烯烃与 HBr 加成，再在碱溶液中水解，可以制得中级或高级一元醇，如图 2-20 所示。

$$RCH\!=\!CH_2+HBr \xrightarrow{\text{过氧化物}} RCH_2CH_2Br \xrightarrow{\text{NaOH}} RCH_2CH_2OH$$

图 2-20　由 α-烯烃制备中级或高级一元醇

α-烯烃可由石油裂解而得。

由此可见，高级、中级一元醇价格较贵。为了节省醇，合成邻苯二甲酸酯的又一种方法是采用一半 α-烯烃代替高级一元醇，邻苯二甲酸酐先与醇制成单酯，然后在过氧酸的存在下与 α-烯烃进行反应，制得邻苯二甲酸酯，如图 2-21 所示。

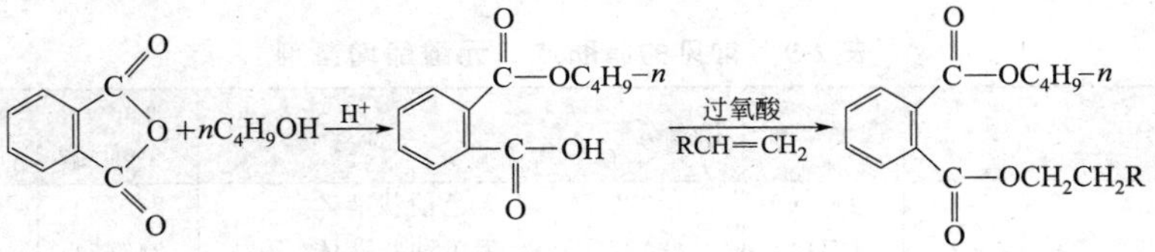

图 2-21　由 α-烯烃代替高级一元醇制备邻苯二甲酸酯

节省一元醇的另一种方法是由一半卤代烷代替醇。如邻苯二甲酸丁苄酯，就是先由邻苯二甲酸酐与醇酯化成单酯，然后将单酯与氯化苄在碳酸钠的存在下进行反应来合成，如图 2-22所示。

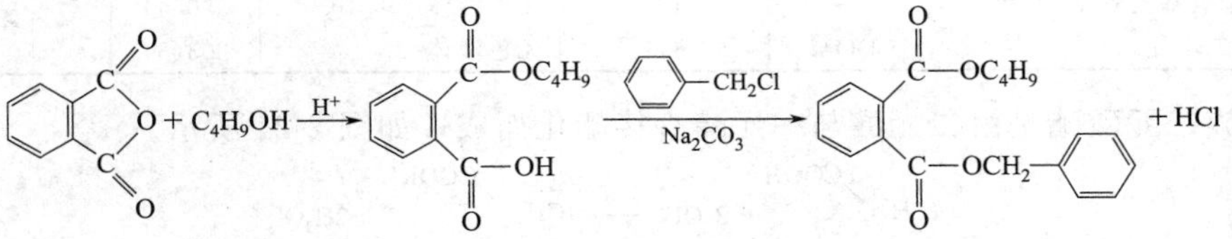

邻苯二甲酸单丁酯　　　　　　　　邻苯二甲酸丁苄酯

图 2-22　由卤代烷代替高级一元醇制备邻苯二甲酸酯

邻苯二甲酸酯分子内混合酯的生产，一般都是由邻苯二甲酸酐与高级醇直接酯化成单

---

❶ 1atm=101325Pa，全书余同。

酯，然后在硫酸催化下再与较低级的醇反应生成双酯，如图 2-23 所示。

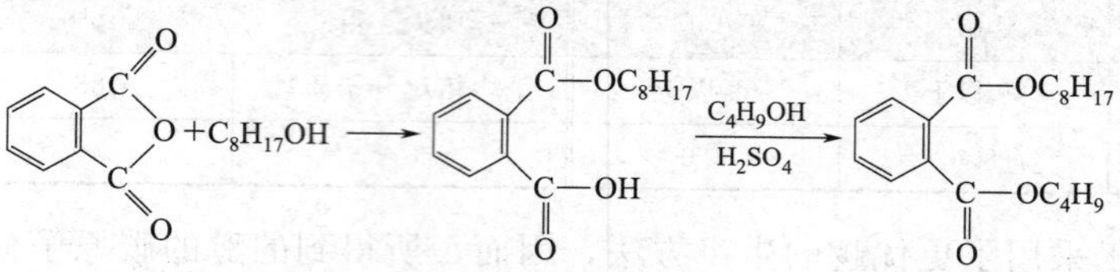

图 2-23 邻苯二甲酸酯分子内混合酯的制备

2.3.2 脂肪族二元酸酯

脂肪族二元酸酯可用如下通式表示：

$$R^1-O-\overset{O}{\underset{}{C}}-(CH_2)_n-\overset{O}{\underset{}{C}}OR^2$$

这里 n 一般为 2~11，R^1、R^2 一般为 C_4~C_{11} 的烷基，也可以为环烷基如环己烷等，R^1、R^2 可以相同、也可以不同。在这类增塑剂中常用长链二元酸与短链二元醇，或短链二元酸与长链一元醇进行酯化，使总碳原子数在 18~26 之间，以保证增塑剂与树脂获得较好的相容性和低温挥发性。主要有己二酸酯、壬二酸酯和癸二酸酯等，如己二酸二（2-乙基）己酯（DOA）。

癸二酸二（2-乙基）己酯（DOS）为一种耐寒性能最好的增塑剂，加入高分子材料中，可以使材料或制品的脆化温度达到 -70~-30℃。聚丙烯用 DOS 增塑后，可以改善薄膜的柔软性，增强透明性和光泽性，增加撕裂强度、悬臂梁式冲击强度[29]；也可以改善聚硅氧烷的流动性，降低黏度，改善加工性能[30]。其缺点是易被水和烃类溶剂抽出，迁移性大，相容性较差，须与邻苯二甲酸酯类并用。

常用的脂肪族二元酸酯增塑剂见表 2-9。

表 2-9 常见的脂肪族二元酸酯增塑剂

化学名称	商品名称	相对分子质量	外观	沸点/℃ (mmHg)	凝固点/℃	闪点/℃
己二酸二辛酯	DOA	370	无色油状液体	210(5)	−60	193
己二酸二异癸酯	DIDA	427	无色油状液体	245(5)	−66	227
壬二酸二辛酯	DOZ	422	无色液体	376(760)	−65	213
癸二酸二丁酯	DBS	314	无色液体	349(760)	−11	202
癸二酸二辛酯	DOS	427	无色油状液体	270(4)		241
己二酸610酯	—	378	无色液体	240(5)		204
己二酸810酯	—	400	无色液体	260(5)		
己二酸二（丁氧基乙氧基）乙酯	—	435	无色液体	350(4)		
顺丁烯二酸二辛酯	DOM	341	无色液体	203(5)	−50	180

脂肪族二元酸酯是由二元酸与一元醇直接酯化而成，如图 2-24 所示。

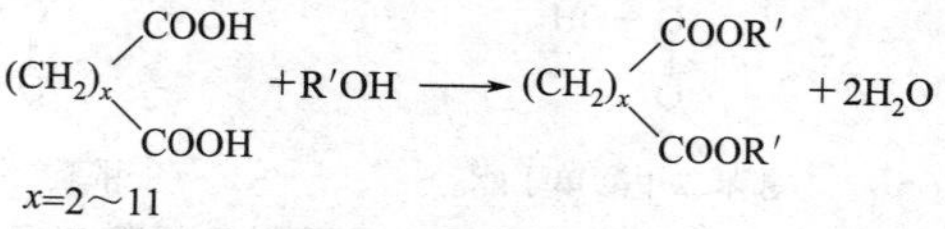

$x=2$~11
$R'=C_4$~C_{11} 的直链、支链烷烃

图 2-24 脂肪族二元酸酯的制备

脂肪族二元酸酯的生产工艺与邻苯二甲酸酯基本相同，一般均经过酯化、中和、水洗及压滤（或蒸馏）工序。工业上可以使用生产邻苯二甲酸酯类的设备。由于生产量一般不大，

并考虑到生产多种双酯的灵活性，所以基本上采用间歇法或半连续法生产。催化剂常用硫酸和对甲苯磺酸，反应在常压或减压下进行，反应收率95%～98%。

2.3.2.1 常压酯化工艺

利用常压酯化的工艺，一般使用带水剂（如苯、甲苯）。例如，日本生产DOZ的工艺流程如图2-25所示。

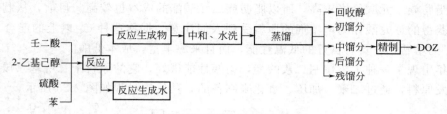

图2-25 常压酯化生产DOZ示意

将一定量壬二酸、2-乙基己醇、硫酸、苯在65～72℃溶解，升温至98～129℃，反应5h，反应生成物静置分离出水相，有机相中和、水洗后蒸馏，回收过量的醇，得到粗产品馏分再进行精馏，得DOZ精品，收率95%。

2.3.2.2 减压酯化工艺

我国生产DOA、DOZ及DOS均采用减压酯化法，最后不经蒸馏而用压滤脱色方法制得成品。例如，DOS的制备是将癸二酸和辛醇以1:16（*W/W*）的配比在硫酸催化下进行减压酯化。硫酸用量为物料的0.3%，同时加入物料量0.1%～0.3%的活性炭。酯化时真空度为93325.4Pa，温度约130～140℃，时间3～5h。粗酯用纯碱溶液中和，然后在70～80℃下水洗，再于720～730mmHg真空度下脱醇，当粗酯闪点达到205℃时即为终点。脱醇后的粗酯经压滤得到成品。

DOS为无色的油状液体，沸点270℃/4mmHg，不溶于水，溶于醇，为一优良的耐寒增塑剂，无毒，挥发性比较低，因此除有优良的低温性能外，尚可在较高的温度下使用。主要用作聚氯乙烯、氯乙烯共聚物、硝酸纤维素、乙基纤维素的耐寒增塑剂。因有较好的耐热、耐光和电性能，加之增塑效率高，故适用于耐寒电线和电缆料、人造革、薄膜、板材、片材等。由于迁移性大，易被烃类抽出，耐水性也不理想，故常与DOP、DBP并用，作辅助增塑剂。制备癸二酸酯的主要原料癸二酸，目前主要是从蓖麻油裂解而来，价格较贵，因此，以石油化工产品为原料来合成癸二酯，仍是增塑剂工业生产中需要解决的一个问题。近年来，电解偶联合成癸二酸获得成功，国外已有工业化生产。

己二酸二辛酯为聚氯乙烯共聚物、聚苯乙烯、硝酸纤维素、乙基纤维素的典型耐寒增塑剂。增塑效率高，受热不易变色，耐低温和耐光性好，在挤压和压延加工中，有良好的润滑性，使制品有一定手感性，但因挥发性大、迁移性大、电性能差等缺点，使其只能作为辅助增塑剂与DOP、DBP等并用。

在己二酸酯类中，DOA分子量较小，挥发性大，耐水性也较差；而DIDA的分子量与DOS相同，耐寒性与DOA相当，挥发性小，耐水耐油性也较好，所以用量正在日益增加。在美国己二酸酯还广泛用于食品包装。

壬二酸二辛酯为乙烯基树脂及纤维素树脂的优良耐寒增塑剂，耐寒性比DOA好。由于其黏度低、沸点高、挥发性小以及优良的耐热、耐光及电绝缘性等，加之增塑效率高，制成的增塑糊黏度稳定，所以广泛用于人造革、薄膜、薄板、电线和电缆护套等。但由于它易被烃类物质抽提，一般只作为辅助增塑剂，与DOP、DBP等并用。且由于原料壬二酸来源比较困难，价格也比较昂贵，使其应用受到限制。

综上所述，此类增塑剂的低温性能优于 DOP，是一种优良的耐寒性增塑剂。在商品化品种中，耐寒性最佳的应属 DOS。后者塑化效率大于 DOP，黏度低且配制塑料糊的稳定性好；但其相容性差，耐油性差，电绝缘性能、耐霉菌性、γ 射线稳定性均不及 DOP，价格也较贵，因此目前主要用作改进低温性能的辅助增塑剂。

由于脂肪族二元酸价格较高，所以脂肪族二元酸酯的成本也较高。目前，从制取己二酸母液中所获得的尼龙酸作为增塑剂的原料受到人们注意。据称这种 C_4 以上的混合二元酸酯用作 PVC 的增塑剂，具有良好的低温性能，而且来源丰富，成本低廉。

近几年出现了一种十二烷基二羧酸酯，耐寒性能很好，它的原料十二烷基二羧酸是以丁二烯为出发原料，通过二聚、加压、氧化来制备的，其反应过程如图 2-26 所示。

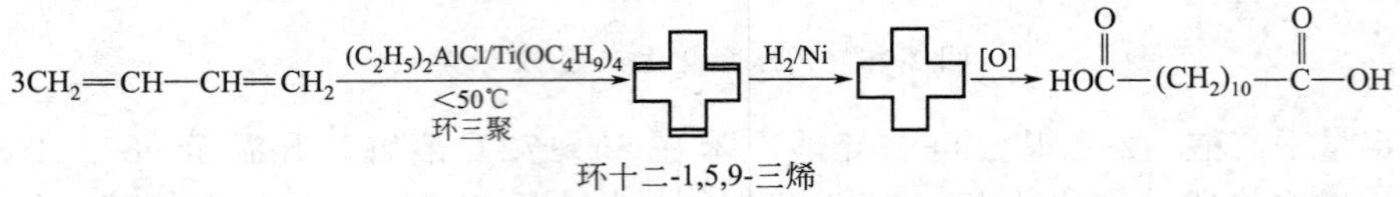

$$3CH_2{=}CH{-}CH{=}CH_2 \xrightarrow[\substack{<50℃\\环三聚}]{(C_2H_5)_2AlCl/Ti(OC_4H_9)_4} \boldsymbol{+} \xrightarrow{H_2/Ni} \boldsymbol{+} \xrightarrow{[O]} \underset{O}{HOC}{-}(CH_2)_{10}{-}\underset{O}{C}{-}OH$$

环十二-1,5,9-三烯

图 2-26　十二烷基二羧酸酯的制备

十二烷基二羧酸与醇进行酯化反应，就可制得十二烷基二羧酸酯。这种增塑剂由于原料来源丰富，低温性能又好，因此是一种有前途的耐寒增塑剂。但由于相容性、价格及综合平衡各方面性能等因素，所以至今尚未大量使用，只能作为改进耐寒性能的辅助增塑剂。

2.3.3　磷酸酯

磷酸酯的通式为：

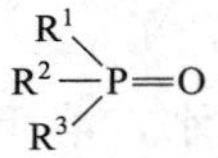

$$R^2{-}\underset{\underset{R^3}{|}}{\overset{\overset{R^1}{|}}{P}}{=}O$$　R^1、R^2、R^3 可以相同，或不同，为烷基卤代烷基或芳基

磷酸酯是发展较早的一类增塑剂，它们的相容性好，可作为主增塑剂使用。磷酸酯除具有增塑作用外，尚有阻燃作用，是一种具有多功能的主增塑剂。这是其引起塑料加工工业重视的主要原因。

磷酸酯有四种类型：磷酸三烷基酯、磷酸三芳基酯、磷酸烷基芳基酯和含卤磷酸酯。其主要品种见表 2-10。

表 2-10　常见的磷酸酯类增塑剂

名　　称	简称	相对分子质量	外观	沸点/℃(Pa)	凝固点/℃	闪点/℃
磷酸三丁酯	TBP	266	无色液体	137~145(533)	-80	193
磷酸三辛酯	TOP	434	几乎无色液体	216(533)	<-90	216
磷酸三苯酯	TPP	326	白色针状结晶	370(101324.7)	49	225
磷酸三甲苯酯	TCP	368	无色液体	235~255(533)	-35	230
磷酸二苯一辛酯	DPOP	362	浅黄色液体	375(101324.7)	-6	200
磷酸三(β-氯乙基)酯	TCEP	285.5		210(2666.4)	<-20	225
磷酸甲苯二苯酯	CDPP	340		258(1333)	<-35	232

芳香族磷酸酯的低温性能很差，脂肪族磷酸酯的许多性能均和芳香族磷酸酯相似，但低温性能却有很大改善，在磷酸酯中三甲苯酯的产量很大，磷酸甲苯二苯酯次之，磷酸三苯酯居第三位。它们多用在需要具有难燃性的场合。在脂肪族磷酸酯中三辛酯较为重要。

磷酸酯的工业生产方法可采用三氯氧磷法[31]和三氯化磷法。

2.3.3.1 三氯氧磷法

三氯氧磷法是通用的方法，反应式如图 2-27 所示。

$$POCl_3 + R-OH \rightleftharpoons (RO)_3PO + 3HCl\uparrow$$

图 2-27　三氯氧磷法制备磷酸酯

式中，R 代表烷基或芳基。一般来说，醇较酚活泼，用醇制备烷基酯时温度较低。对于芳基酯，如三苯酯，由三氯氧磷和苯酚反应时，单酯和双酯的生成较快，而三酯化就非常缓慢，要用铝、镁、钛或锌的氧化物作为催化剂，以加快反应。生产的流程示意如图 2-28 所示。

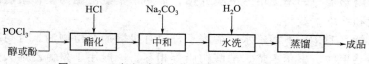

图 2-28　三氯氧磷法生产磷酸酯的工艺流程示意

以磷酸三甲苯酯的间歇生产过程为例，甲酚和三氯氧磷以 3∶1（摩尔比）投料，另加 0.5%（以甲酚计）无水氯化铝为催化剂，反应混合物在搅拌下逐步升温至 205℃，在此温度下反应 12h 后再添加过量 5% 的甲酚以强化反应，使接近 100% 完成。全部反应时间约 14h，生成的 HCl 用水吸收。粗酯转入真空蒸发器，过量甲酚在 3333Pa 和 120℃ 左右的温度下回收再用。收集 238～246℃、267Pa 范围内的粗酯，先用 0.35% 高锰酸钾溶液洗涤，以除去可氧化的杂质，再水洗。最后在 138℃ 左右使其通过活性炭床，停留约 1h 以去除色泽。产品收率以三氯氧磷计可达 98%～99%。

2.3.3.2 三氯化磷法

三氯化磷较三氯氧磷便宜，可以降低生产成本。反应式如图 2-29 所示。

$$3ROH + PCl_3 \longrightarrow (RO)_3P + 3HCl$$
$$(RO)_3P + Cl_2 \longrightarrow (RO_3)PCl_2$$
$$(RO)_3PCl_2 + H_2O \longrightarrow (RO)_3PO + 2HCl$$
$$3ROH + Cl_2 + PCl_3 + H_2O \longrightarrow (RO)_3PO + 5HCl$$

图 2-29　三氯化磷法制备磷酸酯

生产的流程示意如图 2-30 所示。

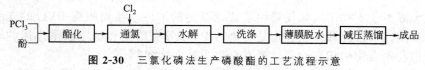

图 2-30　三氯化磷法生产磷酸酯的工艺流程示意

例如，磷酸三苯酯的生产，将苯酚熔化后，在 40℃ 以下滴加三氯化磷，升温至 70℃，通入氯气，再于 80℃ 进行水解。水解产物经水洗、氢氧化钠溶液中和、浓缩后进行减压蒸馏，成品馏分冷却后为固体结晶。

磷酸烷基芳基混合酯的制备一般采用三氯氧磷法，先制备磷酸烷基单酯，再进行芳基的酯化。如磷酸二苯一辛酯的制备如图 2-31 所示。

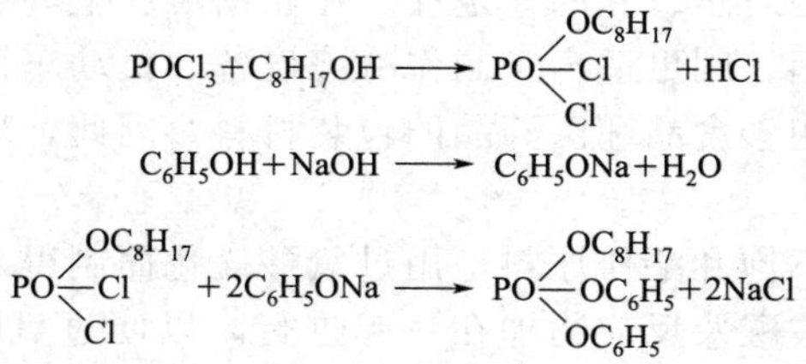

$$POCl_3 + C_8H_{17}OH \longrightarrow PO{\overset{OC_8H_{17}}{\underset{Cl}{-}}}Cl + HCl$$

$$C_6H_5OH + NaOH \longrightarrow C_6H_5ONa + H_2O$$

$$PO{\overset{OC_8H_{17}}{\underset{Cl}{-}}}Cl + 2C_6H_5ONa \longrightarrow PO{\overset{OC_8H_{17}}{\underset{OC_6H_5}{-}}}OC_6H_5 + 2NaCl$$

图 2-31　磷酸二苯一辛酯的制备

辛醇与三氯氧磷以 1:1（摩尔比）在 10℃ 以下混合，在 25℃/80kPa 反应生成磷酸二氯单辛酯。单酯在 10℃ 以下加入到 2mol 苯酚钠的饱和水溶液中，逐渐升温至 40℃ 进行全酯化反应。粗制品经洗涤、薄膜蒸发、脱色、压滤后即得成品。以三氯氧磷计收率为 90%。在磷酸酯类增塑剂中，最为重要的产品是 TOP、TCP、DPOP。

磷酸三辛酯（TOP）不溶于水，易溶于矿物油和汽油，能与聚氯乙烯、氯醋树脂、聚苯乙烯、硝酸纤维素、乙基纤维素相容。具有阻燃和防霉菌作用，耐低温性能好，使制品的柔性能在较宽的温度范围内变化不明显。通常迁移性、挥发性大，加工性能不及磷酸三苯酯，可作为辅助增塑剂与邻苯二甲酸酯类并用。常用于聚氯乙烯薄膜、聚氯乙烯电缆料、涂料以及合成橡胶和纤维素塑料。

磷酸三甲苯酯（TCP）不溶于水，能溶于普通有机溶剂及植物油。可与纤维素树脂、聚氯乙烯、氯乙烯共聚物、聚苯乙烯、酚醛树脂等相容。一般用于聚氯乙烯人造革、薄膜、板材、地板料以及运输带等。它的特点是阻燃性、水解稳定性好，耐油和耐霉菌性高，电性能优良等。但有毒，耐寒性较差，可与耐寒增塑剂配合应用。

磷酸二苯一辛酯（DPOP），几乎能与所有的主要工业用树脂和橡胶相容，与聚氯乙烯的相容性尤其好。可作为主增塑剂用。具有阻燃性、低挥发性、耐寒、耐候性、耐光、耐热稳定性等特点，无毒，可改善制品的耐磨性、耐水性和电气性能，可作为聚氯乙烯的主增塑剂，但价格贵，使用受到限制，常用于聚氯乙烯薄膜、薄板、挤出和模型制品以及塑溶胶，与 DOP 并用时能提高制品的耐候性。

含卤磷酸酯几乎全部作为阻燃剂使用。见第 6 章。

2.3.4 环氧化物

环氧增塑剂是含有三元环氧基的化合物，20 世纪 40 年代末应用于聚氯乙烯树脂加工业。它不仅对 PVC 有增塑作用，而且可使 PVC 链上的活泼氯原子得到稳定，可以迅速吸收因热和光降解出来的 HCl，如图 2-32 所示。

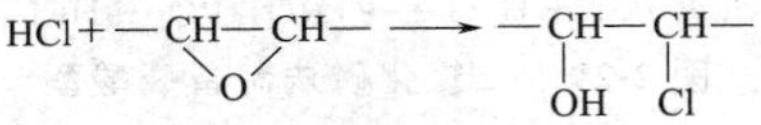

图 2-32 环氧增塑剂与氯化氢的反应

这就大大减少了不稳定的氯代烯丙基共轭双键的形成，从而阻滞 PVC 的连续分解，起到稳定剂的作用。所以说环氧化合物是一类对 PVC 等有增塑和稳定双重作用的增塑剂，其耐候性好，但与聚合物的相容性差，通常只作为辅助增塑剂。

环氧化合物的稳定化作用，如果是将环氧化合物和金属盐稳定剂同时应用，将进一步产生协同效应而使之更为加强。在工业聚氯乙烯树脂加工中，它不仅对聚氯乙烯有增塑作用，而且环氧增塑剂分子中的环氧基还可以吸收聚氯乙烯分子因热和光降解释放出来的氯化氢，使聚氯乙烯链上的活泼氯原子稳定，从而阻止了聚氯乙烯的连续催化分解，起到了稳定的作用，延长了聚氯乙烯制品的使用寿命。一般在 PVC 的软制品中，只要加入 2%～3% 的环氧增塑剂，就可明显改善制品对热、光的稳定性。在农用薄膜上，加入 5% 就可大大改善其耐候性。如与聚酯增塑剂并用，则更适合于制作冷冻设备、机动车辆等所用的垫片。此外，环氧增塑剂毒性低，可允许用于食品和医药品的包装材料。因此，环氧增塑剂在现代塑料中占有重要的地位。

环氧增塑剂一般是由不饱和酯作原料，用过氧酸氧化而制得。由于过氧酸不稳定，通常是在反应时将过氧化氢与羧酸及反应物加在一起进行，以便过氧酸一生成即将反应物环化，如图 2-33 所示。

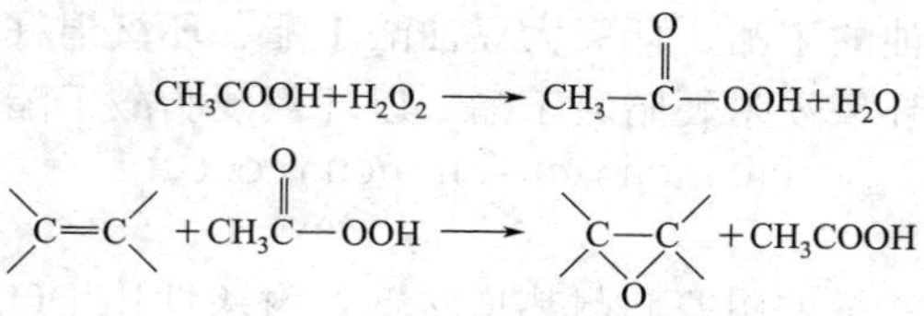

$$CH_3COOH + H_2O_2 \longrightarrow CH_3-\overset{\displaystyle O}{\underset{\displaystyle \|}{C}}-OOH + H_2O$$

$$\underset{}{C}=\underset{}{C} + CH_3\overset{\displaystyle O}{\underset{\displaystyle \|}{C}}-OOH \longrightarrow \underset{\displaystyle O}{C-C} + CH_3COOH$$

图 2-33　环氧化物的制备

但也有在催化剂的作用下，用空气光氧化乙酸，使之生成过氧乙酸，然后再与反应物进行环氧化，除过氧乙酸外，过氧甲酸是更强的环氧化剂。

常用的环氧增塑剂分为三类：环氧化油、环氧脂肪酸单酯和环氧四氢邻苯二甲酸酯。

2.3.4.1　环氧化油（环氧甘油三羧酸酯）

这是使用得最多的一类环氧增塑剂，原料来源较为广泛，只要含有不饱和双键的天然油，均可作为原料，由于大豆油产量最多，价格较低，而且有较高的不饱和度，使制成的成品性能较好，因此，国外的环氧大豆油消耗量约占环氧增塑剂总量的 70%。我国油料资源丰富，品种较多，特别是大豆油的产量处于世界各国的前列，这对发展环氧大豆油非常有利。

大豆油为甘油的脂肪酸酯混合物，主要成分是 51%～57% 亚油酸（9,12-十八二烯酸）及 32%～36% 油酸（9-十八烯酸），棕榈酸占 2.4%～6.8%，硬脂酸占 4.4%～7.3%，平均相对分子质量为 950。

环氧大豆油（ESO）是由精制的大豆油在 H_2SO_4 和甲酸（或冰醋酸）存在下用双氧水环氧化而成，如图 2-34 所示。

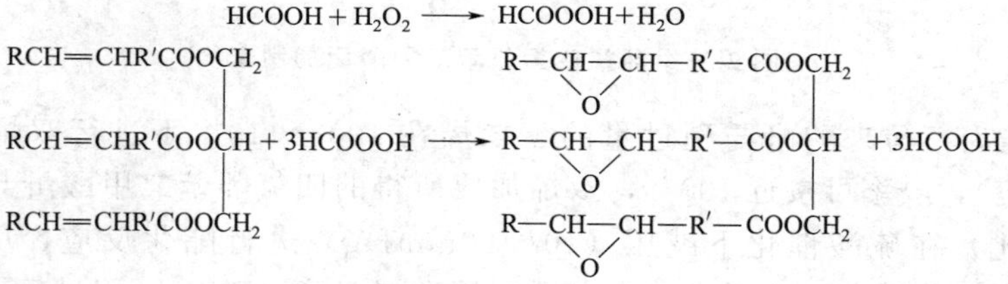

$$HCOOH + H_2O_2 \longrightarrow HCOOOH + H_2O$$

图 2-34　环氧大豆油的制备

环氧化在常温下进行。以苯为介质，先将豆油、甲酸、硫酸和苯制成混合液，在搅拌下滴加 40% 的双氧水，然后静置，分离掉废酸水，油层用稀碱液和软水洗至中性。分离后将油层进行水蒸气蒸馏，馏出之苯水混合物冷凝分离，苯返回使用，残液在减压下蒸馏，截取成品馏分。

环氧大豆油为浅黄色油状液体，沸点 150℃/4mmHg，微溶于水，溶于大多数有机溶剂和烃类，是一类广泛使用的聚氯乙烯增塑剂兼稳定剂，有良好的热和光稳定作用。本品与聚氯乙烯相容性好，挥发性小，迁移性小，没有毒性，耐光、耐热性优良，耐水、耐候性亦佳；与热稳定剂配合使用，有显著的协同效应；与聚酯类增塑剂并用可使聚酯迁移性减少。常用于聚氯乙烯无毒制品的配方中。

2.3.4.2　环氧脂肪酸单酯

环氧脂肪酸单酯因脂肪酸的来源（油脂）及所用原料醇的不同而异。一般以脂肪酸的名称进行命名。如环氧糠油酸酯、环氧大豆油酸酯、环氧妥尔油酸酯等，我国油料资源丰富，品种较多，其代表性品种如下。

(1) 环氧脂肪酸丁酯（EBST）　因环氧脂肪酸的成分不一，生成的环氧脂肪酸丁酯有：

环氧脂肪酸丁酯、环氧糠油酸丁酯、环氧大豆油酸丁酯、环氧棉籽油酸丁酯、环氧苍耳油酸丁酯、环氧菜油酸丁酯、环氧妥尔硬脂酸丁酯。以环氧硬脂酸丁酯为例，其分子式如下：

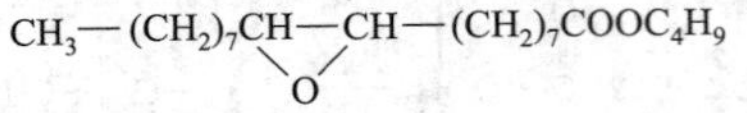

$$CH_3-(CH_2)_7CH-CH-(CH_2)_7COOC_4H_9$$
$$\underset{O}{\diagdown\diagup}$$

为油状液体，可作为聚氯乙烯的耐寒和耐热增塑剂，耐寒性比 DOA 好，而且挥发性低，耐热、耐光性能良好，耐油类和烃类抽出性好。可用于低温农膜、人造革、软管、凉鞋等制品。

（2）环氧硬脂酸辛酯（EOST）　为浅黄色油状液体，多用作聚氯乙烯增塑剂，并有稳定作用，耐寒性、耐候性好，与环氧化合物相比，挥发性小，耐抽出性高，电性能亦好，可用于人造革和薄膜等制品。其分子式为：

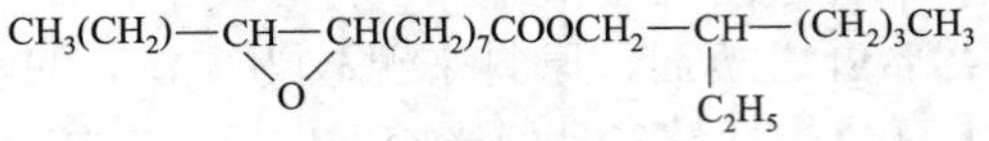

$$CH_3(CH_2)-CH-CH(CH_2)_7COOCH_2-CH-(CH_2)_3CH_3$$
$$\underset{O}{\diagdown\diagup}\qquad\qquad\underset{C_2H_5}{|}$$

2.3.4.3　环氧四氢邻苯二甲酸酯

这是一类不用天然油为原料的环氧增塑剂。由丁二烯和顺丁烯二酸酐进行双烯加成反应得四氢邻苯二甲酸酐，再与醇进行酯化即得相应的酯。以二辛醇为例，其反应式如图 2-35 所示。

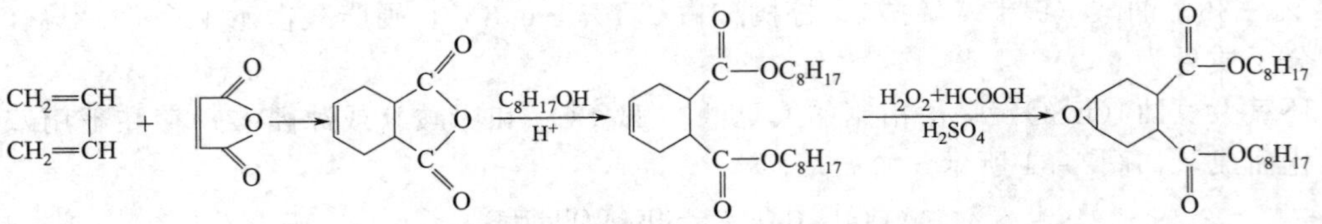

图 2-35　环氧四氢邻苯二甲酸酯的制备

其生产工艺为：马来酸酐与稍过量的丁二烯在 100～110℃下进行双烯加成反应（即 Diels-Alder 反应），收率可接近 100%，双烯加成所得的四氢邻苯二甲酸酐与 2-乙基己醇以 1∶2.5（摩尔比）在硫酸催化下减压（10～20mmHg）进行酯化反应，反应温度 120～130℃。酯化完毕进行水洗、蒸馏得四氢邻苯二甲酸二辛酯（EPS）。用过氧甲酸溶液于 55～60℃进行环氧化反应，产物经分离、水洗、中和、脱色、压滤即得成品。

EPS 为无色或浅黄色油状液体，相对分子质量 410.6，相对密度（20/20℃）1.018，折射率 $n_D^{20}=1.4661$，黏度（20℃）0.097Pa·s，闪点 217℃，为聚氯乙烯的增塑剂兼稳定剂。其机械性能和增塑效率与 DOP 相似，混合性能优于 DOP，可作为主增塑剂。EPS 具有优良的光热稳定作用，耐菌性较强，挥发损失和抽出损失都比较小，可用于薄膜、人造革、薄板、电缆料和各种成型品。

2.3.5　多元醇酯

多元醇酯系由脂肪族羧酸或芳香族羧酸与两个或两个以上的羟基脂肪醇（多元醇）生成的酯。羧酸有脂肪族羧酸、芳香族苯甲羧酸及邻苯二甲酸。多元醇有乙二醇、丙二醇、聚乙二醇、甘油、季戊四醇、蔗糖和山梨糖醇。

各种多元醇酯的分子结构是不同的，有的是直链结构，有的是支链结构；有的是脂肪酸酯，有的则是苯甲酸酯，而且分子量差异很大。例如甘油三乙酸酯的相对分子质量为 218，而双季戊四醇酯的平均相对分子质量可高达 840，因此，不同的多元醇酯，其增塑性能与用途也不一样。根据增塑性能，可大致分为四类。

2.3.5.1 二元醇脂肪酸酯

二元醇主要有：乙二醇、丙二醇、丁二醇、缩二醇等。脂肪酸有：丁酸、己酸、辛酸、2-乙基己酸及壬酸等，$C_4 \sim C_{10}$ 单一脂肪酸和混合脂肪酸[32]（如 $C_5 \sim C_9$ 酸叫 59 酸、$C_7 \sim C_9$ 酸称 79 酸等）。二元醇和缩二元醇的脂肪酸酯的增塑性与饱和脂肪族二元酸很相似，主要优点是具有优良的低温性能，但相容性差、耐油性不好，故仅作为 PVC 的辅助增塑剂。

二元醇脂肪酸酯的合成是采用二元醇或缩二元醇与脂肪酸直接酯化的方法，其化学反应如图 2-36 所示。

$$2RCOOH + HO(CH_2CH_2O)_nH \longrightarrow RCOO(CH_2CH_2O)_nOCR + 2H_2O$$
$$n=1 \sim 4; R = C_4H_9 \sim C_9H_{19}$$

图 2-36　二元醇脂肪酸酯的合成

反应常用硫酸、磷酸等酸性催化剂，也可以用钛酸四丁酯等酸性催化剂。醇：酸（摩尔比）＝1：（2～2.06）。如乙二醇 59 酸酯（0259）的制备是由乙二醇与 59 酸（石蜡氧化制皂酸的副产物）在 H_2SO_4 催化下酯化而成，其生产工艺为乙二醇与 59 酸按摩尔比 1：2 加入酯化釜内，升温到 80～90℃，再缓慢加入 0.3％浓 H_2SO_4 和 3％活性炭，在减压下于 130～140℃进行酯化，反应结束后，于 100℃左右进行压滤，用 5％NaOH 溶液中和滤液，分出碱液后，真空脱水得产品。二元醇脂肪酸酯的重要品种还有一缩二乙二醇 59 酸酯（1259）与 79 酸酯（1279），已有人证明，1279 可以代替 DBS 与 DOS 用于合成橡胶。

常见的二元醇脂肪酸酯增塑剂品种见表 2-9。

2.3.5.2 季戊四醇和双季戊四醇酯

季戊四醇酯和双季戊四醇酯是性能独特的多元醇酯。特别是双季戊四醇酯是具有优良耐热性、耐老化性及耐抽出性的增塑剂，其电性能也很好，可作为耐热增塑剂用于高温电绝缘材料配方中。

季戊四醇酯由季戊四醇与辛酸、丁酸或 $C_7 \sim C_9$、$C_5 \sim C_7$ 混合脂肪酸酯化制备。例如，用 1mol 季戊四醇、2mol 丁酸及 2mol 辛酸，在硫酸存在下酯化就得到季戊四醇二丁酸二辛酸酯。季戊四醇酯可用于电缆料，但是近年来则主要使用双季戊四醇酯。

双季戊四醇酯比季戊四醇酯的实用意义更大，这是因为双季戊四醇酯的增塑性能优于季戊四醇酯，其耐热性、耐老化性、耐抽出性以及电性能均很优良，挥发性低，加工性能也好。然而由于价格较贵，所以至今主要用于高温电绝缘材料，可以满足 105℃级 PVC 电缆料的要求，其抗氧化性能尤为突出，在 113℃还可以连续使用。

双季戊四醇酯包括醚型和酯型两大类，其结构式如下：

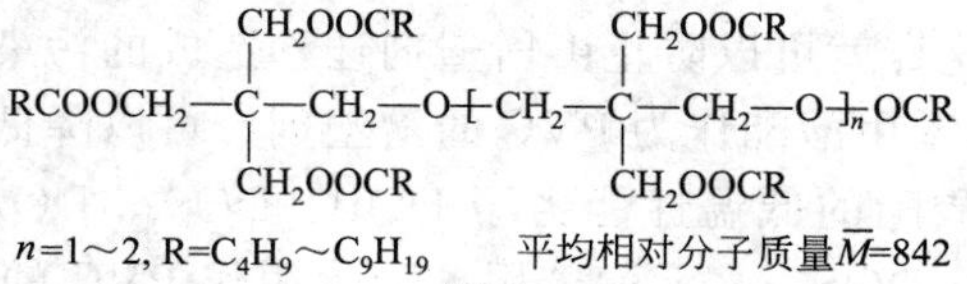

$$RCOOCH_2-\overset{\displaystyle CH_2OOCR}{\underset{\displaystyle CH_2OOCR}{C}}-CH_2-O-\left(CH_2-\overset{\displaystyle CH_2OOCR}{\underset{\displaystyle CH_2OOCR}{C}}-CH_2-O-\right)_n OCR$$

$n=1 \sim 2, R = C_4H_9 \sim C_9H_{19}$　　平均相对分子质量 $\overline{M} = 842$

醚型

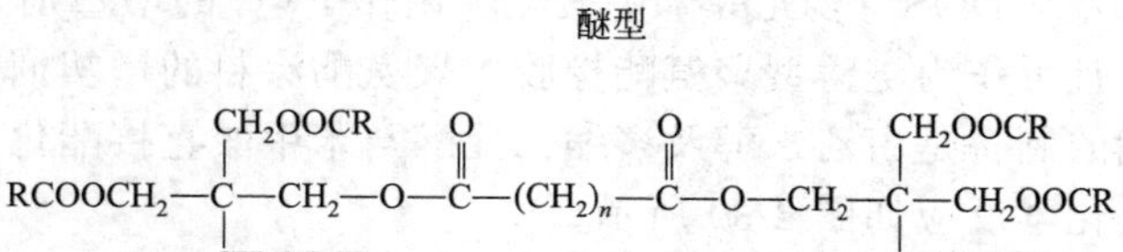

$$RCOOCH_2-\overset{\displaystyle CH_2OOCR}{\underset{\displaystyle CH_2OOCR}{C}}-CH_2-O-\overset{\displaystyle O}{\overset{\displaystyle \|}{C}}-(CH_2)_n-\overset{\displaystyle O}{\overset{\displaystyle \|}{C}}-O-CH_2-\overset{\displaystyle CH_2OOCR}{\underset{\displaystyle CH_2OOCR}{C}}-CH_2OOCR$$

$n=4 \sim 10, R = C_4H_9 \sim C_9H_{19}$　　平均相对分子质量 $\overline{M} = 622$

酯型

生产双季戊四醇酯的原料是双季戊四醇和脂肪酸。双季戊四醇可以从工业钠法生产季戊四醇的母液中回收而得；而脂肪酸主要是用石蜡氧化所得的混合脂肪酸（$C_4 \sim C_8$，$C_5 \sim C_7$，

$C_5 \sim C_9$，$C_7 \sim C_9$ 等）。

　　双季戊四醇酯的自主型结构增塑剂是由双季戊四醇与脂肪酸酯化而成，以生产双季戊四醇 $C_5 \sim C_7$ 脂肪酸酯为例，双季戊四醇：$C_5 \sim C_7$ 脂肪酸（摩尔比）＝1：9，硫酸加入量为总投料量的 0.3%，活性炭加入量为总投料量的 2%～3%，在 150～160℃、60～61.3kPa 下减压酯化而成，其化学反应如图 2-37 所示。

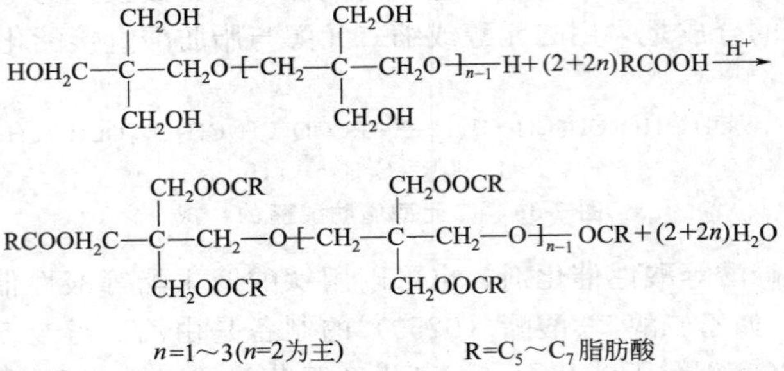

图 2-37　双季戊四醇酯的自主型结构增塑剂的制备

　　双季戊四醇酯的酯型结构增塑剂是由 2mol 季戊四醇与 1mol $C_4 \sim C_{10}$ 饱和脂肪二元酸、6mol $C_4 \sim C_9$ 脂肪酸经酯化而得到。采用不同的脂肪酸、不同的饱和脂肪二元酸及不同的配料比时，所得到的成品性质也有差异。如用季戊四醇：己二酸：$C_4 \sim C_7$ 一元酸＝1：0.5：3（摩尔比）的配料比得到的酯尤其适用于 PVC 的增塑剂[33]。其化学反应如图 2-38 所示。

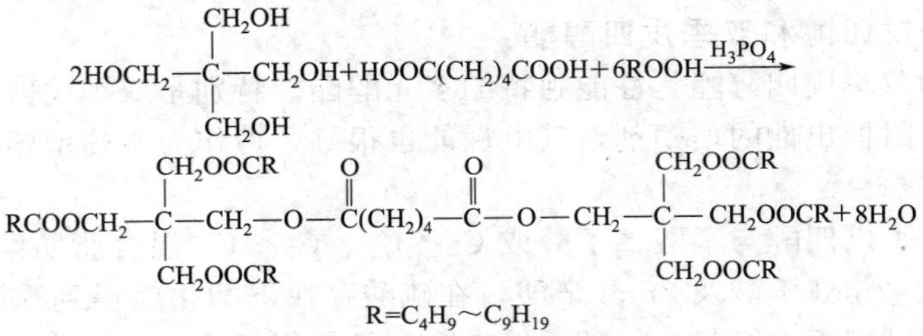

图 2-38　双季戊四醇酯的酯型结构增塑剂的制备

2.3.5.3　多元醇苯甲酸酯

　　多元醇苯甲酸酯类增塑剂主要是二元醇（多缩二元醇）的苯甲酸酯。它们是性能优良的耐污染性增塑剂，特别是一缩二（1,2-丙二醇）二苯甲酸酯及 2,2,4-三甲基-1,3-戊二醇异丁酸苯甲酸酯的耐污染性很好，通常与 PVC 树脂相容性好。分子中含有苯环及支链结构的增塑剂，其迁移性小，这样就可以防止由增塑剂迁移造成的污染，可作为 PVC 的主增塑剂。与 DOP 相比，二元醇二苯甲酸酯作为 PVC 的增塑剂，可以降低熔融温度，节约能源，缩短加工时间。多元醇苯甲酸酯的低温性能劣于 DOP、DOA、DOZ 及 DOS，但耐油抽出性优于 DOP、DOA、DOZ 及 DOS。多元醇苯甲酸酯除用作 PVC 的增塑剂外，也是聚乙酸乙烯酯很理想的增塑剂，且可作为浇铸型聚氨酯橡胶、聚氨酯涂料的增塑剂，效果很好。

　　多元醇苯甲酸酯的制备是由乙二醇及多缩二元醇与苯甲酸直接酯化而得。以乙二醇（多缩乙二醇）为例，其化学反应如图 2-39 所示。

$$2C_6H_5COOH + HO(CH_2CH_2O)_nH \longrightarrow C_6H_5COO(CH_2CH_2O)_nOCC_6H_5 + 2H_2O$$

图 2-39　多元醇苯甲酸酯的制备

　　反应可用对甲苯磺酸和硫酸混合物为催化剂，但是这些催化剂会腐蚀设备、产物不易提纯，且需用碱水洗涤，后处理复杂，利用分子筛为催化剂[34]，酯化收率可达 90% 以上，且产物纯度高。

2.3.5.4　甘油三乙酸酯

甘油三乙酸酯也称丙三醇三乙酸酯，是一种无毒的增塑剂。在许多国家都允许作为食品包装材料用增塑剂。当甘油与乙酸酯化时常生成一乙酸酯、二乙酸酯及三乙酸酯。其中甘油一乙酸酯不能作为增塑剂使用。甘油三乙酸酯具有优良的溶剂化能力，可以任何比例与乙酸纤维素、硝酸纤维素及乙基纤维素等相容。因此，甘油三乙酸酯主要用作纤维素的增塑剂，用来生产香烟过滤嘴[35]。此外，还可作为黏结剂组分及应用于香料等工业。虽然近年也研究了一些用于增塑乙酸纤维素并制造香烟过滤嘴的其他增塑剂，例如甲基丁二酸酯、戊二酸酯及其混合酯，但是至今还是以甘油三乙酸酯为主。

生产甘油三乙酸酯通常是由甘油与乙酸酐在三氟乙酸催化剂存在下，于 $40 \sim 50 ℃$ 反应 90min，反应物几乎定量地转化为甘油三乙酸酯。也可以在硫酸存在下，甘油先与乙酸酯化，甘油∶乙酸（摩尔比）＝1∶3，当酯化反应进行到甘油的转化率为 50% 后，再用 1.5mol 乙酸酐继续酯化完全。

常见的多元醇酯类增塑剂见表 2-11。

表 2-11　常见的多元醇酯类增塑剂

名　　称	简称	相对分子质量	外　　观	沸点/℃(Pa)	凝固点/℃	闪点/℃
59 酸乙二酸酯	0259		浅黄色油状透明液体	190～260(666.6)		182
79 酸一缩二乙二醇酯	1279		浅黄色油状透明液体			
一缩二(1,2-丙二醇)二苯甲酸酯		342	有特殊气味的液体	232(11732.3)	−40	212
2,2,4-三甲基-1,3-戊二醇异丁酸苯甲酸酯	—	320	无色液体	75(23464.7)	−41	—
甘油三乙酸酯	—	218	无色液体	258	−78	153
双季戊四醇脂肪酸酯	PCB	醚型 843 酯型 622	浅黄色黏稠状液体	261(533.29)	≤−50	247
二乙二醇双苯甲酸酯	—	314	液体	240(666.6)	28	—
二丙二醇双苯甲酸酯	—	342	液体	232(666.6)	40	—

2.3.6　含氯化合物[36]

含氯化合物是一类增量剂，主要为氯化石蜡、氯烃-50、五氯硬脂酸甲酯等。它们与 PVC 的相容性较差，一般热稳定性也不好，但有良好的电绝缘性，耐燃性好，成本低廉，因此常用在电线电缆配方中。

2.3.6.1　氯化石蜡

氯化石蜡指 $C_{10} \sim C_{30}$ 正构烷烃的氯代产物，在石蜡中通入氯气来制取。一般产品的含氯量为 40% ～ 70%，随着含氯量的不同，有液体和固体两种形态，通式为 $C_n H_{(2n+2-x)} Cl_x$。

由于原料石蜡是一个混合物，因此氯化石蜡在化学结构方面是非均质的，每一个产品实质上包含许多种不同分子量的混合物，其物理和化学性质均是这个产品所包含的各物质的组合性能。一般氯化石蜡的性质由原料的构成、氯含量和生产方法（特别是氯化时的温度影响较大）三个因素所决定。因此，即使应用同一原料，由于氯含量和生产方法不同，物化性质也就不同；更由于石蜡原料的组成也有变化，因此每一产品不能像其他单体增塑剂那样，具有固定的分子式和物化性质。所以同是 50% 氯代烷烃，各生产厂的产品并不相同，只能以各自的牌号来代表。

氯代烷烃一般以含氯量的多少分为 40%、50%、60%、70% 四种，实际上含氯量有一个范围，通常均以整数表示。

三种氯代烷烃的生成反应如图 2-40 所示。

$$C_{25}H_{52} + 7Cl_2 \longrightarrow C_{25}H_{45}Cl_7 + 7HCl\uparrow$$
$$C_{15}H_{32} + 6Cl_2 \longrightarrow C_{15}H_{26}Cl_6 + 6HCl\uparrow$$
$$C_{24}H_{50} + 21Cl_2 \longrightarrow C_{24}H_{29}Cl_{21} + 2HCl\uparrow$$
$$C_nH_{2n+2} + xCl_2 \longrightarrow C_nH_{2n+2-x}Cl_x + xHCl\uparrow$$

图 2-40　三种氯代烷烃的生成反应

此反应为自由基反应。氯化时氯分子在光或热作用下离解生成氯原子，氯原子夺取烷烃分子中的氢，生成氯化氢和带自由基的烃，自由基烃和氯分子作用又生成新的氯原子和氯代烷，是连锁反应，如图 2-41 所示。

$$Cl_2 + e \longrightarrow 2Cl\cdot$$
$$Cl\cdot + H \longrightarrow R\cdot + HCl$$
$$R\cdot + Cl_2 \longrightarrow RCl + Cl\cdot$$

图 2-41　氯代烷烃的自由基生成反应机理

氯代烷烃的氯化方法有催化氯化法、光氯化法和热氯化法三种。

以生产氯烃-50 为例，是热氯化法。将精制的液体石蜡，经加热静置脱水，用硅胶过滤后打入氯化反应器，然后加热至 80℃，慢慢通入氯气氯化，反应温度控制在 100℃ 左右，当反应物相对密度（25℃）增至 1.24 时停止通氯，吹入空气脱氯化氢，然后用纯碱中和，再配入适当的稳定剂即得产品。

氯烃-50，即氯化石蜡-50，含氯量 50%～54%，平均组成 $C_{15}H_{26}Cl_6$，平均相对分子质量 420，为 PVC 的辅助增塑剂，具有一般氯化石蜡的特点，如挥发性低、无毒、不燃、无臭、电性能好、价廉等。由于含氯量较高，其相容性比氯烃-40 好，又由于所用烷烃原料碳链较短，故虽然含氯量较高，但黏度仍比氯烃-40 小，便于使用，可广泛用于电缆料、地板料、压延板材、软管、塑料鞋等制品。

氯代烷烃对热、光、氧的稳定性较差，长时间在光和热的作用下会发生分解反应。氯代烷烃分子的叔碳原子在热的作用下极易引起脱氯化氢，同时伴随着氧化、断链和交联。叔碳原子的存在对脱氯化氢和形成双键具有引发作用。脱氯化氢后如果在分子链上形成烯丙基氯结构，则能引起进一步链式脱氯化氢，若形成共轭双键就会加速分解过程。要提高氯代烷烃的热、光、氧稳定性，首先应提高原料蜡的纯度，即提高正构烷烃的含量，降低支链烷烃、环烷烃、芳烃、硫、氮等有机化合物的含量；其次应适当降低氯化反应的温度，提高氯化反应速率，使氯化烷烃中的游离氯及氯化氢降至最低。另外，也可在成品中加光、热稳定剂。

2.3.6.2　氯化硬脂酸酯

氯化硬脂酸酯主要有五氯硬脂酸甲酯与三氯硬脂酸甲酯等。它们的制备方法有三种：一是将硬脂酸先氯化，然后与甲醇进行酯化，如图 2-42 所示。

$$C_{17}H_{35}COOH \xrightarrow{Cl_2} C_{17}H_{30}Cl_5COOH \xrightarrow[H^+]{CH_3OH} C_{17}H_{30}Cl_5COOCH_3$$

图 2-42　硬脂酸氯化酯化制备氯化硬脂酸酯

二是以硬化油为原料，先用甲醇醇解，得到硬脂酸甲酯，然后进行氯化，如图 2-43 所示。

$$C_{17}H_{35}COOH \xrightarrow[H^+]{CH_3OH} C_{17}H_{35}COOCH_3 \xrightarrow{Cl_2} C_{17}H_{30}Cl_5COOCH_3$$

图 2-43　硬脂酸酯化氯化制备氯化硬脂酸酯

三是以植物油油脚和合成脂肪酸为原料，先酯化再氯化，然后醇解。此法系综合利用副产废料，过程亦较复杂，其反应如图 2-44 所示。

酯化 $\qquad C_{17}H_{33}COOH + CH_3OH \xrightarrow[90℃]{H_2SO_4} C_{17}H_{33}COOCH_3 + H_2O$

加氢 $\qquad C_{17}H_{33}COOCH_3 + H_2 \xrightarrow[110\sim180℃]{Ni} C_{17}H_{35}COOCH_3$

氯化 $\qquad C_{17}H_{35}COOCH_3 + 5Cl_2 \xrightarrow{95℃} C_{17}H_{30}Cl_5COOCH_3 + 5HCl\uparrow$

醇解 $\qquad \underset{\text{（氯化时生成的酰氯）}}{C_{17}H_{30}Cl_5COOCl} + CH_3OH \xrightarrow{45\sim50℃} C_{17}H_{30}Cl_5COOCH_3 + HCl\uparrow$

图 2-44　以植物油油脚和合成脂肪酸为原料制备氯化硬脂酸酯

五氯硬脂酸甲酯为淡黄色油状液体，有特殊臭味，相对密度（20℃）1.17～1.19，折射率 1.4888（20℃），黏度（80℃）30～50cP❶，为聚氯乙烯辅助增塑剂。机械性能好，电性能、耐油性和耐水性较好，不燃，但耐寒性差、稳定性差、有恶臭，影响其用途。可用于电线、耐油软管等制品。

此外，还有一种含氯的脂肪酸酯是氯化甲氧基化油酸甲酯，它是将油酸酯在甲醇溶液中通入氯气氯化而生成的，如图 2-45 所示。

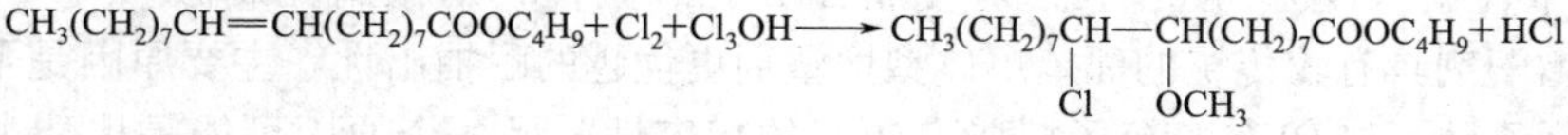

$$CH_3(CH_2)_7CH = CH(CH_2)_7COOC_4H_9 + Cl_2 + Cl_3OH \longrightarrow CH_3(CH_2)_7CH - (CH_2)_7COOC_4H_9 + HCl$$
$$\underset{Cl \quad OCH_3}{}$$

图 2-45　氯化甲氧基化油酸甲酯的制备

这种氯化脂肪酸的耐寒性能较好，可以作耐寒增塑剂使用，为聚氯乙烯的辅助增塑剂，可与邻苯二甲酸并用，用以提高制品的耐寒性，适用于薄膜等制品。但该增塑剂热耗比较大，有臭味。

2.3.7　聚酯

聚酯型增塑剂为聚合型增塑剂中的一种主要类型。由二元酸与二元醇缩聚而得。其中二元酸主要有己二酸、壬二酸、癸二酸和戊二酸。二元醇多为丙二醇、丁二醇、一缩二乙二醇。相对分子质量在 800～8000 之间，分子结构式为：

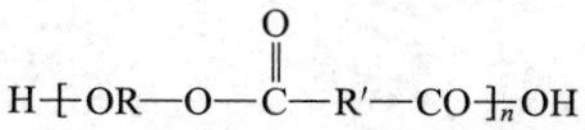

$$H \!-\!\!\left[OR-\overset{O}{\overset{\|}{C}}-R'-CO \right]_{\!n}\!\! OH$$

式中，R 和 R′分别代表原料二元醇和二元醇的羟基。这一结构是端基不封闭的聚酯，但大量商品聚酯增塑剂均用一元醇或一元酸封闭端基。如以一元醇封闭时，其结构式如下：

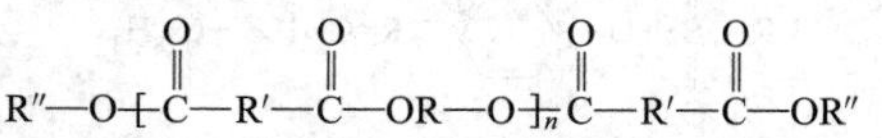

$$R''\!-\!O\overset{O}{\overset{\|}{C}}-R'-\overset{O}{\overset{\|}{C}}-OR-O\!\!\left[_{\!n}\!\overset{O}{\overset{\|}{C}}-R'-\overset{O}{\overset{\|}{C}}-OR'' \right.$$

式中，R″代表一元醇的羟基，若用一元酸封闭端基，则其结构式为：

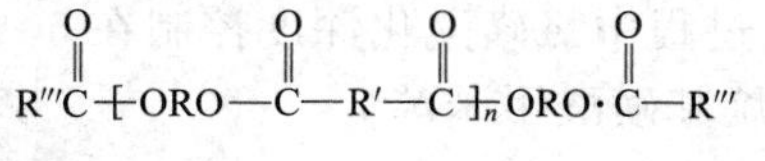

$$R'''\!\overset{O}{\overset{\|}{C}}\!\!\left[_{\!}ORO-\overset{O}{\overset{\|}{C}}-R'-C\right]_{\!n}\!ORO\cdot\overset{O}{\overset{\|}{C}}-R'''$$

式中，R‴代表一元酸的羟基。

聚酯增塑剂是一种性能十分优良的塑料助剂，不仅可以作为主增塑剂，还可作为特种助剂应用于各种 PVC 制品、高分子新材料及新型橡胶制品[37~39]。聚酯增塑剂为黄色或无色的黏滞油状液体，无味，无毒，不溶于水，一般通过二元酸（酐）和二元醇的缩聚反应来制

---

❶　1cP=0.001Pa·s，全书余同。

备，平均相对分子质量一般为 1000～8000。聚酯增塑剂的品种繁多，许多生产厂家为了进一步改善产品的性能，将单纯的聚酯聚合物进行共聚改造或配成混合物，并给予一个商品牌号，而不公开其具体组成。因此聚酯增塑剂不按化学结构来分类，而是按所用的二元酸分类，大致可分为：己二酸类、壬二酸类、戊二酸和癸二酸类等。在实际使用上，以己二酸类品种最多，重要的代表是己二酸丙二醇类聚酯，其次是壬二酸和癸二酸类聚酯。

聚酯增塑剂的工业生产方法是将二元酸和二元醇加入酯化反应器。为缩短反应时间，可同时加入酯化催化剂，加热反应后，生成的水由附在酯化反应器上的分馏柱顶部排出，经过冷凝除去。为使产品色泽较浅，可同时通入惰性气体，以防止氧化及变色，也可促使生成的水分迅速蒸出。当反应混合物达到规定的酸值时，反应已趋完成，酯化产物送入聚合釜，在真空下进行聚合反应，一般加热温度在 200℃ 左右，真空度为 400Pa 左右。当反应物的平均分子量经取样测定已符合要求时，可停止加热，在真空下冷却，然后通入惰性气体使恢复至常压。粗制品再经汽提以除去残存的醇和其他低沸物后，加入硅藻土或活性炭脱色过滤，滤液即是成品，收率约 98%。

聚酯增塑剂的毒性较低，能应用于对卫生要求较高的塑料制品中。美国 FDA 批准可用于接触食品的材料。美国孟山都公司对己二酸型聚酯增塑剂的安全评价为：口服 $LD_{50}>$ 10g/kg；皮下注射 $LD_{50}>10g/kg$；对皮肤 24h 无刺激性；对眼睛无刺激[40]。

聚酯类增塑剂具有较传统的邻苯单体型增塑剂更优越的耐抽出性，主要原因是聚酯类增塑剂具有较大的分子量，与 PVC 高分子树脂有较好的相容性；另一个原因可能是聚酯增塑剂的极性较大，分子链较长，所以耐极性和非极性溶剂的抽出性较好[41]。作为性能优异的新型增塑剂，聚酯增塑剂有着广泛的用途。与邻苯类增塑剂产品相比，聚酯增塑剂的分子量与 PVC 相近，具有高的亲和力，而且毒性低、挥发性小、耐抽出和耐迁移性好，几乎不从表面渗出，因此它是性能最为优异的增塑剂品种[42]。聚酯增塑剂广泛应用于耐油电缆、煤气胶管、防水卷材、人造革、儿童玩具、饮料软管、乳制品机械及瓶盖垫片、耐高温线材包覆层、耐油软管以及室内高级装饰品等各种制品。特别当 PVC 需保持特有的化学性能和在油、脂或乳液作用下耐迁移时，常使用不饱和高分子聚酯增塑剂，如油矿电缆护套、耐油性功能高分子材料的添加剂。聚酯增塑剂用于橡胶制品，既能使橡胶具有硫化耐热性、耐油性、抗溶胀性和耐迁移性，又能改善胶料的加工工艺性能。在 EVAVC 接枝共聚树脂中，聚酯增塑剂可作为硬质改性剂使用。

2.3.8 石油酯

石油酯又称烷基磺酸苯酯，结构式为：

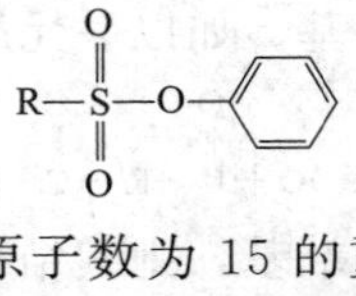

$$R-S(=O)(=O)-O-C_6H_5 \qquad R=C_{12}H_{25}\sim C_{18}H_{37}$$

烷基磺酸苯酯系以平均碳原子数为 15 的重液体石蜡作原料，与苯酚经氯磺酰化而得，如图 2-46 所示。由于制造工艺过程中氯磺酰化深度控制在 50% 左右，因此又简称"M-50"。如果用甲酚代替苯酚，则得到烷基磺酸甲苯酯。

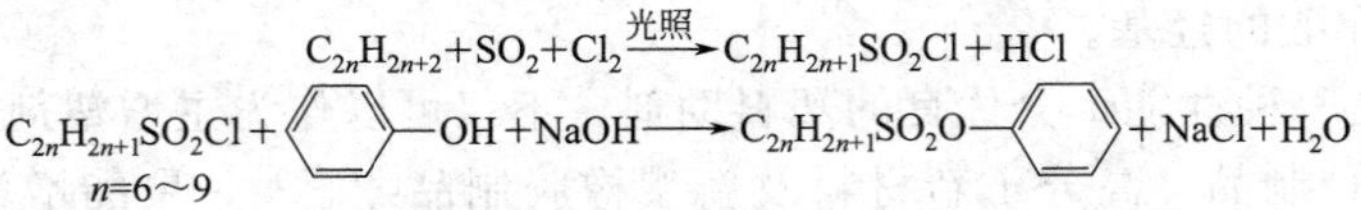

$$C_nH_{2n+2}+SO_2+Cl_2 \xrightarrow{\text{光照}} C_nH_{2n+1}SO_2Cl+HCl$$

$$C_nH_{2n+1}SO_2Cl + \text{《》}-OH +NaOH \longrightarrow C_nH_{2n+1}SO_2O-\text{《》}+NaCl+H_2O$$
$$n=6\sim9$$

图 2-46　烷基磺酸苯酯的制备

烷基磺酸苯酯为淡黄色透明油状液体，相对密度（d_4^{20}）为 1.03～1.04，为 PVC 增塑剂，电性能和机械性能好，挥发性低，耐候性好，耐寒性较差。其相容性中等，可作为主增塑剂应用，部分代替邻苯二甲酸酯，但通常与邻苯二甲酸酯类增塑剂并用。主要用于 PVC 薄膜、人造革、电缆料、鞋底、塑料鞋等。

为了改善其耐寒性较差的缺点，可将酚与 $C_7 \sim C_8$ 醇以 1∶1 的摩尔比混合后，再用烷基磺酰氯酰化，所得到的产品比传统的烷基磺酸苯酯的性能要好。

在生产过程中，$C_{12} \sim C_{18}$ 烷烃经氯磺酰化后再氯化，最后与苯酚酯化可得氯化石油酯，如图 2-47 所示。

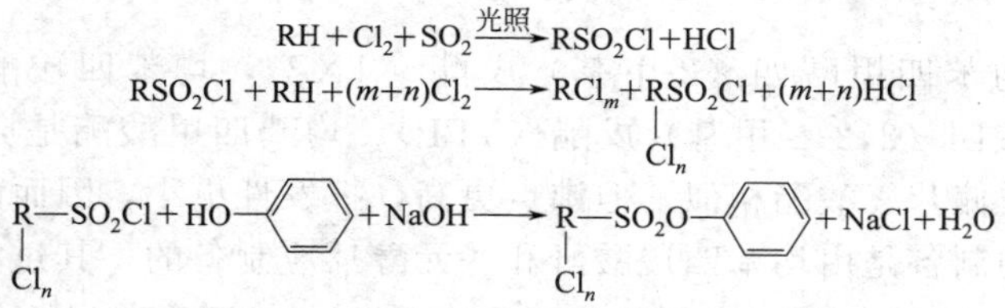

$$RH + Cl_2 + SO_2 \xrightarrow{光照} RSO_2Cl + HCl$$

$$RSO_2Cl + RH + (m+n)Cl_2 \longrightarrow RCl_m + RSO_2Cl + (m+n)HCl$$
$$\underset{Cl_n}{|}$$

图 2-47 氯化石油酯的制备

氯化石油酯为 PVC 的低成本的辅助增塑剂，其性能及用途同 M-50。

2.3.9 苯多酸酯

苯多酸酯主要包括偏苯三酸酯和均苯四甲酸酯。苯多酸酯挥发性低，耐抽出性好，耐迁移性好，具有类似聚酯增塑剂的优点；同时苯多酸酯的相容性、加工性、低温性能等又类似于单体型的邻苯二甲酸酯，所以它们兼具有单体型增塑剂和聚酯增塑剂两者的优点。

2.3.9.1 偏苯三酸酯[43]

偏苯三酸酯中消耗量最大的是 1,2,4-偏苯三酸三异辛酯（TIOTM），其次是 1,2,4-偏苯三酸三（2-乙基己）酯，通常称作偏苯三酸三辛酯（TOTM），及 1,2,4-偏苯三酸三异癸酯（TIMID）和偏苯三酸正辛正癸酯（NODTM）。

偏苯三酸酯一般由 1,2,4-偏苯三甲酸酐与醇在 H_2SO_4 催化下酯化而成。如 TOTM 的制备如图 2-48 所示。

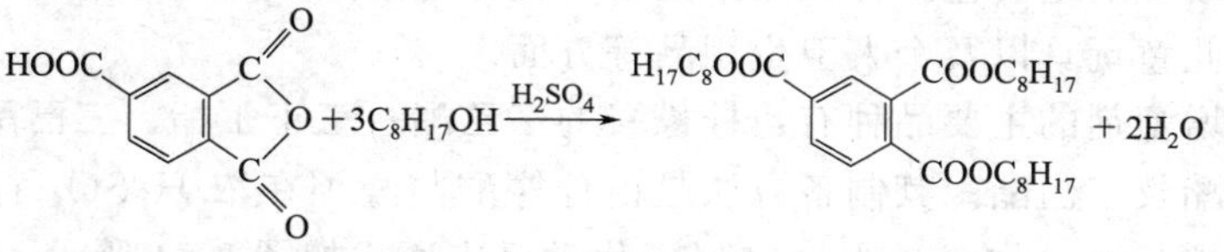

图 2-48 偏苯三酸三辛酯（TOTM）的制备

偏苯三酸酯的生产工艺过程基本上和邻苯二甲酸酯的生产过程相似。偏苯三甲酸酐是以芳构化（即铂重整）技术所提供的偏三甲苯为原料，经氧化生成 1,2,4-苯三羧酸，再脱水生产偏苯三酸酐，如图 2-49 所示。

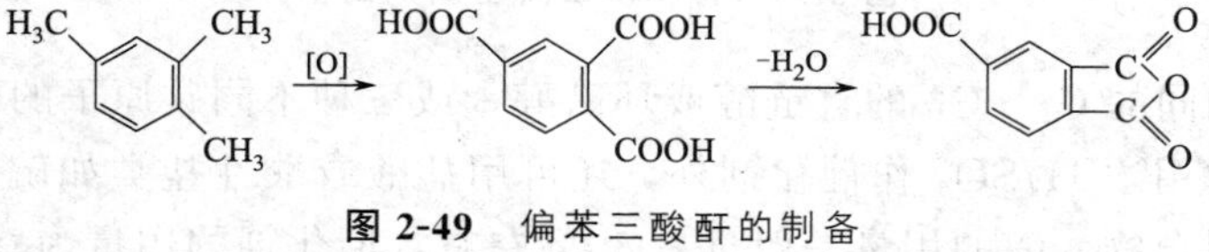

图 2-49 偏苯三酸酐的制备

偏苯三酸酯为聚氯乙烯的耐热和耐久增塑剂，与聚氯乙烯有较好的相容性，可作为主增塑剂。它兼具聚酯增塑剂和单体型增塑剂的优点，其相容性、塑化性能、低温性能、耐迁移性、耐水抽出、热稳定性均较聚酯增塑剂优，唯耐油性不及聚酯增塑剂。目前仅适用于耐热电线电缆料、高级人造革、增塑糊和涂料等中。

2.3.9.2 均苯四甲酸酯

均苯四甲酸酯又称 1,2,4,5-苯四羧酸酯，其结构式如下：

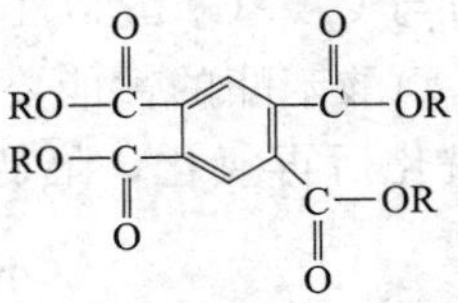

$$RO-C(O)\ \ C(O)-OR\\ RO-C(O)\ \ C(O)-OR$$ R=C_4～C_{10} 烃基

主要品种有：均苯四甲酸四（2-甲基）戊酯（TXP），均苯四羧酸四（2-乙基）己酯（TOP），均苯四羧酸四（2,2-二甲基）戊酯（TPP）。均苯四甲酸酯是分子量较高的单体型增塑剂，基本性质与偏苯三酸酯相似，但沸点更高，挥发性更小，因而耐久性更好。

均苯四羧酸酯的制备是由均苯四羧酸酐和一元醇反应制备的，其过程和邻苯二甲酸酯相似，反应式如图 2-50 所示。原料均苯四酸酐是由 1,2,4,5-四甲苯以 V_2O_5 为催化剂气相氧化制得。其方法基本与苯酐生产相似。

均苯四羧酸酯性能虽好，但因原料价格太高，一般民用制品很少采用，大部分用于尖端科学和军工产品。

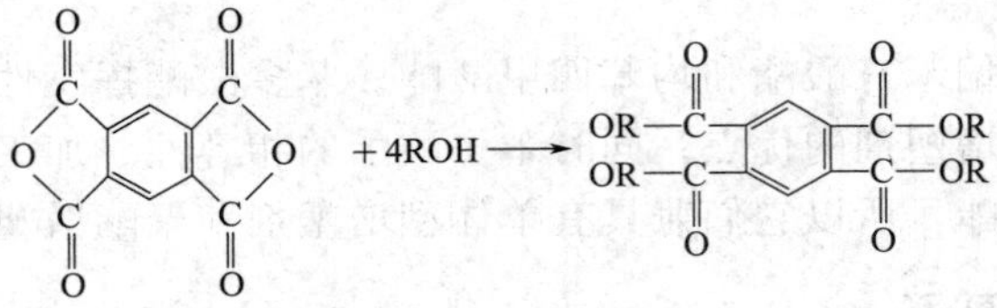

R=C_4～C_{10} 烃基

图 2-50　均苯四羧酸酯的制备

2.3.10　柠檬酸酯

柠檬酸酯类增塑剂主要包括柠檬酸酯及乙酰化柠檬酸酯，为无毒增塑剂。可用于食品包装、医疗器具、儿童玩具以及个人卫生用品等方面。

柠檬酸酯类增塑剂的主要品种有：柠檬酸的三乙酯、三正丁酯、三己酯及乙酰柠檬酸的三乙酯、三正丁酯及三己酯。其制备方法是由柠檬酸与醇类在浓 H_2SO_4 存在下酯化，得到相应的柠檬酸三烷基酯，收率 85%～95%。化学反应通式如图 2-51 所示。

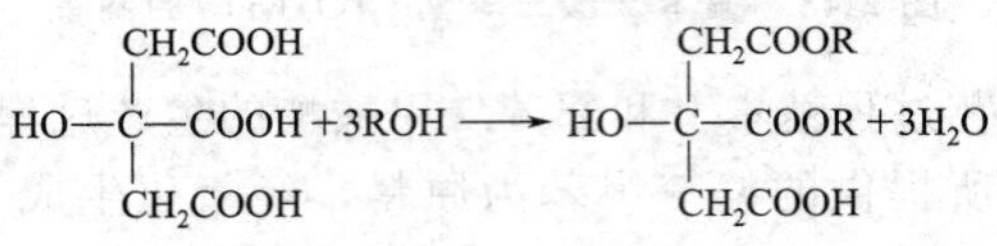

图 2-51　柠檬酸三烷基酯的制备

R 代表碳原子数相同的 $C_1～C_{10}$ 的直链醇或环己醇，或三种不同碳原子的醇。

酯化反应除常用浓 H_2SO_4 作催化剂外，还可用盐酸或酸性盐类如硫酸氢钾、硫酸氢钠和锌、锡等金属混合物。醇的用量一般过量 50% 左右，催化剂的用量为 0.1% 左右。在水和醇达到共沸时，水被醇带出。馏出的醇再返回反应釜中以利于酯化的完全。待到达理论出水量后，在减压下将多余的醇脱去。经水洗及中和蒸馏得成品，对沸点较高的酯可用双氧水及活性炭脱色。

柠檬酸三烷基酯的羟基可用醋酐进行乙酰化，得乙酰柠檬酸三烷基酯，如图 2-52 所示。

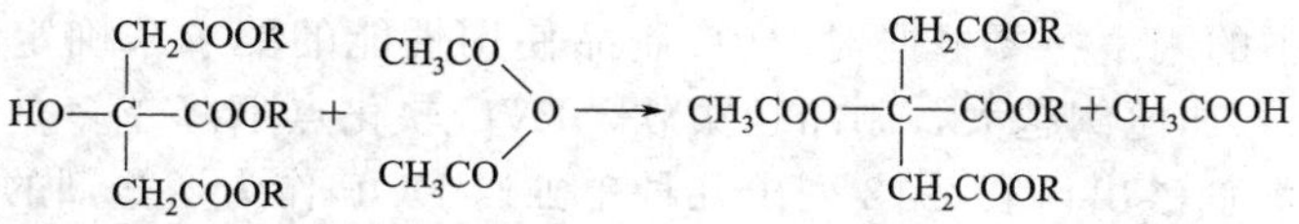

图 2-52　乙酰柠檬酸三烷基酯的制备

乙酰化反应可用过量 100% 的醋酐，以 0.01% 硫酸为催化剂，在 60～90℃ 反应 0.5～1h。然后在减压下蒸去醋酸，经水洗及中和后即得制品。也可用醋酐：醋酸（1.4：2.4）的混合物，以 H_2SO_4 为催化剂进行乙酰化，收率约为 90%～95%。

柠檬酸乙酯及乙酰柠檬酸乙酯对各种纤维素都有极好的相容性，对某些天然树脂也有很好的溶解能力，可作为乙酸乙烯及其他各种纤维素衍生物的溶剂型增塑剂。另外，由于对油类的溶解度很低，因此可在耐油脂的配方上使用。乙酰基柠檬酸三乙酯主要用作乙基纤维素的增塑剂。醋酸纤维经其增塑后，很少挠曲，对光稳定。柠檬酸三丁酯可作为乙烯基树脂及纤维素的增塑剂，毒性很低，对含蛋白质的溶液有消泡性能。用于树脂中能防霉菌的生长，用于醋酸纤维素能提高光稳定性。FDA 认为，乙酰基柠檬酸三丁酯是最安全的增塑剂之一。在无毒增塑剂中，柠檬酸酯类增塑剂对 PVC 的增塑作用十分明显，它的增塑效果几乎可以1：1 替代 DOP[44]。但由于生产成本导致的价格过高等问题，目前主要应用在无毒安全性要求较高的一些领域，例如饮料的瓶塞、塑料玩具、瓶装食品的密封圈、医疗器材等。除了用作增塑剂以外，柠檬酸酯类产品还在硝化纤维、油田化学品、化妆品添加剂、洗涤助剂、乳化剂等方面有着广泛的应用。

作为传统增塑剂的"绿色"替代品，柠檬酸酯类增塑剂的优点较为突出，符合当今世界以环保为主题的发展方向，因此市场前景十分光明。但是其价格因素成为了限制其应用的主要瓶颈。因此，生产企业在降低成本和市场推广方面仍要付出大量努力[45]。

2.4　增塑剂的选用

要选择一个综合性能良好的增塑剂，就是要使塑料制品表现为弹性模量、玻璃化温度、脆化温度的下降，以及伸长率、挠曲性和柔软性应提高，此外，尚要考虑气味小，光、氧稳定性良好，塑化效率高，加工性好以及成本低等因素。因此，选择应用增塑剂决非一件易事，必须全面了解增塑剂的性能和市场情况（包括商品质量、供求情况、价格等）以及制品的性能要求进行评比选择，如在建筑和运输设备中所用的 PVC 软制品，就要求除有良好的相容性外，还要有阻燃作用和一定的耐久性。于是，除主增塑剂外应添加磷酸酯或氯化石蜡。如要求在低温仍有良好的柔软性，就要选用耐寒性良好的增塑剂。又如汽车内部的装饰板、缓冲垫等要求防止生雾，那么要采用挥发性极低的不产生雾的增塑剂，如邻苯二甲酸二异癸酯、偏苯三酸酯、聚酯增塑剂等。若 PVC 塑料要用作食品包装材料、冰箱密封垫、人造革制品等，就要选用无毒、耐久性的聚酯增塑剂、环氧大豆油等增塑剂。另外，增塑剂的价格因素常常是选择时的关键性条件，所以要综合评价价格和性能，来确定选用的增塑剂。

2.4.1　在 PVC 中选用增塑剂的原则

到目前为止，邻苯二甲酸二（2-乙基）己酯（DOP）因其综合性能好、无特殊缺点、价格适中，以及生产技术成熟、产量较充裕等特点而占据着 PVC 用增塑剂的主位。无特殊性能要求的增塑制品均可采用 DOP 作为主增塑剂。

DOP 在 PVC 中的用量主要根据对 PVC 制品使用性能的要求来确定，此外还要考虑加工性能要求。DOP 添加比例越大，制品越柔软，PVC 软化点下降越多，流动性也越好，但过多添加会导致增塑剂渗出，表 2-12 列出几种单独以 DOP 作为增塑剂的 PVC 制品配方。

表 2-12　单独以 DOP 作为增塑剂的 PVC 制品配方示例　　　　单位：份

项　　目	普通农用压延膜①	普通压延片材②	无石棉地板砖③	普通绝缘级电缆④
PVC	100	100	100	100
DOP	约 50	约 60	约 40	约 45
稳定剂	约 2	约 2	约 4	约 6
润滑剂	约 2.5	约 0.7	约 2.5	约 1
$CaCO_3$	—	约 10	约 150	—
黏土	—	—	—	约 7

注：稳定剂：①②栏最好用 Ba-Zn 复合体系（液体）；③④栏一般用三盐、二盐。润滑剂：①栏用硬脂酸钡、镉复合体系；②栏用硬脂酸钡、锌复合体系；③栏用硬脂酸及其钡盐；④栏用石蜡。

配方中其他组分对增塑剂的用量的影响是不容忽视的。其中填料的影响最突出，无机填料大多具有显著的吸收增塑剂的性能，当配方中有这类填料时，增塑剂用量必须比无填料的配方适当增加。

有时为了生产不同颜色的 PVC 制品，分别加入具有着色作用的填料，例如炭黑（黑色制品）、二氧化钛（白色制品），但由于两种填料吸收增塑剂性能的差异，当变换颜色时，为了获得同样柔软程度的制品，增塑剂的量也要有所改变。例如添加锐钛矿型二氧化钛生产白色片材时，就可比添加炭黑生产黑色片材时，少加约 5%～10% 增塑剂。

为了得到某些具有特殊性能的 PVC 制品，不仅配方整体组成有所改变，而且增塑剂也常要相应变动。如选用环氧型增塑剂取代部分 DOP 以改善薄膜的热-光稳定性；选用磷酸三甲苯酯（TCP）取代部分 DOP 以提供薄膜阻燃性；选用脂肪族二元酸酯，可提高制品的耐寒性等。

由于 DOP 是 PVC 通用增塑剂的工业标准，其产量约占全部增塑剂产量的 1/3～2/3，又由于增塑 PVC 所用的该增塑剂占增塑剂总量的 80%，因此大多数增塑剂的价格都与 DOP 的价格-性能关系做比较。在选用其他种类增塑剂时，往往以 DOP 为标准增塑剂品种，以此为基础设计新的配方。在选用某种增塑剂部分或全部取代 DOP 时，必须注意以下几点。

① 新选用的增塑剂与 PVC 的相容性是决定其可能取代 DOP 的比例的一个重要因素。与 PVC 相容性好的，有可能多取代，甚至全部取代；反之则只能少量取代。

② 切勿简单地用新选的增塑剂去同等份数地取代 DOP。这是因为各种增塑剂的增塑效率不同，因而应该根据相对效率比值进行换算。

相对效率是以 DOP 为标准效率值（为 1.00）计算的，常见的各种增塑剂对 PVC 的塑化效率的相对效率比值列于表 2-13。

表 2-13　各种增塑剂的相对效率比值[24]

增塑剂名称	简称	相对效率比值	增塑剂名称	简称	相对效率比值
邻苯二甲酸二(2-乙基)己酯	DOP	1.00	邻苯二甲酸二壬酯	DNP	1.12
邻苯二甲酸二丁酯	DBP	0.81	邻苯二甲酸正辛正癸酯	DNOP	0.98
邻苯二甲酸二异丁酯	DIBP	0.87	邻苯二甲酸异辛异癸酯	DIODP	1.02
邻苯二甲酸二异辛酯	DIOP	1.03	邻苯二甲酸二异癸酯	DIDP	1.07
邻苯二甲酸二仲辛酯	DCP	1.03	癸二酸二丁酯	DBS	0.79
邻苯二甲酸二庚酯	DHP	1.03	癸二酸二(2-乙基)己酯	DOS	0.93

增塑剂名称	简称	相对效率比值	增塑剂名称	简称	相对效率比值
癸二酸二异丁酯		0.85	磷酸三(丁氧基乙酯)	—	0.92
癸二酸二环己酯		0.98	环氧硬脂酸辛酯	—	0.914
己二酸二(2-乙基)己酯	DOA	0.91	环氧硬脂酸、丁酯	—	0.89
己二酸二(丁氧基乙酯)	DBEA	0.80	环氧乙酰蓖麻酸丁酯	—	1.03
磷酸三甲苯酯	TCP	1.12	氯化石蜡(40%Cl)	—	1.80~2.20
磷酸三(二甲苯酯)	TXP	1.08	烷基磺酸苯酯	M-50	1.04

例如，在添加 50 份 DOP 的 PVC 制品配方中，想以 15 份 TCP 代替部分 DOP 以改善制品的阻燃性，则 DOP 可减少的份数应以 TCP 的相对效率比值 1.12 去除 15，即 15/1.12＝13.4 份。

③ 新选用的增塑剂不仅在主要性能上要满足制品的要求，而且最好不使其他性能下降，否则应采取弥补措施。例如将多种增塑剂配合使用，使制品综合性能良好的同时，实现某些性能的优化。

④ 任何其他增塑剂只有比 DOP 便宜或具备特殊的功能，能起到比 DOP 更好的特殊作用，才能在经济上站住脚。

2.4.2　在其他热塑性塑料中增塑剂的选用

在其他热塑性塑料中增塑剂的选用，同样要考虑相容性、增塑效率、应用性能、价格等。仅举几例如下。

（1）聚碳酸酯　与多种增塑剂都具有较好的相容性，其中包括己二酸酯类、苯甲酸酯类、邻苯二甲酸酯类、磷酸酯类、苯均四酸类、癸二酸芳族酯类等。最常用的是邻苯二甲酸酯、己二酸酯和磷酸酯。具有中等极性的增塑剂效果较好，但聚碳酸酯加入增塑剂的量不能太多，因为在温度升高时，树脂分子的活动性提高可导致结晶，这样会发生增塑剂的析出。另外，聚碳酸酯对于某些增塑剂（如邻苯二甲酸丁苄酯）会产生反增塑作用，应该加以注意。

（2）聚烯烃树脂　最重要的是聚乙烯和聚丙烯。聚乙烯是非极性且具有较高结晶度的聚合物，熔体流动性较好，成型容易，因此通常是不用增塑的。与聚乙烯相比，聚丙烯在低于室温下是脆性材料，为了提高聚丙烯塑料的韧性，改善低温脆性，某些制品须考虑增塑。

高等规度的聚丙烯可选用沸点在 200℃ 以上、溶解度参数[46] 为 7.0~9.5 的多种增塑剂，其中包括氯代烃、酯类等，在加入量达到 50 份时也可相容。为了降低聚丙烯的脆折温度和提高断裂伸长率，加入 10~15 份的壬酸酯具有明显的效果。由于壬二酸二己酯和己二酸-2-乙基己酯良好的低温性能以及符合卫生标准，可用作聚丙烯的增塑剂用以生产食品包装材料。

（3）聚乙烯醇及其衍生物　主要包括聚乙烯醇及聚乙烯醇缩醛。聚乙烯醇主要用于制作黏合剂、乳化剂、织物或纸张涂层以及塑料薄膜等。作为塑料用的聚乙烯醇一般都须经过增塑处理，工业上使用最普遍的增塑剂有磷酸、乙二醇、丙三醇和其他多元醇，也可使用少量的磷酸烷基芳基酯类。聚乙烯醇制品的物理机械性能，在很大程度上取决于增塑剂的加入量，当加入量较为多时为弹性材料，加入量少的，可制得似皮革的塑料。

聚乙烯醇薄膜在室温下的断裂伸长率仅 5%，而加入 50% 增塑剂后其断裂伸长率可达 300%。聚乙烯醇缩丁醛与很多增塑剂都有良好的相容性。其中 2-乙基丁二酸三甘醇酯不仅有良好的相容性，而且有很好的黏着性、耐水脱层性、耐老化性以及优良的低温柔曲性。此外，癸二酸二丁酯，癸二酸二辛酯，邻苯二甲酸二丁酯、二辛酯，磷酸三甲酚酯、三丁酯，甘油三乙酸酯及氯化石蜡等也可作为增塑剂。

除此之外，纤维素衍生物、聚酰胺、聚酯丙烯酸类树脂，聚苯乙烯、氟塑料等热塑性塑料在加工过程中，要根据各自的特性来选用所需的增塑剂。

2.5　增塑剂的发展趋势[47~49]

提高增塑剂的耐久性、安全卫生性、寻求廉价原料以及开发功能性增塑剂是该领域今后发展的方向。

2.5.1　提高增塑剂的耐久性

近年来，人们愈来愈重视提高增塑剂的耐久性，使之能够在各种环境条件下长期使用。提高增塑剂耐久性的主要方法是增大增塑剂的分子量。

增塑剂的分子量与其性能如抽出性、防雾性、耐迁移性、不挥发性等密切相关。分子量大，则抽出性低、迁移性小、挥发性低，但相容性差，而且合成相对困难。近年来聚酯类增塑剂发展很快。

聚酯类增塑剂是目前增塑剂开发研究领域颇为活跃的研究课题[50]。这是由于一些特殊的应用领域对 PVC 软制品的性能要求更加苛刻，传统的单体型增塑剂品种无法满足耐热、耐久和耐候性要求。提高分子量无疑是解决这些技术难题的关键，也符合塑料助剂品种开发的总体趋势。

现在正兴起以廉价的正丁烯为原料，经嵌基合成（工艺）制备用于生产增塑剂的新的醇——2-丙基-1-庚醇（异癸醇）的开发：用这种癸醇（实际以 2-丙基-1-庚醇为主）生产的邻苯二甲酸二（2-丙基-1-庚酯)[di-(2-propyl-1-heptyl)phthalate，DPHP]、己二酸二（2-丙基-1-庚）酯 [di(2-propyl-1-heptyl)adipate，DPHA]、偏苯三酸三（2-丙基-1-庚酯)[tri-(2-propyl-1-heptyl)trimellitate，TPHT] 比用 2-乙基己醇生产的同类产品性能更好，更耐热，挥发度更低，更耐水，耐油抽出，而且价廉[51]。美国联合碳化物公司自 20 世纪 80 年代起已开始研究。日本三菱化学公司现在已建成 3 万吨/年的 2-丙基-1-庚醇的生产装置。德国 BASF 准备在美国得克萨斯州的 Pasadena 投资兴建邻苯二甲酸二（2-丙基-1-庚）酯的生产装置，并将现在的 Pasadena 的 12 万吨/年的 2-乙基己醇改成 2-丙基-1-庚醇以生产 DPHA[52]。据介绍，这种以正丁烯为原料生产的 2-丙基-1-庚醇的生产成本比以丙烯为原料生产的 2-乙基己醇的成本低。

德国 Bayer 集团化学公司 2003 年开发出一种新型聚合型增塑剂 Ultramoll VP SP51022。该产品有良好的耐迁移性、电性能和热稳定性。用该增塑剂可以制成各种硬度和弹性的制品，用其生产的橡胶制品柔软不喷霜。其 PVC 制品可作防水布、地板革、电线电缆外层、家具和工业注塑产品。

2.5.2　提高增塑剂的安全性

1980 年美国国家癌症研究所发表的资料认为，DOP、DOA 对大白鼠及小白鼠有致癌性，这引起人们对其毒性问题的关注和议论。研究邻苯二甲酸酯和 DOA 等的代用品成为增塑剂开发的一大趋势。

目前，最引人注目的是 BASF 公司开发的用大孔径催化剂将苯多羧酸或其衍生物加氢，将苯多羧酸结构中的苯环打开，生成环己烷多羧酸酯技术。由于分子结构的彻底改变，降低了原来邻苯二甲酸酯的毒性。近期 BASF 已在德国的路德维希港建成装置生产环己烷邻苯二甲酸二异壬酯（商品名 Hexamoll DINCH）。产品中的 DINP 含量小于 500mg/kg，符合欧盟规定小于 1000mg/kg 的要求。该产品已被欧盟认可[53]。据介绍，该产品因挥发性小、毒性小，很适合在 PVC 和聚乙烯醇缩丁醛玩具中使用。此外，还可应用于胶布带、窗框、服装、容器、食品包装、人造革、安全玻璃、汽车内部装饰、纺织、层压薄膜、塑料薄膜、隔音板等制品，而最有希望的是能代替 DEHP 在医学中使用[54~56]。

2.5.3　开发功能性增塑剂

功能性增塑剂包括抗静电增塑剂、耐热型增塑剂、阻燃增塑剂、耐污染增塑剂等，除具有增塑性能外，同时又是具有某一特殊功能的助剂。

(1) 抗静电增塑剂　PVC 是良好的电绝缘体，但容易进行静电积累，静电的存在往往给许多应用带来麻烦甚至灾害。消除静电的一般方法是在其配方中添加抗静电剂，而在增塑剂分子内引入抗静电基团不失为积极举措。就结构而言，抗静电增塑剂的分子内多含醚基官能团。抗静电增塑剂的开发以日本较为盛行，著名产品如旭电化公司的 LV-808（己二酸类）、LV-828（聚酯类）和 LV-838（邻苯二甲酸类）。

(2) 耐热型增塑剂　20 世纪 80 年代以后，家用电器、办公机器迅速普及并逐步追求轻量化、安全化和高性能，其中使用电线及其他软制品材料的耐热性显得相当重要，因此，耐热型增塑剂的市场进一步扩大。除偏苯三酸酯类增塑剂、耐热聚酯增塑剂外，以均苯四甲酸酯为代表的苯多酸酯类增塑剂也已上市。这些苯多酸酯类增塑剂无论在耐热性、非移动性和耐候性方面都优于偏苯三酸酯。另外，环戊烷四羧酸 C_4~C_{13} 醇酯[57]、联苯四羧酸 C_8~C_{18} 醇酯[58] 以及二苯砜四羧酸酯[59] 都具有卓越的耐热性能，解决这些原料的工业化问题将是今后努力的方向。

(3) 阻燃增塑剂　PVC 树脂具有自熄性，而多数制品由于配合大量的可燃性增塑剂而使其阻燃性显著下降。阻燃增塑剂兼备阻燃和增塑两种功能，赋予制品良好的阻燃增塑效果。一般来说，阻燃增塑剂的分子内含有 P、Cl、Br 等阻燃性元素，除 2.3.3 节、2.3.6 节介绍的磷酸酯类增塑剂和氯化石蜡、氯化脂肪酸酯类增塑剂外，最近，国内外相继报道了溴代邻苯二甲酸酯类阻燃剂的合成及应用研究报告，有望付诸工业化应用。

(4) 耐污染增塑剂　耐污染性是高填充 PVC 地板料和挤塑制品对增塑剂的基本要求。在耐污染方面，BBP 极具代表性，而苯甲酸酯类增塑剂也显示了独特的性能。迄今比较著名的产品有 Eastman 公司的 Texanol AS（2,2,4-三甲基-1,3-戊二醇异丁酸酯）和 Velsicol 化学公司的 Benoflex 131（异癸基苯甲酸酯）等。作为最新进展，HulsAmerica 公司最近应市了两个牌号为 Nuoplaz 6543 和 6159 的苯甲酸酯类耐污染增塑剂，前者设计用于地板料、壁纸、汽车嵌缝料等场合，后者则专门用于汽车内软制品。可以预计，伴随汽车及建筑装饰业的蓬勃发展，耐污染增塑剂的市场前景十分广阔。

(5) 新型增塑剂　为适应高能量的发动机、固体火箭推进剂、烟火、弹药、炸药以及混凝土长期保持流态不发生大面积固化、聚氨酯的密封及其黏结剂的配方、聚碳酸酯（PC）的改性等这些高科技新材料的需求，近来相继出现了高能增塑剂（energetic plasticizer）、超增塑剂（super plasticizer）、聚氨酯型增塑剂（polyurethane plasticizer）等一些新型增塑剂[60~63]。新型增塑剂的陆续出现，不断丰富了人们的生活，促进了社会的发展。

参 考 文 献

[1]　DIN 55947. Anstrichstoffe und Kunststoffe. Gemeinsame. Begriffe Beuth Berlin，1973.

[2] ASTM 0883 "Definition of Terms Relating to plastics" 1980 Book of ASTM Standards Part 35. American Society for Testing and Materials，Philadephia，Pa.，1980：388.

[3] 王贵恒. 高分子材料成型加工原理. 北京：化学工业出版社，1982：100.

[4] 桂一枝. 有机助剂. 北京：人民教育出版社，1980.

[5] JP 56-139539. 1981.

[6] Caers R F，Brussels，et al. Kunststoff. 1993，83（0）：822.

[7] Cadogan D F. r Vinyl Technology. 1991，13（2）：104.

[8] 石万聪，司俊杰，刘文国. 增塑剂实用手册. 北京：化学工业出版社，2008.

[9] Wypych A. Plasticizers Database. Toronto：Chem. Tec. Publishing，2004.

[10] 罗志河. 美国增塑剂生产消费现状及近期预测. 增塑剂，2003，（4）：41；2004，（2）：12.

[11] 刘正. 增塑剂，1994，2.

[12] Singh Sher，Li Steven Shoei-Lung. Phthalate：Toxicogenomics and inferred human diseases. Genomics，2011，97（3）：148-157.

[13] Edmundo Bonilla，Jesfis del M azo. Deregulation ofthe Sodl and Ndl genes in mouse fetal oocytes exposed to mono-(2-ethylhexyl) phthalate（MEHP）. Reproductive Toxicology，2010，30（3）：387-392.

[14] Peter Kovacic. How dangerous are phthalate plasticizers? Integrated approach to toxicity based on metabolism, electron tran sfer，reactive oxygen species and cell signaling. MedicalHypotheses，2010，74（4）：626-628.

[15] George，Wypych. Handbook of plasticizers. Toronto：ChemTec Publishing，2004：20.

[16] 杨国文. 塑料助剂作用原理. 成都：成都科学技术大学出版社，1991.

[17] Wakeman R L. The chemistry of commercial plastics. New York：Reinhold Publishing，1947：32.

[18] Busse W F. J. Phys. Chern.，1932，36：2862.

[19] Davies D B，Mathesan A J. J. Chern. Phys.，1996，45：1000.

[20] WH0/IPCS. Di-n-butyl phthalate：Enviromental health criteria 189. Geneva：World Health Organization，1997.

[21] 石万聪. 增塑剂的毒性及相关限制法规. 塑料助剂，2010，（3）：43-47.

[22] 王波，王克智，巩翼龙. 环保型增塑剂的研究进展. 塑料工业，2013，41（5）：12.

[23] 山西省化工研究所编. 塑料橡胶加工助剂. 北京：化学工业出版社，1983.

[24] 合成材料助剂手册编写组. 合成材料助剂手册. 第2版. 北京：化学工业出版社，1985.

[25] U. S. Patent 6219941.

[26] Miller R A. Polyethylene and amorphous polyolefins in adhesives and selants. Eastman chemical company，2000.

[27] 唐培堃. 精细有机合成化学及工艺学. 天津：天津大学出版社，1993.

[28] 冯胜. 精细化工手册. 广州：广东科技出版社，1995.

[29] Fllul M D. Rubber Chem Technol，1998，71（2）：244-276.

[30] Mowery K A，Meyerhoff M E. Polymer，1999，40（22）：6203-6207.

[31] USP 3576923. 1971.

[32] 胡济宁，章永年，武长安. 合成 $C_{5\sim9}$ 混合脂肪酸制备塑料增塑剂. 北京：轻工业出版社，1981.

[33] 宋启煌. 精细化工工艺学. 北京：化学工业出版社，1995.

[34] 区兆军，陈子涛. 科学通报，1985，8（6）：432.

[35] 钱知勉，朱昌晖. 塑料助剂手册. 上海：上海科学技术文献出版社，1985.

[36] An Ying，Ding Yumei，Tan Jing，et al. Influences of polyester plasticizers on the properties of oil resistant flexible poly（vinylchloride）and powder nitrile butadiene rubber blends. Advanced Science Letters，2011，4（3）：875-879.

[37] 费柳月，蒋平平，卢云等. 聚酯增塑剂的合成与分析. 塑料助剂，2005，51（3）：35-41.

[38] 张冬珍. 增塑剂聚己二酸新戊二醇酯的合成. 上海化工，2010，35（4）：8，11.

[39] 费柳月. 聚酯增塑剂的合成与应用. 无锡：江南大学，2006.

[40] 蒋平平，费柳月，蒋春林. 新型聚酯型增塑剂研究与应用. 中国工程塑料工业协会塑料助剂专业委员会年会论文集，2004：142-147.

[41] 汪多仁. 增塑剂的新产品开发与市场展望. 橡塑资源利用，2010，（5）：32-37，44.

[42] 雷鹰，吴峰，陆丹，曾晖扬. 实用化工材料手册. 广州：广东科技出版社，1994.

[43] 鲁凤兰. 无毒增塑剂的生产与应用. 精细石油化工进展，2006，7（9）：40-45.

[44] 张丽. 柠檬酸酯类增塑剂的市场现状及前景. 塑料助剂，2008，（1）：13-14，24.

[45] Salmon G. Van Amerongen G. J. J. Polym. Sci.，1947，2：355.

[46] Michael P. Modern Plastics，1992，69（9）：70.

[47] Ansi Vallens，et al. Modern Plastics，1993，70（9）.

[48] Prud H R E. J. Vinyl Technology，1989，11（1）.

[49] Ronald D. Svoboda. J. Vinyl Technology，1991，13（3）：130.

[50] 蒋平平，李良阔，卢云等. 国内外新型无毒增塑剂在儿童玩具和食品包装行业应用现状及发展趋势. 增塑剂，2005，（3）：4-8.

[51] Rothnam D. Product focus。Chemical Week，1997，159（20）：31.

[52] Mass Brunner Melanic，et al. BASF. DE 10116812 AI 17. 1978.

[53] Wadey Brianl L. Substitute for DEHP in Medical Application. Medical Plastics，2004，140：258751.

[54] Wadey Brianl L，et al. An innovative plasticizer for sensitive applications，Annual Technical Conference-Society of Plastic Engineers 61st，2003，3：3092.

[55] Wadey Brianl L.（BASF）An innovative plasticizer for sensitive applications，Journal of Vinyl & Additive Technology，2003，9（4）：172.

[56] JP 57-170948. 1982.

[57] JP 2-28619. 1991.

[58] JP 64-24862. 1989.

[59] 石万聪，赵晨阳. 增塑剂，2007，（1）：7-10.

[60] George Wypych. Handbook of plasticizers. Toronto：Chem Tec Publishing，2004：20.

[61] Page M，Spiratos N. The role of superplastieizers in the development of environmentally friendly concrete，Intern. Symy. Concrete Technol. Sustainable Develop.，2000，4：19.

[62] 增塑剂编辑部. 增塑剂，2007，（2）：6-13.

3

抗 氧 剂

3.1 概述

  高分子材料，包括塑料、橡胶、纤维、涂料及黏合剂等，无论是天然的还是合成的都与人类的生活息息相关，是不可或缺的。然而，高分子材料在加工、储存和使用过程中，其理化性能的变化往往限制其广泛的应用，例如塑料的发黄、脆化和粉化；橡胶的发黏、硬化、龟裂及绝缘性能下降；纤维制品的变色、褪色、强度降低和断裂，凡此种种现象都称作高分子材料的"劣化"或"老化"。所以，防止或延缓高分子材料的老化，保持其原有的性能，以延长其使用寿命无疑是十分重要的。为此，首先必须了解高分子材料老化的机制。

  事实上，造成高分子材料老化的因素是多种多样的。在日常生活中，人们常常发现不同材料的制品、相同材料不同形状的制品和用于不同环境中的制品的使用寿命不同，老化情况各异。之所以聚丙烯与聚氯乙烯表现出不同的耐老化特性就是源于其结构的不同；而聚丙烯管材和薄膜耐老化性能的差异则取决于其物理形态和立体规整性的不同[1]。这就说明高分子材料的结构、物理形态、分子量及分子量分布，甚至所含杂质的结构和量都能影响高分子材料的老化，是内因；外因则与高分子材料所处的环境有关，如大气环境、太阳光的照射，氧、臭氧和水的作用，气候的变化、微生物的侵蚀，以及加工和使用时的热变化和机械磨损等，尤其以氧、光、热的影响最为显著[2]。

  大量的研究表明，高分子化合物在热、光和氧的作用下能发生一系列复杂而有害的自动氧化反应和热分解反应，造成断链或交联，破坏了高分子材料的结构和各项性能[3]。随着老化程度的加深，材料将逐步丧失其原有的机械性能（如拉伸强度、冲击强度和弯曲强度等），由此逐步失去使用价值。为了延长材料的使用寿命，就必须抑制或延缓高分子材料的氧化降解和交联，最常用的方法就是向高分子材料中加入适宜的物质。如果所加入的物质能够抑制或延缓高分子材料的氧化老化，那么此类物质统称为抗氧剂。或更直接地说，所谓抗氧剂就是那些能延缓高分子材料自动氧化反应速率的物质。

  由于不同高分子材料的氧化老化机制不同，即使同一种聚合物由于其制造过程和形态的不同也会导致其氧化稳定性的差异。这就要求具有不同性能的抗氧剂用于不同的高分子材料。随着 20 世纪合成材料的飞速发展，抗氧剂的研发得到了人们的普遍关注，各类抗氧剂也得到了广泛的应用，除了用于塑料、橡胶、涂料和胶黏剂行业外还大量用于油品和食品工业。抗氧剂的品种繁多，有各种分类方法。按其功能可分为链终止型主抗氧剂和氢过氧化物分解剂（辅助抗氧剂）；按其化学结构可分为胺类、酚类、含硫化合物、含磷化合物和有机金属盐等；按其用途又可分为塑料用抗氧剂、橡胶用抗氧剂、油品用抗氧剂、食品用抗氧剂、润滑剂用抗氧剂、涂料和纤维用抗氧剂等。

我国抗氧剂的生产始于1952年，防老剂甲（N-苯基-1-萘胺）和防老剂丁（N-苯基-2-萘胺）率先投入工业生产。在20世纪70年代末到80年代初，我国的抗氧剂生产得到了很大的发展，诸如酚类、硫酯类和亚磷酸酯类抗氧剂相继问世。世纪之交，受阻酚类抗氧剂风靡我国大江南北。近些年来，半受阻酚类抗氧剂颇受人们的青睐[4]。然而，我国在抗氧剂领域的研究和生产水平与世界发达国家相比仍有相当大的差距，尤其在高端品种的开发和抗氧剂的商品化方面差距尤甚，这与我国快速发展的高分子材料行业不相适应。

3.2 高分子材料的氧化降解与抗氧剂的作用机理

在人类发展的历史长河中，人们逐渐认识到通过避光、冷藏和真空包装可以大幅度延长食品的保存期。同样，它们也是延长高分子材料制品使用寿命的有效方法。顾名思义，避光是为了抑制光对物质的作用；冷藏是为了降低温度，从而降低高分子材料的老化速率；而真空包装或涂层是为了隔绝空气或氧气。例如，高压聚乙烯在空气中即使在室温下也会发生相当严重的老化现象，但在隔绝空气的情况下直到290℃以上才会发生分解。究其原因就是空气中的氧气在受热情况下能与高分子材料发生氧化反应而导致高分子链含氧量增加，诱发高分子链的断裂。由于高分子材料在加工、储存和使用过程中难免与空气接触，就必然造成聚合物的氧化老化。

3.2.1 高分子材料的热氧老化

一般而言，有机化合物都能与氧分子反应，而且是自动进行的，所以通常称作自动氧化反应。事实上，高分子材料的氧化老化就是自动氧化反应，是指在室温至150℃下，物质按照链式自由基机理进行的具有自动催化特征的氧化反应[5]。所以，高分子材料的氧化老化也是由链的引发、链的传递与增长、链的终止三个阶段所构成。

3.2.1.1 链的引发

游离基链反应的引发通常都是底物在光照、受热、引发剂的作用下或多价金属离子的催化下发生的。对于高分子材料而言，分子中的某些弱键有可能发生均裂而生成游离基。见图3-1。

$$\begin{array}{ccc} RH & & R\cdot + H\cdot \\ & \xrightarrow{\text{光或热}} & \\ RX & & R\cdot + X\cdot \end{array}$$

图 3-1 含弱键的分子均裂产生游离基

然而，聚合物通过光照和受热所吸收的能量往往不足以使其弱键均裂而产生游离基，所以可能是高分子材料中含有的易于产生游离基的杂质所致，例如，氢过氧化物、偶氮二异丁腈（AIBN）等。此类物质在较低的温度下或光照就可以产生游离基，从而引发了此类链反应的发生，如图3-2所示。所以在高分子材料中加入易均裂的添加剂能促进其氧化降解。另外，微量的重金属离子，如铜、铁、锰等能催化此类自动氧化反应。

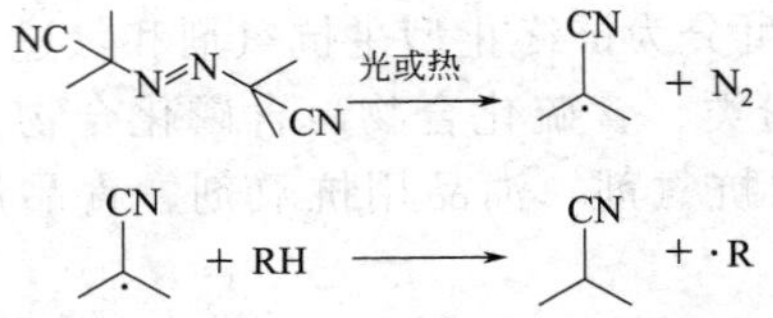

图 3-2　AIBN 引发的游离基反应

$$ROOH \xrightarrow{光或热} RO\cdot + HO\cdot$$
$$2ROOH \xrightarrow{光或热} RO\cdot + RO_2 + H_2O$$
$$RO\cdot + RH \longrightarrow ROH + \cdot R$$

图 3-3　氢过氧化物引发的游离基反应

大量的研究结果表明，高分子材料与氧分子反应生成的氢过氧化物不稳定，易均裂生成游离基，这是造成高分子材料氧化降解的主要原因。在自动氧化反应中，引发是最慢的一步，但是一旦发生，其反应就越来越快，是典型的自催化反应。见图 3-3。

3.2.1.2　链的传递与增长

在引发阶段所生成的高分子烷基自由基高度不稳定，能迅速与空气中的氧分子结合生成高分子过氧自由基，此过氧自由基能夺取聚合物分子中的氢产生新的高分子烷基自由基和氢过氧化物。氢过氧化物不稳定，分解产生新的游离基，所产生的新游离基又进一步与聚合物反应而造成链的增长，如图 3-4 所示。

3.2.1.3　链的终止

体系中自由基之间相互结合形成惰性产物，即为链的终止阶段。见图 3-5。

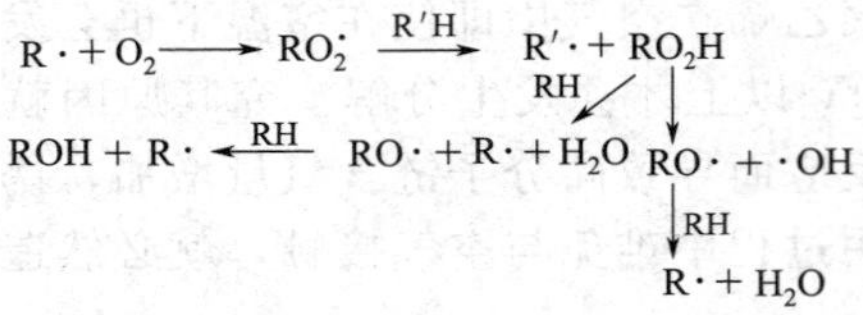

图 3-4　游离基链的传递与增长

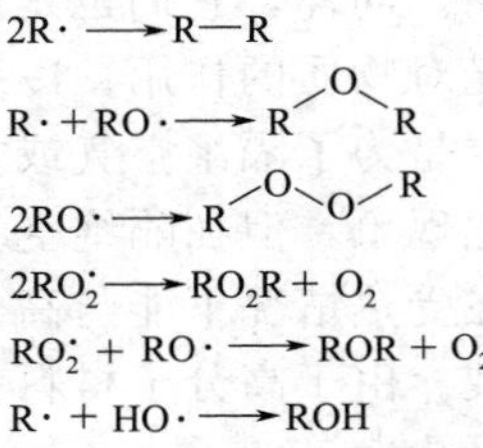

图 3-5　游离基链的终止

这样，在高分子材料的老化过程中所产生的高分子链自由基通过重排、分解和偶合造成高分子链的断裂和交联。链的断裂使得高分子材料的分子量大幅降低，从而导致其力学性能的降低；另一方面，无序的交联往往会形成无序的网状结构，导致高分子材料的脆化、变硬和弹性下降[6]。

高分子材料耐热氧老化的性能与其结构密切相关，高分子材料的结构决定了高分子链自由基的相对稳定性，而所产生的游离基的稳定性决定了它们产生的难易程度。毫无疑问，越容易产生自由基的高分子材料，其耐氧化老化的能力越差。聚烯烃中的碳杂原子键、双键、接支点和聚丙烯中的叔碳都是高分子材料中易于生成自由基的位置。据此就不难理解为什么聚丙烯比聚乙烯更容易氧化，而含有不饱和键的高分子材料，如天然橡胶就更容易氧化。

3.2.2　抗氧剂的作用机理

如上所述，抗氧剂是一类能够抑制或延缓高分子材料氧化老化的物质。由上述高分子材料氧化降解机理可知，要想提高高分子材料的抗氧化能力，就必须阻止或抑制自动氧化链反应的进行。要么设法阻止活泼游离基的产生，要么阻止游离基链的传递，这就是高分子材料抗氧剂的作用机理的理论依据[7]。因此，可将抗氧剂分为两大类：能终止氧化过程中自由基链传递和增长的抗氧剂一般称作链终止型抗氧剂；那些能够阻止或延缓高分子材料氧化降解过程中自由基产生的抗氧剂称作预防型抗氧剂。链终止剂能与高分子材料热氧老化过程中所产生的烷基游离基、烷基过氧游离基等结合形成稳定的游离基，从而终止链的增长；同时所生成的比较稳定的自由基还能捕获高分子材料中的活泼烷基、烷基过氧自由基等形成稳定的化合物，故此类抗氧剂又称作游离基捕获剂，也可称作主抗氧剂。预防型抗氧剂又称作辅助抗氧剂。在高分子材料的氧化降解过程中会不可避免地产生少量氢过氧化物，而主抗氧剂的加入在抑制高分子材料氧化降解的同时也能产生高分子氢过氧化物。众所周知，氢过氧化物是不稳定的，在光或热的作用下能离解产生新的自由基，再度引起自由基链反应。所以在高分子材料中除了需要加入主抗氧剂外，还需配合使用辅助抗氧剂，以分解高分子材料中所存在的氢过氧化物，使之形成稳定的化合物，从而阻止自由基的产生。因此这类辅助抗氧剂又称作氢过氧化物分解剂。在高分子材料的生产、加工过程中往往会有可变价金属离子的残留，而可变价金属离子能够催化游离基的产生，包括氢过氧化物分解产生游离基的过程，所以也需加入辅助抗氧剂以抑制变价金属离子的催化作用。此类辅助抗氧剂又称作金属离子钝化剂。

一般而言，由于酚类和胺类抗氧剂具有游离基捕获的性质，属于链终止型抗氧剂；有机亚磷酸酯、硫代二丙酸酯、二硫代氨基甲酸金属盐属于辅助抗氧剂。其中某些胺类抗氧剂，如 N,N'-二取代对苯二胺兼具两种类型抗氧剂的作用。

3.2.2.1 链终止型抗氧剂的作用机理

链终止型抗氧剂是通过与高分子材料中的游离基反应而达到抗氧化的目的。但不同结构的链终止型抗氧剂与自由基的反应机理是不同的，归纳起来主要有以下三种类型。

(1) 自由基捕获型 此类化合物是指那些与自由基反应使其不能再引发链反应的物质。常见的有醌、炭黑、某些多核芳烃以及某些稳定的自由基，如 TEMPO(2,2,6,6-四甲基哌啶氮氧自由基) 等受阻氮氧自由基。醌与烷基自由基加成生成比较稳定的自由基，如图 3-6 所示。而炭黑除了含有抗氧能力的酚类外还有醌和多核芳烃结构，所以炭黑也是一很有效的抗氧剂。

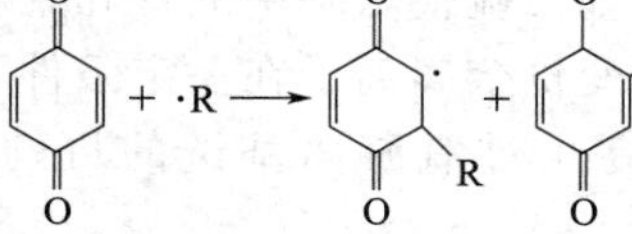

图 3-6 醌与烷基游离基的加成

在高分子材料中还可以加入一种稳定的自由基如 TEMPO 等，它只能与活泼的自由基反应，而不能与高分子材料发生夺取氢或与双键加成等反应。所以它本身不可能引发自由基链反应，但却可以捕获高分子材料中所产生的烷基自由基而终止自由基链反应。常见的有受阻酚氧自由基、双叔丁基氮氧自由基和 TEMPO，它们都能与烷基自由基反应生成稳定的化合物。二芳基氮氧自由基更稳定，也能与高分子材料中的烷基自由基反应生成稳定的化合物。如 4,4'-二甲氧基二苯基氮氧自由基。见图 3-7。

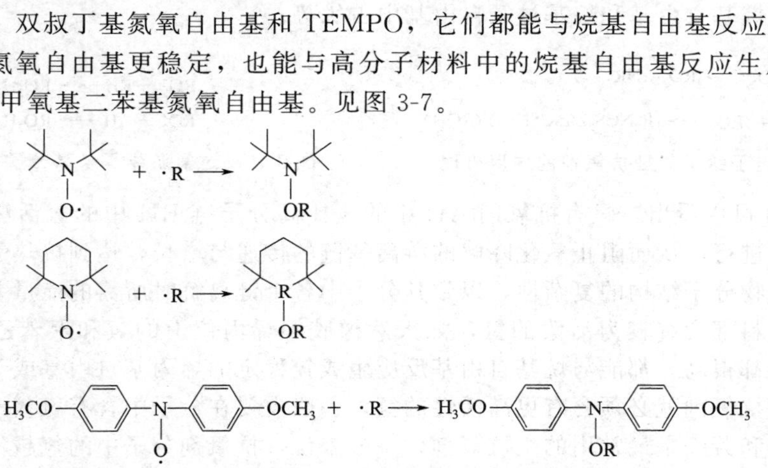

图 3-7 受阻氮氧游离基对烷基游离基的捕获

上述的氮氧自由基由于其分子量太低，很少用于高分子材料中，其抗氧化能力也比普通的链终止型抗氧剂要低，但在实验室中却经常使用，例如 TEMPO 常用于鉴定某一反应是否是游离基反应。至于说它们的抗氧化能力低是由于常用的链终止型抗氧剂不仅具有氢给予体的作用，而且也是游离基捕获剂。例如二苯胺的抗氧化老化的机理，如图 3-8 所示。*N*-羟基二苯胺和酚类抗氧剂也是以类似的机理发挥其抗氧化的作用。

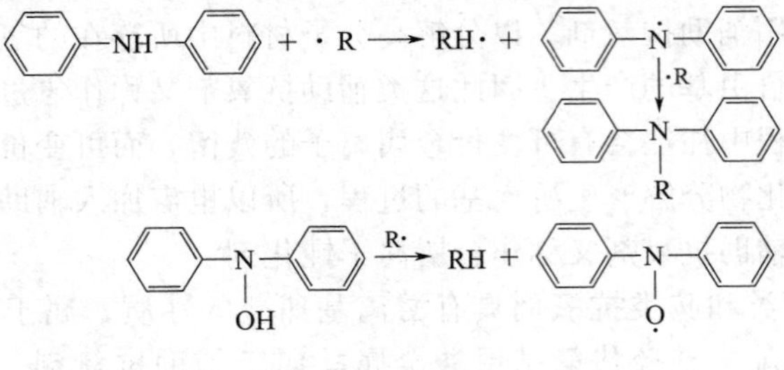

$$ArOH + \cdot R \longrightarrow ArO\cdot + RH$$
$$ArO\cdot + \cdot R \longrightarrow ArOR$$
$$ArO\cdot + RO_2^{\cdot} \longrightarrow RO_2OAr$$

图 3-8 二苯胺、羟基二苯胺及酚类抗氧剂对烷基游离基的捕获

(2) 电子给予体型 在链终止型抗氧剂中属于电子给予体型的情况是比较少的，最常见的例子是叔胺抗氧剂。作为链终止型抗氧剂，叔胺不是稳定的自由基，所以不是自由基捕获剂，在氮原子上又不含氢，因此也不是氢给予体型，而它确实有抗氧化能力，究其原因可能是电子转移造成的，所以有人提出如图 3-9 所示的抗氧化机制。再如，二烷基二硫代氨基甲酸、二烷基二硫代磷酸和黄原酸的金属盐所具有的终止游离基链的作用，均可按图 3-9 所示的作用机制考虑。有证据表明二烷基二硫代氨基甲酸锌和烷基过氧游离基的反应生成了图中所示产物。同样，处于低价态的可变价金属离子在一定条件下可通过将电子转移到过氧游离基上形成高价态金属离子而达到终止过氧游离基链的目的，因此，具有抑制热氧老化的作用。

(3) 氢给予体型 如前所述，链终止型抗氧剂通过与高分子材料中所产生的游离基反应，生成较稳定的自由基达到抗氧化的目的。通常高分子材料中的活泼游离基通过夺取抗氧剂上的氢而达到上述目的，所以此类链终止型抗氧剂是氢的给予体。工业上通常使用的链终止型抗氧剂大部分都是氢给予体型。此类抗氧剂分子中必须含有活泼的氢原子，才能在与聚合物分子竞争烷基自由基和烷基过氧自由基中占优势。

$$Ar\ddot{N}R_2 + RO_2^{\cdot} \longrightarrow RO_2^{-}Ar\dot{N}R_2$$
$$(R_2NCS_2)_2Zn + {}^{\cdot}RO_2 \longrightarrow (R_2NCS_2Zn\overset{+}{\dot{S}}CSNR_2)^{+}(RO_2\!:)^{-}$$

图 3-9 电子给予体型抗氧剂的作用机理

$$RO_2^{\cdot} + RH \longrightarrow RO_2H + R\cdot$$
$$RO_2^{\cdot} + AH \longrightarrow RO_2H + A\cdot$$

图 3-10 过氧游离基与高分子或抗氧剂的反应

由图 3-10 可以看出，只有抗氧剂 AH 中的氢比高分子链 RH 中的氢活泼，才能使图中第一个反应不进行，从而阻止氧化降解的游离基链的传递与增长，达到抗热氧老化的目的。

由于聚合物分子结构的复杂性，以致其分子中各个键离解时所需的能量差别很大。其中许多高分子材料都含有较为活泼的氢，如天然橡胶中烯丙位上的氢和聚苯乙烯苄基位上的氢，其活泼性都很高，都能与烷基自由基反应生成较稳定的烯丙基自由基或苄基自由基。所以氢给予体型抗氧剂就必须含有更高活性的氢，一般需要在分子中含有氨基或羟基，这就是为什么受阻酚和芳胺是最常用的主抗氧剂。一般来说，抗氧剂分子中的氢越活泼，当与自由基发生氢交换反应时所生成的自由基就越稳定。如前所述，稳定的自由基又可以作为自由基捕获剂捕获高分子材料中因热氧老化所产生的自由基,从而进一步提高其抗氧化能力。受阻酚类和芳胺类抗氧剂就具有这两方面的功能。

所谓受阻酚就是指在酚羟基的两边有体积较大的烷基取代基,如叔丁基。典型的受阻酚抗氧剂分子中都含有受阻酚的结构单元,如2,6-二叔丁基苯酚,其抑制高分子材料热氧老化的作用机制如图3-11所示。由于所生成的酚氧自由基中的游离电子可与芳环共轭,具有四个共振结构,而且2,6位的两个叔丁基能进一步提高其稳定性,所以此酚的氧自由基非常稳定。

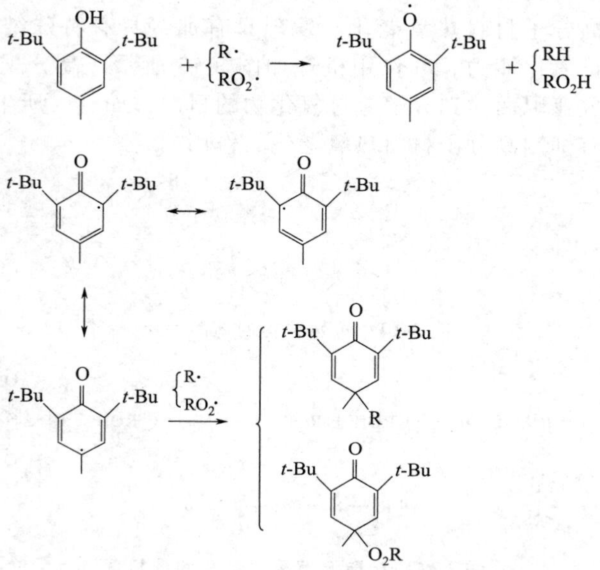

图3-11 2,6-二叔丁基苯酚抗热氧老化的机理

3.2.2.2 辅助抗氧剂的作用原理

如前所述,辅助抗氧剂主要包括氢过氧化物分解剂与金属离子钝化剂。能与氢过氧化物反应并生成稳定化合物的物质称作氢过氧化物分解剂;而能够钝化金属离子对氢过氧化物催化作用的物质叫做金属离子钝化剂。

对于氢过氧化物分解剂而言,主要包括有机硫化物、有机硫酯、某些酸的金属盐、有机亚磷酸酯等。下面分别对其抑制高分子材料热氧老化的机理进行探讨。

(1) 金属盐类 Kemerly与Patterson等证明了二烷基二硫代磷酸金属盐能使油品中的异丙苯过氧化氢分解[8]。有证据表明N,N'-二取代二硫代氨基甲酸金属盐也能分解氢过氧化物,从而抑制天然橡胶的热氧老化。关于此类金属盐分解氢过氧化物的机理尚不成熟,图3-12给出了目前人们普遍接受的反应机理[9]。由此反应机理不难看出,金属盐类抗氧剂可看做亲电质点,通过亲电进攻异丙苯过氧化氢、氧鎓离子重排、再亲电进攻,使氢过氧化物分解生成稳定的苯酚和丙酮。

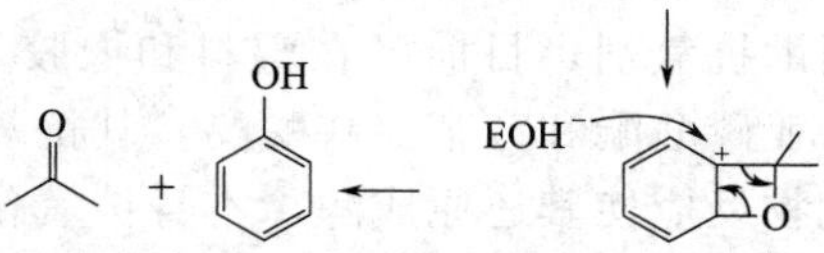

图3-12 金属盐类抗氧剂分解异丙苯过氧化氢的机理

(2) 有机硫化物 此类辅助抗氧剂包括硫醇、一硫化物和二硫化物等，它们也是氢过氧化物分解剂，其中硫醇具有很高的抗热氧老化能力，其作用机理如图 3-13 所示。

$$ROOH + 2R'SH \longrightarrow ROH + 2R'SSR' + H_2O$$

$$R'SH + RO_2^{\cdot} \longrightarrow ROOH + R'S\cdot$$

$$R'S\cdot + RO_2^{\cdot} \longrightarrow \text{稳定产物}$$

图 3-13 硫醇分解氢过氧化物和捕获过氧游离基的机理

但是硫醇与高分子材料的相容性差，而且常伴有难闻的臭味。因此，人们曾尝试了许多烷基或芳基硫醚抑制高分子材料热氧老化，发现只有那些具有特殊结构的硫醚（如图 3-14 所示）才具有一定的抗氧化能力。其作用机理如图 3-15 所示。高分子材料中形成的氢过氧化物通过氧化硫醚生成亚砜而达到分解氢过氧化物的目的。而且，所生成的亚砜及其进一步氧化分解的产物也具有抑制高分子材料热氧老化的作用。

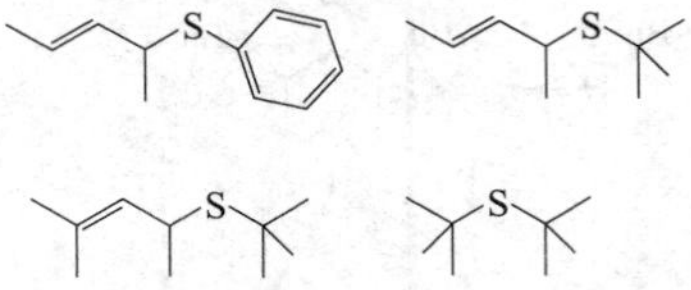

S
S
S
S

图 3-14 特殊结构的硫醚举例

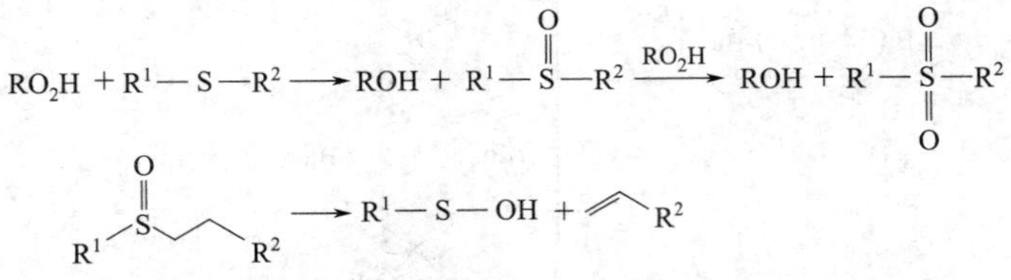

RO2H + R1—S—R2 ⟶ ROH + R1—S—R2 ⟶ ROH + R1—S—R2
O
RO2H
O
O
⟶ R1—S—OH + R2
O
S
R1
R2

图 3-15 硫醚分解氢过氧化物的机理

与硫醚不同的是大部分二硫化物在高分子材料中都有良好的抗氧化能力。同样，二硫化物也是通过自身被高分子材料中所生成的氢过氧化物氧化生成硫代亚磺酸酯或二氧化硫而起到分解氢过氧化物的作用。而且，所生成的硫代亚磺酸酯和二氧化硫及其进一步的氧化与分解产物也具有一定的抗氧化作用（如图 3-16 所示）。通常，含硫的酸均有一定的抗氧化作用，而作为氧化产物的 SO_2 和 SO_3 也是有效的氢过氧化物分解剂。

硫代二丙酸酯类抗氧剂如硫代二丙酸二月桂基酯（DLTP）是聚烯烃等塑料中常用的抗氧剂。对其吸氧动力学的研究表明，它的氧化产物亚砜-β,β'-亚磺酰基二丙酸二月桂基酯没有抗氧化的能力，而抑制氧化的有效成分是其进一步的氧化分解产物。

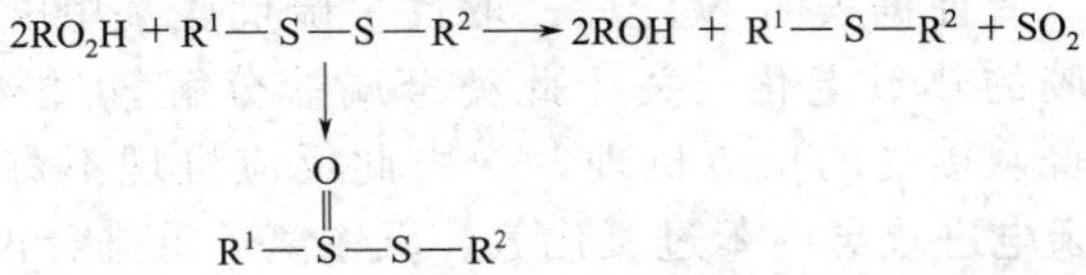

2RO2H + R1—S—S—R2 ⟶ 2ROH + R1—S—R2 + SO2
O
R1—S—S—R2

图 3-16 二硫化物分解氢过氧化物的机理

(3) 亚磷酸酯 在低温下，亚磷酸酯是比有机硫化物更好的过氧化物分解剂，它没有有机硫化物难闻的气味，不污染制品，具有良好的颜色稳定性。因此，在实际应用中已超过硫酯类抗氧剂，成为最常用的辅助抗氧剂，目前已在塑料和橡胶工业中得到广泛使用[10]。亚磷酸酯类抗氧剂主要包括烷基亚磷酸酯和芳基亚磷酸酯，其抗氧化机理也是非常复杂的。一般认为，亚磷酸酯与氢过氧化物反应使其还原成醇，本身被氧化成磷酸酯，从而达到分解氢过氧化物的目的。见图 3-17。

$$P(OR')_3 + ROOH \longrightarrow ROH + (R'O)_3P\!=\!O$$

图 3-17 亚磷酸酯分解氢过氧化物的机理

Holcik 等测定了不同亚磷酸酯对氢过氧化物的分解速率，发现烷基亚磷酸酯分解氢过氧化物的速率大于芳基磷酸酯，但在实际使用中却发现，芳基磷酸酯的稳定效果更好。究其原因可能是烷基磷酸酯的热、水稳定性差，而且分子量低，在储存、使用过程中易挥发、易水解以及不耐抽提。研究和实践均证明有体积大的取代基时可大幅提高其热、水稳定性。

3.2.3 抗氧剂的结构与性能

高分子材料的热氧老化是一游离基的链反应过程。如果所采用的主抗氧剂为氢转移型的链终止剂（AH），那么如前所述，要达到终止游离基链反应的目的，则必须满足两个先决条件：①抗氧剂必须具有比高分子碳链上所有的氢更为活泼的氢；②所生成的新抗氧剂游离基不能引发新的游离基链反应。

在高分子材料中常用的主抗氧剂是胺类与酚类抗氧剂，由于氮和氧上的氢毫无疑问比高分子碳链上的氢活泼得多，所以它们能首先与 R· 或 RO$_2$· 结合，阻止游离基链的传递和增长。例如防老剂 A 与自由基的作用（见图 3-18）。

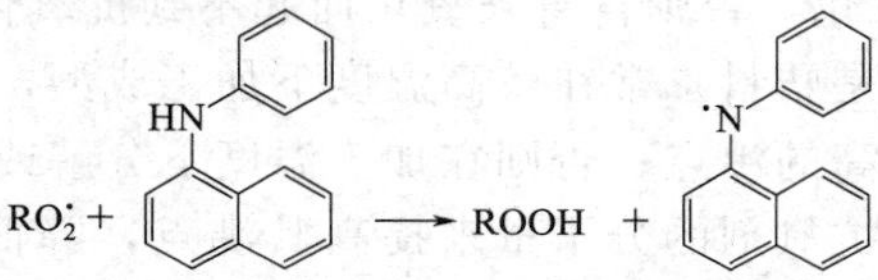

图 3-18 防老剂 A 与自由基的作用

首先，高分子材料中累积的过氧游离基夺取防老剂 A 分子中氮上的氢，那么剩下的问题就是新生成的抗氧剂自由基能否再引发新的自由基链反应，这是判断一个化合物是起促进剂作用还是起抗氧剂作用的关键。这就需要从新生成的自由基的活泼与否来考虑。活性高则可以引起新的链反应的进行，而活性低的游离基，则只能与另一个活性链自由基相结合，再次终止一个链的链反应，而生成比较稳定的化合物，如图 3-19 所示。

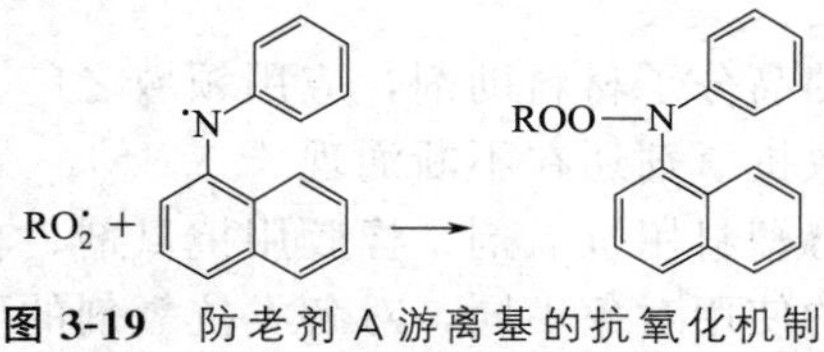

图 3-19 防老剂 A 游离基的抗氧化机制

可以说，新生成的抗氧剂自由基的稳定性不仅决定了能否引发新的链反应，而且决定了主抗氧剂分子中活泼氢的活性，所以所形成的抗氧剂自由基的稳定性与抗氧剂的抗氧化能力是紧密相关的。一般来说，自由基越稳定，其抗氧化能力越高。抗氧剂分子中有利于提高该自由基稳定性的结构因素必然能提高抗氧剂的抗氧化能力。下面就来考察以下抗氧剂自由基的结构与稳定性。

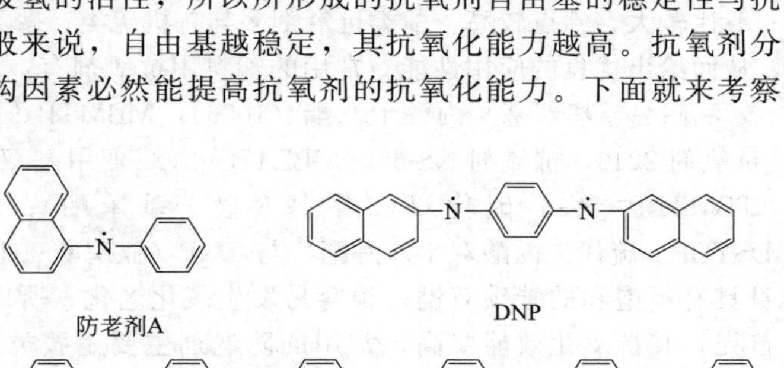

防老剂A   DNP

图 3-20 芳胺类抗氧剂游离基的稳定性

不难看出，图 3-20 中所示抗氧剂自由基都能与芳环共轭，因此比较稳定；而后两个双自由基可转变成更稳定的醌结构，所以其抗氧化能力很强。受阻酚类抗氧剂自由基也能与芳环体系共轭，但共轭能力一般比芳胺类抗氧剂小，所以酚类抗氧剂的抗氧化能力低于胺类抗氧剂的抗氧化能力。

曾经有人对酚类抗氧剂的结构与抗氧化能力的关系进行了研究。一般来说，酚类抗氧剂苯环上的供电子取代基使抗氧化能力提高，吸电子取代基使抗氧化能力下降[11]。例如烷基酚类抗氧剂，其羟基邻位如有甲基、甲氧基、叔丁基取代时其抗氧化能力大幅增加。特别是叔丁基，由于其空间位阻效应使得酚氧游离基的稳定性有很大提高，从而大大提高了其抗氧化效率。所以在工业上常用的酚类抗氧剂大部分是受阻酚类抗氧剂。

另外，还有人研究了抗氧剂抗氧化效率与其氧化电位的关系[12]。这些工作表明酚类抗氧剂的效率随氧化电位的减小而增加。同样，胺类抗氧剂的效率和氧化电位之间也存在着一定的关系。当胺类抗氧剂的氧化电位为 0.4V 左右时，它具有最大的抗氧化效率。

综上所述，抗氧剂应具备以下的结构特点：

① 分子中具有活泼的氢原子，它应比高分子链上的活泼氢原子更活泼；
② 所形成的抗氧剂自由基应具有足够的稳定性；
③ 抗氧剂本身应较难氧化，否则自身被氧化而起不到抗氧化作用。

由于高分子材料（尤其是塑料）常在较高温度下加工成型，这就要求所使用的抗氧剂应具有足够的热稳定性和足够高的沸点；否则在加工温度下分解或挥发，就会严重影响其抗氧化的效果。通常可通过增加抗氧剂的分子量来提高其沸点，降低其在加工温度下的挥发度。另外，抗氧剂要与高分子材料具有良好的相容性，才能保证其均匀分布在高分子材料中，更好地发挥其抗热氧老化的效能。

3.3　抗氧剂的用途、特性及选用原则

3.3.1　抗氧剂的分类及特性

抗氧剂是一类极其重要的高分子材料助剂，应用领域之广、品种之多，令人吃惊，且随着研究的不断深入，新型高效抗氧剂还在不断涌现。

若按抗氧剂的用途分，有塑料用抗氧剂、橡胶用抗氧剂、食品抗氧剂、油品抗氧剂及润滑油抗氧剂等。由于抗氧剂的使用对象不同，对各类抗氧剂的要求也不相同。

塑料用抗氧剂应是无色、非污染性的，所以多使用酚类抗氧剂而非胺类抗氧剂，这是因为胺类抗氧剂的污染性较酚类抗氧剂严重。另外，由于塑料的加工温度一般比较高，所以用于塑料的抗氧剂分子量一般比较大，沸点较高。酚类抗氧剂多与有机硫类、磷类抗氧剂以及金属皂类稳定剂配合使用，从而给出优良的应用性能。常用的塑料用抗氧剂有：2,6-二特丁基对甲酚（DPBC），β-（3,5-二叔丁基-4-羟基苯基）丙酸十八酯（1076），MBMTB［2,2'-亚甲基双-（4-甲基-6-叔丁基苯酚）；抗氧剂 2246，抗氧剂 NS-6］，MBETB［2,2'-亚甲基双（4-乙基-6-叔丁基苯酚）；425，NS-5］，TBMTBP［4,4'-硫化双（3-甲基-6-叔丁基苯酚）；300］，Topanol CA，Lonox 330，1010，DSTDP（硫代二丙酸双十八醇酯）与 TNP（亚磷酸三壬基苯酯）等。

由于硫化胶本身具有不饱和的碳碳双键，很容易发生氧化老化，所以对于橡胶用的防老剂就有如下要求：首先，其抗氧化效能要高，常用的防老剂主要是胺类抗氧剂，包括醛胺、酮胺缩合物、二芳胺类、二芳基对苯二胺类及烷基芳基对苯二胺类，酚类抗氧剂则使用较少，这是因为胺类抗氧剂的抗氧化能力比酚类抗氧剂高。其次，所加入的抗氧剂不能影响橡

胶的硫化。再者，喷霜与析出性要小。至于对橡胶抗氧剂的着色性和污染性的要求，相对塑料而言就低得多。

对于食品用抗氧剂，最重要的一点是必须无毒。常用的食品抗氧剂主要是天然化合物，如愈创木酚、去甲二氢愈创木酚、异抗坏血酸、没食子酸丙酯等。另外，作为食品抗氧剂还要求无臭味、无异味。

在燃料油中，由于含有一定量的烯烃，在油品的储存过程中会因氧化、聚合等反应生成胶质等高沸点物质，附着在设备中，容易引起故障的发生。因此对于催化裂化汽油有必要改善其氧化稳定性，所用的抗氧剂主要是链终止型的抗氧剂，一般为胺类与受阻酚类抗氧剂。

同样对于润滑油，诸如发动机油、齿轮油、透平油、轴承油、空气压缩机油、液压油等，都是在空气中循环使用的润滑油。一般来说，其使用温度较高，特殊情况下温度很高。所以，要求用于润滑油的抗氧剂热稳定性好，抗氧化效能高。用于此目的的抗氧剂几乎各种类型的都有，如烷基酚类、芳胺类、二硫代磷酸锌、二烷基二硫代氨基甲酸金属盐和有机硫化物等。

3.3.2 抗氧剂的选用原则

3.3.2.1 抗氧剂的性质

（1）变色及污染性　选择抗氧剂时应首先考虑到抗氧剂的变色和污染性能是否满足制品的要求。胺类抗氧剂易于氧化变色，具有较差的颜色稳定性与较大的污染性，但胺类抗氧剂的抗氧化效率高，所以，它主要用于橡胶、电线、电缆、机械零件、润滑油与轮胎中。酚类抗氧剂的颜色稳定性好，不易产生污染，所以酚类抗氧剂多用于无色和浅色高分子材料制品中。

（2）挥发性　挥发是抗氧剂从高分子材料中损失的主要形式之一。抗氧剂的挥发性在很大程度上取决于其分子结构与分子量。结构近似、分子量大的抗氧剂，挥发性低。抗氧剂的结构类型对其挥发性的影响更大。例如，2,6-二叔丁基-4-甲酚（相对分子质量 220）的挥发性比 N,N'-二苯基对苯二胺（相对分子质量 260）的大 3000 倍。另外，抗氧剂的挥发程度还与环境温度、制品比表面积的大小、空气流动情况均有关。所以，要根据制品的结构、形貌及使用环境来选择适宜的抗氧剂。

（3）溶解性　理想的抗氧剂应在所使用的聚合物中有良好的溶解度，而在其他介质中溶解度低。这样，抗氧剂与使用对象的相容性好，耐抽提。相容性取决于抗氧剂的化学结构、高分子材料的种类和结构等因素。相容性是抗氧剂的一项重要的应用性能。相容性小，就易发生喷霜现象。此外，抗氧剂也不应在水中或溶剂中被抽提，或发生向固体表面迁移的现象，否则就会降低抗氧化效率。

（4）稳定性　为了长期保持抗氧剂的抗氧化效率，抗氧剂应对光、氧、水、热、重金属离子等外界因素比较稳定，耐候性好。例如，对苯二胺系列衍生物对氧就较敏感，二烷基对苯二胺本身会在短期内被氧化而受到破坏，芳基对苯二胺就相对比较稳定。另外，受阻酚类抗氧剂在酸性条件下受热易发生脱烷基反应，这些现象都可降低抗氧剂的效力。

（5）抗氧剂的物理状态　选择抗氧剂时，其物理状态也是必须考虑的因素之一。在高分子材料的制造过程中，一般优先选用液体的和易乳化的抗氧剂；而在橡胶加工过程中，常选用固体的、易分散而无尘的抗氧剂；在与食品有关的制品中，首先选用天然的、无异味的、有一定色泽的无毒抗氧剂。总之，在选用抗氧剂时不仅要考虑抗氧剂的化学性能，也应考虑其物理特性。

3.3.2.2 选择抗氧剂时应考虑的因素

在选用抗氧剂时，不仅要考虑抗氧剂本身的理化特性及使用对象的性能，还应充分考高分子材料的加工、储存及使用环境。首先，必须认识到高分子材料的结构决定了它对大气中氧的敏感程度。不饱和的、带支链多的高分子材料容易被氧化，所以需选用抗氧化效能高的抗氧剂；加工温度高的则需选用热稳定性好的抗氧剂。对使用温度高的（如汽车轮胎）、机械强度高的、太阳光照射比较多的等各种各样的使用环境及外界因素，都应予以考虑。

3.3.2.3 抗氧剂的配合

在抗氧剂的实际使用中，胺类或酚类链终止型抗氧剂常常与氢过氧化物分解剂（如亚磷酸酯）配合使用，以提高制品抗热氧老化的性能。这两类抗氧剂联合使用往往会产生协同效应。所谓协同效应是指当两种或两种以上的抗氧剂配合使用时，其总效应大于单独使用时各个效应之和的现象；反之则称作反协同效应。Scott 等人提出了均协同效应与非均协同效应的概念。均协同效应是指具有相同作用机理但活性不同的两个化合物之间的协同效应。非均协同效应乃是指两个或几个不同作用机理的抗氧剂之间的协同效应。当受阻酚与炭黑在聚乙烯中配合使用时，由于炭黑能催化酚的直接氧化而使其抗氧化能力降低，所以它们的配合不但没有提高其抗氧化效能，反而使其降低，因此为反协同作用。因此，在选择抗氧剂时还必须考虑各类抗氧剂之间，抗氧剂与其他助剂之间是否有协同效应，慎重制定其配方的构成。另外，抗氧剂的用量取决于高分子材料的性质、抗氧剂的效率、协同效应、制品的使用环境与成本价格等种种因素。

3.4 高分子材料的臭氧化与抗臭氧化

由于某些高分子材料中含有碳碳双键（如天然橡胶），它能与大气环境中含有的微量臭氧反应生成臭氧加成物，此加成物不稳定而重排为臭氧化物，遇水会降解生成羰基化合物，从而造成高分子链的断裂。尽管大气中的臭氧浓度很低，但它足以使含有碳碳双键的高分子材料的寿命大幅降低。所以臭氧化也是造成高分子材料老化的重要因素之一。

目前人们普遍接受的观点是高分子材料的臭氧化机理与简单烯烃和臭氧反应的机理是相似的，如图 3-21 所示。由其反应机理可以看出，臭氧可使聚合材料中高分子链从碳碳双键处断裂，造成高分子材料分子量大幅度降低，严重影响高分子材料的力学性能。另外其降解产物醛和酮也是不稳定的化合物，可被进一步地氧化、降解。所以含有不饱和键的高分子材料的抗臭氧化能力是关系到其使用寿命的一个重要因素。

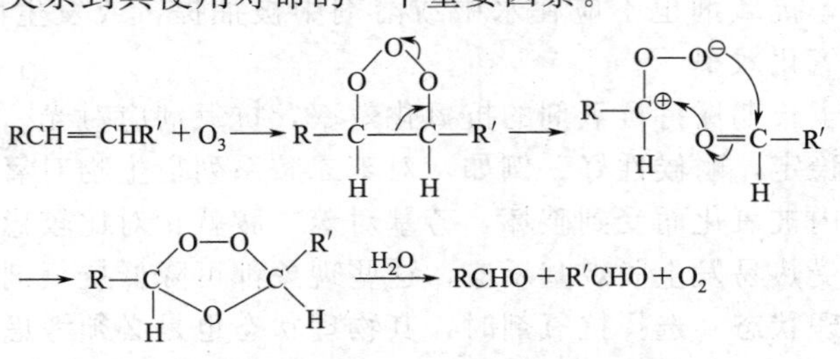

图 3-21 高分子材料的臭氧化机理

基于上述臭氧化机理不难看出要解决高分子材料的臭氧化，其途径有二。

① 在高分子材料中加入某一物质，使其在臭氧与高分子材料中碳碳双键反应前优先与臭氧反应，并生成稳定的化合物，从而阻止了臭氧与高分子材料中碳碳双键的反应，而达到抗臭氧化的目的，此类物质被称作抗臭氧剂或者臭氧捕获剂。例如芳胺类抗氧剂，它们不仅具有抗氧化作用，而且有抗臭氧化的能力，如图 3-22 所示。它们的结构表明它们更易于被

臭氧氧化，从而防止了高分子链遭受臭氧的攻击。

$$Ar_2NH + O_3 \longrightarrow Ar_2N—OH + O_2$$

$$Ar_2N—OH + RO_2^{\cdot} \longrightarrow Ar_2N—O^{\cdot} + ROOH$$

$$Ar_2N—O^{\cdot} + RO_2^{\cdot} \longrightarrow Ar_2NORO_2$$

图 3-22 芳胺类抗氧剂抗臭氧化的机理

② 在高分子材料中加入另一类物质，能与高分子臭氧化产物反应并生成稳定化合物，从而阻止了这些臭氧化产物进一步的降解而达到抗臭氧化的目的。例如对苯二胺类的抗氧剂就具有此作用（见图 3-23）。此类化合物也被称作抗臭氧剂。

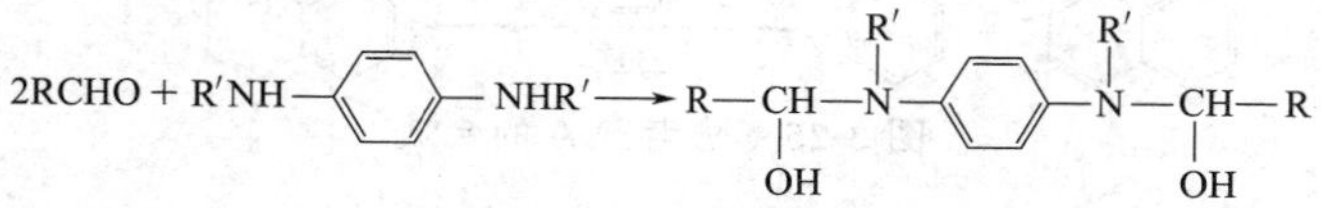

图 3-23 对苯二胺类抗氧剂抗臭氧化的机理

综上所述，具有捕获臭氧或钝化臭氧化产物的物质均可用作抗臭氧剂。如胺类抗氧剂、对苯二胺类抗氧剂以及氢过氧化物分解剂中的有机硫化物和亚磷酸酯类都可用作抗臭氧剂。而酚类抗氧剂则没有抗臭氧化的功能，这可能是因为胺、有机硫化物与亚磷酸酯可以被臭氧氧化，而受阻酚却难以被氧化的缘故。

3.5 抗氧剂各论

按照化学结构的不同，抗氧剂可分为胺类抗氧剂、酚类抗氧剂、有机硫化物和亚磷酸酯等。各类抗氧剂在高分子材料中具有不同的抗氧化性能，因而在高分子材料中具有不同的使用效果。本部分将着重介绍各类抗氧剂的合成工艺及应用性能。

3.5.1 胺类抗氧剂（包括抗臭氧剂）

胺类抗氧剂是一类历史悠久、应用效果良好的抗氧剂，它们对氧、臭氧的防护作用很好，对热、光、曲挠、铜害的防护也很突出，但容易氧化变色，污染制品，所以主要用于橡胶制品、电线、电缆、机械零件及润滑油等领域，尤其在橡胶加工中占有着极其重要的地位[13]。

常用的胺类抗氧剂主要有二芳基仲胺类、对苯二胺类、二苯胺类、脂肪胺类、醛胺缩合物类与酮胺缩合物类等。

3.5.1.1 二芳基仲胺类抗氧剂

长期以来，此类抗氧剂在橡胶工业中占据着极其重要的地位。其主要品种有防老剂 A 与防老剂 D（苯基萘胺型），防老剂 OD 与防老剂 ODA（二苯胺型）以及 3,7-二辛基吩噻嗪（用于润滑油）等。防老剂 A，化学名为 N-苯基-1-萘胺，在国内又称作防老剂甲，其结构式如图 3-24 所示。

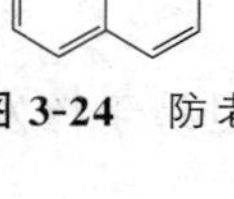

$C_{16}H_{13}N$

图 3-24 防老剂 A 的结构式

防老剂甲的熔点为 62℃，为黄褐色或紫色块状固体。它是天然橡胶与丁苯、氯丁苯等合成橡胶中经常使用的防老剂。主要用于防止由热、氧、曲挠等引起的老化，而且对铜害也有一定的防护作用。但防老剂 A 易于氧化变色，有污染性，不适于无色和浅色制品。在天然橡胶中的用量约为 1％，在丁苯胶中为 1％～2％。当其用于氯丁胶时还有抗臭氧的作用，用量约为 2％；在异戊胶中用量为 1％～3％。在塑料工业中，它也用作聚乙烯的热稳定剂，用量约为 0.1％～0.5％。它是一种不喷霜的性能优良的耐热防老剂。在工业上，防老剂 A 一般是由 α-萘胺或 α-萘酚与苯胺缩合而制得，如图 3-35 所示。

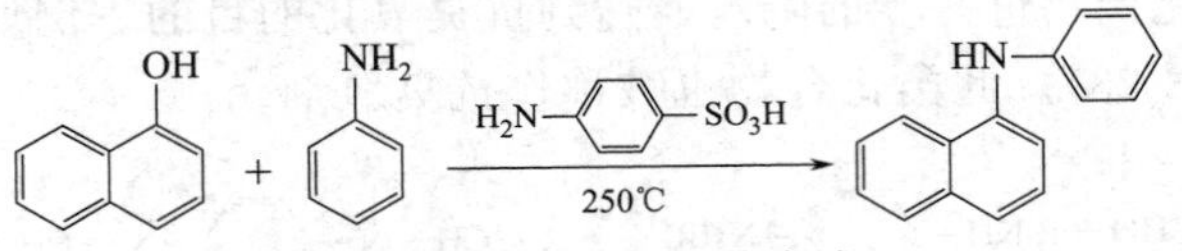

图 3-25 防老剂 A 的合成

防老剂 D，化学名为 N-苯基-2-萘胺，在国内又称作防老剂丁，其化学结构式如图 3-26 所示。

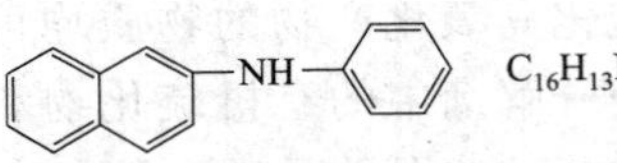

图 3-26 防老剂 D 的结构式

它是一种通用的橡胶防老剂，具有优良的抗热、抗氧、抗曲挠、抗龟裂性能，对有害的金属离子也有一定的抑制作用。防老剂丁既可单独使用，也可与其他防老剂配合使用，而且价格低廉，只是由于易于污染制品而不适宜用于无色和浅色制品。该防老剂曾被广泛地用于橡胶工业，如轮胎、胶管、胶带、胶辊、鞋、电线、电缆等，年用量很大。其用量一般为 0.5～2 份，超过 2 份会有喷霜现象。当按 2∶1 或 1∶1 与防老剂 4010NA 配合使用时，会使制品的抗氧、抗热与抗曲挠老化的能力显著提高，亦可同其他稳定剂配合使用，用量为 0.5％～3％。防老剂丁作为抗氧剂也用于聚乙烯及聚异丁烯塑料，用量为 0.2％～1.5％。

近些年来，人们发现 β-萘胺具有很强的致癌性，而在防老剂丁中含有微量的 β-萘胺，因此在美国、西方及日本等国已禁止生产和使用防老剂丁，其在发展中国家的用量也在逐渐减少。

防老剂 D 是防老剂 A 的异构体，是由 β-萘酚与苯胺在苯胺盐酸盐的催化作用下高温反应而制得的。其反应方程式如图 3-27 所示。

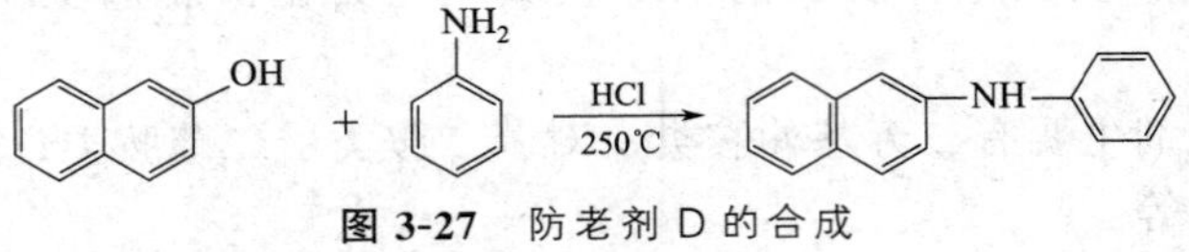

图 3-27 防老剂 D 的合成

其具体的生产工艺为：将加热熔化的 β-萘酚加入到 79.99kPa 的反应器中，催化剂（苯胺盐酸盐）用量为 β-萘酚重量的 0.062％。β-萘酚与苯胺的摩尔比为 1∶1.07，反应温度控制在 250～260℃。待反应至 β-萘酚含量小于 0.5％后，将物料放入沉降分离器中，并向分离器中加入碳酸钠进行中和。在分离器中分离得到有机相，油层蒸馏除去苯胺，得到产品防老剂 D 的粗品。再经干燥、切片、粉碎并包装。

在工业上使用的其他的苯基萘胺类抗氧剂还有 N-对羟基苯基-2-萘胺、N-对甲氧基苯基-2-萘胺等品种。考虑到该类防老剂可能含有微量的致癌 2-萘胺，其国内外产量均呈逐年下降趋势。

二苯胺类防老剂虽具有较好的抗曲挠性，但易于挥发。当在其对位引入烷氧基后其挥发性则有所下降，而且抗曲挠的性能也得到进一步提高。而苯环对位烷基化的产物污染性较轻，抗氧化能力中等。由于二苯胺类防老剂的性能不够全面，因而没有得到广泛应用，只有辛基化的二苯胺类防老剂在工业上得到了一定的应用。例如防老剂 OD 对制品的热氧老化及曲挠龟裂等具有防护作用，其结构式如图 3-28 所示。

$$C_8H_{17} \longrightarrow NH \longrightarrow C_8H_{17} \qquad C_{28}H_{43}N$$

图 3-28　防老剂 OD 的结构式

Uniroyal 公司开发的 Naugard 445，据称可用于丁苯、丁腈、异戊、氯丁、丁基等合成橡胶制品的热、氧、光及臭氧老化的防护。其合成方法如图 3-29 所示。

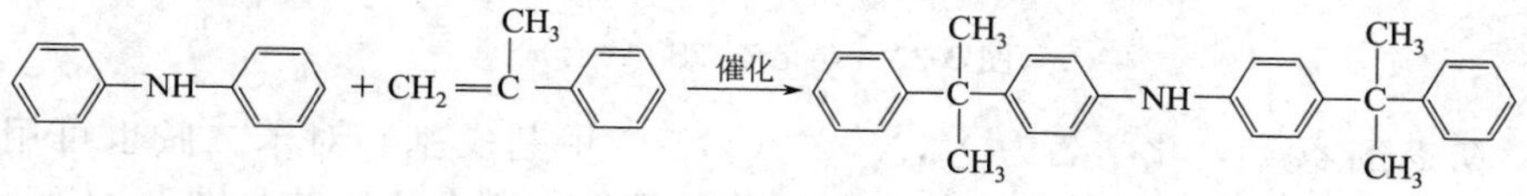

图 3-29　Naugard 445 的合成

此外在 1977 年，Goodyear 公司工业化的防老剂 Wingstay 29 是一种苯环对位苯乙烯基化的二苯胺，其抗氧化性能与烷基化二苯胺类似。

3.5.1.2　对苯二胺类抗氧剂

对苯二胺类抗氧剂对高分子材料有良好的防护作用，对热、氧、臭氧、机械疲劳、有害金属均有很好的防护作用。此类抗氧剂又可分为二烷基对苯二胺、二芳基对苯二胺、芳基烷基对苯二胺三种类型，其结构通式如图 3-30 所示。

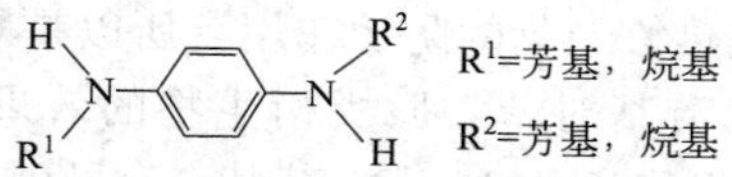

图 3-30　对苯二胺类抗氧剂的结构通式

防老剂 H，化学名为 N,N'-二苯基对苯二胺，熔点 130℃，为灰白色粉末。本品是一种广泛用于防护天然及合成橡胶制品、乳胶制品热氧老化的防老剂，对臭氧及铜、锰等有害金属离子引起的老化亦有防护作用，有良好的耐多次曲挠及日光龟裂的性能；但与高分子材料的相容性差，易析出喷霜，所以在使用时用量要加以限制。防老剂 H 是由对苯二酚与苯胺在磷酸三乙酯的催化作用下缩合而成的，如图 3-31 所示。

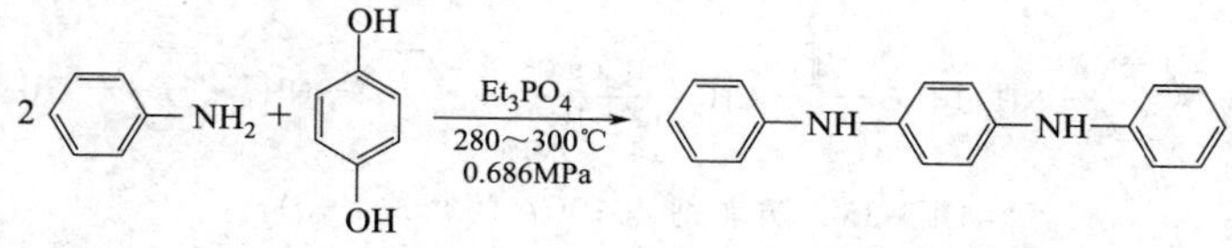

图 3-31　防老剂 H 的合成

防老剂 DNP，化学名为 N,N'-二-β-萘基对苯二胺，熔点在 225℃ 以上，为紫灰白色或淡灰白色固体，是具有突出的抗热氧老化、抗天然老化及抗有害金属催化老化作用的抗氧剂。常用于橡胶、乳胶和塑料制品。该品种是常用胺类抗氧剂中污染性最小的品种。但用量大于 2% 时会有喷霜现象。防老剂 DNP 是由对苯二胺与 β-萘酚缩合反应而制得的，如图 3-32 所示。

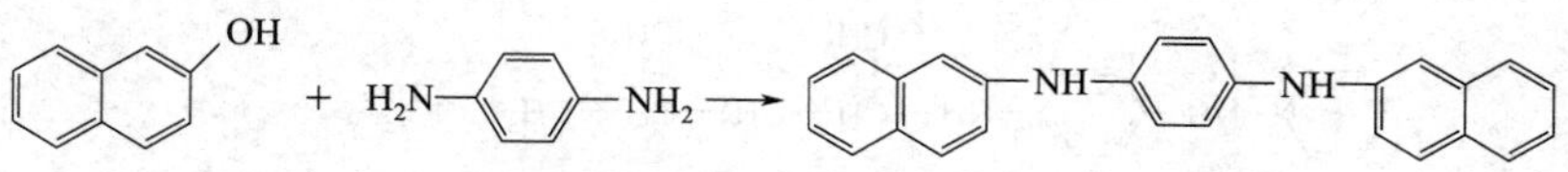

图 3-32　防老剂 DNP 的合成

不对称的二芳基对苯二胺类防老剂在橡胶工业也得到了一定的应用，如由对苯二酚、苯胺及邻甲苯胺反应制得的防老剂 630TP；由对苯二酚与甲基苯胺、二甲基苯胺反应制得的防老剂 660。前者为橡胶的耐热、耐曲挠龟裂剂；后者是合成橡胶的稳定剂。

二烷基对苯二胺类防老剂最重要的品种就是防老剂 288，是一棕红色的液体，沸点 420℃，可用于天然及合成橡胶制品以及润滑油中，具有良好的抗氧、抗热、抗曲挠及抗臭氧老化的作用，用量一般为 0.5%～3%。作为抗臭氧剂可与蜡并用，可使抗臭氧化效率显著提高。其制备方法如图 3-33 所示。

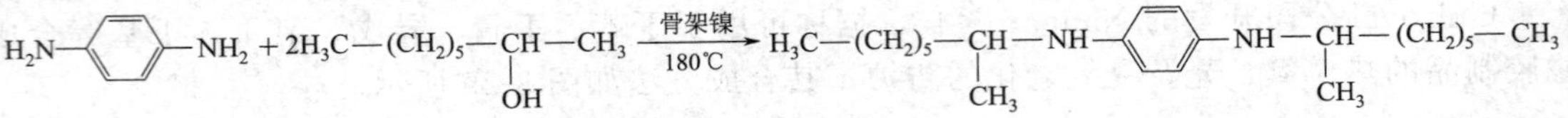

$$H_2N-\!\!\!\!\bigcirc\!\!\!\!-NH_2 + 2H_3C-(CH_2)_5-\underset{OH}{\overset{}{CH}}-CH_3 \xrightarrow[180℃]{骨架镍} H_3C-(CH_2)_5-\underset{CH_3}{\overset{}{CH}}-NH-\!\!\!\!\bigcirc\!\!\!\!-NH-\underset{CH_3}{\overset{}{CH}}-(CH_2)_5-CH_3$$

图 3-33　防老剂 288 的合成

另外，防老剂 4030，化学名为 N,N'-二-(1,4-二甲基戊基) 对苯二胺也可用于天然与合成橡胶制品，具有良好的抗热氧与抗臭氧老化的性能。其合成工艺如图 3-34 所示。

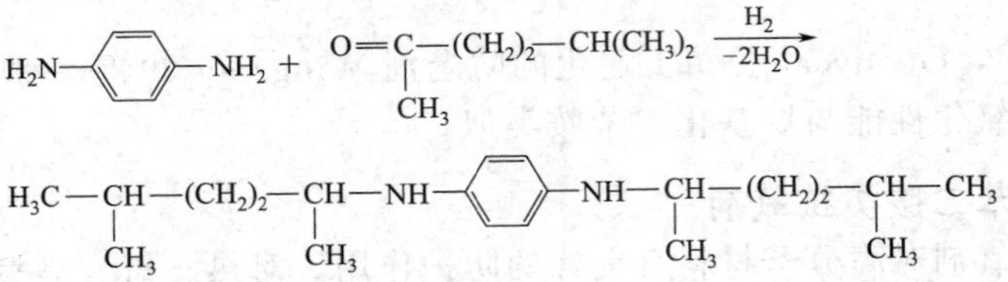

$$H_2N-\!\!\!\!\bigcirc\!\!\!\!-NH_2 + \underset{CH_3}{\overset{}{O=C}}-(CH_2)_2-CH(CH_3)_2 \xrightarrow[-2H_2O]{H_2}$$

$$H_3C-\underset{CH_3}{\overset{}{CH}}-(CH_2)_2-\underset{CH_3}{\overset{}{CH}}-NH-\!\!\!\!\bigcirc\!\!\!\!-NH-\underset{CH_3}{\overset{}{CH}}-(CH_2)_2-\underset{CH_3}{\overset{}{CH}}-CH_3$$

图 3-34　防老剂 4030 的合成

N,N'-烷基芳基对苯二胺类防老剂兼有上述两种对苯二胺类抗氧剂的优点，既有优越的抗臭氧老化的性能，又有突出的抗热氧老化的防护作用，所以是对苯二胺类防老剂的核心。作为橡胶制品的抗曲挠龟裂剂，烷基芳基对苯二胺类衍生物的效果最佳，性能最好的要数防老剂 4010NA 和防老剂 4020，其次为防老剂 4010。N-苯基-N'-异丙基对苯二胺（4010NA），熔点为 80.5℃，为紫褐色片状固体，是天然、合成橡胶及胶乳的通用型防老剂，也是当前性能最为优良的品种之一，具有优越的抗热、氧、光老化的性能，对制品的曲挠，尤其对臭氧龟裂的防护特别好。在抗臭氧剂中，防老剂 4010NA 的相容性好，喷霜现象轻微，但易氧化变色，污染性较为严重，总之其性能全面优于防老剂 4010（N-苯基-N'-环己基对苯二胺）。目前工业上最常用的生产防老剂 4010NA 的工艺仍是还原胺化法，即在氢气和加氢催化剂的存在下，对氨基二苯胺对丙酮进行还原胺化反应就能高收率地得到产品，如图 3-35 所示。

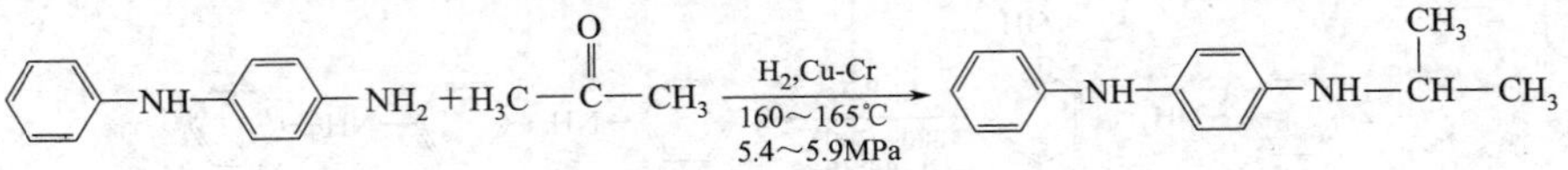

$$\bigcirc\!\!\!\!-NH-\!\!\!\!\bigcirc\!\!\!\!-NH_2 + H_3C-\underset{O}{\overset{}{C}}-CH_3 \xrightarrow[\substack{160\sim165℃\\5.4\sim5.9MPa}]{H_2,Cu-Cr} \bigcirc\!\!\!\!-NH-\!\!\!\!\bigcirc\!\!\!\!-NH-\underset{CH_3}{\overset{CH_3}{CH}}$$

图 3-35　防老剂 4010NA 的合成（一）

防老剂 4020，化学名为 N-苯基-N'-(1,3-二甲基丁基) 对苯二胺，为一灰黑色固体，熔点 40～45℃，广泛用于天然及合成橡胶制品。防老剂 4020 具有防止热氧、天候、曲挠老化的破坏和钝化可变价金属离子的催化作用，其性能与防老剂 4010NA 相近，但其毒性比防老剂 4010NA 要小。其生产工艺与防老剂 4010NA 类似，如图 3-36 所示。

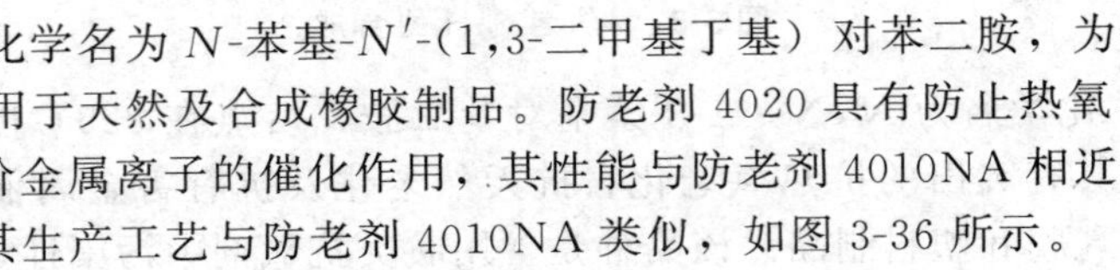

$$\bigcirc\!\!\!\!-NH-\!\!\!\!\bigcirc\!\!\!\!-NH_2 + H_3C-\underset{O}{\overset{}{C}}-CH_2-\underset{}{\overset{CH_3}{CH}}-CH_3 \xrightarrow[高温、高压]{H_2,催化剂}$$

$$\bigcirc\!\!\!\!-NH-\!\!\!\!\bigcirc\!\!\!\!-NH-\underset{CH_3}{\overset{CH_3}{CH}}-CH_2-\underset{}{\overset{CH_3}{CH}}-CH_3$$

图 3-36　防老剂 4020 的合成

防老剂 4010 为一白色粉末，熔点 115℃。该品种是烷基芳基对苯二胺类防老剂最早开发成功的品种之一。其性能及用途与防老剂 4010NA、防老剂 4020 等类似，质量要比前两种抗氧剂差一些。该产品传统的合成工艺是由苯基对苯二胺与环己酮经缩合生成席夫碱，再与甲酸反应而得到。如图 3-37 所示。

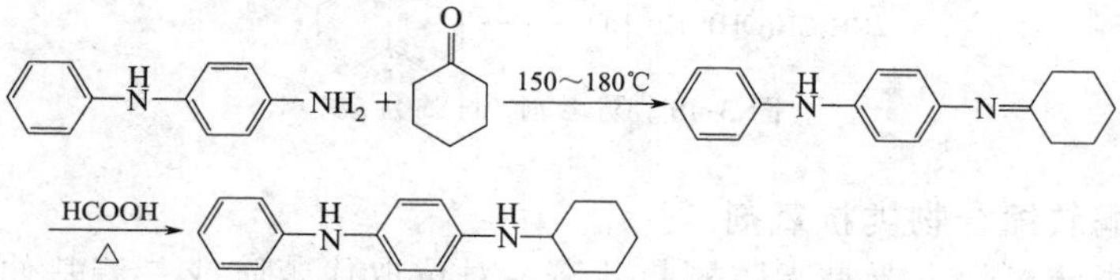

图 3-37 防老剂 4010 的传统合成工艺

当然，防老剂 4010 也可通过与上述两品种类似的生产工艺，经还原胺化而得到。见图 3-38。

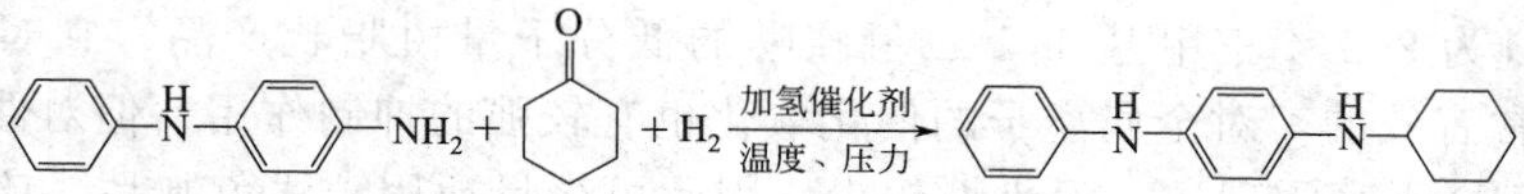

图 3-38 防老剂 4010 的新合成工艺

此类防老剂还有防老剂 G-1，化学名为 N-(3-甲基丙烯酰氧基-2-羟基丙基)-N'-苯基对苯二胺。

对苯二胺类防老剂因其对氧、热、臭氧、机械疲劳以及有害金属离子等具有优良的防护作用，因此广泛地用于橡胶、润滑油及塑料工业中，是发展最快、最重要的一类抗氧剂。

综上所述，作为曲挠龟裂抑制剂，不对称的烷基芳基对苯二胺类衍生物效能最佳，性能最好的要数防老剂 4010NA 和防老剂 4020，其次为防老剂 4010。作为抗臭氧剂，以防老剂 288 的效能最好，其次为二烷基对苯二胺类衍生物和不对称的烷基芳基对苯二胺类衍生物，但后者因性能较全面、持久性好，所以应用最广泛。

对苯二胺类防老剂的最大缺点是易氧化变色，污染性严重，着色范围从红色到黑褐色，所以只适用于深色的制品。此外，这类抗氧剂一般还具有促进硫化及降低抗焦烧性能的作用。

3.5.1.3 醛胺缩合物类抗氧剂

脂肪醛与芳伯胺加成缩合所得的席夫碱是最古老的防老剂品种，主要用作橡胶防老剂。其抗热抗氧性能良好，相容性好，有轻微的喷霜现象，一般用量为 0.5%～5%。随着抗氧剂工业的迅速发展，该类抗氧剂因其性能不够全面、毒性较大、化学稳定性较差以及生产成本等原因已逐渐被淘汰，目前只有防老剂 AP 与防老剂 AH 还用于橡胶工业。

防老剂 AP 为 3-羟基丁醛与 α-萘胺的缩合物，是熔点为 140℃ 以上的浅黄色粉末，也是历史悠久的耐热性防老剂，长期用于电线制品。但近些年来由于其原料中带有微量的致癌杂质而呈逐渐被淘汰的趋势，其合成路线如图 3-39 所示。

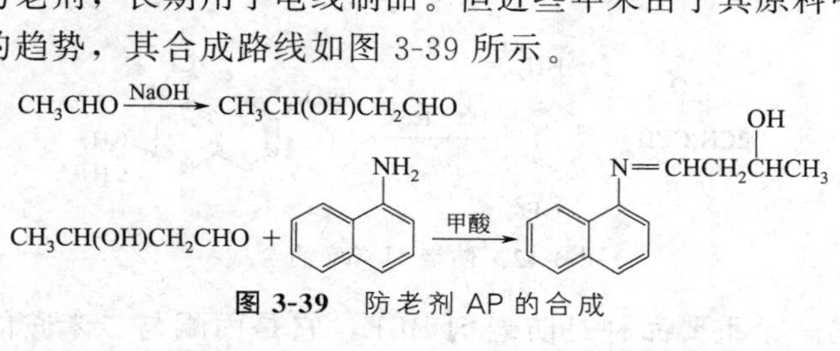

图 3-39 防老剂 AP 的合成

防老剂 AH 为分子量较大的烯胺类化合物，性能与防老剂 AP 近似，主要用于橡胶工业。其合成路线见图 3-40。

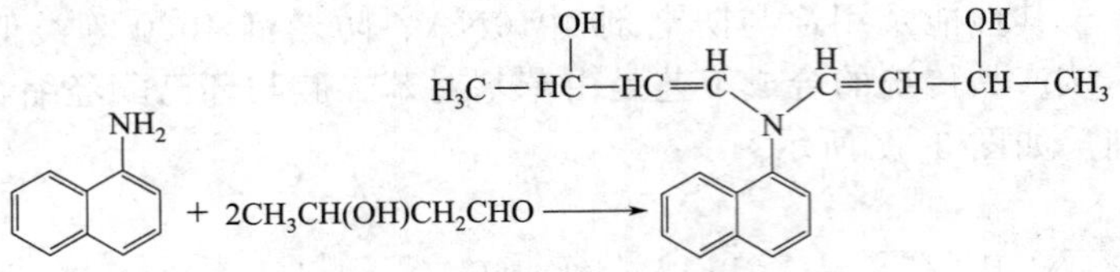

图 3-40　防老剂 AH 的合成

3.5.1.4　酮胺缩合物类抗氧剂

酮胺缩合物类防老剂主要是脂肪酮与苯胺、对位取代苯胺或二芳基仲胺的缩合反应产物，是一类极为重要的橡胶防老剂。一般具有抗热氧老化和抗曲挠龟裂作用，喷霜现象较少，毒性也较低，一般用量为 1%～6%。在工业上较为重要的品种有防老剂 RD、防老剂 AW 与防老剂 124。

防老剂 RD 为 2,2,4-三甲基-1,2-二氢喹啉的低分子量树脂状产品，它对制品的热氧老化的防护是非常有效的，对金属离子的催化氧化也有较强的抑制作用，但对曲挠作用的防护较差。防老剂 RD 无喷霜现象，污染性较少，因此可少量地用于浅色制品。该品种作为廉价的耐热性防老剂，现在仍大量地用于天然、丁苯、丁腈等橡胶制品，如电线、电缆、自行车轮胎等，以防护制品的热氧或天候老化，使用量一般为 0.5%～2%。

防老剂 124 是丙酮与苯胺的高分子量缩合物，为粉末状产品，其重要性不及低分子量的防老剂 RD。上述两种产品的合成路线如图 3-41 所示。

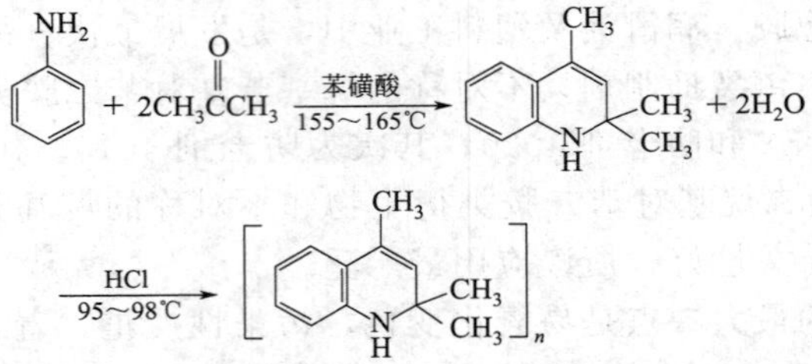

图 3-41　防老剂 RD 和防老剂 124 的合成

目前，该聚合物的结构还不十分清楚，但随着聚合物的分子量不同，可以有不同的品种，常用的为防老剂 RD（低分子量）与防老剂 124（高分子量）。

6-乙氧基-2,2,4-三甲基-1,2-二氢喹啉（防老剂 AW）是一种具有较好的抗臭氧能力的天然及合成橡胶制品的防老剂，主要用于轮胎、电缆、胶鞋的生产，用量一般为 1%～2%。其合成工艺为：丙酮与对氨基苯乙醚在苯磺酸的催化作用下，在 155～165℃ 进行脱水缩合。控制丙酮循环，直至不再消耗丙酮为止。粗品进行减压精馏，收集 169～180℃/95.99～98.66kPa 的馏分，再经冷却、粉碎、包装，即得防老剂 AW 成品，如图 3-42 所示。

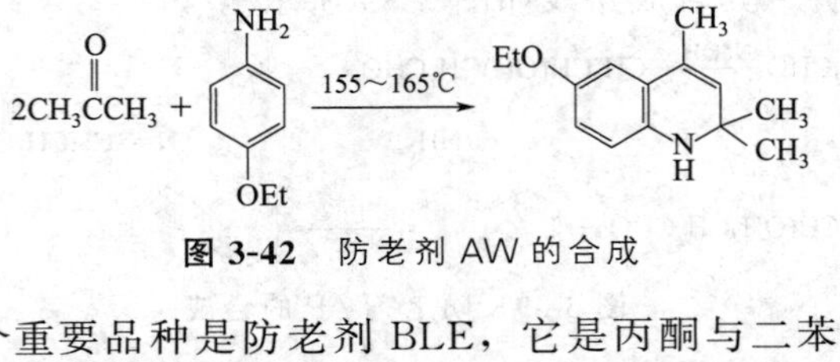

图 3-42　防老剂 AW 的合成

该类防老剂的另一个重要品种是防老剂 BLE，它是丙酮与二苯胺的高温缩合产物。该品种是一种性能优良的通用型橡胶防老剂，具有优良的抗热、抗氧、抗曲挠性能，也具有一定的抗天候、抗臭氧老化的能力。制品的耐热、耐磨性能好。所以防老剂 BLE 广泛地用于天然、合成橡胶制品中，用量为 $1\%\sim3\%$。其合成方法如图 3-43 所示。

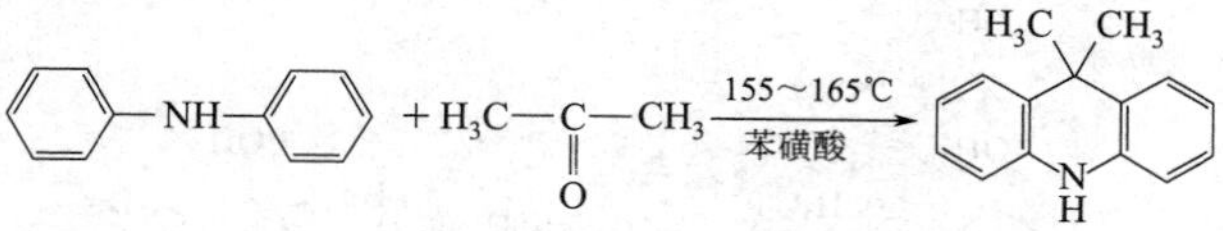

图 3-43　防老剂 BLE 的合成

3.5.2　酚类抗氧剂

酚类抗氧剂是发现使用最早、应用领域最广泛的抗氧剂类别之一，因其难于氧化变色、污染性小而广泛用于塑料制品。最早的商品牌号出现在 20 世纪 30 年代，有 BHA（丁基羟基苯甲醚）、BHT（2,6-二叔丁基-4-甲基苯酚，即 264）。因其生产工艺成熟、成本低，并有良好的抗氧化性能，故抗氧剂 264 仍是当前用量很大的品种，可用于多种高分子材料，还可以大量用于油品和食品工业。近些年来，随着对抗氧剂的研究水平的不断提高，又相继成功开发了许多性能优良的酚类抗氧剂新品种。尽管酚类抗氧剂的抗氧化能力不及胺类抗氧剂，但它们具有的优异的不变色、不污染制品的优点是胺类抗氧剂所不具备的。更重要的是，它们一般为低毒或无毒产品，这对于人类的身心健康和环境保护十分重要。所以说酚类抗氧剂具有很好的发展前景。

酚类抗氧剂主要用于塑料与合成纤维工业、油品及食品工业，在橡胶工业中用量较少，但近来酚类抗氧剂已大量用作生胶稳定剂。

大多数的酚类抗氧剂具有受阻酚的化学结构，包括全受阻酚和半受阻酚。受阻酚类抗氧剂可分为烷基单酚、烷基多酚、硫代双酚等类型，其结构式如图 3-44 所示。其中 X 为叔丁基，当 R 为叔丁基是全受阻酚，当 R 是甲基或氢时为半受阻酚抗氧剂。

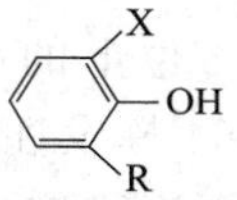

图 3-44　受阻酚类抗氧剂的结构式

3.5.2.1　烷基单酚

顾名思义，烷基单酚类抗氧剂的分子中只有一个受阻酚结构单元，分子量相对较小，易挥发溢出，不耐抽提，因而其抗老化能力较弱，只能使用在要求不苛刻的制品中。

(1) 2,6-二叔丁基-4-甲酚　即抗氧剂 264（BHT）是最典型的烷基单酚抗氧剂。它是各项性能优良的通用型的抗氧剂，尤其是不变色、不污染。抗氧剂 264 可用作聚烯烃及聚氯乙烯（PVC）的稳定剂，用量为 $0.01\%\sim0.1\%$。还可用于抑制聚苯乙烯、ABS 树脂的变色及强度下降，使用量低于 1%。亦可防护纤维素树脂的热氧老化和光氧老化，用量低于 1%；还可大量地用于油品及食品工业中。此外它具有防护天然或合成橡胶制品热氧老化的作用，并能防止光老化和铜离子的危害。在浅色橡胶制品中的用量为 $0.5\%\sim2\%$。但由于分子量小，挥发性大，它不适合用于加工或使用温度高的高分子聚合物。为此人们通过向此分子中引入其他基团，增加其分子量的途径来改善其挥发性大的缺点，由此还发现了许多性能优良的品种，如抗氧剂 1076、阻碍酚取代酯、双酚、多酚等等。

(2) 抗氧剂 264　是由对甲酚与异丁烯在催化剂的作用下经叔丁基化而制备的。异丁烯主要来自石油裂解。该产品的传统生产工艺是以硫酸为催化剂，叔丁醇在活性氧化铝的作用下，在 $370\sim390℃$ 下脱水得到异丁烯，其合成工艺如图 3-45 所示。

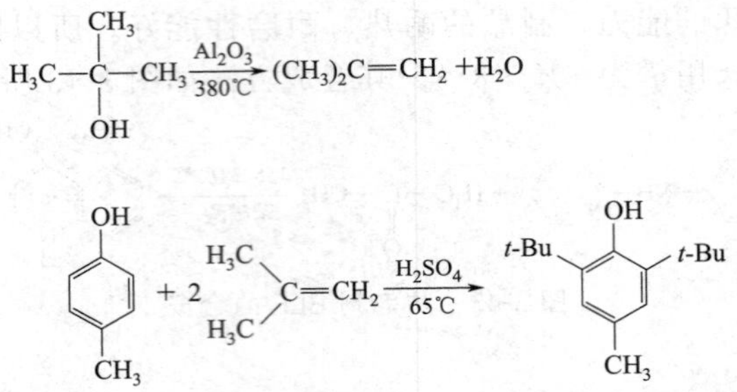

图 3-45 抗氧剂 264 的传统合成工艺

上述生产工艺非常成熟，目前国内许多厂家仍然采用该工艺生产抗氧剂 264。然而，所用催化剂硫酸或其他强质子酸不仅不能回收套用，还要用碱除去，生成一定量的废水，污染环境。因此，已有大量报道采用固体酸或大孔强酸性树脂为催化剂合成抗氧剂 264。已故天津大学的孙经武教授及其合作者经过十几年的努力已成功地建立了酚的叔丁基化反应技术平台，所筛选的催化剂于 20 世纪 80 年代末已成功用于工业化生产。

（3）苯乙烯苯酚（防老剂 SP） 是一种在天然及合成橡胶制品中使用的非污染型防老剂，其相容性好，不析出，适用于白色及浅色制品。主要是防护制品的热氧及曲挠龟裂老化，用量约为 0.5%～3%。在塑料工业中，防老剂 SP 可用作聚烯烃、聚甲醛的抗氧剂，用量为 0.01%～0.5%。其合成方法见图 3-46。

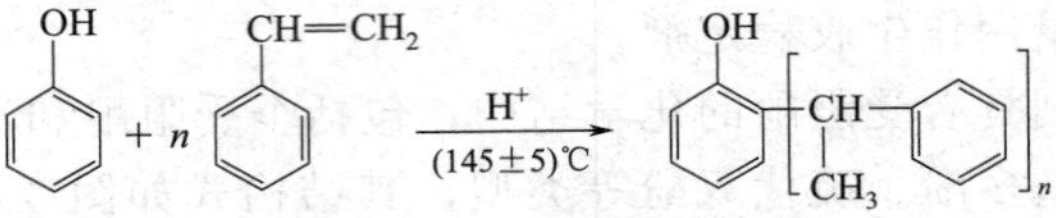

图 3-46 防老剂 SP 的合成

（4）抗氧剂 1076 是抗氧剂 264 在 4 位上的甲基被另一更大的取代基所取代的产物，其分子量得到大幅增加，克服了抗氧剂 264 挥发性大的缺点，是一种性能极为优异的通用型抗氧剂 ，无毒、无色、不污染，有极好的热稳定性、耐水抽提性及与聚合材料的相容性，广泛地用于聚烯烃、聚甲醛、线性聚酯、聚氯乙烯、聚酰胺、二烯类橡胶的热稳定及抗氧保护。该产品与 DLTP 并用有协同效应，用量一般为 0.1%～0.5%。有逐渐取代抗氧剂 264 的趋势，但价格较昂贵。

其合成工艺为：在苯酚铝催化剂的作用下，苯酚与异丁烯进行叔丁基化反应得到 2,6-二叔丁基苯酚，再在强碱的催化作用下与丙酸甲酯进行迈克尔加成反应，得到 3,5-二叔丁基-4-羟基苯基丙酸甲酯，然后与十八醇进行酯交换而得到抗氧剂 1076。其合成路线见图 3-47。另外，此类抗氧剂的另一重要品种是 1-(4-羟基-3,5-二叔丁基氨基苯基)-3,5-二锌基硫代-2,4,6,-三嗪。

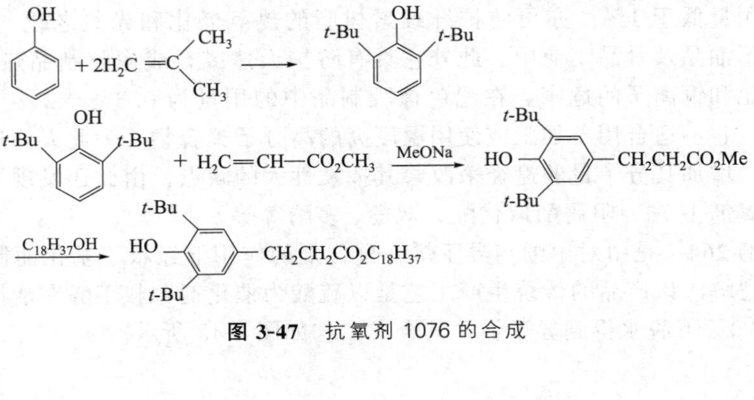

图 3-47 抗氧剂 1076 的合成

3.5.2.2 烷基多酚

不难理解，烷基多酚类抗氧剂的分子内含有两个或两个以上的受阻酚结构单元，因而其分子量较大，挥发性降低。另一方面，受阻酚结构单元在整个分子中所占的比例得到大幅提高，由于受阻酚是此类抗氧剂抑制制品热氧老化的功能基团，所以提高了其抗氧化的效能。有许多品种已达到或略高于抗氧化效能优异的二芳基仲胺类抗氧剂。尤其是那些 2,6-二叔丁基苯酚的高分子量衍生物表现出优异的抗氧化性能，是目前酚类抗氧剂中性能最好的一类，下面将分别给予简要介绍。

(1) 抗氧剂 2246 是其中的典型品种，类似于抗氧剂 264 的二聚物，即 2,2'-亚甲基双（4-甲基-6-叔丁基苯酚）。其化学结构式见图 3-48。

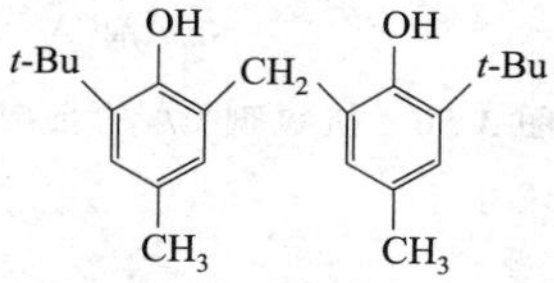

图 3-48 抗氧剂 2246 的结构式

由抗氧剂 2246 的结构式就可以看出，该抗氧剂的设计者就是为了既能保持抗氧剂 246 优越的抗氧化性能，又要克服其挥发性大、易被抽提的缺点。事实上，抗氧剂 2246 的挥发性有很大的降低，其熔点在 130℃ 以上。抗氧剂 2246 没有污染性，所以可用于浅色或彩色的橡胶制品中，用量为 0.5%～1.5%。该产品主要用于塑料工业中，0.3% 的抗氧剂 2246 和 2% 的炭黑并用就可以改善 ABS 树脂的耐候性。用于聚甲醛及氯化的聚醚时，本品的用量为 0.5～1 份。作为聚丙烯纤维的热、光稳定剂，用量为 0.5%。其制备方法如图 3-49 所示。

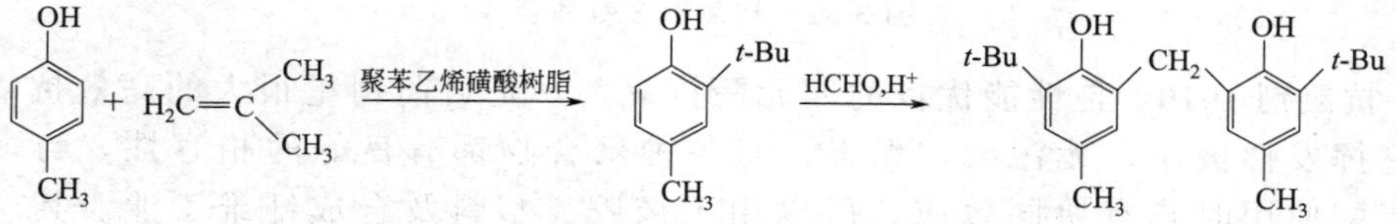

图 3-49 抗氧剂 2246 的合成

如将抗氧剂 2246 上 4 位的甲基换成乙基，即为抗氧剂 425。与抗氧剂 2246 相比，抗氧剂 425 的污染性更小，其他性能相似，所以主要用于不宜着色的场合，其制备方法与抗氧剂 2246 完全相同。

同样，为了进一步提高其抗氧化能力，降低其挥发性，受阻酚类抗氧剂分子中可以含有 3～4 个甚至更多的受阻酚结构单元。1,1,3-三(2-甲基-4-羟基-5-叔丁基苯基)丁烷，即抗氧剂 CA，就是一个含有三个受阻酚结构单元的抗氧剂，熔点在 185℃ 以上。长期以来，它一直用作塑料抗氧剂，如 PP、PE、ABS 等，具有良好的稳定作用。用量一般为 0.02%～0.25%。抗氧剂 CA 与抗氧剂 DLTP 以 1:1 并用，可产生协同效应。它也是丁腈等合成橡胶的稳定剂，用量为 0.5%～3%。但由于略有污染性，而且生产成本高，所以有逐渐被淘汰的趋势。其合成方法如图 3-50 所示。

(2) 1,3,5-三甲基-2,4,6-三(3,5-二叔丁基-4-羟基苄基)苯 （即抗氧剂 330）也是一种三元酚抗氧剂，高效、不污染、低挥发度、加工稳定、无毒，所以可用于食品包装制品。该产品广泛地用于聚丙烯、聚苯乙烯、聚甲醛、合成橡胶等制品，尤其是用于高密度的聚乙烯制品，用量一般为 0.1%～0.5%。该产品还可用于合成纤维[14]。抗氧剂 330 的熔点为 240℃ 以上，可由图 3-51 所示合成路线制得。

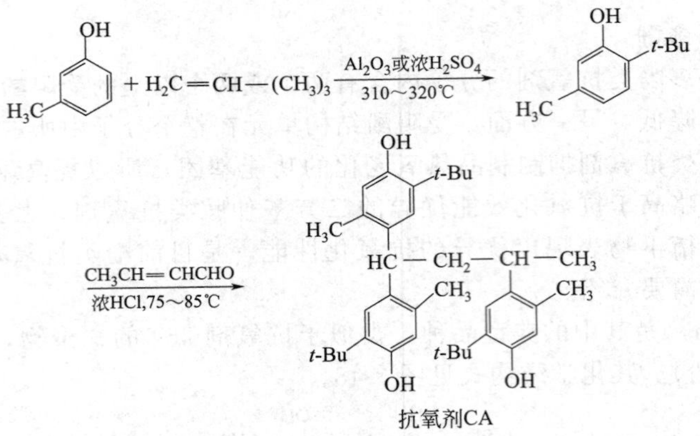

图 3-50 抗氧剂 CA 的合成

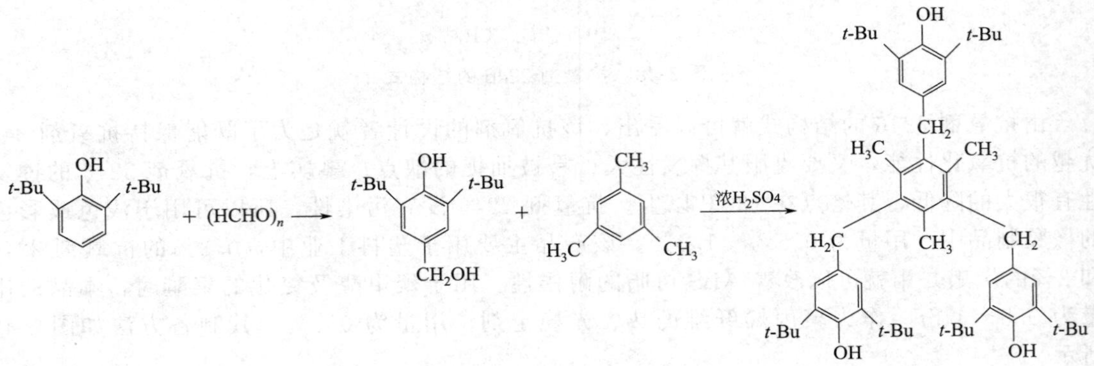

图 3-51 抗氧剂 330 的合成

(3) 抗氧剂 1010 是性能优良的四元酚抗氧剂，是目前销量很大的高效抗氧剂品种之一。它挥发性极小，无污染，无毒，与各种聚合物都有良好的相容性，与多种辅助抗氧剂复配使用时具有协同效应，所以用于橡胶、塑料及合成纤维工业。其合成线路见图 3-52。

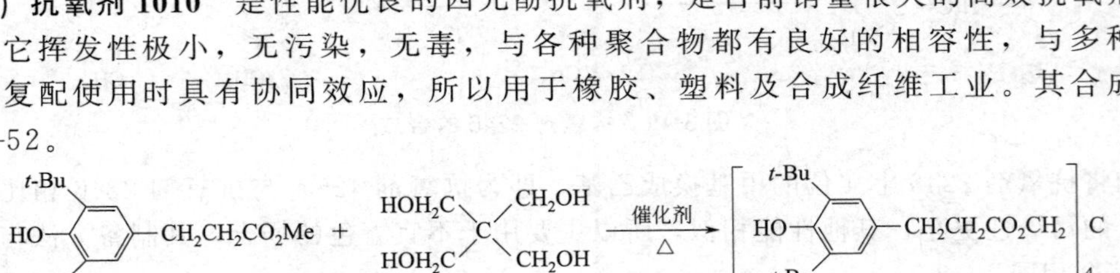

图 3-52 抗氧剂 1010 的合成

3.5.2.3 三嗪受阻酚抗氧剂

此类抗氧剂是以均三嗪为母核连接几个受阻酚结构单元而得到的化合物，功能基密度高，具有较好的光、热稳定性与抗热氧老化能力。其代表品种有抗氧剂 STA-1 与抗氧剂 3114。抗氧剂 STA-1 的合成路线如图 3-53 所示。

抗氧剂 3114 与光稳定剂、辅助抗氧剂复配使用时都能产生协同效应。其 LD_{50} 大于 6800mg/kg（大白鼠口服），是毒性极低的抗氧剂，所以可用于与食品、药品接触的聚丙烯、聚乙烯等制品中，用量一般不大于 0.25%。其制备方法如图 3-54 所示。

3.5.2.4 硫代双酚

该类抗氧剂具有不变色、不污染的优点。其抗氧化性能类似于烷基化双酚。由于该类抗氧剂具有链终止型抗氧剂和氢过氧化物分解剂的双重作用而表现出较高的抗氧化效率。因该类产品与紫外线吸收剂、炭黑有良好的协同效应，故广泛地用于橡胶、乳胶及塑料工业中。其典型品种为抗氧剂 300 与防老剂 2246-S。

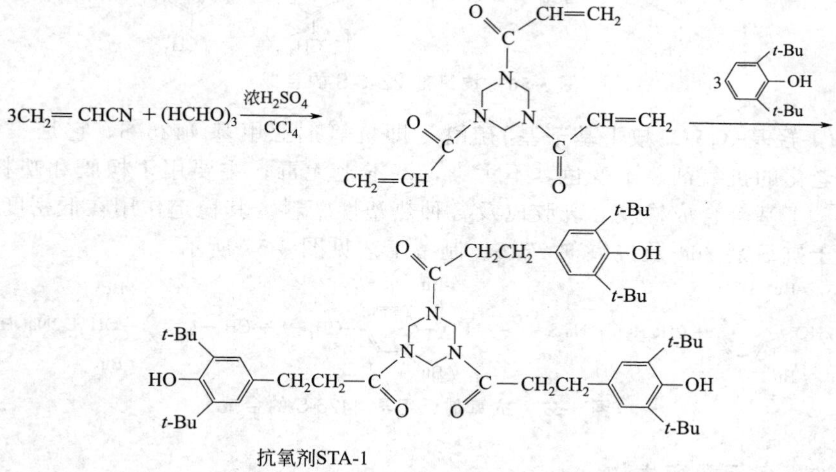

抗氧剂STA-1

图 3-53 抗氧剂 STA-1 的合成

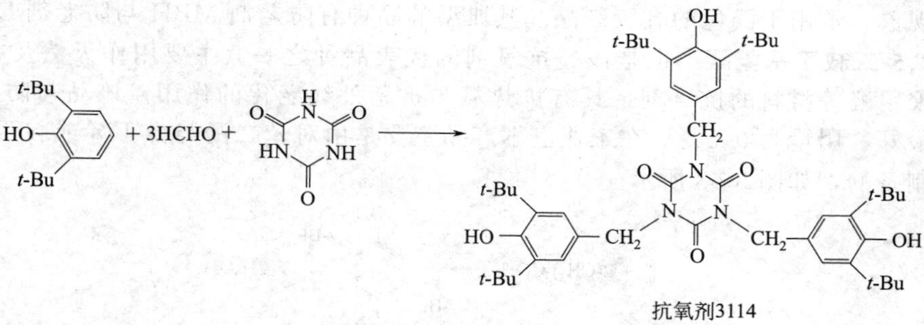

抗氧剂3114

图 3-54 抗氧剂 3114 的合成

（1）4,4′-硫代双（6-叔丁基-3-甲基苯酚） 即抗氧剂 300，熔点在 160℃ 以上。由于分子中含硫，高温下耐热性优良。本品不变色、污染性低，具有防护热氧老化的功能，主要用于聚烯烃和橡胶中，在聚烯烃塑料中的用量为 0.5%～1%；在聚烯烃纤维中作热稳定剂，用量为 0.5%。由于该产品毒性较低，因而常用于橡胶及聚乙烯包装薄膜，也可用作过氧化物交联时的抗氧剂。其制备方法如图 3-55 所示。

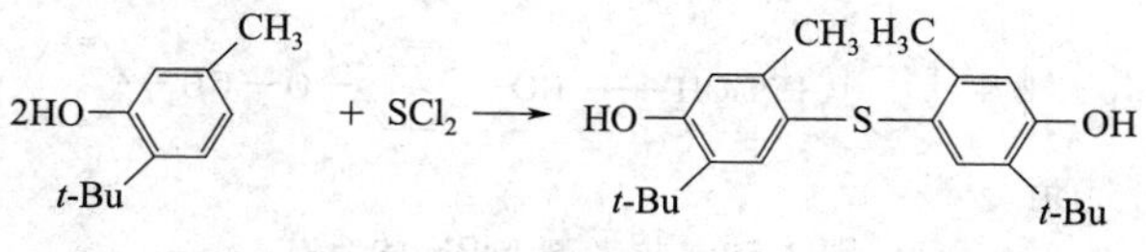

图 3-55 抗氧剂 300 的合成

（2）2,2′-硫代双(4-甲基-6-叔丁基苯酚) 即防老剂 2246-S，为广泛用于高分子材料的不污染、不变色的抗氧剂。具有抗热氧老化及抗臭氧的性能，用于浅色与彩色的天然与合成橡胶制品，用量一般为 0.1%～1%。用于聚烯烃制品，用量为 1.5%～2%。2246-S 与炭黑、烷基酚、亚磷酸酯并用时效果最好，因此常用于白色轮胎及乳胶制品，用量为 0.5%。其合成工艺与抗氧剂 300 类似，也是用受阻酚与二氯化硫反应合成的。即将 2-叔丁基-4-甲基苯酚与二氯化硫在 40～50℃ 的温度下进行反应就可制得抗氧剂 2246-S，具体反应方程式如图 3-56 所示。

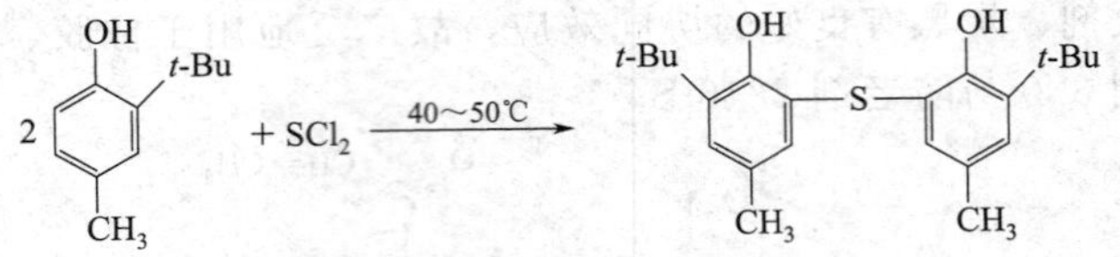

图 3-56　抗氧剂 2246-S 的合成

(3) 二(4-羟基-3,5-二叔丁基苄基)硫醚　即抗氧剂亚甲基 4426-S，它是一种性能优良的防护热氧老化的抗氧剂。不变色，不污染，基本上无毒，主要用于橡胶和塑料，如丁苯、顺丁、丁腈、丁基等合成橡胶、乳胶以及各种热塑性塑料。其稳定作用在低密度聚乙烯及顺丁橡胶中优于抗氧剂 264 及抗氧剂 2246。制备工艺见图 3-57 所示。

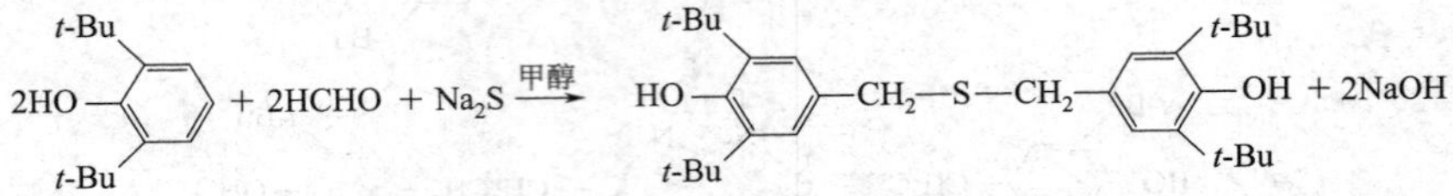

图 3-57　抗氧剂亚甲基 4426-S 的合成

3.5.2.5　多元酚衍生物

多元受阻酚衍生物的防老化性能与烷基单酚抗氧剂的相似或略高，其缺点是有轻微的污染及喷霜现象，常用于浅色的乳胶制品。其典型的品种有防老剂 MBH 与防老剂 DBH 等。

(1) 2,5-二叔丁基氢醌　也是该类抗氧剂的代表品种之一。主要用作天然及合成橡胶、聚烯烃、聚甲醛等材料的抗氧剂，具有抗热氧与抗紫外线老化的作用。该品与防老剂 DNP 并用效果最好，用量为 0.5%。在工业上本产品主要是由对苯二酚与异丁烯或叔丁醇经烷基化反应而制备的，如图 3-58 所示。

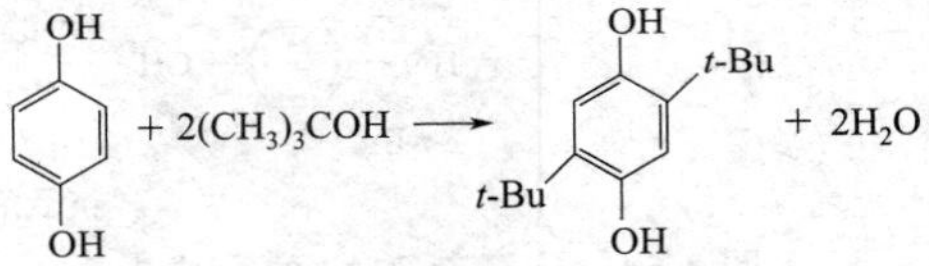

图 3-58　2,5-二叔丁基氢醌的合成

(2) 防老剂 MBH　是一种不变色、不污染，对光、热、曲挠有中等保护作用的防老剂，可用于天然与合成橡胶、不饱和树脂以及乳胶制品。MBH 对未硫化的生胶有较好的抗氧化作用，但在用量大于 0.5% 时有喷霜现象。该产品有毒，不能用于与人体、食品和药品接触的橡胶制品中。其合成方法如图 3-59 所示。

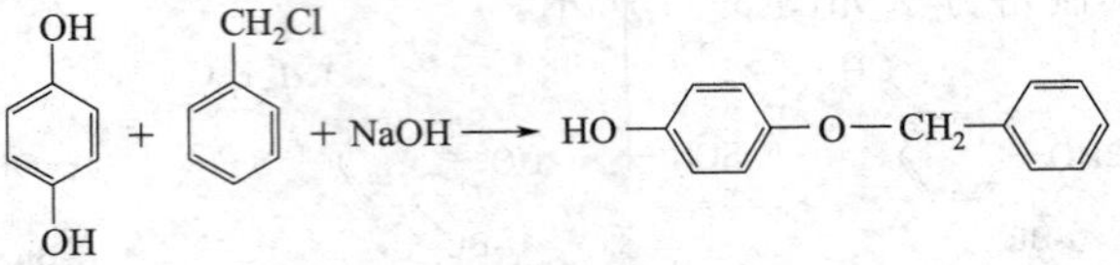

图 3-59　防老剂 MBH 的合成

(3) 对苯二酚二苄醚　（即防老剂 DBH）在乳胶工业中有一定的应用价值。其合成工艺与防老剂 MBH 类似，见图 3-60。

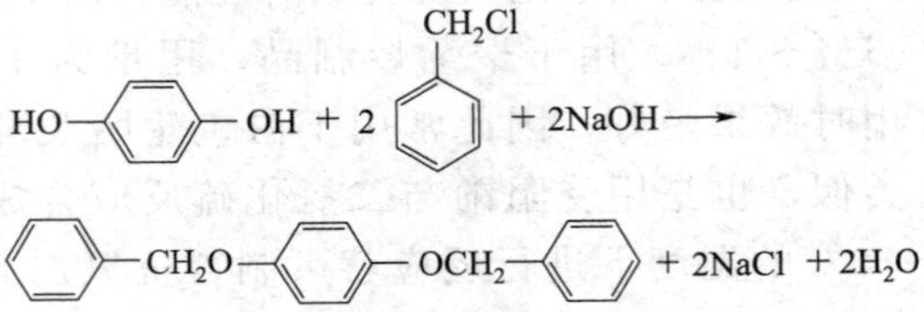

图 3-60　防老剂 DBH 的合成

（4）氨基酚的衍生物　也是一类具有良好的抗氧与抗臭氧性能的抗氧剂，尤其是具有不变色与不污染的性能，可用于浅色的天然与合成橡胶制品中，用于丁基橡胶有特殊的价值。防老剂 CEA 是该类抗氧剂的代表性品种之一，由于分子中同时含有氨基与羟基，所以兼具胺类抗氧剂与酚类抗氧剂的性能。它不仅具有抗臭氧老化的能力，而且还保留了酚类抗氧剂不变色、不污染的优点，是天然、合成橡胶及乳胶制品的良好的防老剂。其制备方法如图 3-61 所示。

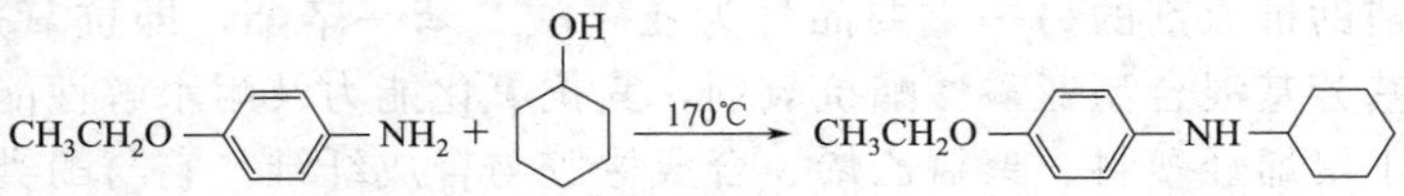

图 3-61　防老剂 CEA 的合成

（5）防老剂 CMA　是将防老剂 CEA 的乙氧基换成甲氧基，即 *N*-环己基对甲氧基苯胺，其性能与防老剂 CEA 近似，具有较好的抗臭氧及一般抗老化的作用，用于天然及合成橡胶制品。不变色、不污染，对乳胶透明度无影响，是良好的乳胶用防老剂，用量为 1%。

3.5.3　硫代酯与亚磷酸酯抗氧剂

如前所述，胺类与酚类抗氧剂是常用的主抗氧剂，而硫代酯与亚磷酸酯是辅助抗氧剂。它们具有分解高分子氢过氧化物从而阻止热氧老化的作用。常用的硫代酯有两个品种，抗氧剂 DLTP 与抗氧剂 DSTP。其合成工艺如图 3-62 所示。

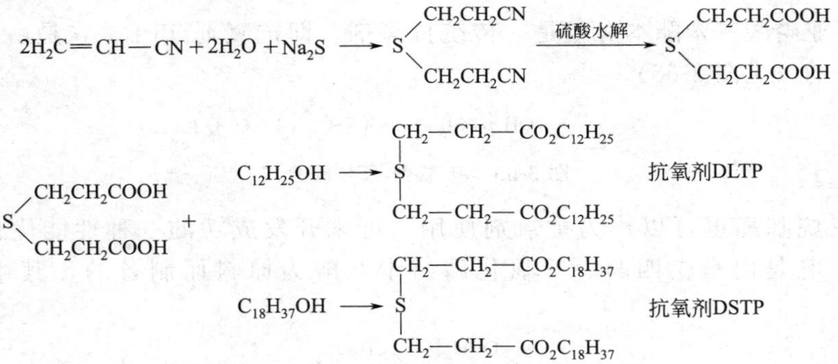

图 3-62　抗氧剂 DLTP 与抗氧剂 DSTP 的合成

抗氧剂 DLTP 与抗氧剂 DSTP 是优良的辅助抗氧剂，能与酚类抗氧剂复配使用，并产生协同效应。硫代二丙酸二月桂酯（抗氧剂 DLTP）被广泛地用于聚丙烯、聚乙烯、ABS、橡胶及油脂等材料，用量一般在 0.1～1 份。由于毒性小、气味小，则可用于包装薄膜。而硫代二丙酸双十八酯（DSTP）的抗氧性较抗氧剂 DLTP 强，与抗氧剂 1010、抗氧剂 1076 等主抗氧剂并用时产生协同效应。可用于聚丙烯、聚乙烯、合成橡胶与油脂等。

但是，由于其分子量较小，抗氧剂 DLTP 的挥发性稍大，而抗氧剂 DSTP 的相容性稍差，有使产品白浊的现象，所以有时采用二者之间的硫代二丙酸双十四烷基酯作为抗氧剂。

亚磷酸三（壬基苯基酯）（即抗氧剂 TNP）是天然、合成橡胶和乳胶的稳定剂和抗氧剂。对于聚合物在储存及加工时的树脂化及热氧老化有显著的抑制作用。该产品不污染，用量一般为 1%～2%。若与酚类抗氧剂并用，有明显的协同效应，能显著提高其抗氧化效能。在塑料工业中，抗氧剂 TNP 用来防护耐冲击聚苯乙烯、聚氯乙烯和聚氨酯等材料的热氧老化，它还具有抑制聚乙烯高温下树脂化的作用。该产品无毒，且在日光照射下不变色，可用作包装材料的抗氧剂，其在塑料制品中的用量一般为 0.1%～0.3%。

抗氧剂 TNP 的制备方法为苯酚与壬烯（丙烯三聚体）在酸的催化下进行烷基化，经分离后将对壬基苯酚与三氯化磷反应生成本品（见图 3-63）。

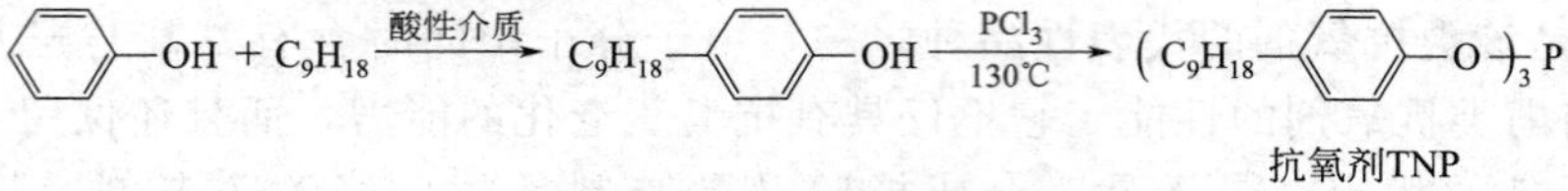

图 3-63　抗氧剂 TNP 的合成

亚磷酸酯类辅助抗氧剂的另一重要品种为亚磷酸二苯一辛酯，即抗氧剂 ODP。它是一种性能优良的烷基芳基混合型亚磷酸酯抗氧剂，其抗氧化能力及耐水解性能均优于三芳基亚磷酸酯。主要用于聚烯烃塑料、聚氯乙烯、合成橡胶与合成纤维。它与酚类抗氧剂、金属皂类稳定剂并用，可显著地提高其应用性能。

在工业上通常是采用酯交换方法合成抗氧剂 ODP，即以亚磷酸三苯酯为原料，甲醇钠为催化剂与辛醇进行酯交换反应而制得。

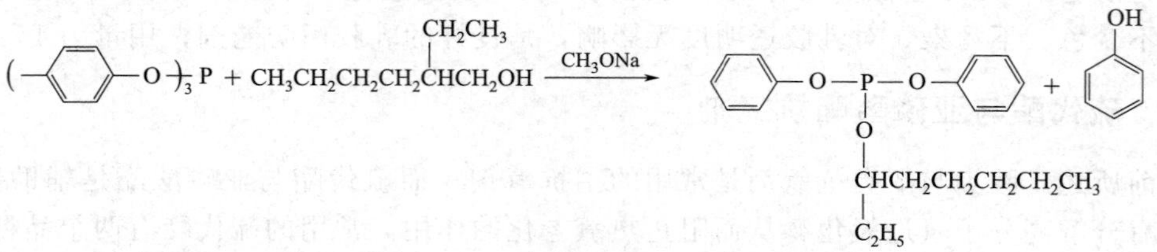

图 3-64　抗氧剂 ODP 的合成

事实上，亚磷酸三苯酯本身就是一传统抗氧剂，即抗氧剂 TPP，它是由三氯化磷与苯酚反应而制备的（见图 3-65）。

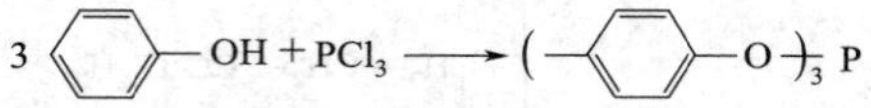

图 3-65　抗氧剂 TPP 的合成

亚磷酸三烷基酯也可以作为抗氧剂使用。近来开发成功的一种性能优良的抗氧剂就是此种类型。它是由季戊四醇、三氯化磷与十八醇为原料而制备的，其结构式如图 3-66 所示。

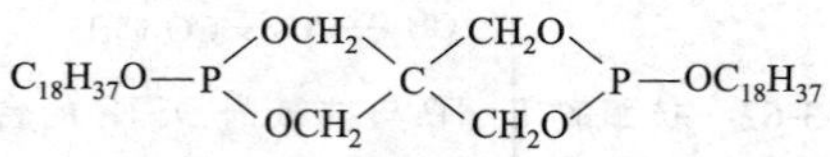

图 3-66　一种亚磷酸三烷基酯的结构式

综上所述，亚磷酸酯类辅助抗氧剂常可与主抗氧剂配合使用，有良好的协同效应；而在聚氯乙烯中它们又是常用的辅助热稳定剂。例如抗氧剂 TNP 常与酚类抗氧剂并用，常用于不宜着色的制品。图 3-66 所示的二亚磷酸季戊四醇双十八酯在高温下的效果极好。

3.5.4　其他类型抗氧剂

除了上述几种常用的抗氧剂类型外，人们发现其他类型的有机化合物也常常具有抗热氧老化的能力。例如防老剂 MB，化学名为 α-硫醇基苯并咪唑。由于在分子中同时含有氨基与巯基，具有活泼的氢原子，可用作链终止型抗氧剂。防老剂 MB 对氧化、天候老化及静态老化具有中等的防护作用，该产品有苦味，不污染，在天然橡胶与丁二烯合成橡胶中用作热稳定剂，并具有钝化可变价金属离子的作用，用量为 1%～2%。它也是丁苯、丁腈、聚氨酯等合成橡胶的稳定剂，用量为 0.5%～1.5%。在塑料工业中是聚乙烯、聚丙烯的热稳定剂，与对羟基苯基-2-萘胺并用特别有效，用量为 0.5%，也可用于聚丙烯纤维。其制备方法如图 3-67 所示。

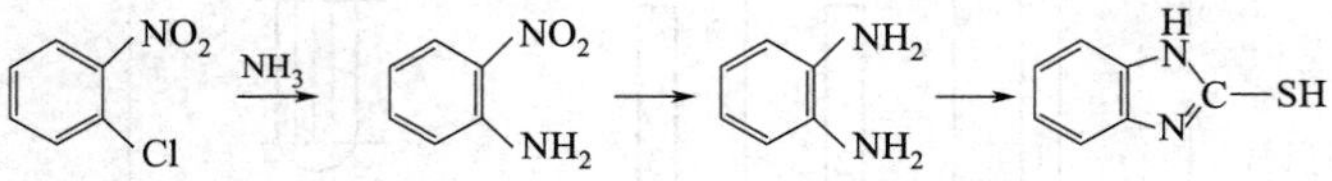

图 3-67 防老剂 MB 的合成

抗氧剂 NBC，化学名为二丁基二硫代氨基甲酸镍，属于有机金属化合物。该产品用于天然橡胶、丁苯、氯丁等合成橡胶中，具有抗热、抗臭氧、抗天候老化等作用。用于氯丁橡胶中能提高其耐热性能及抑制其在阳光照射下的变色，用量为 1%～2%。由于其抗氧化能力较弱，所以常与其他抗氧剂并用。其制备工艺如图 3-68 所示。

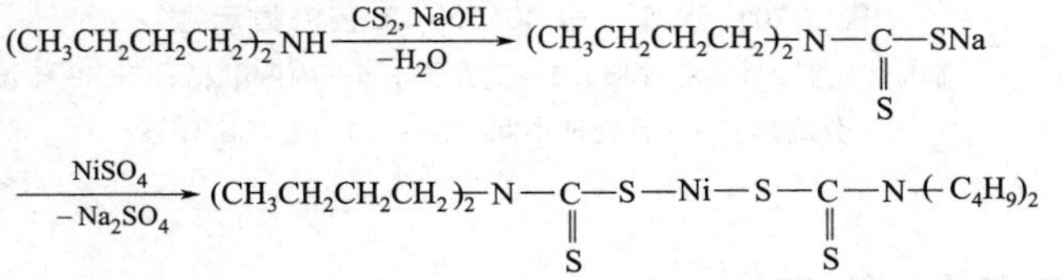

图 3-68 抗氧剂 NBC 的合成

其他的辅助抗氧剂如 1,3-二乙基硫脲和 1,3-二正丁基硫脲均为非污染性抗氧剂，并兼具促进剂的作用。辅助抗氧剂 α-萘硫酚与防老剂 A、D、H、RD、2246 并用，将使其抗氧化能力得到提高，可用于天然及合成橡胶、聚丙烯、聚乙烯等高分子材料。类似的化合物还有许多，而且随着抗氧剂研究的不断深入，新品种或新型的高效抗氧剂必将不断涌现出来。

3.5.5 抗氧剂生产工艺实例

防老剂 4010NA 是性能优异的烷基芳基对苯二胺类主抗氧剂，目前已报道的防老剂 4010NA 的生产工艺有多种，如芳构化法、羟氨还原烃化法、烷基磺酸酯烃化法、酮的还原胺化法等。其中应用最普遍、最成熟和最简便的工艺是酮的还原胺化法，其合成路线如图 3-69 所示。

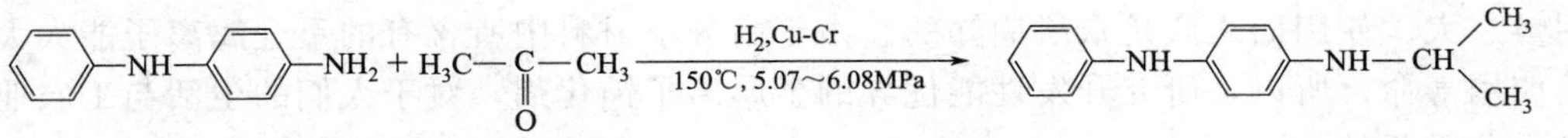

图 3-69 防老剂 4010NA 的合成（二）

德国拜耳公司就是采用连续式丙酮还原胺化的方法生产防老剂 4010NA 的，其工艺流程图如图 3-70 所示。其工艺特点为工艺简便、收率高、产品质量好，并能减小三废排放量。

将制备好的铜铬复合型催化剂、对氨基二苯胺、丙酮按一定的比例在配料槽中配好后，由计量泵连续压往高压反应器 1、2、3 中。三个反应器的温度分别控制在 200℃ 左右，压力为 15.2～20.3MPa。新鲜和循环的氢气从反应器 1 的底部进入。反应物料经高压反应器 3 排出，冷却后于分离器 8 中分出氢气，然后送至后处理工序。过量的氢气用氢气压缩机循环。丙酮的用量为 1.5～4（摩尔比）。对氨基二苯胺、过量丙酮循环套用。粗产品经精馏或重结晶而得以精制。

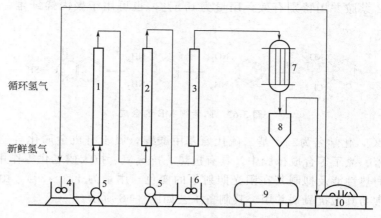

图 3-70 拜耳公司 4010NA 工艺流程示意

1～3—高压反应器；4—配置槽；5—高压泵；6—丙酮贮槽；7—冷却器；

8—分离器；9—后处理中间贮罐；10—氢气循环泵

3.6 金属离子钝化剂

3.6.1 金属对高分子材料的氧化降解的作用

众所周知，可变价金属离子对链式游离基反应有催化作用，能促进游离基的产生。而高分子材料的热氧老化绝大多数是按照链式自由基的自动氧化反应机理进行的。所以不难理解，可变价金属化合物的存在有可能加速高分子材料的热氧老化。事实上，铜、铁等金属化合物存在于橡胶、聚丙烯、纤维素，尤其是含有大量丁二烯的聚合物中，能极大地加速这些高分子材料的老化。重金属离子的这种加速高分子材料老化，缩短其使用寿命的作用逐渐引起人们的关注，尤其在电线、电缆工业中尤为显著。

如前所述，那些能够防止和抑制可变价金属离子促进高分子材料热氧老化作用的物质叫做金属离子钝化剂，或称金属钝化剂、金属螯合剂，以前也曾称作铜抑制剂。

随着 20 世纪合成材料工业的飞速发展，高分子材料在人们的日常生活与工农业生产中使用量之大、使用面之广是众所周知的。由于高分子材料中所含有的重金属离子能大大地缩短其使用寿命，所以，研究开发性能优异的金属离子钝化剂，对于人们的生活与工农业生产都是十分重要的。

高分子材料中的金属离子可能来源于聚合时金属类催化剂的残留及生产和成型过程中的污染。通过研究人们发现，不同的金属种类，不同的价态，不同的量，具有不同的加速高分子材料热氧老化的效果。Lee 等人通过研究不同金属离子对自动氧化反应的催化作用，发现其催化活性与金属离子的可转移电子数目紧密相关。对于橡胶的氧化老化，钴、铜、锰等只能转移一个电子的金属离子的催化活性最高；而铅、镍等有两个可转移电子的金属离子的催化活性就差一些。通过金属离子催化高分子材料热氧老化作用的研究，得到下述金属离子的催化活性顺序：$Co>Cu>Fe>V>>Ni>Ti\approx Ca\approx Ag\approx Zn>Al>Mg\approx Cd>Ba\geqslant Sr$。

同一种金属处于不同的价态，其催化高分子材料热氧老化的能力也不同。根据 Hansen 的研究工作，不同价态和不同形态的铜对聚丙烯的热氧老化的催化活性顺序是：$CuSt_2$（St 为硬脂酸）$>Cu$ 粉 $>Cu_2O>CuO>$ 无。

当然也有关于可变价金属处于低价态时能够抑制自由基反应的报道。一般来说，金属离子对自动氧化反应的催化是由于它能与过氧化物生成一种不稳定的配合物，经电子转移产生自由基，引发了自动氧化反应的缘故。不同价态的同一金属，在将氢过氧化物分解为自由基的过程中，既是氧化剂又是还原剂，如图 3-71 所示。

$$ROOH + M^{n+} \longrightarrow RO \cdot + M^{(n+1)+} + OH^-$$
$$ROOH + M^{(n+1)+} \longrightarrow RO_2^{\cdot} + M^{n+} + H^+$$

图 3-71　可变价金属离子在分解氢过氧化物中的作用

如果某一金属具有两种比较稳定的价态，则能同时出现上述两反应。低价态的金属离子被氢过氧化物氧化成高价态金属离子，同时氢过氧化物被还原而产生烷氧游离基；在高价态金属离子被还原过程中产生烷基过氧游离基。事实上，正是通过可变价金属离子在高、低价态间的循环，促进了氢过氧化物分解产生活泼游离基的过程。如钴离子具有稳定的 II 价、III价，可以通过不同价态间的循环催化下述反应（图 3-72）。

$$2ROOH \xrightarrow{Co^{2+}/Co^{3+}} RO \cdot + RO_2^{\cdot} + H_2O$$

图 3-72　钴催化氢过氧化物的分解

因此，微量的可变价金属离子可以通过氧化还原反应将高分子材料中氢过氧化物转变成游离基，大大缩短了氧化的诱导期，缩短了高分子材料的使用寿命。毫无疑问，金属离子的这种催化氢过氧化物歧化产生自由基的能力，主要取决于可变价金属离子对的氧化还原电位与金属离子和过氧化物所形成的配合物的稳定性。

3.6.2　金属离子钝化剂的作用原理与影响因素

长期以来，人们对金属离子钝化剂进行了大量的研究工作，许多优良的品种业已研制成功并投入工业化生产。对于金属离子钝化剂的作用机理与影响因素也有了明确的理解。

金属离子钝化剂首先是通过与高分子材料中存在的金属离子形成稳定的配合物，从而阻止其与氢过氧化物形成配合物，催化氢过氧化物的歧化反应。这就不难理解为什么金属离子钝化剂的效能与其所生成的金属螯合物的稳定性紧密相关。如果所生成的螯合物稳定性低，就有可能与高分子氢过氧化物发生配体交换，而达不到抑制其催化氢过氧化物歧化反应的作用。另外，如果金属离子的配位不饱和，有残存的配位空间，那么这些残存的配位空间就可以通过与氢过氧化物的配位而催化氢过氧化物的分解。所以尽量提高金属离子钝化剂螯合金属离子的能力，就能提高其钝化效率，达到延长高分子材料使用寿命的目的。

毫无疑问，金属螯合物的稳定性取决于金属离子与金属钝化剂的结构。也就是说，对于某一特定的金属离子，金属钝化剂的钝化效率取决于金属钝化剂的分子结构。常用的金属离子螯合剂是含氮、氧、硫或不饱和体系的化合物，这些杂原子上具有孤对电子，可与金属离子形成配位键。从这个意义上讲，电子云密度比较高时，就易于形成配位键，而且稳定性高，因此，钝化效率就高。已有证据表明，芳香族金属离子钝化剂上取代基的性能对其钝化效率有明显的影响：吸电子基使其钝化效率下降，供电子基使其钝化效率增加。这一结论与上述的讨论是完全一致的。

当然金属离子钝化剂的结构因素包含了许多内容，如所含杂原子的类型与数量的不同、分子空间结构的差异、空间张力的不同等，都将影响其钝化效率。这些因素的影响将结合具体的品种予以讨论。

在工业上，金属离子钝化剂应满足下述要求：①有优异的抑制金属离子催化高分子材料热氧老化的能力；②与高分子材料有一定的相容性，易于分散，有适当的分子量及移动性；

③在加工温度下不分解，挥发性小，不易被溶剂（包括水）抽提，熔点不宜过高于加工温度，有半永久性的持续效果；④不着色、不影响聚合物的性质；⑤毒性小或无毒，并价廉。

3.6.3 金属离子钝化剂各论

最早使用的金属离子钝化剂是 N,N'-二苯基草酰胺及其衍生物。目前在工业上大量使用的仍然是酰胺与酰肼两大类。现将典型的金属离子钝化剂简介如下。

(1) 亚水杨基水杨基肼 其化学结构式见图 3-73。

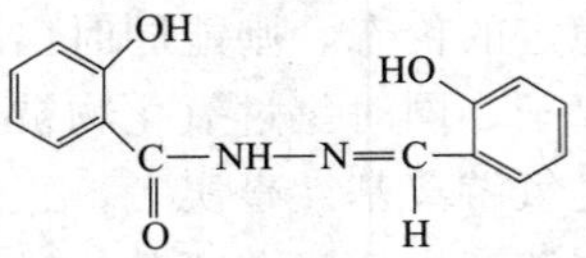

图 3-73 亚水杨基水杨基肼的结构式

该产品为淡黄色粉末，熔点为 281～283℃。常用作聚烯烃的铜抑制剂。如与抗氧剂并用效果更为显著，用量一般为 0.1%～1%。瑞士 Ciba-Geigy 生产的该产品商品牌号为 Chel-180，其合成路线如图 3-74 所示。

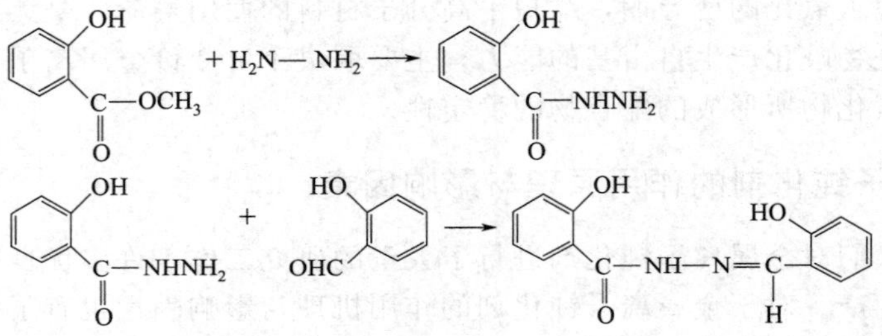

图 3-74 亚水杨基水杨基肼的合成

(2) N,N'-二乙酰基己二酰肼 该品也是 Ciba-Geigy 的产品。白色粉末，熔点 252～257℃，商品牌号为 G1-09-367，为聚烯烃等聚合物中使用的金属钝化剂。常与酚类抗氧剂或氢过氧化物分解剂（DLTP、亚磷酸酯）并用。在天然橡胶、聚苯乙烯、ABS 聚合物中用量为 0.01%～2.0%。其分子结构式与制备工艺如图 3-75 所示。

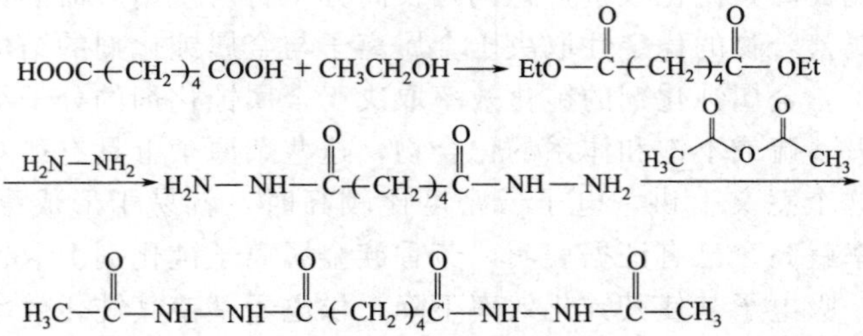

图 3-75 N,N'-二乙酰基己二酰肼的合成

(3) 1,2-双(2-羟基苯甲酰)肼 由于该产品分子中含有两个酚羟基，所以本身就具有一定的抗氧化性。它一般用于聚丙烯、聚乙烯等聚合物，具有抗氧化与钝化金属离子的作用；与树脂的相容性好，不挥发，不污染；与抗氧剂及紫外线吸收剂并用有协同效应，用量为 0.01～1.0 份。其制备方法如图 3-76 所示。

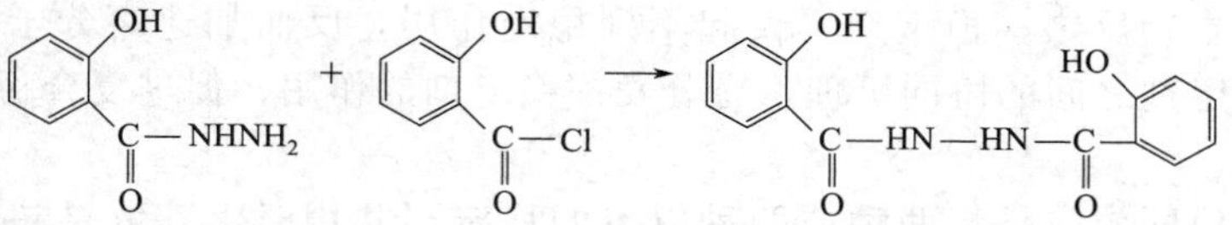

图 3-76　1,2-双(2-羟基苯甲酰)肼的合成

（4）1,2-双[β-(3,5-二叔丁基-4-羟基)苯丙酰]肼　其结构式如图 3-77 所示。

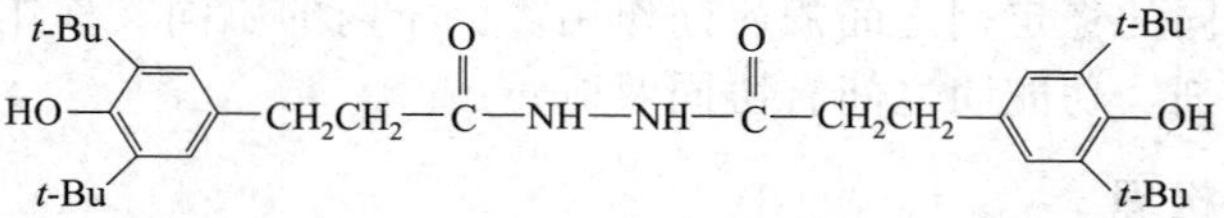

图 3-77　1,2-双[β-(3,5-二叔丁基-4-羟基)苯丙酰]肼的结构式

此产品也是 Ciba-Geigy 公司的产品，商品牌号为 Irganox MD-1025。熔点为 224～229℃，白色粉末。由于该产品中含有典型的受阻酚结构，因此可以单独作为抗氧剂使用。作为金属离子钝化剂，本产品可用于聚烯烃或其他塑料电线与电缆中，可以与抗氧剂 Irganox 1010 等并用。本产品性能优良，具有加工稳定性好、低挥发、耐抽提、相容性好、易分散等优点。

近些年来，金属离子钝化剂领域发展很快，许多新型的既具有抗热氧老化、又具有钝化金属离子的多重功能的品种不断涌现。例如，由氰胺公司生产的与聚烯烃有很好相容性及抗氧化效率的铜抑制剂 Cyanox 2379；再如在电线、电缆、树脂中性能优良的 PLX-69 等。至于像丙二酰胺类、草酰肼类、草酰腙类以及氨基三唑类等有机化合物已是人们所熟知的金属离子抑制剂，常可作为铜抑制剂广泛地用于高分子聚合材料中。例如，由美国伊斯曼-柯达公司开发生产的 Eastman inhibitor OABH，就是常用的金属钝化剂。其结构为草酰肼结构（图 3-78）。

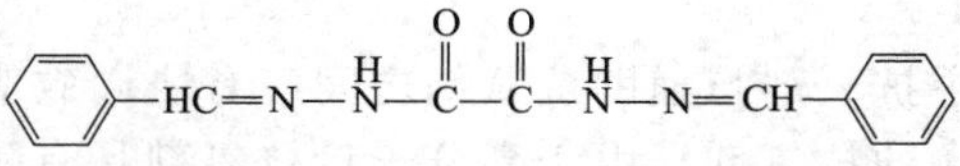

图 3-78　Eastman inhibitor OABH 的结构式

3.7　抗氧剂的研究进展

伴随高分子材料工业的发展，抗氧剂的研究、开发和生产也在同步增长。同时，随着人们对抗氧剂的毒性与环境污染要求的日益严格，对各种制品应用性能要求的日益提高，以及其应用领域的日益扩展，近十几年来，人们除了对已有抗氧剂品种生产工艺进行优化与完善外，新型的适宜于特殊用途的抗氧剂新品种也不断涌现。进入 20 世纪 90 年代后，有关高分子材料、油品、食品、化妆品，甚至人用抗氧剂的研究报道数量之多，令人吃惊，其发展趋势主要是低毒或无毒、多功能、高效率，以及研制新的反应型与聚合型的抗氧剂[15～18]。由于篇幅所限，这里仅分类介绍高分子材料用抗氧剂的近况与发展。

3.7.1　协同效应

高分子材料的稳定剂品种繁多，作用机理各异。大量的研究早已表明，不同类型或同一类型不同结构的稳定剂之间可能存在协同或对抗作用。所以，配方中各类稳定剂搭配得当，稳定剂之间产生了协同效应，就可达到事半功倍的效果，不仅延长了制品的使用寿命，还可降低生产使用成本；反之，稳定剂不仅起不到稳定作用，反而加速高分子材料的老化。所以，研究各种稳定剂之间的协同机理，充分发挥稳定剂的作用，促进复合稳定剂的发展都是十分重要的。

如前所述，协同效应是指两种或两种以上的稳定剂共用时，其效果超过二者的加和效果；反之，则称为反协同效应。协同作用包括分子间的协同和分子内的协同，分子间的协同又分为两种：①均协同作用，是指作用机理相同的稳定剂之间的协同作用；②非均协同作用，是指作用机理不同的稳定剂之间的协同作用。分子内的协同又称作自协同作用，是指含有多功能基团的稳定剂，功能团之间有协同效应。

3.7.1.1 协同机理

由于在高分子材料中要加入多种添加剂，是各种稳定剂的配合使用，其协同效应或反协同效应，即稳定剂之间的配伍性早在 20 世纪 60 年代就已引起人们的关注，至今，对其协同机理的研究也取得了一定的进展。人们认为协同效应是通过稳定剂之间的物理作用和化学作用而实现的。

化学机理：是指稳定剂之间发生了化学反应从而提高或降低了其稳定效能。可分为如下几种情况：①两种稳定剂按各自的机理发挥作用，相辅相成，有协同效应；②两种稳定剂相互保护，减少彼此的消耗，达到增效的效果；③两种稳定剂之间发生一系列反应，通过形成更高效的稳定剂而增效；④稳定剂之间，一种抑制另一种效能的发挥，产生反协同效应；⑤稳定剂之间，一种加速另一种的消耗，降低了稳定效果；⑥两种稳定剂之间发生了化学反应，降低了稳定效果。

物理机理：主要是指稳定剂之间的相互作用改变了稳定剂在高分子材料中的物理性能，如相容性、分散性、扩散和迁移性，同时制品的比表面积、厚薄对配合使用稳定剂效能的发挥也有较大的影响。归纳起来有三种物理因素影响稳定剂之间的协同效应：①扩散机理；②浓度分布；③制品厚度。

综上所述，不难理解主抗氧剂与辅助抗氧剂之间应有协同效应，实际上大多数情况确实如此。对于分子量相差较大的抗氧剂，由于高分子量抗氧剂具有耐久性和低迁移性，而低分子量抗氧剂则具有易挥发损失和高迁移性，二者共用时性能互补，能充分发挥其稳定性能。

3.7.1.2 均协同作用

大量的生活实践告诉人们低分子量稳定剂分子小，迁移性好，在制品中易于从内部向表面迁移；而光氧老化主要发生在制品表面，所以对于厚制品其稳定光氧老化的效果优于高分子量稳定剂。反之在薄制品中高分子量稳定剂的耐久性就得到了充分的发挥而低分子量稳定剂的易挥发迁移则成为其劣势。所以将分子量相差较大、作用机理相同的稳定剂复配使用往往能取得事半功倍的效果，例如低分子量的 Tinuvin 770 和高分子量的 Chimassorb 944 配合用于塑料制品中就取得了优异的稳定效果。同样这种协同效应在高、低分子量的抗氧剂的复合使用中也是司空见惯的。一般而言，此类情况主要发生在厚制品的防老化的过程中，对于农用薄膜等比表面积大的制品，低分子量的稳定剂的高迁移性就没有意义，反而易挥发、易抽提而损失，单用高分子量的稳定剂效果更佳。

3.7.1.3 非均协同作用

几乎所有的聚合物都要添加抗氧剂来延缓其热氧老化，所以对于抗氧剂的配方研究是很重要的。链终止型抗氧剂有胺类和受阻酚类，预防型抗氧剂包括亚磷酸酯类和硫酯类。此两类抗氧剂的并用一般来说均产生协同作用，这可以由其不同的抗氧化机理来解释，链终止型抗氧剂能够迅速终止动力学链，以阻止自动氧化链反应的增长，但同时会生成过氧化物，这又是自由基的来源，而预防型抗氧剂能与氢过氧化物反应，切断了自由基产生的根源，所以此两种抗氧剂的并用有很高的协同作用。实际应用效果也是如此，现在出售的复合抗氧剂中，许多是全受阻酚和亚磷酸酯类的复合物，例如 Ciba-Geigy 公司的 Irganox B 系列是 Irganox 1010、Irganox 1076、Irganox 1330 和 Irganox 168 的不同比例的混合物，氰胺公司的 Ultranox 系列是 Ultranox 626 和 Ultranox 210、Ultranox 276 的混合物。另外，半受阻酚与硫酯类抗氧剂的复合产品也有出售，如日本旭电化公司的 Mark 5118 和 Mark 5118A。

关于酚类抗氧剂与受阻胺类光稳定剂的复合使用的报道也很多，研究表明在大多数情况下二者配合用于抑制高分子材料的热氧老化有协同效应，而在抑制光氧老化中有反协同作用。当然，其他助剂的复配都会有协同效应和反协同效应的情况发生，在此不再赘述。

3.7.1.4　自协同作用

随着对复合稳定剂间协同机理的深入研究，一剂多能的稳定剂时常被报道，出现了分子内复合的稳定剂，即把具有抗热氧老化和光氧老化，或其他功能的功能基团结合到一个分子中，使此稳定剂兼具所需的各种性能。一般而言这类稳定剂在抗热氧老化方面都有协同效应，而且还提高了稳定剂其他方面的性能，如热稳定性、光稳定性、耐抽提等。例如光稳定剂 144 就是将两个受阻酚和一个受阻胺结构单元结合到三嗪环上，表现出优异的抗热氧老化和抗光氧老化性能。类似的将紫外线吸收剂、亚磷酸酯抗氧剂等其他功能基团和受阻胺光稳定剂结构单元键合到一个分子中的情况也很多，其各项应用性能一般均得到大幅的提高，在此不再详细讨论。

3.7.2　胺类抗氧剂的发展趋势

在胺类抗氧剂中，烷基芳基对苯二胺类衍生物的综合性能优异，如防老剂 4010、防老剂 4010NA 以及性能更为突出的防老剂 4020。近些年来，有关此类防老剂的研究主要是针对其合成工艺的改进和优化。其中以还原胺化法在技术上最为先进与合理，拜耳公司就是采用此工艺路线生产防老剂 4010NA。另据报道，最近有人采用二苯胺亚硝化反应生产 4-亚硝基二苯胺，再由此生产防老剂 4010NA。1993 年年底，Stern Michael K 等人报道了一种新的制备该类化合物的工艺路线[19]。对于性能优良的老品种的生产则是向着大吨位化、连续化与自动化的方向发展。

胺类抗氧剂的缺点是其具有毒性、污染性、变色性以及自身易于被氧化。所以，人们研制胺类抗氧剂的新品种时，除了提高其应用性能外，主要是研究如何克服上述缺陷。由于防老剂甲、防老剂丁及 N,N'-双-2-萘基对苯二胺中可能含有剧毒的 β-萘胺，在一些发达国家，现已停止生产和使用它们。作为防老剂丁的代用品，抗氧剂 264 大量地用于合成橡胶生胶中，而防老剂 BLE 则大量用于耐热橡胶制品中。另外，也开发成功了一些低毒或者无毒的抗氧剂品种。如 2-羟基-1,3-双[对(2-萘氨基)苯氧基]丙烷(C-49)和 2-羟基-1,3-双 (对苯氨基苯氧基) 丙烷 (C-47) 均为无毒品种，而 2,2'-双-(对苯氨基苯氧基)二乙醚(H-1) 是低毒品种，其结构式见图 3-79。

为了降低胺类抗氧剂的毒性，并提高胺类抗氧剂的热稳定性与抗氧化效率，人们尝试向分子中引入含硅基团，取得了不错的效果。如二甲基双[对(2-萘氨基)苯氧基]硅烷(C-41)与二甲基双 (对苯氨基苯氧基) 硅烷 (C-1) 都是无毒、不挥发与耐热性能优良的品种，其抗氧化效率为 C-41＞C-1＞抗氧剂 2246＞防老剂丁。其结构式如图 3-80 所示。

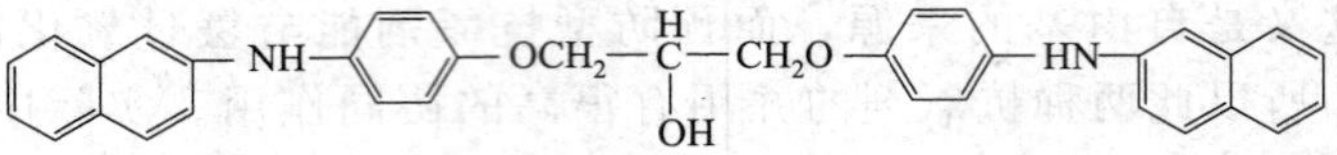

C-49

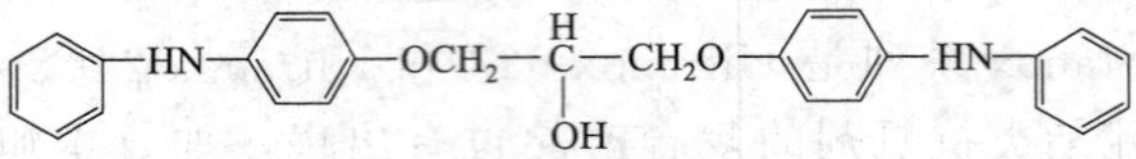

C-47

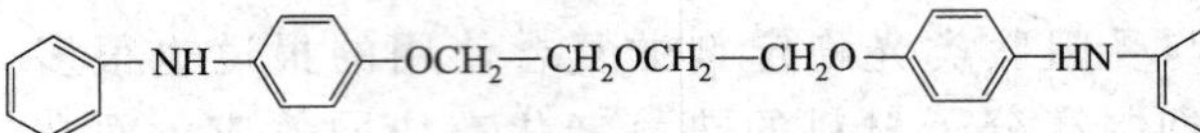

H-1

图 3-79 C-49、C-47 和 H-1 的结构式

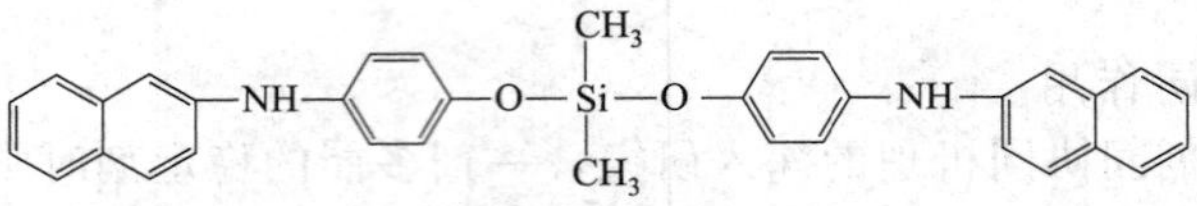

C-41

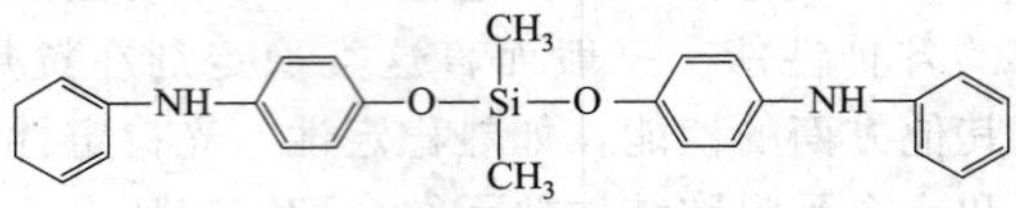

C-1

图 3-80 C-41 和 C-1 的结构式

据报道，苄胺衍生物也是一类非污染、相容性好的防老剂[20]，其结构式如图 3-81 所示。另外，人们发现通过向分子中引入羟基，可以有效降低胺类抗氧剂的着色性。

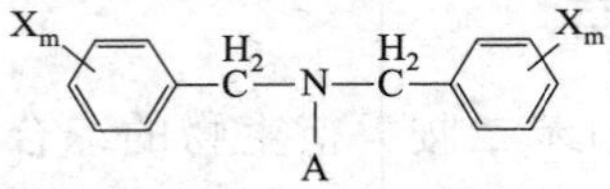

图 3-81 苄胺类防老剂的结构式

有研究表明，胺类抗氧剂的相容性可以通过芳基的烷基化或烷基置换来加以改善。例如，*N*,*N*′-二（甲基苯基）对苯二胺的相容性比 *N*,*N*′-二苯基对苯二胺提高了 5 倍。*N*,*N*′-双(二甲氨基丙基)对苯二胺的相容性，抗氧化效率均比防老剂 4010NA 好。

总之，新型的各项性能优良的胺类抗氧剂仍然被不断地研制出来。如前苏联研究开发的适用于过氧化物硫化的乙丙胶的抗氧剂 M-7（图 3-82）。据报道，Stern 等人开发的新型 *N*-烷基取代的对苯二胺中间体也具有不错的抗氧化性能，可用于新型对苯二胺类抗氧剂的构建。

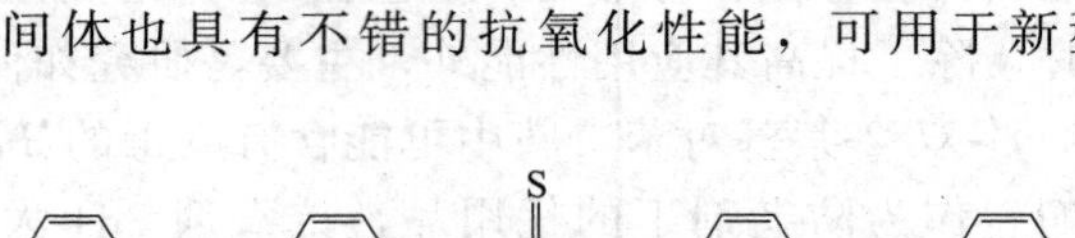

图 3-82 抗氧剂 M-7 的结构式

Ahlers 研制了用于聚酰胺纤维，具有优良光热稳定性与抗氧化能力的芳伯胺或芳仲胺与铜盐、碱金属氯化物以及乙二醇醚的复合物[21]。蒋云昌等人报道了在有机溶剂中，防老剂 BLE 与伯胺或仲胺的反应物，吸附于超细碳酸钙上，可制备用于橡胶的流态防老剂[22]。Mukesh 等人由 4-硝基二苯胺制备的 *N*-(1,3-二甲基丁基)-*N*′-苯基对苯二胺具有良好的各项性能[23]，其制备方法如图 3-83 所示。

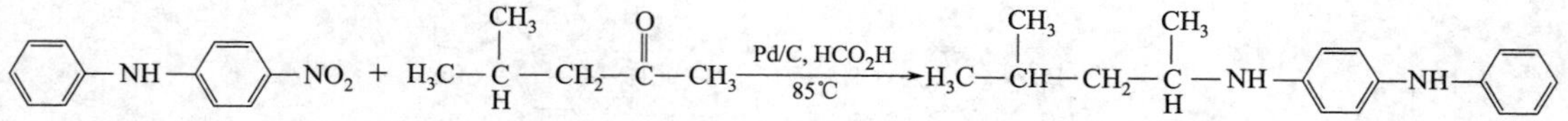

图 3-83 N-(1,3-二甲基丁基)-N′-苯基对苯二胺的合成

近几年来，对受阻胺类抗氧剂的研究非常活跃。这可能是因为受阻胺类化合物不仅可作为抗氧剂，而且又是性能优良的光与热的稳定剂。含有 2,2,6,6-四甲基哌啶的化合物是目前性能最为优良的光稳定剂，而且热稳定性好，变色性与污染性均小。所以将 2,2,6,6-四甲基哌啶引入到抗氧剂的分子中，无疑就赋予了产品多种功能。Gijsman、Falicki 等人对此领域进行了一定的研究工作[24,25]。另外，Hold-erbaum 等人将亚磷酸酯基团引入到受阻胺类抗氧剂的分子中，据称，其性能更为优良[26,27]。还有研究开发高效、多功能、多官能团的抗氧化剂的趋向，其中受阻胺类衍生物是颇为引人瞩目的一类。

3.7.3 酚类抗氧化剂的发展趋势

如前所述，酚类抗氧剂一般具有毒性低、不变色、不污染制品等优点，所以大量用于塑料、橡胶、油品、涂料、食品等工业中，这是一类极为重要的抗氧剂。但是酚类抗氧剂一般抗氧化效率低，近年来，人们在提高其抗氧化效率与降低毒性方面进行了大量的富有成效的工作，成功开发了许多受阻酚、多元酚与聚合酚等各种类型的具有无毒、耐热、高效与抗降解性能的新品种。

增加酚类抗氧剂的分子量以减少挥发损失，增加受阻酚官能团所占的比重以增加其抗氧化效率，引入耐热性好的基团以提高其光热稳定性，引入其他的官能团以改善其应用性能并兼具其他功能，达到一剂多能，都是目前酚类抗氧剂的发展方向。另外，酚类抗氧剂与含硫、含磷化合物复配使用也日益受到人们的重视。

对苯二甲酸双[3-(3,5-二叔丁基-4-羟基)苯基丙酯]用于聚丙烯，在 149℃的热老化数据比抗氧剂 264 高 116 倍。再如 Ciba-Geigy 公司的 Irganox 259 也表现出良好的抗氧化能力。见图 3-84。

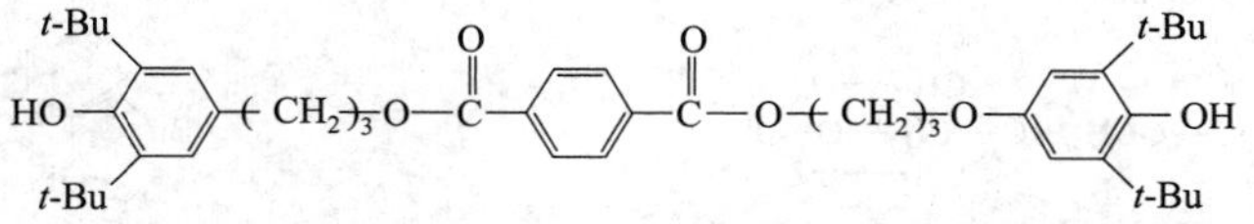

对苯二甲酸双[3-(3,5-二叔丁基-4-羟基)苯基丙酯]

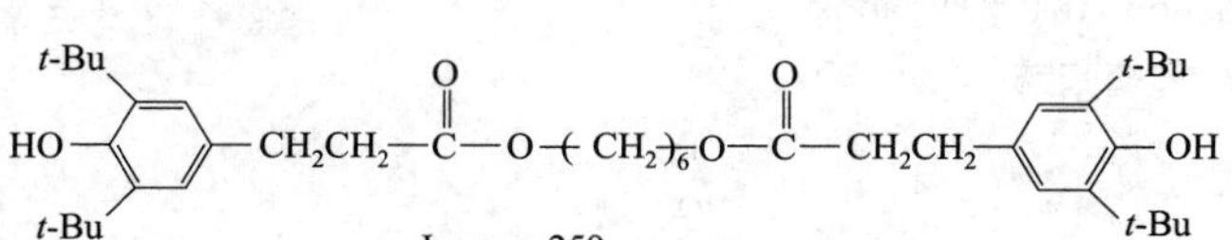

Irganox 259

图 3-84 新型酚类抗氧剂的结构式

多元酚的异氰尿酸酯衍生物也表现出较高的抗氧化能力及优良的应用性能。如美国氰胺公司的 Cyanox 1790 与古特里奇公司开发的 Goodrite 3125 均为无毒的、具有高抗氧化能力和耐高温性能的品种[28]。见图 3-85。

孟山都公司研制的 Modanox 2600 是相对分子质量为 1100 左右的聚合型硫代双酚，具有低挥发性与持久性的特点[16]。Ciba-Geigy 的 Irganox 1890 含有季戊四醇结构，故耐热性突出，而且是受阻酚与亚磷酸酯的混合型。见图 3-86。

含有三嗪环结构的受阻酚硫化物具有极好的耐热性及抗氧化能力，且耐高温性能优良[29]，见图 3-87。图 3-88 所示化合物具有更优越的抗抽提性。

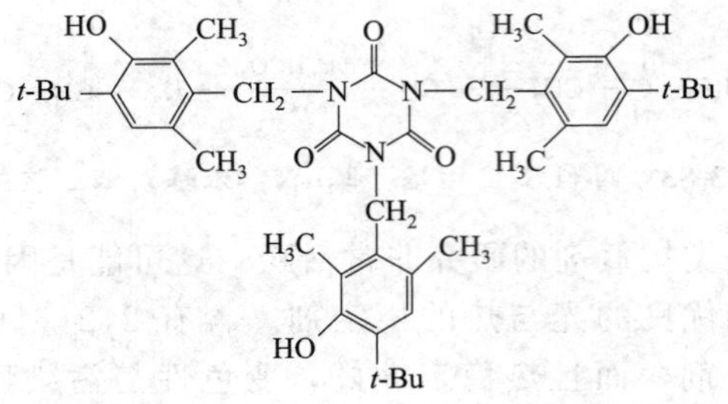

Cyanox 1790

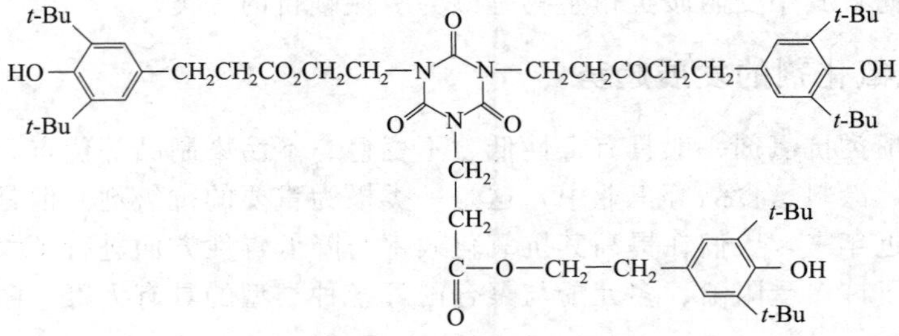

Goodrite 3125

图 3-85　Cyanox 1790 和 Goodrite 3125 的结构式

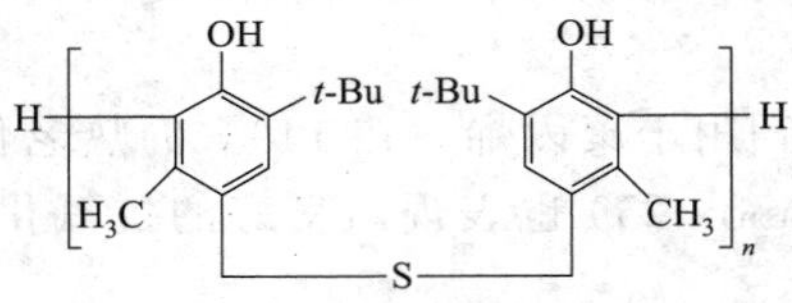

Modanox 2600

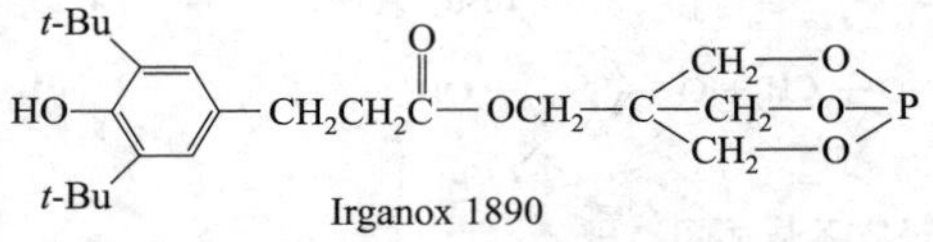

Irganox 1890

图 3-86　Modanox 2600 和 Irganox 1890 的结构式

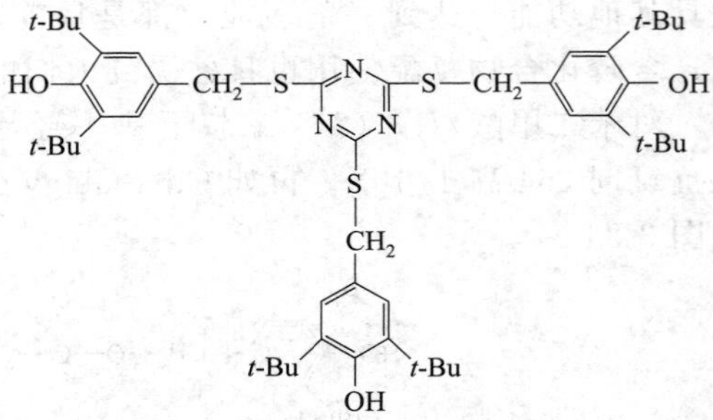

图 3-87　2,4,6-三(3,5-二叔丁基-4-羟基苄基硫代)均三嗪的结构式

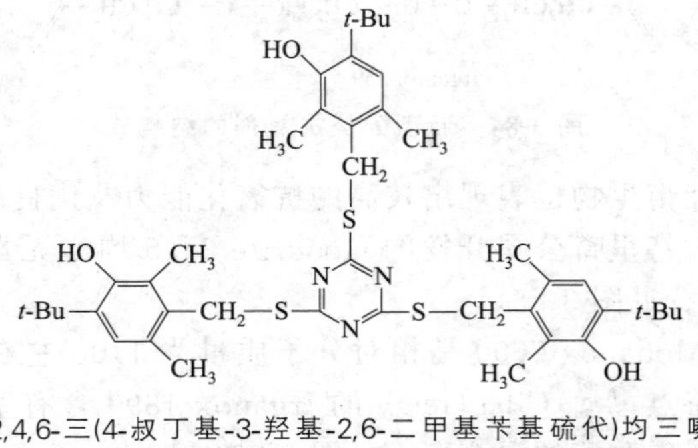

图 3-88　2,4,6-三(4-叔丁基-3-羟基-2,6-二甲基苄基硫代)均三嗪的结构式

　　综上所述，酚类抗氧剂的发展是与多种功能基团的复合紧密相关的[30]。也就是说，在受阻酚的衍生物中引入其他的官能团（如二价的硫化物、仲胺、均三嗪、异氰尿酸酯、亚磷

酸酯等），其目的在于提高其抗氧化效率与降低毒性和挥发性[31]。最近又有人将含硅基团引入到其分子中以改善其应用性能。图 3-89 所示含硅受阻酚抗氧剂用于高压聚乙烯时表现出良好的抗热氧老化的性能。

其他类似的典型品种如图 3-90 所示。

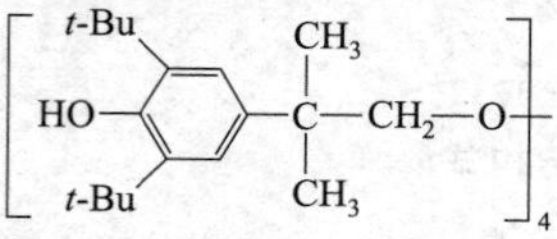

图 3-89　含硅受阻酚类抗氧剂

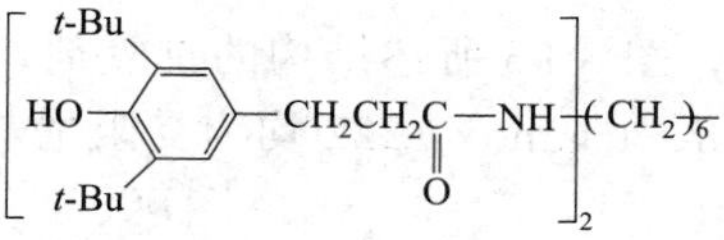

Irganox 1098

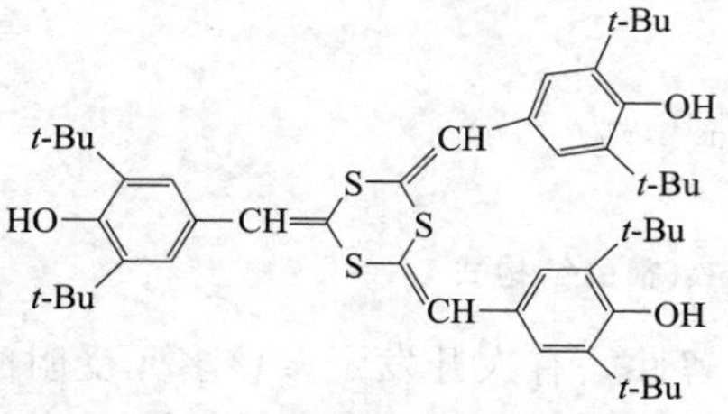

图 3-90　典型品种的结构

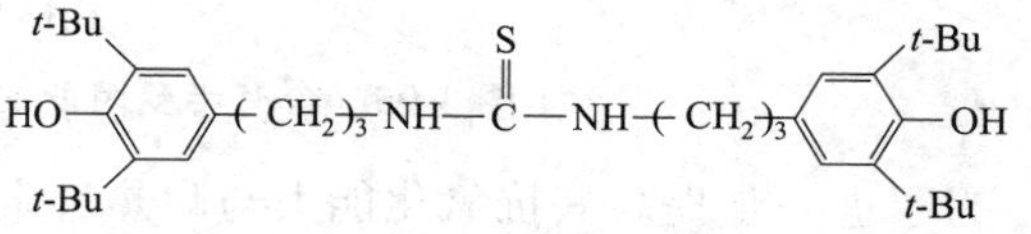

图 3-91　复合型受阻酚类抗氧剂举例

图 3-91 中所示的 Irganox 1098 是一种受阻酚和胺的复合结构，用于聚酰胺的抗氧化效果非常突出；第二个含硫受阻酚抗氧剂是由前苏联研制开发的高效不污染的抗氧剂，与 DLTP 并用时有很好的协同效应。

3.7.4　含磷抗氧剂的发展趋势

由于亚磷酸酯型抗氧剂具有低毒、不污染、挥发性低等优点，它与其他的抗氧剂并用可极大地改善材料的加工稳定性与不变色性，因此亚磷酸酯被广泛地用于聚烯烃、聚氯乙烯等材料中。但由于亚磷酸酯的结构特点，其耐水解性与耐热性一般比较差。增加其分子量虽可改善其耐水解性，但有可能降低其相容性。所以，人们又研制开发了许多克服上述缺点的亚磷酸酯抗氧剂新品种。如美国 Argus 公司开发的 Mark 1500，即碳基-4,4′-二异叉-脂肪醇-亚磷酸螯合化合聚合物，它是一种无毒的、具有较高耐热与耐水解性的品种。再如瑞士 Sandos 公司的 San-dostab PEPQ，无毒、低挥发、耐水解性高，尤其是其耐热稳定性极好，其结构式如图 3-92 所示。

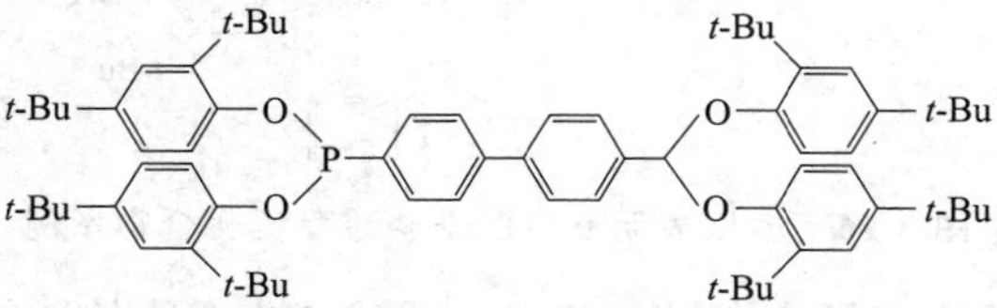

图 3-92　Sandostab P-EPQ 的结构式

为了克服此类产品的耐水解性差与耐热性差的缺点，由不同公司研制开发出了一系列的改良品种。如美国 Borg-warner Chemicals 公司生产的 Weston 618（图 3-93）、619、732 以及最近开发的性能更为优良的 MDW-6140。美国 Stepan Chemicals 公司开发的 Wytox 604，Wytox 604 具有不污染、不水解与无毒的优点。

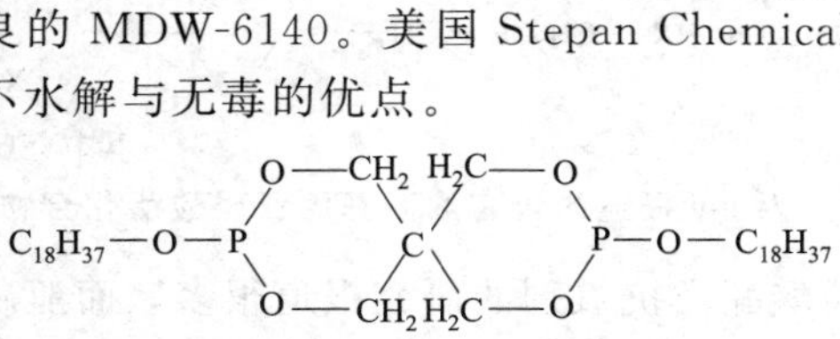

图 3-93　Weston 618 的结构式

Ciba-Geigy 公司开发生产的 Irgafox 168 及 Irganox 1093、Irganox 1222（图 3-94）等品种都具有极好的抗着色、抗抽提、耐水解、耐热与无毒等性能。

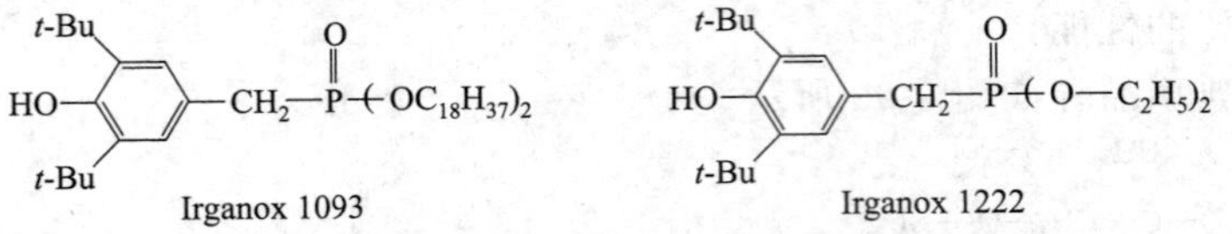

图 3-94　Irganox 1093、 Irganox 1222 的结构式

据报道，图 3-95 所述结构的抗氧剂，其效果优于 Irganox 1093[32]。事实上，此品种与 Irganox 1093、Irganox 1222 均为受阻酚与亚磷酸酯混合型的抗氧剂，所以具有优良的性能。

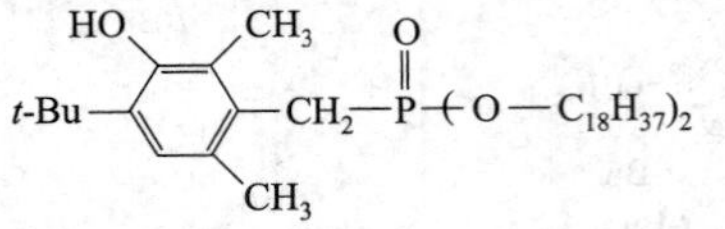

图 3-95　含有半受阻酚的亚磷酸酯抗氧剂的结构式

为了进一步提高其抗氧化能力与耐热稳定性或耐水解性，有人开发了多核多元受阻酚基磷酸酯类化合物[33]，此类抗氧剂具有长期的耐热与耐光性能，可用于聚丙烯、聚乙烯、聚氯乙烯与 ABS 中。其结构式举例见图 3-96。

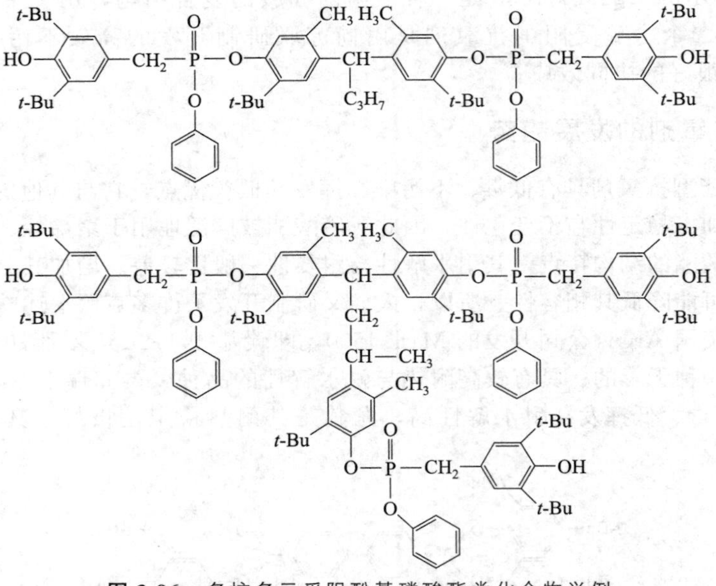

图 3-96　多核多元受阻酚基磷酸酯类化合物举例

另外，Veliev 等人还研究了含有烯丙基的亚磷酸酯化合物的性能，认为此化合物作为抗氧化剂可用于丁基橡胶与塑料中，其效能与常用稳定剂 Neozone D 类似[34]，其合成方法见图 3-97。

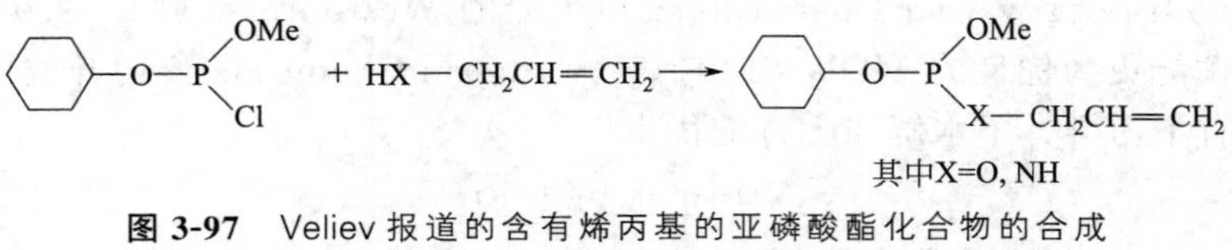

其中X=O, NH

图 3-97　Veliev 报道的含有烯丙基的亚磷酸酯化合物的合成

总之，有关受阻酚亚磷酸酯类抗氧剂的研究报道很多，而亚磷酸酯类抗氧剂与其他类别抗氧剂复配使用的专利也层出不穷。

3.7.5 含硫抗氧剂的发展趋势

硫代二丙酸酯是一类大量使用的重要的辅助抗氧剂，但存在挥发性大的缺点。近年来出现了不少改进的品种，如 Eastman kodak 公司开发的 Tenamena 2000[35]，N. L. Industries/nc. 的 EAO-1 是一种超高分子量的硫代丙酸酯，在聚烯烃中使用时，其持久性及耐迁移性超过了 DLTP 及 DSTP。日本白石钙化学公司的 Seenox 412S，是一种含有耐热性硫酯的化合物，与抗氧剂 CA、330、1010 并用，其性能超过了 DLTP 及 DSTP。

另外，季戊四醇（3-正癸基硫代丙酸酯）的挥发性小，抗抽提，与酚类抗氧剂的协同效应高。因此开发了复合型的含酚羟基硫化物型抗氧剂，以提高其抗氧化效能，并对酚类抗氧剂与硫酯的复配技术进行了研究。Reilly 等人开发了一种无毒的可用于食品、饮料与药品包装制品的含硫抗氧剂，具有良好的抗热氧老化的功能[36]。

3.7.6 其他类型抗氧剂的发展趋势

在抗氧剂的发展过程中，人们为了克服胺类、酚类、硫酯类以及亚磷酸酯类抗氧剂的弱点，研制开发了许多其他类型的抗氧剂。其中比较典型且研究比较集中的有：苯并呋喃酮类，反应型、复合型以及齐聚物型抗氧剂。

最近，Ciba-Geigy 公司开发的系列苯并呋喃酮类抗氧剂用于高分子聚合材料，具有优良的抗热氧老化性能，而且据认为，该类化合物毒性低，甚至无毒[37]，其结构类型见图 3-98。

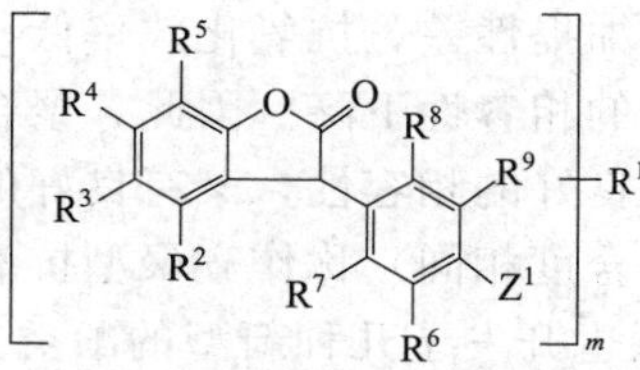

R¹=H, 基团；R²=R⁴=H, 烷基；R³=R⁵=H, 有机基团；
R⁶~R⁹=H, 烷氧基；Z¹=O, m=1,2

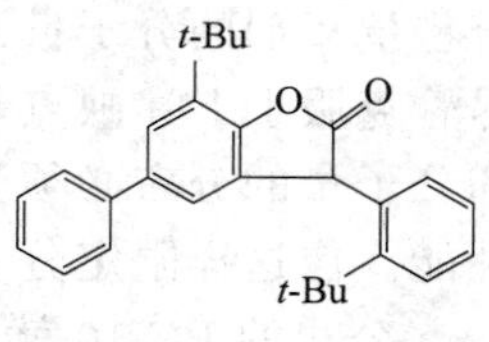

5,7-二叔丁基-3-苯基-2-苯并呋喃酮

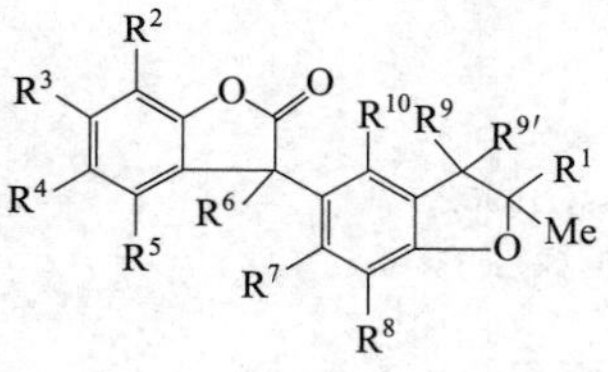

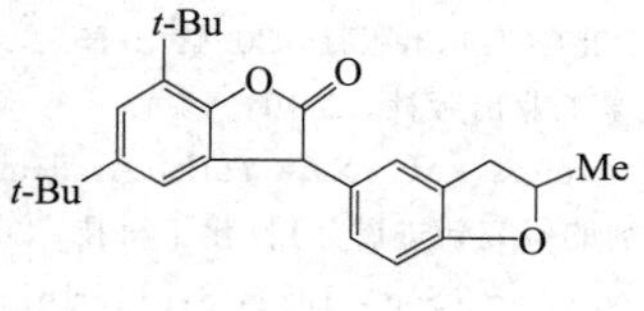

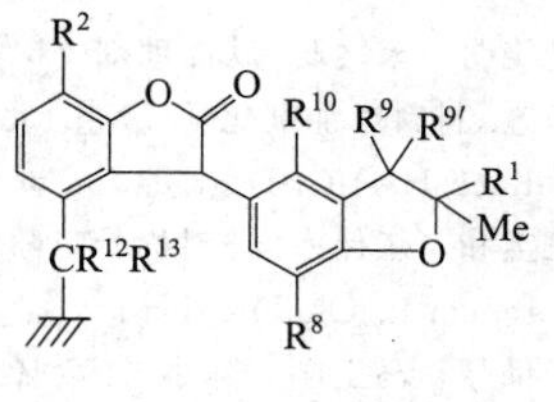

图 3-98 苯并呋喃酮类抗氧剂举例

至于反应型抗氧剂，是指能和聚合物材料发生共价键结合的抗氧剂，这样就具有耐抽提、耐迁移与不挥发的特点。这就要求抗氧剂的分子中有能与高分子聚合物发生反应的基团。如由英国开发的 NDPA 与 DENA 分子中含有亚硝基；日本大内新兴化学公司开发的 TAP、DAC 与 DBA 等，为一系列含有烯丙基的酚类化合物，可作为共聚单体与聚合材料单体共聚，其结构式如图 3-99 所示。

类似反应型抗氧剂品种还有很多，在此不予详细讨论，但必须指出的一点是，此类抗氧剂均为含有活性基团的胺类、酚类或混合型抗氧剂。

近些年来，主抗氧剂与辅助抗氧剂的复配技术得到很大的发展。考虑到各类抗氧剂之间的协同效应能克服各自的缺陷，所以将不同类型的官能团引入到同一分子中，合成的复合型

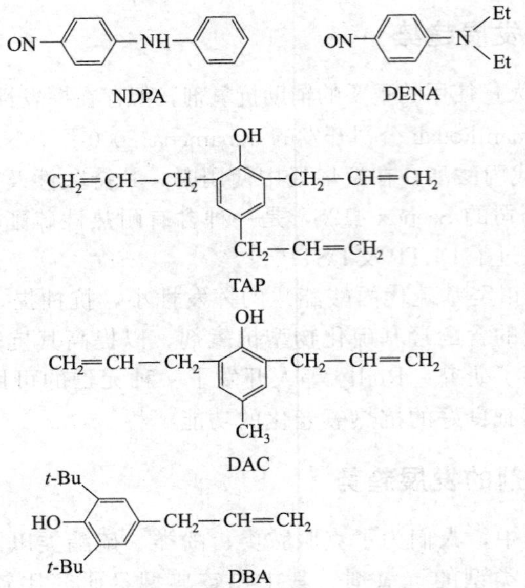

图 3-99　含有烯丙基的酚类化合物举例

抗氧剂往往也能达到同样的效果，只不过复配是"外拼"而复合型抗氧剂为"内拼"而已。另外，还开发了一系列含硫、含磷的酚类或胺类抗氧剂，及一系列耐光、耐热的受阻酚类或胺类抗氧剂。

当聚合型抗氧剂的分子量太小时，其挥发性大，抗抽提性差，抗氧化效率低；但分子量太大时，尽管克服了上述缺点，但会使其与高分子材料的相容性下降。因此，聚合型抗氧剂的聚合度和分子量的分布必须受到限制，以保证它既有良好的相容性，又有良好的耐挥发与耐抽提的性能。像这样限定分子量的聚合型抗氧剂（聚合度相同）称作齐聚型抗氧剂。美国 Exxon chem. 公司的 PC-10 就是齐聚型抗氧剂。前苏联也开发了几种新型的酚类齐聚物。

参 考 文 献

[1] 夏晓明，宋之聪. 功能助剂 [M]. 北京：化学工业出版社，2004：1-15.

[2] 辛忠. 材料添加剂化学 [M]. 北京：化学工业出版社，2010：15-45.

[3] Jellinek H H G. Degradation of Vinyl Polymers [M]. New York：Academic Press，1995.

[4] 汪宝和，王保库. 非对称受阻酚类抗氧剂的研究新进展 [J]. 化工科技，2007，15 (2)：67-70.

[5] Bateman L. Olefin oxidation [J]. Q. Rev. Chem. Soc.，1954，8：147-167；

[6] 王世琴，马玉刚，陈小平. 丙烯老化及抗氧剂的应用和发展 [J]. 上海塑料，2011，153 (1)：1-4.

[7] 辛明亮，郑炳发，马玉杰等. 抗氧剂的抗氧机理及发展方向 [J]. 中国塑料，2011，25 (8)：86-90.

[8] Kennerly G W，Patterson W L. Kinetic studies of petroleum antioxidants [J]. Ind. Eng. Chem.，1956，48：1917-1924.

[9] Holdsworth J D，Scott G，Williams D. Mechanisms of antioxidant action：sulphur-containing antioxidants [J]. J. Chem. Soc.，1964：4692-4699.

[10] 杜新胜，陈秀娣，张霖等. 国内复合抗氧剂的研究与应用进展 [J]. 塑料助剂，2013，(4)：1-4.

[11] Amin M U，Scott G. Photo-initiated oxidation of polyethylene effect of photo-sensitizers [J]. Euro. Polym. J.，1974，10 (11)：1019-1028.

[12] Penkth G E. The oxidation potentials of phenolic and amino antioxidants [J]. J. Appl. Chem.，1957，7 (9)：512-521.

[13] 薛卫国，李建明，周旭光. 润滑油抗氧剂的研究进展 [J]. 润滑油与燃料，2012，22 (1)：7-15.

[14] 上海助剂厂，太原化工研究所，天津合成材料研究所. 合成材料助剂手册. 北京：石油化学工业出版社，1977.

[15] 刘冬宁. 国内胺类，酚类等抗氧剂发展的大致趋势 [J]. 化工管理，2013，22：199-201.

[16] 郭振宇，宁培森，王玉民等. 抗氧剂的研究现状和发展趋势 [J]. 塑料助剂，2013，99 (3)：1-10.

[17] 张永鹏，陈俊，郭绍辉等. 受阻酚类抗氧剂的研究进展及发展趋势 [J]. 塑料助剂，2011，87（3）：1-7.

[18] 张文琪. 抗氧剂的研究与发展方向 [J]. 甘肃石油和化工，2013，（1）：21-28.

[19] Stern M K，Cheng B K，Cheng B. N-aliphatic substd. p-phenylene-di：amine prepn. -by reaction of amine with ni-trobenzene in the presence of base and protic material [P]. US5252737. 1993.

[20] Tochikura T. Cytisine diphosphoric acid ethanolamine prodn -from cytidylic acid [P]. JP 47019089. 1972.

[21] Ahlers K，Dietze M，Dinse H，et al. Polyamide fibre prodn-with high light and thermo-oxidative stability - by trea-ting polymer granules，just before spinning，with mixt. of copper salt，alkali halide，aromatic amine and ethylene gly-col ether [P]. DD 301630. 1993.

[22] 姜运昌，阎飞. 一种新型复合橡胶防老剂及其制作方法 [P]. CN 1069746. 1993.

[23] Doble M，Manish S，Asutosh B A. A process for the preparation of aliphatic or aromatic substituted amines [P]. IN 168506. 1991.

[24] Gijsman P. The mechanism of action of hindered amine stabilizers（HAS）as long-term heat stabilizers [J]. Polym. Degrad. Stab.，1994，43（2）：171-176.

[25] Falicki S，Gosciniak D J，Cooke J M，et al. Secondary and tertiary piperidinyl compounds as stabilizers for γ-irradia-ted polypropylene [J]. Polym. Degrad. Stab.，1994，43（1）：1-7.

[26] Holderbaum M，Aumuelier A，Trauth H. Acetic and 3-amino：acrylic acid derivs. with poly：alkyl：piperidine gps. -useful as stabilisers and light stabilisers for plastics and paints [P]. DE 4211603. 1993.

[27] Cowan K D，Willcox K W. Ultraviolet processing stabiliser for poly（4-methyl-1-pentene）- comprises hindered amine with phosphite cpd.，and，opt.，hindered phenol [P]. CA 2086585. 1993.

[28] Flick E W. Plastic Additives-An Industrial Guide [M]. Noyes. Pub.，1986：13.

[29] Goodrich Company B F. US 3567724. 1971；US 3639336. 1970.

[30] Ltd K，Hitoshi T，Tetsuo N，Katsumi O. JP 05304013. 1993.

[31] Sugiyama N，Sato K. Poly：oxy：methylene compsn. having improved heat stability - contg. hindered phenol antioxi-dant，melamine-formaldehyde polycondensate and fatty acid ester of poly：hydric alcohol [P]. EP 562856. 1993.

[32] American Cyanamid CO. Polyolefin compsn. with hydroxybenzylphosphonate antioxidant - and thiodipropionate ester sec. stabilizer [P]. US 3951912. 1976.

[33] Adeka Argus Ind K K，Argus. Chem. Corp. Synthetic resin compsns. stabilised against heat and light - using organic cpd. with phosphorous and phenolic gps [P]. JP 53011944. 1978.

[34] Veliev M G，Novruzov S M，Orudzhev D B. Synthesis and properties of phosphorus-containing compounds of allyl-series [J]. Izv. Vyssh. Vchebn. Zaved. Khim. Khim. Tekhnol.，1993，36（7）：10-13.

[35] Modern. Plastics. Intern，1973，3（9）：61.

[36] Bohen J M，Reilly J L. Non-toxic polymeric compsn. contg. odourless organo：sulphide antioxidant - is resistant to hydrolysis and extn. into foods，used for medical devices and packaging foods or pharmaceuticals [P]. US 5284886. 1993.

[37] Michaelis P. Stabilisation of poly：ol（s）and polyurethane（s）against oxidn. and scorching - includes adding combi-nation of special benzofuranone deriv. and phenolic and/or sec. amine antioxidant [P]. EP 543778. 1993.

4

热 稳 定 剂

4.1 概述

在人们的日常生活与工农业生产中，高分子材料在其加工、储存与使用过程中，往往因受热而发生分解、交联等化学变化，造成加工困难、使用性能恶化，给人们的生产与生活带来了诸多的不便与损失，并使得相应材料的应用范围受到了很大的限制。通常情况下人们通过降低材料的加工、储存或使用温度，在一定程度上达到抑制其热降解的目的。但是，对于许多材料而言，加工与使用温度是难以改变的。所以提高其热稳定性的方法不是改变其使用条件，而是向其中加入少量的某种物质，从而使得这些材料在加工或使用过程中不因受热而发生化学变化，或延缓这些变化以达到延长其使用寿命的目的。那么从广义上讲，这种少量的物质就被称作某种材料的热稳定剂。

事实上，在合成材料乃至整个化工领域中，热稳定剂已得到了极其广泛地应用。例如，冰染染料的一个重要组分为色盐（即重氮盐），它在受热甚至室温下就可分解而释放出氮气，剧烈时可引起爆炸。也就是说重氮盐的热稳定性是极差的。为了色盐储运、使用的安全与方便，可向其中加入一些物质以提高其热稳定性，如氯化锌，能与色盐形成络合物，从而提高了色盐的热稳定性。氯化锌能够抑制色盐的热分解而又不影响其与色酚的偶合，所以它是重氮盐的热稳定剂。在高分子材料领域（诸如塑料、橡胶、树脂、纤维、黏合剂以及涂料等行业），热稳定剂是其最重要的添加助剂之一，是保证聚氯乙烯（PVC）与氯丁橡胶成型加工中有足够的热稳定性，而不至于受热降解的助剂。数十年来，热稳定剂一直是PVC加工工业中的研究热点[1,2]。

4.1.1 热稳定剂的历史沿革

早在1872年，Baomann就在实验室成功合成了聚氯乙烯，但是其受热分解，导致颜色加深的特性极大地限制了其加工使用，以至于在1920年德国公司不得不作废其氯乙烯单体和聚氯乙烯方面的专利。在漫长的PVC树脂的发展过程中，人们发现PVC塑料只有在160℃以上才能加工成型，而它在100℃就开始热分解，释放出氯化氢气体[3]。这就是说，PVC的加工温度远高于其热分解温度，这曾是困扰聚氯乙烯塑料开发与应用的世纪难题。为此人们进行了大量的卓有成效的研究工作，发现PVC树脂中含有少量的诸如铅盐、金属皂、酚、芳胺等杂质时，既不影响其加工与应用，又能在一定程度上起到延缓其热分解的作用。上述发现极大地促进了热稳定剂研究领域的建立与不断发展。在 20 世纪 30 年代发现白铅粉和硅酸钠可作为 PVC 胶黏剂制品的热稳定剂；40 年代人们已广泛使用性能优良的铅盐稳定剂，并发现了作为热稳定剂的钙锌和钡镉皂的协同效应；50 年代上市了疏基酸酯、疏基有机锡和亚磷酸酯类热稳定剂；60～70 年代用于 PVC 树脂的热稳定剂得到了前所未有的发展，出现了食品级锌基稳定剂、高效的有机锡稳定剂、有机硫稳定剂及一系列复配型热稳定剂；80 年代则上市了一些环保型热稳定剂，如液态钙锌稳定剂和低挥发的钡镉稳定剂；之后，为了替代高效但有毒的铅盐稳定剂，人们相继开发了大量无毒、无污染的有机锡类、钙锌类、稀土类热稳定剂及各种复配型热稳定剂。

传统的用于 PVC 及氯乙烯共聚物的热稳定剂主要是铅盐、金属皂、有机锡化物及有机辅助稳定剂等。随着科学研究的进一步深入，人们环保意识的进一步加强，对热稳定剂的要求也愈来愈高，近些年来不断涌现出一批新型低毒，甚至无毒的高效热稳定剂[4～6]。

4.1.2 合成树脂的生产概况

高分子材料与钢铁、木材和水泥一起构成现代社会中的四大基础材料，是支撑现代科技高速发展的最重要的基础材料之一，包括合成树脂、纤维、橡胶、合成涂料、胶黏剂和离子交换树脂等。用于塑料的合成树脂已占高分子材料产量的 80% 左右。近些年来，世界合成树脂的产量增长迅速，由 1990 年的 9891.3 万吨/年上升到 2007 年的 2.6 亿吨/年，体积产量已远超钢铁。我国合成树脂的年产量已超过 3000 万吨，其年增长速度位居世界第一。其中，世界范围内，PVC 在几大通用合成树脂中的产量仅次于聚乙烯居第二位。由于近些年来的快速发展，我国已成为世界最大的 PVC 树脂生产国和消费国。PVC 的年产量已超过 1500 万吨，超过聚乙烯成为我国合成树脂的最大品种，已广泛用于我国国民经济的各个部门。

助剂是高分子材料工业的重要组成部分，是改善、提高和赋予高分子材料可加工性和应用性能的重要手段。助剂对塑料和塑料制品的生产是不可或缺的，热稳定剂就是其中最重要的添加助剂之一。由于世界合成树脂消费量的快速提升，塑料助剂的需求量也持续增长，2008～2010 年的年平均增长速度高达 4%，在我国则高达 8%～10%[7]。如前所述，热稳定剂主要用于 PVC 树脂，此外也用于那些热敏性或热稳定性差的高分子材料，如聚偏二氯乙烯（PVDC）、氯化聚乙烯（CPE）、非全氟聚合物、聚甲醛、聚酯、胶黏剂、酚醛树脂和橡胶等。

事实上，由于受聚氯乙烯塑料热分解现象的启发，人们相继发现其他的合成材料在特定的条件下也能受热分解和交联，比较典型的有氯丁橡胶、以氯乙烯为单体的共聚物、聚醋酸酯、聚氟乙烯等。迄今，甚至像聚乙烯、聚丙烯和聚苯乙烯这样热稳定性良好的塑料也有加入热稳定剂的必要。近些年来，有关 ABS 树脂、涂料以及黏合剂、润滑剂等的热稳定性与热稳定剂的研究也逐渐活跃起来。基于如上所述的热稳定剂的重要性，学习、理解高分子材料的热降解和热稳定剂的作用机理是十分必要的。

4.2 高分子材料的热降解及热稳定剂的作用机理

4.2.1 高分子材料的热降解

当高分子材料受热时，每个高分子链的平均动能在逐渐增加，当其超过了链与链之间的作用力时，该高分子材料就会逐渐变软，直至完全熔化为高度黏稠的液体。需要注意的是，在此过程中没有涉及键的断裂与生成，也就是说，没有发生任何的化学变化。另一方面，如果分子所吸收的热能足以克服高分子链中的某些键能时，某些键的断裂则是不可避免的，即发生了化学变化，从而使得聚合物的分子遭到了一定程度的破坏，即发生了聚合物的热降解。

聚合物的热降解有三种基本的表现形式[8,9]。①在受热过程中从高分子链上脱落下来的各种小分子，例如 HCl、NH$_3$、H$_2$O、HOAc 等。很明显这一过程根本不涉及高分子链的断裂，但改变了高分子链的结构，从而改变了合成材料的性能。这种热降解称作非链断裂降解。②键的断裂发生在高分子链上，从而产生了各种无规律的低级分子，毫无疑问，此过程中合成材料遭到了严重的破坏。这种热降解称作随机链断裂降解。③键的断裂仍然发生在高分子链上，但高分子链的断裂是有规律的，只是分解生成聚合前的单体。此种热降解反应被称作解聚反应。在上述三种热降解反应中，最常见的就是非链断裂降解。综上所述，合成材料在受热时的物理变化仅仅是限制了该合成材料的加工、储运与使用时的温度，聚合材料的性能没有发生本质上的改变；但合成材料的热降解则从根本上改变了合成材料的结构与性能，所以必须通过加入热稳定剂来抑制和延缓合成材料的热降解。

在许多合成材料的加工与使用过程中，其热老化的主要原因就是非链断裂热降解。最典型的就是 PVC，在高于 100℃ 的情况下，即伴随有脱氯化氢的非链断裂热降解反应，随着氯化氢的生成或温度的升高，此热降解反应的速率会有所增加。同样，聚醋酸乙烯在受热情况下也能发生脱醋酸的反应（如图 4-1 所示）。

另外，聚丙烯酸酯的脱烯反应也是非链断裂热降解，其过程如图 4-2 所示。其中前两个反应生成不饱和的聚合物，随着反应的进行，聚烯结构中共轭双键的数目逐渐增加，一方面能促进热降解反应的进行；另一方面聚合材料会逐渐发黄，随着时间的延长，颜色越来越深。可以说，合成材料颜色的深浅主要取决于热降解反应进行的程度。另外，在受热的情况下，聚烯结构易被氧化，生成能够吸收紫外线的羰基化合物。这样就会导致进一步的氧化降解，结果就是颜色变深，机械性能大幅下降。

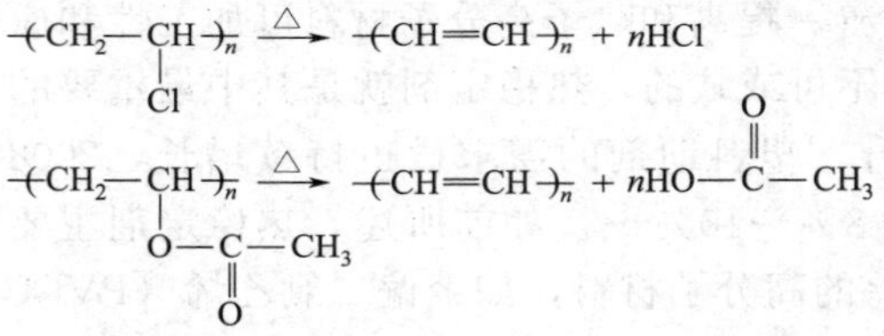

图 4-1　聚氯乙烯和聚醋酸乙烯的热降解

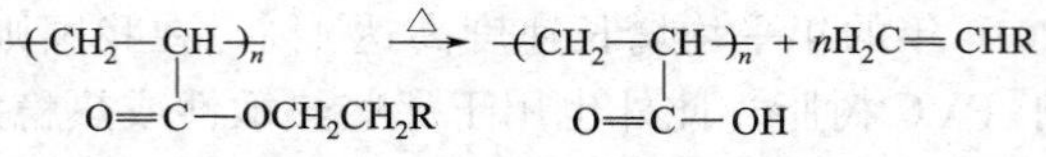

图 4-2　聚丙烯酸酯的热降解

随机链断裂降解反应则主要是由高分子链中弱键的均裂造成的。在这种降解反应中，由于所产生的游离基不稳定，能发生分子间的偶合、交联以及分子内重排反应等，而产生无序的产物，聚乙烯与聚丙烯腈的热降解就属于此种类型。此热降解反应的难易主要取决于聚合物的化学结构。一般来说，高分子链中碳碳键的热稳定性顺序如图 4-3 所示，例如 PH（六羟基聚醚）、PE（季戊四醇）、PP（聚丙烯）和 PIB（聚异丁烯）的情况就是如此[10]。当然如果高分子链中的碳碳单键与不饱和键相连，那么此碳碳键的热稳定性就较低，这是由于其均裂所生成的游离基能与不饱和键共轭而稳定所致（如图 4-4 所示）。

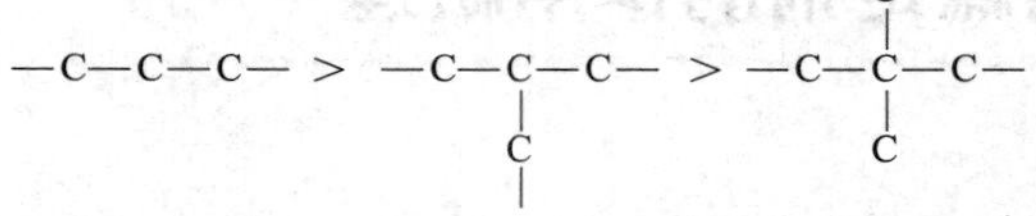

图 4-3　高分子链中碳碳键的热稳定性顺序

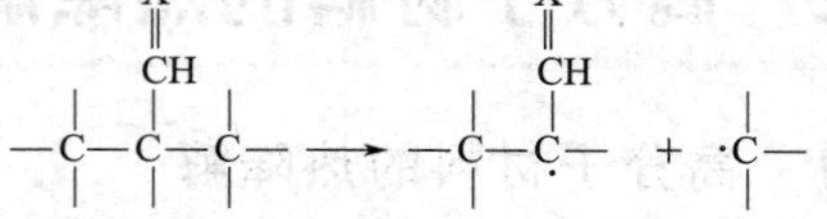

图 4-4　高分子链中与不饱和键相连的碳碳键的均裂

解聚反应只发生在那些具有高的键能而不具有活泼基团的聚合物中，实际上是这些聚合物的热裂解反应。例如，PMMA（聚甲基丙烯酸甲酯）、聚 α-甲基苯乙烯、PP、PTFE（聚四氟乙烯）与聚三氟苯乙烯的热裂解均属此例[11]（如图 4-5 所示）。

综上，随机链断裂与解聚反应都是高分子链中的弱键受热发生均裂而引发游离基链反应，从而造成合成材料的应用性能变差。尽管无法使高分子链中弱键的热稳定性提高，但可以通过向合成材料中加入一定量的游离基捕获剂来终止此两

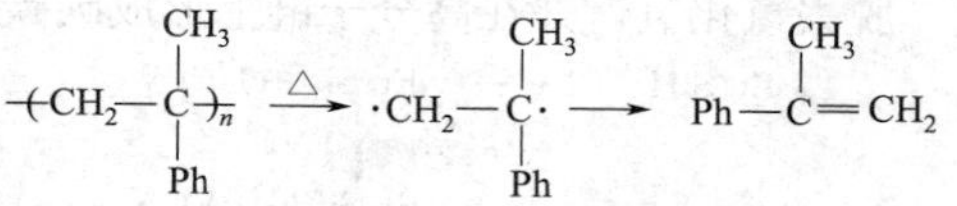

图 4-5　聚 α-甲基苯乙烯的热裂解

类反应的游离基链的传递，从而达到阻止或延缓热降解反应、延长合成材料使用寿命的目的。从广义上讲，此类游离基捕获剂也是热稳定剂（见第 3 章）。在合成材料工业中，尤其是含卤素的合成材料，热稳定剂通常是指那些用于抑制合成材料非链断裂热降解的助剂。

4.2.2　非链断裂热降解的反应机理

如上所述，PVC 的热降解主要是非链断裂热降解，在高于 100℃情况下，PVC 就有脱氯化氢现象，温度越高，反应速率越快。此外，PVC 还伴随有变色和大分子的交联等情况发生。尽管有关 PVC 降解机理的研究报道很多，但迄今尚没有一个被人们普遍接受的机理[12]。目前常见的、见诸于报道的解析主要有自由基机理、离子机理和单分子机理。现仅就有关 PVC 的热降解机理和各种影响因素简述如下。

4.2.2.1　自由基机理

Barton 及其合作者于 1949 年对氯代烃分解反应进行研究，发现该反应是按自由基机理进行的[13]。以 1,2-二氯乙烷为例，首先是氯自由基夺取 1,2-二氯乙烷中的氢产生了活泼的烷基自由基，其 β 位氯很活泼，只有失掉这个氯原子才能使其稳定，该过程如图 4-6 所示。

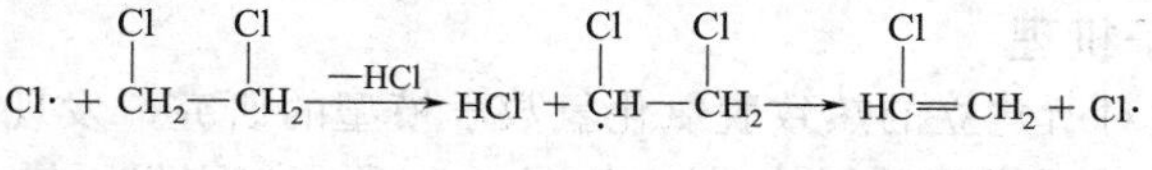

图 4-6　Barton 报道的 1,2-二氯乙烷的热降解反应机理

Fuchs 及其合作者对氯化的 PVC 进行了红外光谱分析[14]，发现亚甲基的碳氢伸缩振动峰消失了，表明在氯化过程中，氯自由基主要攻击亚甲基上的氢原子，当 β 位上不稳定氯原子脱除后分子才得到稳定。这个游离的氯自由基夺取了另一个亚甲基上的氢原子，形成了氯化氢和另一氯游离基。这样链反应就开始传递下去，形成一定数目的共轭双键，使聚合物逐渐变色。

Winkler 将上述两部分工作结合起来，提出了 PVC 脱氯化氢的机理[15]。他认为聚氯乙烯聚合时残留的微量催化剂或氧化作用是上述链反应引发的关键。另外，在自由基链反应过程中，在脱除氯化氢的同时进行氧化反应的话，就可能发生聚合物分子的交联。

事实表明，PVC 在氧气流中比在氮气流中脱氯化氢的速率更快，这是对自由基机理的强有力的支持。Banford 等人通过在氚标记的甲苯中研究 PVC 的热降解过程，提出了一种自由基机理，他们认为自由基的形成是由于 PVC 中 C—Cl 键的不稳定性所致[16]。

前苏联科学家认为，三乙基硅烷能降低 PVC 脱氯化氢的速率，其抑制作用是由于其在 PVC 的热降解中能捕获氯自由基所致（如图 4-7 所示）。McNeill 等人则认为，PVC 的热降解能引发其他聚合物的热降解自由基反应[17]。Geddes 认为 PVC 在低于 200℃时除了脱除氯化氢外，还有其他挥发物，如苯和烃类等[18]。这些结果都有力地支持了自由基机理。事实上，PVC 中残存的烯丙基氯结构单元可能是氯游离基产生的根源。

4.2.2.2　离子机理

井本等人认为 PVC 在氮气中的热分解反应是按离子型反应机理进行的，如图 4-8 所示。他认为 PVC 分解脱氯化氢的根源在于 C—Cl 极性键。由于诱导效应，使得与氯相连的碳原子带有部分正电荷，同时也使相邻亚甲基上的氢原子带有诱导电荷 δ+，其与带有负电的氯相互吸引而活

化，脱去氯化氢，并在高分子链上形成碳碳双键，而双键的形成又能进一步促进氯化氢的脱去。

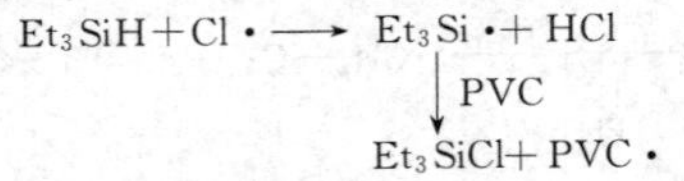

$$Et_3SiH + Cl\cdot \longrightarrow Et_3Si\cdot + HCl$$
$$\downarrow PVC$$
$$Et_3SiCl + PVC\cdot$$

图 4-7 三乙基硅烷抑制 PVC 热降解的机理

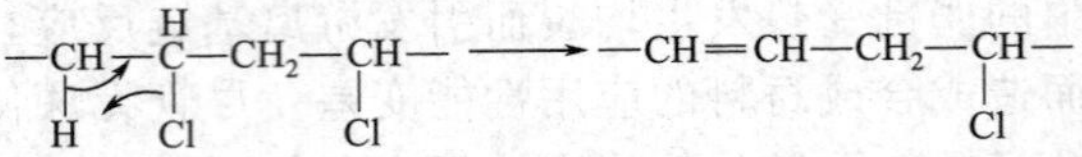

图 4-8 井本等人报道的 PVC 离子型降解反应机理

Baum 和其后的 Reich 等人通过研究发现，有机碱能促进 PVC 脱去氯化氢的反应，并认为是由于有机碱增强了 C—Cl 键的极化作用所致[19]，即在有机碱存在下，脱氯化氢的反应按离子机理进行。但笔者认为，有机碱的作用有可能是按照 β-消去反应中的反式共平面协同消去反应的机理而起作用的。

另外，Mayer 及合作者在液相和惰性气体环境中进行了 PVC 模型化合物热致脱氯化氢的反应动力学研究[20]。发现游离的氯化氢能促进上述反应的进行，其作用机理如图 4-9 所示。此结果也是 PVC 热降解反应按离子机理进行的有力证据。

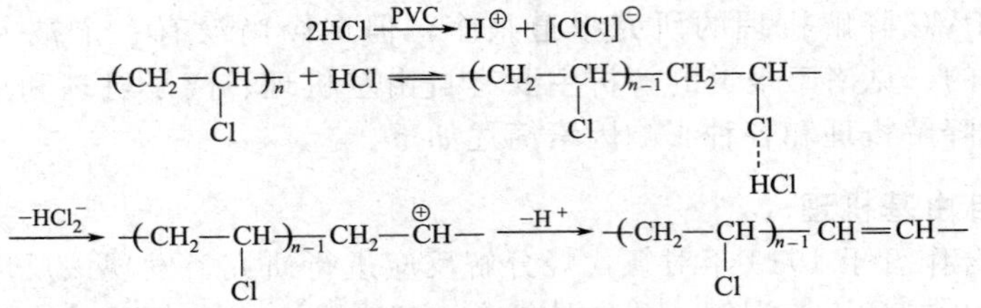

$$2HCl \xrightarrow{PVC} H^{\oplus} + [ClCl]^{\ominus}$$

图 4-9 氯化氢促进 PVC 的热降解反应

4.2.2.3 单分子机理

Troitskii 等人通过对所建立的热致脱氯化氢数学模型的研究，发现真空下连续脱除氯化氢的热降解反应是遵循单分子机理进行的[21]，如图 4-10 所示按引发、增长和终止来描述。

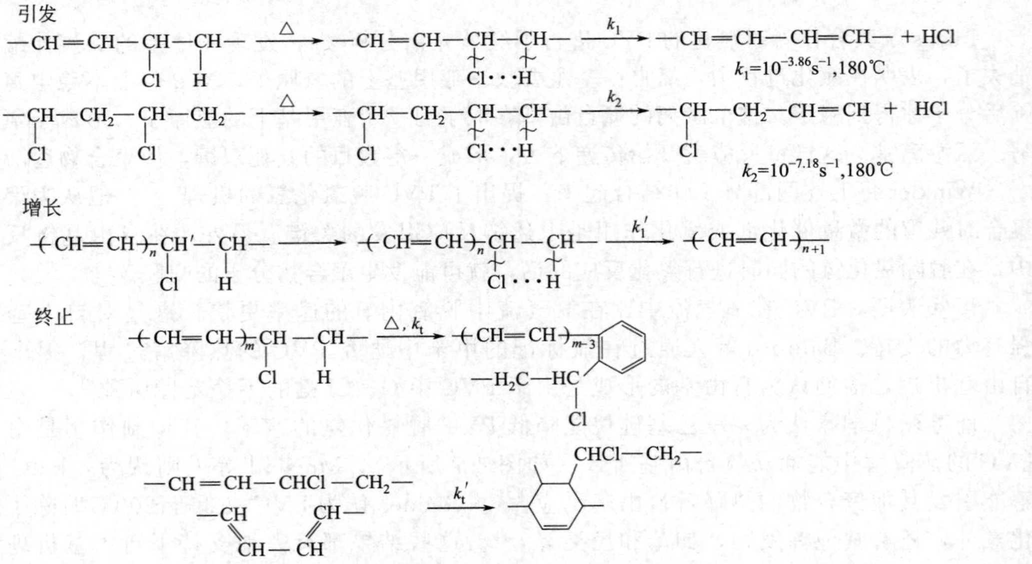

引发

$k_1 = 10^{-3.86} s^{-1}, 180℃$

$k_2 = 10^{-7.18} s^{-1}, 180℃$

增长

终止

图 4-10 PVC 热降解的单分子机理

他们的验证实验结果表明，在引发阶段 PVC 高分子链中残留的微量烯丙基氯结构单元的分布是不规则的。PVC 受热后，其正规结构的 PVC 降解速率小，而烯丙基氯结构单元的脱氯化氢的速率常数约为正规结构的 PVC 降解速率常数的 10^3 倍。正规结构的 PVC 和带有初始烯丙基氯结构的 PVC 在降解时生成烯丙基氯的分解反应是增长阶段，而共轭多烯的分子内与分子间的环化反应是脱氯化氢反应的终止阶段。

4.2.3 非链断裂热降解的影响因素

4.2.3.1 聚合物结构的影响

高分子材料的热稳定性主要取决于聚合物的结构。长期以来，人们对像 PVC 这样的在受热情况下易于脱去小分子的聚合物的结构特点进行了大量的研究，试图从内因上解释此类聚合物的热降解反应。例如对支链的多少、不饱和度、聚合度、分子量的分布以及立体规则度等结构特点对其热稳定性的影响都进行了研究。

(1) 支链的影响　考虑到伯、仲、叔卤烷的热稳定性顺序，不难理解，在聚合物的分子中，如果有支链存在，就有可能有叔卤原子存在，而叔卤原子的热稳定性差，易均裂或异裂生成烷基游离基或碳正离子，从而造成聚合材料的热降解。因此，人们一直认为 PVC 中支链结构的存在是热稳定性低的一个主要原因。但是 Caraculacu 通过对氯乙烯与 α-氯丙烯，以及氯乙烯与 2,4-二氯-1-戊烯共聚物的研究发现，此类聚合物中不含叔卤原子[22]。同样，由于空间障碍的原因，PVC 不应含有叔卤原子的支化点。其他人的研究结果也都支持这一论点[23]。即支链结构的多少对 PVC 类聚合物降解速率的影响并不重要。

(2) 不饱和度的影响　聚合物分子中难免含有残留的双键，有证据表明，每 1000 个氯乙烯链节中，双键含量在 2.2～5.0 之间。另外，大量的研究已表明双键的存在的确能降低 PVC 的热稳定性。一般来说不饱和键对聚合物热稳定性的影响主要在于：双键的多少，双键的位置与双键的共轭程度。

双键的存在之所以能够降低聚合材料的热稳定性，主要是因为它能促进与之相连的 β 碳上自由基或阴阳离子的形成；另外，它能与聚合材料中所含杂质或单线态的氧相互作用而促进热降解反应的进行。在聚合物的高分子链上不饱和键越多，其热稳定性一般也就越低。不饱和键的位置对高分子材料的热稳定性也是十分重要的，端基不饱和与链中不饱和的高分子材料的热稳定性有较大差异。例如，Maccoll 曾对 4-氯-2-戊烯与 3-氯-1-戊烯进行了比较研究，发现前者的热稳定性比后者差得多，这说明端基不饱和的聚合物的热稳定性比链中不饱和的要高[24]。Bengough 等人进行的不饱和端基对聚合物热降解影响的研究结果也支持上述结论[25]。此外，不饱和键与已有官能团的相对位置对高分子材料的热稳定性也有很大影响。

如果双键与 CHCl 相连，那就形成了典型的烯丙基氯结构。Maccoll 和 Asahina 等人对低分子量烯丙基氯化合物的热稳定性进行了较为系统的研究，发现烯丙基氯结构的确不稳定。这是由于双键能够稳定氯离去后生成的共轭烯烃、烷基游离基或碳正离子，而氯原子的特殊活泼性是由此结构特点所决定的。因此有理由相信，像聚氯乙烯这样的合成材料，如果存在少量的烯丙基氯结构单元，在受热条件下，则易于脱去氯化氢形成共轭双键，这就使得与共轭双键相连的碳原子上的氯更活泼，更容易脱去氯化氢。

事实上，Braun 等人在氯乙烯-溴乙烯共聚物的热降解的研究中也已发现，正规的氯乙烯单体在 200℃ 以下没有发生脱氯化氢的现象，而含有烯丙基氯结构的聚合物在此条件下则发生了严重的脱氯化氢的现象。他们通过对 PVC 的热稳定性与烯丙基氯之间关系的研究得到了直接的实验证据。有证据表明，PVC 中所含的少量烯丙基氯结构单元，不是因受热分解产生的，而是由于在聚合过程中因链转移或其他副反应所产生的。也就是说，在 PVC 合成材料中本来就含有少量的烯丙基氯结构单元，所以 PVC 类聚合物的热降解反应的根源，很有可能就是聚合物链上无规则分布的烯丙基氯基团。人们还发现 PVC 热降解时的变色现象与聚合物链中所生成的共轭双键的链段有关，共轭双键的链段越多、越长，则颜色越深[26]。光谱分析的结果表明在 PVC 降解时确实生成了不同长度的多烯链段，但随着反应深度的增加，多烯的浓度反而在下降。这说明在热降解过程中多烯链段能进一步反应，发生交联，形成苯、甲苯等芳烃衍生物，从聚合物的红外光谱中也可以检测到芳香结构的存在。根据 PVC 脱氯化氢的机理，降解是在若干个引发源上同时开始的，多烯链段的数量越多或越长，都将进一步促进降解反应的进行，但达到一定程度后，就会因其他的副反应而使其不再增加。当形成的共轭双键增长到 20～25 个时，PVC 脱氯化氢的连锁反应就会停止。

（3）聚合度的影响 井本和大津将不同聚合度的聚氯乙烯试样在气流中 180℃下进行热脱氯化氢的实验，结果表明，低聚合度的试样容易脱去氯化氢。Talamini 等人的研究结果也证实了上述结论[27]。PVC 的脱氯化氢的速率与其聚合度成反比，如图 4-11 所示。

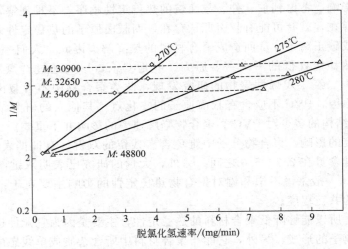

图 4-11 脱氯化氢速率与 PVC 分子量（ M ） 的关系

（4）分子量分布的影响 Feldman 等人对 PVC 的平均分子量和分子量分布对 PVC 热稳定性的影响进行了研究。他们将 PVC 试样进行了精制和分级，并进行了热降解活化能的计算。他们认为，分级前的试样不是支配活化能的主要因素。至于分级后相邻级之间热降解活化能的差，可能也是由于聚合物结构上（分支、结晶化、预处理等的差别）的原因所致。

虽然各种试样的分子量分布和峰的位置差别很大，但这实际上是重均分子量分布的差。这说明它们对聚合物热降解活化能没有任何重要影响。因此他们认为：分子量的分布与聚合物的热稳定性没有太大关系。不过，精制的 PVC 聚合物与原试样比较，活化能有显著下降，可能是由于在聚合过程中残留催化剂的影响。

4.2.3.2 氧的影响

如前所述，氧的存在能加速 PVC 脱氯化氢的速率。另外，氧能通过与高分子链中碳碳双键反应使得热降解的聚合物褪色并降低其分子量。许多学者针对氧对 PVC 类聚合材料的热降解的影响进行了大量研究，Gedds 证明了热氧老化所生成的过氧化物的结构对于 PVC 热降解的重要性，臭氧化所得到的过氧化基团加速 PVC 的降解。由于氧可与高分子链中存在的或新生成的双键反应生成不稳定的过氧化物，其进一步的降解使得链段长度分布变短，从而使降解的 PVC 褪色。在氧存在下的 PVC 的热降解，在初始阶段由于交联占主导地位，所以分子量增加；随后由于断链趋势的上升，进而导致分子量下降。

4.2.3.3 氯化氢的影响

长期以来，氯化氢对 PVC 热降解反应的影响一直是个有争议的问题。直到 20 世纪 60 年代，才发现氯化氢对 PVC 的热降解确有催化作用。先是 Talamini 发现氯化氢可引起固态

PVC 的降解[28]；随后 Braun 又发现，在苯甲酸乙酯中游离的氯化氢能加快 PVC 的脱氯化氢速率，并造成 PVC 颜色加深[29]。Mascia 也认为氯化氢对 PVC 的脱氯化氢具有催化作用。所以可以认为聚氯乙烯的热降解反应是自动催化反应。在 175℃，自动催化反应的速率常数为非催化反应的 1000 倍。

对于氯化氢催化 PVC 等热降解的反应机理尚不十分清楚。有人认为是由于氯化氢可离解成 Cl^- 或 HCl_2^-，作为亲核试剂进而加速脱氯化氢的速率；也有人认为，其催化作用与酸可催化脱水的道理一致；更有人认为是通过氯化氢首先进攻不饱和双键所致等等。

其他诸多因素对于聚合材料的热稳定性也有一定的影响，例如溶剂的影响，聚合材料中已有添加剂的影响以及临界尺寸的影响等等，可参考有关的资料。

4.2.4　热稳定剂的作用机理

像聚氯乙烯这样的聚合材料，其热老化的主要原因就是受热分解脱去小分子。由于其高分子链上存在不规则分布的引发源——烯丙基氯结构单元，所以在受热情况下易于脱去氯化氢，形成共轭多烯结构。由上述对 PVC 热降解机理和影响因素的讨论可知，在初始阶段所形成的氯化氢和共轭多烯都能促进此类聚合材料的热降解。

由于烯丙基氯结构中氯的高度活泼性，在热或光的作用下也容易发生 C—Cl 键的均裂而生成自由基。由于自由基的高度活泼性，能通过分子间或分子内的进一步反应以获得稳定，尤其在有氧存在的情况下，很容易发生自由基氧化反应，从而进一步促进了聚氯乙烯的降解和交联，即聚氯乙烯的热氧老化，该过程如图 4-12 所示。

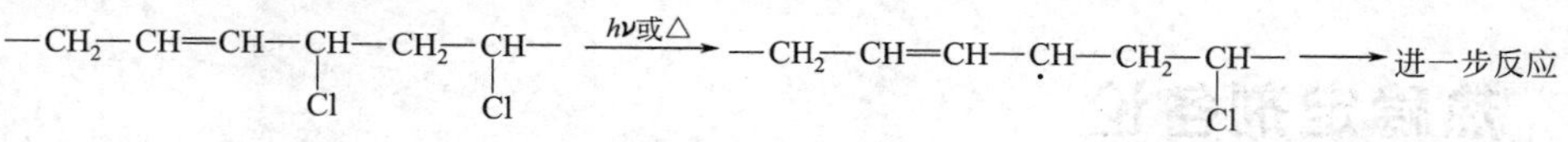

图 4-12　烯丙基氯结构中碳氯键的均裂

基于上述讨论不难看出，如要防止或延缓 PVC 类聚合材料的热降解，要么消除高分子材料中热降解的引发源，如 PVC 中烯丙基氯结构的存在和某些情况下分子中所存在的不饱和键；要么消除所有对非链断裂热降解反应具有催化作用的物质，如由 PVC 上解脱下来的氯化氢等。这就要求人们所选择和使用的热稳定剂具有以下功能[30]：

① 能置换高分子链中的活泼基团（如 PVC 中烯丙位的氯原子），以得到更为稳定的聚合物以降低引发脱氯化氢反应的可能性；

② 能够迅速捕获脱落下来的氯化氢，抑制其自动催化作用；

③ 通过与高分子材料中所存在的不饱和键进行加成反应而生成饱和的高分子链，以提高其热稳定性；

④ 能抑制共轭多烯结构的氧化与交联；

⑤ 对聚合材料具有亲和力，而且无毒或低毒；

⑥ 不与聚合材料中已存在的添加剂，如增塑剂、填充剂和颜料等发生作用。

当然，目前所使用的热稳定剂并不能完全满足上述要求，所以在使用过程中必须结合不同聚合材料的特点来选用不同性能的热稳定剂。有时还必须与抗氧剂、光稳定剂等添加剂配合使用，以抑制高分子材料的热氧老化。

对于目前广泛使用的铅盐类、脂肪酸皂类、有机锡类等热稳定剂，其作用机理是不难理解的。例如，铅盐是通过捕获脱落下来的氯化氢而抑制了它的自动催化作用；而脂肪酸皂类一方面可以捕获脱落下来的氯化氢，另一方面能置换 PVC 中存在的烯丙基氯结构中的氯原子，生成比较稳定的酯，从而消除了聚合材料中脱氯化氢的引发源，且这一点是更为重要的[31]（如图 4-13 所示）。

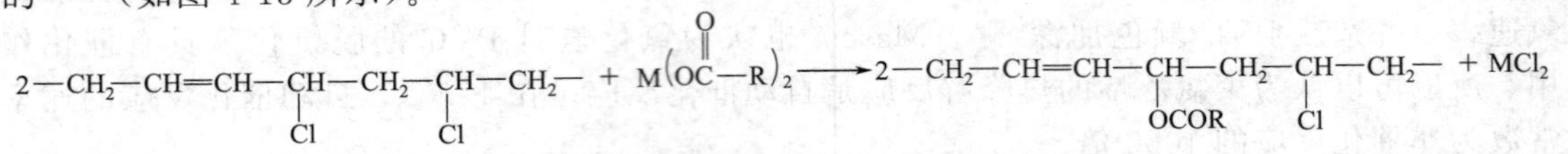

$$2-CH_2-CH=CH-CH-CH_2-CH-CH_2- + M(OC-R)_2 \longrightarrow 2-CH_2-CH=CH-CH-CH_2-CH-CH_2- + MCl_2$$

图 4-13　脂肪酸皂类热稳定剂的作用机理

对于有机锡类热稳定剂的作用机理，曾有人用示踪原子进行了研究。认为有机锡化合物首先与 PVC 高分子链上的氯原子进行配体交换，生成了热稳定性更高的高分子链，从而抑制了 PVC 脱氯化氢的热降解反应[32]，其过程见图 4-14。

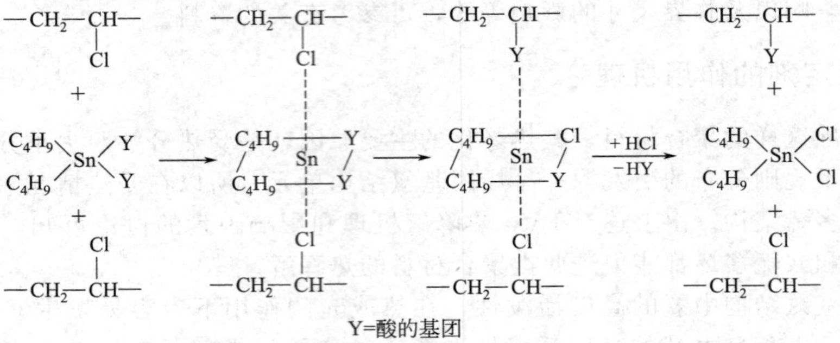

图 4-14　有机锡类热稳定剂的作用机理

下面一节将针对不同种类的热稳定剂的特点、作用机制及生产工艺进行详细讨论。

4.3　热稳定剂各论

所谓热稳定剂，是指那些用来提高能发生非链断裂热降解的聚合材料热稳定性的物质。热敏性聚合材料主要是指 PVC、PVDC（聚偏二氯乙烯）、PCTFE（聚三氟氯乙烯）、CPVC（聚氯乙烯树脂）、PVF（聚氟乙烯）、CPE（氯化聚乙烯）、氯丁橡胶、氯磺化的 PE、氯化SBR（氯化丁苯橡胶）、聚氯苯乙烯、PVA 等。

PVC 一般在 100℃就开始分解脱去氯化氢，同时造成聚合物的颜色逐渐变深，由黄、橙到红、棕，最终可变为黑色。当其受热时，其机械性能没有显著的变化，但颜色的变化是热降解反应的主要特征。所以一个 PVC 热稳定剂的效果优劣，比较容易从聚合材料受热时颜色的变化程度上加以判断。对于不同型号的 PVC 产品，同一热稳定剂的效果是不同的。所以在为一种新型的 PVC 材料选择热稳定剂时，一定要考虑其特殊性并经过实验来筛选适宜的热稳定剂。例如，采用流化床方法干燥的已聚合的 PVCS 乳浊液（疏松型聚氯乙烯乳浊液）通常是用碳酸钠进行预处理，这就导致不能使用有机锡类热稳定剂。

在工业上，用于 PVC 的高效热稳定剂有多种，但均可归属于金属热稳定剂与有机热稳定剂两大类。下面对用于 PVC 的主要的热稳定剂品种逐一进行讨论。

4.3.1　铅盐类热稳定剂

4.3.1.1　概述

铅盐类热稳定剂是最早发现并用于 PVC 的热稳定剂，至今仍是热稳定剂的主要品种之一。由于具有价格低廉、热稳定性好等优点，在我国和日本铅类稳定剂（包括铅的皂类）仍是 PVC 树脂的主要稳定剂之一。然而，其较高的毒性使得其应用愈来愈受到限制。其主要品种见表 4-1（不包括铅的皂类）。

表 4-1　常用的铅类稳定剂

铅类稳定剂	分子式	外观	毒性
三盐基硫酸铅	$3PbO \cdot PbSO_4 \cdot H_2O$	白色粉末	有毒
三盐基亚磷酸铅	$2PbO \cdot PbHPO_3 \cdot \frac{1}{2}H_2O$	白色针状结晶	有毒
盐基性亚硫酸铅	$nPbO \cdot PbSO_3$	白色粉末	有毒
二盐基邻苯二甲酸铅	$2PbO \cdot Pb(C_8H_4O_4)_2$	白色粉末	有毒
三盐基马来酸铅	$3PbO \cdot Pb(C_4H_2O_4)_2 \cdot H_2O$	微黄	有毒
二盐基硬脂酸铅	$2PbO \cdot Pb(C_{17}H_{35}CO_2)_2$	白色	有毒
碱式碳酸铅(铅白)	$2PbCO_3 \cdot Pb(OH)_2$	白色	有毒
硬脂酸铅	$Pb(C_{17}H_{35}CO_2)_2$	白色	有毒
硅胶/硅酸铅共沉淀	$nPbSiO_3 \cdot mSiO_2$	白色	有毒

铅类稳定剂主要是盐基性铅盐，即带有未成盐的一氧化铅（俗称为盐基）的无机酸铅和有机酸铅。它们都具有很强的结合氯化氢的能力，而对于 PVC 脱氯化氢的反应，既无促进作用也无抑制作用，所以是作为氯化氢的捕获剂而广泛使用。事实上，一氧化铅也具有很强的结合氯化氢的能力，也可作为 PVC 类聚合材料的热稳定剂，但由于它带有黄色而使制品着色，所以很少单独使用。由表 4-1 可以看出，常用的盐基性铅盐多数为白色，所以通常使用的都是盐基性铅盐。

铅类稳定剂热稳定性好，尤其是长期热稳定性好；电气绝缘性好；具有白色颜料的性能，覆盖力大，因此耐候性好；可作为发泡剂的活性剂；以及具有润滑性、价格低廉等优点。但铅类稳定剂也有致命的缺陷，如制品透明性差、毒性大、分散性差、易受硫化氢污染。由于其分散性差、相对密度大，所以用量大，常达 5 份以上。

盐基性铅盐是目前应用最广泛的稳定剂。如表 4-1 中的三盐基硫酸铅、盐基性亚硫酸铅以及二盐基亚磷酸铅等，尚在大量使用。由于其透明性差，所以主要用于管材、板材等硬质不透明的制品及电线包覆材料等。

4.3.1.2　作用原理[33,34]

如上所述，铅类稳定剂主要是通过捕获分解出的氯化氢而抑制氯化氢对热降解反应所起的催化作用（如图 4-15 所示）。所生成的氯化铅对 PVC 脱氯化氢反应无促进作用。

$$3PbO \cdot PbSO_4 \cdot H_2O + 6HCl \longrightarrow 3PbCl_2 + PbSO_4 + 4H_2O$$

图 4-15　铅稳定剂的作用机理

此外，羧酸铅除了能捕获氯化氢外，还能与 PVC 中烯丙基氯结构单元反应生成稳定的羧酸酯，起到热稳定的作用，该过程如图 4-16 所示。

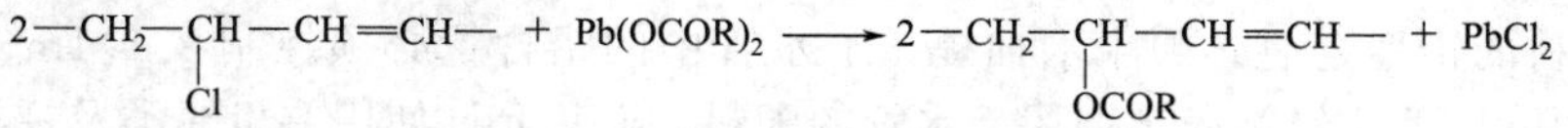

图 4-16　羧酸铅的热稳定机理

4.3.1.3　铅类稳定剂的合成

铅类稳定剂一般是用氧化铅与无机酸或有机羧酸盐在醋酸或酸酐中反应而得，如图 4-17 所示。

在铅类稳定剂的生产中，表面处理工序是很重要的，经过表面处理的产品，其分散性能和加工性能都会得到改善。为了使三盐基硫酸铅在 PVC、氯磺化聚乙烯、聚丙烯中有良好的分散，可进行专门的涂蜡处理。三盐基硫酸铅分子中的结晶水在加热到 200℃以上时可脱除，无水三盐基硫酸铅用在硬质 PVC 中可得到无空隙、无气泡的制品。

三盐基硫酸铅的生产工艺流程如图 4-18 所示。将金属铅加入到巴尔吨锅，在 500℃下与

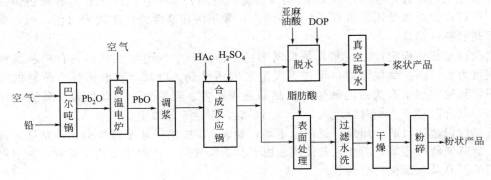

$$4PbO + H_2SO_4 \xrightarrow{HOAc} 3PbO \cdot PbSO_4 \cdot H_2O$$
三盐基硫酸铅

$$PbO + 2HOAc \longrightarrow Pb(AcO)_2 + H_2O$$

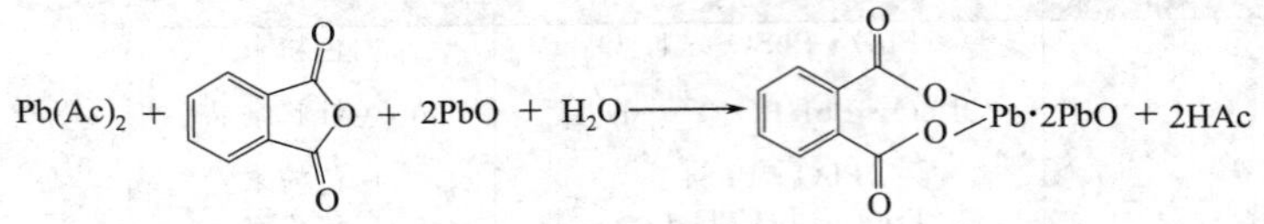

图 4-17 铅类稳定剂的合成

空气反应生成次氧化铅。再经预热电炉（400℃）到高温电炉（620℃），进一步氧化成黄丹（含量 ≥ 99.5％的氧化铅），装入盛有纯水的黄丹桶中。将湿黄丹加入到预先放好 1/2 体积纯水的送浆缸中，用搅拌机将浆料搅拌均匀后，再开启送浆泵将浆料输送到反应锅。再补加纯水使锅中的固液比例约为 1：2。加热至 40℃时再加入醋酸（按投料黄丹的 0.5％计）作为催化剂。升温至 50℃时再加入浓度为 93％的硫酸（量为黄丹的 11％左右），反应 0.5 h 至浆料完全变白为终点。再经干燥、粉碎、过筛、包装，得成品三盐基硫酸铅[35]。

图 4-18 三盐基硫酸铅的生产工艺流程

DOP—邻苯二甲酸二辛酯

4.3.1.4 铅类稳定剂的性能与用途[36]

在铅类稳定剂发展的初期，由于其毒性对操作人员的身体健康有恶劣的影响，所以铅类稳定剂的推广应用曾一度受到了限制。后来通过改变其商品形态，将其制成湿润性粉末、膏状物或粒状物，从而在较大程度上消除了加工时对操作人员的不良影响。因此在数十年里铅类稳定剂一直是热稳定剂中使用最多的一种。但无论如何，毒性始终是它的致命缺点。例如，用作自来水 PVC 管材的铅稳定剂必须耐水抽提，上水管中的铅含量必须控制在 0.1mg/kg 以下。目前，美国与西欧已禁止铅类稳定剂用于水管的配料，而只允许使用有机锡类及锑类热稳定剂。

在铅盐类热稳定剂中，三盐基硫酸铅是使用最广泛的一种。它具有优良的耐热性和电绝缘性，耐候性尚好，特别适用于高温加工，广泛地用于各种不透明硬制品、软制品及电缆料中。二盐基亚磷酸铅的耐候性在铅类稳定剂中是最好的，且有良好的耐初期着色性能，可制得白色制品，但在高温加工时有气泡产生。盐基性亚硫酸铅的耐热性、耐候性、加工性都优于三盐基硫酸铅，适用于高温等苛刻条件下 PVC 树脂的加工，主要用于硬制品和电缆。二盐基邻苯二甲酸铅耐热性与耐候性兼优，作为软质 PVC 泡沫塑料的稳定剂特别有效，适用于耐热电线、泡沫塑料和树脂糊。硅酸铅/硅胶共沉淀物的折射率小，是铅类稳定剂中唯一用于生产透明制品的热稳定剂，但有吸湿性。其性能随着产品中 SiO_2 含量的不同而变化，如 SiO_2 含量增加时，可使其透明性、手感和着色稳定性得到提高，但热稳定性和吸湿性下降。水杨酸铅具有良好的光、热稳定性，由于分子中含有水杨酸结构单元，故而具有抗氧化和吸收紫外线的作用。但其耐候性不如二盐基亚磷酸铅，耐热性为中等程度，因而较少使用。

4.3.1.5 配方举例

在常用的塑料制品中都要加入各种各样的添加剂以提高或改善其应用性能，所以塑料制品的配方设计就显得非常重要。一般而言，配方的设计需要考虑制品的性能和用途，原材料的来源、性能及价格以及制品成型工艺和生产设备的要求。在工业生产中，PVC的配方通常都以质量分数来计，以PVC为100质量份，其余助剂按PVC为100质量份时的质量份数来表示。下面仅举几例予以说明。

(1) 工业用不透明板 PVC，100份；三盐基硫酸铅，5份；硬脂酸钡，1.5份；硬脂酸铅，0.5份；变压器油，1.5份。

(2) 硬质不透明瓦楞板 PVC，100份；三盐基硫酸铅，3份；二盐基亚磷酸铅，4份；硬脂酸铅，0.5份；亚磷酸三苯酯，0.7份；石蜡，0.5份；着色剂，适量。

(3) 挤出硬质不透明型材 PVC（P800），100份；三盐基硫酸铅，2份；硬脂酸铅，1份；硬脂酸钙，1份；油酸单甘油酯，2份；亚甲基双硬脂酰胺，0.3份；液体石蜡，0.3份；重质碳酸钙，5份；着色剂，适量。

(4) 石棉地板料 PVC（P800），100份；DOP，50份；三盐基硫酸铅，3份；二盐基硬脂酸铅，2份；硬脂酸铅，1份；石棉，150份；碳酸钙，150份；硫氰酸钙，20份；钛白，10份。

(5) 通用电器绝缘材料 PVC，100份；DOP，45份；三盐基硫酸铅，5份；二盐基硬脂酸铅，1份；黏土，7份；高熔点石蜡，0.5份。

4.3.2 金属皂类热稳定剂

4.3.2.1 概述

所谓金属皂是指高级脂肪酸的金属盐，所以品种极多。作为PVC类聚合材料热稳定剂的金属皂则主要有硬脂酸、月桂酸、棕榈酸等的钡、镉、铅、钙、锌、镁、锶等金属盐。除了高级脂肪酸的金属盐以外，还有芳香族羧酸、脂肪族羧酸以及酚或醇的金属盐，如苯甲酸、水杨酸、环烷酸、烷基酚等的金属盐等，虽然它们不是通常意义上的"皂"，但人们在习惯上仍把它们和金属皂类相提并论。它们多是液体复合稳定剂的主要成分。

事实上，工业上的硬脂酸皂是以硬脂酸皂与棕榈酸皂为主的混合物，主要品种及其物理性质请参见表4-2。

表 4-2 主要金属皂类的物理性质

热稳定剂	分子式	外观	熔点/℃
硬脂酸铅	$Pb(C_{17}H_{35}CO_2)_2$	白色粉末	105～112
硬脂酸钡	$Ba(C_{17}H_{35}CO_2)_2$	白色粉末	>225 分解
硬脂酸镉	$Cd(C_{17}H_{35}CO_2)_2$	白色粉末	103～110
硬脂酸钙	$Ca(C_{17}H_{35}CO_2)_2$	白色粉末	148～160
硬脂酸锌	$Zn(C_{17}H_{35}CO_2)_2$	白色粉末	117～125
硬脂酸锡	$Sn(C_{17}H_{35}CO_2)_2$	白色粉末	103～108
硬脂酸镁	$Mg(C_{17}H_{35}CO_2)_2$	白色粉末	1058～115
硬脂酸铝	$Al(C_{17}H_{35}CO_2)_3$	白色粉末	120～165
月桂酸镉	$Cd(C_{11}H_{23}CO_2)_2$	白色粉末	94～102
月桂酸钙	$Ca(C_{11}H_{23}CO_2)_2$	白色粉末	150～158
月桂酸锌	$Zn(C_{11}H_{23}CO_2)_2$	白色粉末	110～120
蓖麻油酸镉	$Cd(C_{17}H_{32}OHCO_2)_2$	白色粉末	96～104
环烷酸钡	$Ba(C_nH_{2n-1}O_2)_2$	黄色粉末	
2-乙基己酸钙	$Ca(C_8H_{15}CO_2)_2$	黄色粉末	
软脂酸锌	$Zn(C_{15}H_{31}CO_2)_2$	白色粉末	123

4.3.2.2 金属皂类热稳定剂的作用原理

如前所述，金属皂类或金属盐类热稳定剂在 PVC 树脂的热加工中主要通过捕获树脂中脱落的氯化氢或羧酸根与 PVC 高分子链中的活泼氯原子发生置换反应生成羧酸酯而起到提高 PVC 制品热稳定性的作用。一般来说，其捕获氯化氢和置换反应速率随着金属种类的不同而异，其顺序大体如下：Zn＞Cd＞Pb＞Ca＞Ba。

早在 1972 年 Fuchsman 等人就指出，对于 PVC 类聚合物羧酸金属盐具有下述 4 个方面的作用。

(1) 捕获氯化氢 一般认为羧酸金属盐是按图 4-19 所示反应捕获氯化氢。当然，不同金属因其价态和配位数的不同而表现出不同的捕获氯化氢的能力。

$$M(RCO_2)_2 + 2HCl \longrightarrow MCl_2 + 2HO_2C-R$$

图 4-19 羧酸金属盐捕获氯化氢

(2) 烯丙基氯的消除 如前所述，羧酸盐能与 PVC 中高分子链上不规则分布的烯丙基氯反应生成稳定的羧酸酯，消除了合成材料热降解的引发源，达到提高其热稳定性的目的。Fuchsman 等人认为反应是按图 4-20 进行的。

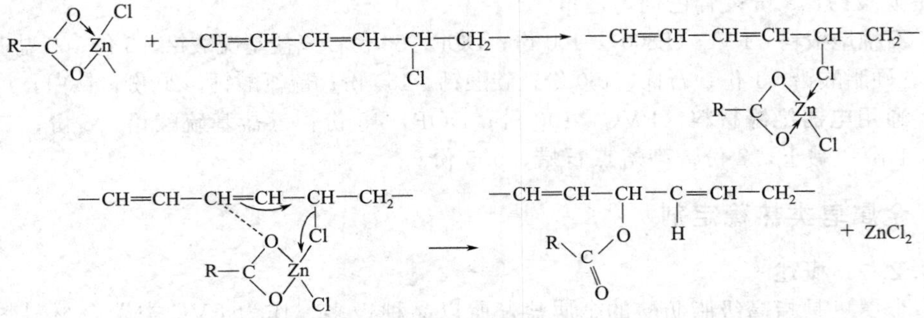

图 4-20 羧酸金属盐与 PVC 中烯丙基氯的反应

(3) 交联反应 如果两个降解的链相互接近，就可能发生交联反应，而破坏其共轭体系，达到提高高分子材料热稳定性的目的。有证据表明羧酸金属盐能促进两个降解链的靠近，从而促进交联反应的发生。

(4) 所生成的氯化锌和氯化镉的作用 Fuchsman 等认为，PVC 中脱落下来的氯化氢能与锌盐或镉盐反应，所生成的氯化物是 PVC 类聚合材料降解的催化剂。钡和钙的羧酸盐的作用就在于：一旦形成了上述的锌-聚合络合物，它们能够中和氯化氢并抑制锌-聚合络合物转化成为氯化锌，从而使得聚合物获得稳定。

4.3.2.3 制备方法

金属皂类热稳定剂的工业生产方法大体分为直接法与复分解法两种，尤以复分解法的应用更为广泛。

复分解法又称湿法，是用金属的可溶性盐（如硝酸盐、硫酸盐或氯化物）与脂肪酸钠进行复分解反应而制得（如图 4-21 所示）。脂肪酸钠一般是预先用脂肪酸与氢氧化钠进行皂化反应而得。

$$2C_{17}H_{35}CO_2Na + BaCl_2 \longrightarrow Ba(C_{17}H_{35}CO_2)_2\downarrow + 2NaCl$$
$$2C_{17}H_{35}CO_2Na + CdSO_4 \longrightarrow Cd(C_{17}H_{35}CO_2)_2\downarrow + 2NaSO_4$$

图 4-21 金属皂类热稳定剂的合成

其生产工艺流程如图 4-22 所示。

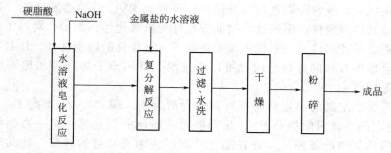

图 4-22 金属皂的生产工艺流程

以硬脂酸镉为例，将水及已融化的一级硬脂酸投入反应釜内，加热到 78℃，在搅拌下缓缓加入氢氧化钠稀溶液进行皂化，经分析合格后，在 78℃下继续搅拌 15mm，使成均匀皂浆备用。将硫酸镉溶于水后，徐徐加入到皂浆中，控制温度在 75～78℃，搅拌下使所有皂浆均成为硬脂酸镉沉淀，此时白色粉浆已呈与水分离的状态，再搅 15min，经过滤、水洗、滤干，在 90～95℃烘干，粉碎得成品。

所谓直接法亦称干法，是用脂肪酸与相应的金属氧化物熔融反应，制得脂肪酸皂。见图 4-23。

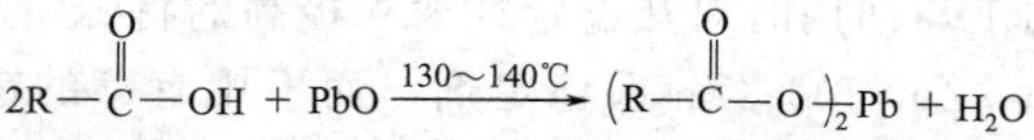

$$2R-\overset{\overset{\displaystyle O}{\|}}{C}-OH + PbO \xrightarrow{130\sim140℃} (R-\overset{\overset{\displaystyle O}{\|}}{C}-O)_2 Pb + H_2O$$

图 4-23 直接法合成铅盐类热稳定剂

4.3.2.4 性能及用途

金属皂类除了作高分子材料的热稳定剂之外，还具有润滑剂的作用。其广泛地与其他稳定剂配合用于各种软质和硬质 PVC 制品。

金属皂类稳定剂的性能随着金属的种类和酸根的不同而异，有如下规律。

① 耐热性　镉、锌皂初期耐热性好；钡、钙、镁、锶皂长期耐热性好；铅皂的耐热性中等。

② 耐候性　镉、锌、铅、钡、锡皂较好。

③ 润滑性　铅、镉皂的润滑性好；钡、钙、镁、锶皂的润滑性较差，但凝胶化性能好。酸根对润滑性也有影响，脂肪族比芳香族的要好；对于脂肪族羧酸而言，碳链越长润滑性越好。

④ 压析性　钡、钙、镁、锶皂容易产生压析现象，而锌、镉、铅皂的耐压析性能较好；一般来说，脂肪酸皂的压析性较芳香羧酸盐高；对于脂肪酸皂而言，碳链越长，压析现象越严重，而且喷霜现象严重。

众所周知，铅、镉皂的毒性大，且有硫化污染，所以在无毒配方中多用钙、锌皂，在耐硫化污染的配方中则多用钡、锌皂。

金属皂类热稳定剂的性能与其结构是紧密相关的。脂肪酸根中碳链越长，其热稳定性与加工性越好，耐溶剂（如水和各种溶剂）抽提性也越高，制品的脂肪酸臭味也随之减小；但是其与 PVC 聚合物的相容性则变差，容易产生喷霜现象，从而使得 PVC 制品的印刷性和热合性下降。对于碳数相同的酸根，其分子中官能团的不同也导致其性能的改变。如分子中含有羟基与环氧基的金属皂，虽然热稳定性有所提高，但耐溶剂抽提性则有下降的趋势。碳链中的不饱和键能增加其与 PVC 的相容性，但又易于发生氧化与聚合，从而使得制品易于发生粘连、变色和出汗。如果在金属皂类的分子中引入芳环或脂环，则可提高其与 PVC 的相容性，减少喷霜现象，改善印刷性与热合性，还可提高 PVC 料的热流动性。如果芳环带有烷基，还能提高其热稳定性、耐候性，初期着色性与抗氧化性。例如，对叔丁基苯甲酸基就比辛酸基具有更好的透明性；马来酸单辛酯基除了具有优良的透明性外，还具有良好的耐热性。因此，在合成不对称的金属盐时，可以通过改变其阴离子的种类和比例来调节其相容性、热稳定性等性能。

按照金属皂类稳定剂的稳定功能可将其分为两大类，即 Cd、Zn 类与 Ba、Ca、Mg 类。Cd、Zn 皂类稳定剂一方面能捕获 PVC 热降解时所脱落的氯化氢；另一方面能置换高分子链中残存的烯丙基氯中的氯原子，并在酯化的同时伴随有双键的转移，使共轭多烯结构破坏，所以其热稳定效果是极为优异的。但是其所生成的氯化镉与氯化锌是路易斯酸，能催化 PVC 脱氯化氢反应。对于 Ba、Ca、Mg 皂，它们也具有捕获氯化氢的能力，但不具备镉、锌皂的另外两种作用，所以它们只能抑制 PVC 的热老化，而不能消除其热老化的根源。它们单独使用时，热稳定性效果较低，但由此所生成的氯化钡、氯化钙、氯化镁对 PVC 的脱氯化氢反应无催化作用。所以，如前所述，通常是将此两类金属皂稳定剂复配使用，以产生协同效应，大幅度地提高其热稳定性。例如 Cd/Ba 系稳定剂，其优良的热稳定性能主要来自于镉皂，其特点是具有长期的热稳定性，初期着色性小、透明性好、耐候性好等。所以在30 多年前，此系列稳定剂就得到了大量的使用，其用量约占总量的 25％。但由于镉与钡的剧毒性，现在仅用于在加工与使用时对热稳定性要求极高的特殊情况。

低毒性稳定剂是指 Ba/Zn 与 Ca/Zn 系稳定剂，而不用有毒的镉皂。锌皂的初期稳定效果好，但生成的氯化锌能促进聚合材料的劣化，随着受热过程的延长会发生急速变黑现象，称作锌烧。所以在以锌皂为基础的配方中，既要保持其热稳定效果，又要抑制锌烧现象的发生。目前主要从以下两方面进行考虑：①使用足够量的锌皂，要用添加剂，使生成的 $ZnCl_2$ 无害化（高锌配合）；②减少锌皂的使用量以防止锌烧，用添加剂改善初期着色性（低锌配合）。

过去使用的高锌配合的添加剂是亚磷酸酯、环氧化合物、多元醇等，它们对于锌烧现象具有很好的抑制效果，但有析出、喷霜和增加初期着色等不足。大量的研究结果表明，综合性能比较好的氯化锌螯合剂是硫代二丙酰乙醇胺、亚氨基三醋酸三烷基酰胺酯等[37]。然而，高锌配合稳定剂的耐热性不高，不适宜高温加工。近年来开发了许多低锌配合的初期着色改良剂，其中 β-二酮类化合物效能很高，可极大地改善非镉稳定剂的性能。目前，以使用低锌配合稳定剂为主，而高锌配合稳定剂主要用于加有碳酸钙类填充剂或防雾剂的配方中，原因可能是碳酸钙本身略具钙系稳定剂的功能，而使其耐热性相当于低锌配合，而防雾剂也具有类似多元醇的稳定化能力。

Ba/Zn 与 Ca/Zn 相比，Ca/Zn 皂相互间的缔合性弱，稳定化能力差。钡皂有毒性，而且对环氧类共用助剂的聚合有促进作用。因此，在上述情况下，要使用 Ca/Zn 类稳定剂。1981 年日本 Ba/Zn 系稳定剂的销售量为 6134t（其中液剂 3327t、粉剂 2807t）。Ca/Zn 系稳定剂的销量约为 3500t，其中低毒品种约占 65％～70％。所以低毒稳定剂的总销售量为9600t。液剂与粉剂的选用应视具体情况而定。在对喷霜性及印刷性要求不高的场合，可将粉剂与亚磷酸酯配合使用，有利于降低成本。对于液体稳定剂而言，为了弥补其润滑性的不足则多与粉剂并用。

符合美国食品药品管理局（FDA）或日本聚氯乙烯食品卫生协会标准的配方，通常称作无毒配方。由于 Cd、Ba 盐有毒，所以 Ca/Zn 皂是无毒配方的基础。在 FDA 认可的少数几种亚磷酸酯添加剂中，4,4′-异亚丙基二苯基亚磷酸烷基酯（C_{12}～C_{15}），商品名为 Mark-1500，是亚磷酸的烷基芳基酯，它比常用的亚磷酸三壬苯酯具有更为优良的应用性能。此

外 β-二酮化合物的硬脂酰苯甲酰甲烷也逐渐得到认可，可用于食品包装材料。

随着人们对身心健康及生存环境保护的日益重视，研制、开发与使用低毒，甚至无毒的高效热稳定剂必然是该领域的发展趋势。Ca/Zn 皂的无毒性使得它们在高效热稳定剂的配方中具有很广阔的发展前景[38]。下面给出几个低毒和无毒配方的例子。

硬脂酸钡 2.0%～2.5%、硬脂酸钙 0.5%～1.0%、环氧大豆油 5.0%～7.0%，此配方可用于磷酸酯塑化的 PVC 的热、光稳定。但该配方有毒，用于相同目的的无毒配方为硬脂酸钙 2.75%、硬脂酸锌 0.25%、环氧大豆油 5.0%～7.0%，属于无毒的低锌配合。

4.3.2.5 配方举例

(1) 硬质不透明瓦楞板 PVC，100 份；硬脂酸钡，2.1 份；硬脂酸镉，0.7 份；硬脂酸锌，0.2 份；亚磷酸二苯酯，0.7 份；双酚 A，0.2 份；紫外线吸收剂，适量；着色剂，适量。

(2) 硬质注射制品 PVC（P800），100 份；三盐基硫酸铅，2.0 份；硬脂酸铅，1.0～1.2 份；硬脂酸镉，0.4～0.6 份；硬脂酸钡，0.3～0.4 份；月桂酸有机锡，0.5～1.0 份；着色剂，适量。

(3) 吹塑包装膜 PVC，100 份；DOP，10 份；DOS，8 份；DBP，10 份；环氧树脂，3 份；石油脂，9 份；硬脂酸钡，117 份；硬脂酸镉，0.5 份；石蜡，0.3 份；滑石粉，1.5 份；硬脂酸单甘油酯，0.5 份。

(4) 无毒薄膜 PVC，100 份；DOP，45.0 份；环氧树脂，5.0 份；硬脂酸钙，2.0 份；硬脂酸锌，0.6 份；螯合剂-S*，0.3 份；亚磷酸酯 OHP，0.8 份；细二氧化硅粉，适量。

(5) 稳定的含卤树脂 Geon 103EP，100 份；二甲基邻苯二甲酸盐，70.0 份；碳酸钙，20.0 份；二氧化钛，10.0 份；Epoeizer W100EL，3.0 份；壬基苯酚钡，0.8 份；辛酸锌，0.5 份；金属盐，0.2 份。

4.3.3 有机锡类热稳定剂

4.3.3.1 概述

自从 Ingve 等人报道了有机锡化合物可用作聚合材料的热稳定剂之后，人们相继开发了一系列有机锡稳定剂。但因其合成工艺较复杂、价格较昂贵而限制了它的广泛应用。自 20 世纪 50 年代末期，随着 PVC 硬质透明制品需求量的增加和有机锡类化合物生产工艺的改进、成本的降低，尤其是作为热稳定剂其优异的低毒与高效性使其产量与需求量迅速上升。有机锡化合物的结构通式见图 4-24。

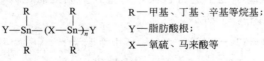

图 4-24 有机锡化合物的结构通式

根据酸根（Y）的不同，有机锡稳定剂主要有下列三种类型：脂肪酸盐型、马来酸盐型、硫醇盐型。锡稳定剂商品很少是纯品，多为各种助剂的复合物。有机锡类稳定剂的主要特点是制品具有好的透明性，突出的耐热性，低毒并耐硫化污染。所以在近些年的文献报道中，有关新型的有机锡稳定剂所占比重是很大的，是极有发展前途的一类重要的稳定剂[39]。

4.3.3.2 作用原理

事实表明有机锡类热稳定剂对于 PVC 类聚合材料有四个方面的作用。

① 能与 PVC 中残存烯丙基氯结构单元反应生成稳定的酯，消除高分子材料中热降解的引发源，提高了材料的稳定性[40]。Frye 等利用同位素标记技术研究了有机锡的作用原理。发现聚合物分子中活泼氯原子与锡首先形成配位键，形成以锡原子为配位中心的八面配合物。在配合物中有机锡的 Y 基团与氯原子进行置换，即在 PVC 分子链上引入了酯基，从而抑制其热降解反应。其作用机理见图 4-13。烯丙位上取代基的稳定性顺序一般为 $RS^- >$ $RCO_2^- > Cl^-$。这也是为什么硫醇锡盐具有优良的热稳定效能的原因之一。

② 所有的有机锡稳定剂都具有捕获氯化氢的能力，从而抑制了氯化氢的自动催化脱氯化氢的作用，达到了延缓聚合材料热降解的目的，如图 4-25 所示。

$$2HCl + Bu_2SnY_2 \longrightarrow Bu_2SnCl_2 + 2HY$$

图 4-25 有机锡稳定剂捕获氯化氢

③ 许多有机锡稳定剂捕获了氯化氢所生成的产物能进一步与高分子材料中共轭双键加成，从而有利于抑制材料的热降解[41]；另一方面可抑制制品的着色。例如，硫醇锡盐捕获氯化氢后产生硫醇，可与双键加成。再如，Frye 等人研究了双马来酸单甲酯二丁基锡的稳定化作用，发现分子中的酯先与材料中脱落的氯化氢作用，生成马来酸酐二丁基锡氯化物的配合物，最后生成马来酸酐。然后再与共轭双烯发生 Diels-Alder 加成反应，如图 4-26 所示。

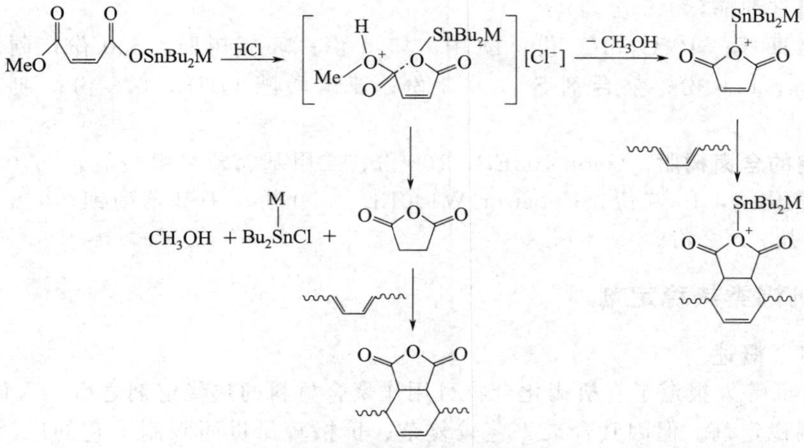

图 4-26 双马来酸单甲酯二丁基锡的稳定化作用

Mascia 等人的研究表明，当带有三苯基锡基团的 PVC 能捕获材料中脱落的氯化氢，三苯基锡基团中的苯基与氯离子逐个进行置换，一直到生成三氯化锡，最后锡完全从聚合物中游离出来成为 $SnCl_4$，如图 4-27 所示。

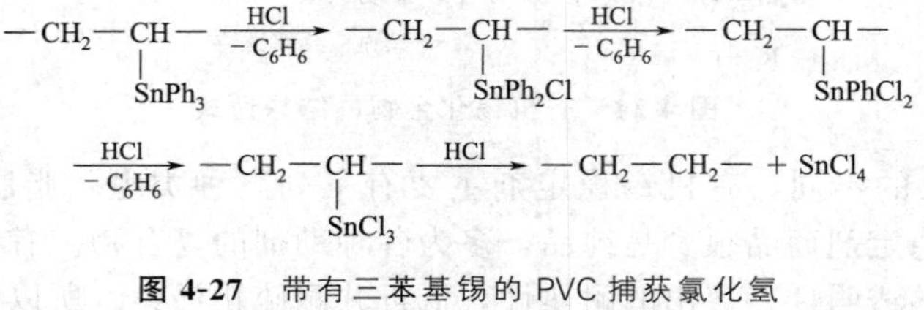

图 4-27 带有三苯基锡的 PVC 捕获氯化氢

然而，含有三丁基锡基团的 PVC 捕获氯化氢的机理则与上述机理不同，三丁基锡基团的脱落是一步进行的，Sn—PVC 键被切断，以三丁基锡氯化物的形式游离出来。

④ 硫醇锡盐还具有分解氢过氧化物和捕获游离基的作用，其机理如图 4-28 所示。

$$R_2Sn{\overset{\text{SCH}_2\text{CH}_2\text{R}'}{\underset{\text{SCH}_2\text{CH}_2\text{R}'}{}}} + R''O_2H \longrightarrow R_2SnO + {\overset{\text{S—CH}_2\text{CO}_2\text{R}'}{\underset{\text{S—CH}_2\text{CO}_2\text{R}'}{}}} + R''OH$$

图 4-28　硫醇锡盐分解氢过氧化物

4.3.3.3　合成方法

有机锡稳定剂的合成首先是制备卤代烷基锡，卤代烷基锡与 NaOH 作用生成氧化烷基锡，再与羧酸或马来酸酐、硫醇等反应，即可得到上述三种类型的有机锡稳定剂。其中重要的是卤代烷基锡与烷基锡的合成。目前，在工业中有如下几种烷基锡化合物的生产方法[42,43]（见图 4-29）。

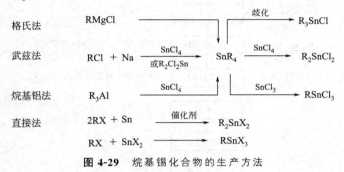

图 4-29　烷基锡化合物的生产方法

（1）格氏法　以月桂酸二正丁基锡的制备为例。

$$C_4H_9Br + Mg \xrightarrow{\text{无水乙醚}} C_4H_9MgBr$$
$$4C_4H_9MgBr + SnCl_4 \longrightarrow (C_4H_9)_4Sn + 2MgBr_2 + 2MgCl_2$$
$$Bu_4Sn + SnCl_4 \longrightarrow 2Bu_2SnCl_2$$
$$C_{11}H_{23}CO_2H + NaOH \longrightarrow C_{11}H_{23}CO_2Na + H_2O$$
$$2C_{11}H_{23}CO_2Na + Bu_2SnCl_2 \longrightarrow (C_{11}H_{23}CO_2)_2Sn(C_4H_9)_2$$

图 4-30　格氏法生产月桂酸二正丁基锡

如图 4-30，乙醚中制得溴丁烷的格氏试剂，与四氯化锡反应得四丁基锡，再与四氯化锡反应得到二丁基氯化锡，再与月桂酸钠反应就可得到二月桂酸二丁基锡。反应中所生成的副产物 Bu_3SnCl 可以通过溶剂萃取而除尽，或通过减压蒸馏而除去。月桂酸二正丁基锡的生产工艺流程见图 4-31 所示。

（2）碘法（直接法）　也称碘磷法或直接法，以月桂酸二正丁基锡的合成为例，见图 4-32。与格氏法相比，本方法所需工序较少，易操作，不使用低沸点的乙醚，安全性高；但是副反应多，产品质量差，消耗昂贵的碘，需要有碘的回收装置（见图 4-33），成本较高。为此，人们对该工艺进行了优化，将 Bu_2SnI_2 先与氯化氢在丁醇中作用制得 Bu_2SnCl_2，碘变成了碘丁烷，可定量回收。两步可在同一反应釜中进行，分离方便，同时改革了过滤工艺。另外，在老工艺中 Bu_2SnO 含有碘杂质，要把它转化为 Bu_2SnCl_2，则需重新蒸馏纯化，而新工艺则不存在这一问题，如图 4-34 所示。

总的来说，日本、欧美等国家多采用格氏法，碘法在日本得到应用，武兹法在美国和德国已实现工业化生产，在德国也采用烷基铝法制备辛基锡。格氏法的优点在于能随意控制产品的组成。但其步骤繁多，所用溶剂乙醚沸点低，且格氏反应又是强烈放热反应，因此必须谨慎控制反应温度和反应速率，以免发生爆炸。两种方法共同的问题在于金属镁、碘以及原料金属锡的价格都较高，以至于有机锡稳定剂的价格昂贵。近些年来，有关直接法的报道极多，尤其是不用碘化物的合成方法。用氯代烃与金属锡在催化剂存在下直接合成烷基锡氯化

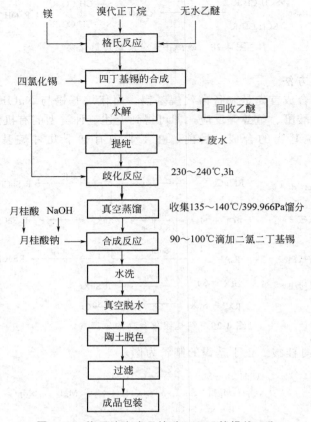

图 4-31　格氏法生产月桂酸二正丁基锡的示意

$$3I_2 + 6C_4H_9OH + 2P \longrightarrow 6C_4H_9I + 2P(OH)_3$$

$$2C_4H_9I + Sn \xrightarrow[C_4H_9OH]{Mg} (C_4H_9)_2SnI_2$$

$$Bu_2SnI_2 + 2NaOH \longrightarrow Bu_2SnO + 2NaI$$

$$Bu_2SnO + 2C_{11}H_{23}CO_2H \longrightarrow Bu_2Sn(OCOC_{11}H_{23})_2 + H_2O$$

图 4-32　碘法生产月桂酸二正丁基锡

$$NaI + NaClO_3 + 2H_2SO_4 \longrightarrow HIO_3 + HCl + 2NaHSO_4$$

$$10NaI + 2HIO_3 + H_2SO_4 \longrightarrow 6I_2 \downarrow + 5Na_2SO_4 + 6H_2O$$

图 4-33　碘的回收

$$2BuI + Sn \longrightarrow Bu_2SnI_2 \xrightarrow[丁醇]{HCl} Bu_2SnCl_2 + BuI + H_2O$$

$$Bu_2SnCl_2 \xrightarrow{NaOH} Bu_2SnO$$

图 4-34　碘法生产月桂酸二正丁基锡的优化工艺

物，通过反应条件的控制，还可以不生成有毒的三烷基锡氯化物。

（3）烷基铝法　是通过三丁基铝与氯化锡反应来制备二丁基氯化锡，见图 4-35。

$$4Bu_3Al + 3SnCl_4 \longrightarrow 3Bu_4Sn + 4AlCl_3$$

$$Bu_4Sn + SnCl_4 \longrightarrow 2Bu_2SnCl_2$$

图 4-35　烷基铝法生产二丁基氯化锡

同样，所制得的二氯二丁基锡再经上述反应即可得到二月桂酸二丁基锡。二氯二丁基锡水解得氧化二烷基锡，它与马来酸酐或硫醇及其衍生物反应，则可分别得到马来酸盐型与硫醇盐型稳定剂。

（4）酯基锡的合成 30 年前，荷兰阿克苏公司开发的含硫酯基锡稳定剂表现出优良的性能。其结构式如图 4-36 所示。一般而言，酯基锡稳定剂无毒、透明、光和热稳定性好，现已广泛用于 PVC 食品包装材料、硬片、板、瓶等。

$$(ROCOCH_2CH_2)_2Sn(SCH_2CO_2C_8H_{17})_2$$
或
$$(ROCOCH_2CH_2)Sn(SCH_2CO_2C_8H_{17})_3$$

图 4-36 阿克苏公司开发的含硫酯基锡稳定剂的结构式

酯基锡的合成工艺与上述烷基锡的合成工艺迥然不同，具有工艺简单、反应条件温和的特点，在常温常压下能高收率获得目标产品。甲氧羰基乙基三氯化锡和双甲氧羰基乙基二氯化锡的合成见图 4-37。

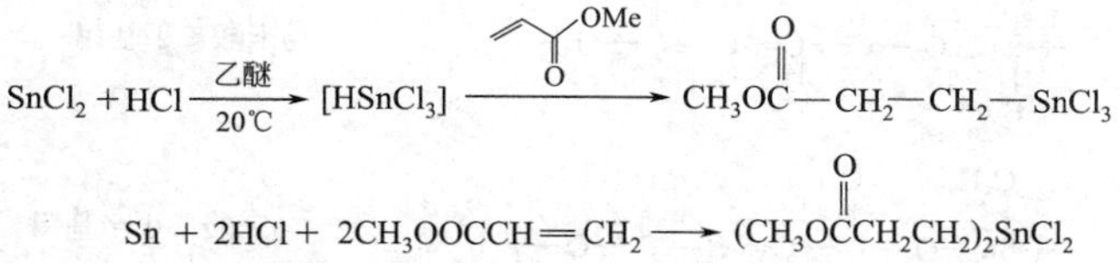

$$SnCl_2 + HCl \xrightarrow[20℃]{乙醚} [HSnCl_3] \longrightarrow CH_3OC-CH_2-CH_2-SnCl_3$$

$$Sn + 2HCl + 2CH_3OOCCH=CH_2 \longrightarrow (CH_3OCCH_2CH_2)_2SnCl_2$$

图 4-37 酯基氯化锡的合成

其实验室合成工艺为：将无水 SnCl₂（80.0g）、乙二醇二甲醚（150mL）和丙烯酸甲酯（36.3g）加入到 500mL 三口瓶中，用冰盐浴控制反应液温度 20℃，搅拌下通入干燥的氯化氢气体（36.0g，2h），浓缩除去溶剂，再用 100mL 甲苯萃取残留物，然后在 100℃/4mmHg 下除去低沸物，冷却结晶得 117g 甲氧羰基乙基三氯化锡，熔点 70℃，沸点 174℃/533.3Pa。经 IR、NMR 与元素分析数据可确定其结构正确。

同样，向装有搅拌器、冷凝器、温度计以及气体导管的 500mL 三口瓶中加入锡粉（60g）、丙烯酸甲酯（87.5g）和乙醚（140mL），在 20℃搅拌下向悬浮液中鼓泡通入干燥的氯化氢（87g，3h）。然后除去乙醚并用热氯仿（300mL）萃取残留物，除去未反应的锡和微量的二氯化锡。蒸馏除去氯仿得到白色固体。NMR 表明产物为 $(CH_3OCOCH_2CH_2)_2SnCl_2$ 和 $CH_3OCOCH_2CH_2SnCl_3$ 的混合物。用乙醚洗涤，可除去其中少量的三氯化物（三氯化物可溶于乙醚中），得纯的二氯化物产品，熔点 132℃。

将 54.6g 双甲氧羰基乙基二氯化锡、64.3g 巯基醋酸异辛酯和 200mL 四氢呋喃加入到装有搅拌器、温度计的 600mL 烧杯中，在搅拌下向混合物中加入 26.6g 无水碳酸氢钠，而后在 50~60℃下反应 2h，过滤除去生成的氯化钠，将滤液浓缩得 104.8g 无色液体，即为产品 S, S'-双（巯基醋酸异辛酯）双（甲氧羰基乙基）锡。用类似的方法还可从甲氧羰基乙基三氯化锡或二氯化锡与三氯化锡的混合物制得 S', S'', S'''-三（巯基醋酸异辛酯）甲氧羰基乙基锡以及相应的双或三巯基醋酸异辛酯基锡的混合物。由于此酯基锡合成工艺的开发成功，为有机锡化合物的合成又开辟了一条新的途径。

4.3.3.4 有机锡热稳定剂及其性能

目前，工业上常用的有机锡稳定剂主要有月桂酸类、马来酸酯类和硫醇类，其结构式如图 4-38 所示。

对于脂肪酸锡来说，典型代表是二月桂酸二丁基锡。其润滑性和加工性都很好，但热稳定性和透明性较差，单独使用时有明显的初期着色。因此，在硬质透明制品中常与马来酸盐和硫醇盐类有机锡化合物并用，起润滑剂的作用。而在软质或半硬质透明制品中用作主稳定剂，通常与钡/镉皂并用。

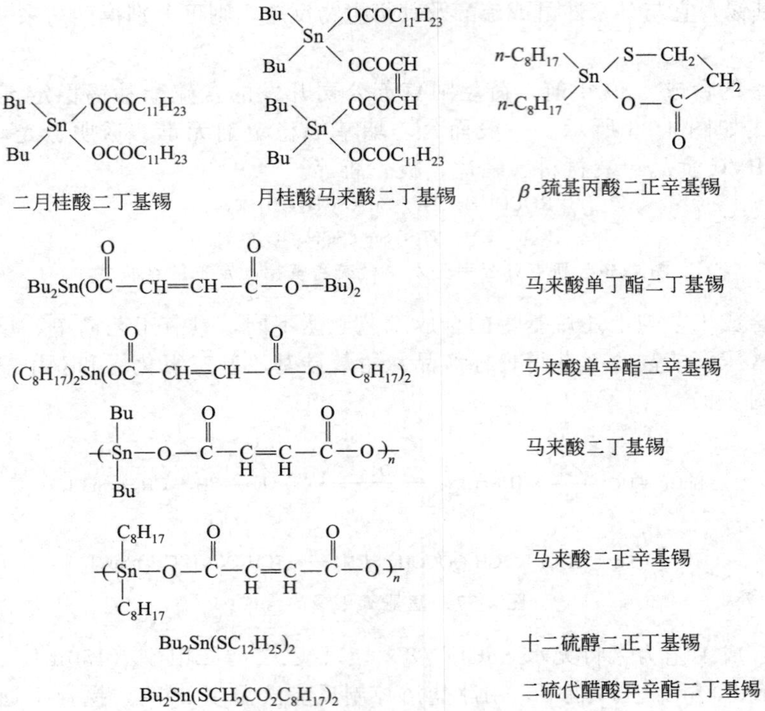

Bu—Sn—OCOC₁₁H₂₃ ...

二月桂酸二丁基锡　　　月桂酸马来酸二丁基锡　　　β-巯基丙酸二正辛基锡

$Bu_2Sn(OC—CH=CH—C—O—Bu)_2$　　　马来酸单丁酯二丁基锡

$(C_8H_{17})_2Sn(OC—CH=CH—C—O—C_8H_{17})_2$　　　马来酸单辛酯二辛基锡

马来酸二丁基锡

马来酸二正辛基锡

$Bu_2Sn(SC_{12}H_{25})_2$　　　十二硫醇二正丁基锡

$Bu_2Sn(SCH_2CO_2C_8H_{17})_2$　　　二硫代醋酸异辛酯二丁基锡

图 4-38　常用的有机锡稳定剂的结构式

马来酸盐类有机锡化合物的主要品种有二烷基锡马来酸盐、二烷基锡马来酸单酯盐以及聚合的马来酸盐。其特点是耐热性与耐候性好，主要用作 PVC 硬质透明制品的主稳定剂。它能防止初期着色，有良好的色调保持性，但缺乏润滑性，一般与润滑剂并用。该类产品在 PVC 软质配方中喷霜现象严重，所以用量必须在 0.5 份以下，或者换用二丁基锡月桂酸马来酸盐。二正辛基锡马来酸盐在美国已批准为无毒稳定剂。

硫醇盐类有机锡化合物是一类性能极为优异的稳定剂，具有突出的耐热性和良好的透明性，没有初期着色性，喷霜现象也极少发生。其中巯基醋酸异辛酯二正辛基锡已被批准用作无毒稳定剂。另外，硫醇盐类有机锡能改善由于使用抗静电剂所造成的耐热性降低的缺点。但是此类稳定剂也有其致命的弱点，昂贵的价格限制了它的广泛应用；耐候性与其他有机锡稳定剂相比也较差；不能与铅、镉稳定剂或其他助剂并用，并用会形成黑色的硫化物，污染制品。另外，它还具有令人难闻的气味。

4.3.3.5　配方举例

如前所述，由于有机锡稳定剂良好的应用性能及低毒性，所以对各种有机锡稳定剂配方的研究得到了普遍关注。为了便于理解，现仅举数例予以说明。

(1) 真空成型透明板材　PVC（P800，含醋酸乙烯 5%），100 份；马来酸盐有机锡，2～3 份；月桂酸盐类有机锡，1～2 份；硬脂酸镉，0.3～0.5 份；透明润滑剂，0.2～0.3 份。

(2) 注射用硬质透明制品　PVC（特性黏度 0.74dL/g），100 份；MBS 抗冲击改性剂，5 份；丙烯酸酯加工助剂（K120N），1.5 份；锡稳定剂，2 份；硬脂酸钙，0.9 份；石蜡（熔点 165°F❶），1.3 份；二氧化钛，2 份；部分氧化聚乙烯蜡（AC629A），0.15 份。

---

❶　$x\text{°F} = \dfrac{5}{9}(x-32)\text{℃}$，全书余同。

（3）硬质透明型材 PVC（P800），100 份；马来酸盐类有机锡，2 份；月桂酸盐类有机锡，0.5 份；硬脂酸丁酯，1 份；硬脂酸，1 份；液体石蜡，0.3 份；着色剂，适量。

（4）吹塑模塑瓶 PVC（特性黏度 0.66dL/g），100 份；MBS 抗冲击改性剂，15 份；丙烯酸酯加工助剂（K120N），2.5 份；单（巯基醋酸异辛酯）三正丁基锡（20%）与双（巯基醋酸异辛酯）二正丁基锡（80%），2.5 份；酯蜡 E（褐煤蜡衍生物），0.4 份；硬脂酸单甘油酯，1.0 份；聚乙烯蜡，0.1 份；调色剂，适量。

（5）低发泡异型材 PVC（特性黏度 0.80dL/g），100 份；丙烯酸酯加工助剂（K120N），7 份；硫醇盐类有机锡，2 份；硬脂酸钙，0.8 份；石蜡（熔点 165℉），1 份；部分氧化聚乙烯蜡（AC629A），0.5 份；AC 发泡剂，0.7 份；着色剂，2 份。有时可加入 5 份处理过的 $CaCO_3$，以调节制品相对密度但能降低制品的强度。

综上所述，有机锡类热稳定剂是一类很有发展前途的稳定剂。Alain Guyot 及其合作者在对锌/钙配合的金属皂类稳定剂进行大量研究后，又对有机锡稳定剂与 PVC 的反应进行了研究，而 Burley 与 Hutton 则对有机锡稳定剂和金属皂类稳定剂进行了比较研究，都得出了许多很有意义的结论。关于有机锡稳定剂对 PVC 模型化合物的热稳定作用有人提出是按 S_N2 机理进行的；而此模型化合物的热降解反应则是按 E2 消除反应机理进行的，他们所选用的模型化合物为氯代己烯，其结构式见图 4-39。

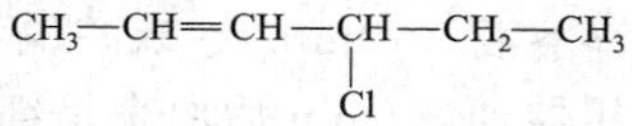

$$CH_3-CH=CH-CH-CH_2-CH_3$$
$$|$$
$$Cl$$

图 4-39 PVC 模型化合物的结构式

他们认为，之所以有机锡类热稳定剂对 PVC 的热稳定性有如此高的效率是由两个方面的因素决定的，即快速交换反应与高效催化氯化氢对二烯的加成反应。总之，迄今对有机锡化合物的研究仍很活跃，每年都有大量的研究报道，尤其是自 20 世纪 70 年代末起有大量的有关有机锡稳定剂复配技术的报道。几乎所有的配方都是由两种有机锡稳定剂与另一第三组分组成。

4.3.4 液体复合热稳定剂

4.3.4.1 概述

所谓液体复合热稳定剂是指有机金属盐类、亚磷酸酯、多元醇、抗氧剂和溶剂等多组分的混合物。一般来说，金属皂类热稳定剂是复合热稳定剂的主体成分。从金属种类的配合来看，有如下几种常见的形式，如镉/钡/锌皂（通用型），钡/锌皂（耐硫化污染型），钙/锌皂（无毒型）以及其他钙/锡和钡/锡复合物等类型。至于盐中酸根的种类也是多种多样的，如辛酸、油酸、环烷酸、月桂酸、合成脂肪酸、树脂酸、苯甲酸、水杨酸、苯酚、烷基酚和亚磷酸等。常用的亚磷酸酯有：亚磷酸三苯酯，亚磷酸一苯二异辛酯，亚磷酸三异辛酯，三壬基苯基亚磷酸酯等。习惯上一般用双酚 A 作为抗氧剂，溶剂一般可用矿物油、高级醇、液体石蜡或增塑剂等。由于各生产厂家所用原料与制造方法均不相同，使得相同配方的液体复合稳定剂在组成、性能和用途等方面存在着很大的差异。因此，在使用液体复合稳定剂时，要以生产厂家的产品说明书为准。

与金属皂类稳定剂相比液体复合稳定剂使用方便，耐压析性好，透明性好，与树脂和增塑剂的相容性好，而且用量也较少。当用于软质透明制品时，液体复合稳定剂的耐候性好，而且没有初期着色，比用有机锡稳定剂便宜得多。其主要缺点是润滑性较差。液体复合稳定剂主要用于软质制品。

4.3.4.2 制备方法举例

(1) 亚磷酸酯型的液体钡/镉/锌液体复合稳定剂 水解的亚磷酸一苯二异辛酯，8.6份；季戊四醇，3.0份；双酚A，2.8份；脂肪酸钡，15.5份；苯甲酸镉，8.3份；脂肪酸锌，4.4份；亚磷酸一苯二异辛酯，57.4份。

实验室合成工艺为：在一个装有搅拌器、温度计和冷凝器的三口瓶中，加入水解的亚磷酸一苯二异辛酯和季戊四醇，在搅拌下升温至120～140℃，并维持1h。然后将亚磷酸一苯二异辛酯需要量的一半加入烧瓶中，再在该温度下搅拌反应1h后，把剩余的一半全部加入，再搅拌反应1h。此时绝大部分的季戊四醇已参入反应，降温至120℃，加入双酚A，待其溶解后，再顺序加入脂肪酸锌、脂肪酸钡，待它们大部分溶解后，再加入苯甲酸镉。在120℃下，继续搅拌反应直至上述固体完全溶解为止。过滤除去不溶物，得到的浅黄色透明油状液体即为成品。

(2) 环烷酸型液体钡/镉/锌液体复合稳定剂 非对称型钡盐，49.1份；脂肪酸镉盐，9.6份；脂肪酸锌盐，3.1份；双酚A，2份；变压器油，17.2份；亚磷酸一苯二异辛酯，20份。

实验室合成工艺为：在装有搅拌器、温度计与减压脱水器的三口瓶中加入一定量的水，升温至70℃，加入脂肪酸，在搅拌下缓慢加入氢氧化钠溶液进行皂化反应30min，pH值为8～9，冷却至50℃，再滴加硫酸锌溶液（10min）、硫酸镉溶液（20min）。然后维持在50℃下搅拌反应0.5h，再加入25#变压器油，1min后原来呈细颗粒状的沉淀形成小米粒状的沉淀浮于水层上，静置后，把母液抽出，用水洗涤至无硫酸根离子为止。再把水尽量抽干，然后升温，减压脱水。当温度达70℃时，物料变得容易搅动，开动搅拌，在26.66kPa的真空度下脱水。随着水的不断蒸出，温度不断上升，至无水蒸出为止，得到无水的镉锌盐。然后将不对称的钡盐加入到反应瓶中，再顺序加入亚磷酸一苯二异辛酯、双酚A和25#变压器油，在110℃下保温1h，然后过滤除去不溶物，得深色透明油状液体，即为产品。

(3) 液体钡锌PP-87 烷基酚钡，33.7份；液体石蜡，19.3份；高级脂肪醇，19.3份；苯甲酸锌，4.3份；水解的亚磷酸三苯酯，2.3份；双酚A，0.8份：双亚磷酸酯，19.4份；季戊四醇，0.9份。

实验室合成工艺为：PP-87是由烷基酚钡和苯甲酸锌复合物配制而成；而苯甲酸锌复合物则是由苯甲酸锌、水解的亚磷酸三苯酯、双亚磷酸酯、双酚A和季戊四醇在一定条件下制成的。向装有搅拌器、温度计、冷凝器的三口瓶中加入水解的亚磷酸三苯酯、季戊四醇，升温至130℃，反应0.5h。然后在10～15min内加入一半量的双亚磷酸酯，在此温度下反应1h后。在10min的时间内将剩余的一半加入，再反应0.5h，使成透明溶液。加入双酚A，约10min内成透明溶液，再于20min内加入苯甲酸锌，然后升温至150～160℃反应，直至成为透明液体（约2h）。维持2h后降至室温，得浅黄色透明液体。最后，将烷基酚钡溶液与苯甲酸锌复合物在强烈的搅拌下混合，得橘黄色至橘红色透明溶液，即为成品。

4.3.4.3 配方举例

(1) 西欧无毒稳定剂

① PVC（P600～800），100份；抗冲击剂，5～15份；钙、锌复合稳定剂，0.5～2.5份；环氧大豆油，2～7份；润滑剂，0.3～1份；抗氧剂，0～0.5份；着色剂，适量。

② PVC（P600～800），100份；二正辛基锡稳定剂，1.5～3份；抗冲击剂，5～15份；抗氧剂，0～0.5份；润滑剂，0.8～1.5份；着色剂，适量。

(2) 农用薄膜 PVC，100份；DOP，39份；环氧硬脂酸丁酯，5份；DOS，8份；硬

脂酸钡，0.5 份；硬脂酸镉，0.2 份；液体钡/镉/锌复合稳定剂，2.5 份；三嗪-5 光稳定剂，0.3 份；六磷胺，3 份；细二氧化硅粉，适量；酞菁蓝，适量。

（3）高级人造革　PVC，100 份；DOP，20 份；聚酯增塑剂，35 份；DOS，5 份；环氧硬脂酸辛酯，3 份；液体钡/镉/锌复合稳定剂，2 份；硬脂酸，0.5 份；着色剂，适量。

4.3.5　有机辅助热稳定剂

近些年来，由于铅、镉等金属皂类稳定剂的毒性和污染问题，并考虑到多年前欧洲一些国家曾使用有机化合物作为 PVC 类聚合物的主稳定剂（如二苯基硫脲和 α-苯基吲哚等），所以有机稳定剂又重新引起人们的关注，试图研究开发出高效无毒的新品种。人们对数以万计的有机化合物进行了研究和筛选，其中大多数是含氮、硫、磷等杂原子的有机化合物。时至今日，不乏成功的例子。例如，N-烷基马来酰亚胺就成功地用作卤乙烯类聚合物的热稳定剂[44]。但其综合性能可与金属皂类和有机锡类热稳定剂相比拟的品种尚不多见，而且其生产成本要高于金属皂类热稳定剂。某些有机化合物单独作为热稳定剂时，其性能较差，但若与其他类型的热稳定剂配合使用，则能产生优异的协同作用。其中亚磷酸酯、环氧化合物、多元醇以及 β-二酮化合物使用较多，它们通常被称作有机辅助热稳定剂，在无镉配合中有很大的作用。

4.3.5.1　亚磷酸酯

有机亚磷酸酯是氢过氧化物分解剂，所以在聚烯烃、ABS、聚酯和合成橡胶中广泛地用作辅助抗氧剂。作为辅助热稳定剂，有机亚磷酸酯化合物与金属皂类热稳定剂配合使用时，能提高制品的耐热性、耐着色性、透明性、压析结垢性及耐候性等应用性能。在聚氯乙烯中主要使用烷基芳基亚磷酸酯。其作用机理主要有如下五个方面。

（1）金属离子螯合剂　当与金属皂类稳定剂配合使用时，由于有机亚磷酸酯能螯合金属离子，从而抑制了所生成的金属氯化物对聚合材料热降解脱氯化氢的催化作用，提高了配合物的耐热性、耐候性，并保持了透明性。

如前所述，锌皂的致命缺陷就是锌烧，即所生成的氯化锌，是较强的路易斯酸，能强烈催化 PVC 的热降解，限制了锌皂的广泛应用。然而，有机亚磷酸酯能克服这一缺陷，其作用机理如图 4-40 所示。

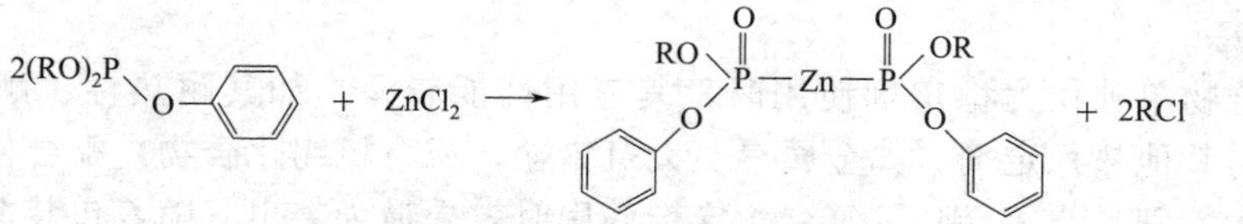

图 4-40　有机亚磷酸酯抑制锌烧的原理

（2）置换烯丙基氯　有人认为有机亚磷酸酯也能置换 PVC 中高分子链上不规则分布的烯丙基位上的氯原子，从而消除了 PVC 热降解的引发源，提高了制品的热稳定性。关于亚磷酸酯置换烯丙基氯的反应称为阿尔布佐夫反应，如图 4-41 所示。对于有机亚磷酸酯与聚氯乙烯链的反应，也有人提出了其他的反应机理。

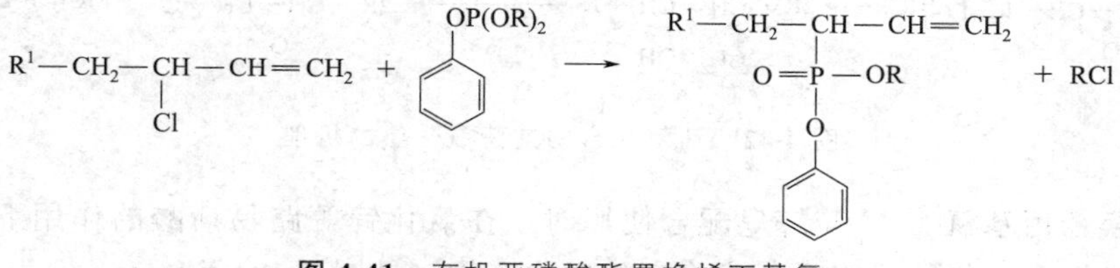

图 4-41　有机亚磷酸酯置换烯丙基氯

（3）捕捉氯化氢[37]　　同样的道理，有机亚磷酸酯可与 HCl 反应，生成酸式的亚磷酸酯，从而抑制了氯化氢的自动催化作用。

（4）分解过氧化物　　众所周知，有机亚磷酸酯具有分解氢过氧化物的能力。它可将氢过氧化物转变成醇，本身形成磷酸酯。这样对于有氧环境下 PVC 材料的加工是有利的，而且能抑制制品的初期着色性（参见第 3 章抗氧剂）。

（5）与多烯加成　　有人发现有机亚磷酸酯可与多烯加成，因此，其可与 PVC 高分子链上的双键加成，从而提高其抗氧化能力并提高其热稳定性。

亚磷酸酯的种类很多，包括三芳基酯、三烷基酯、三（烷基化芳基）酯、烷基芳基混合酯、三硫代烷基酯和双亚磷酸酯以及聚合型亚磷酸酯等，其中亚磷酸三芳基酯不发生阿尔布佐夫反应，分解氢过氧化物的能力差，其稳定效果一般较差；而亚磷酸三烷基酯则过于活泼，易生成亚磷酸，几乎不能用作稳定剂。在亚磷酸酯中烷基的长度以 $C_8 \sim C_{13}$ 为宜，碳原子数多的长期耐热性好。二烷基型亚磷酸酯比单烷基型易发生阿尔布佐夫反应。例如 4,4'-异亚丙基二苯基亚磷酸四烷基酯（Mark 1500）符合上述条件，而且具有双酚 A 的抗氧化性，耐热性好，多用于软质制品。

亚磷酸酯广泛用于液体复合稳定剂，一般添加量为 10%～30%。亚磷酸酯主要用于农用薄膜、人造革等软质制品中，用量为 0.3～1.0 份。在硬质制品中主要用于瓦楞板，用量为 0.3～0.5 份。为了得到良好的协同效果，一般都与环氧化合物配合使用。

有机亚磷酸酯的主要缺点是其易于水解。但若提高了其水解稳定性的话，则其稳定化能力又变差，这是由于二者的反应机理相同所致，所以要解决这一矛盾是很困难的。

4.3.5.2　环氧化合物

环氧化合物类有机辅助热稳定剂有增塑剂型和树脂型两种。增塑剂型主要有环氧大豆油、环氧硬脂酸酯、环氧四氢邻苯二甲酸酯和缩水甘油醚等。有关它们的性能可参阅第 2 章增塑剂部分。树脂型主要是环氧氯丙烷双酚 A 型环氧树脂与高环氧值低黏度的液状酚醛环氧树脂。环氧化植物油的缺点是配合量大时有渗出现象，有的可滋生霉菌。而环氧树脂则存在初期着色、黏着加工设备、在制品中生成聚合物斑点等不足。近年来，人们对各种聚丁二烯液剂的环氧化合物作为聚氯乙烯类聚合物的稳定剂进行了广泛的研究。

环氧化合物单独作为稳定剂使用时，其应用性能较差，如其耐热性、耐候性一般都不好。但它们与其他热稳定剂（如金属皂、无机铅盐，或有机锡化合物）配合使用，则有良好的协同作用，特别是与镉/钡/锌复合稳定剂并用时效果最为突出。随着包装薄膜的普及，无毒的非镉稳定剂得到了长足的发展，作为无镉配方中不可缺少的环氧化合物则愈来愈重要。实践表明环氧化合物具有如下作用。

（1）捕获氯化氢[45]　　有研究表明，环氧化合物能与氯化氢发生加成开环反应，生成的氯代醇再与金属皂反应，生成环氧化合物与金属氯化物，如图 4-42 所示。

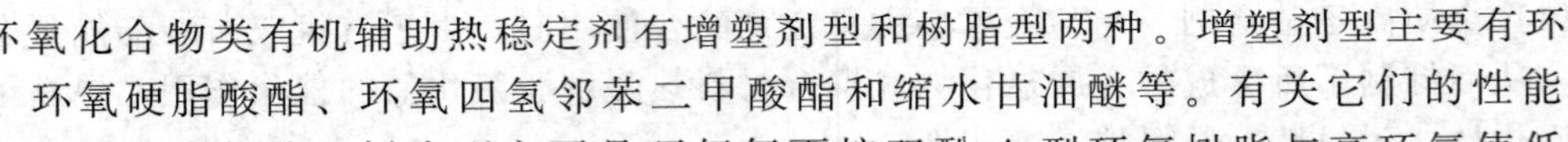

$$2R-\underset{O}{CH-CH}-R' + 2HCl \longrightarrow 2R-\underset{Cl\ \ OH}{CH-CH}-R' \xrightarrow{M(OCOR'')_2} 2R-\underset{O}{CH-CH}-R' + MCl_2 + 2R''CO_2H$$

图 4-42　环氧化合物捕获氯化氢的机理

（2）置换烯丙基氯[46]　　与锌皂配合使用时，在氯化锌等路易斯酸的作用下，环氧化合物能发生置换烯丙基氯的反应，形成稳定的醚化合物（见图 4-43）。

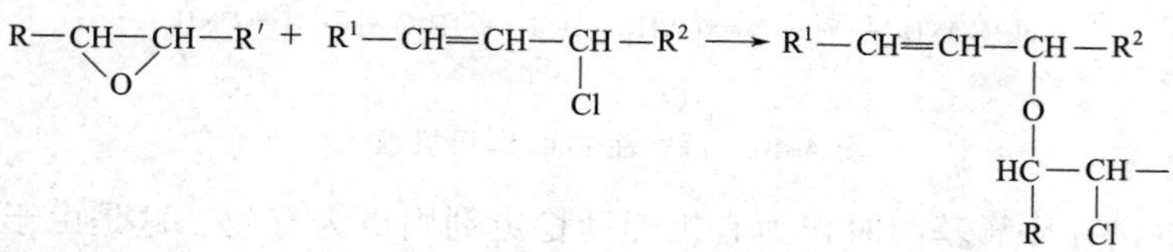

图 4-43　环氧化合物置换烯丙基氯的机理

4.3.5.3　多元醇[47]

与环氧化合物相似，多元醇（如季戊四醇、山梨醇、三羟甲基丙烷等）也是最早用作有机辅助热稳定剂的化合物。它与金属皂或有机锡化合物配合使用，对提高 PVC 聚合物的稳定性有一定的作用。例如，与锌皂配合使用具有稳定 PVC 热降解功能，但不能用于含有不饱和键的材料。可与钙/锌稳定剂配合，是无毒配合[48]。多元醇和金属稳定剂并用主要用于填充的石棉瓦楞板和地板料中，能抑制由石棉引起的变色。另外，多元醇与 PVC 等聚合材料的相容性差，影响制品的透明性，一般可通过用脂肪酸部分酯化而使其相容性得到一定的改善。多元醇通过螯合金属氯化物而抑制其对 PVC 热降解的催化作用，尤以锌皂最为突出。此外，多元醇也具有置换烯丙位氯与捕获氯化氢的作用。其螯合作用机理如图 4-44 所示。

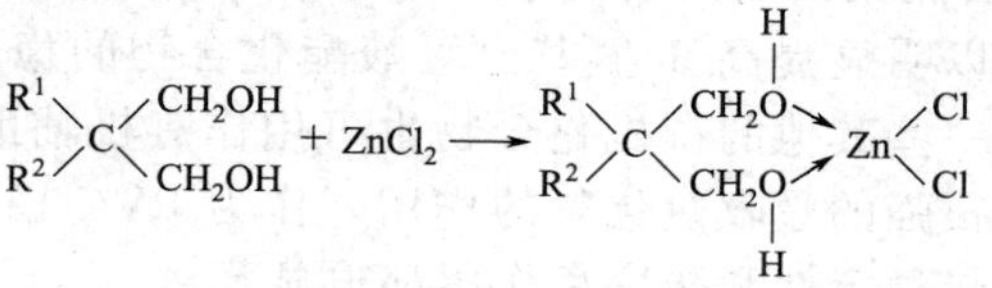

图 4-44　多元醇对锌的螯合机理

市售的多元醇辅助热稳定剂以季戊四醇（PE）和双季戊四醇（DPE）为主，其他还有山梨糖醇、三羟甲基丙烷、甘油单酸酯等。甘油单酸酯和脱水山梨糖醇酯等其主要功能是作为防雾剂。

4.3.5.4　β-二酮化合物

β-二酮化合物作为有机辅助热稳定剂能与金属盐和有机锡类热稳定剂并用，能提高配方的热稳定性，尤其是具有良好的抑制初期着色的能力。在与金属盐稳定剂并用时，β-二酮化合物的作用机理是在金属盐的催化作用下迅速置换高分子链中所存在的活泼氯原子，即烯丙位氯，从而消除了聚合物热降解的引发源，提高其热稳定性，如图 4-45 所示。

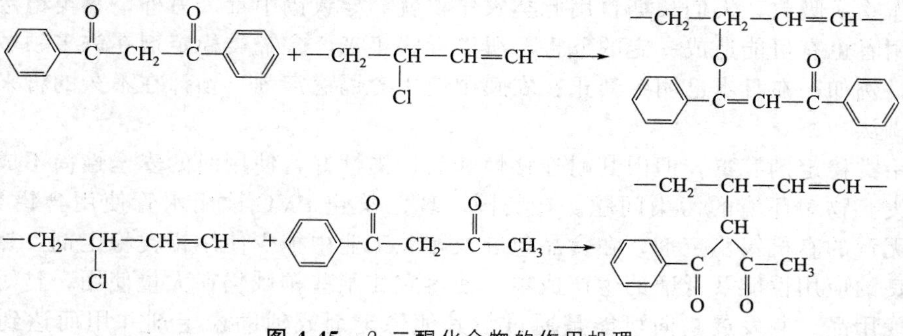

图 4-45　β-二酮化合物的作用机理

4.3.5.5　含氮化合物

作为有机辅助热稳定剂的含氮化合物主要是 α-苯基吲哚和脲衍生物。事实上，它们在很早以前就曾用作碳酸钠预处理过的 PVC 的热稳定剂[49]。目前，α-苯基吲哚主要用于乳液聚合的 PVC。与钙/锌、钡/锌稳定剂并用，可提高光热稳定性。脲衍生物的作用机理见图 4-46。

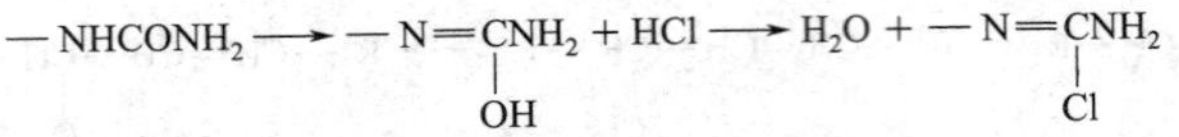

$$— NHCONH_2 \longrightarrow — N = CNH_2 + HCl \longrightarrow H_2O + — N = CNH_2$$

中间 OH 和 Cl

图 4-46 脲衍生物的作用机理

当脲的分子中含有环氧基团时作为有机辅助稳定剂则更为有效。这是由于分子中的酰氨基或环氧基都能与氯化氢发生反应而起到捕获氯化氢的作用，是功能有机辅助稳定剂。图 4-46 脲衍生物的作用机理很容易得到确证。研究表明，不容易发生烯醇化的脲衍生物则不具备稳定化作用，而脲衍生物与氯化氢的反应产物——氯代烯胺是黄色的，所以 PVC 配合物应是黄色的。这两方面的事实都证明了上述脲衍生物的作用机理。脲与其芳基衍生物、硫脲与其衍生物目前均可用作 PVC 的稳定剂。

考虑到包装工业（瓶、膜、袋、箱），用于 PVC 制品的热稳定剂对低毒和无毒的要求越来越高，所以在许多情况下必须使用钙/锌皂稳定剂。目前，在许多国家都允许使用 β-氨基巴豆酸酯类有机辅助稳定剂，认为它们是无毒的。β-氨基巴豆酸酯类化合物单独使用时具有很好的耐热性，与钙/锌稳定剂配合使用，可以显著地改善初期着色性。目前工业上生产的双（β-氨基巴豆酸）硫代二甘醇酯（Advastab A70）可与少量的硬脂酸锌和硬脂酸钙（Advastab A80）并用。这两种粉剂的稳定剂对 PVC 及其共聚物的热稳定都是很有效的。另外，加入润滑剂（如豆油）可以明显提高 β-氨基巴豆酸酯化合物的稳定化效能。随着研究工作的进一步深入，人们发现一些其他的有机化合物也可用作有机辅助稳定剂[50]。例如原甲酸酯、原苯甲酸酯等都具有很强的吸收氯化氢的作用，作为 PVC 稳定剂，它们能延缓树脂在高温下的热分解，其初期热稳定性和防变色作用都很显著。

4.4 热稳定剂的发展趋势

4.4.1 低毒、无毒的趋向[51~53]

随着技术水平的提高，人们越来越意识到生态平衡与周围生存环境的重要性，对于环境保护的要求也越来越高。数十年来，随着 PVC 及合成材料工业的迅猛发展，产生的环境污染与公害问题也变得越来越突出。例如近些年来在农业生产中广泛采用的地膜技术，其中常用的软质 PVC 农膜多以钡/镉/锌体系为主稳定剂。现已有证据表明，其中的镉迁移到土壤中能被农作物所吸收，人们长期食用此类农作物就会导致镉中毒。另外，镉类稳定剂对于生产者与使用者也有可能造成一定的危害。所以近些年来，含镉类稳定剂在许多领域的使用已受到限制，例如，在日本已明令禁止在农膜中使用含镉稳定剂。预计在不久的将来含镉稳定剂将会被淘汰。

尽管铅类稳定剂有毒，但因其耐迁移性和耐抽提性好，使用时的安全性尚不成问题，可也存在着废弃物对环境的污染问题。在美国，现已禁止 PVC 饮用水管使用含铅类稳定剂，而代之以无毒的有机锡稳定剂，在食品包装及相关工业中很少使用铅类稳定剂。然而，铅类稳定剂优良的应用性能及低廉的生产成本，使得它在某些领域仍在大量使用，且短时间内不会找到替代用品。其发展趋向可能是通过与其他稳定剂或辅助稳定剂并用而达到低铅化的目的。

对于金属皂类稳定剂，随着高效的有机辅助稳定剂的开发，将逐渐从 Ba/Zn 体系转向无毒的 Ca/Zn 体系。

总之，所有的用于工农业生产和民用制品方向的热稳定剂，必将向着低毒或无毒的方向发展。估计低毒或无毒的有机锡化合物、有机稳定剂、有机辅助稳定剂、钙/锌系稳定剂，在不久的将来会有长足的发展。目前世界上用于食品包装或医疗器具方面的 PVC 无毒配方主要有以下三种类型。①以辛基锡盐为主体：S,S'-双（巯基醋酸异辛酯）二正辛基锡与马来酸二正辛基锡的无毒配方。此配方具有优异的热稳定性和透明性，但成本较高。如日本三共有机公司的 Stann OMF、ON2-41F 以及辛辛那蒂-米拉克隆化学品公司的 Advastab 188 都属于此种类型。②以复合的钙/锌稳定剂为主：此配方成本低、无毒，但透明性差，易初期着色，持久热稳定性差。因此必须与有机辅助稳定剂并用。如费罗公司的 Ferro 344，阿卡斯公司的 Mark 2056、2061 和 Interstab 公司的 R-4089。③非金属稳定剂：以 β-氨基巴豆酸酯类、α-苯基吲哚、二苯基硫脲等有机化合物作为主体稳定剂与钙/锌稳定剂并用的无毒配方。其缺点是难以承受长时间或高温加工。

类似以上热稳定剂的无毒配方的研究极其活跃，有关的文献报道和专利极多。在 20 世纪 80 年代就已出现了将上述第一类与第二类无毒稳定剂复合使用的倾向。如日本的三共有机公司将 Stann ON2-38F 与硬脂酸钙并用，有显著的协同效应。Ferro 公司的商品 Ferro 814 也属于此种类型，据称其性能比昂贵的有机锡稳定剂还好，主要用于双螺杆挤出工艺方面。

近些年来，一些非钡、镉与铅的稳定剂商品已陆续地用于工农业生产。如克拉蒙化学公司出售的商品牌号为 CLT-710 和 CLT-711 的两种稳定剂是锶/锌复合物，在它们的配方中完全排除了钡和镉。CLT-710 用于 PVC 树脂糊，CLT-711 则用于压延和挤出工艺。此两品种均无压析和硫化污染现象。另外，据认为 Ferro 公司的 TC-135 是锶/锌的液态复合稳定剂。

最近有人报道，用于食品包装的 PVC 制品采用镁/铝复合碱式碳酸盐或镁/锌/铝复合碱式碳酸盐作为热与光稳定剂；而 Michio 等人则将镁/铝复合物用于含卤树脂[54]。据报道，钠/钾/钙的醋酸盐复合物也能提高 PVC 制品的热稳定性。而铝/钙复合物则被用作含卤热塑性树脂的热稳定剂[55]。关于传统的无毒稳定剂钙/锌的有关报道也很多，而有关钡/锌皂、镉皂与铅类稳定剂的研究报道呈下降趋势。综上所述，对于金属盐稳定剂来说，各种金属复合稳定剂毫无疑问是趋向于无毒配合，而且该领域也是当前热稳定剂研究中最重要与最活跃的领域。

有机锡化合物具有优良的应用性能，是低毒或无毒的 PVC 类聚合物的稳定剂，所以在当前它是热稳定剂的发展方向之一。近些年来，有大量的文献报道是关于新型的有机锡化合物[56~58]、新的无毒配合与复配技术[59,60]。

聚氯乙烯类聚合材料的热稳定剂的另一发展方向是有机稳定剂。最近，Mukhiddinov 等人研究了芳胺对聚氟乙烯热稳定性的影响，并进行了较为系统地研究[61]，筛选出了优良的品种。另据报道，N-烷基顺丁烯二酸酰亚胺能提高氯乙烯聚合物的热稳定性[44]，亚磷酸酯的性能则更为优良，其典型的结构式如图 4-47 所示。

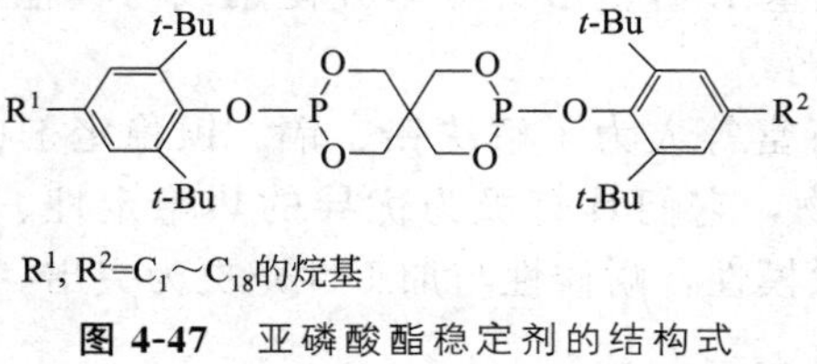

R^1, R^2=C_1～C_{18}的烷基

图 4-47　亚磷酸酯稳定剂的结构式

4.4.2　有机锡类热稳定剂的进展

4.4.2.1　甲基锡类热稳定剂

很早以前人们就发现二甲基锡具有良好的热稳定性，但在合成过程中剧毒的三甲基

锡的生成是难以避免的，这就限制了二甲基锡的工业化生产。直到 20 世纪 80 年代美国解决了这一难题，甲基锡稳定剂才得以问世。辛辛那蒂-米拉克隆化学品公司的 TM-387 与阿卡斯公司的 Mark 1910 都属于此类产品。而前者最近推出的 TM-692 据说性能更为优良。

甲基锡稳定剂具有极为优良的应用性能，它能改善 PVC 熔融及加工时的流动性，与 PVC 的相容性好。液体甲基锡稳定剂，使用方便，能防止制品的初期着色，在挤出、注射或吹塑成型中均可使用。可以说甲基锡稳定剂的开发成功是有机锡类热稳定剂发展中的一个里程碑。

4.4.2.2　酯锡

酯锡是一类由荷兰阿克苏公司开发的新型稳定剂。其透明性与热稳定性良好，臭味少，挥发性低，耐抽提性比商品辛基锡还高，其毒性比二甲锡化合物低，可作为食品级无毒稳定剂使用。典型的商品有：Stannclere T-208 及其改性体 T-209，用于管材的 T-217，低锡含量的 T-250SD，高锡含量的 T-222，以及 T-233、T-638 与 T-649 等。

4.4.2.3　锑稳定剂

由于锡的价格昂贵，人们一方面在研究开发低锡高效的热稳定剂，如上述的酯锡稳定剂；另一方面寻求性能类似的代用品。在 20 世纪 70 年代美国成功地开发了锑类稳定剂，作为锡类稳定剂的代用品，其价格低廉，应用性能良好。如三（硫代醋酸异辛酯）锑，其耐热性优良。Synthetic Products 公司的两个商品 Synpron 1034 与 Synpron 1027，均为液体的巯基酯锑，为无毒稳定剂，可用于饮水管材方面，具有很好地防止早期着色和长期的热稳定性，在与硬脂酸钙并用时效果更为突出。Ferro 公司的 TC-154 与 1507，阿卡斯公司的 Mark 2115 与 2115A 均属于锑类稳定剂。由于锑类稳定剂的毒性低，生产成本低，所以是一类很有发展前途的稳定剂。

4.4.3　金属盐类热稳定剂

金属盐类热稳定剂的研究重点主要在三个方面：①不同的金属盐，尤以无毒的轻金属盐为重点；②不同的酸根离子及阴离子；③复合稳定剂的协同效应。有关①③两方面，前面的章节已给予详细讨论。对于金属盐类热稳定剂中的阴离子的研究人们也曾做了大量的研究工作。除了对一般脂肪酸、芳羧酸金属盐进行研究外，还相继开发了吡咯烷酮羧酸锌、哌嗪二酮双乙基羧酸锌以及 α-氨基酸锌衍生物等。由于在它们的分子中存在着能与氯化锌起螯合作用的配位基团，因此能抑制氯化锌对聚氯乙烯热老化的促进作用，从而表现出优良的热稳定性。上述锌盐与硬脂酸钡并用，效果良好。当加入亚磷酸酯后效果更为突出。另外，N-硬脂酰基赖氨酸锌、γ-月桂基-L-谷氨酸锌等单独使用或与其他稳定剂协同使用时，都显示出良好的热稳定性。

日本共同药品公司的行富等人为了解决铅、镉、钡稳定剂的高毒难题，开发了如图 4-48 所示的一系列新型化合物，它们具有极为优异的热稳定性、透明性、防止初期着色性、良好的相容性、润滑性与脱模性，耐候性与加工性则更为突出。

4.4.4　有机辅助热稳定剂

在 PVC 的稳定化过程中，为了抑制氯化锌的催化作用，加入螯合剂是一个极为有效的方法。日本皆川等人研制了一系列的酰胺类化合物和含有哌嗪二酮基团的有机化合物，当与钡/锌或钙/锌稳定剂配合使用时表现出突出的热稳定性，其结构式如图 4-49 所示。

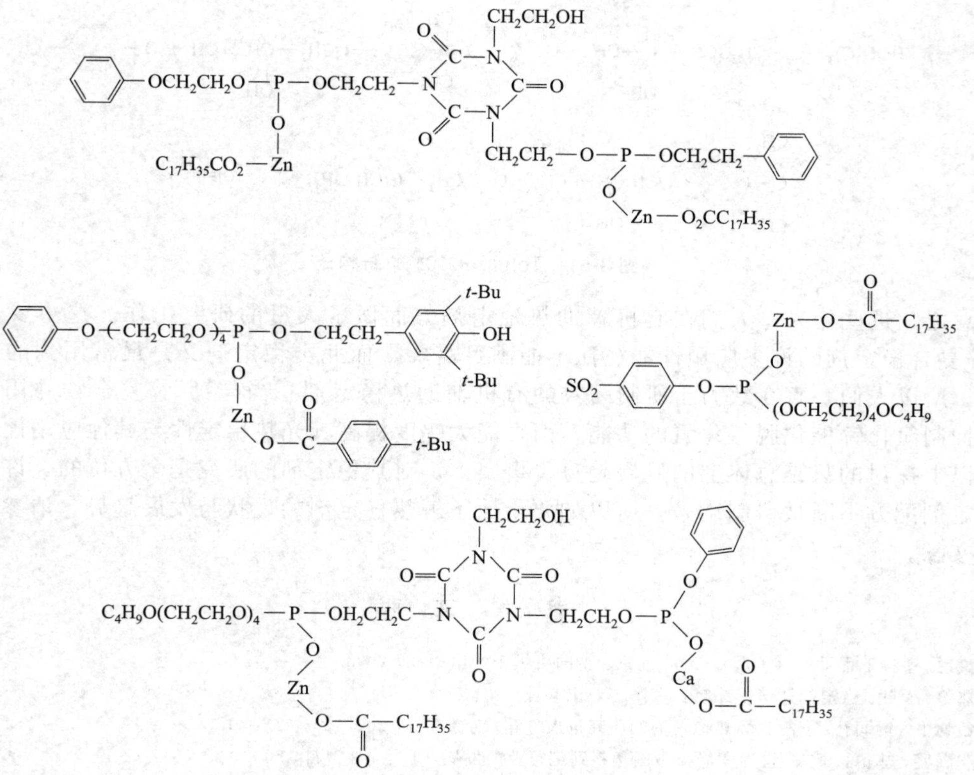

图 4-48 行富等人报道的新型热稳定剂的结构式

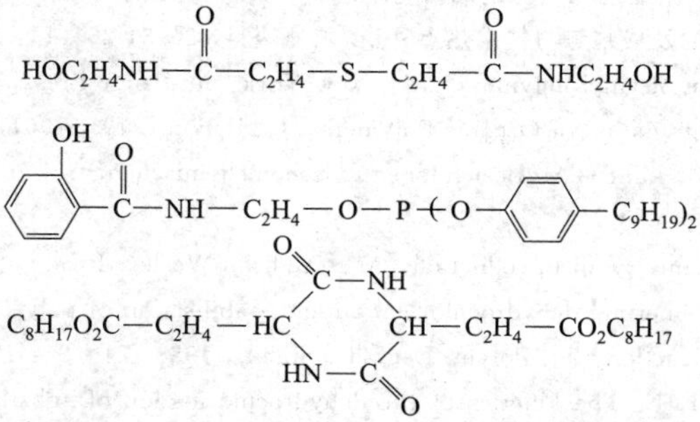

图 4-49 皆川等人报道的有机辅助热稳定剂的结构式

据报道，用图 4-50 所示化合物与月桂酸锌和 12-羟基硬脂酸钡并用，具有非常优异的热稳定性和防止初期着色的性能。

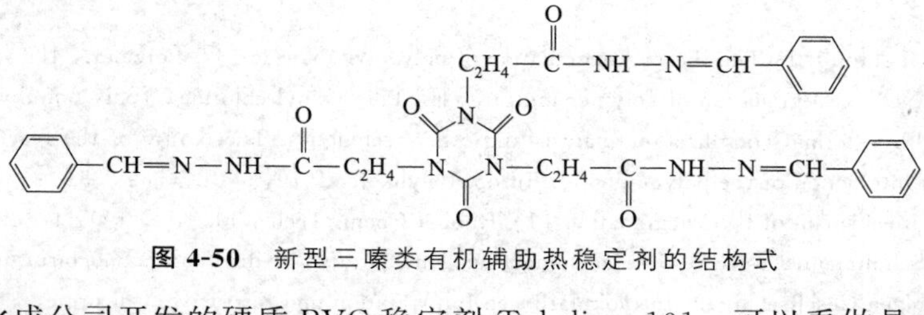

图 4-50 新型三嗪类有机辅助热稳定剂的结构式

日本东都化成公司开发的硬质 PVC 稳定剂 Tohtlizer-101，可以看做是由多元醇结构修饰得到的。它克服了一般多元醇所具有的吸湿、易升华、相容性差等缺点，具有优良的光热稳定性，与钙/锌复合稳定剂并用效果突出。其结构式如图 4-51 所示。

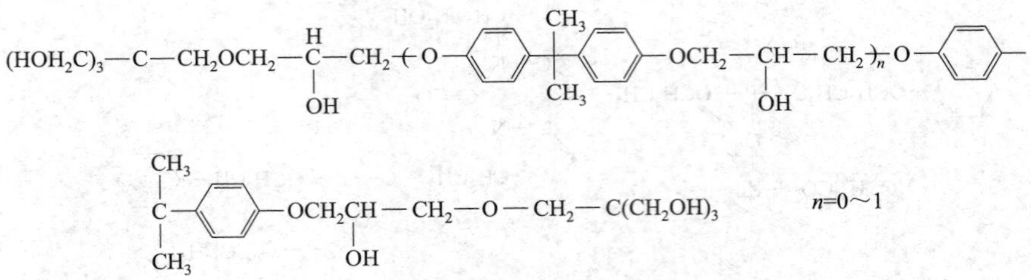

$$(HOH_2C)_3-C-CH_2OCH_2-\overset{\text{H}}{\underset{\text{OH}}{C}}-CH_2-(O-\underset{}{\bigcirc}-\overset{\text{CH}_3}{\underset{\text{CH}_3}{C}}-\underset{}{\bigcirc}-OCH_2-\overset{}{\underset{\text{OH}}{C}}H-CH_2-)_n O-\underset{}{\bigcirc}-$$

$$\overset{\text{CH}_3}{\underset{\text{CH}_3}{C}}-\underset{}{\bigcirc}-OCH_2CH-CH_2-O-CH_2-C(CH_2OH)_3 \qquad n=0\sim1$$
$$\underset{\text{OH}}{}$$

图 4-51　Tohtlizer-101 的结构式

　　总之，近些年来，人们在有机辅助热稳定剂方面做了大量的研究工作。这主要是因为钙/锌复合稳定剂的许多应用性能往往不能满足需要，而此类稳定剂又是最常用到的无毒稳定剂，所以人们一直在致力于研制高效的有机辅助热稳定剂。当与钙/锌复合物并用时，不仅有抑制氯化锌催化脱氯化氢的功能，而且能大幅度提高其光热稳定性与其他应用性能。

　　以上探讨的只是总体上的发展趋势。事实上，对热稳定剂的研究是全方位的，许多奇妙的稳定剂配方不断被研制出来，所以如要全面了解热稳定剂的现状与发展趋势，请参阅其他有关文献。

<h2 align="center">参 考 文 献</h2>

[1]　黄锐. 塑料工程手册（上册）[M]. 北京：中国机械工业出版社，2000.

[2]　郑德，黄锐. 稳定剂 [M]. 北京：国防工业出版社，2011.

[3]　翟朝甲，贾润礼. 聚氯乙烯热稳定剂的研究进展 [J]. 绝缘材料，2007，40（2）：41-43.

[4]　龚浏盛，郑德，李杰. 世界变局与中国塑料助剂行业的发展 [J]. 国外塑料，2007，25（5）：52-59.

[5]　汪梅，夏建陵，连建伟等. 聚氯乙烯热稳定剂研究进展 [J]. 中国塑料，2011，25（11）：10-15.

[6]　杜永刚，张保发，刘孝谦等. 聚氯乙烯热稳定剂研究新进展 [J]. 河北大学学报，2011，31（5）：549-554.

[7]　陈宇，王朝晖. 塑料添加剂的发展趋势与技术热点 [J]. 国外塑料，2008，26（1）：38-44.

[8]　Jellinek H H G. Degradation of vinyl polymers [M]. New York：Academic Press，1995.

[9]　Madorsky S L. Thermal Degradation of Organic Polymers [J]. Polym. Rev.，1961，7：157.

[10]　Achhammer B G，Tryon M，kline G M. Beziehungen zwischen chemischer Struktur und Beständigkeit Polymerer [J]. Kunststoffe，1959，49：600-608.

[11]　Stevens M P. Polymer Chemistry-an Introduction [M]. Addison-Wesley. Reading Mass，1975.

[12]　Van Hoang T，Guyot A. Thermal dehydrochlorination and stabilisation of poly（vinylchloride）in solution：Part II-Effects of HCl readdition reaction [J]. Polym. Degrade. Stabil.，1988，21（2）：165-180.

[13]　Barton D H R，Howlett K E. The kinetics of the dehydrochlorination of substituted hydrocarbons. Part III. The mechanisms of the thermal decompositions of ethyl chloride and of 1：1-dichloroethane [J]. J. Chem. Soc.，1949：165-169.

[14]　Fuchs V W，Louis D. Die straktur chlorierter polyvinylchloride [J]. Makromol Chem，1957，22（1）：1-30.

[15]　Winkler D E. Mechanism of polyvinyl chloride degradation and stabilization [J]. J. Polymer. Sci.，1959，35（128）：3-16.

[16]　Banford C H，Fenton D F. The thermal degradation of polyvinyl chloride [J]. Polymer.，1969，10：63-77.

[17]　McNeill I C，Neil D. Degradation of polymer mixtures-Ⅲ：Poly（vinyl chloride）/poly（methyl methacrylate）mixtures，studied by thermal volatilization analysis and other techniques. The nature of the reaction products and the mechanism of interaction of the polymers [J]. Europ. Polym. J.，1970，6（4）：569-583.

[18]　Geddes W C. Mechanism of PVC degradation [J]. Rubber Chem. Tech.，1967，40（1）：177-216.

[19]　Reich M E，Schuhmann G. REM-Untersuchungen an Kunststoffen in der Ophthalmochirurgie. In 10. Kongreßder Deutschsprachigen Gesellschaft für Intraokularlinsen-Implantation und refraktive. Chirurgie，1997：511-518.

[20]　Mayer Z，Obereigner B，Lim D. Thermal dehydrochlorination of poly（vinyl chloride）models in the liquid phase [J]. In Journal of Polymer Science Part C：Polymer Symposia，1971，33：289-305.

[21]　Troitskii B B，Dozorov F F，Troitskaya L S. The simplest mathematical model of the process of the thermal de-

hydrochlorination of poly (vinyl chloride) [J]. Europ Polym J.，1975，11（3）：277-281.

[22] Caraculacu A，Buruiană E C，Robilă G. On the mechanism of the polymerization of poly (vinyl chloride) [J]. Journal of Polymer Science：Polymer Chemistry Edition，1978，16（11）：2741-2745.

[23] Braun V D，Weiss F. Zum Mechanismus der thermischen Abspaltung von Chlorwasserstoff aus Polyvinylchlorid. 9. mitt.：Zur struktur der verzweigungen in polyvinylchloride [J]. Die Angewandte Makromolekulare Chemie，1970，13（1）：67-78.

[24] Maccoll A. Heterolysis and the pyrolysis of alkyl halides in the gas phase [J]. Chem. Rev.，1969，69（1）：33-60.

[25] Bengough W I，Onozuka M. Abnormal structures in polyvinylchloride I-A method of estimating labile chloride groups in polyvinylchloride [J]. Polymer，1965，6（12）：625-634.

[26] Minsker K S，Fedoseiva G T. Destruction and Stabilisation of PVC [J]. Moscow：Chimiia，1972：272s（Rus.）.

[27] Crosato-Arnaldi A，Palma G，Peggion E，et al. Investigations on thermal dehydrochlorination of poly (vinyl chloride) [J]. J. Appl. Polym. Sci.，1964，8（2）：747-754.

[28] Rigo A，Palma G，Talamini G. Investigation on branching of polyvinylchloride [J]. Die Makromolekulare Chemie，1972，153（1）：219-228.

[29] Braun D，Bender R I. On the mechanism of thermal dehydrochlorination of poly (vinyl chloride)-6 [J]. Euro. Polym. J. Suppl.，1969，5：269-283.

[30] Mascia L. The Role of Additives in Plastics [M]. London：Edward Arndd，1974.

[31] Gächter R，Müller H，Andreas H. Plastics additives handbook：stabilizers, processing aids, plasticizers, fillers, reinforcements, colorants for thermoplastics [M]. Hanser. Distributed in the USA by Macmillan，1985.

[32] Frye A H，Horst R W，Paliobagis M A. The chemistry of poly (vinyl chloride) stabilization. Ⅲ. Organotin stabilizers having radioactively tagged alkyl groups [J]. J. Polymer. Sci.，Part A：General Papers，1964，2（4）：1765-1784.

[33] 寇俊莉，林彦军，王明明. 无毒 PVC 热稳定剂的研究现状与发展趋势 [J]. 中国氯碱，2006，2：1-5.

[34] 白启荣. PVC 热稳定剂的作用机理 [J]. 太原科技，2007，11：018.

[35] 山西省化工研究所. 塑料橡胶加工助剂 [M]. 北京：化学工业出版社，1983.

[36] 刘芳，李杰. 热稳定剂的耐热性，加工性及其对 PVC 制品透明性的影响 [J]. 聚氯乙烯，2008，36（4）：29-35.

[37] Bacaloglu R，Fisch M. Degradation and stabilization of poly (vinyl chloride). V. Reaction mechanism of poly (vinyl chloride) degradation [J]. Polym. Degrade. Stabil.，1995，47（1）：33-57.

[38] 徐会志，葛琴琴，於伟刚等. 新型 PVC 用液体钙锌复合热稳定剂的合成与应用 [J]. 塑料助剂，2014，（2）：26-32.

[39] Masanobu O，Kazuo K，Hiroshi K. Chlorinated vinyl chloride resin composition [P]. JP 04198349：1992.

[40] Frye A H，Horst R W，Paliobagis M A. The chemistry of poly (vinyl chloride) stabilization. Ⅲ. Organotin stabilizers having radioactively tagged alkyl groups [J]. J. Polymer Sci.，Part A：General Papers，1964，2（4）：1765-1784.

[41] Wirth H O，Andreas H. The stabilization of PVC against heat and light [J]. Pure Appl. Chem.，1977，49（5）：627-648.

[42] 方小牛，贺晞林，谢庆兰. 有机锡稳定剂及其进展 [J]. 河南化工，2000，（1）：3-5.

[43] Zuckerman J J. Organotin Compounds：New Chemistry and Application：a symposium [C]：Am. Chem. Soc.，1976：135.

[44] Pourahmady N. N-alkyl maleimide thermal stabiliser for vinyl halide polymers-replaces thermal stabilisers contg. heavy metals [P]. US 5143953：1992.

[45] Briggs G，Wood N F. An investigation of mechanisms of synergistic interactions in PVC stabilization [J]. J. Appl. Polym. Sci.，1971，15（1）：25-37.

[46] Anderson D F，McKenzie D A. Mechanism of the thermal stabilization of poly (vinyl chloride) with metal carboxylates and epoxy plasticizers [J]. Journal of Polymer Science Part A-1：Polym. Chem.，1970，8（10）：2905-2922.

[47] Zdenek V，Emil C，Adena V，et al. Stabilizer for polymers containing the chlorine [P]. CS 212461：1978.

[48] 尹德成. 多元醇与钙/锌复合热稳定剂的协同效应研究 [J]. 中国塑料，2013，27（7）：86-89.

[49] Chevassus F，De Broutelles R. La Stabilisation des Chlorures de Polyviinyle. Paris：Amphora，1957.

[50] 刘鹏，方燕. 聚氯乙烯的有机辅助热稳定剂的研究进展 [J]. 广州化学，2013，38（3）：78-84.

[51] 胡中文，王建军，张露露. 有机锡热稳定剂及其发展现状和趋势 [J]. 塑料助剂，2004，2：1-3.

[52] 吴茂英，罗勇新. PVC 热稳定剂的发展趋势与锌基无毒热稳定剂技术进展 [J]. 聚氯乙烯，2006，10：1-6.

[53] 吴茂英. PVC 热稳定剂的发展趋势与技术进展 [J]. 塑料，2010，39（3）：1-7.

[54] Michio N，Shuichi M，Yukio K. Stabilized halogen-containing resin composition [P]. JP 01294757：1989.

［55］ Kuerzinger A，Beck R，Razvan C，et al. Use of hydrocalumite cpds. to stabilise halogen-contg. resins, esp. PVC-to give good resistance to heat discolouration ［P］. WO 9213914：1992.

［56］ 申梓皓，戴险峰，黄君涛. 一种新型有机锡类 PVC 热稳定剂的应用研究 ［J］. 广东化工，2008，34（12）：28-30.

［57］ 黄迎红，王亚雄. 我国有机锡热稳定剂生产现状与研究进展 ［J］. 现代化工，2007，27（9）：13-16.

［58］ 齐明，钟理. 新型有机锡热稳定剂——二丁基锡双（异辛酸巯基乙酯）的合成与表征 ［J］. 精细化工，2007，24（7）：404-408.

［59］ 苏旭，彭学成. PVC 无毒热稳定剂的研究开发新概况 ［J］. 聚氯乙烯，2008，36（7）：6-10.

［60］ 李梅，柳召刚，王觅堂等. 复合热稳定剂及制备方法 ［P］. CN 102391544：2012.

［61］ Mukhiddinov B F，Kolesov S，Gafurov A，et al. On the thermal-stability of polyvinyl fluoride ［J］. Dok. Akad. Nauk，1991，316（1）：165-168.

5

光 稳 定 剂

5.1 概述

5.1.1 光稳定剂的定义、特性及性能要求

高分子材料长期暴露在日光或短期置于强荧光下，由于吸收了紫外线能量，引起了自动氧化反应，导致聚合物的降解，使得制品变色、发脆、性能下降，以致无法再用。这一过程称为光氧老化或光老化。凡能抑制或减缓这一过程进行的措施，称为光稳定。所加入的物质称为光稳定剂或紫外光稳定剂。

光稳定剂能够防止高分子材料发生光老化，大大延长产品的使用寿命，效果十分显著。其用量极少，通常仅需高分子材料重量的 $0.01\% \sim 0.5\%$。目前，在农用塑料薄膜、军用器械、有机玻璃、采光材料、建筑材料、耐光涂料、医用塑料、防弹夹层玻璃、合成纤维、工业包装材料、橡胶制品等许多长期在户外或灯光下使用的高分子材料制品中，光稳定剂都是必不可少的添加组分。可以预言，随着合成材料应用领域的日益扩大，光稳定作用将进一步显示出来。光稳定剂除了可以保护高分子材料外，还可以用来保护包装材料不受紫外线的破坏，以及用来作滤光器中的必要组分。随着工农业生产的发展，各种高分子材料的应用领域逐步扩大，光稳定剂必将得到进一步的迅速发展。

光稳定剂品种繁多，一般按作用机理可分为四类。

① 光屏蔽剂，包括炭黑、氧化锌和一些无机颜料。

② 紫外线吸收剂，包括水杨酸酯类、二苯甲酮类、苯并三唑类、取代丙烯腈类、三嗪类等有机化合物。

③ 猝灭剂，主要是镍的有机络合物。

④ 自由基捕获剂，主要是受阻胺类衍生物。

作为有工业价值的光稳定剂应具备下列几个条件。

① 能强烈吸收 $290 \sim 400nm$ 波长范围内的紫外线，或能有效地猝灭激发态分子的能量，或具有足够的捕获自由基的能力。

② 与聚合物及其助剂的相容性好，在加工和使用过程中不喷霜、不渗出。

③ 具有光稳定性、热稳定性及化学稳定性，即在长期暴晒下不遭破坏，在加工和使用时不因受热而变化，热挥发损失小，不与材料中其他组分发生不利的反应。

④ 耐抽出、耐水解、无毒或低毒，不污染制品、价格低廉。

5.1.2 光稳定剂的国内外生产状况

20 世纪 50 年代初期，在塑料工业中使用光稳定剂。最初，是在醋酸纤维素制品中使用了水杨酸苯酯、间苯二酚单苯酯、二苯甲酮类。60 年代初出现了苯并三唑类，其后又出现了猝灭型光稳定剂，如镍络合物类。70 年代中期出现了受阻胺类光稳定剂，如苯甲酸 2,2,6,6-四甲基哌啶酯，其光稳定效果为传统的吸收型光稳定剂的 2～4 倍，因而发展尤为迅速。

随着聚烯烃的大量发展和户外使用塑料制品的日益增多，光稳定剂在品种上、数量上都有较大的增长。美国、西欧和日本的光稳定剂消耗量均在 5000t/年 以上。如美国 1970～1979 年间光稳定剂的消费量平均增长率达 10%，西欧则达 17%。美国 1985 年消费光稳定剂 2708t，其中二苯甲酮类约占 40%、受阻胺类占 26%、锑络合物接近 18%、苯并三唑类约占 16%，而用于聚烯烃中的光稳定剂占 77%。美国光稳定剂每年以 6%～7% 的速度增长，1994 年达 4800t，其中以受阻胺类为主（约 50%）。

西欧 1985 年消费量为 3200t，其中受阻胺类占 29%、苯并三唑类占 25%、镍络合物占 10%、二苯甲酮类占 8.3%、苯酰苯胺占 4.1%，用于聚烯烃中的光稳定剂占总消费量的 75%。每年以 6% 的速度增长，1994 年达 4300t。

日本 1985 年稳定剂需求总量是 2060t，其中苯并三唑类占 58%、受阻胺类占 29%、二苯甲酮类占 7.3%、镍络合物占 1.5%。1990 年达 3390t。

国内光稳定剂的生产起始于 20 世纪 50 年代末，60 年代开发了水杨酸酯类、二苯甲酮类、苯并三唑类和三嗪类，70 年代末开发了有机镍络合物和受阻胺类光稳定剂。2013 年光稳定剂国内市场需求量接近万吨。

受阻胺类光稳定剂是高分子材料光稳定化助剂的主流品种，占到光稳定剂用量的近 2/3。受阻胺类光稳定剂 2012 年国内的消耗量近 10000t。见图 5-1。

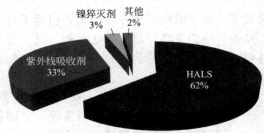

图 5-1 受阻胺类光稳定剂（HALS）
在光稳定剂中所占比例

对于光稳定剂高分子材料化学助剂的市场前景，无论国内、还是国际高分子材料均具有良好的市场需求前景，抗氧化剂、光稳定剂作为高分子材料抗老化必备的化学助剂成分，其市场需求必然随高分子材料的市场前景不断发展。根据《塑料加工业"十二五"发展规划指导意见》、《石化和化学工业"十二五"发展规划》、《化纤工业"十二五"发展规划》、《涂料行业"十二五"规划》、《合成胶黏剂和胶黏带行业"十二五"发展规划》等一系列发展规划的发展目标和要求，2014～2015 年我国高分子材料预测产量见表 5-1。

表 5-1　2014～2015 年我国高分子材料预测产量

高分子材料种类	2014 年	2015 年
塑料制品产量/万吨	6931	7763
合成橡胶产量/万吨	423	438
化纤产量/万吨	4373	4627
涂料产量/万吨	1434	1577
胶黏剂产量/万吨	652	717
产量合计/万吨	13813	15122

至 2015 年，全球高分子材料产量情况见表 5-2。

表 5-2   2015 年全球高分子材料产量

高分子材料种类	塑料	合成橡胶	化纤	涂料	胶黏剂	合计
产量/万吨	32756	1594	6209	4663	1152	46374

至 2015 年，国内和全球高分子材料的预计产量见表 5-3。

表 5-3   2015 年国内和全球高分子材料的预计产量

类别	国内	全球
产量/万吨	15122	46374

因此，国内外高分子材料未来庞大的产量规模可带来对抗氧化剂、光稳定剂等高分子材料化学助剂的大规模需求。随着高分子材料产业的不断发展，再进一步考虑层出不穷的新型高分子材料、不断发展的高分子材料性能要求，作为高分子材料抗老化必备的抗氧化剂、光稳定剂等化学助剂将具有广阔的市场前景。

5.2   光稳定剂的作用机理

5.2.1   光老化机理

从太阳发射出来的辐射线，其电磁波是非常宽的，波长从 200nm 以下一直延续到 1000nm 以上。通过空间和高空大气层（特别是臭氧层）时，大气层就像过滤器一样，滤掉了 290nm 以下和 3000nm 以上的射线，实际照射到地球表面的为 290～3000nm 的光波，即波长较短的紫外线（290～400nm）和大部分可见光（400～800nm）以及波长较长的红外线（800～3000nm）。

大气外界太阳光能谱分布中，紫外线占 5%、可见光占 43%、红外线占 52%。太阳发射的光谱和能量，通过宇宙空间和地球表面大气层到达地面时，由于受到各种因素的干扰和影响而有所变化。

有资料指出，假定太阳光辐射总能量为 100%，其分配情况如下：①直接辐射，通过大气层到达地球表面为地球所吸收的占 27%；②散射辐射，到达地球表面为地球所吸收的占 10%；③为大气所直接吸收的占 15%；④散射由于受尘埃和气体影响被折回空间的占 9%。由此可见，到达地面的允能量约占太阳辐射总能量的 39%。这 39% 的太阳辐射能就是影响高分子材料老化的太阳光能量。

光的能量与波长的关系符合下式：

$$E = N \frac{hc}{\lambda}$$

式中，N 为阿佛伽德罗常数，6.024×10^{23}；h 为普朗克常数，6.624×10^{-34}J/s；λ 为波长，nm；c 为光速，2.998×10^{10}cm/s。因此 E (kJ/mol) $= \dfrac{2.865 \times 10^4}{\lambda \times 0.24}$

辐射线的能量与波长成反比，波长越短，射线的能量越大。紫外线的波长最短，其能量最高，因此它对聚合物的破坏性也最大。

根据 E、λ 关系式可计算出各种波长的能量，如表 5-4 所示。

几种化学键的键能与相应波长的关系如表 5-5 所示。

表 5-4　不同波长光的能量

类别	波长 λ/nm	能量 E/(kJ/mol)
紫外线	290~400	290~390
可见光	400~800	148~297
红外线	1000	~110

表 5-5　几种化学键的键能与相应波长的关系

化学键	键能/(kJ/mol)	相应能量光波波长/nm	化学键	键能/(kJ/mol)	相应能量光波波长/nm
O—H	460.8	259	C—O	350.0	340
C—F	439.2	272	C—C	346.0	342
C—H	411.7	290	C—Cl	327.1	364
N—H	389.2	306	C—N	289.6	410

从表 5-5 可以看出，有机化合物的键能通常在 290~400kJ/mol，故很容易为紫外线所破坏。不同结构的高分子化合物对紫外线各种不同长短波段的敏感程度是不一样的，见表 5-6。

表 5-6　各种高分子化合物对紫外线的敏感区

高分子化合物	敏感波长/nm	高分子化合物	敏感波长/nm
聚乙烯	300	聚甲醛	300~320
聚丙烯	310	聚碳酸酯	295
聚氯乙烯	310	聚甲基丙烯酸甲酯	290~315
聚酯	325	聚苯乙烯	318
氯乙烯-醋酸乙烯共聚物	322~364	硝酸纤维素	310
		醋酸丁醚	
聚醋酸乙烯酯	280	纤维素	295~298

由于紫外线波长短、能量高，高分子化合物吸收紫外线后，容易形成电子激发态，这种激发态的分子可以引起一系列的光物理过程和光化学反应。

5.2.1.1　光物理过程

光物理过程是指分子吸收光量子后能态变化的过程。高聚物分子（A_0）吸收光量子后，由基态 S_0 激发成最低激发的单线态 S_1（或更高激发的单线态 S_2），被激发的分子 A_0^*。可通过三种途径回到基态：

① 发射荧光回到基态，或先内部过渡到三线态 T_1，然后放出磷光回到基态；

② 将能量以热量形式（振动能）传递给其他分子（B）而回到基态；

③ 能量转移给猝灭剂而回到基态。

总而言之，光物理过程能将大部分被吸收的能量转变成为对高聚物无害的热能和波长较长的光。

分子的光物理过程见图 5-2。

$$A_0 \xrightarrow{h\nu} A^*$$

$$A^* \longrightarrow A_0 \text{（荧光、磷光）}$$

$$A^* \longrightarrow A_0 + 热能 \text{（分子振动）}$$

$$A^* + B_0 \longrightarrow A_0 + B^*$$

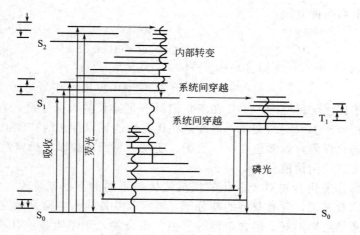

图 5-2　分子的光物理过程

S_0—分子的基态；S_1—最低激发的单线态；S_2—高激发单线态；T_1—三线态

光物理过程将大部分入射光的能量转变为对聚合物无害的热能和波长较长的光而消耗掉，因此聚合物仍能保持稳定。而激发态分子 B 完全能进行化学反应，这就是所谓的光敏化过程。

5.2.1.2　光化学反应

紫外线波长短、能量高，足以使高聚物分子成为激发态或破坏化学键引起自由基链反应，并同时与氧化相伴发生"光氧老化"或"光氧化反应"。

① 链的引发

$$RH \xrightarrow{h\nu} R^* + H\cdot$$
$$\underset{\text{(高分子)}}{RH} \longrightarrow \underset{\text{(激发态分子)}}{R-H\cdot}$$
$$R\cdot + O_2 \longrightarrow ROO\cdot$$
$$R-H\cdot - O_2 \longrightarrow ROOH \longrightarrow \begin{cases} ROO\cdot - H\cdot \\ RO\cdot + OH\cdot \end{cases}$$

② 链的增长

$$ROO\cdot + RH \longrightarrow ROOH + R\cdot$$
$$ROOH \longrightarrow R\cdot + \cdot OOH$$
$$RO\cdot + RH \longrightarrow ROOH + R\cdot$$
$$OH\cdot + RH \longrightarrow R\cdot + H_2O$$

③ 链的终止

$$R\cdot + R\cdot \longrightarrow R-R$$
$$2ROO\cdot \longrightarrow ROOR + O_2$$
$$ROO\cdot + OR \longrightarrow ROR + O_2$$

高聚物的结构不同，其氧化过程也不完全一样。例如，尼龙-6 不需要有氧存在，它吸收 290nm 波长的紫外线，即可发生断链而导致老化。

$$\sim\sim\overset{O}{\underset{\|}{C}}-\overset{H}{\underset{|}{N}}-CH_2\sim \xrightarrow{h\nu} \sim\sim\overset{O}{\underset{\|}{C}}-\overset{H}{\underset{|}{N}}\cdot + \cdot CH_2\sim\sim$$

聚 α-烯烃本来对 >290nm 的紫外线和可见光都是透明的，吸收很少。照理应该不易发生光老化，但实际上它们的耐光老化性很差。一般认为，这是因为杂质的影响，使聚 α-烯烃先氧化成为含有羰基的化合物，这种羰基化合物受紫外光的作用，容易发生断链而进一步降解，其断链有下列两种方式：

$$R-\overset{\overset{\displaystyle O}{\|}}{C}-CH_2CH_2CH_2-R' \xrightarrow{h\nu} \begin{cases} R-\overset{\overset{\displaystyle O}{\|}}{C}\cdot + \cdot CH_2CH_2CH_2R' \\ R-\overset{\overset{\displaystyle O}{\|}}{C}-CH_3 + CH_2=CHR' \end{cases}$$

　　高分子材料的许多优良性能，主要在于它们具有足够长的大分子链，在光老化过程中，大分子链逐渐切断或产生一定的交联，进而这些优良性能赖以存在的基础也就消失了，于是就出现了一系列老化现象，如颜色变深、发脆、变硬、表面龟裂以及机械性能与电性能下降等，以致最后丧失其使用价值。

　　不同结构的高分子化合物对光老化的抵抗能力是不同的，也就是说，它们的"光稳定性"有所不同。一般来说，含有双键的高分子，能吸收紫外线，容易被激发而引起光氧化反应，因此它们的光稳定性不好。但含单键的"纯"聚合物，则不吸收或几乎不吸收紫外线，所以它们不易被激发，因而对光稳定。但实际上仅含单键的"纯"高聚物是不存在的。工业聚合物料由于在制造和加工过程中不可避免地含有催化剂残留物，或者微量的氢过氧化物、羰基化合物、稠环芳烃等光敏化物质，这些杂质吸收紫外线后，就会引发高分子的光氧化反应。所以实际上除极少数氟烯类高分子（如聚四氟乙烯、聚偏氟乙烯、聚三氟乙烯等）、聚甲基丙烯酸酯等之外，大多数高分子化合物对光的稳定性不好。

5.2.2　引发光降解的重要因素

　　聚合物分子吸收光量子，成为激发态分子，这是聚合物分子发生光化学变化的起点，即光引发，并不是每个激发态分子都能促成双分子间的光化学反应，激发态的聚合物分子通过发光（荧光，磷光）、放热以及能量传递等过程，消散大部分激发能，大多数高分子材料所吸收的光能量并不多，但聚合物分子中存在的潜在活性基团（在聚合、加工以及光老化过程中形成的）是光敏性基团。由于这些基团的存在，导致聚合物的光敏性增加，光引发降解反应的可能性增大。许多研究工作已证实，这些光敏性杂质正是高分子材料光降解的重要引发源。此外，离子辐射、超声波、热、机械加工等物理因素也是降解反应的引发源。

5.2.2.1　单线态氧的产生与光降解反应

　　单线态氧表示为 $^1O_2$ 是一种激发态的分子氧，其相对能量分别为 9.46×10^4 J/mol （22.6kcal[❶]/mol) 和 1.57×10^5 J/mol （37.6kcal/mol）两种能级。由于处于高能态的氧分子极易脱活，因此单线态的氧是指处于 9.46×10^4 J/mol 能级上的分子氧。基态的氧分子是三线态分子（$^3O_2$），它能够有效地猝灭电子激发态的单线态和三线态分子，而自身受激发成为单线态氧分子，即单线态氧。通常，在实验中采用化学法、物理法、光敏化法能够获得较纯的 $^1O_2$。

　　稠环芳烃化合物是化学烟雾的重要污染源。由于这些化合物是重要的光敏化剂，能够借助光诱导效应，使基态的分子氧产生单线态氧，即基态的氧分子猝灭激发态或三线态的敏化剂分子，而自身激发成为单线态分子。如蒽的光敏化反应：

　　这一反应是有机化合物光敏化氧化最典型的例子，开始阶段，蒽分子吸光被激发成为三

---

　❶　1cal=4.18J，全书余同。

线态，随后基态的分子氧猝灭三线态蒽分子。通过能量传递，基态的分子氧受激发形成单线态氧，再度与蒽生成内过氧化物，后者经热分解重新又产生 $^1O_2$。

许多有机化合物，如染料、颜料、有机溶剂等，是产生单线态氧的有效光敏化剂。此外，臭氧能使聚合物产生严重的降解作用，即臭氧化。聚合物材料中所产生的臭氧络合物分解也能产生单线态氧。特别是含 N、P、S 元素的添加剂，发生臭氧化生成臭氧络合物的分解，产生 $^1O_2$ 更进一步加速了聚烯烃的降解作用。

$$(RO)_3P + O_3 \longrightarrow [(RO)_3P - O_3] \longrightarrow (PO)_3P = O + {}^1O_2$$

$$R_3N + O_3 \longrightarrow [R_3N - O_3] \longrightarrow R_3NO + {}^1O_2$$

$$RSR + O_3 \longrightarrow R - \overset{\overset{\displaystyle O}{\|}}{S} - R + {}^1O_2$$

聚合物中某些不饱和键也易发生臭氧化反应，进一步产生单线态氧，甚至某些降解产物如氢过氧化物、醚、醇和臭氧络合物也能产生单线态氧。

始终存在并溶解在聚合物中的基态分子氧，猝灭激发态的羰基生色团，也产生单线态氧。

$$\diagdown C = O \xrightarrow{h\nu} \diagdown C = O^* \xrightarrow{{}^3O_2} \diagdown C = O + {}^1O_2$$

光激发的芳香聚合物（如聚苯乙烯）与氧分子之间通过直接能量传递，或经过电荷转移络合物的形式产生单线态氧。

5.2.2.2 氢过氧化物的产生与光分解

单线态氧攻击聚合物所产生的氢过氧化物是聚合物光降解的关键中间体。高聚物在储存及热加工过程中，由于热氧化造成氢过氧化物不断积累。

在光引发初期所形成的大分子烷基自由基极易与分子氧反应形成的过氧化自由基从邻近的聚合物分子中攫取氢，从而形成大分子氢过氧化物。

在这些过程中逐渐积累起来的氢过氧化物（ROOH）和过氧化物（ROOR）对光具有特殊的敏感性，通常化合物的光氧稳定性取决于它的化学键的离解能，而氢过氧化物的离解能分别为：

$$
\begin{aligned}
&RO-OH & &1.76\times10^6\,J/mol \\
&R-OOH & &2.9\times10^5\,J/mol \\
&ROO-H & &3.77\times10^6\,J/mol
\end{aligned}
$$

这正是日光的紫外线区域所具有的能量范围。在波长 300nm 以上的紫外线照射下，主要是前两种解离占优势。此外，温度的变化及金属离子都会引起并促进氢过氧化物的分解，甚至由分解反应所产生的烷氧自由基 RO· 和羟基自由基 HO· 也能参与氢过氧化物的分解反应。

$$R'OOH + RO \cdot \longrightarrow R'OO \cdot + ROOH$$

$$R'OOH + \cdot OH \longrightarrow R'OO \cdot + H_2O$$

氢过氧化物吸光发生分解，引发链反应的自由基一旦形成，就发生夺氢反应，夺氢反应性随碳-氢键离解能的减小而增大。其反应顺序为叔碳氢＞仲碳氢＞伯碳氢。

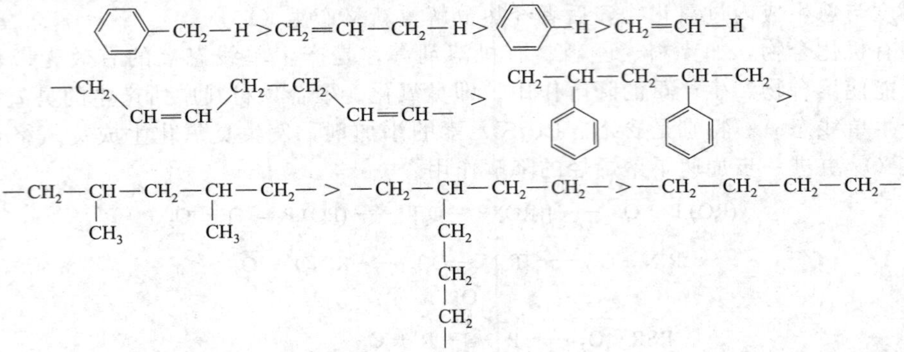

$$\text{〇—CH}_2\text{—H} > \text{CH}_2\text{=CH—CH}_2\text{—H} > \text{〇—H} > \text{CH}_2\text{=CH—H}$$

$$-\text{CH}_2 \quad \text{CH}_2\text{—CH}_2 \quad \text{CH}_2\text{—CH}_2\text{—CH}_2 >$$
$$\text{CH=CH} \quad \text{CH=CH—} \qquad \text{〇} \quad \text{〇} >$$

由此可见，线性聚乙烯最稳定，而支链聚乙烯及聚丙烯，由于主链上有叔碳氢原子，故氧化敏感性较大。

这种在大分子链上的夺氢反应视聚合物结构而异，如烷氧自由基夺氢生成羟基化合物。这里形成的烷基自由基，又能再次氧化形成氧化自由基，加速光老化。烷氧自由基也能分解成酮和烷基自由基。

$$RO\cdot + AH \longrightarrow ROH + A\cdot$$

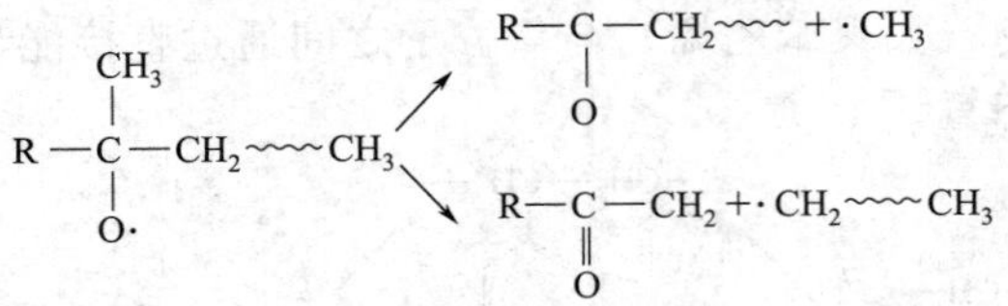

这里所形成的酮式大分子化合物是聚合物光降解反应重要的光敏化剂。

5.2.2.3 羰基的形成及光敏化作用

在聚烯烃的热加工和储放过程中，发生不同程度的热氧化，随着吸氧量的增加，在红外光谱中羰基的吸收增大。

聚合物分子中羰基的形成是基于不同的反应途径逐渐积累的。如烷氧自由基的裂解过程形成羰基；羟基自由基的夺氢反应，是在某种情况下高活性羟基自由基夺取处在不稳定状态下碳原子上的氢，形成一种双自由基中间体，随后再形成羰基。

此外，烷氧自由基双分子之间的歧化作用也是造成羰基化合物积累的原因。

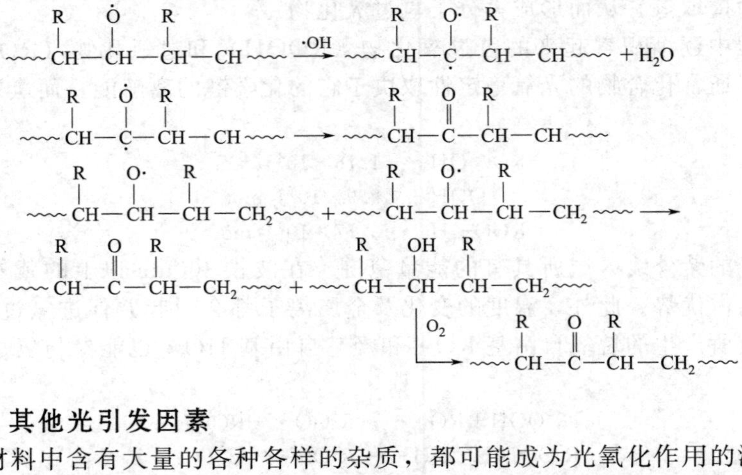

5.2.2.4 其他光引发因素

在高分子材料中含有大量的各种各样的杂质，都可能成为光氧化作用的潜在敏化剂。如在高聚物合成过程中所使用的催化剂，因聚合条件所致，最终在树脂中残存有痕量的催化剂。这些变价金属的离子以及氧化物是光氧化和热氧化的有效敏化剂。

5.2.3 光稳定剂的作用机理

从光氧化降解机理可以看出,高分子材料的老化,是由于综合因素作用而发生的复杂过程。为了抑制这一过程的进行,从而延长高分子材料的使用寿命,添加光稳定剂是个简便且有效的方法。

聚合物的光稳定过程需从如下几个方面进行:
① 紫外线的屏蔽和吸收;
② 氢过氧化物的非自由基分解;
③ 猝灭激发态分子;
④ 钝化重金属离子;
⑤ 捕获自由基。

其中①~④为阻止光引发,⑤为切断链增长反应的措施。光稳定剂为抑制聚合物的光氧化降解,至少必须具备上述一种功能。根据稳定机理的不同,光稳定剂大致分为四类,介绍如下。

5.2.3.1 光屏蔽剂

光屏蔽剂又称遮光剂,是一类能够吸收或反射紫外线的物质。它的存在像是在聚合物和光源之间设立一道屏障,使光在到达聚合物的表面时就被吸收或反射,阻碍了紫外线深入到聚合物内部,从而有效地抑制了制品的老化。

这类稳定剂主要有炭黑、二氧化钛、氧化锌、锌钡等。炭黑是吸附剂,而氧化锌和二氧化钛为白色颜料,可使光发生反射。其中效力最大的是炭黑,在聚丙烯中加入 2％的炭黑,使用寿命达 30 年以上。炭黑的结构式如图 5-3 所示。

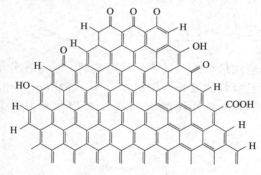

图 5-3 炭黑的结构式

从图中可以看出,在炭黑的结构中,具有苯醌结构及多核芳烃结构,它们具有光屏蔽作用。由于含有苯酚基团,故又具有抗氧化性。在橡胶中由于大量使用了炭黑(用作补强剂),所以其光稳定性能比较好,没有必要再添加其他光稳定剂。

5.2.3.2 紫外线吸收剂

紫外线吸收剂是目前应用最广的一类光稳定剂,能强烈地、选择性地吸收高能量的紫外线,并以能量转换形式,将吸收的能量以热能或无害的低能辐射释放出来或消耗掉,从而防止聚合物中的发色团吸收紫外线能量随之发生激发。具有这种作用的物质称为紫外线吸收剂。具有紫外线吸收剂功效的化合物类型比较广泛,但工业上应用最多的当属二苯甲酮类、水杨酸酯类和苯并三唑类等。

（1）二苯甲酮类 是目前应用最广的一类紫外线吸收剂，它对整个紫外线区域几乎都有较慢的吸收作用；因其结构中存在分子内氢键，即由苯环上的羟基氢和相邻的羰基氧之间形成了分子内氢键，构成了一个螯合环，而当吸收紫外线能量后，分子发生热振动，氢键破坏，螯合环打开，这样就能把有害的紫外线变成无害的热能而释放出来。另外，二苯甲酮类吸收了紫外线后不单氢键被破坏，而且羰基会被激发，产生互变异构现象，生成烯醇式结构，这也消耗了一部分能量。

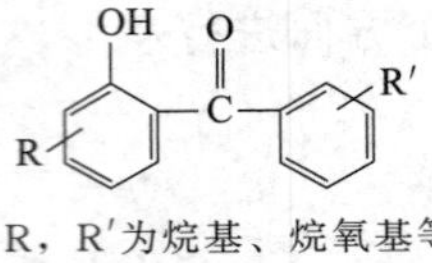

R，R′为烷基、烷氧基等

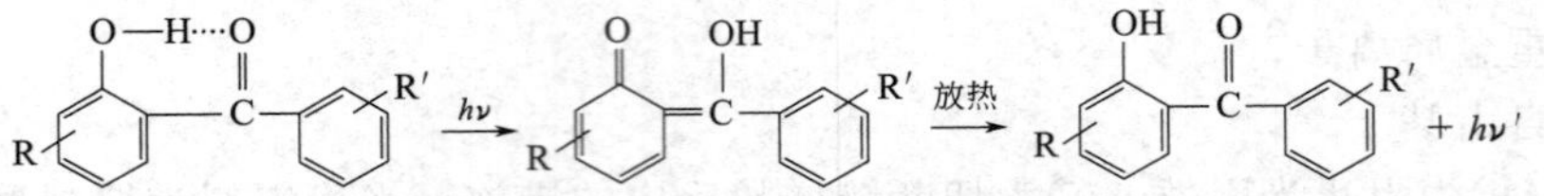

在这类光稳定剂中，分子内氢键的强度与其光稳定的效果有关，氢键越强，破坏它所需的能量越大，吸收耗去的紫外线能量就越多，效果则好；反之氢键较弱，则效果较差。另外，稳定效果还与苯环上烷氧基链的长短有关，链长，则与聚合物相容性好，稳定效果就好。

二苯甲酮类紫外线吸收剂中，必须要有一邻位的羟基，否则不能作为聚合物的光稳定剂。含一个邻位羟基的品种，可吸收 290～380nm 的紫外线，几乎不吸收可见光，也不着色，而且与聚合物相容性好，适用于浅色或透明制品；含两个邻位羟基的品种，吸收 300～400nm 的紫外线，并吸收部分可见光，因而易使制品显黄色，且与聚合物相容性差，用途小。在羰基邻位不含羟基的二苯甲酮类化合物，虽然也有吸收紫外线的能力，但它受光照后会引起自身分解，故不适宜作紫外线吸收剂。

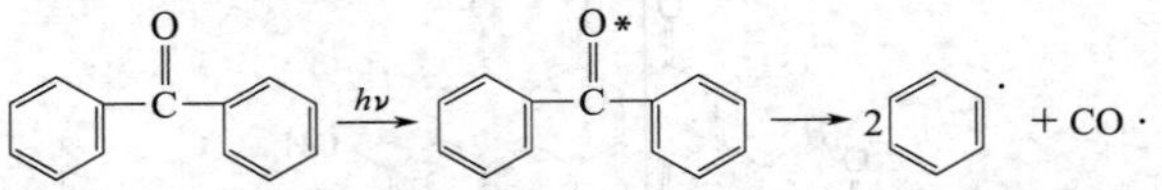

（2）水杨酸酯类 是应用最早的一类紫外线吸收剂。它可在分子内形成氢键，其本身对紫外线吸收能力很低，而且吸收的波长范围极窄（小于 340nm），但在吸收一定能量后，由于发生分子重排，形成了吸收紫外线能力强的二苯甲酮结构，从而产生强的光稳定作用。如：

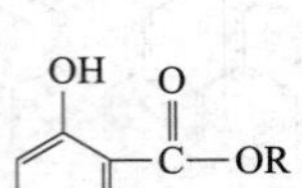

R 为芳基或取代芳基等

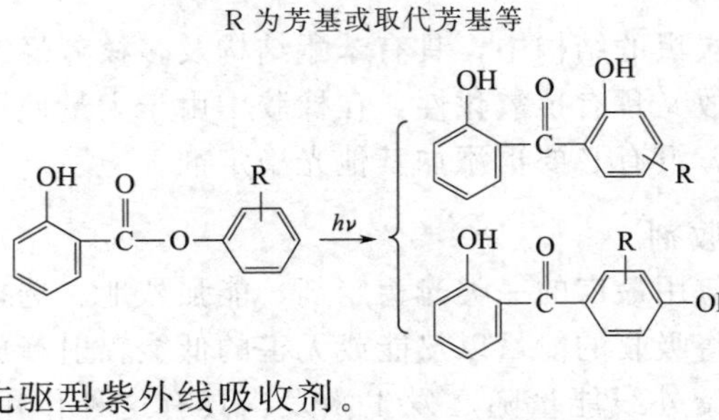

这类稳定剂又称为先驱型紫外线吸收剂。

（3）苯并三唑类 苯并三唑类的稳定机理与二苯甲酮类相似，其分子中也存在氢键螯合环，由羟基氢与三唑基上的氮所形成。当吸收紫外线后，氢键破坏或变为光互变异构体，把有害的紫外线能变成无害的热能。

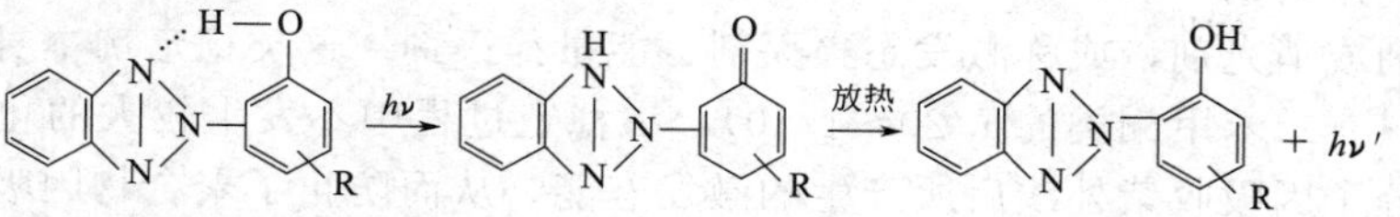

苯并三唑类对紫外线的吸收范围较广，可吸收 300～400nm 的光，而对 400nm 以上的可见光几乎不吸收，因此制品不会带色。此外，还有取代丙烯腈类、三嗪类等，其稳定机理据推测也是按顺反异构化，使光能变成无害的其他形式的能量，取代丙烯腈类能吸收 290～320nm 的紫外线，不吸收可见光，不会使制品显黄色；三嗪类能吸收 300～400nm 的紫外线。

大多数紫外线吸收剂的结构中多含有吸收波长在 400nm 以下的连接芳香族衍生物的发色团（C＝N，N＝N，N＝O，C＝O 等基团）和助色团（—NH₂、—OH、—SO₃H、—COOH等基团）。

（4）取代丙烯酸酯和取代丙烯腈类 该类化合物为紫外线吸收剂，兼有激发态猝灭功能。化学结构通式为：

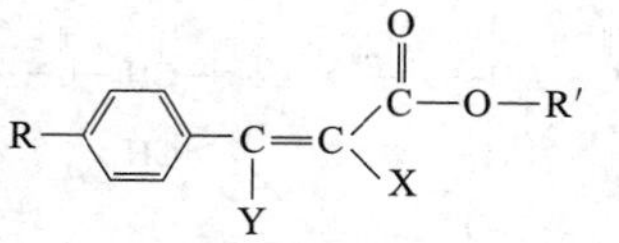

R 为氢，甲氧基；R′为烷基；X 为氢，氰基；Y 为氢，烷基，苯基

取代丙烯酸苯酯是人类最早使用的紫外线吸收剂之一，欧洲批准过 17 种取代丙烯酸苯酯的衍生物用作紫外线吸收剂，由于其苯环和羰基能形成共轭键，因此使其紫外线吸收率高。

例如，4-甲氧基肉桂酸-2-乙基己酯不仅紫外线吸收率高，而且安全性好，因此大约70％的防晒化妆品都添加了这种产品。

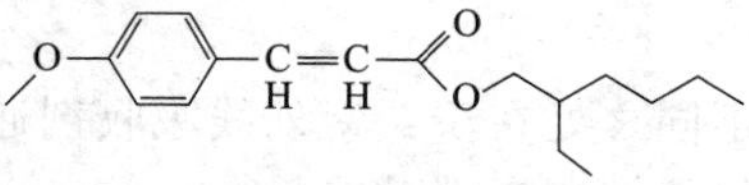

2-氰基 3,3-二苯基丙烯酸-2-乙基己酯（俗名：奥克立林），不但用于化妆品中，而且适用于 PVC 塑料制品和涂料中。

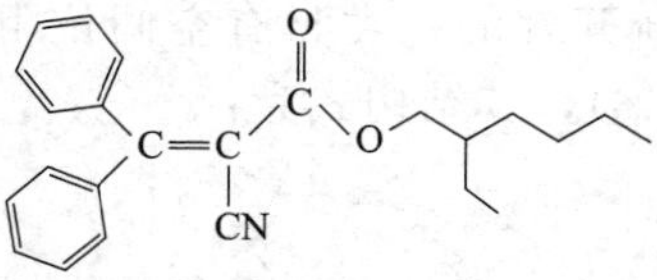

（5）三嗪类 属于紫外线吸收剂类。塑料工业常用烃苯基三嗪，例如三嗪-5，化学名为2,4,6-三（2′-羟基-4′-正丁氧苯基）-1,3,5-三嗪，内含邻羟苯基结构。它们因苯环上羟基氢和三嗪环氮原子产生分子内氢键而形成螯合环，在吸收紫外线能量后，分子产生热振动，氢键破裂，螯合环打开，将有害的紫外线光能转化为无害的热能释放出去，从而起到光稳定作用。

（6）草酰胺类 为紫外线吸收剂，兼有分子激发态猝灭功能。称其为 N,N′-二苯草酰胺类更准确，如 N-(2-乙基苯基)-N′-(2-乙氧基苯基) 草酰二胺：

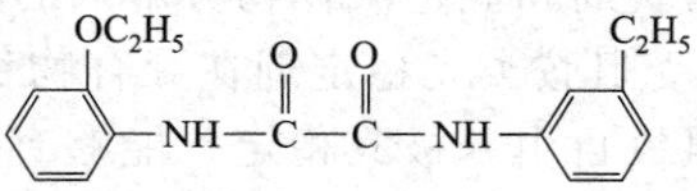

5.2.3.3 猝灭剂

又称减活剂或消光剂，或称激发态猝灭剂、能量猝灭剂。这类稳定剂本身对紫外线的吸收能力很低（只有二苯甲酮类的 $1/20\sim1/10$），在稳定过程中不发生较大的化学变化，但它能转移聚合物分子因吸收紫外线后所产生的激发态能，从而防止了聚合物因吸收紫外线而产生的游离基。

猝灭剂转移能量的方式有二：

① 猝灭剂接受激发聚合物分子的能量后，本身成为非反应性的激发态，然后再将能量以无害的形式散失掉。

$$A^*（激发态聚合物）+Q（猝灭剂）\longrightarrow A+Q^* \sim\longrightarrow Q$$

② 猝灭剂与受激聚合物分子形成一种激发态络合物，再通过光物理过程释放出能量。

$$A^*（激发态聚合物）+Q（猝灭剂）\longrightarrow [A+Q]^* \longrightarrow 光物理过程（产生荧光、磷光等）$$

猝灭剂主要是金属络合物，如镍、钴、铁的有机络合物。它是通过分子间的过程转移能量，迅速而有效地将激发态分子猝灭，使其回到基态，从而达到保护高分子材料，使其免受紫外线破坏的作用。如：

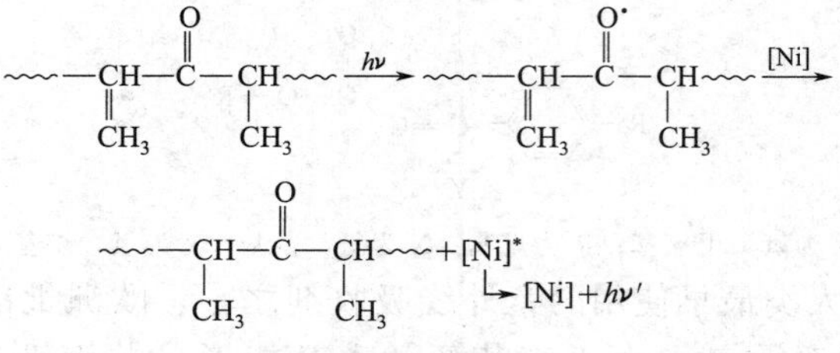

[Ni]—Ni的有机络合物

有机镍络合物和受光激发的聚合物分子作用，并在光化学降解之前传递激发态的能量，使聚合物分子再回到稳定的基态。

猝灭剂很少用于塑料厚制品，大多用于薄膜和纤维。在实际应用中常和紫外线吸收剂并用，以起到协同作用。

猝灭剂与紫外线吸收剂的不同之处在于：紫外线吸收剂通过分子内结构的变化来消散能量，而猝灭剂则通过分子间能量的转移来消散能量。

5.2.3.4 自由基捕获剂

自由基捕获剂是近 20 年来新开发的一类具有空间位阻效应的哌啶衍生物类光稳定剂，简称为受阻胺类光稳定剂（HALS），其结构式为：

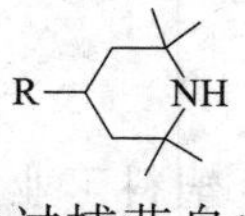

此类化合物几乎不吸收紫外线，但通过捕获自由基、分解过氧化物、传递激发态能量等多种途径，赋予聚合物高度的稳定性。

光屏蔽剂、紫外线吸收剂和猝灭剂所构成的光稳定过程都是从阻止光引发的角度赋予聚合物光稳定性功能，而自由基捕获剂则是以清除自由基，切断自动氧化链反应的方式实现光稳定的目的。受阻胺类光稳定剂是目前公认的高效光稳定剂。20 世纪 70 年代以来，有关其光稳定机理的研究异常活跃，相关论文不断发表。尽管迄今仍有许多观点未能取得一致，但受阻胺类光稳定剂作为自由基捕获剂和氢过氧化物分解剂的功能却毋庸置疑。

Denisou 光稳定机理认为，受阻胺类光稳定剂在聚合物稳定过程中首先被氧化成相应的氮氧自由基（$>$NO·），这种氮氧自由基极其稳定，能够有效地捕获聚合物自由基 R· 并生成烷氧基受阻胺化合物，这种化合物尚能清除聚合物过氧自由基 $R'OO\cdot$，得到二烷基过氧化物（$ROOR'$）并使 $>NO\cdot$ 再生。

显而易见，受阻胺氮氧自由基在 HALS 光稳定过程中具有举足轻重的地位，其再生性正是 HALS 高效的实质。

另外，Carlsson 证实了 HALS 在氢过氧化物周围具有浓集效应的事实，这就意味着受阻胺是高效的氢过氧化物分解剂。

HALS 的光稳定作用并不仅限于此。大量的机理研究表明，HALS 在猝灭激发态分子、钝化金属离子等方面亦有功效。事实上，它是从多种途径来实现聚合物光稳定的目标的。

HALS 通常为受阻哌啶的衍生物，随着官能团结构研究的深入，某些受阻哌嗪酮类化合物亦被使用。

5.3　光稳定剂的化学及工艺

5.3.1　二苯甲酮类

二苯甲酮类光稳定剂是邻羟基二苯甲酮的衍生物，有单羟基、双羟基、三羟基、四羟基等衍生物。此类化合物吸收波长为 290~400nm 的紫外线，并与大多数聚合物有较好的相容性，因此广泛用于聚乙烯、聚丙烯、聚氯乙烯、ABS、聚苯乙烯、聚酰胺等材料中，其主要品种见表 5-7。

表 5-7　常见的二苯甲酮类光稳定剂

化 学 名 称	商品名称	最大吸收波长/nm（吸收系数）	外观	熔点/℃
2,4-二羟基二苯甲酮	Uvinul 400	288(66.5)	灰白色	140~142
2-羟基-4-甲氧基二苯甲酮	Cyasorb UV-9	287(68.0)	淡黄色粉末	63~64
2-羟基-4-辛氧基二苯甲酮	Cyasorb UV-531	290(48.0)	淡黄色粉末	48~49
2-羟基-4-癸氧基二苯甲酮	Uvinul 410	288(42.0)	灰白色粉末	49~50
2-羟基-4-十二烷氧基二苯甲酮	Rylex D AM-320	325(28.0)	淡黄色片状固体	43~44
2,2′-二羟基-4-甲氧基二苯甲酮	Cyasorb UV-24	285(46.0)	淡黄色粉末	68~70
2-羟基-4-甲氧基-2′-羧基二苯甲酮	Cyasorb UV-207	320[①](34.8)	白色粉末	166~168
2,2′-二羟基-4,4′-二甲氧基二苯甲酮	Uvinul D-49	288(45.5)	黄色粉末	130
Uvinul-D-49 与四取代二苯甲酮的混合物	Uvinul 490	288(46.0)	黄色粉末	80
2,2′,4,4′-四羟基二苯甲酮	Uvinul D-50	286(48.8)	黄色粉末	195
2-羟基-4-甲氧基-5-磺基二苯甲酮	Uvinul MS-40 Cyasorb UV-284	288(46.0)	白色粉末	109~135
2,2′-二羟基-4,4′-二甲氧基-5-磺基二苯甲酮	Uvinul DS-49	333[②](16.5)	粉末	>350
5-氯-2-羟基二苯甲酮	HCB	262(68.0)		

① 甲醇作溶剂。

② 甲苯作溶剂。

注：未注明者为氯仿作溶剂。

二苯甲酮类在工业上有三种制备方法。

5.3.1.1 苯甲酰氯法

先制得适当的酚及衍生物，然后在酚及衍生物的芳环上用苯甲酰氯进行酰基化，如紫外线吸收剂 UV-9 的制备是将间苯二酚与硫酸二甲酯作用，先制得间苯二酚二甲醚，然后在它的芳环上用苯甲酰氯进行酰基化，最后部分水解，得到 2-羟基-4-甲氧基二苯甲酮。

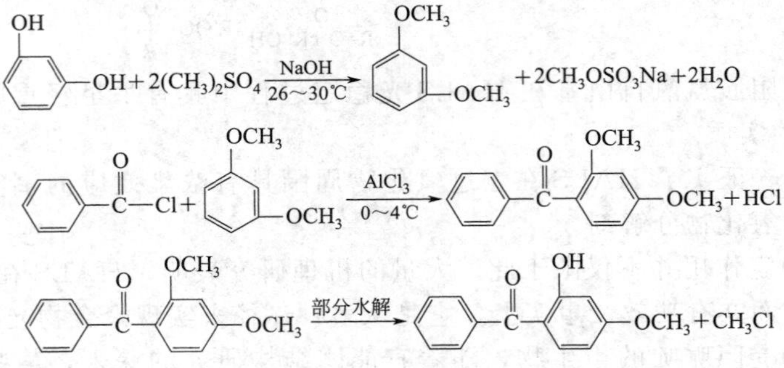

5.3.1.2 苯甲酸法

将间苯二酚、苯甲酸在 PCl_3、$ZnCl_2$、H_3PO_4 存在下进行缩合反应得 2,4-二羟基二苯甲酮，然后与 1-溴代正辛烷在 K_2CO_3 存在下，在丙酮溶液中进行醚化反应，得 2-羟基-4-辛氧基二苯甲酮，即紫外线吸收剂 UV-537。

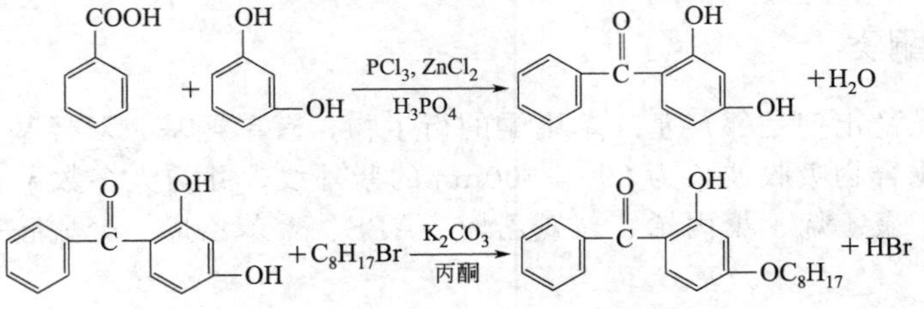

5.3.1.3 三氯甲苯法

由三氯甲苯与间苯二酚反应，制取 2,4-二羟基二苯甲酮，收率可达 95%。

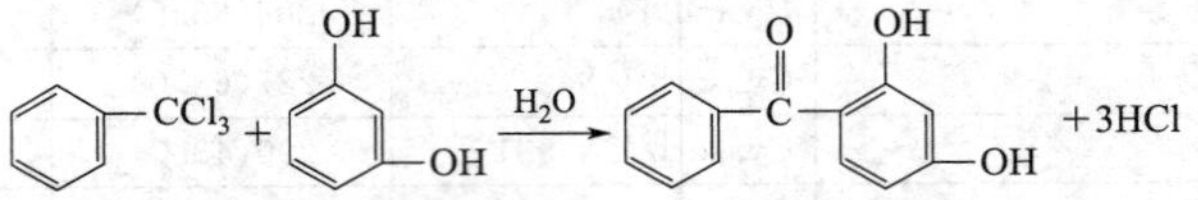

三种工业合成法各有优缺点：苯甲酰氯法获得的产品色泽好，几乎是白色结晶，但原料成本高，反应收率低，约 50%～60%，耗用大量催化剂，给后处理带来困难。苯甲酸法获得的产品质量较好，收率可达 90% 以上，但苯甲酸易升华，黏附于反应器壁，反应时间长。加入磷酸或三氯化磷成本较高，收率可达 95%，原料价廉易得，产品成本低，但产品结晶色泽较深，不易脱色提纯。综合考虑，苯甲酰氯法应用广泛。

紫外线吸收剂 UV-9 和 UV-531 是应用广泛的光稳定剂，UV-9 能有效吸收 290～400nm 的紫外线，但几乎不吸收可见光，所以适用于浅色透明制品。本品对光、热稳定性好。在 200℃ 时不分解，但升华损失较大。可用于油漆和各种塑料。对软、硬质聚氯乙烯、聚酯、聚苯乙烯、丙烯酸树脂和浅色透明木材家具特别有效，用量为 0.1～0.5 份。

UV-531 能强烈吸收 300～375nm 的紫外线，与大多数聚合物相容，特别是与聚烯烃有很好的相容性，挥发性低，几乎无色。主要用于聚烯烃，也用于乙烯基树脂，聚苯乙烯、纤维素、聚酯、聚酰胺等塑料、纤维及涂料。用量为 0.5 份左右。

5.3.2　水杨酸酯类

水杨酸苯酯是最早使用的紫外线吸收剂，其优点是价格便宜，而且与树脂的相容性较好。缺点是紫外线吸收率低，而且吸收波段较窄（340nm 以下）。本身对紫外线不甚稳定。光照后发生重排而明显地吸收可见光，使制品带色。可用于聚乙烯、聚氯乙烯、聚偏乙烯、聚苯乙烯、聚酯、纤维素等。

水杨酸苯酯的合成方法有以下两种。

5.3.2.1　由水杨酸与酚在 POCl₃ 作用下反应

如紫外线吸收剂 TBS 的制备：由水杨酸与 4-叔丁基苯酚和 POCl₃ 进行反应，可制得 4-叔丁基苯酯。

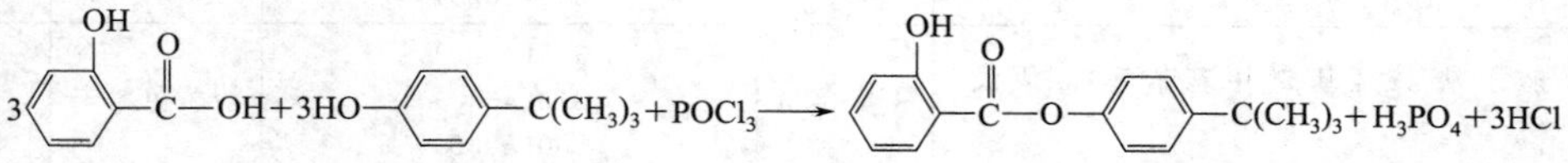

水杨酸(4-叔丁基苯酯)UV-TBS

5.3.2.2　由水杨酸先制成水杨酸酰氯，再与酚类进行酰基化反应

如紫外线吸收剂 BAD 的制备：由水杨酸与氯化亚砜作用，先制成水杨酸酰氯，然后将水杨酸酰氯与双酚 A 进行酰基化反应，可得到 p,p'-次异丙基双酚双水杨酸酯（UV-BDA）。

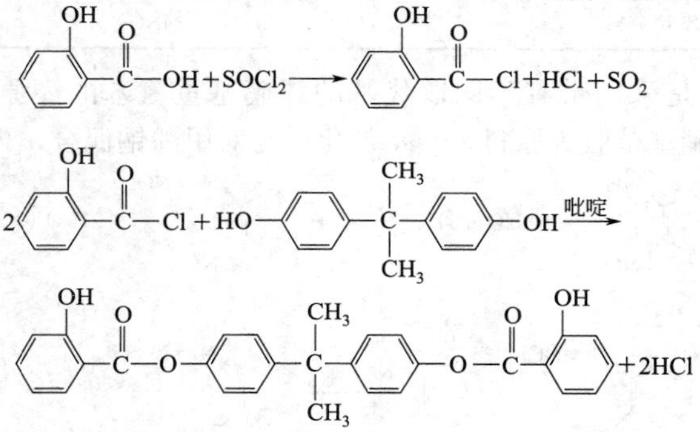

UV-BAD

常见的水杨酸酯类光稳定剂品种如表 5-8 所示。

表 5-8　常见的水杨酸酯类光稳定剂

化　学　名　称	商品名称	最大吸收波长/nm(吸收系数)	外观	熔点/℃
水杨酸苯酯	Salol	310(24.0)	白色固体	62
水杨酸-p-叔丁基苯酯	TBS	311(17.0)	白色结晶	65～66
水杨酸-p-叔辛基苯酯	OPS	311(16.0)	白色粉末	72
间苯二酚单苯甲酸酯	RMB	340(28.0)	黄色粉末	133
p,p'-次异丙基双酚双水杨酸酯	BAD		白色粉末	158～161

UV-TBS 为一种廉价的紫外线吸收剂，性能良好，但在光照下有变黄的倾向，可用于聚氯乙烯、聚乙烯、纤维素塑料和聚氨酯，用量为 0.2～1.5 份。UV-BAD 可吸收波长350nm 以下的紫外线，与各种树脂的相容性好，价格低廉，可用于聚乙烯、聚丙烯等聚烯烃制品，也可用于含氯树脂，用量为 0.2～4 份。UV-OPS 为聚烯烃的紫外线吸收剂，与聚烯烃相容性好，具有优良的耐候性，用量为 0.5～2 份。

5.3.3 苯并三唑类

苯并三唑类光稳定剂是一类性能较二苯甲酮类好的优良紫外线吸收剂。它能较强烈地吸收 310～385nm 紫外线，几乎不吸收可见光。热稳定性优良，但价格较高，可用于聚乙烯、聚丙烯、聚苯乙烯、聚碳酸酯、聚酯、ABS 等制品。常见的苯并三唑类紫外线吸收剂见表 5-9。

表 5-9　苯并三唑类紫外线吸收剂

化 学 名 称	商品名称	最大吸收波长/nm(吸收系数)	外观	熔点/℃
2-(2′-羟基-5′-甲基苯基)苯并三唑	UV-P	298(61.0)	灰白色粉末	128～132
2-(3′,5′-二叔丁基-2′-羟基苯基)苯并三唑	UV-320	340(70.0) 305(50.0)	淡黄色粉末	152～156
2-(3′-叔丁基-2′-羟基-5′-甲基苯基)-5-氯代苯并三唑	UV-326	345(49.0) 313(46.0) 350(50.0)	淡黄色粉末	140
2-(3′,5′-二叔丁基-2′-羟基苯基)-5-氯苯并三唑	UV-327	315(42.0)	淡黄色粉末	151
2-(2′-羟基-3′,5′-二叔戊基)苯并三唑	UV-328	352(47.0) 300(45.0) 340(44.0)	淡黄色粉末	81
2-(2′-羟基-5′-叔辛苯基)-苯并三唑	UV-5411	345(—)	白色粉末	>102

苯并三唑类化合物是采用带有不同取代基的邻硝基重氮苯的还原环化来制备的。

以 UV-P 为例：邻硝基苯胺为原料，经重氮化后与对甲酚钠偶合，再经还原、酸析而成。

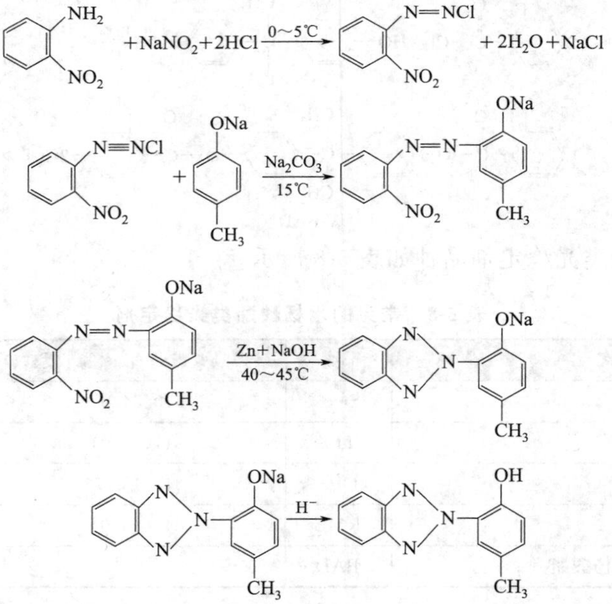

UV-P 能吸收波长 270～380nm 的紫外线，几乎不吸收可见光。初期着色性好。主要用于聚氯乙烯、聚苯乙烯、不饱和聚酯、聚碳酸酯、聚甲基丙烯酸甲酯、聚乙烯、ABS 等制品，特别适用于无色透明和浅色制品。用于薄制品一般添加量为 0.1～0.5 份，用于厚制品添加量为 0.05～0.2 份，用于合成纤维中添加量达 0.5～2 份才有明显的效果，但不耐皂洗，因为它能溶于碱性肥皂中，使纤维颜色变黄。

UV-326能有效地吸收波长为270～380nm的紫外线，稳定效果很好，对金属离子不敏感，挥发性小，有抗氧化作用，初期易着色。主要用于聚烯烃、聚氯乙烯、不饱和聚酯、聚酰胺、环氧树脂、ABS、聚氨酯等制品。

UV-327能强烈地吸收波长为270～300nm的紫外线，化学稳定性好、挥发性小、毒性小、与聚烯烃相容性好，尤其适用于聚乙烯、聚丙烯，也适用于聚氯乙烯、聚甲基丙烯酸甲酯、聚甲醛、聚氨酯、ABS、环氧树脂等。

UV-5411吸收紫外线的范围较广，最大吸收峰为345nm（在乙醇中），挥发性小，初期着色性也不大，广泛用于聚苯乙烯、聚甲基丙烯酸甲酯、不饱和聚酯、硬聚氯乙烯、聚碳酸酯、ABS等。

Tinuvin 900 的结构式为：

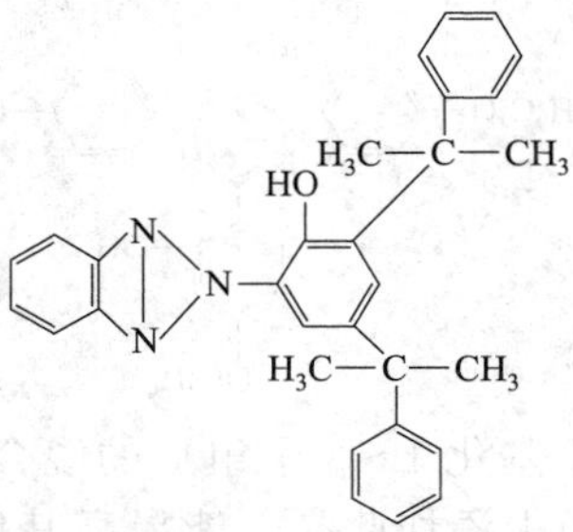

它是 Ciba-Geigy 公司专为涂料而开发的一种紫外线吸收剂，特别适用于需要高温烘烤以及涂膜具有持久耐候性的漆料中，与受阻胺类光稳定剂有协同作用，可以在许多类型的涂料中使用，提高漆膜的光稳定性。由于其低温高效性，在烘烤过程中的低挥发性、持久的耐候性，故特别适用于汽车涂料、绝缘涂料、粉末涂料，使用浓度1%～0.5%（固体量），还可以与0.5%～2.0%受阻胺类光稳定剂并用，赋予漆膜优良的抗失性、抗龟裂性、抗剥离性和抗变色性。

5.3.4 三嗪类

三嗪类光稳定剂是一类高效的吸收型光稳定剂，对280～380nm的紫外线有较高的吸收能力，较苯并三唑类光稳定剂吸收能力强，是2-羟基苯基三嗪衍生物，其特点是含有邻位羟，其通式如下：

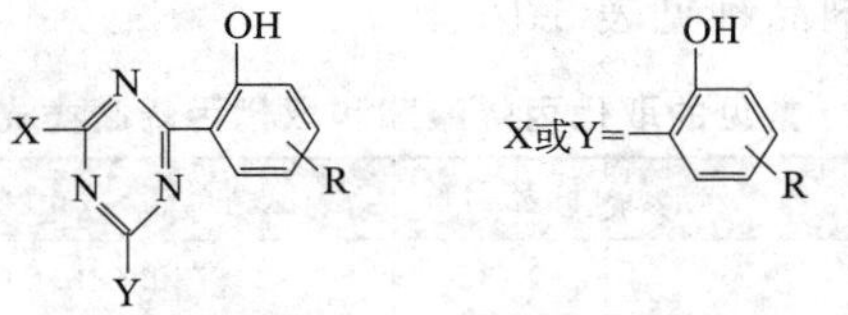

R—H, 烷基, 4-羟基, 4-烷氧基, 4-烯链的酯基

这类化合物吸收紫外线的效果与邻羟基的个数有关，邻羟基的个数越多，吸收紫外线的能力越强，不同取代基的引入降低了均三嗪环的碱性，提高了化合物的耐光牢固性，同时也提高了与树脂的相容性。典型的三嗪类吸收剂的例子如下：

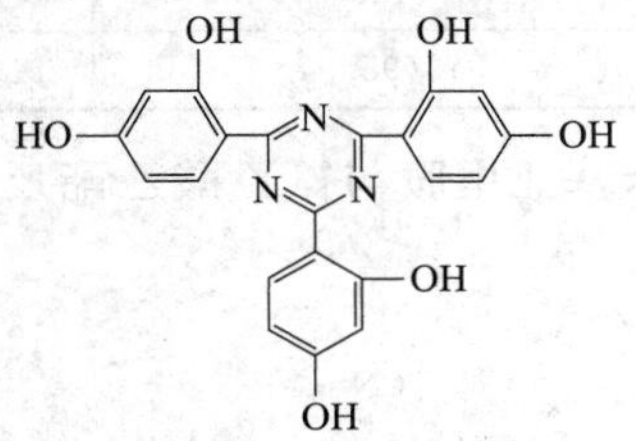

2,4,6-三(2′,4′,-二羟基苯基)-1,3,5-
三嗪(三嗪-2)

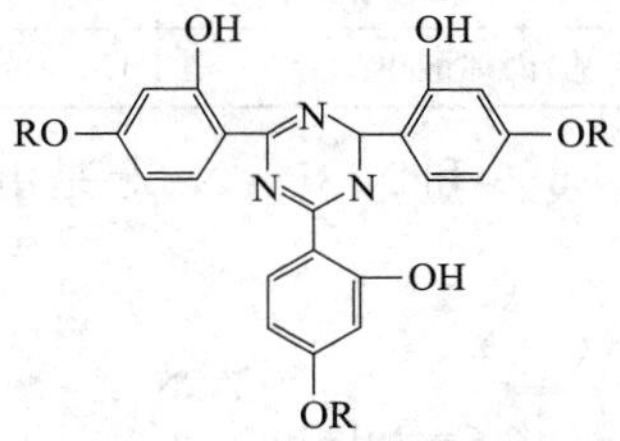

R=甲基, 乙基, 辛基
2,4,6-三(2′-羟基-4′-烷氧基苯基)-1,3,5-三嗪
(三嗪-5)

三嗪类光稳定剂的典型品种是三嗪-5，即 2,4,6-三（2′-羟基-4′-烷氧基苯基)-1,3,5-三嗪。其生产方法是以三聚氯氰与间苯二酚反应制得 2,4,6-三（2,4′-二羟基苯基)-1,3,5-三嗪，再与溴代正丁烷进行丁氧基化反应。反应式如下：

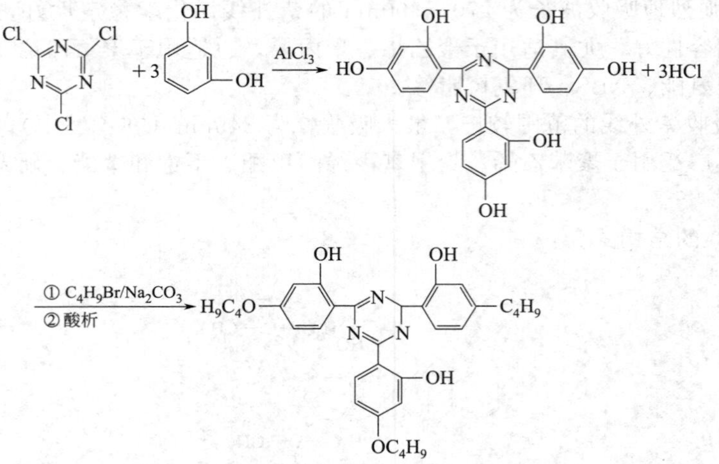

三嗪-5 的工业品是由酚羟基丁基化 1～3 个组成的混合物，其热光稳定性优良，适用于多种聚合物，在聚氯乙烯农业薄膜中添加此品，能提高其使用寿命 1～3 倍，效果优于常用的紫外线吸收剂 UV-9、UV-531、UV-327。在聚甲醛中不仅可以提高制品的耐候性和耐热性，而且有突出的冲出韧性。在氯化聚醚中有助于提高储存和使用期限，也有利于加工。其缺点是与聚合物相容性差，而且易使制品着色，影响外观。可用在清漆和包漆中，添加量为 0.1%～2%（固含量）。

5.3.5　取代丙烯酸酯和取代丙烯腈类

此类化合物仅能吸收 310～320nm 范围内的紫外线，且吸收指数较低；但此类光稳定剂不含酚式羟基，具有良好的化学稳定性和与聚合物的相容性。可应用于丙烯酸树脂、环氧树脂、脲醛树脂、密胺树脂、聚酰胺、聚酯、聚烯烃、聚氯乙烯、聚氨酯等，常见的取代丙烯酸酯和取代丙烯腈类光稳定剂品种见表 5-10。

表 5-10　常见的取代丙烯酸酯和取代丙烯腈类光稳定剂

化 学 名 称	商品名称	最大吸收波长/nm(吸收系数)	外观	熔点/℃
2-氰基-3,3′-二苯基丙烯酸乙酯	N-35	303(46.0)	粉末	96
2-氰基-3,3′-二苯基丙烯酸异辛酯	N-539	308(34.0)	液体	10
2-氰基-3-甲基-3-(对甲氧基苯基)丙烯酸丁酯	UV-317	321(—)	液体	
2-氰基-3-甲基-3-(对甲氧基苯基)丙烯酸甲酯	UV-318	338	粉末	65～85
N-(β-氰基-β-丙烯酸甲酯基)-2-甲基吲哚啉	UV-340	338(129.6)	黄色粉末	98
2-甲酯基-3-(对甲氧基苯基)丙烯酸甲酯	UV-1988	315(95.5)	白色粉末	54～57

其典型品种为 N-539 和 N-35。N-35 是由二苯基亚甲胺与氰乙酸乙酯反应制得的，反应方程式如下：

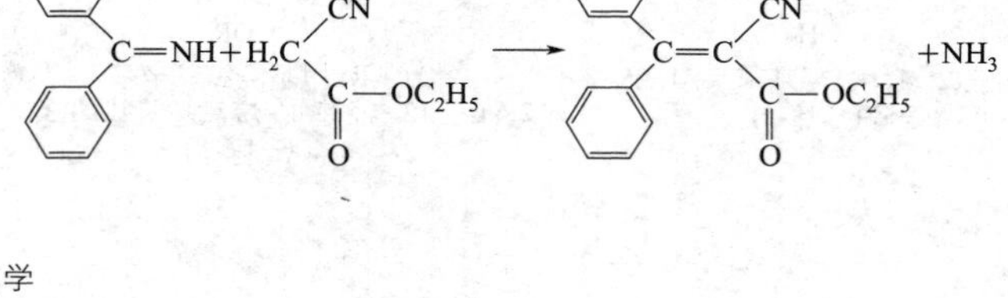

N-35 强烈吸收波长为 270～350nm 的紫外线，耐碱性好，溶于甲苯、甲乙酮、乙酸乙酯等，微溶于乙醇、甲醇，不溶于水。本产品适用于聚氯乙烯、缩醛树脂、聚烯烃、环氧树脂、聚酰胺、丙烯酸树脂、聚氨酯、脲醛树脂和硝酸纤维素等，尤其适用于硬质和软质聚氯乙烯制品。用量一般为 0.1%～0.5%。

N-539 是由二苯基亚甲胺与氰乙酸-2-乙基己酯反应制得，为浅黄色液体，可溶于常用的有机溶剂，不溶于水。它与树脂的相容性好，不着色，可赋予制品优良的光热稳定性。可用于各种合成材料，尤其适用于硬质和软质聚氯乙烯制品。

5.3.6 镍络合物类

有机镍络合物是一类猝灭剂。由于它们对激发的单线态和激发的三线态有强烈地猝灭作用，其本身也是高效的氢过氧化物分解剂，不少镍络合物还兼有抗氧和抗臭氧的作用，因此广泛地应用于聚烯烃纤维和极薄薄膜中，其添加量比吸收型光稳定剂略低。

镍络合物主要有硫代双酚型、二硫代氨基甲酸镍盐和膦酸单酯镍型三种类型。

5.3.6.1 硫代双酚型

其代表性品种有光稳定剂 AM-101。化学名为硫代双（辛基苯酚）镍，结构式如下：

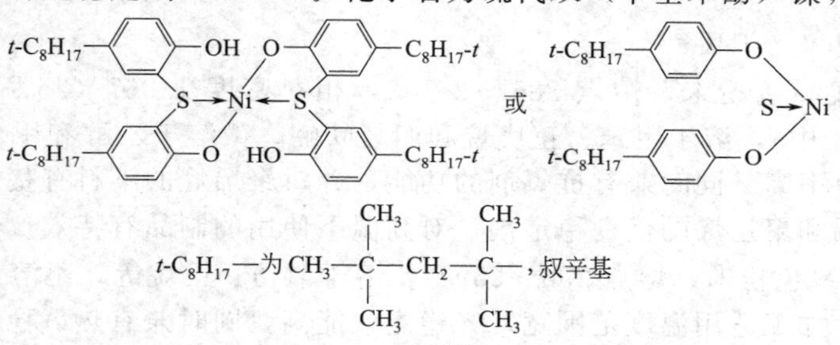

AM-101

AM-101 的生产方法是由二异丁烯与苯酚在硫酸催化下生成对叔辛基苯酚。对叔辛基苯酚与二氯化硫在四氯化碳中反应生成硫代双对叔辛基苯酚，后者在二甲苯中与醋酸镍反应而得到产品 AM-110。

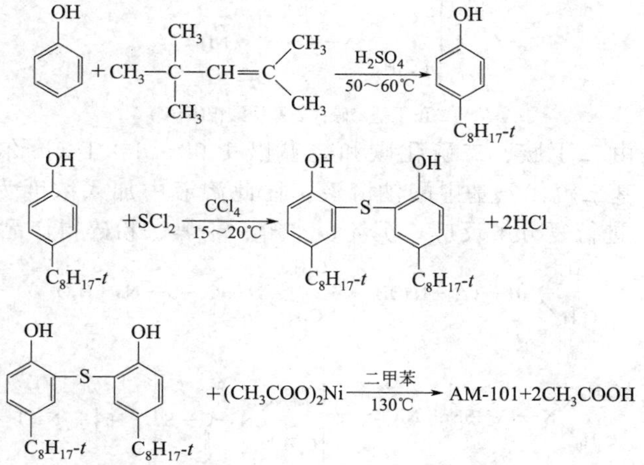

AM-101 为绿色粉末，最大吸收波长为 290nm，对聚烯烃和纤维的光稳定非常有效。在溶剂中的溶解度极小，用于纤维的耐洗性优良并兼有助涤剂之功能，与紫外线吸收剂并用有良好的协同效应。但此品种有使制品着色的缺点，又因其分子中含有硫原子，高温加工有变黄倾向，因此不适用子透明制品。在塑料中的用量为 0.1%～0.5%，在纤维中的用量可

达 1%。

类似的品种有光稳定剂 1084，化学名为 2,2′-硫代双（4-叔辛基苯酚）正丁胺镍。

$t\text{-}C_8H_{17}$ ... S→Ni—NH$_2$(CH$_2$)$_3$CH$_3$ UV-1084

UV-612，化学名为 2,2′-硫代双（4-叔辛基酚氧基）镍-2-乙基己胺络合物。

$t\text{-}H_{17}C_8$ ... S—Ni←NH$_2$C$_8$H$_{17}$-t UV-612

其生产方法与 AM-101 基本相同，只是最后一步反应是由硫代双叔辛基苯酚与胺和醋酸镍反应。如果与正丁胺反应得到 UV-1084，与 2-乙基己胺反应得到 UV-612。如：

$$+C_4H_9NH_2-Ni(O-\overset{O}{\overset{\|}{C}}-CH_3)_2\cdot 4H_2O \xrightarrow[\text{CHCl}_3]{\text{常温}} UV\text{-}1084 + 2HAc + 4H_2O$$

UV-1084 为浅绿色粉末，熔点 285～261℃，相对密度 1.367（25℃），最大吸收波长 296nm（在 CHCl$_3$ 中），溶于甲苯、正庚烷和四氢呋喃，微溶于乙醇和甲乙酮，对制品的着色性小，光稳定效率高。同时兼有抗氧剂的功能，并对聚烯烃的染料有螯合作用，可改变其染色性，是聚丙烯和聚乙烯的优良稳定剂，对高温下使用的制品有特效。

UV-612 为淡绿色粉末，熔点 256～259℃，溶于氯仿、己烷等，不溶于丙酮和甲醇，与树脂的相容性好，加工适用温度范围宽，光稳定效能高，同时兼有热氧稳定作用。主要用于聚乙烯、聚丙烯等聚烯烃树脂。

5.3.6.2　二硫代氨基甲酸镍盐

其代表性品种有光稳定剂 NBC，结构式如下：

$$\left[\begin{matrix} n\text{-}C_4H_9 \\ n\text{-}C_4H_9 \end{matrix} N-\overset{S}{\overset{\|}{C}}-S\right]_2 Ni$$

N,N-二正丁基二硫代氨基甲酸镍(NBC)

工业生产方法是由二丁胺、二硫化碳和烧碱以 1.02∶1∶1（摩尔比）配比，在 20～30℃反应，生成二丁基二硫代氨基甲酸钠溶液。往此溶液中加入浓度为 40%～50% 的氯化镍溶液，在 20～30℃进行复分解反应，沉淀、水解、干燥、粉碎得产品。

$$\begin{matrix} C_4H_9 \\ C_4H_9 \end{matrix} NH-CS_2+NaOH \longrightarrow \begin{matrix} C_4H_9 \\ C_4H_9 \end{matrix} N-\underset{S}{\overset{\|}{C}}-S-Na+H_2O$$

$$\begin{matrix} C_4H_9 \\ C_4H_9 \end{matrix} N-\underset{S}{\overset{\|}{C}}-SNa+NiCl_2 \longrightarrow \left[\begin{matrix} C_4H_9 \\ C_4H_9 \end{matrix} N-\underset{S}{\overset{\|}{C}}-S\right]_2 Ni\downarrow+2NaCl$$

光稳定剂 NBC 为深绿色粉末，熔点 86℃以上，相对密度 1.26%（25℃），溶于氯仿、苯、二硫化碳，微溶于丙酮、乙醇，不溶于水，储存稳定性良好，可用作聚丙烯纤维、薄膜和窄带的光稳定剂，具有十分优良的光稳定作用。在丁苯、氯苯、氯磺化聚乙烯等合成橡胶中有防止日光龟裂、臭氧龟裂的作用，且可提高氯丁胶和氯磺化聚乙烯的耐热性。用量为 0.3～0.5 份。

5.3.6.3　膦酸单酯镍型

代表性品种有光稳定剂 2002，结构式如下：

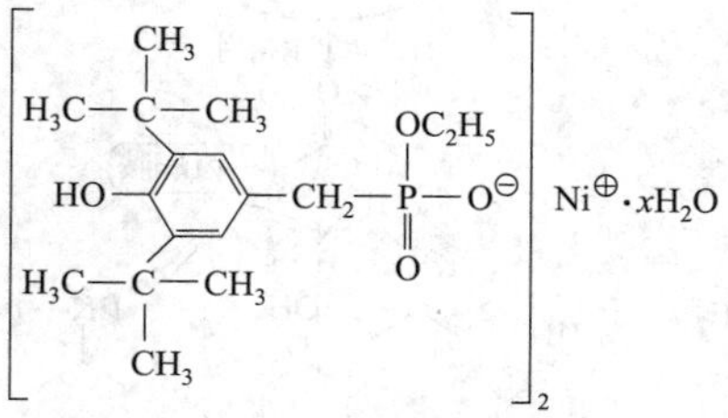

双(3,5-二叔丁基-4-羟基苄基膦酸单乙酯)镍(2002)

工业上是用 2,6-二叔丁基苯酚与甲醛、N,N-二甲胺在乙醇溶液中于 70～80℃进行氨甲基化反应，生成 N,N-二甲基-2,6-二叔丁基-4-羟基苄胺，后者与磷酸二乙酯作用生成 3,5-二叔丁基-4-羟基苄基膦酸二乙酯，产物经氢氧化钠水解，所得膦酸单盐与二氯化镍络合即可制得产品。

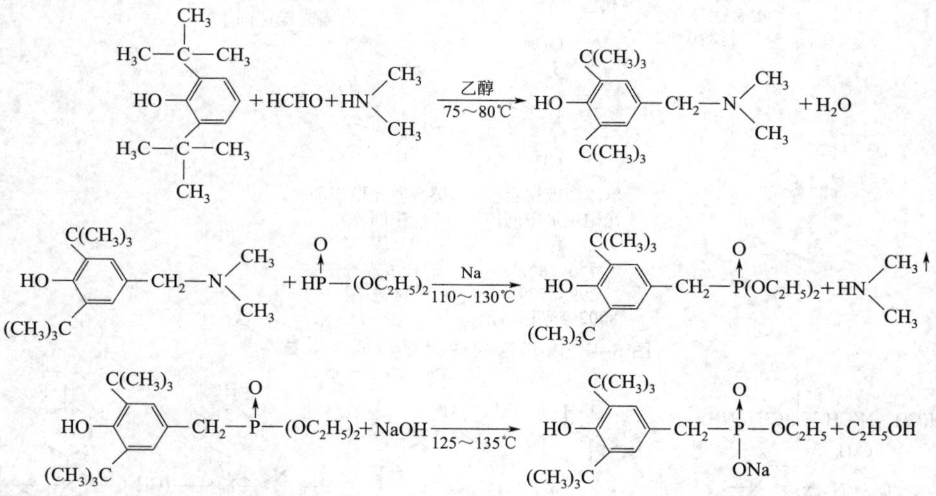

光稳定剂 2002 依含水量不同而为淡黄色或淡绿色粉末。熔点范围为 180～200℃，易溶于常用的有机溶剂，水中溶解度为 5g/100mL，对光和热的稳定性高，相容性好，耐抽出，着色性小，具有猝灭激发态和捕获活性自由基的功能，对纤维和薄膜有优良的稳定作用。主要用于聚烯烃，特别是聚丙烯纤维、薄膜和窄带（编织带）。对聚丙烯纤维有助染作用，与紫外线吸收剂、亚磷酸酯和硫代酯等辅助抗氧剂并用有协同作用，但多与酚类抗氧剂并用，最佳用量为 0.1～0.3 份。

5.3.7　受阻胺类

受阻胺类光稳定剂（HALS）是近 20 年来聚合物稳定化助剂开发研究领域的热门课题，产能增长速度远远超过了其他助剂，性能优异、结构独特的功能化品种层出不穷。

受阻胺类光稳定剂都具有 2,2,6,6-四甲基哌啶基的基本结构，因而 2,2,6,6-四甲基哌啶-4-酮，通常称为三丙酮胺，是该类稳定剂的母核。

通过三丙酮胺衍生的 2,2,6,6-四甲基-4-哌啶胺、哌啶醇、哌啶丁胺、己二胺哌啶均为受阻胺类光稳定剂的关键中间体，进一步合成得到的 944、770、3346、622、156、123 等均是目前国内重要的光稳定剂品种，几乎垄断了国内受阻胺类光稳定剂行业。其中由三丙酮胺衍生出的哌啶胺、哌啶醇、哌啶丁胺、己二胺哌啶等关键中间体都是通过还原胺化的方式得到的。构筑 2,2,6,6-四甲基哌啶六元含氮杂环是整个产业链的重中之重。见图 5-4、图 5-5。

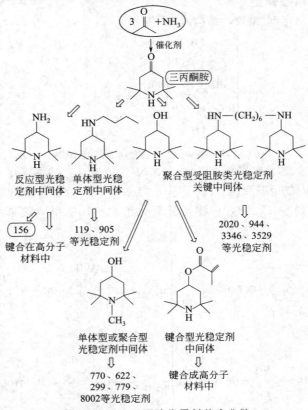

图 5-4 以三丙酮胺为原料的产业链

图 5-5 受阻胺类光稳定剂典型品种

5.3.7.1 三丙酮胺及衍生物中间体的制备

三丙酮胺是由氨与丙酮缩合而成，要达到生产过程经济合理，则需要高度的技术。这正是受阻胺类光稳定剂成本竞争的焦点。

TAA 的典型合成路线是丙酮与过量的氨以 50%～60% 的收率得到三丙酮胺。

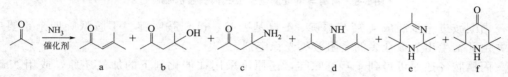

反应的关键问题是催化剂的选择，该反应采用酸性催化剂，如氯化钙、氯化铵、氯化锌、二氟化硼、2,4,6-三硝基苯酚等，反应在常温下就能进行。为提高反应速率，可以升温到 50℃，反应时间视所用催化剂不同而定。若选用 $CaCl_2$、$ZnCl_2$ 则反应时间稍长（10～20h），若选用三硝基苯酚作催化剂，则反应在数分钟内即可完成。

也可以直接从丙酮与氨在氯化铵存在下合成三丙酮胺，采用回收丙酮的方法可使三丙酮胺的收率提高到 70%～85%，通氨速率和通氨量直接影响三丙酮胺的收率和质量。

三丙酮胺合成过程中的主要产物和产物的气相谱图分别见图 5-6、图 5-7。

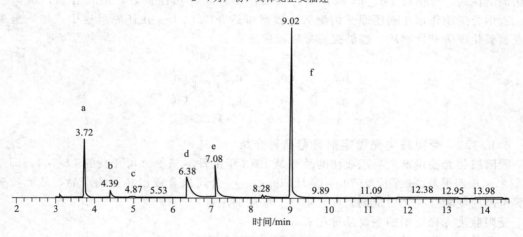

图 5-6　三丙酮胺合成过程中的主要产物
a～f 为产物，具体见正文描述

图 5-7　产物的气相谱图
a～f 为产物，具体见正文描述

根据 GC-MS 结果，该反应的主要产物有二丙酮醇（4-羟基-4-甲基-2-戊酮，图 5-6、图 5-7 中 b）、二丙酮胺（4-氨基-4-甲基-2-戊酮，图 5-6，图 5-7 中 c）、4-甲基-3-戊烯-2-酮（图 5-6、图 5-7 中 a）、2,6-二甲基-2,5-庚二烯-4-亚胺（图 5-6、图 5-7 中 d）、丙酮宁（2,2,4,6,6-五甲基-1,2,5,6-四氢嘧啶，图 5-6、图 5-7 中 e）、三丙酮胺（2,2,6,6-四甲基-4-哌啶酮，图 5-6、图 5-7 中 f）等。

根据气质联用的分析结果，对丙酮与氨气合成三丙酮胺的反应机理进行了推测，如图 5-8 所示。丙酮进行羟醛缩合反应，生成二丙酮醇，二丙酮醇脱水可以得到 4-甲基-3-戊烯-2-酮。氨气对 4-甲基-3-戊烯-2-酮进行亲核加成反应生成二丙酮胺。二丙酮胺继续和氨气、丙酮反应，再经过关环反应得到丙酮宁。4-甲基-3-戊烯-2-酮在酸催化作用下继续与另一分子丙酮反应、脱水得到佛尔酮。佛尔酮与氨气发生迈克尔加成反应，最终得到三丙酮胺。

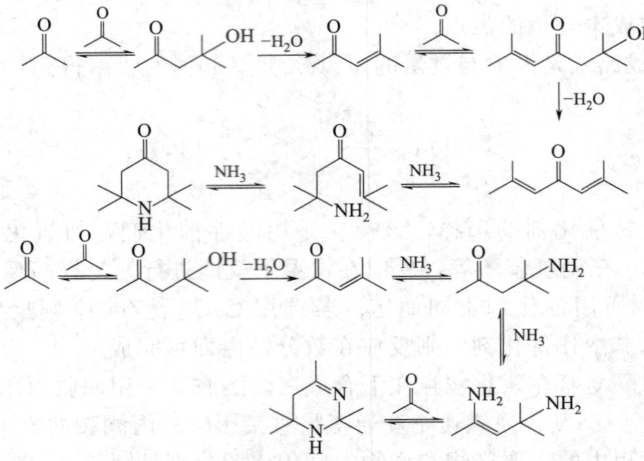

图 5-8 丙酮与氨气反应合成三丙酮胺的反应过程

三丙酮胺进一步制成 4-羟基哌啶、4-氨基哌啶、己二胺哌啶、丁胺哌啶四个重要中间体，并由此衍生出为数众多的受阻胺类光稳定剂。

三丙酮胺经还原可得到 4-羟基哌啶，还原可采用在催化剂下的加氢还原，或用 $NaBH_4$ 作还原剂的化学还原法。在实验室及工业生产中，加氢催化剂广泛采用骨架镍催化剂，该类催化剂活性高，价格较 Pd、Pt 低，制备较简单迅速，导热性良好，活化容易，机械强度高。选用骨架镍作催化剂还原三丙酮胺，收率可达 90%以上。在还原反应中，加入氢氧化钠或氢氧化锂等碱性物质，能够提高加氢反应速率。

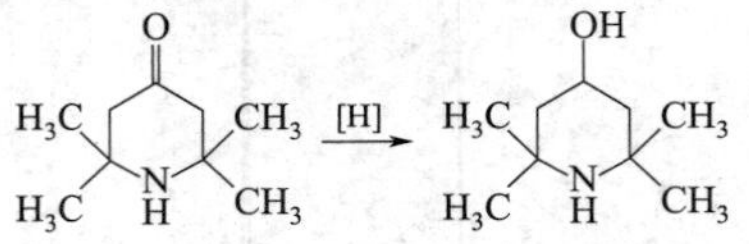

4-羟基哌啶

5.3.7.2 受阻胺类光稳定剂典型品种介绍

受阻胺类光稳定剂最早工业化的品种是 1973 年由日本三菱公司开发的 LS-744，即苯甲酸 2,2,6,6-四甲基哌啶酯，1974 年瑞士 Ciba-Geigy 公司也合成出相同的产品，从此拉开了世界范围内受阻胺类光稳定剂研究、推广、应用的序幕。

受阻胺类光稳定剂的主要品种见表 5-11。

目前重量级的品种有 770、944、662 等，介绍如下。

(1) 光稳定剂 770 是由 2,2,6,6-四甲基-4-羟基哌啶与癸二酸二甲酸酯进行酯交换而成。癸二酸二甲酯是由癸二酸与甲醇酯化而成。

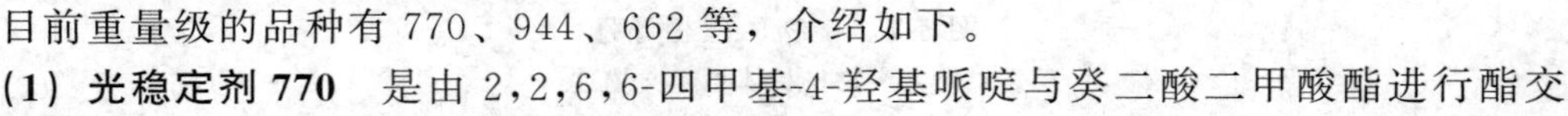

770

$$HO—O—\overset{O}{\overset{\|}{C}}—(CH_2)_8—\overset{O}{\overset{\|}{C}}—OH+2CH_3OH \longrightarrow CH_3—O—\overset{O}{\overset{\|}{C}}—(CH_2)_8—\overset{O}{\overset{\|}{C}}—OCH_3$$

光稳定剂 770 的光稳定效果优于目前常用的光稳定剂。它与抗氧剂并用，能提高耐热性能；与紫外线吸收剂并用，存在协同作用，能进一步提高耐光效果；与颜料配合使用，不像紫外线吸收剂那样，不会降低耐光效果；本产品广泛用于聚丙烯、高密度聚乙烯、聚苯乙烯、ABS等中。

（2）光稳定剂944 Chimassorb 944是目前世界HALS中应用性能最好的品种之一，其化学名为聚-{[6-[(1,1,3,3-四甲基丁基)-亚氨基]-1,3,5-三嗪-2,4-二基][2-(2,2,6,6-四甲基哌啶基)-次氨基-六亚甲基-[4-(2,2,6,6-四甲基哌啶基)-次氨基]]}，平均相对分子质量大于2000。生产厂家是瑞士Ciba-Geigy公司，于20世纪80年代首创，90年代初推向市场，具有挥发性低、热稳定性高、抗抽提性好、与树脂相容性好、不易迁移、塑料易成型和使用无刺激性等优点，是仅有的通过美国FDA认可的HALS产品之一，其优秀的性能已引起了人们的广泛关注。

Chimassorb 944是一种用于塑料的聚合型高分子量受阻胺类光稳定剂，可应用在聚烯烃塑料（如PP、PE）、烯烃共聚物（如EVA和丙烯与橡胶的混合体等），应用在交联聚乙烯中更能显出其卓越的功效。除聚烯烃塑料外，还可用于聚苯醚复合物（PPE）、聚甲醛（polyacetals）、聚酰胺（polyamides）、聚氨酯（polyurethanes）、软硬PVC及PVC共混物等。另外，Chimassorb 944对苯乙烯类、橡胶和胶黏体也有良好的功效。Chimassorb 944的光稳定效果远远超过紫外线吸收剂（如UV-537、UV-327等）和含镍稳定剂（如2002）。特别是在颜料系统中，其作用更是显著。Chimassorb 944与紫外线吸收剂合用具有良好的协同效应。由于聚合物平均相对分子质量可达3000，因此可用于要求低挥发及少量迁移的系统中，特别适用于薄膜与纤维中。Chimassorb 944还具有抗氧剂的性能，同时对聚合物有长期热稳定效果。

除上所述，Chimassorb 944还具有以下一些特点：
① 树脂的透明性和颜色不受影响；
② 与树脂的相容性很好；
③ 容易分散于聚合物基体中；
④ 其热稳定性和大分子量使其在加工温度下不易挥发、不分解；
⑤ 获FDA批准，可用于医用及食品包装材料；
⑥ 流动性好，无尘，易运输及进料。

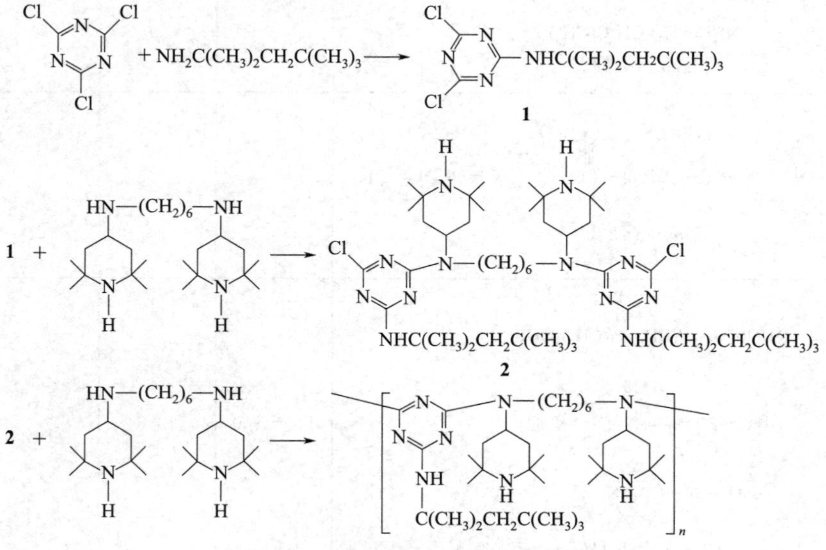

图5-9 Chimassorb 944 合成路线

Chimassorb 944 的合成（图 5-9）先以三聚氯氰和叔辛胺反应生成 2-叔辛氨基-4,6-二氯-1,3,5-均三嗪（**1**），然后中间体 **1** 与 N,N'-二（2,2,6,6-四甲基-4-哌啶基）-1,6-己二胺（以下简称己二胺哌啶）反应得到中间体 **2**，中间体 **2** 再与己二胺哌啶聚合得到产物。路线通过分步取代三聚氯氰上的氯原子来完成反应，这样可以获得纯的中间体 **1** 和中间体 **2**，中间体 **2** 再与己二胺哌啶进行聚合反应，此时主要是与三聚氯氰上第三个氯原子反应，从而达到控制产品聚合度、优化产品的平均分子量和分子量分布及提高产品透光率的目的。

表 5-11 常见受阻胺类光稳定剂

化学结构式	熔点（软化温度）/℃	相对分子质量	适用范围	生产厂商
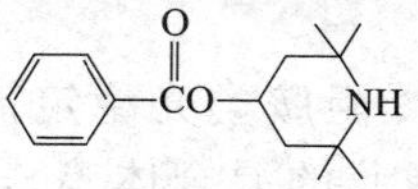 Tinuvin 744	95～98	261	PP PE PS PU	汽巴精化
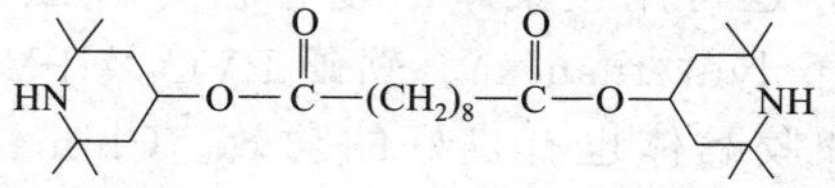 Tinuvin 770	80～86	481	PP PE PU PS ABS	汽巴精化
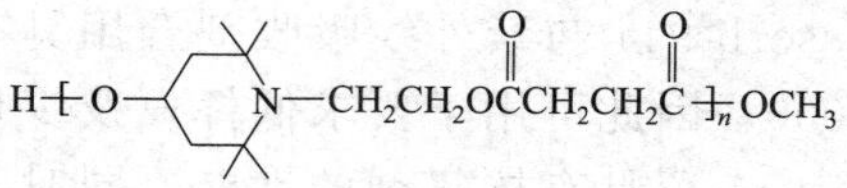 Tinuvin 622	50～80	约 3500	PP PE	汽巴精化
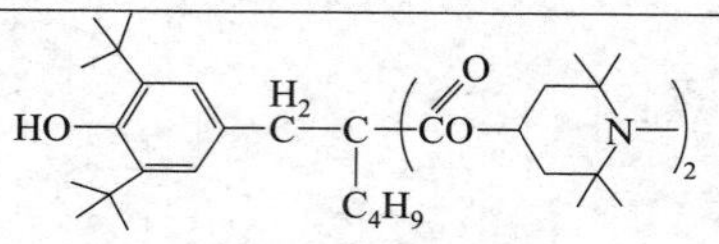 Tinuvin 144	146～150	685	PP PE PS PVC	汽巴精化
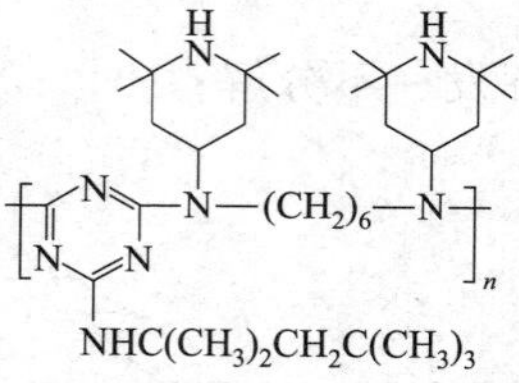 Chimassorb 944	100～135	2000～3000	PP PE PVC	汽巴精化
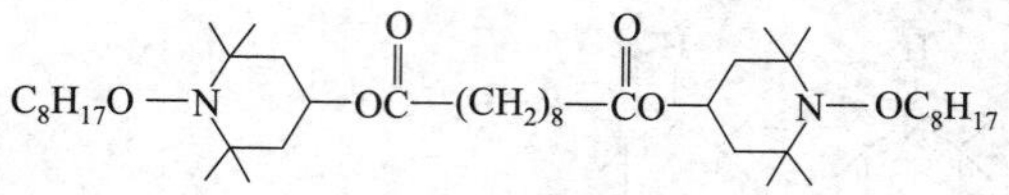 Tinuvin 123			SC	汽巴精化
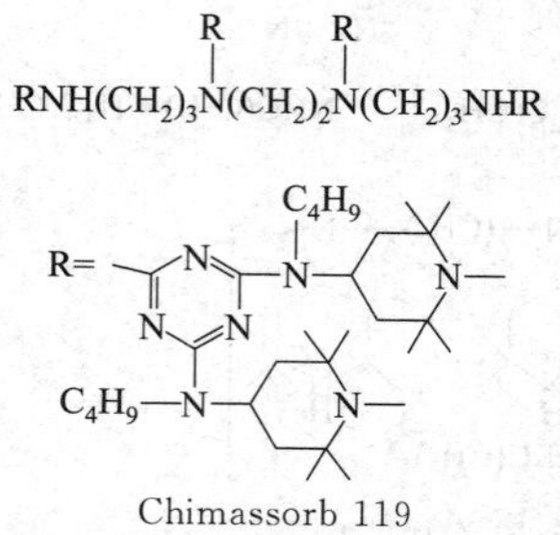 Chimassorb 119	115～150	2286	PP PE	汽巴精化

化学结构式	熔点(软化温度)/℃	相对分子质量	适用范围	生产厂商
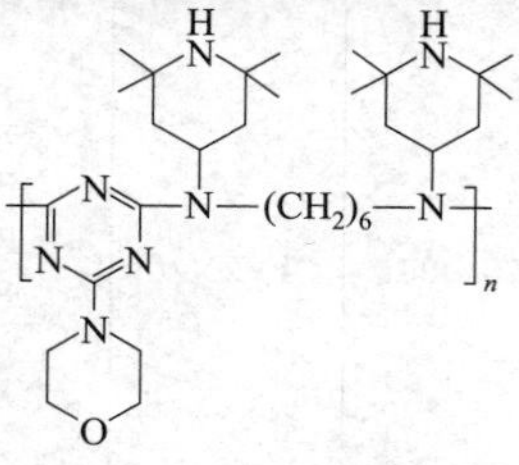 Cyasorb UV-3346	110～130	约2000	PP PE	Cytec
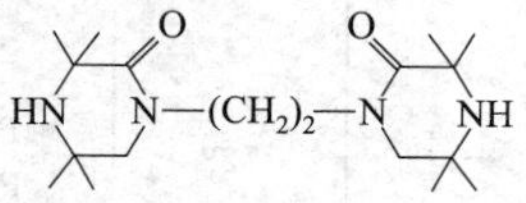 Goodrite 3034		338	PP PE PU PS	Goodrite
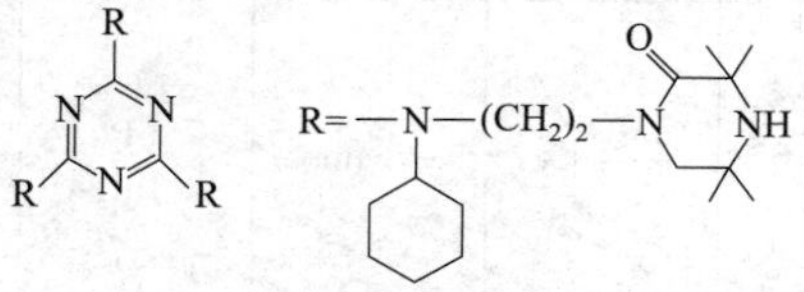 Goodrite 3150			PP PE	Goodrite
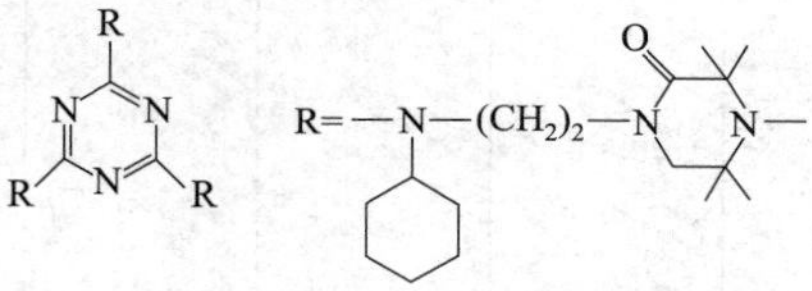 Goodrite 3159			PP PE	Goodrite
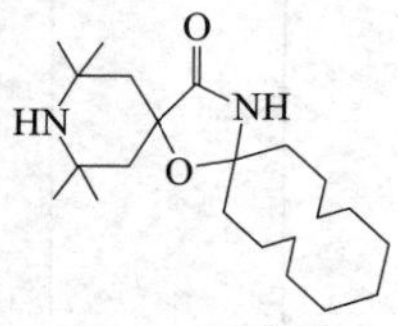 Hostavin N 20			PP PE PU EVA PC ABS	Clariant； Hoechst Celanese Sandoz
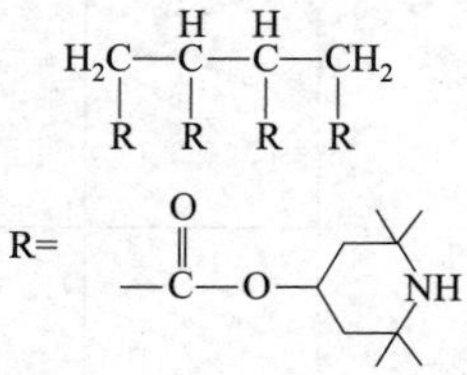 Mark LA 57	137～140	791	PP PE PU PVC	Adeka- Argus Fairmount
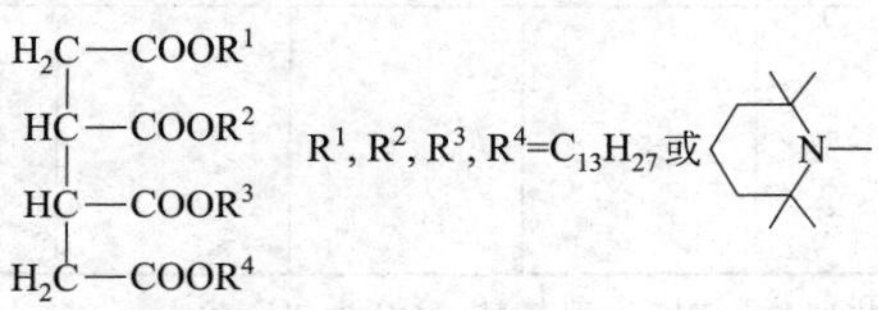 Mark LA 62 $R^1, R^2, R^3, R^4 = C_{13}H_{27}$ 或	液体	900	PP PE	Adeka- Argus Fairmount

化学结构式	熔点(软化温度)/℃	相对分子质量	适用范围	生产厂商
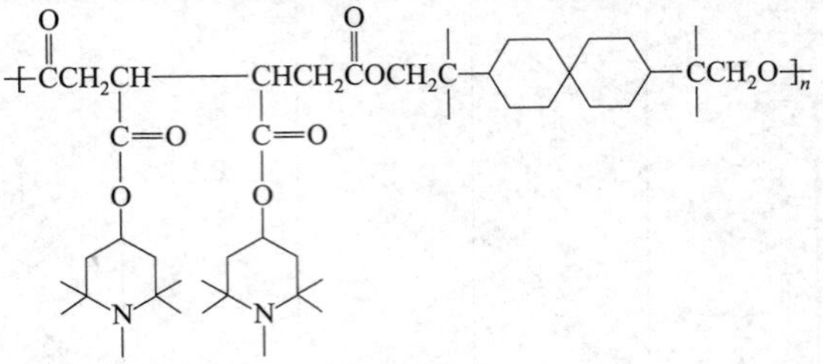 Mark LA 63	70～80	约2000	PP PE PS ABS	Adeka- Argus Fairmount
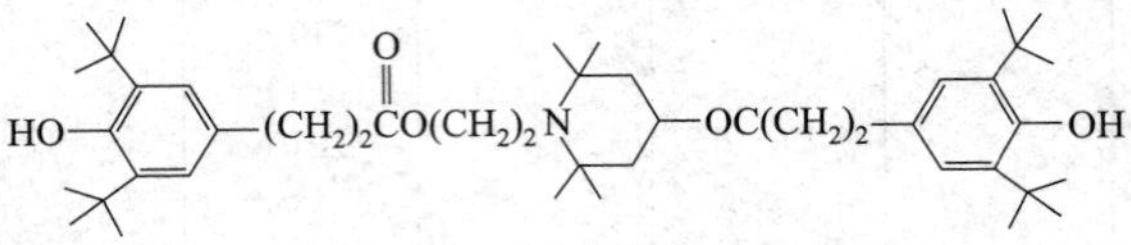 Sanol LS 2626	135～140	722	PP PE	Sankyo
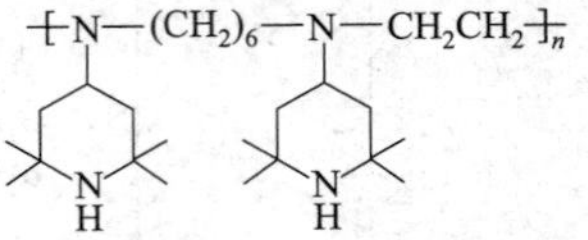 Spinuvex A 36	85～95	约2000	PP PE	汽巴精化
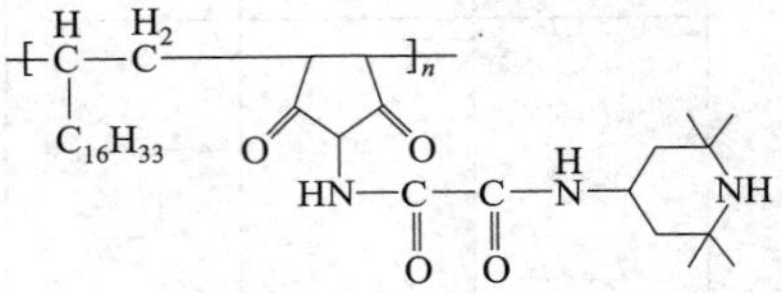 Luchem HA-B18			PP	Atochem North America
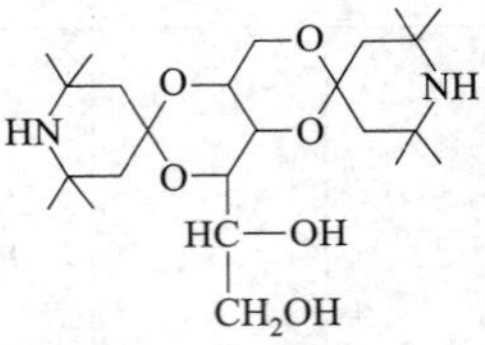 Sumisorb TM 060			PP PE	Sumitomo Chem
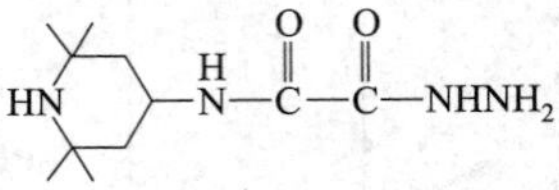 Luchem HAR 100				AtochemNorth America
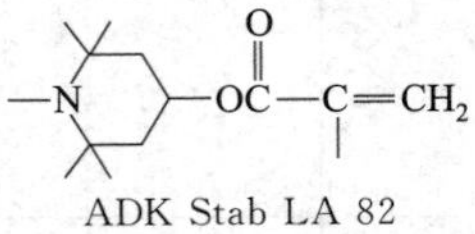 ADK Stab LA 82				旭电化 工业
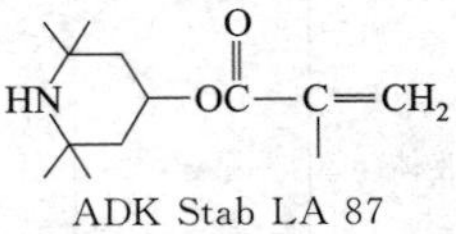 ADK Stab LA 87				旭电化 工业

注：PP 为聚丙烯；PE 为聚乙烯；EVA 为乙烯-醋酸乙烯共聚物；PU 为聚氨酯；SC 为表面涂料；PC 为聚碳酸酯；PS 为聚苯乙烯；PVC 为聚氯乙烯；ABS 为丙烯腈/丁二烯/苯乙烯共聚物。

5.3.7.3 受阻胺类光稳定剂的发展趋势

早期开发的受阻胺类光稳定剂，虽然具有较好的光稳定性能，但是普遍存在分子量较低和碱性较高的缺点。受阻胺类光稳定剂添加在比表面积较高的材料中，较低的分子量降低了受阻胺类光稳定剂的耐抽提性，使其在使用过程中易挥发，造成损失；碱性较高导致受阻胺类光稳定剂无法应用于酸性环境，不能与酸性助剂复配使用。在研发新型受阻胺类光稳定剂的过程中，以提高或者不损失光稳定剂性能为基础，开发出性能更高、功能更完善、成本更低廉的受阻胺类光稳定剂。综上，受阻胺类光稳定剂的发展趋势主要包括以下几个方面。

① 高分子量化　随着高分子材料应用范围的不断拓展，低分子量的受阻胺类光稳定剂因其易迁移、易挥发、不耐抽提，因此难以满足人们对高分子材料的使用需求。为此，1978年汽巴公司推出了第一个大分子量受阻胺类光稳定剂 Tinuvin 622，随后该公司又推出了另一种性能更加优异、至今仍在广泛应用的聚合型产品 Chimassorb 944。此外，美国氰特公司、德国巴斯夫公司对聚合型受阻胺类光稳定剂也进行了研究，并开发出了 Cyasorb UV-3346、Uvinul 4050H、Uvinul 4077H 等众多产品，其中 Tinuvin 622、Chimassorb 944、Cyasorb UV-3346、Uvinul 4050H 获得了美国食品药品管理局批准，可用于接触食品的材料。由于聚合型受阻胺类光稳定剂分子量调节困难，其生产工艺长期被国外上述公司垄断，为此，天津大学董传明、舒雪桂等人对市场上几种常用的受阻胺类光稳定剂，如 Chimassorb 944、Cyasorb UV-3346 等的合成工艺进行研究，使工艺路线更加合理，解决了受阻胺类光稳定剂分子量分布较宽的问题，并且发现产品在 425nm、450nm 下的透光率很高，这些都创造了非常大的实际应用价值。此外，乐凯化工、上海石化对该类型光稳定剂的研究也取得了一定的成果并创造了一定的市场价值。汽巴公司通过研发单体型高分子受阻胺类光稳定剂 Chimassorb 119，解决了聚合型受阻胺类光稳定剂分子量调节困难的问题，其优良的光稳定性能具有广泛的应用范围。提高受阻胺类光稳定剂的分子量可使其更耐抽提且不易挥发，但是分子量如果过高，会导致受阻胺类光稳定剂的迁移性下降，影响其光稳定性能。因此需要把受阻胺类光稳定剂的分子量控制在一定的范围内，一般把高分子量受阻胺类光稳定剂的相对分子质量控制在 2000～3000。

② 低碱性化　基于受阻哌啶结构，传统受阻胺类光稳定剂的碱性较高，会与高分子材料中某些酸性组分发生反应，降低了光稳定性能，限制了其应用范围。20 世纪 80 年代后期，人们开始进行受阻胺类光稳定剂低碱性化研究。汽巴-嘉基公司通过 N-烷基化反应开发了 Tinuvin 770 的改进产品 Tinuvin 123，其碱性为 Tinuvin 770 的万分之一，可以与含卤阻燃剂、硫系辅助抗氧剂复合使用，并且得到了优异的光稳定效果。目前，受阻胺类光稳定剂低碱性化产品还有汽巴-嘉基的 Chimassorb 119、Tinuvin 371、Tinuvin 152 以及氰特公司的 Cyasorb UV 3529 等。天津大学陈炜等人在开发树枝状光稳定剂的基础上以二元胺类化合物为母体设计合成了如图 5-10 所示的低碱性受阻胺类光稳定剂；在此基础上，北京天罡助剂有限公司和天津大学合作以二元羧酸酯为母体共同研发了碱性更低的树枝状受阻胺类光稳定剂，结构式如图 5-11 所示。低碱性化虽然扩展了受阻胺类光稳定剂的应用范围，但同时也带来了其他问题。受阻胺类光稳定剂的碱性应根据实际作用环境进行选择，非酸性条件下，不一定要过于追求低碱性，碱性高的受阻胺类光稳定剂的光稳定效果并不逊于低碱性的光稳定剂，如 Chimassorb 944 比 Tinuvin 622 碱性强，但光稳定效果同样也高出很多。

③ 多功能型受阻胺类光稳定剂　向受阻胺类光稳定剂分子中引入其他基团，通过分子内自协调效应提高光稳定性能的同时，赋予受阻胺类光稳定剂其他功能是目前研究的一个重要趋势。人们曾考虑在受阻胺类光稳定剂分子中引入受阻酚基团发挥光稳定剂的抗热抗氧老化能力，其中 Tinuvin 144、Sanol LS 2626 就是成功的范例。此外，北京天罡助剂有限公司

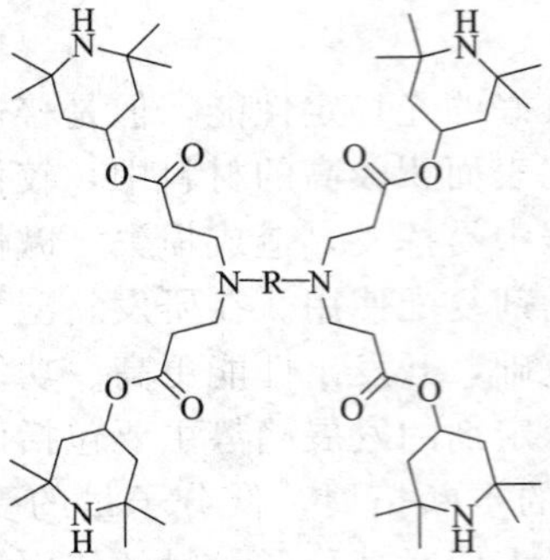

3 a~f

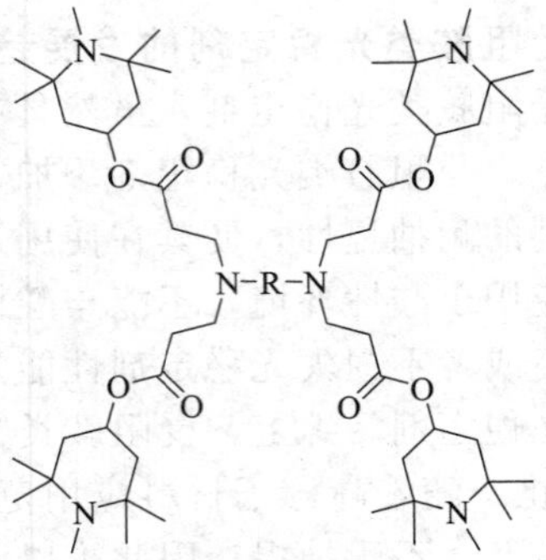

4 a~f

a R=$(CH_2)_2$
b R=$(CH_2)_3$
c R=$(CH_2)_4$
d R=$(CH_2)_6$
e R=$(CH_2)_{10}$
f R=CH_2CHCH_3

图 5-10 N-甲基型树枝状受阻胺类光稳定剂的结构式

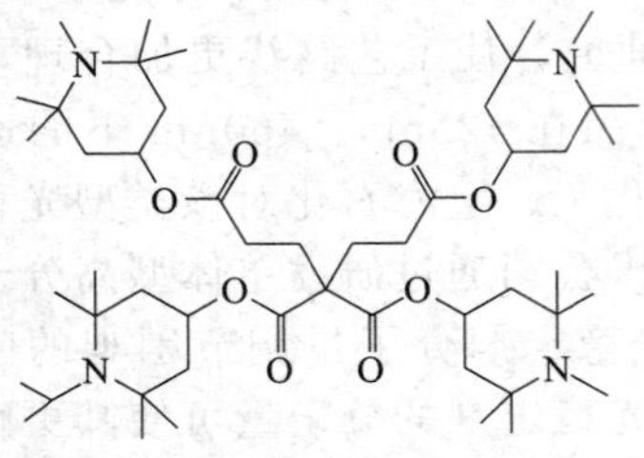

图 5-11 低碱性树枝状受阻胺类光
稳定剂的结构式

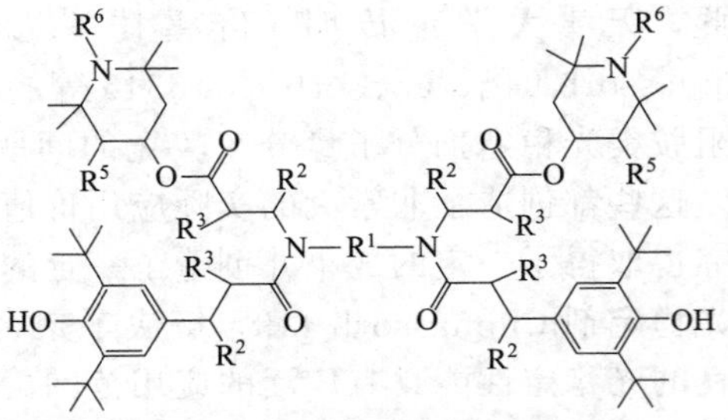

图 5-12 含受阻酚基团的多功能树枝状光
稳定剂的结构式

与天津大学合作设计合成了一系列含受阻酚的多功能光稳定剂，研究表明这些受阻胺类光稳定剂具有良好的耐抽提性、抗热氧老化能力，与高分子材料的相容性较高，其结构式如图5-12所示。除了向受阻胺类光稳定剂分子中引入受阻酚使其具有抗热氧老化能力外，还可以向分子结构中引入二苯甲酮或者三嗪结构，使其具有吸收紫外线的功能，Jerzy Zakrzewski 等人在这方面做了大量工作，合成了众多具有紫外线吸收功能的受阻胺类光稳定剂；北京天罡助剂有限公司以二元胺类化合物为母体设计合成了含有二苯甲酮基团的受阻胺类光稳定剂，应用性能测试表明其具有优异的紫外线吸收功能和抗光氧老化功能，其结构式如图5-13所示（图中，R^1 为 $C_2 \sim C_{18}$ 亚烷基、$C_5 \sim C_6$ 亚环烷基、被二亚甲基取代的 $C_5 \sim C_6$ 亚环烷基或被 $1 \sim 3$ 个氧原子阻断的 $C_2 \sim C_{18}$ 亚烷基；R^2、R^3 为 H 或 $C_1 \sim C_4$ 烷基；R^4 为 H、$C_1 \sim C_8$ 烷基或苄基；R^5 为 H 或 O 自由基、—Cl、—CH_2CN、$C_1 \sim C_8$ 烷基、$C_1 \sim C_8$ 烷氧基、被羟基取代的 $C_1 \sim C_8$ 烷氧基、$C_5 \sim C_{12}$ 烷氧基、$C_3 \sim C_6$ 链烯基、被苯基取代的 $C_1 \sim C_3$ 烷基）。此外，山西化工研究所将受阻胺与亚磷酸酯有机

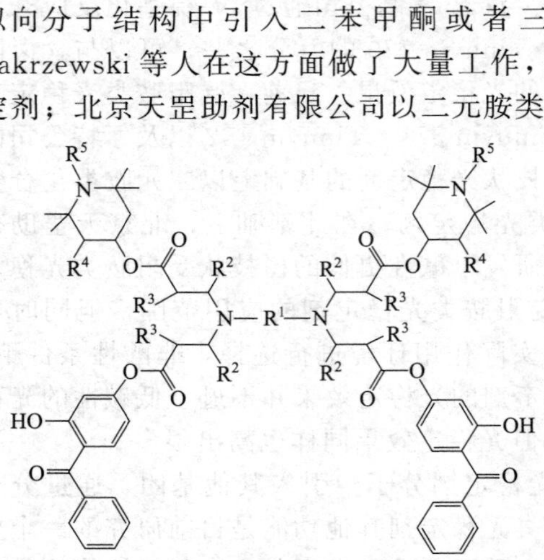

图 5-13 含二苯甲酮基团的多功能
树枝状光稳定剂的结构式

地结合在一起开发的 GW-540，T Konstantinova、左洪亮等人将受阻胺与苯并三唑键合在一起制备的受阻胺类光稳定剂，都显示了良好的光稳定效果，同时具有功能多样性的特点。

④ 反应型受阻胺类光稳定剂　反应型受阻胺类光稳定剂是指在受阻胺分子结构内引入反应性基团，使其在聚合物制备加工过程中键合到聚合物骨架上，形成具有永久性光稳定效果的高分子材料，这样可以克服受阻胺类光稳定剂由于物理迁移或挥发造成的损失。近年来，反应型受阻胺类光稳定剂发展迅速，产品层出不穷，如 Elf Atochem 公司推出的 Luchem HAR 100，其分子内含有反应性草酰肼基团，可以通过与氨基、异氰酸酯和环氧基等基团反应键合到各种聚合物的主链上。保加利亚冶金化工大学研究小组对反应型受阻胺类光稳定剂的研究处于领先水平，他们在相转移催化剂存在下以哌啶醇、丙烯醇、二苯甲酮和苯并三唑类化合物为原料合成了结构式如图5-

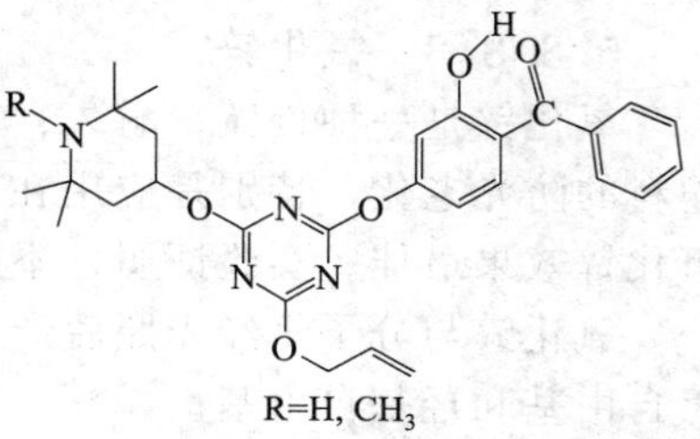

图 5-14　反应型受阻胺类光稳定剂的结构式

14 所示的反应型受阻胺类光稳定剂，其中哌啶醇作为受阻胺类光稳定剂的功能基能够阻止材料表面的光氧化，二苯甲酮或苯并三唑为紫外线吸收剂可防止材料深层的光降解，丙烯基提供了稳定剂与材料键合的能力，使其成为高分子材料的一部分。山西省化工研究院在反应型受阻胺类光稳定剂领域也进行了深入的研究，目前正在推广的 GW-628 性能优异且具有紫外线吸收功能，其最大的优势是成功地解决了反应型受阻胺类光稳定剂接枝困难的问题。

⑤ 非哌啶类结构的受阻胺类光稳定剂　当人们发现受阻哌啶具有较好的光稳定效果时，其他一些非哌啶结构的受阻胺类光稳定剂也得到了关注，但是市场上销售的受阻胺类光稳定剂均属于哌啶结构。直到 20 世纪 80 年代美国 B.F.G. 公司合成了第一个非哌啶结构的受阻胺类光稳定剂 Goodrich UV-3034，其具有哌嗪酮基团，该产品很快实现了工业化生产。随后又相继推出一系列 Goodrite 非哌啶结构的受阻胺类光稳定剂，并在市场上占有了一席之地。非哌啶结构的受阻胺类光稳定剂与传统受阻胺类光稳定剂相比，具有碱性低、与酸性组分相容性高以及抗热氧化效果好等优点。近两年发表的专利中，以对称三嗪结构居多，例如羟基苯基对称三嗪和三芳基对称三嗪等。

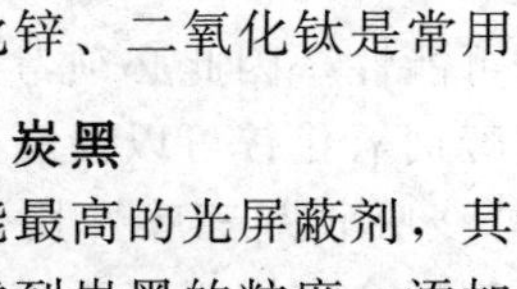

Goodrite 3034 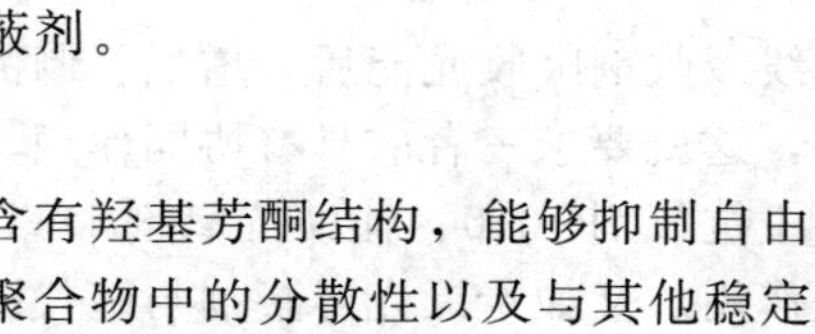　　　　　　　　　　　　　　　Goodrite 3159

5.3.8　炭黑及颜料

炭黑、氧化锌、二氧化钛是常用的光屏蔽剂。

5.3.8.1　炭黑

炭黑是效能最高的光屏蔽剂，其结构中含有羟基芳酮结构，能够抑制自由基反应，使用炭黑时必须考虑到炭黑的粒度、添加量、在聚合物中的分散性以及与其他稳定剂的协同效应等。炭黑的粒度以 $15\sim25\mu m$ 为佳，粒度愈小，光稳定效果愈好。

炭黑的添加量以 2% 为宜，用量大于 2%，光稳定效果并不明显增大，反而使耐寒性、电气性能下降。炭黑分散性的好坏显著地影响聚乙烯的老化性能，分散性愈好，则耐候性愈好。炭黑与含硫稳定剂有突出的协同效应，可配合使用；与胺类、酚类抗氧剂并用时有对抗作用，不能一同使用。

5.3.8.2　颜料

不同颜料对聚合物的老化影响有很大差别。例如，对于聚乙烯的紫外线老化，酞白有促进作用；而镉系颜料、铁红、酞菁蓝、酞菁绿对紫外线老化有抑制作用。使用颜料时要考虑与光稳定剂、抗氧剂、炭黑等助剂的相互影响。

5.3.8.3　氧化锌

氧化锌是一种价廉、耐久、无毒的光稳定剂。最早在涂料中广泛应用，近年来才应用于塑料的防光老化，特别是应用在高密度、低密度聚乙烯、聚丙烯等方面。粒度为 $0.1\mu m$ 的氧化锌效果最佳。实验证明，添加 3 份氧化锌的效果相当于 0.3 份有机型光稳定剂。

氧化锌与分子氧经光照后产生氧阴离子自由基，这种阴离子自由基与水反应形成过氧化氢自由基和羟基自由基。

$$ZnO+O_2 \xrightarrow{h\nu} (ZnO)^+ +O_2^- \cdot$$
$$O_2^- \cdot +H_2O \longrightarrow HO_2 \cdot +HO$$
$$2HO_2 \cdot \longrightarrow H_2O_2 +O_2$$
$$H_2O_2 （ZnO)^+ \longrightarrow 2HO \cdot$$

这两种自由基都能进一步引发聚合物降解，可以说氧化锌又是一种光活化剂。因此，采用氧化锌作光稳定剂时需与二乙基二硫代氨基甲酸锌、亚磷酸三（壬基苯酯）、硫代二丙酸二月桂酯等过氧化物分解剂并用，才能发挥优良的协同作用。特别是 2 份氧化锌与 1 份二乙基二硫代氨基甲酸锌并用，效果最突出。

5.4　光稳定剂的选用

光稳定剂的选用取决于多种因素，主要有聚合物对紫外线的敏感波长，紫外线稳定剂的吸收波长范围、加入量，制品的厚度、颜色，与其他助剂的作用及经济效益等。

5.4.1　聚合物对紫外线的敏感波长及紫外线吸收剂的吸收波长

聚合物对紫外线的敏感波长是聚合物本身所特有的。选用光稳定剂时，应选用易于吸收或反射这部分敏感波长的稳定剂，要考虑各种聚合物的敏感波长与紫外线吸收剂的有效吸收波长并使其范围一致，以使聚合物稳定而不易光老化。所以首先应弄清聚合物的敏感波长及紫外线吸收剂的有效吸收波长，否则会造成盲目选用。

5.4.2　与其他助剂的配合使用

由于紫外线吸收剂吸收光能后，增加了制品发热的可能性，因此必须考虑同时加入抗氧剂和热稳定剂，这就要求三者应具有协同作用。如光屏蔽剂氧化锌可以提高聚丙烯的户外使用寿命，若与主抗氧剂 1010、辅助抗氧剂 DSTP 和紫外线吸收剂三嗪并用，效果更好，并有很好的协同作用。又如炭黑光屏蔽剂与硫代酯类抗氧剂配合应用于聚乙烯的稳定中，有优良的协同作用、效果好；而与胺类、酚类抗氧剂并用时，就会产生对抗作用，彼此削弱原有的稳定效果，故不能搭配在一起。紫外线吸收剂不能与硫醇有机锡并用，否则会产生对抗作用，失去对聚合物的光稳定作用。受阻胺类光稳定剂与酚类抗氧剂并用时，耐候性能可显著提高；但在稳定化过程中，形成的氮-氧游离基与抗氧剂 264 结合，生成带色的醌式化合物，影响制品的色泽。

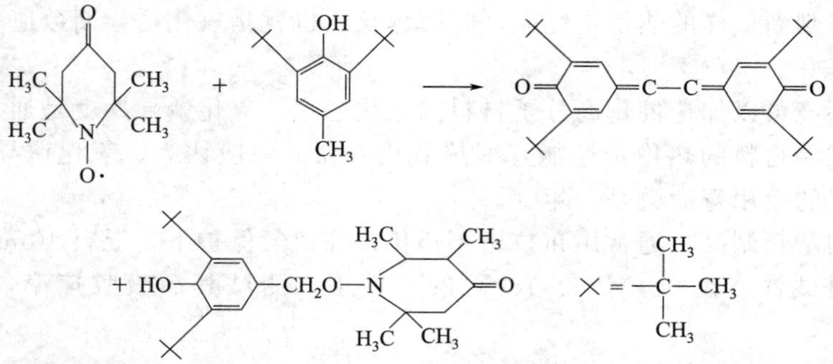

$$H_3C \quad CH_3 \quad + \quad OH \quad \longrightarrow \quad O = \quad = C - C = \quad = O$$

$$+ HO - CH_2 - O - N \quad O \qquad \times = \overset{CH_3}{\underset{CH_3}{C}} - CH_3$$

另外，受阻胺类光稳定剂与硫代二丙酸酯类过氧化物分解剂并用时，光稳定性能有所降低；但与吸收型光稳定剂并用时，有良好的协同作用。

5.4.3 光稳定剂的并用

各类光稳定剂都有各自不同的作用机理，在实际应用中，加入一种光稳定剂不能满足要求时，可考虑加入两种或几种不同作用原理的光稳定剂，以取长补短，得到增效光稳定合剂。如将几种紫外线吸收剂复合作用时，其效果比单一使用时有很大提高；又如紫外线吸收剂常与猝灭剂并用，光稳定效果可显著地提高。因为紫外线吸收剂不可能把有害的紫外线全部吸收掉，这时猝灭剂可以消除这部分未被吸收的紫外线对材料的破坏。

5.4.4 厚度和用量

从理论上讲，只有当制品表面光吸收数量相同时，吸收程度才相等，也就是说对厚制品或薄制品使用浓度一样。而实际上并非如此，薄制品和纤维要求加入的紫外线吸收剂浓度较高，而厚制品的则较低。这是因为制品愈厚，紫外线透入到一定深度后，即被完全吸收，被内外层承受了，所以耐光性好，所需的浓度低；同时加入到塑料中的紫外线吸收剂，由于扩散作用，往往都会集中在聚合物外表的非结晶区内，所以表面层的实际防护能力，往往要比预料的高好多倍，因此不必添加高浓度的紫外线吸收剂。光稳定剂的添加量太高时，超过相容性时，会产生喷霜现象，需选用相容性好的光稳定剂。

5.5 光稳定剂在聚合物中的应用

5.5.1 受阻胺类光稳定剂的应用性能评价

当人们需要评价一种光稳定剂性能优劣的时候，通常会将其添加到聚合物制品中，检测其耐候性。耐候性是指高分子材料在自然气候或者人工气候中的性能变化。聚合物在加工、储存和使用过程中，长期受到光、氧、热等环境因素影响，导致材料发生变色、变脆、龟裂等变化，力学性能下降，导致无法继续使用。因此，了解高分子材料的耐候性，对于生产厂家和用户来说都是不可缺少的。常用的耐候性测试主要有以下几种。

5.5.1.1 氧化诱导期实验

在惰性气体（如 N_2）保护下，将试样和参比物等速升温，当达到预设温度时，将惰性气体变为 O_2，保持流速相同和温度恒定，观察热分析曲线直到出现氧化反应，测试试样和参比物从通氧气开始到试样开始发生催化氧化反应引起热流差的时间（其中，该参比物是一种惰性物质，熔点较高，在设定的温度及其环境下不会发生放热或吸热反应），正是通过这个时间的长短来判断试样的热稳定性能，时间越长，也就是氧化诱导期数值越大，那么热氧化稳定性能就越好。

纯氧高温环境可以加速催化高分子材料的老化速率，氧化诱导期就是通过将材料置于这样的环境下来推测材料的热稳定性能，即热氧化寿命。一般认为，氧化诱导期为1min，那么该高分子材料的使用寿命就是一年。

对于一般的塑料制品，通常用布拉班德塑化仪在氮气保护下，混料10min，然后压制成0.01mm的薄膜试样，在0.1MPa、150℃的条件下，测试其氧吸收速率，评价其抗氧化性能。

5.5.1.2 多次挤出实验

在挤出机中对试样进行多次挤出实验，可以每隔一次挤出后对试样进行检测，也可以连续挤出几次后再对试样进行测试。检测试样的熔体流动速率MFR，或将试样制作成标准试片测试其物理机械性能和色差，该项测试的目的是评价抗氧剂在加工过程中对高分子材料的热氧稳定效应。

5.5.1.3 自然气候试验

自然气候试验是将试样直接暴露在大气环境下，接受太阳光照射，或者用玻璃挡板隔离。常用来作为自然气候试验的两种基准气候为：干热的亚利桑那州沙漠气候和湿热的亚热带佛罗里达州气候。自然气候试验过程中需要全年的照射和风化处理。

5.5.1.4 室外强化试验

当需要强度更大的太阳辐射时，可以采用太阳跟踪器或者集中处理系统来得到高强度的太阳辐射，如Atlas的Emmaque直接暴露在真实的户外风化环境下，可以更迅速准确地得到所需的户外测试结果。通过这样的测试方法，可以得到比自然气候试验至少快8倍的有效测试结果，且更加准确。

5.5.1.5 实验室模拟试验

实验室模拟试验采用模拟特殊环境的测试箱和人工光源，这些可以提供一个近乎真实的模拟环境，可以速度快上数倍得到所需数据，具有较好的重复性和再现性。试验中采用不同的环境控制和不同的灯源（例如碳氙弧、荧光），这些灯源具有自身特殊的光谱特点，与太阳光辐射中几个关键的具有破坏性光波的波长相匹配，能够对高分子材料的性能进行预测。

光稳定剂应用效果的测试，即耐候性试验，一般采用两种方法：一是户外大气暴露（户外暴晒）；二是人工加速老化。定期测定试样，观察老化情况。两种方法的结果以户外暴晒较为可靠。户外暴晒的结果与暴晒场所、暴晒时间、暴晒架的方向和角度有关。暴晒场所一般选择日照比较强烈、气温比较高的地区，如我国的广州，美国的佛罗里达（湿热型气候）和亚利桑那（干热性气候），为了便于比较不同暴晒场所的试验结果，往往以采用相同的太阳辐射量为准。太阳辐射量的单位是兰利（lengley），1兰利=1kcal/cm^2=0.41868J/m^2。

由于户外暴晒所需时间长，为了缩短试验周期，发展了人工加速老化的方法。人工加速老化的原理是基于用人工的方法产生在大气中引起聚合物以及有机材料老化的重要因素——紫外线，并以数倍于大气中紫外线的强度来进行照射，从而达到加速老化的目的。近年来，人工加速老化试验设备得到了重大改进，装有可变换的紫外光源以及温度、湿度、降水的调节系统，甚至可以产生各种不同的环境条件，比如SO$_2$、CO$_2$及其他工业烟雾污染的环境等。人工加速老化试验机的光源有汞弧灯、碳弧灯、氙灯、荧光灯等，其中氙灯光谱的能量分布与太阳到达地面时的能量分布较接近，模拟性较好，目前应用较多。

5.5.2　在聚氯乙烯中的应用

户外使用的聚氯乙烯制品包括管材、板材以及薄膜，都要添加光稳定剂达到光稳定化的目的。二苯甲酮类、苯并三唑类和取代丙烯腈类光稳定剂广泛应用于聚氯乙烯制品中。选用聚氯乙烯的光稳定剂时应考虑它们与热稳定剂之间的相互影响。例如三嗪-5用于聚氯乙烯农用薄膜中，有突出的防老化效果。

【应用实例】

PVC	100 份	BAD(水杨酸、双酚 A 酯)	0.3 份
DOP	50 份	三嗪-5	0.3 份
硬脂酸锌	0.2 份	酞菁蓝	0.015 份
液体钡镉	3.0 份	细白炭黑(SiO_2)O	适量

按此配方制得的农膜透明性好、粘尘少、耐候性良好，在北京地区和广州地区覆盖蔬菜大棚能连续使用 15 个月以上。

5.5.3　在聚乙烯中的应用

从聚合物的光氧降解机理中知道，波长 300nm 的紫外线能够引发聚乙烯的光氧降解，导致形成羰基、羟基、乙烯基等极性基团的积累，使介电常数和表面电阻率发生变化，丧失其宝贵的电绝缘性能。户外使用的聚乙烯制品，广泛地采用添加光稳定剂的方法来提高其稳定性。2-羟基-4-烷氧基二苯甲酮类、苯并三唑类、有机镍络合物是最常用的光稳定剂。当与受阻胺类抗氧剂以及硫代二丙酸酯类抗氧剂并用时，效果更佳。有机镍络合物猝灭剂与紫外线吸收剂并用，也能发挥优良的防老化效果。受阻胺类自由基捕获剂与受阻酚抗氧剂并用能赋予制品卓越的光稳定性。

【应用实例】

聚乙烯	100 分	GW-540	0.3 份
抗氧剂 1010	0.1 份		

按此配方吹塑成型的薄膜（厚度为 0.12nm±0.02nm），在北京地区使用，经自然暴晒1年后，其伸长残留率纵向为 64.1%、横向为 78.2%；自然暴晒 11 个月后，羟基、羧基、氢过氧化物的浓度几乎没有什么变化，可见 GW-540 与抗氧剂 1010 并用，对聚乙烯薄膜的光老化有显著的稳定作用。同时由于光稳剂 540 分子中含有亚磷酸酯结构，能够分解氢过氧化物，因此能够减缓薄膜的氧化降解速率。GW-540，其在 20 世纪 90 年代曾经达到过辉煌，但该产品对人体具有致敏性，如果能解决这一问题，其生产销售会急剧上升。

5.5.4　在聚丙烯中的应用

聚丙烯与聚乙烯一样具有优异的综合性能，因此成为广泛应用的高分子材料。由于聚丙烯分子结构中存在着叔碳原子，因而比聚乙烯更易老化，聚丙烯经户外暴晒后产生羰基和其他降解产物，其物理机械性能随之发生变化，如熔融黏度下降，延伸率、冲击强度降低，而屈服厚度则随结晶度的增大而上升。

为了抑制聚丙烯制品在使用过程中发生光氧老化，延长制品的使用寿命，常常加入二苯甲酮类如 UV-531，苯并三唑类如 UV-326、UV-327 等紫外线吸收剂、有机镍络合物及受阻胺类光稳定剂。有机镍络合物能有效地猝灭激发态的羰基，使其回到稳定的基态，因此在聚丙烯制品中，特别是在纤维和薄膜等表面积与体积之比极大的制品中，有机镍络合物显示出十分优良的光稳定效果；而受阻胺类光稳定剂与吸收型光稳定剂并用，显示出突出的稳定作用。

【应用实例】

| 聚丙烯复丝 | 100 份 | 抗氧剂 1010 | 0.1 份 |
| LS-770 | 0.5 份 | | |

此聚丙烯复丝暴晒在氙灯光源的老化机中，测定其强度达到 50％时，空白试验的时间为 240h，因此聚丙烯复丝的耐光性可达 3200h。

5.5.5　在其他通用塑料中的应用

5.5.5.1　在聚苯乙烯中的应用

聚苯乙烯受紫外线的作用，表面逐渐变黄，进而使其机械性能和电气性能下降。318nm 的紫外线辐射最易引发聚苯乙烯的光降解。同时聚苯乙烯中含有的残存的苯乙烯单体，在紫外线区域 291.5nm 处有特征吸收，这些残存的杂质引发聚苯乙烯的光化学反应，是使聚苯乙烯老化着色的因素。聚苯乙烯中广泛地使用二苯甲酮类、苯并三唑类为光稳定剂。测定聚苯乙烯的变色有多种方法，其中之一是用色值来衡量变黄的程度。

$$色值 = 2T_{700nm} - T_{500nm} - T_{420nm}$$

式中，T 为透过率。

【应用实例】

项　目	配比 1	配比 2	配比 3
聚苯乙烯	100 份	100 份	100 份
光稳定剂	0.1 份	0.5 份	1 份
2-羟基-4-十二烷氧基二苯甲酮	0.1 份	0.5 份	1 份

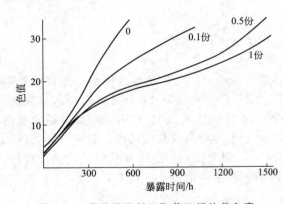

图 5-15　紫外线照射下聚苯乙烯的着色度

将 0.254～0.508mm 厚的聚苯乙烯试片，暴露在天候老化机中，测定其色值。如图 5-15 所示，光稳定剂的添加量不同，其色值也不同，以 0.5 份为宜。

加入 0.1～0.5 份的紫外线吸收剂（如 UV-P、UV-9）的聚苯乙烯，能在照明技术中作透明材料用。

5.5.5.2　在有机玻璃中的应用

有机玻璃在其单体聚合（100℃）、铸塑板回火（140℃）和压注成型（170～240℃）这几个最重要的工艺过程中，基本上是稳定的，所以在一般情况下不需要光稳定剂，但在某些情况下，可添加紫外线吸收剂来提高有机玻璃的耐光性。紫外线吸收剂可采用 UV-9、UV-P、水杨酸苯酯等。此外，某些荧光物对其也有很好的光防护效果。

5.5.5.3　在聚氨酯中的应用

聚氨酯不仅可用作塑料、橡胶、涂料、黏合剂等，还可以制得合成纤维，尤其是聚氨酯泡沫塑料更具有特别重要的意义，近年来得到很大发展。为防护聚氨酯的老化，常加入含氮的杂环化合物，如羟基苯并三唑衍生物 UV-P、UV-327 等已广泛采用，这些紫外线吸收剂在与受阻胺酚类、亚磷酸酯类或硫酯类抗氧剂一起并用时，可获得较好的效果。用于聚氨酯光稳定化的其他杂环化合物中，用以下结构的三嗪衍生物为好。

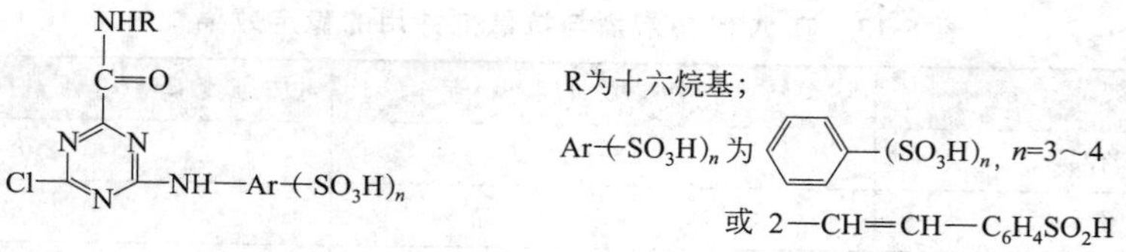

R为十六烷基;

$Ar\!-\!(SO_3H)_n$ 为 苯基 $(SO_3H)_n$, $n=3\sim4$

或 $2\!-\!CH\!=\!CH\!-\!C_6H_4SO_2H$

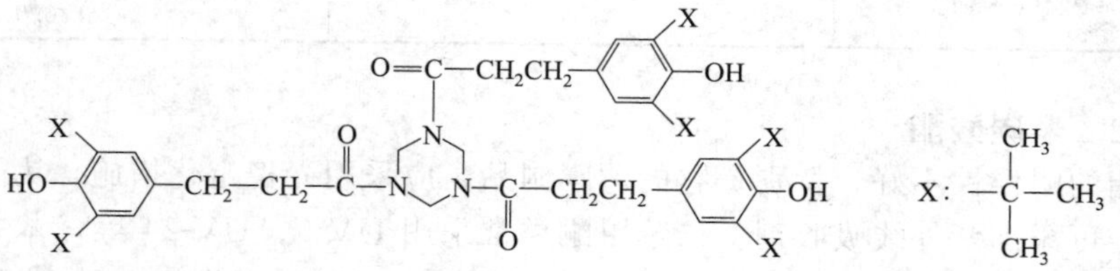

这些化合物不仅是光稳定剂,同时又是抗氧剂和热稳定剂。像尿核苷、胞核苷、哌啶衍生物、脲和硫脲等含氮杂环化合物,也都可以提高聚氨酯的耐光性,并且它们与多烷基二嗪、双氰胺有协同效应;羟基二苯甲酮类紫外线吸收剂(如 UV-9、UV-531、UV-24 等)也常用于聚氨酯的光稳定化。含锡有机化合物的水杨酸酯、取代肉桂酸酯以及巴豆酸和巴豆酸丁酯,都可用作聚氨酯的紫外线吸收剂。后两种紫外线吸收剂能与高聚物很好的相容,且具有较高的热稳定性,二烷基二硫代氨基甲酸的金属盐和二苯甲酮的镍络合物等有机化合物,也能作为聚氨酯的光稳定剂。受阻胺类光稳定剂应用于聚氨酯同样具有好的效果。

5.5.6　在工程塑料中的应用

5.5.6.1　在 ABS 中的应用

ABS 是工程塑料中产量较大,而老化问题又较为突出的一个品种。ABS 在户外暴露情况下很不稳定。例如国产乳液共聚 ABS 在户外暴晒不到一个月,冲击强度便下降 80%。因此,未经稳定的 ABS 几乎不能在户外使用。

添加紫外线吸收剂或与抗氧剂并用,是提高塑料耐候性的常用方法,然而对 ABS 来说,单独添加紫外线吸收剂还不能得到良好的稳定效果。ABS 纯树脂薄片在户外暴晒半个月后变脆,而分别单独添加常用的羟基二苯甲酮类、苯并三唑类和三嗪类紫外线吸收剂(用量 0.5 份)的薄片,也只经 20 天便变脆。曾有报道,即使紫外线吸收剂在大用量(1 份)情况下,对 ABS 也无多大防护作用。但若紫外线吸收剂与抗氧剂并用,则能提高稳定效果。见表 5-12。

表 5-12　在 ABS 中紫外线吸收剂与抗氧剂并用的稳定效果

配方(按树脂 100 份重量计)	户外暴露变脆时间[①]/天	配方(按树脂 100 份重量计)	户外暴露变脆时间[①]/天
不加防老剂	50	2246(0.2 份)+1010(0.2 份)+三嗪-5(0.6 份)	270
2246(0.5 份)+1010(0.5 份)+三嗪-5(0.5 份)	370	264(0.3 份)+三嗪-5(0.7 份)	270

① 试样为小哑铃形:46mm×3mm×(0.6~0.7)mm,脆性实验是将试样背面面向 30°固定角弯曲 150°。

为更大幅度地提高稳定效果,除添加紫外线吸收剂之外,可添加镍系光猝灭剂。例如每 100 份 ABS 树脂,加入 0.5 份 UV-P 和 0.5 份 AM-101,可显著提高 ABS 树脂的光稳定性。如果对制品的颜色不拘,则添加炭黑效果最好。它能极有效地提高 ABS 的耐候性。若炭黑与抗氧剂并用,则效果更佳,见表 5-13。

表 5-13 在 ABS 中炭黑与抗氧剂并用的稳定效果

配方(按 100 份重量计)	户外暴露时间/月	冲击强度保留值(小试样)/(kg·cm/cm²)
不加防老剂	2/3	2.8
炭黑(2 份)	36	37.6
炭黑(2 份)+2246(0.3 份)	$\begin{cases}36\\58\end{cases}$	$\begin{cases}59.3\\36.9\end{cases}$

5.5.6.2 聚碳酸酯

聚碳酸酯的耐候性不好,特别是它的薄膜制品,应采用光稳定化措施,为了提高聚碳酸酯的耐光性,可添加紫外线吸收剂。二苯甲酮类常采用 UV-9、UV-24 等,苯并三唑类常采用 UV-P。此外,还可采用水杨酸酯类紫外线吸收剂。应当注意的是,在成型的高温情况下,一般的紫外线吸收剂很难与聚碳酸酯相容,而应在缩聚前或缩聚后,以粉末或者它们的二氯甲烷溶液的形式进行添加。

当制品不要求透明时,可采用炭黑。

5.5.6.3 聚酰胺

聚酰胺对光作用是不稳定的。在光作用下会发黄、变脆,以及丧失机械强度。羟基二苯甲酮、苯并三唑和水杨酸酯类紫外线吸收剂如 UV-9、UV-P、TBS 都适用于聚酰胺。

能有效防护聚酰胺热老化的混合防老剂,如碘化钾(0.1 份)+醋酸铜(0.026 份)+亚磷酸(0.15 份)的混合物也能防护聚酰胺的光老化。此外,也可添加炭黑来使聚酰胺光稳定化。

5.5.6.4 聚甲醛

为了改善聚甲醛的耐候性,可添加紫外线吸收剂,如羟基二苯甲酮、苯并三唑类和三嗪类紫外线吸收剂。户外使用的是聚甲醛制品,采用游离基抑制剂+甲醛受体+紫外线吸收剂的并用体系,稳定效果显著。

【应用实例】

聚甲醛	100 份	三嗪-5		1 份
2246	0.5 份	UV-9		0.3 份
丙烯酰胺	0~5 份			

此体系可使共聚甲醛薄片经户外暴露 405 天仍不变脆,而不加防老剂的对比薄片只经57 天就变脆了。若对制品的色泽无甚要求,添加炭黑不仅效果好而且经济。例如,不加防老剂的聚甲醛经过 1 年的户外暴露,其冲击强度降低 83%,添加紫外线吸收剂的降低 30%,而加炭黑的仅降低 8%。

5.5.7 在橡胶中的应用

对不透明制品采用炭黑(如槽法炭黑)对防护光老化有极良好的效果,应用也很广泛。天然橡胶可用 NBC 等镍盐光稳定剂。UV-9、UV-P 等紫外线吸收剂,可以防护大气的光老化。随着新型合成橡胶的发展,浅色橡胶制品的增多以及橡胶制品使用范围的日趋扩大,光稳定剂在橡胶制品中的使用量有逐渐增多的趋势。目前光稳定剂主要用在一些乳胶制品方面。

【应用实例】

乳胶配方:

天然胶乳	100 份	硫化促进剂 M	1 份
ZnO	5 份	硫黄	1 份
硫化促进剂 EDC	0.5 份	光稳定剂水分散液	2 份

光稳定剂水分散液的组成为：光稳定剂 50%，10%聚合型烷基萘磺酸钠 20%；10%干酪素 15%；水占 15%。

将配制好的乳胶抽成 $0.25\mu m$ 的橡胶丝，干燥加压（1.1MPa），硫化 30min 制成试片，在天候老化试验机中进行人工加速老化试验，结果见表 5-14。

表 5-14　硫化胶的紫外线老化

光稳定剂	原始样①			5h			12h		
	M	T	E	M	T	E	M	T	E
空白	48.5	304	865	不能测定			不能测定		
水杨酸苯酯	30.5	270	930	不能测定			不能测定		
2,4-二羟基二苯甲酮	48.5	327	840	69	172	710	51.5	112	655
D-49	53	310	805	61.5	223	740	50	146	720
UV-P	34	268	900	23.5	25	655			

① M—500%定伸强度，kgf/cm^2；T—抗张强度，kgf/cm^2；E—伸长率，%。

5.5.8　在涂料中的应用

工业涂料，特别是汽车面漆、桥梁漆、道路标志漆，对涂膜耐候性的要求很高，某些光稳定剂已获得广泛的应用。

【应用实例】

户外用醇酸树脂清漆组成：

树脂组分　50%　　溶剂组分　50%

另加 3%的紫外线吸收剂。

加光稳定剂的清漆与不加的清漆相比，其耐龟裂性明显好转。

许多颜料如氧化铁（Fe_2O_3，Fe_3O_4）、氧化铬（Cr_2O_3）、红丹（Pb_3O_4）、氧化锌（ZnO）、二氧化钛（TiO_2）等广泛应用于涂料工业中，各种类型的炭黑是涂料和油墨工业使用最广的黑色颜料。

受阻胺类光稳定剂已在涂料工业中广泛应用，为提高工业用涂料，特别是汽车用涂料涂膜的耐候性，在热固性丙烯酸酯涂料中加入 1% Tinovin 292，能使涂膜获得优良的耐候性。不同体系的光稳定剂，对于防止漆膜的光老化都是行之有效的，其中最常用的是紫外线吸收剂和受阻胺类光稳定剂。在实际应用中，往往选择两种不同作用机理的光稳定剂并用，如选用紫外线吸收剂与自由基捕获剂或猝灭剂并用，均能获得较高的协同效应。

5.6　光稳定剂的发展趋势

光稳定剂主要用于户外使用的塑料、橡胶、纤维和涂料等领域，如农用薄膜、人造草坪、建筑材料、汽车用塑料制品及涂料等。从节省资源的角度来看，今后光稳定剂的用途将会有更大扩展。仅以塑料为例，全世界塑料用光稳定剂每年消耗超过 3 万吨，其中美国用量最大，受阻胺类光稳定剂占 60%，其次是苯并三唑类和二苯甲酮类。由于近年来塑料、合成橡胶、合成纤维以及涂料的需要量大幅度增加，特别是由于使用场所的差异性，需要进一步提高产品的质量及附加值。光稳定剂正向着高效能、复合型、多功能、高附加值的方向发展。开发反应型光稳定剂新品种也是光稳定剂发展的一大趋势。

5.6.1 高效紫外线吸收剂

吸收型光稳定剂是使用最早的一类有机光稳定剂，发展至今仍是世界上产量及消耗量巨大的一类光稳定剂，紫外线吸收剂的发展趋势是开发与受阻胺类光稳定剂有协同效应的品种；其次是降低成本，提高光稳定剂的效能。如紫外线吸收剂新品种 Civsorb UV-2 甲醚化合物，结构式为：

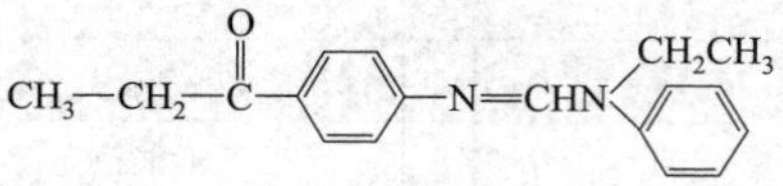

化学名为 N-(乙氧基羰基苯基)-N'-乙基-N''-苯基甲脒，吸收 290～320nm 的紫外线，其吸收效率是其他紫外线吸收剂的 2 倍，并有粉剂和水分散体系两种剂型。本产品使用非常方便，可在 ABS 树脂、聚烯烃、丙烯酸酯、氨基甲酸酯和其他聚合物体系中使用，还可以与其他类型的稳定体系助剂协同并用。

5.6.2 复合型光稳定剂

采用具有不同作用机理的光稳定剂配合使用，无论在塑料、涂料中均取得了良好的效果。如具有捕获自由基能力的受阻胺类光稳定剂与紫外线吸收剂并用，如把 Tinuvin 765 与 Tinuvin 326（苯并三唑）以及抗氧剂 Irgano 245（受阻酚）混合在着色或非着色的聚氨酯材料中使用，可获得优良的光稳定效果。同样，受阻胺也能与亚磷酸酯抗氧剂混合在工程塑料中，其效果比单独使用时好。

5.6.3 受阻胺类光稳定剂

受阻胺类光稳定剂仍是光稳定剂发展的主要品种。世界 20 家著名聚合物助剂生产公司申请并经公开发表的有关受阻胺类稳定剂的专利件数众多，这说明受阻胺类光稳定剂的开发与研究已经步入一个飞速发展的阶段。早期上市的 HALS 产品多是以受阻哌啶为官能团的低分子量化合物，随着应用研究的深入和卫生法规的健全，发现传统的带有 N—H 的哌啶结构化合物具有碱性高、分子量低、容易逸散的缺点，因此，高分子量化、非碱性和键合型 HALS 品种成为受阻胺类光稳定剂的发展趋势，

5.6.4 反应型光稳定剂

提高耐久性是所有稳定剂的一项重要性能要求，尤其是对于作为服务性稳定剂使用的光稳定剂来说，更希望在加工时不逸散，在使用过程中能保留在聚合物中并保持其效果。提高光稳定剂的耐久性可以从几个方面入手，如增大光稳定剂的分子量；使光稳定剂带有反应性基团，在成型过程中或成型后与聚合物反应，或者在聚合阶段与单体共聚，键合到聚合物分子中。近年来，各类反应型光稳定剂的开发研究进展迅速，新的品种不断出现，同时反应型光稳定剂的应用技术也上了一个新的台阶。

参 考 文 献

[1] 化学工业部合成材料老化研究所编．高分了材料老化与防老化，北京：化学工业收出版社，1979．
[2] 山西化工研究所编．塑料橡胶加工助剂．第 2 版．北京：化学工业出版社，2002；216．

[3] 汉斯·茨魏菲尔主编. 塑料添加剂手册. 第 5 版. 欧玉湘, 李建军等译. 北京: 化学工业出版社, 2002: 215.

[4] 隋昭德, 李杰, 张玉杰等编. 光稳定剂及其应用技术. 北京: 中国轻工出版社, 2010.

[5] 王克智. 塑料科技, 1995, 108 (4), 37.

[6] 胡桂花. 精细化工, 1996, 6: 1.

[7] 合成材料助剂手册编写组. 合成材料助剂手册. 第 2 版. 北京: 化学工业出版社, 1985.

[8] 钱逢麟, 竺玉书. 徐料助剂. 北京: 化学工业出版社, 1990.

[9] 化学业部科学技术情报研究所. 世界精细化工手册. 北京: 化学工业部科学技术情报研究所, 1982.

[10] 丁著明, 刘丽湘, 周淑静. 紫外线吸收剂的研究进展. 精细与专用化学品, 2005, 13 (13): 5-10.

[11] 李宇, 李宗石. 苯并三唑类紫外线吸收剂的现状及发展趋势. 精细与专用化学品, 2007, 15 (5): 5-14.

[12] 王克智. 受阻胺类光稳定剂开发进展. 精细石油化工, 1994, 5: 6-13.

[13] 潘江庆, 张灿. 受阻胺类光稳定剂 Tinuvin 770 的光防护行为. 精细石油化工, 1994, 4: 66-70.

[14] 林兆安. 受阻胺类光稳定剂的进展. 精细石油化工, 1991, 2: 7-12.

[15] 李杰, 夏飞, 孙书适等. 国内塑料光稳定剂开发与生产概述. 塑料助剂, 2006, (5): 5-8, 22.

[16] 王克智. N-取代烷氧基受阻胺类光稳定剂及其应用. 合成树脂及塑料, 1994, 11 (1): 55-63.

[17] 梁诚. 国内外光稳定剂生产市场及发展趋势. 化工科技市场, 2009, 32 (6): 1-31.

[18] 梁诚. 世界塑料助剂工业的发展趋势. 国际化工信息, 2002, 5.

[19] Pietro Bortolus, Sergio Dellonte, Antonio Faucitano, et al. Photostabilizing mechanisms of hindered amine light stabilizers: Interaction with electronically excited aliphatic carbonyls. Macromolecules, 1986, (19): 2916-2922.

[20] 陈宇, 王朝晖. 国内外受阻胺类光稳定剂的研究与开发动态. 塑料助剂, 2001, 3: 1-7.

[21] 张玉杰, 刘罡, 陈祖欣. 聚烯烃抗老化助剂的选择与应用. 环球塑料, 2008, 26 (9): 42-45.

[22] 舒雪桂. 受阻胺类光稳定剂的设计、合成及表征 [硕士学位论文]. 天津: 天津大学, 2005.

[23] 董传明. 受阻胺类光稳定剂的设计、合成及表征 [博士学位论文]. 天津: 天津大学, 2005.

[24] 邓义. 受阻胺类光稳定剂的设计、合成及表征 [硕士学位论文]. 天津: 天津大学, 2008.

[25] Binet M L, Commereuc S, Lajoie P, et al. Access to new polymeric-hindered amine stabilisers from oligomeric ter-pene resins, Journal of photochemistry and photobiology A. Chemistry, 2000, 137: 71-77.

[26] Chmela S, Lajoie P, Hrdlovic P, et al. Combined oligomeric light and heat stabilizers. Polymer Degradation and Stability, 2001, (71): 171-177.

[27] Pfannebecker V, Klos H, Hubrich M, et al. Determination of End-to-End distances in oligomers by plused EPR. J. Phys. Chem., 1996, (100): 13428-13432.

[28] 陈立功, 李阳, 白国义. 受阻胺类光稳定剂 GW-944 的合成. 精细化工, 2003, 20 (9): 564-570.

[29] 董传明, 葛凤燕, 李阳等. 两步法合成受阻胺类光稳定剂 GW-944. 精细化工, 2005, 22 (2): 138-141.

[30] 葛凤燕, 董传明, 李阳等. 受阻胺类光稳定剂 GW-944 合成方法改进. 精细化工, 2005, 22 (1): 56-59.

[31] 舒雪桂, 董传明, 白国义等. 受阻胺类光稳定剂 Cyasorb UV-3346 的合成工艺改进. 化学工艺与工程, 2006, (4): 327-330.

[32] 隋昭德, 李杰, 陈祖欣. 光稳定剂 GW-3346 合成及应用. 塑料助剂, 2009, 4: 41-44.

[33] 董传明, 舒雪桂, 曾涛等. 受阻胺类光稳定剂 Chimassorb 2020 的合成. 精细化工, 2005, 22 (6): 469-471.

[34] 钱梁华. 受阻胺型光稳定剂的合成工艺及其性能研究. 石油化工技术与经济, 2010, (2): 49-51.

[35] Hiroshi Yamashita, Yasukazu Ohkatsu. A new antagonism between hindered amine light stabilizers and acidic compounds including phenolic antioxidant. Polymer degradation and stability, 2003, 80: 421-426.

[36] Anthony D DeBellis, Kenneth C Hass. Conformational studies of an N-acylated hindered amine light stabilizer. J. Phys. Chem. A, 1999, (103): 7665-7671.

[37] 陈炜. 新型树枝状光稳定剂的设计、合成及表征 [博士学位论文]. 天津: 天津大学, 2010.

[38] 陈炜, 陈艳雪, 安平等. 新型树枝状受阻胺类光稳定剂的设计、合成及性能评价. 化学学报, 2010, 68 (23): 2487-2492.

[39] 李阳, 闫喜龙, 王东华等. 新型受阻胺类光稳定剂及其合成方法. 中国专利 101381477A. 2009.

[40] 陈炜, 安平, 陈艳雪等. 低碱性树枝状受阻胺类光稳定剂的设计与合成. 化工进展, 2010, (9): 1737-1741.

[41] Mani R, singh R P, Chakrapanii S, et al. Synthesis, characterization and performance evaluation of hindered amie light stabilizer and functionalized poly (ethylene-alt-propene) copolymer. Polymer, 1997, 38 (7): 1739-1744.

[42] Yi Deng, Wei Chen, Yao Yu, et al. Synthesis, Characterization and antibacterial properties of multifunctional hindered amine light stabilizers. Chinese Chemical Letters, 2008, (19): 1071-1074.

［43］　Mosnacek J，Chmela S，Theumer G，et al. New combined phenol/hindered amine photo-and thermal-stabilizers based on toluene-2,4-diisocyanate. Polymer Degradation and Stability，2003，(80)：113-126.

［44］　Eldar B Zeynalov，Norman S Allen. Modelling light stabilizers as thermal antioxidants. Polymer Degradation and stability，2006，(91)：3390-3396.

［45］　Kun Cao，Shui-liang Wu，Shao-longQiu，et al. Synthesis of N-alkoxy hindered ammine containing silane as a multifunctional flame retardant synergist and its application in intumescent flame retardant polypropylene. Industrial and engineering chemistry research，2013，(52)：309-317.

［46］　Zhao-bin Chen，Yu-yu Sun. N-Chloro-hindered amine as multifunctional polymer additives. Macromolecules，2005，(38)：8116-8119.

［47］　陈宇，庄严. 耐药型受阻胺类光稳定剂的发展. 塑料，2001，30 (2)：17-21.

［48］　李靖，刘罡，陈炜等. 一种用于光稳定剂的含双受阻酚结构的受阻胺化合物及其制备方法. 中国专利 101885701A. 2010.

［49］　Jerzy Zakrzewski，Zakrzewski. 2-hydroxybenzophenone UV-absorbers containing 2,2,6,6-tetramethylpiperidine (HALS) group-benzoylation of corresponding phenol derivatives. Polymer Degradation and Stability，2000，67：279-283.

［50］　Jerzy Zakrzewski. A convenient modification of 2-hydroxybenzophenone UV-absorb. Polymer Degradation and Stability，1999，65：425-432.

［51］　陈炜，安平，刘罡等. 一种用于光稳定剂的含双二苯甲酮结构的受阻胺化合物及其制备方法. 中国专利 101993412A. 2011.

［52］　T Konstantinova. Synthesis and properties of copolymer of triaztnylaminobenzotriazole stabilizers with methyl methacrylate. Polymer Degradation and Stability，1999，64：235-237.

［53］　左洪亮，邵玉昌，张海涛等. 含受阻胺基团的苯并三唑光稳定剂. 中国专利 101367792A. 2009.

［54］　Pawelke B，Kosa C S，Chmela S. New stabilizers for polymers on the basis of isophorone diisocyanate. Polymer Degradation and Stability，2000，68：127-132.

［55］　MacLeay R E，Lange H C. Derivatives of N-HALS-substituted amic acid hydrazides. US 5338853A. 1994.

［56］　Vladimir Bojionov. Synthesis of new combined 2,2,6,6-tetramethlypiperidine-2-hydroxybenzophenone 1,3,5-trazine derivatives as photostabilizers for polymer materials. Journal of Photochemistry and Photobiology A，2002，146：199-205.

［57］　Vladmimir Bojionov. Synthesis and application of new combined 2,2,6,6-tetramethlypiperidine-2-hydroxybenzophenone 1,3,5-trazine derivatives as photostabilizers for polyme. Polymer Degradation and Stabilizer，2001，74：543-550.

［58］　Lai J T，Son P. Alkylated polyalkylene polyamines and process for selective alkylation. EP 0309980. 1989.

［59］　Son P，Jacobs C P. Process for desensitinzing a 1-(alkylamino) alkyl-polysubstituted piperazinone during recovery. US 4841053. 1989.

［60］　Kletecka G，Ledesma V L. hybrid process for preparing a tri-substituted triazine. US 5106971. 1992.

［61］　Zweig A，Henderson W A. Singlet oxygen and polymer photooxidations. I. Sensitizers，quenchers，and reactants. J. Polym. Sci.，Polym. Chem. Ed.，1975，13 (3)：717-736.

［62］　Allen N S，Padron C A，Henman T J. Photoinitiated oxidation of polypropylene：a review. Prog. Org. Coat.，1985，13 (2)：97-122.

［63］　Hodgeman D K C. Formation of polymer-bonded nitroxyl radicals in the UV stabilization of polypropylene by a bifunctional hindered amine light stabilizer. J. Polym. Sci.，Polym. Chem. Ed.，1981，19 (3)：807-818.

［64］　潘江庆，周祥凤，吴永洋等. 丙烯-马来酸哌啶酯共聚物的合成与表征. 高分子学报，1987，3：234-237.

［65］　Noeh K G，Kang E T，tan K L，Stability and degradation of trans-polyphenylacetylene in organic solvents and under light illumination. Polym. Degrad. Stab.，1989，26 (1)：21-30.

［66］　Lucki J，Rabek J F，Ranby B. Photostabilizing effect of hindered amine piperidine compounds：Interaction between hindered phenols and hindered piperidines. Polym. Photochem，1984，68：351-384.

［67］　Padron A J C. A spectroscopic study of the interaction between hindered amines and high molecular weight phenol during the natural weathering of polypropylene film. Polym. Degrad. Stab.，1990，29 (1)：49-64.

［68］　Vyprachticky D，Pospisil J. Possibilities for cooperation in stabilizer systems containing a hindered piperidine and a phenolic antioxidant：A review. Polym. Degrad. Stab.，1990，27 (3)：227-255.

6

阻 燃 剂

6.1 概述

6.1.1 阻燃剂的概念

塑料、橡胶、纤维都是有机化合物，均具有可燃性，极易在一定条件下燃烧。其燃烧过程是一个复杂的剧烈的氧化过程，常伴有火焰、浓烟、毒气等产生。燃烧时聚合物剧烈分解，产生挥发性的可燃物质，该物质达到一定温度和浓度时，又会着火燃烧，不断释放热量，使更多的聚合物或难于分解的物质分解，产生更多的可燃物，这种恶性循环的结果，使燃烧继续扩展、造成火灾，危及人们的生命和财产。据报道，美国每年约有 20 万人（主要是小孩和老人）由于衣服着火而受伤，其中约 5000 人死亡；英国每年有约 2 万人烧伤，其中约有 600 人死亡。

燃烧对塑料、橡胶在建筑、航空航天、交通等工业上的使用也带来许多不利的影响。近年来，世界各地发生多起重大火灾，都直接或间接与材料的燃烧有关。因而材料燃烧成了其能否迅速发展的关键问题之一。

能够增加材料耐燃性的物质叫阻燃剂。阻燃剂是提高可燃性材料难燃性的一类助剂。它们大多是元素周期表中第 V、VI、VII 和 III 族元素的化合物，如第 V 族氮、磷、锑、铋的化合物，第 VI 族中的硫的化合物，第 VII 族氟、氯、溴等的化合物，第 III 族硼、铝的化合物，此外硅和钼的化合物也作为阻燃剂使用。其中最常用和最重要的是磷、溴、氯、锑和铝的化合物，很多有效的阻燃剂配方都含有这些元素。

不同材料，不同用途，对阻燃剂的性能要求各不相同，一个比较理想的阻燃剂应该具备下列基本条件。

① 阻燃剂不损害高分子材料的物理机械性能，即经阻燃加工后，不降低热变形温度、机械强度和电气特性。用于合成纤维时还必须有防止熔滴的作用，对整理织物的外观影响极小。

② 具有耐候性及持久性，进行阻燃加工的塑料制品都是准备长期使用的物品，所以阻燃效果不能在制品使用中消失。对于合成纤维中阻燃剂产生的防燃效果应能耐洗涤及干洗。

③ 无毒或低毒。阻燃剂在使用过程中产生的气体可燃性低、毒性小，对于纺织品所用阻燃剂应不刺激皮肤，当织物在火焰中裂解时不产生有毒气体。

④ 价格低廉。阻燃剂在制品中的添加量有增多的倾向，因而价廉就显得十分重要。当然在特殊场合即使价格昂贵也不得不使用。

6.1.2 阻燃剂国内外生产状况

早在公元前 83 年，Claudius 年鉴记载，在希腊港口城市 Pracus 的围攻中所使用的木质碉堡用矾溶液（铁和铝的硫酸复盐）处理，目的是防燃，这是阻燃技术在实践中的首次使用。1735 年，Wyld 发表了一篇英国专利[1]，用明矾、硼砂、硫酸亚铁混合物使纤维纺织品和纸浆等阻燃，这是关于阻燃剂的第一篇专利。1820 年，盖-吕萨克受法国国王路易十八的委托，为保护巴黎剧院幕布而研制阻燃剂，他发现磷酸铵、氯化铵、硼砂等无机化合物对纤维的阻燃非常有效，他还发现上述某些化合物的混合体系可提高阻燃性，他是最早对织物阻燃进行系统研究的科学家。1913 年染料化学家 W H Perkin 不仅验证了前人的工作，还提出了较耐久的织物阻燃处理技术[2]，即将绒布先用锡酸钠浸渍，再用硫酸铵溶液处理，然后水洗、干燥，使处理过程中生成的氧化锡阻燃剂进入纤维中。20 世纪 30 年代，随着合成材料的出现与发展，火灾威胁增加，因而阻燃剂和阻燃处理技术的研究也随之发展。发现氧化锑、有机卤化物（如氯化石蜡）和树脂黏合剂混用，可使织物具有良好的耐久阻燃效果；在第二次世界大战期间，利用此项技术制成的"四阶"帆布，用于户外。

阻燃剂是 20 世纪 50 年代后期才广泛应用的，在 70 年代则有了较大发展，随着阻燃机理研究的逐步发展，阻燃剂品种和数量的迅速增加，使阻燃剂的研究和应用大大发展，消耗量不断增加。美国是阻燃剂消费大国，占世界市场的 60%，其中 80% 用于塑料工业。1990 年美国消耗阻燃剂超过 45.36 万吨，居塑料助剂（增强剂、填充剂除外）的第二位。2005 年全球阻燃剂销售额约为 35 亿美元，美国约占全球阻燃剂消费总量的 40%，西欧约占 30%，日本约占 20%。2007 年全球阻燃剂总消费量为 170 万吨左右。从区域分布来看，阻燃剂的消费和生产集中在发达国家，美国、欧盟和日本是世界三大阻燃剂市场，这些国家及地区也形成了一些阻燃剂生产的跨国公司，如美国雅宝公司、美国科聚亚公司和以色列化工集团工业品部[3]。据美国市场咨询机构 Freedonia 的研究报告，全球阻燃剂需求以年均约 4.8% 的速度增长，2010 年达到约 230 万吨，市场价值达 50 亿美元。其中，欧盟市场阻燃剂需求年均增速约 3%，到 2010 年需求量达到约 52 万吨；北美市场年均增速约 3.4%，到 2010 年需求量达到约 74 万吨。亚太市场阻燃剂需求以年均约 7% 的速度增长，到 2010 年需求量达到约 86 万吨，超过北美成为全球最大的阻燃剂消费市场[4,5]。全球阻燃剂消费增长情况见图 6-1。

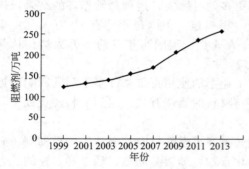

图 6-1 全球阻燃剂消费增长情况

阻燃剂中多以无机类为主，水合铝占 32.7%，磷酸盐占 19.5%，锑化物占 5%，卤化物占 14.9%。生产厂商有 70 多家[6]。西欧的阻燃剂消耗也很大，1989 年消耗 17.9 万吨，1991 年达 22.6 万吨，1993 年约达 25.9 万吨，1991～1996 年的销售额增长率达到 25% 以上。其阻燃剂产品中，水合氧化铝用量最大，1993 年约达 11.3 万吨，占阻燃剂总量的 50%[7]。日本的阻燃剂用量占世界第三位，年消费量约 11 万～12 万吨，主要产品有四大类：无机类约占 60%，溴系阻燃剂占 19%，磷系占 9.5%，氯系占 4.7%。由于对阻燃要求越来越高，所以对新产品的开发越来越活跃，已由单一型阻燃剂向复合形态发展，由单功能向多功能（既有阻燃作用又有增塑、防老化作用等）发展，一些低廉、无毒、高效的新型阻燃剂不断问世。从 2009 年全球阻燃剂销售数量看，氢氧化铝的销售量处于第一位，为30.4％，其次是溴系阻燃剂 21％、磷系阻燃剂 13.4％、氯系阻燃剂 12.6％、三氧化二锑为8.9％，其他阻燃剂占 13.7％。由于各系列阻燃剂的单价差距较大，2009 年全球阻燃剂中，溴系阻燃剂的销售额处于第一位，为 32.7％，紧随其后的是磷系阻燃剂为 20.1％、三氧化二锑为 19.1％，氢氧化铝为 9.7％，氯系阻燃剂为 8.9％，其他阻燃剂总共才 9.1％[8]。

国内阻燃剂的研制、生产和应用始于 20 世纪 60 年代，起步迟、发展慢、品种少、产量低。品种有三大类，即无机阻燃剂、卤素阻燃剂、磷系阻燃剂，约有 45 种。近年来我国阻燃剂工业发展较快，1993 年阻燃剂产量约为 10 万吨[4]，1995 年约为 11 万吨，主要品种有：氯系的，氯化石蜡 70、50 及 45；磷系的，三苯基磷酸酯、三甲苯基磷酸酯、三（β-氯乙基）磷酸酯；溴系的，四溴双酚 A、十溴二苯醚、四溴双酚 A（二溴丙基）醚、双（二溴丙基）反丁烯二酸酯、六溴环十二烷、三（二溴丙基）异氰酸酯、五溴甲苯等；此外还有三氯化锑、氧化锑、氢氧化铝、氢氧化镁、硼酸锌、红磷等。2001 年我国阻燃剂总产能约为15 万吨，其中氯系阻燃剂 75％、磷系（含卤化）6％、溴系约 7％、无机阻燃剂占 12％。2003 年，我国阻燃剂总生产能力约 15 万吨，阻燃剂品种有 120 多种[9]。

6.2 聚合物的燃烧和阻燃剂的作用机理

6.2.1 燃烧机理[10]

维持燃烧的三要素：可燃物、氧、热。具备这三要素的燃烧过程，大致分为五个不同阶段。

(1) 加热阶段 由外部热源产生的热量给予聚合物，使聚合物的温度逐渐升高，升温的速率取决于外界供给热量的多少、接触聚合物的体积大小、火焰温度的高低等，同时也取决于聚合物的比热容和导热系数的大小。

(2) 降解阶段 聚合物被加热到一定温度，变化到一定程度后，聚合物分子中最弱的键断裂，即发生热降解，这取决于该键的键能大小，见表 6-1。

表 6-1 不同共价键的键能

键	键能/(kJ/mol)	键	键能/(kJ/mol)
O—O	146.7	C—H	414.8
C—N	305.9	O—H	465.1
C—Cl	339.4	C—F	431.6~515.4
C—C	347.8	C=C	611.7
C—O	360.3	C=O	750.0
N—H	389.7	C≡N	892.5

从表 6-1 可见，O—O 键是最弱的键，极易断裂；C—F 键是最强的键，不易断裂。另外，如果此阶段所发生的反应是吸热反应，则可减缓温度上升，对燃烧起一定的抑制作用；如果是放热反应，则加速燃烧。

(3) 分解阶段 当温度上升达到一定程度时，除弱键断裂外，主键也断裂，即发生裂解，产生低分子物：①可燃性气体，H_2、CH_4、C_2H_6、CH_2O、CH_3COCH_3、CO 等；②不燃性气体，CO_2、HBr 等；③液态产物，聚合物部分解聚为液态产物；④固态产物，聚合物可部分焦化为焦炭，也可不完全燃烧产生烟尘粒子（可形成烟雾，危害很大）等。

聚合物不同，其分解产物的组成也不同，但大多数为可燃烃类，而且所产生的气体较多是有毒或有腐蚀性的。

（4）点燃阶段 当分解阶段所产生的可燃性气体达到一定浓度，且温度也达到其燃点或闪点，并有足够的氧或氧化剂存在时，开始出现火焰，这就是"点燃"，燃烧从此开始。

（5）燃烧阶段 燃烧释放出的能量和活性游离基引起的连锁反应，不断提供可燃物质，使燃烧自动传播和扩展，火焰愈来愈大。燃烧反应过程见图 6-2。

$$RH \xrightarrow{\triangle} R \cdot + H \cdot$$
$$H \cdot + O_2 \longrightarrow HO \cdot$$
$$RCH_2 \cdot + O_2 \longrightarrow RCHO + \cdot OH$$
$$\cdot OH + RH \longrightarrow R \cdot + H_2O$$

图 6-2 燃烧反应过程

6.2.2 聚合物燃烧性标准

在实际应用中，聚合物的燃烧性可用燃烧速率和氧指数来表示。燃烧速率是指试样单位时间内燃烧的长度[11]。燃烧速率是用水平燃烧法和垂直燃烧法等来测得。氧指数是指试样像蜡烛状持续燃烧时，在氮-氧混合气流中所必需的最低氧含量[12]。氧指数（OI）可按下式求出。

$$OI = \frac{y(O_2)}{y(O_2) + y(N_2)} \quad \text{或} \quad OI = \frac{y(O_2)}{y(O_2) + y(N_2)} \times 100\%$$

式中，$y(O_2)$ 为氧气流量；$y(N_2)$ 为氮气流量。

氧指数愈高，表示燃烧愈难。氧指数能很好地反映聚合物的燃烧性能，可用专门的仪器测定，也可用经验公式计算[10]，几种塑料的燃烧速率和氧指数见表 6-2。

表 6-2 几种塑料的燃烧速率和氧指数

塑料名称	燃烧速率/(mm/min)	OI/%	塑料名称	燃烧速率/(mm/min)	OI/%
聚乙烯	7.6～30.5	17.5	尼龙	缓燃	24.3
聚丙烯	17.8～40.6	17.4	聚碳酸酯	缓燃	26.0
聚苯乙烯	12.7～63.5	18.1	聚氯乙烯	自燃	46.0
ABS	25.4～50.8	18.8	聚四氟乙烯	不燃	95.0
聚甲基丙烯酸甲酯	15.5～40.6	17.3			

氧指数是评价各种材料相对燃烧性的一种表示方法。这种方法作为判断材料在空气中与火焰接触时燃烧的难易程度非常有效，并且可以用来给材料的燃烧性难易分级。这一方法的重现性较好，因此受到广泛的重视。目前氧指数法不仅限于塑料（包括薄膜和泡沫塑料），在纤维、橡胶等方面也已得到广泛应用，也用于阻燃机理的研究。一般 $OI \geqslant 27\%$ 的物质为阻燃物质。

6.2.3 阻燃机理[13~16]

不同的阻燃剂可起到不同的阻燃作用，它们能对燃烧的五个阶段中的某一个或某几个阶段的速率加以抑制，最好能让燃烧在萌芽状态就被制止，即截断某一阶段来源或中断连锁反应，停止游离基的产生。

阻燃机理有多种，分述如下。

6.2.3.1 保护膜机理

阻燃剂在燃烧温度下形成了一层不燃烧的保护膜,覆盖在材料上,隔离空气而阻燃。又分为两种情况。

(1) 玻璃状薄膜 阻燃剂在燃烧温度下的分解成为不挥发、不氧化的玻璃状薄膜,覆盖在材料表面上,可隔离空气(或氧),且能使热量反射出去或具有低的导热系数,从而达到阻燃的目的。如使用卤代磷作阻燃剂就是这种情况,见图 6-3。

$$R_4PX \xrightarrow[\triangle]{受热分解} \underset{膦}{R_3P} + \underset{烷基卤化物}{RX}$$

$$2R_3P + O_2 \longrightarrow \underset{膦氧化物}{2R_3PO} \longrightarrow \underset{玻璃体}{聚磷酸盐}$$

图 6-3 卤代磷阻燃剂的阻燃机理

硼酸和水合硼酸盐都是低熔点的化合物,加热时形成玻璃状涂层,覆盖于聚合物之上。硼酸阻燃剂的阻燃机理见图 6-4。

$$2H_3BO_3 \xrightarrow[-2H_2O]{130\sim200℃} 2HBO_2 \xrightarrow[-H_2O]{260\sim270℃} B_2O_3$$

图 6-4 硼酸阻燃剂的阻燃机理

当温度高于 325℃ 时,B_2O_3 软化形成玻璃状物质,加热至 500℃ 时,呈多孔性物质。

硼砂在空气中加热时,首先溶解在结晶水中,受热后膨胀成泡沫状物质,接着脱水,最后成玻璃状熔体,黏附在聚合物之上,但不如 H_3BO_3 那样均匀。

FB 阻燃剂即硼酸锌 $2ZnO \cdot 3B_2O_3 \cdot 3.5H_2O$,这是目前使用最广泛的硼阻燃剂。它在 300℃ 以下稳定,受热至 300℃ 以上,释出结晶水,吸收大量热能;释出水分,最终生成 B_2O_3 玻璃状薄膜,覆盖于聚合物上,起到隔热排氧的功能。

(2) 隔热焦炭层 阻燃剂在燃烧温度下可使材料表面脱水炭化,形成一层多孔性隔热焦炭层,从而阻止热的传导而起阻燃作用。如经磷化物处理过的纤维素,当受热时,纤维素首先分解出磷酸,它是一种有很好脱水作用的催化剂,与纤维素作用的结果是脱去水分留下焦炭。当受强热时,磷酸聚合成聚磷酸,后者是一种更强有力的脱水催化剂。见图 6-5。

$$(C_6H_{10}O_5)_n \longrightarrow 6nC + 5nH_2O$$

图 6-5 经磷化物处理过的纤维素的阻燃机理 (一)

此过程可以用正碳离子来说明,见图 6-6。

$$\underset{纤维素}{Cell—OH} \xrightarrow{H^+} \underset{锌阳离子}{Cell—O\overset{H}{\underset{H}{\cdot}}} \xrightarrow{重排} \underset{正碳离子}{Cell^+} + H_2O$$

图 6-6 经磷化物处理过的纤维素的阻燃机理 (二)

Cell—纤维素

正碳离子失去 H^+,恢复成常态,继续作用,最后使纤维素只留下焦炭。

有人认为,生成磷酸或聚磷酸使纤维素发生磷酰化,特别是在含氮化合物存在下更易进行,纤维素磷酰化(主要是纤维素中—CH_2OH 上发生酯化反应)后,使吡喃环易破裂,进行脱水反应。

实验中发现,生成的焦炭量在一定范围内与磷的含量呈很好的线性关系,生成的焦炭呈石墨状。焦炭层起着隔绝内部聚合物与氧的接触,使燃烧窒熄的作用。同时焦炭层导热性差,使聚合物与外界热源隔绝,减缓热分解反应。

氮阻燃元素主要以铵盐形式使用,如 $(NH_4)_2HPO_4$、$NH_4H_2PO_4$、$(NH_4)_2SO_4$、NH_4Br 等,受热放出 NH_3 并形成 H_2SO_4,起脱水碳化催化剂的作用。$(NH_4)_2SO_4$ 的阻燃

机理见图 6-7。

$$(NH_4)_2SO_4 \xrightarrow{380℃} NH_4HSO_4 + NH_3$$

$$NH_4HSO_4 \xrightarrow{513℃} H_2SO_4 + NH_3$$

$$R-H \xrightarrow[-H_2O]{H_2SO_4} C + H_2O$$

图 6-7　（NH₄）₂SO₄ 的阻燃机理

　　锡元素的阻燃机理主要是通过改变纤维热分解行为而达到的。糖类中的羟基是金属原子的供电子体，易形成配位化合物，生成的 Sn—O—C 键有利于纤维素的脱水碳化，提高了它的阻燃作用。

6.2.3.2　不燃性气体机理
　　阻燃剂能在中等温度下立即分解出不燃性气体，稀释可燃性气体和燃烧区氧的浓度，阻止燃烧发生。这类催化剂的代表为含卤阻燃剂，有机卤素化合物受热后释出不燃性气体，见图 6-8。

$$RX \xrightarrow{\triangle} R\cdot + X\cdot$$
卤化物　　　　　　卤原子
$$X\cdot + AH \longrightarrow HX + A\cdot$$
聚合物

图 6-8　卤素化合物的阻燃机理

　　HX 是不燃性气体，不仅稀释空气中的氧，而且其相对密度比空气大，可替代空气形成保护层，使材料的燃烧速率减缓或熄灭，HBr 与 HCl 的重量比为 1:2.2，因而含溴阻燃剂的效能约为含氯阻燃剂效能的 2.2 倍。

　　硼系阻燃剂，如硼酸、水合硼酸盐、FB 阻燃剂等，加热时脱去水分，稀释空气中的氧，抑制燃烧反应。

　　氮阻燃元素，主要以受热形成的 H_2SO_4 起脱水碳化催化剂作用；同时释放出的氨气为不燃性气体，氨稀释空气中氧的浓度，起到阻燃作用。

6.2.3.3　冷却机理
　　阻燃剂能使聚合物材料的固体表面在较低温度下熔化，吸收潜热或发生吸热反应，大量消耗掉热量，从而阻止燃烧继续进行。此类阻燃剂有氢氧化铝和氢氧化镁。

　　氢氧化铝即三水合氧化铝。当温度在 200℃ 以内时，水合分子与氧化铝结合得非常紧密，不易释出，此时外部加入的热量，由于聚合物本身的熔化而吸收消耗掉，氢氧化铝仅作为填料存在于塑料内；当温度升高到大于 250℃，高聚物燃烧时，氢氧化铝发生分解，吸收大量热量，并生成水。产生的水汽化，亦需吸收大量潜热，从而降低聚合物温度，减缓和阻止燃烧。见图 6-9。

$$2Al(OH)_3 \xrightarrow{250℃以上} Al_2O_3 + 3H_2O - 300kJ/mol$$

图 6-9　氢氧化铝的阻燃机理

　　氢氧化镁与氢氧化铝类似，在 340℃ 左右开始吸热分解反应，在 430℃ 下失重达最大值，490℃ 下分解反应终止。分解反应生成的水吸收大量热能，降低温度，达到阻燃效果。见图 6-10。

$$Mg(OH)_2 \xrightarrow{340℃} MgO + H_2O - 300kJ/mol$$

图 6-10　氢氧化镁的阻燃机理

6.2.3.4　终止连锁反应机理
　　阻燃剂的分解产物易与活性游离基作用，降低某些游离基的浓度，可使作为燃烧支柱的连锁反应不能顺利进行。聚合物燃烧时，一般分解为烃，烃在高温下进一步氧化分解成

·OH 游离基（见图 6-2）。OH 游离基的连锁反应使得火焰燃烧持续下去。因此，如能将发生连锁反应的·HO 除去，则能有效地防止燃烧。终止连锁反应的机理见图 6-11。

$$O·+H_2 \longrightarrow HO·+H·$$
$$RH+O· \longrightarrow R·+·OH$$
$$RCHO+·OH \longrightarrow CO+H_2O+R·$$
$$CO+HO· \longrightarrow CO_2+H·$$

图 6-11 终止连锁反应的机理

由于在上述众多的游离基中，HO·游离基能量很高，反应速率很大，所以燃烧速率取决于·OH 浓度的大小。当有含卤阻燃剂存在时，由于它在燃烧温度下分解产生卤化氢 HX，而 HX 能捕获高能量的·OH 游离基，并生产 X·和 H_2O，同时 X·与聚合物分子反应生成 HX，又可用来捕获 HO·，如此循环下去，即可将 HO·促成的连锁反应切断，这就终止了烃的燃烧，达到了阻燃的目的。见图 6-12。

$$HO·+HX \longrightarrow X·+H_2O$$
$$X·+RH \longrightarrow R·+HX$$

图 6-12 含卤阻燃剂的阻燃机理

在卤素氟、氯、溴、碘中，氟由于太活泼，而形成的氟分子又较稳定，所以阻燃性不好；有时氟与其他卤素一起使用，可增加化合物的稳定性，减少化合物毒性。碘元素形成的化合物不稳定，常温下易分解，且价格昂贵，故也很少采用。所以，卤素阻燃剂以溴、氯为主。

从有机物键能得知：C—C 键能为 347.8kJ/mol，C—H 键能为 414.8kJ/mol，C—Cl 键能为 339.4kJ/mol，C—Br 键能为 284.5kJ/mol。所以 C—X 键较 C—C 键容易断裂。阻燃剂受热时则释出 HX，从 H—X 的键能可看出：H—Cl433.54kJ/mol，H—Br365.8kJ/mol，H—Br 键的键能小于 H—Cl 键的键能，HBr 捕获游离基的能力比 HCl 强，所以含溴阻燃剂的效能比含氯阻燃剂的效能高。

6.2.3.5 协同作用体系

阻燃剂的复配是利用阻燃剂之间的相互作用，从而提高阻燃效能，称为协同作用体系，常用的协同作用体系有锑-卤体系、磷-卤体系、磷-氮体系。

(1) 锑-卤体系 锑常用的是 Sb_2O_3，卤化物常用的是有机卤化物。

Sb_2O_3-有机卤化物一起使用，能发挥阻燃作用，其机理认为：它与卤化物放出的卤化氢作用，生成 SbOCl，SbOCl 热分解产生 $SbCl_3$。见图 6-13。

$$R·+HCl \xrightarrow{250℃} R+HCl$$
$$Sb_2O_3+2HCl \xrightarrow{250℃} 2SbOCl+H_2O$$
$$5SbOCl(s) \xrightarrow{245\sim280℃} Sb_4O_5Cl_2(s)+SbCl_3(g)$$
$$4Sb_4O_5Cl_2(s) \xrightarrow{410\sim475℃} 5Sb_3O_4Cl(s)+SbCl_3(g)$$
$$3Sb_3O_4Cl(s) \xrightarrow{475\sim565℃} 4Sb_2O_3(s)+SbCl_3(g)$$

图 6-13 锑-卤阻燃剂复配协同的阻燃机理

$SbCl_3$ 是沸点不太高的挥发性气体，这种气体相对密度大，能长时间停留在燃烧区内稀释可燃性气体，隔绝空气，起到阻燃作用；其次，它能捕获燃烧性的游离基 H·、HO·、CH_3·等，起到抑制火焰的作用。另外，$SbCl_3$ 在火焰的上空凝结成液滴式固体微粒，其壁效应散射大量热量，使燃烧速率减缓或停止。有人报道 $SbCl_3$ 可进一步还原成金属锑，它与聚合物脱 HCl 后形成的不饱和化合物反应，形成交联聚合物，提高了材料的热稳定性。

根据机理可知，氯与金属原子比以 3：1 为宜。

（2）**磷-卤体系** 磷与卤素共存于阻燃体系中并存在着相互作用。Lyons 等的研究证明，磷、溴并用可以减少阻燃剂的总用量，后来进一步的研究证明磷和溴二者处于同一分子中比不在同一分子中具有更好的阻燃效果。通常认为，磷在凝聚相抑制了裂解反应，卤素在气相抑制了燃烧，二者并用提高了阻燃效果[17,18]。

例如，将磷化物和溴化物多元醇用作聚氨酯泡沫的阻燃剂，研究其阻燃效能（OI 值）及焦炭生成量与磷、溴含量之间的关系发现，阻燃剂中的磷几乎全部转入到焦炭中，而且溴也转入到焦炭中，两者都促使焦炭生成量的提高。还发现 300℃以下生成的焦炭中，磷原子和溴原子比例为 1:1；在 500℃下生成的焦炭中，它们的比例为 1:（2.5～3.0）。这表明磷和卤素间有着特殊的相互作用。当采用芳香族溴化物时，这种作用消失。

磷-卤体系的相互作用不仅取决于聚合物，也取决于磷化物和卤化物的结构。例如，在聚烯烃、聚丙烯酸酯和环氧树脂中，其作用为协同作用；在聚丙烯腈中呈添加作用；在聚氨基甲酸酯中呈对抗作用。

（3）**磷-氮体系** 磷阻燃剂中加入含氮化合物后，常可减少磷阻燃剂的用量，说明二者结合使用效果更好。例如，用磷酸和尿素将棉织物进行磷酰化，这是一种较早的棉织物阻燃处理方法，它们的结合降低了磷酸的用量。

用 N-羟甲基二烷基磷丙酰胺处理儿童睡衣，用磷酸铵处理木材、纸、棉纤维，都是众所共知的过程。

关于磷-氮相互作用机理的研究还不够完善，文献仅对纤维素物质中的磷-氮相互作用提出一些观点，简介如下。

氮化物（如尿素、氰胺、胍、双氰胺、羟甲基三聚氰胺等）能促进磷酸与纤维素的磷酰化反应，而磷酸与含氮化合物反应形成磷酰胺，形成的磷酰胺更易与纤维素发生成酯反应，这种酯的热稳定性较磷酸酯的热稳定性好。见图 6-14。

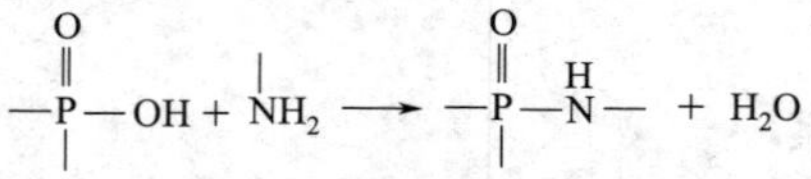

$$\begin{array}{ccc} & O & & & O & \\ & \| & | & & \| & H \\ -P-OH + & NH_2 & \longrightarrow & -P-N- & + H_2O \\ & | & & & | & \end{array}$$

图 6-14 磷酸与含氮化合物的阻燃机理

磷-氮阻燃体系能促使酯类在较低温度下分解，形成焦炭和水，并增加焦炭残留物生成量，从而提高阻燃效能。

磷化物和氮化物在高温下形成膨胀性焦炭层，它起着隔热阻氧保护层的作用，含氮化合物起着发泡剂和焦炭增强剂的作用。

氮化物通过对磷的亲核袭击作用，使聚合物形成许多 P—N 键，P—N 键具有较大的极性，结果使磷原子的亲电性增加（即磷原子上缺乏电子程度增加），Lewis 酸性增加，有利于进行脱水碳化的反应。

含氮基团对磷化物中 R—O—P 键发生亲核进攻后，使磷以非挥发性胺盐形式保留下来，使之具有阻止暗火的作用。

基于元素分析得知，残留物中含氮、磷、氧三种元素，它们在火焰温度下形成热稳定性无定形物，犹如玻璃体，作为纤维素的绝热保护层。

6.3 阻燃的化学及工艺

6.3.1 阻燃剂的分类

阻燃剂根据不同的划分标准可分为[19]如下种类。

① 按所含阻燃元素可将阻燃剂分为卤系阻燃剂、磷系阻燃剂、氮系阻燃剂、磷-卤系阻燃剂、磷-氮系阻燃剂等几类。

② 按组分的不同可分为无机盐类阻燃剂、有机阻燃剂和有机、无机混合阻燃剂三种。

无机化合物主要包括：氧化锑，水合氧化铝，氢氧化镁，硼化合物；有机化合物主要包括：有机卤化物（约占 31%），有机磷化物（约 22%）。

③ 按使用方法　可分为添加型阻燃剂和反应型阻燃剂。

a. 添加型阻燃剂　是在聚合物加工过程中，加入具有阻燃作用的液体或固体的阻燃剂。常用于热塑性塑料，在合成纤维纺丝时添加到纺丝液中，其优点是使用方便、适应面广，但对塑料、橡胶及合成纤维的性能影响较大。添加型阻燃剂主要包括磷酸酯、卤代烃和氧化锑等。

b. 反应型阻燃剂　是在聚合物制备过程中作为单体之一，通过化学反应使它们成为聚合物分子链的一部分。它对聚合物使用性能影响小，阻燃性持久。反应型阻燃剂主要包括卤代酰酐和含磷多元醇、乙烯基衍生物、含环氧基化合物等。

6.3.2　添加型阻燃剂

添加型阻燃剂主要有有机卤化物、磷化物、无机化合物。

6.3.2.1　有机卤化物

含卤阻燃剂的作用机理大致可认为是，在一定温度下阻燃剂分解产生卤化氢，它是不燃性气体，稀释了聚合物燃烧时产生的可燃性气体，冲淡了燃烧区的氧浓度，阻止了聚合物的继续燃烧；另外它极易与 HO· 等活性游离基结合，从而降低了其浓度，也就抑制了燃烧的发展。此外，含卤酸类能促进聚烯烃在燃烧时固体碳的形成，有利于阻燃。因而含卤阻燃剂是一类重要的阻燃剂。卤素元素的阻燃效果为 I＞Br＞Cl＞F。C—F 键很稳定，难分解，故阻燃效果差；碘化物的热稳定性差，所以工业上常用溴化物和氯化物。卤代烃类化合物中烃类的阻燃效能顺序为：脂肪族＞脂环族＞芳香族。但脂肪族卤化物热稳定性差，加工温度不能超过 205℃；芳香族卤化物热稳定性较好，加工温度可以高达 315℃。有机卤化物的主要品种有氯化石蜡、全氯戊环癸烷、氯化聚乙烯、溴代烃、溴代醚类。

（1）氯化石蜡　氯化石蜡是有机氯化物中最为重要的应用最广的一种阻燃剂。氯化石蜡是由石蜡氯化而成，包括含氯量 50% 和 70% 两大类。含氯量 50% 的主要用作聚氯乙烯树脂的辅助增塑剂；含氯量 70% 的则主要作为阻燃剂使用。

70% 氯化石蜡以固体石蜡或液体石蜡为原料，用氯气氯化而成。当氯含量达到 50% 左右时，反应混合物变得黏稠，使氯化难以继续下去，此时可用四氯化碳稀释后再进一步氯化。待反应终了时，将氯化氢、游离氯、溶剂等除去，得到氯含量 70% 左右的氯化石蜡 $C_{20}H_{24}Cl_{18} \sim C_{24}H_{29}Cl_{21}$（主要成分）。

含氯 70% 的氯化石蜡为白色粉末，不溶于水，溶于大多数有机溶剂，与天然树脂、塑料和橡胶相容性良好，应用时多和 Sb_2O_3 并用。氯化石蜡的化学稳定性好，价廉，用途较广，可用作聚乙烯、聚苯乙烯、聚酯、合成橡胶的阻燃剂。但氯化石蜡的分解温度较低，在塑料成型时有时会发生热分解，因而有使制品着色和腐蚀金属模具的缺点。作为棉用防火阻燃剂，采用涂敷法，应用于棉、绵纶和涤纶等工业用布上。

（2）全氯戊环癸烷　纯品为白色或淡黄色晶体，不溶于水，稍溶于一般有机溶剂，含氯量 78.3%，热稳定性很好，化学稳定性也很好。

全氯戊环癸烷一般是先将环戊二烯氯化，制成六氯环戊二烯，然后在催化剂无水氯化铝存在下进行二聚。反应温度一般在 80～90℃ 之间，可用氯代烃类为溶剂（如四氯化碳、全氯乙烯、六氯丁二烯等），也可不用溶剂，反应混合物经水洗、蒸馏，除去溶剂和未反应的六氯环戊二烯后，用苯重结晶。见图 6-15。

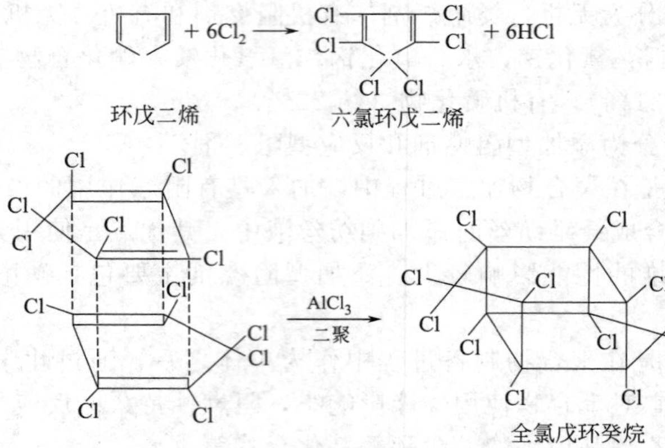

图 6-15　全氯戊环癸烷的合成

全氯戊环癸烷是有效的添加型阻燃剂，热稳定性及化学稳定性均良好，无毒，多用于聚乙烯、聚丙烯、聚苯乙烯及 ABS 树脂。

（3）氯化聚乙烯　氯化聚乙烯有两类产品：一类含氯 35%～40%，另一类含氯 68%，无毒。作为阻燃剂可用于聚烯烃、ABS 树脂。由于氯化聚乙烯本身是聚合材料，所以作为阻燃剂使用时，不会降低塑料的物理机械性能，耐久性良好。

（4）溴代烃　溴代烃是高效的阻燃剂，其阻燃性能是氯代烃的 2～4 倍。对聚合物的加工性和使用性能影响较小，是一类重要的阻燃剂。脂肪族溴化物热稳定性差，易于分解，因此使用受到限制。芳香族溴化物的热稳定性较脂肪族溴化物和脂环族溴化物好，用途很广。

① 脂环族溴化物的代表性品种为六溴环十二烷。它为黄色粉末，在 170℃以上开始脱溴化氢，在 190℃上脱溴化氢变得激烈。它是从 1,5,9-环十二三烯（顺，反，反）溴化制得的。即将 1,5,9-环十二三烯溶于甲醇、醋酸甲酯混合液中，然后加溴进行反应，控制反应温度＜20℃，反应完了用碳酸氢铵中和，可得到产品六溴环十二烷，见图 6-16。1,5,9-环十二三烯是由三分子丁二烯用钛酸丁酯和二乙基氯化铝为催化剂进行反应得到的。

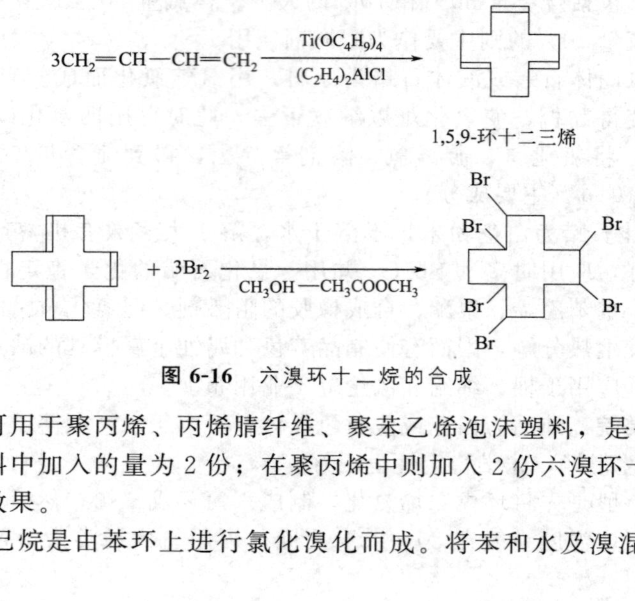

图 6-16　六溴环十二烷的合成

六溴环十二烷可用于聚丙烯、丙烯腈纤维、聚苯乙烯泡沫塑料，是一种优良的阻燃剂。在聚苯乙烯泡沫塑料中加入的量为 2 份；在聚丙烯中则加入 2 份六溴环十二烷及 1 份三氯化锑，有良好的阻燃效果。

② 一氯五溴环己烷是由苯环上进行氯化溴化而成。将苯和水及溴混合搅拌，外部用日

光灯照射，冷却下通入定量氯气，以铁粉为催化剂，反应温度 5～10℃，反应时间 6～7h，当有溴化氢发生并有结晶出现时，表示反应终了。见图 6-17。

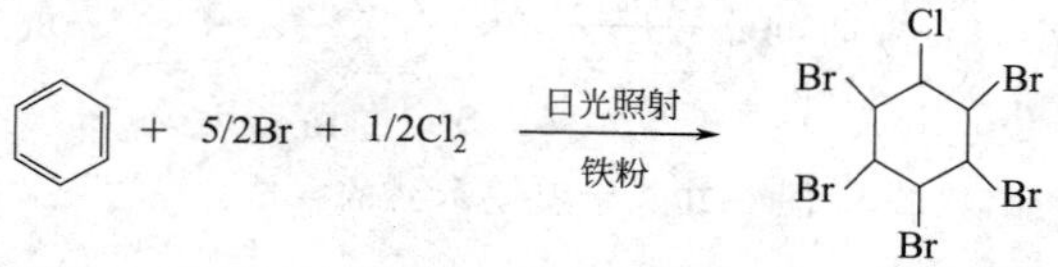

图 6-17　一氯五溴环己烷的合成

一氯五溴环己烷为白色粉末，mp 190～195℃，不溶于水，理论溴含量为 77.87%，氯含量为 6.82%。本产品为聚苯乙烯及聚苯乙烯泡沫塑料专用阻燃剂，在制备聚苯乙烯泡沫塑料时加入 1.5%～2%，即有良好的阻燃效果。

③ 芳香族溴化物主要包括溴代苯、溴代联苯、溴代联苯醚、四溴双酚 A。

a. 溴代苯及溴代联苯类主要有六溴苯、四溴苯、八溴联苯等。

六溴苯是用苯直接溴代而得。工业上制备是用过量溴为溶剂，将苯滴入溴溶液中，同时加入铝粉或铁粉为催化剂，当苯加完后，在溴沸腾下回流一定时间，反应结束后将溴蒸出，六溴苯残余在反应釜中，加入少量水搅拌，用碱中和未反应的溴，然后过滤、洗涤，即可得到六溴苯。见图 6-18。

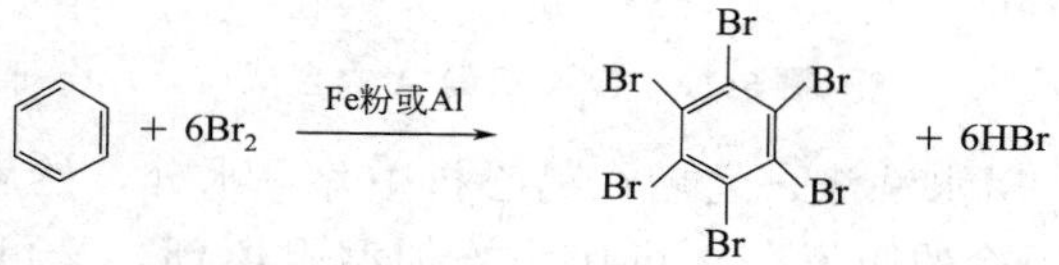

图 6-18　六溴苯的合成

制备反应也可以四氯乙烷为溶剂，加入少量碘和铁粉，加入溴在 80℃反应 10h，反应终了冷却、过滤，收率为 92.5%[20]。还可用发烟硫酸作为反应介质，在 70～80℃，将苯加入到含三氧化硫 29% 的发烟硫酸中，然后加入少量的碘化铁（或工业铁粉），加入溴量的一半，在 80℃反应 9h，然后将温度升至 150℃，再加入剩余的一半溴，反应完成后，水洗、干燥，收率为 72.5 %[21]。

六溴苯初期分解温度为 220℃，分解温度为 340℃。它不溶于水，微溶于乙醇和乙醚，溶于苯；热稳定性良好，毒性低，能满足要求较高的树脂加工成型技术。用途较广，可用于聚苯乙烯、ABS、聚乙烯、聚丙烯、环氧树脂和聚酯等。

四溴苯、六溴苯、八溴联苯，这一系列的溴化物的制备方法是类似的，即在溶剂中，在碘化铁、三氯化铝等催化剂存在下，由芳烃直接溴化而成[22]。

四溴苯、八溴联苯、十溴联苯，它们的阻燃效果和用途与六溴苯差不多。

五溴乙苯是由乙苯在催化剂存在下溴代而成。五溴乙苯的含溴量为 79.8%，可用于环氧树脂、ABS 树脂、酚醛树脂、不饱和聚酯、聚氨酯、丙烯酸树脂、聚丙烯等，与氧化锑并用有协同效应。

b. 溴代联苯醚的主要品种是十溴联苯醚，见图 6-19。

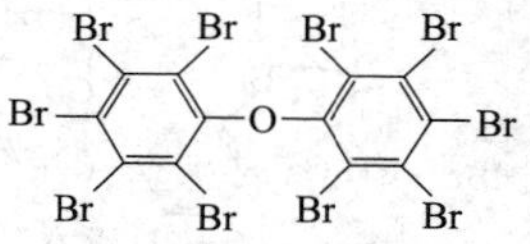

图 6-19　十溴联苯醚的结构式

它是目前应用最广的芳香族溴化物，在 300℃是稳定的。

它是由二苯醚在卤代催化剂存在下（如 Fe 粉）和溴进行反应而制得，见图 6-20。

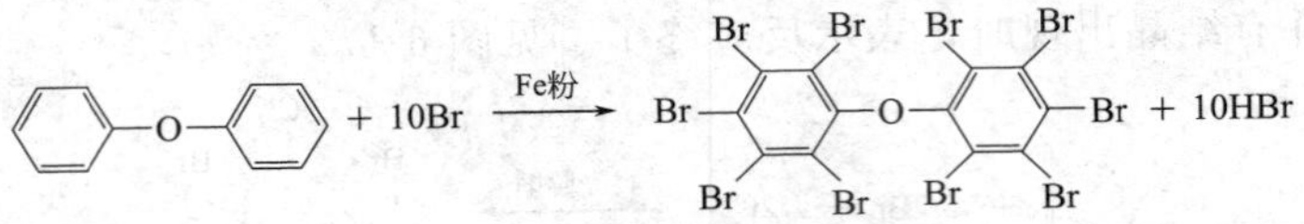

图 6-20　十溴联苯醚的合成

工业上分溶剂法和过量溴代法。溶剂法是将二苯醚溶解于溶剂中，加入催化剂，然后加溴进行反应，反应结束后过滤、洗涤、干燥，即得到十溴联苯醚。常用的溶剂有：二溴乙烷、二氯乙烷、二溴甲烷、四氯化碳、四氯乙烷等。过量溴代法是将催化剂溶解在溴中，向溴中滴加二苯醚进行反应，反应结束后，将过量的溴蒸出，中和、过滤、干燥，可得十溴联苯醚。

十溴联苯醚可用于聚乙烯、聚丙烯、ABS 树脂、聚对苯二甲酸丁二醇酯、聚对苯二甲酸乙二醇酸以及硅橡胶、合成纤维（多用于锦纶）等制品中，本品如与三氧化锑并用阻燃效果更佳。

c. 四溴双酚 A（TBA 或 TBBPA）又叫 $4,4'$-异亚丙基双（2,6-二溴苯酚）。它是将双酚 A 溶于甲酸或乙醇水溶液中，在室温下进行溴代，溴代完了再通入氯气，见图 6-21。

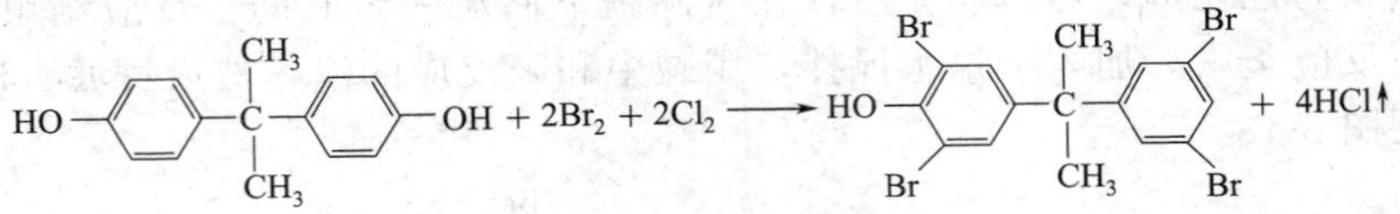

图 6-21　四溴双酚 A 的合成

将制得的产品过滤，用水洗涤，之后在离心机中除去水分，然后干燥即得产品。

四溴双酚 A 是多种用途的阻燃剂，可作为添加型阻燃剂，又可作为反应型阻燃剂。作为添加型阻燃剂，可用于抗冲击聚苯乙烯、ABS 树脂、AS 树脂及酚醛树脂等。四溴双酚 A 还是目前最有实用价值的反应型阻燃剂之一。四溴双酚 A 的产量在国内外有机溴阻燃剂中均占首位。

添加型四溴双酚 A 类阻燃剂还有四溴双酚 A 双（2,3-二溴丙基）醚、四溴双酚 S 等。

四溴双酚 A 双（2,3-二溴丙基）醚是由四溴双酚 A 与氯丙烯反应生成醚，再加溴素溴化而成。

工业上是将四溴双酚 A 溶于氢氧化钠乙醇或甲醇溶液中，与氯丙烯进行反应，生成四溴双酚 A 双（丙烯基）醚。再将四溴双酚 A 双（丙烯基）醚溶于卤代烷中（如四氯化碳、氯仿等），加入计量的溴进行溴代，溴代后加入适量的氢氧化钠水溶液，除去未反应的溴，将溶剂蒸出即可得到产品。见图 6-22。

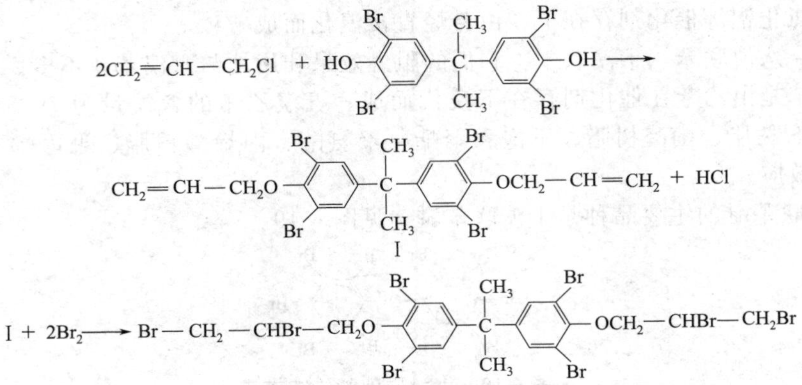

图 6-22　四溴双酚 A 双（2,3-二溴丙基）醚的合成

四溴双酚 A 双（2,3-二溴丙基）醚为白色至淡黄色粉末，用于聚丙烯、聚苯乙烯、ABS 树脂及聚氯乙烯中。

四溴双酚 S 的化学名为 3,5,3',5'-四溴-4,4'-二羟基二苯砜，它是将双酚 S 溶于四氯化碳中，然后再加入少量水，在搅拌下加入计量的溴，反应温度保持在 20～40℃，反应后在 70℃保温 2h，残存的溴用亚硫酸钠水溶液处理，冷却过滤，用水洗涤，干燥即得产品。见图 6-23。

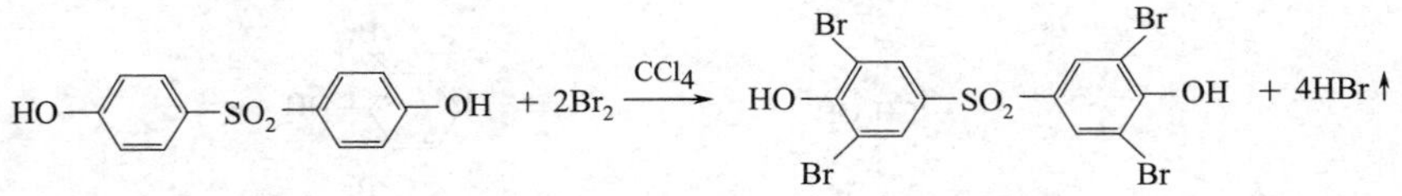

图 6-23 四溴双酚 S 的合成

四溴双酚 S 为白色粉末，应用范围与四溴双酚 A 相似，作为添加型阻燃剂可用于聚乙烯、聚丙烯及聚苯乙烯。

④ 三（2,3-二溴-1 丙基）氰酸酯是由三聚氰酸与氯丙烯在氢氧化钠的存在下，以铜盐为催化剂，反应得到三丙烯基异氰酸酯，后者再与溴进行加成反应，产物经后处理制得成品，收率为 90%～95%。见图 6-24。

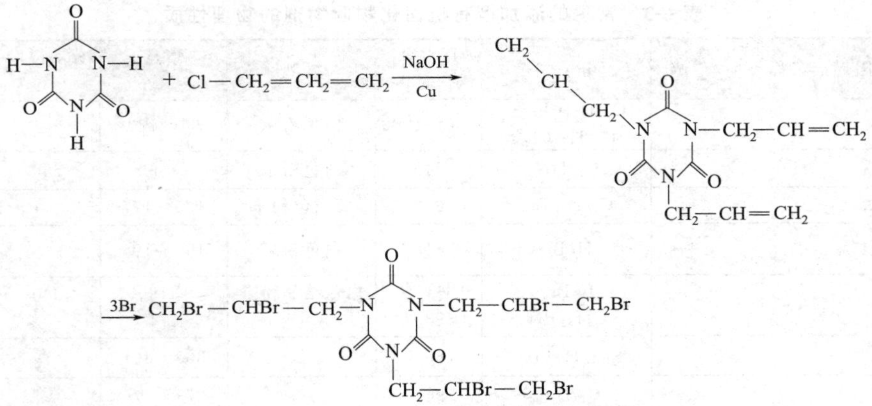

图 6-24 三（2,3-二溴-1 丙基）氰酸酯的合成

此产品为白色结晶粉末，溴含量 65.8%。热稳定性较好，可用于聚丙烯、聚乙烯、聚苯乙烯、聚甲基丙烯酸甲酯、聚氨酯泡沫塑料、聚酯及聚碳酸酯等，并可作合成纤维防燃整理剂，尤其适用于丙纶。

⑤ 三聚氰胺溴化衍生物（见图 6-25）是将六羟甲基三聚氰胺分子中的 1 个氨基用溴化物取代，即可用作棉织物的防燃剂。

常见的有机卤化物阻燃剂品种与物性见表 6-3。

6.3.2.2 磷酸酯及其他磷化物阻燃剂

有机磷化物是最主要的添加型阻燃剂，其阻燃效果比溴化物要好，主要类型有磷酸酯、含卤磷酸酯和膦酸酯三大类。

(1) 磷酸酯 磷酸酯中主要包括磷酸三甲苯酯（TCP）、磷酸甲苯二苯酯（CDP）和磷酸三苯酯（TPP）等，脂肪族磷酸酯中较重要的有磷酸三辛酯（TOP）。

磷酸酯是由醇或酚与三氯氧磷反应而得，或由醇或酚与三氯化磷反应，氯气氧化、水解制得。磷酸酯主要作为阻燃增塑剂，用于聚氯乙烯树脂和纤维素，详细内容参见第 2 章。

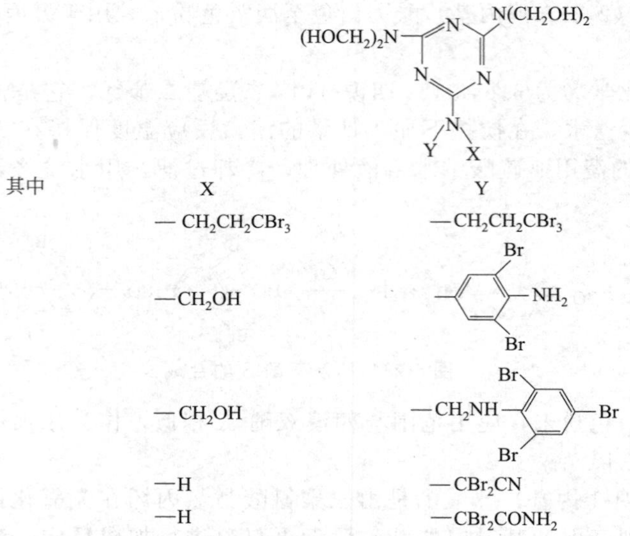

其中

X	Y
—CH₂CH₂CBr₃	—CH₂CH₂CBr₃

（Structure diagrams for X and Y substituents）

—CH₂CH₂CBr₃   —CH₂CH₂CBr₃

—CH₂OH   （含Br、NH₂苯环结构）

—CH₂OH   —CH₂NH（含Br苯环结构）

—H   —CBr₂CN

—H   —CBr₂CONH₂

图 6-25　三聚氰胺溴化衍生物结构式

表 6-3　常见的添加型有机卤化物阻燃剂的物理性质

阻燃剂名称	分子式	相对分子质量	外观	熔点/℃	分解温度/℃	卤含量/%
氯化石蜡	$C_{20}H_{24}Cl_{28}\sim$ $C_{24}H_{29}Cl_{21}$	900～1000	白色粉末	95～120		70
全氯戊环癸烷	$C_{10}H_{12}$	546	白色粉末	486	650	78
六溴环十二烷	$C_{12}H_{18}Br_6$	642	黄白色粉末	175～177	＞170	70～74.8
一氯五溴环己烷	$C_6H_6Br_5Cl$	513	白色粉末	190～195		溴77.9 氯6.82
六溴苯 四溴苯	C_6Br_6 $C_6H_2Br_4$	551.5 393.7	白色结晶粉末	315 174	340	86.9 81.1
八溴联苯	$C_{12}H_2Br_8$	786.2		365～367		81.3
十溴联苯	$C_{12}Br_{10}$	944		378～379		84.6
五溴乙苯	$C_8H_5Br_5$	500.5	白色粉末	136～138		79.8
十溴联苯醚	$C_{12}Br_{10}O$	960	结晶粉末	296		83.4
三(2,3-二溴-1-丙基)异氰酸酯	$C_{12}H_{15}Br_6N_3O_3$	729	白色结晶粉末	100～110℃	265	65.8
四溴双酚 A	$C_{15}H_{12}O_2Br_4$	544	白色粉末	181		58.3
四氯双酚 A	$C_{15}H_{12}O_2Cl_4$	366	白色粉末	136～137		38.8
四溴双酚 A 双(2,3-二溴丙基)醚	$C_{21}H_{20}Br_8O_2$	943.3	黄色粉末	85～105	270	67.8
四溴双酚 S	$C_{12}H_6Br_4O_2S$	569.9	白色粉末	287～290	294	56.5

（2）含卤磷酸酯　含卤磷酸酯分子中含有卤和磷，由于卤和磷的协同作用，所以阻燃效果较好，是一类优良的添加型阻燃剂，其代表性品种见表 6-4。

表 6-4　常见的含卤磷酸酯类阻燃剂

名称	结构式	性状
磷酸三(β-氯乙基)酯	$(Cl—CH_2—CH_2O)_3P=O$	淡黄色油状液体，bp 194℃
磷酸三(1-氯丙基)酯	$(CH_3—CHCl—O)_3P=O$	无色透明液体
磷酸三(2,3-二氯丙基)酯	$(Cl—CH_2—CHCl—CH_2O)_3P=O$	淡黄色透明黏稠液体，mp 6℃

名称	结构式	性状
磷酸三(2-溴-3-氯丙基)酯	$(ClCH_2—CHBr—CH_2O)_3P=O$	无色或淡黄色液体
磷酸双(2,3-二溴丙酯)二氯丙酯	$Br—CH_2—CHBr—CH_2O$ $Br—CH_2—CHBr—CH_2O\!\!>\!\!P=O$ $Cl—CH_2—CH_2Cl—CH_2O$	黄色透明液体
磷酸三(2,3-二溴丙基)酯	$(BrCH_2CHBr—CH_2O)_3P=O$	淡黄色黏稠液体

磷酸三(β-氯乙基)酯（TCEP）的合成方法有三种：第一种方法是由三氯化磷与氯乙醇酯化，再经氧化（氧化剂为 SO_3、$KMnO_4$ 等）而得；第二种方法是由三氯氧磷与氯乙醇酯化而得；第三种方法是由三氯氧磷与环氧乙烷反应制备而得。见图 6-26。

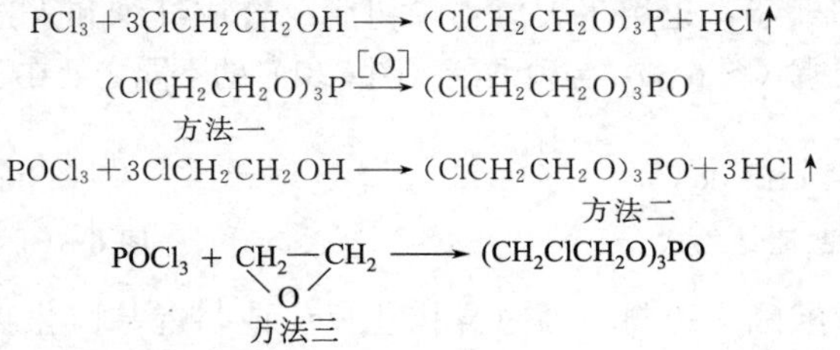

$$PCl_3+3ClCH_2CH_2OH \longrightarrow (ClCH_2CH_2O)_3P+HCl\uparrow$$
$$(ClCH_2CH_2O)_3P \xrightarrow{[O]} (ClCH_2CH_2O)_3PO$$
方法一
$$POCl_3+3ClCH_2CH_2OH \longrightarrow (ClCH_2CH_2O)_3PO+3HCl\uparrow$$
方法二
$$POCl_3 + CH_2\!\!-\!\!CH_2 \longrightarrow (CH_2ClCH_2O)_3PO$$
$$\underset{O}{\diagdown\diagup}$$
方法三

图 6-26　三种磷酸三(β-氯乙基)酯（TCEP）的合成方法

第三种方法最有工业实用价值。在工业上，以四氯化钛为催化剂，在 35℃时往 $POCl_3$ 中通入环氧乙烷，当环氧乙烷通入一半时，让反应温度逐渐上升到 51℃，使反应完全。吹出残余的环氧乙烷后，水洗，再用 Na_2CO_3 水溶液中和、干燥，收率为 80% 左右。TCEP 热分解温度为 240～280℃，水解稳定性良好，在 NaOH 水溶液中少量分解，主要用作阻燃剂和石油添加剂。广泛用于醋酸纤维素、硝基纤维清漆、乙基纤维漆、聚氯乙烯、聚氨酯、聚乙酸乙烯、酚醛树脂等。除阻燃性外，它还可以改善材料的耐水性、耐候性、耐寒性、抗静电性、手感柔软性；但存在着挥发性高、持久性差的缺点。一般添加量为 5～10 份。

磷酸三(1-氯丙基)酯是由三氯氧磷与 2-氯丙醇酯化制得，见图 6-27。

$$POCl_3+CH_2CHClCH_2OH \longrightarrow (CH_3—CHClCH_2O)_3PO+HCl$$

图 6-27　磷酸三（1-氯丙基）酯的合成

虽然其阻燃效能较 TCED 差，但价格便宜。可用作聚苯乙烯、聚氯乙烯、酚醛树脂、丙烯酸树脂、聚氨酯等塑料的阻燃剂。

磷酸三（2,3-二氯丙基）酯是由三氯氧磷与环氧氯丙烷在无水 $AlCl_3$ 催化剂下反应而成。见图 6-28。

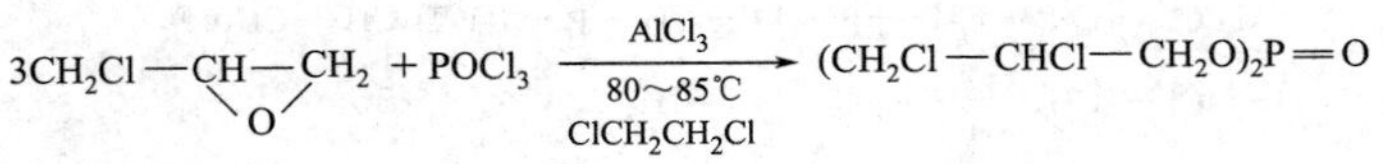

$$3CH_2Cl—CH\!\!-\!\!CH_2 + POCl_3 \xrightarrow[ClCH_2CH_2Cl]{\overset{AlCl_3}{80\sim85℃}} (CH_2Cl—CHCl—CH_2O)_2P=O$$
$$\underset{O}{\diagdown\diagup}$$

图 6-28　磷酸三（2,3-二氯丙基）酯的合成

本品阻燃效果好，挥发性小，耐油性和耐水解性好，对紫外线的稳定性也好，且价格较低。适用于软质和硬质聚氨酯泡沫塑料、聚氯乙烯、环氧树脂、不饱和聚酯、酚醛树脂等塑料。用途基本上与 TCEP 相似，可直接使用或制成乳剂，用于地毯、雨衣、织物整理、橡胶制品等；也可用于防火涂料和黏合剂；作为润滑油的添加剂；高温裂解的抗爆剂等。

磷酸三（2-溴-3-氯丙基）酯是由 2-溴-3-氯丙醇与三氯氧磷反应合成的，磷酸双（2,3-二溴丙酯）二氯丙酯是由二氯丙醇与三氯氧磷反应生产烷基磷酰二氯，再与二溴丙醇进行酯化反应制得，这两种阻燃剂分子中同时含有溴、氯、磷，阻燃效果较好，适用范围同上。

磷酸三（2,3-二溴丙基）酯是由2,3-二溴丙醇与三氯氧磷作用，2,3-二溴丙醇则可由丙烯醇与溴加成来制备；也可用丙烯醇先与三氯氧磷反应，然后再加溴制得。见图 6-29。

$$CH_2=CH-CH_2OH+Br_2 \xrightarrow{10\sim15℃} CH_3Br-CHBr-CH_2OH$$

$$CH_2Br-CHBr-CH_2OH+POCl_3 \xrightarrow{AlCl_3} (CH_2Br-CHBr-CH_2O)_3P=O$$

方法一

$$3CH_2=CHCH_2OH+POCl_3 \longrightarrow (CH_2=CHCH_2O)_3P=O+3HCl$$

$$(CH_2=CHCH_2O)_3P=O+3Br_2 \longrightarrow (CH_2BrCHBrCHO)_3P=O$$

方法二

图 6-29 磷酸三（2,3-二溴丙基）酯的合成

此化合物阻燃效果高，并有一定的增塑作用，与三氧化二锑并用有协同效应；但热稳定性较差，易变热变黄，不适用于长时间高温加工的制品。适用范围较少，多用于苯乙烯树脂、聚氨酯、聚烯烃和聚酯；也用于聚氯乙烯树脂、合成纤维和人造纤维等。

(3) 膦酸酯 膦酸酯（图 6-30）与磷酸酯（图 6-31）的不同之处在于分子中含 1 个 C—P 键。

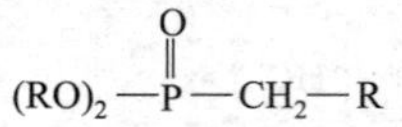

$$(RO)_2-\overset{\overset{\displaystyle O}{\|}}{P}-CH_2-R \qquad\qquad (RO)_3-\overset{\overset{\displaystyle O}{\|}}{P}$$

图 6-30 膦酸酯结构式 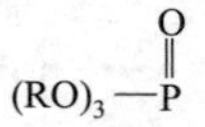 　　　　　　　　　　　**图 6-31** 磷酸酯结构式

膦酸酯一般以亚磷酸酯为原料，通过异构化反应或与烷基卤化物反应制得。见图 6-32。

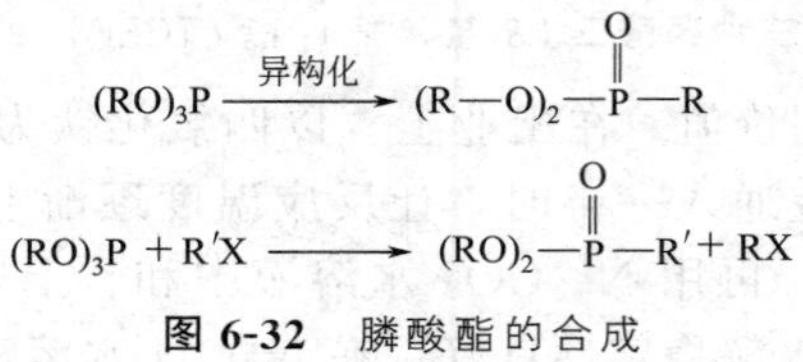

$$(RO)_3P \xrightarrow{异构化} (R-O)_2-\overset{\overset{\displaystyle O}{\|}}{P}-R$$

$$(RO)_3P+R'X \longrightarrow (RO)_2-\overset{\overset{\displaystyle O}{\|}}{P}-R'+RX$$

图 6-32 膦酸酯的合成

如美国孟山都公司开发的 phosgarad C-22-R，其结构式见图 6-33。其中，含氯 27%、含磷 15%，可用于聚氨酯、聚酯、环氧树脂、聚甲基丙烯酸和酚醛树脂。

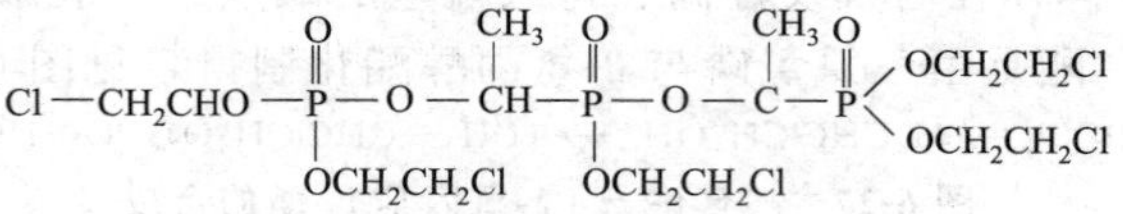

$$Cl-CH_2CHO-\overset{\overset{\displaystyle O}{\|}}{\underset{\underset{\displaystyle OCH_2CH_2Cl}{|}}{P}}-O-\overset{\overset{\displaystyle CH_3}{|}}{\underset{\underset{\displaystyle OCH_2CH_2Cl}{|}}{CH}}-\overset{\overset{\displaystyle O}{\|}}{P}-O-\overset{\overset{\displaystyle CH_3}{|}}{C}-\overset{OCH_2CH_2Cl}{\underset{OCH_2CH_2Cl}{P<}}$$

图 6-33 phosgarad C-22-R 结构式

另一品种 phosgard β-52-R（图 6-34），其中，含氯 17%、含溴 45%、含磷 6%，可用于聚酰胺以外的所有塑料。

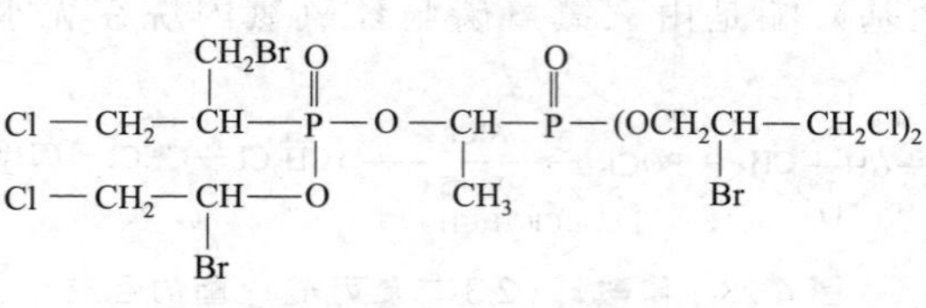

$$\begin{matrix}Cl-CH_2-\overset{\overset{\displaystyle CH_2Br}{|}}{CH}-\overset{\overset{\displaystyle O}{\|}}{\underset{\underset{\displaystyle O}{|}}{P}}-O-\overset{\overset{\displaystyle O}{\|}}{\underset{\underset{\displaystyle CH_3}{|}}{CH}}-\overset{\overset{\displaystyle O}{\|}}{\underset{\underset{\displaystyle Br}{|}}{P}}-(OCH_2CH-CH_2Cl)_2\\ Cl-CH_2-\overset{}{\underset{\underset{\displaystyle Br}{|}}{CH}}\end{matrix}$$

图 6-34 phosgard β-52-R 结构式

(4) 卤化𬭩 系由烷基卤化物与膦 R_3P 反应制得。见图 6-35。

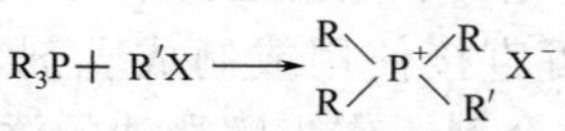

$$R_3P+R'X \longrightarrow \overset{R}{\underset{R}{>}}P^+\overset{R}{\underset{R'}{<}} X^-$$

图 6-35 卤化𬭩的合成

代表性品种是亚乙基双三（2-氰乙基）溴化𬭩（ETPB），商品名为 Cyagard RF-1；四（2-氰乙基）溴化𬭩（TPB），商品名为 Cyagard RF-272。

亚乙基双三（2-氰乙基）溴化𬭩（图 6-36）是由 1-溴-2-氰乙烷与磷化钠反应，生成的叔

膦再与1,2-二溴乙烷作用而成。其为灰白色流动性粉末，含溴28%，含氮14.6%，含磷10.8%，mp 300～302℃，分解温度＞290℃。本品分解温度高，在一般高温加工条件下热稳定性好。可单独添加到通用型聚苯乙烯中起阻燃作用，也可与氯代烃或溴代烃阻燃剂并用于其他塑料中，达到最佳阻燃效果。主要用于聚乙烯、聚丙烯、聚苯乙烯的阻燃剂。

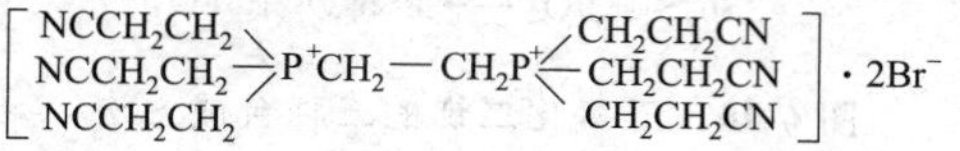

$$\left[\begin{array}{c} NCCH_2CH_2 \\ NCCH_2CH_2 \end{array}\!\!\!> P^+CH_2 - CH_2 P\!\!\!<\!\! \begin{array}{c} CH_2CH_2CN \\ CH_2CH_2CN \\ CH_2CH_2CN \end{array}\right] \cdot 2Br^-$$

图 6-36 亚乙基双三（2-氰乙基）溴化鏻结构式

四（2-氰乙基）溴化鏻（图6-37）是由1-溴-2-氰乙烷与磷化钠反应制得。为白色流动性粉末，含溴24.5%，含氮17%，含磷9.5%，mp 276～280℃，分解温度＞280℃，性能及用途与ETPB相似。

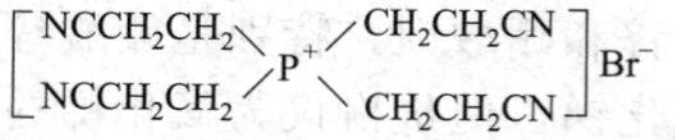

$$\left[\begin{array}{c} NCCH_2CH_2 \\ NCCH_2CH_2 \end{array}\!\!\!> P^+\!\!\!<\!\! \begin{array}{c} CH_2CH_2CN \\ CH_2CH_2CN \end{array}\right] Br^-$$

图 6-37 四（2-氰乙基）溴化鏻结构式

6.3.2.3 无机化合物

（1）氢氧化铝 氢氧化铝习惯上称为氧化铝三水合物。一般可以从明矾$KAl(SO_4)_2 \cdot 12H_2O$、硫酸铝或氧化铝加入氢氧化铵进行沉淀，经过滤、洗涤、干燥得到。见图6-38。

$$Al_2(SO_4)_3 + 6NH_4OH \longrightarrow Al(OH)_3 \downarrow + (NH_4)_2SO_4$$

图 6-38 氢氧化铝的合成

氢氧化铝是白色细微结晶粉末，含结晶水34.4%，200℃以上脱水，最大吸热温度为300～350℃，在300℃左右有80%重量的结晶水放出，吸收热量起阻燃作用。氢氧化铝加入到塑料中，在燃烧时所放出的水蒸气白烟将高聚物燃烧产生的黑烟稀释，起掩蔽作用。因此，具有减少烟雾和有毒气体的作用。但在200℃以下长时间加热，部分结晶水会游离出来，妨碍塑料的加工成型。因此使用前应在120℃以上进行干燥处理。

氢氧化铝的阻燃性能稍差，在塑料中需添加40～60份，这既影响塑料的力学强度，又增加了其成本。用硅烷类或钛酸酯类偶联剂进行表面处理，可改善氢氧化铝与树脂的结合性及加工性，使之兼具阻燃和填充双重功能，赋予制品优良的综合性能。

由于氢氧化铝原料来源广，价格便宜，约为普通阻燃剂平均价格的1/10，并且兼有填充剂、阻燃剂和发烟抑制剂三重功能，所从应用范围广泛，用于环氧树脂、酚醛树脂、不饱和树脂、ABS树脂、聚丙烯酸树脂、聚氯乙烯、聚乙烯等多种塑料的阻燃。

（2）氢氧化镁 氢氧化镁为白色三方形结晶，由氯化镁水溶液与氢氧化钠或氢氧化铵水溶液进行复分解反应而制得，见图6-39。

$$MgCl_2 + 2NaOH \longrightarrow Mg(OH)_2 + 2NaCl$$
$$MgCl_2 + NH_4OH \longrightarrow Mg(OH)_2 + 2NH_4Cl$$

图 6-39 氢氧化镁的合成

氢氧化镁在340℃开始分解，430℃分解最快，490℃时全部分解生成氧化镁及水。可用于塑料制品，具有良好的阻燃作用及消烟作用。

（3）三氧化二锑 三氧化二锑是无机阻燃剂中使用最广的品种，氧化锑单独使用时阻燃效果不佳，但与有机卤化物并用，通过协同作用，则具有优良的阻燃效果。如果用于含氯树脂（PVC），仅单独使用3～5份氧化锑就能得到良好的阻燃效果。

工业上氧化锑系可由三种方法制得：第一种方法由氯化锑水解制得，在水解过程中以氨水作为氯化氢接受体；第二种方法是金属锑与氧反应制得；第三种方法是三硫化锑焙烧而得。见图 6-40。

$$2SbCl_3 + 3H_2O \longrightarrow Sb_2O_3 + 6HCl$$
方法一
$$4Sb + 3O_2 \longrightarrow 2Sb_2O_3$$
方法二
$$2Sb_3S_2 + 9O_2 \longrightarrow 2Sb_2O_3 + 6SO_2 \uparrow$$
方法三

图 6-40 三氧化二锑的三种合成方法

氧化锑需与含卤阻燃剂配合使用，生产的氯化锑或溴化锑，为反应性、挥发性强的物质，在固态时可以促进卤素的移动和碳化物的生成；在气态时可以捕捉自由基，以引起阻燃的效果。可广泛用于聚烯烃类、聚酯类等塑料。对鼻、眼、咽喉有刺激作用，吸入体内刺激呼吸器官，与皮肤接触可以引起皮炎，使用时应注意防护。

(4) 硼化合物 主要是硼酸锌和硼酸钡，特别是硼酸锌，可作为氧化锑的代用品，与卤化物有协同作用，阻燃性不及氧化锑，但价格仅为氧化锑的 1/3，所以用量逐步增长。

硼酸锌和硼酸钡一般可由氧化锌或氧化钡与三氧化二硼共熔制得。随两者比例的不同，可以得到一系列的硼酸锌和硼酸钡。如 ZnB_4O_7 为白色或淡黄色粉末，mp 980℃。

硼酸锌主要用于聚氯乙烯和不饱和树脂，最高可取代氯化锑用量的 3/4。

(5) 磷系阻燃剂 无机磷系阻燃剂主要有：赤磷（单质），磷酸盐，磷酰胺，磷氮基化合物。主要品种见表 6-5。

表 6-5 常见的无机磷系阻燃剂品种

化合物类别	阻燃剂名称	分子式或结构式	适用聚合物
单质	赤磷	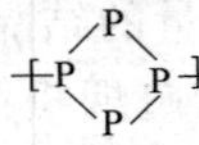 $+\!\!\begin{array}{c} P \\ P \end{array}\!\!P+_n$	聚烯烃、聚苯乙烯、聚酯、环氧树脂、尼龙、橡胶等
磷酸盐	磷酸二氢铵(MAP)	$NH_4H_2PO_4$	纤维素、丙烯酸系
	磷酸氢二铵(DAP)	$(NH_4)_2HPO_4$	纤维素、丙烯酸系
聚磷酸盐	聚磷酸铵	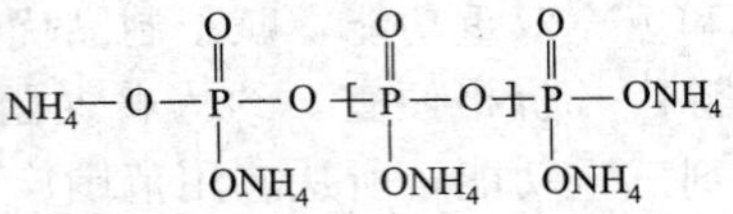 $NH_4-O-\overset{O}{\underset{ONH_4}{P}}-O+\overset{O}{\underset{ONH_4}{P}}-O+\overset{O}{\underset{ONH_4}{P}}-ONH_4$	环氧树脂、聚氨酯、膨胀涂料
其他磷酸盐	磷酸胍	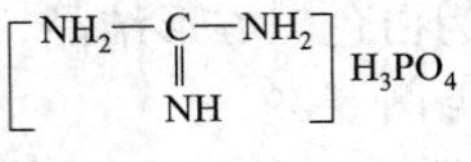 $\left[NH_2-\overset{}{\underset{NH}{C}}-NH_2 \right] H_3PO_4$	纤维素类
	磷酸脒基脲	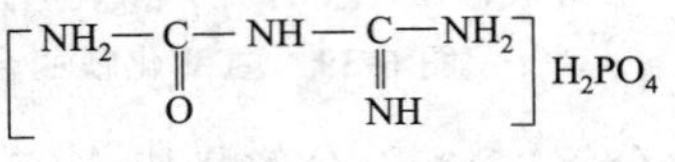 $\left[NH_2-\overset{}{\underset{O}{C}}-NH-\overset{}{\underset{NH}{C}}-NH_2 \right] H_2PO_4$	纤维素类
	磷酸三聚氰胺	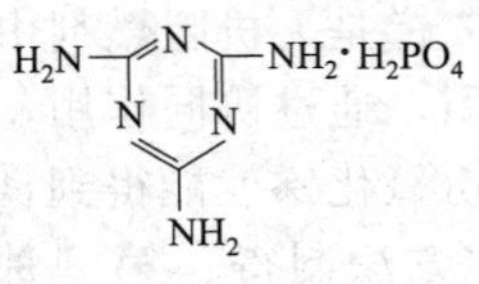 $H_2N-\underset{NH_2}{\overset{N}{\triangle}}-NH_2 \cdot H_2PO_4$	纤维素类

化合物类别	阻燃剂名称	分子式或结构式	适用聚合物
磷酰胺	磷酰三胺	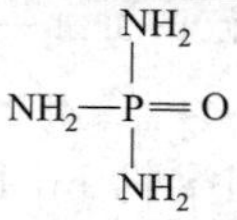 NH_2 $NH_2-P=O$ NH_2	纤维素类
	氧化三（氮杂环丙烯基） 膦（APO）	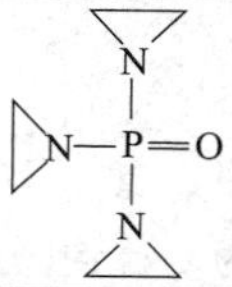 结构式	与 THPC 结合； 防水阻燃涂料棉布耐洗阻 燃剂
磷氮基化合物	氯化磷腈三聚物	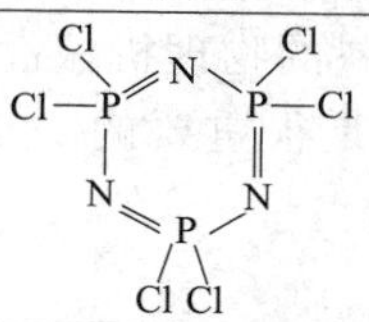 结构式	纤维素类

① 红磷作为阻燃剂使用已有 20 余年，它是一种受到高度重视的阻燃剂，红磷是将白磷在 400℃加热制备而得的，在某些条件下它可以燃烧。但作为阻燃剂仍可用于许多聚合物塑料、橡胶、纤维及织物上，有时需要和其他一些助剂配合，才能发挥红磷的阻燃作用。

红磷的阻燃机理基本上与其他磷系阻燃剂一样，所不同的一点是红磷燃烧时，比其他磷化物产生更多的磷酸。因此达到相同阻燃等级，添加红磷的量要比其他阻燃剂少。由于红磷添加量低、溶解性差和熔点高（＞500℃）等原因，用它阻燃的聚合物比用普通阻燃剂有更好的物理性能。

② 磷酸盐。磷酸很容易和氨反应，从溶液中很快析出两种结晶的磷酸铵盐：

$$NH_4H_2PO_4 \qquad (NH_4)_2HPO_4$$
$$MAP，M=115 \qquad DAP，M=132$$

长链聚磷酸铵可由尿素与磷酸聚合而成，见图 6-41。

$$nH_3PO_4+(n-1)(NH_2)_2CO \longrightarrow (NH_4)_n+2P_nO_{3n+1}+(n-4)NH_3+(n-1)CO_2$$

图 6-41 长链聚磷酸铵的合成

磷酸铵和聚磷酸铵作为阻燃剂可用于膨胀涂料、胶黏剂、塑料、纸张、木材和织物等方面。

磷酸铵盐是最早的阻燃剂，以后又发展了脲-磷酸溶液，如磷酸胍、磷酸脒基脲和磷酸三聚氰胺等。

磷酰胺和磷氮化合物也是常用的阻燃剂。磷酸三胺是由 $POCl_3$ 与氨在氯仿溶液中于 $-10℃$反应制备而得。见图 6-42。

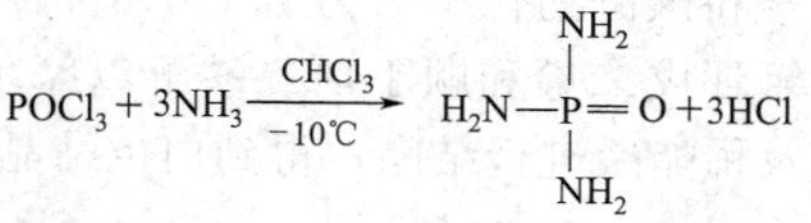

$$POCl_3+3NH_3 \xrightarrow[-10℃]{CHCl_3} \begin{matrix} NH_2 \\ | \\ H_2N-P=O \\ | \\ NH_2 \end{matrix} +3HCl$$

图 6-42 磷酸三胺的合成

氧化三（氮杂环丙烯基）膦（APO）是由环丙胺与 $POCl_3$ 反应制备而得。见图 6-43。

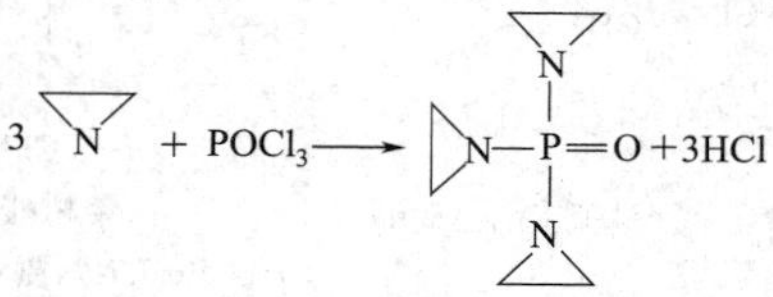

图 6-43 氧化三（氮杂环丙烯基）膦的合成

氯化磷腈三聚物是由氯化铵与五氯化磷在氯苯溶液中于 125℃反应 1.5h 制备而得。见图 6-44。

$$3NH_4Cl + 3PCl_5 \longrightarrow (PNCl_2)_3 + 12HCl$$

图 6-44　氯化磷腈三聚物的合成

三聚物 bp 124℃/1.333kPa，四聚物 bp 185 ℃/1.333kPa。

6.3.3　反应型阻燃剂

反应型阻燃剂分子中，除含有溴、氯、磷等阻燃性元素外，还同时具有反应性官能团，它们在高分子聚合或缩合过程中作为一个组分参加反应，并以化学键的形式结合到高分子结构中。因此，其不易逃失，对塑料的物理机械性能影响较小。尽管在操作上不及添加型阻燃剂方便，价格也较高，但它仍然是很重要的。与添加型阻燃剂相比，种类较少，应用面比较窄。

6.3.3.1　卤代酸酐

（1）四氯邻苯二甲酸酐（TCPA）和四溴邻苯二甲酸酐（TBPA）　它们是由邻苯二甲酸酐直接氯代或溴代而合成。

四氯邻苯二甲酸酐是将邻苯二甲酸酐溶于浓 H_2SO_4 中，在 260℃左右通入氯气制得，见图 6-45。其为白色粉末，含氯 49.6％，mp 255℃，bp 371℃。用作聚酯及环氧树脂的反应型阻燃剂。

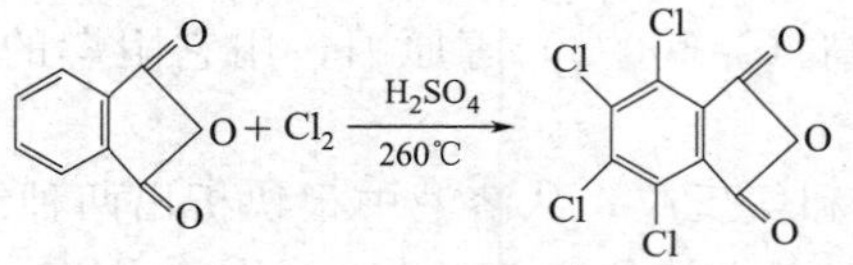

图 6-45　四氯邻苯二甲酸酐的合成

四溴邻苯二甲酸酐是由苯酐在发烟硫酸中或在氯磺酸中直接溴代而制得，其溴代工艺与制备六溴苯等芳香族溴化物相同，见图 6-46。四溴邻苯二甲酸酐作为阻燃剂与四氯邻苯二甲酸酐相同，除以上应用外，还用作锦纶、涤纶的防火阻燃整理剂。

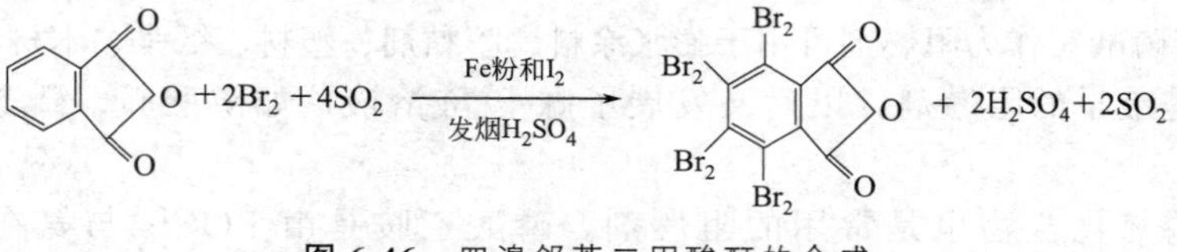

图 6-46　四溴邻苯二甲酸酐的合成

（2）氯桥酸酐与氯桥酸　氯桥酸酐的化学名为 1,4,5,6,7,7-六氯双环[2.2.1]-5-庚烯-2,3-二羧酸酐，其制备方法是由六氯环戊二烯和顺丁烯二酸酐以摩尔比为 1：1.1，在 138～145℃反应 7～8h 后，将产物用热水及稀醋酸进行结晶，得到白色结晶状氯桥酸酐。见图 6-47。

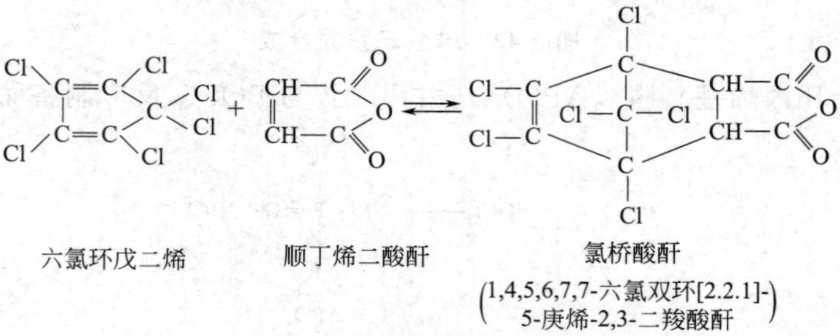

六氯环戊二烯　　顺丁烯二酸酐　　　氯桥酸酐
(1,4,5,6,7,7-六氯双环[2.2.1]-
5-庚烯-2,3-二羧酸酐)

图 6-47　氯桥酸酐的合成

氯桥酸酐水解即为氯桥酸，见图 6-48。

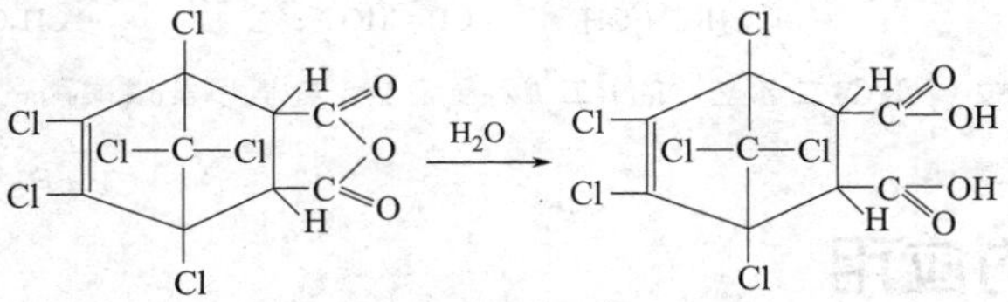

图 6-48 氯桥酸的合成

氯桥酸及氯桥酸酐均为白色结晶固体，在 25℃ 时挥发度非常低，氯桥酸酐 mp 240~241℃，氯桥酸未达到熔点即分解为酸酐，氯桥酸酐含氯 57.9%，氯桥酸含氯 54.7%。氯桥酸酐及氯桥酸可用作聚酯、聚氨酯阻燃剂及环氧树脂阻燃性、固化剂。

6.3.3.2 四溴双酚 A 及衍生物

四溴双酚 A、四氯双酚 A、四溴双酚 A(2,5-二溴基) 醚，既可作为添加型阻燃剂，又可作为反应型阻燃剂。另外，四溴双酚 A 双（羟乙氧基）醚是由四溴双酚 A 溶于乙醇水溶液，然后加入环氧乙烷及氢氧化钾，在加压釜中进行反应而制得，见图 6-49。该产品为白色粉末，mp 115~118℃，热稳定性好，作为反应型阻燃剂，用于聚酯（热塑性）、环氧树脂、聚氨酯，也可用于 ABS 树脂，还可用于聚酯纤维，在涤纶单体中加入 6% 进行共聚，可制得防燃性能较好的 Dacron 900。

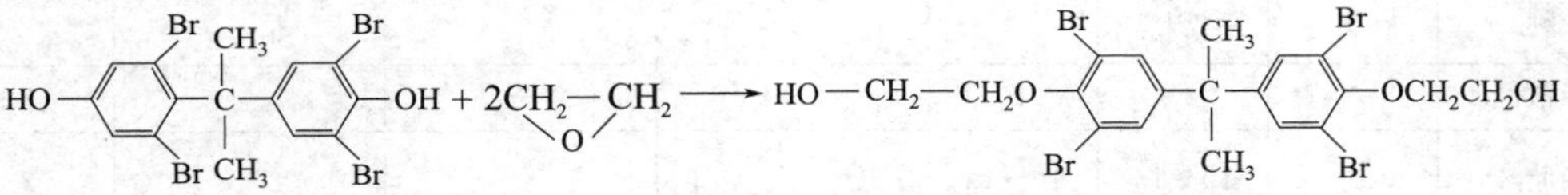

图 6-49 四溴双酚 A 双（羟乙氧基）醚的合成

6.3.3.3 含磷多元醇

四羟甲基鏻氯化物简称 THPC，是重要的防火阻燃剂，由磷化氢、甲醛和盐酸反应而制得，见图 6-50。

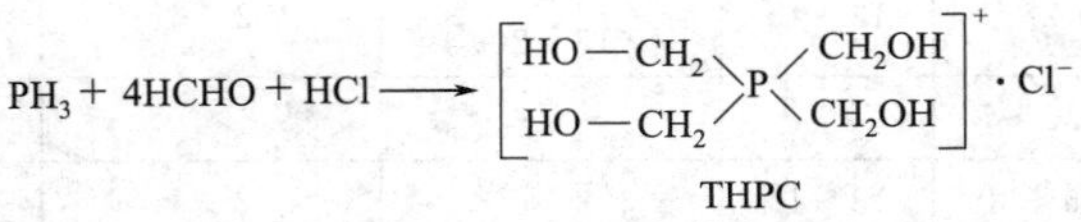

图 6-50 四羟甲基鏻氯化物的合成

THPC 通过交联反应与纤维素的羟基结合，产生耐久性较强的防燃效果。THPC 用于织物防燃整理有较好的耐洗涤性，并能改变织物的干防皱性和防腐性。

将 THPC 和氢氧化钠反应，制得四羟甲基氢氧化鏻 THPOH，见图 6-51。THPOH 也是反应性阻燃剂，在很多范围内可用以代替 THPC，用于纤维素纤维的阻燃。

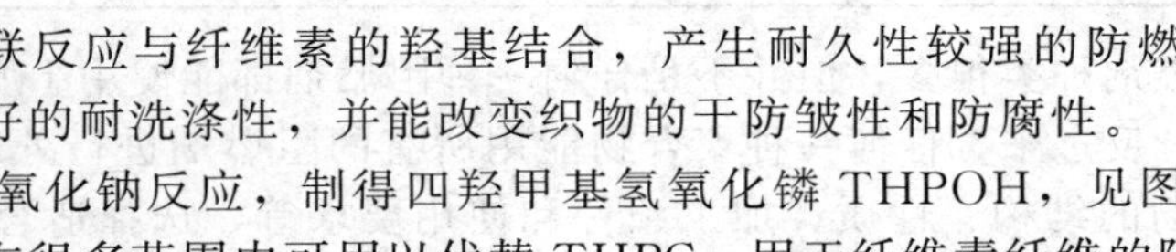

图 6-51 四羟甲基氢氧化鏻的合成

O,O-二乙基-N,N-二(2-羟乙基) 氨基甲基膦酸酯，商品名称 Fyrol6，是由甲醛（37% 水溶液）、二乙醇胺和 $(C_2H_5O)_2PHO$ 缩合而成，见图 6-52。其为无色液体，含磷 12.6%，对水解很稳定，与其他多元醇配合用于聚氨酯泡沫塑料。

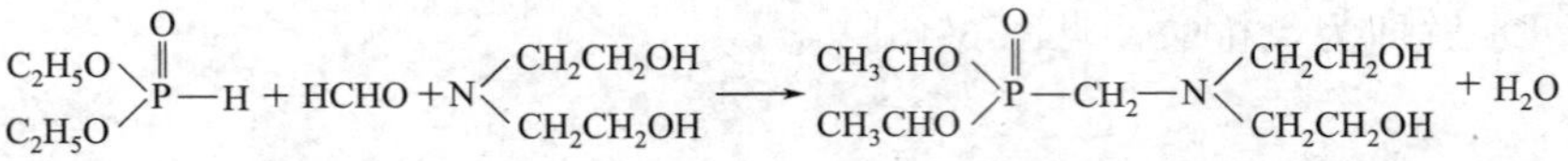

图 6-52 O,O-二乙基-N,N-二（2-羟乙基）氨基甲基膦酸酯的合成

6.4 阻燃剂的应用

6.4.1 阻燃剂的用量及使用要求

如何确定阻燃剂的用量是一个非常复杂的问题，它与阻燃剂、聚合物及使用方法、阻燃性能的要求等几个方面都有关系。表 6-6 给出了使用普通树脂达到自熄时所需各种阻燃元素的平均量。从表 6-6 可以看出，阻燃剂单独使用时，磷的阻燃效果最好，溴比氯好，居第二位。磷和氧化锑都可以减少含卤阻燃剂的用量，但磷比氧化锑效果更好。

表 6-6　普通树脂达到自熄时所需各种阻燃元素的平均量　　　　单位：%

聚合物	P	C	Br	P+C	P+Br	Sb₄O₆+C	Sb₄O₆+Br
纤维素	2.5~3.5	>24			1+9	(12~15)+(9~12)	
聚烯烃	5	40	20	0.5+9	0.5+7	5+8	3+6
聚氯乙烯	2~4	40				5%~15% Sb₄O₆	
聚丙烯酸酯类	5	20	16	2+4	1+3		7+5
聚丙烯腈	5	10~15	10~12	(1~2)+(10~12)	(1~2)+(5~10)	2+8	2+6
聚苯乙烯		10~15	4~5	0.5+5	0.2+3	7+(7~8)	7+(7~8)
ABS		23	3			5+7	
聚氨酯	1.5	18~20	12~14	1+(10~15)	0.5+(4~7)	4+4	2.5+2.5
聚酯	5	25	12~15	1+(15~20)	2+6	2+(16~18)	2+(8~9)
尼龙	3.5	3.5~7				10+6	
环氧树脂	5~6	26~30	13~15	2+6	2+5		3+5
酚醛树脂	6	16					

如前所述，阻燃剂种类很多，但并不是任何一种阻燃剂都能使用于所有的聚合物中，不存在万能的阻燃剂；反过来，任何一种聚合物能用所有的阻燃剂进行处理，也是不存在的，因此必须根据聚合物的结构、性质、加工条件和使用要求等，选择适合的阻燃剂。选择不当，阻燃剂将可能会变成助燃剂。

（1）加工成型对阻燃剂的要求

① 阻燃剂加到聚合物中，不影响树脂的加工性能，加工条件不特殊。

② 阻燃剂在加工过程中，不挥发、不升华、不分解。

③ 阻燃剂对成型设备和模具没有腐蚀作用，工厂原有设备仍可使用。

（2）聚合物制品对阻燃剂的要求

① 阻燃剂在树脂中分散性或相容性要好。

② 阻燃剂加入后，产品价格不会提高太多。

③ 对聚合物制品的物理机械性能影响不大，能被用户所接受。

④ 经阻燃处理的聚合物制品不易着火，阻止火焰传播的能力强，燃烧速率慢。

⑤ 产生烟的速率低且量少。

⑥ 产生的气体可燃性低且毒性小。

⑦ 阻燃性能具有耐候性和长效性。

（3）阻燃剂本身的要求

① 反应型阻燃剂的纯度要高。

② 价格要尽量便宜。

③ 毒性小。

④ 热稳定性要好。

6.4.2 阻燃剂在塑料中的应用

纵观阻燃剂近年来的研究开发及在高分子材料中的应用，可以看出其发展趋势为以下几个方面。

（1）环保化、低毒化　卤系阻燃剂虽然仍将是阻燃剂的主要品种，但由于该类阻燃剂燃烧时生成物的毒性、腐蚀性及对高分子材料抗紫外线性能的削弱等方面的影响，对无卤阻燃剂及对环境友好的阻燃剂的需求会不断增长。

（2）高效化、多功能化　开发高效、多种功能的阻燃剂，不仅能减少阻燃剂对高分子基材物理机械性能的影响，同时对减少污染、降低成本必将是有益的。

（3）与高分子材料亲和性好　使高分子基材挤出性能好的纳米阻燃剂和微胶囊化技术将逐步得到应用。

（4）复配技术的应用　如何通过复配技术开发出性能优异的新型阻燃剂，是阻燃材料研究的重要课题，也是阻燃剂发展非常重要的方向[23]。

6.4.2.1 聚氯乙烯（PVC）

PVC 树脂的含氯量为 56.8%，所以本身具有自熄性。但是 PVC 软质品由于配用了大量 DOP 等普通可燃性增塑剂而变得易于燃烧。为了使 PVC 软质品达到难燃的目的，一般可使用氧化锑，或氧化锑与氯化石蜡增塑剂并用，或使用磷酸酯类增塑剂。为了提高制品的耐热性和耐冲击性，可加入氯化聚乙烯。

PVC 是含卤树脂，所以单独使用氧化锑就能得到阻燃性，但是由于使用氧化锑后制品不透明，所以在一定程度上限制了它的使用。当氧化锑与氯化石蜡并用时，阻燃效果更好。在磷酸酯中最常用的是磷酸三甲苯酯。但因其低温性能差，所以在需要考虑耐寒性的场合，使用烷基磷酸酯更为合适。含卤磷酸酯虽然价格较高，但阻燃效果更优良，少量添加就能达到难燃的目的，具有不降低塑料物理性能的优点。

【应用实例】

PVC 制品	100 份	磷酸三甲苯酯	14 份
DOP	38 份	稳定剂	3 份

试样的可燃性为自熄性的。

6.4.2.2 聚烯烃

聚烯烃容易燃烧，所以必须添加大量的阻燃剂，尤其是作为电气、电子设备的外壳和电线、电缆的包皮时，对阻燃要求更高。聚烯烃用阻燃剂最有代表性的是含卤有机化合物与氧化锑并用，从所得到的难燃性树脂的物理性质看，这是最合适的配合阻燃剂。

在含卤有机化合物中，主要有氯化石蜡、全氯戊环癸烷和含卤高分子化合物等。对于聚乙烯，采用氯化石蜡与氧化锑并用的方法，就能达到使其难燃的目的，但有降低聚乙烯的电气性能、抗张强度、低温可挠性等缺点。对于聚丙烯，因为该树脂的成型温度在 200℃ 以上，所以要求使用热稳定性良好的阻燃剂。氯化石蜡的热稳定性不好，在 200℃ 下会发生分解而引起着色，所以不适用。脂肪族含溴化合物是有效的，但耐热性也差。采用全氯戊环癸烷、芳香族含溴化合物等含卤量高、耐热性较好的阻燃剂，可以克服上述缺点。全氯戊环癸烷对聚丙烯和聚乙烯都是同样有效的，并且不析出，阻燃效果持久。使用芳香族溴化合物时要注意其与树脂的相容性。溴化磷（如 ETPB 等）也是聚丙烯、聚乙烯有效的阻燃剂。

【应用实例】

聚乙烯	100 份	Sb_2O_3	15～20 份
氯化石蜡(含氯量 70%)	15～30 份	季戊四醇	0.2～2 份

其成型后所得到的制品是自熄性的。

6.4.2.3　聚苯乙烯与 ABS 树脂

苯乙烯类树脂一般采用含卤磷酸酯和有机溴化物作为阻燃剂。

聚苯乙烯，特别是它的泡沫制品，广泛用作建筑材料和其他各个方面，因而迫切需要具有难燃性。通常聚苯乙烯制品色彩鲜艳而透明，为了不因阻燃剂的添加而影响它的用途，所以常采用相容性高的含卤磷酸酯，如磷酸三(2,3-二溴丙基) 酯和磷酸三（溴氯丙基）酯等作为阻燃剂。虽然四溴双酚 A、六溴苯等芳香族溴化物的添加量要比含卤磷酸酯多一些，但仍可以得到透明的、耐候性好的难燃制品。当采用全氯戊环癸烷时，树脂的力学性质和电气性质能得到良好的保持，但树脂丧失了透明性。泡沫聚苯乙烯的阻燃加工早先采用氯化石蜡和氧化锑并用，但这样会引起树脂软化，所以现在不大采用了，转而采用四溴乙烷、四溴丁烷等脂肪族溴化物。在有机溴化物中，对于聚苯乙烯阻燃效果较高的是脂肪族和脂环族溴化物，而不饱和脂肪族或芳香族溴化物的阻燃效果要差一些。六溴环十二烷广泛用于聚苯乙烯的阻燃上。

【应用实例】

聚苯乙烯	790 份	(辛基硫代乙醇酸)二丁基锡	15 份
PVC	150 份	三(2,3-二氯丙基)磷酸酯	155 份
Sb_2O_3	200 份		

其成型后所得到的制品是自熄性的。

6.4.2.4　聚酯树脂

聚酯树脂在建筑材料方面用作平板和波形板，特别是玻璃纤维增强聚酯。除了用作建筑材料外，还用作汽车的车身和小型船艇的船身等，因此具有难燃性是必需的。

聚酯树脂的阻燃剂有反应型和添加型两大类：添加型阻燃剂可采用氯化石蜡、氯化联苯等与氧化锑并用，或采用含卤磷酸酯。但用这些阻燃剂对树脂有软化的倾向。相反用氯桥酸酐、四溴邻苯二甲酸酐等反应型阻燃剂，则能得到令人满意的结果。其中氯桥酸酐是最常用的，但因其耐光性较差，在日光下会变黄，所以要和紫外线吸收剂并用。聚酯树脂的制品由于在室外使用的时候很多，所以不能因为阻燃加工而使制品的耐候性变差。磷酸酯类阻燃剂有较好的耐候性。

【应用实例】

不饱和聚酯	100 份	有机过氧化物	1 份
含卤磷酸酯	5～10 份	环烷酸钴	0.1 份

把上述各组分混合均匀后在室温下硬化，然后再在 80℃ 下熟化，得到自熄性的制品。含卤磷酸酯可以是磷酸三（2,3-二溴丙基）酯、磷酸三（溴氯丙基）酯、磷酸三（β-氯乙基）酯、磷酸三（2,3-二氯丙基）酯等。

6.4.2.5　聚氨基甲酸酯

聚氨基甲酸酯中最迫切要求具有难燃性能的是聚氨基甲酸酯泡沫塑料，特别是作为建筑材料广泛使用的硬质聚氨酯泡沫塑料。聚氯基甲酸酯使用的阻燃剂主要有添加型的含卤磷酸酯和反应型的含磷多元醇、含卤多元醇。

在聚氨酯硬质泡沫中，70% 以上是使用反应型阻燃剂，如含磷多元醇、含卤多元醇（包括二溴新戊二醇、含卤聚酯二醇和含卤聚醚二醇）和溴化二异氰酸酯等。采用添加型阻燃剂，一般会降低聚氨酯硬质泡沫的物理性能，且难燃性的持久性也差，所以较少采用。

在软质聚氨酯泡沫塑料中，多使用添加型阻燃剂，如含卤磷酸酯、氯化石蜡和其他含卤有机化合物。

【应用实例】

A 成分		B 成分	
TDI 预聚物	100 份	聚醚	63 份
磷酸三（β-氯乙基）酯	45 份	DABCO[①]	1 份
硅油	1 份	一氟三氯甲烷（氟里昂-11）	40 份

① DABCO 为 1,4-重氮二环 [2.2.2] 辛烷。

在 20℃ 分别把 A、B 两成分调制好，然后把 B 成分加入到 A 成分中，以 2500r/min 的搅拌速率搅拌 15s，使其充分混合，然后注入模型中发泡，得到自熄性的硬质泡沫制品。

6.4.2.6　环氧树脂

环氧树脂广泛用于黏合剂、电气制品、层压板，所以需要具有难燃性。

环氧树脂的反应型阻燃剂有四溴双酚 A、四氯双酚 A 以及它们的衍生物。常用的阻燃固化剂有四溴邻苯二甲酸酐、四氯邻苯二甲酸酐和氯桥酸酐等。添加型阻燃剂主要有含卤磷酸酯、全氯戊环癸烷和氧化锑等。

一般环氧树脂的氧指数为 19.8%，要达到难燃的目的而单独使用卤化物时，氯含量需在 26% 以上，或溴含量在 13% 以上；而与磷并用时，如果使用 1.5%～2% 的磷，则氯或溴仅需要 6% 左右即可。当氧化锑和卤素并用时，也能降低卤素的用量。

【应用实例】

四溴双酚 A	1088 份	水	0.1 份
3-氯-1,2-环氧丙烷	1850 份	氢氧化钠	32 份

把所得到的含溴环氧树脂按 10%～20% 的量添加到普通的环氧树脂中，固化后就得到自熄性的难燃树脂。

6.4.2.7　甲基丙烯酸树脂

甲基丙烯酸树脂是透明的，而且耐候性优良，用途很广。为了达到难燃的目的，常使用添加型阻燃剂。但是阻燃剂添加之后会使树脂的热变形温度下降，因此有时需加入玻璃纤维作为补强剂。在甲基丙烯酸树脂中，反应型阻燃剂目前还很少使用。

由于一般含溴阻燃剂不能满足耐候的要求，所以常用含磷又含卤的阻燃剂。例如美国 Monsato 公司的 Phosgard 系列含卤磷酸酯，像 Phosgard C-22-R（$C_{14}H_{28}Cl_5O_9P_3$）和 Phosgard B-52-R（$C_{13}H_{22}Cl_4Br_4O_6P_2$）等，在聚甲基丙烯酸甲酯中，可按树脂浆的 20% 添加（或添加 17.5～25 份），硬化后便能得到自熄性的透明树脂制品。

6.4.2.8 酚醛树脂

酚醛树脂耐热性良好，氧指数为 30%，比一般树脂难燃。但酚醛树脂制品或层压板多作为电器材料使用，所以仍有必要进行阻燃加工。一般酚醛树脂多使用添加型阻燃剂，如含卤磷酸酯、有机卤化物和氧化锑等。反应型阻燃剂有二溴苯酚和膦酸二（聚氧乙烯基）羟甲基酯等。此外，一些含磷又含氮的化合物作为酚醛树脂的阻燃剂也很有效，如多氨基亚磷酸酯等。热固性酚醛树脂使用添加型阻燃剂时，需注意阻燃剂的分散问题。

6.4.3 阻燃剂在纤维中的应用

纤维的阻燃包括：工人、消防队、部队、警察、老人和儿童的服装，公共场所设施（如窗帘、地毯、帷幕等），交通工具（如车、船、飞机等）用装饰织物，高层与地下建筑、露营、家具等所用的装饰布和织物等，都越来越需要考虑阻燃问题。国外已陆续制定了各种法令来控制纤维织物的防火标准。

使纤维阻燃，可以用阻燃剂，也可通过织物后整理阻燃。纤维用添加型阻燃剂的品种很多，主要采用含溴和含磷有机物、聚合物和齐聚物；而纤维用反应型阻燃剂一般是含有阻燃元素的二元酸、二元酸酯或二元醇。

纤维的后整理阻燃（即防火整理），最好的办法是控制热解，使之不产生可燃性气体而只生成不燃性分解产物和固体残渣。其特点是使纤维发生脱水碳化。含磷化合物可以满足此要求。具有 P—N 键的化合物与纤维素的—OH 作用生成酯，使纤维脱水的反应能力更大，即磷-氮协同效应。因此大部分纤维后整理用的防火整理剂都采用含有磷和氮的化合物。它们又可分为三种类型。

(1) 暂时性防火整理剂 将纤维在防火整理剂水溶液中浸渍后干燥，能保持织物良好的防火性能。但一经水洗即会全部失效。这类防火整理剂有磷酸氢铵、烷基磷酸铵、三聚氰胺磷酸盐、无机溴化物、硼砂、硼酸等。可用于剧院、办公大楼和地下商场等不常清洗的帷幕、窗帘、装饰用褶皱织物等。

(2) 半耐久性防火整理剂 一般可耐 3～5 次洗涤或干洗。如商品阻燃剂 462-5（Flameprof 462-5）为一种卤磷化合物，适用于聚酯；TY-1068 为一种有机聚磷酸铵，适用于纤维素纤维和羊毛等，还有其他品种。

(3) 耐久性防火整理剂 利用化学方法在纤维内部或表面层进行聚合或缩聚，形成一种不溶于水与溶剂的聚合物，或用乳胶、树脂等不溶性物黏附在纤维上，如 Fyrol 76，为乙烯基磷酸酯的齐聚物，含磷量 22.5%，通常与 N-羟甲基丙烯酰胺并用，以过硫酸钾为引发剂，在织物上形成含磷酸酯成分的共聚物。织物处理后经 50 次洗涤，仍基本上保持含磷量和含氮量，具有很好的防火效果。

6.4.4 阻燃剂在钢材中的应用[24]

钢结构防火涂料喷涂在钢构件表面，起防火隔热保护作用，防止钢材在火灾中迅速升温而强度降低，避免火灾造成严重的危害。按分散体系可分为水溶型和溶剂型；按防火形式可分为膨胀型和非膨胀型；按厚度又可分为厚涂型、薄涂型、超薄型；按应用范围可分为室外型和室内型。覃文清[25]利用磷氮体系类复合阻燃剂的 P—N 的协效作用，制成磷氮复合阻燃剂，有防火隔热性能和防腐性能。赵玉琳等[26]研制了 NCB 超薄型钢结构防火涂料，对树脂、阻燃剂、无机填料和助剂等进行了研究，结果表明选用聚磷酸铵作阻燃剂比磷酸二氢铵、三聚磷酸氢铵等磷酸物质要好，因为聚磷酸铵能分解出磷酸使多元醇脱水，形成不易燃的三维空间的炭化层，同时有高效、价廉、抑烟、无二次污染等很多优点，是绿色环保的材料。覃文清等[27]将纳米氢氧化铝制成超薄膨胀型钢结构防火涂料，使其在受火时涂层膨胀发泡，形成致密均匀的防火隔热层，且在燃烧时不产生浓烟和毒气，不仅具有优良的防火性能，而且具有良好的理化性能和耐腐蚀性能。

6.4.5　阻燃剂在电线电缆中的应用

电线电缆行业对阻燃方面的需求很突出，电缆的护套和绝缘层由塑料和橡胶制成，一般密集于高层建筑、通信设备、地下铁路等场所。电缆在短路、局部过热等故障及外热作用下很容易引起火灾。早期研究多集中在树脂改性上，添加不同体系的阻燃剂和添加剂，对电缆的隔热性、发泡性、密度与耐火极限等进行试验研究，后来开始研究膨胀型防火涂料。阻燃处理常用有机卤阻燃剂和无机阻燃剂。有机阻燃剂通常用十溴二苯醚和十氯双环戊二烯，添加含锑化合物作为协效剂。尽管卤素类阻燃剂在热分解时会产生有剧毒的物质，但由于其价格低廉、性能优良，所以通过调整产品结构，可继续开发生产热稳定性好、低毒性、低挥发性的同类阻燃剂来改善环境。如 Jakob 等[28]研究出了一种含有溴甲基或溴亚甲基的多溴化二芳基化合物，在阻燃聚合物时表现出了很好的热稳定性，尤其适宜应用在泡沫热塑性塑料的阻燃中。彭治汉[29]发明了一种不仅可用于聚烯烃，还可用于聚酯、聚酰胺等工程塑料的无卤素阻燃的双环磷酸酯阻燃剂。朴度炫等[30]发明了一种树脂聚合物，该物质能满足高温下耐热变形性和耐切断性的适宜交联结构，其在高压电缆中非常重要，并且可以制成绝缘材料的电缆。

6.4.6　阻燃剂在木材中的应用

木材作为一种常用的建筑材料具有易燃性，因此必须对其进行阻燃处理。阻燃剂能抑制木材在高温下的热分解、抑制热传递、抑制气相及固相的氧化反应。目前我国市场上的木材阻燃产品大多采用聚磷酸铵阻燃剂或者以氨基树脂固定阻燃剂的阻燃产品。复配的阻燃剂效果突出，研究较多。吴玉章等[31]利用锥形量热仪对磷酸铵盐处理的人工林杉木、杨木和马尾松木材的燃烧性能进行研究，发现磷酸铵盐对降低木材的释热性能效果明显，释热速率降低，释热总量减少，气相燃烧放热降低，而且随着阻燃剂用量的增加，降低程度更加明显，当阻燃剂用量超过 $100kg/m^3$ 时，木材不会被点燃，阻燃处理使木材失重减少。包小霞等[32]公开了一种与硼化物组成氮-磷-硼高效阻燃体系的木材阻燃剂，该产品无毒，在使用过程中不污染环境，在湿热地区使用更具有突出的阻燃、防虫、防腐和木材尺寸稳定等综合性能。

6.4.7　阻燃剂在纸张中的应用

从消防安全的角度出发，需要对纸及纸制品进行阻燃技术加工。阻燃纸主要有两大类：一类是以石棉、矿棉、玻璃纤维等无机纤维为主要成分生产的纸张；另一类是在植物纤维纸浆中添加各种阻燃剂或通过浸渍、涂布而制成的具有阻燃效果的纸产品。对纸及纸制品进行阻燃，就是设法阻碍纤维的热分解，抑制可燃性气体的生成，或者通过隔离热和空气及稀释可燃性气体达到目的。适用于纸张的阻燃剂有以下几个方面的特点[33]：①阻燃剂的添加量小于纸品总质量的 10%。②阻燃剂毒性小、无色无味。③阻燃剂不返卤、不吸潮，一些易潮解、吸潮的物质不宜采用。因为这会严重损害纸的品质及外观。如硅酸钠、氯化镁、磷酸等，用于阻燃时就会出现返卤、吸潮现象。④氧指数大于 27%。阻燃纸氧指数达 21% 时，在空气中就不能点燃了，但是考虑火灾时空气的流动，规定氧指数大于 27%，使其达到难燃级，以真正达到阻燃的目的。阻燃剂按其所含阻燃元素又可分为磷系、氮系、卤系、硼系、锑系和无机元素等，磷系阻燃剂中由于磷酸氢钠、磷酸氢铵、磷酸铵等吸水性太强，对纸的影响较大，因此，近年来逐渐被其他磷酸盐、磷酸酯衍生物及聚磷酸酰胺等有机化合物代替。造纸工业中，目前氮系阻燃剂应用较广的为三聚氰胺及其衍生物、双氰胺盐、胺盐等，它们或单独作用或作为膨胀性阻燃剂，有很好的阻燃效果[34]。三水合铝中氢氧化铝（ATH）因具有稳定性好、毒性低或无毒、不产生腐蚀性气体、阻燃效果持久、消烟等特性而得到广泛应用，还可以用作填料，生产出的纸品阻燃效果好、白度高。

6.5 消烟剂

烟是聚合物材料热分解或不完全燃烧时所产生的固体、液体小颗粒悬浮在空气中形成的一种溶胶。烟对人体的危害很大，除了烟本身的化学成分对人造成毒害以外，其主要危害在于烟的产生和移动速率很快，通常比火焰的传播速率快得多，而大量的烟雾使人的直视距离缩短，能见度降低，在火灾情况下烟雾使人迷失方向，无法逃离和难以救援，严重威胁生命财产的安全。

由于聚合物中加入阻燃剂后，会使发烟量增高，因而消烟就成为重要的课题。所谓消烟剂，是将其加入聚合物后，能有效减少发烟量和烟密度的一种添加剂。

6.5.1 有机聚合物的分子结构以及添加剂对发烟性的影响

烟是材料热解或不完全燃烧所产生的悬浮在气体中可见的固体和液体微粒。应当指出，发烟不是材料的固有性质（如熔点、密度、燃烧热等）。试验中实际测得的烟密度大小主要取决于燃烧条件（如热流量、氧化剂供应、试样形状、有无火焰）以及试验环境状况（如周围温度、燃烧室的容积、通风等）[35]。然而，有机聚合物分子结构也是影响发烟量测试结果的因素之一。

现将几种有机聚合物材料用 Rohm 和 Haas XP2 烟室法测得的烟密度值列于表 6-7[36]。

表 6-7 各种有机聚合物的烟密度值

材　　料	$D_m^{①}$	材　　料	$D_m^{①}$
聚缩醛	0	聚砜	125
尼龙 6	1	聚对苯二甲酸乙二醇酯	390
聚甲基丙烯酸甲酯	2	聚碳酸酯	427
聚乙烯(低密度)	13	聚苯乙烯	494
聚乙烯(高密度)	39	丙烯腈-丁二烯-苯乙烯共聚物	720
聚丙烯	41	聚氯乙烯	720
聚偏二氯乙烯	98		

① D_m 为最大比光密度。

从表 6-7 可以看出：①脂肪烃主链的聚合物，特别是在脂肪烃主链上含有氧原子的聚合物，发烟量很低；主链上有苯环的聚合物发烟量较多；而多烯烃结构和侧链上带有苯环的聚合物发烟量更多；②含有卤素的聚合物发烟量相当多，但不一定是含卤量越多，发烟量越高；③随聚合物的热稳定性增高，其发烟量有下降趋势；④聚合物中加入阻燃剂之后，一般说来，其发烟量有增大趋势。

多烯烃结构或侧链上有苯环的聚合物，之所以发烟量较多，是因为多烯碳链可以通过环化、缩聚生成石墨化炭粒；而侧链上有苯环的聚合物（如聚苯乙烯）燃烧时很容易生成共轭双键不饱和烃，而后碳链环化缩聚成炭，故发烟量高。

聚偏二氯乙烯（PVDC，图 6-53）的含氯量比聚氯乙烯（PVC，图 6-54）的高，但前者的发烟量远低于后者，这可以从两种聚合物的结构来解释：PVC 热解时脱去 HC1 后形成活性的多烯烃结构，而 PVDC 热解脱 HCl 后，将剩下碳链。

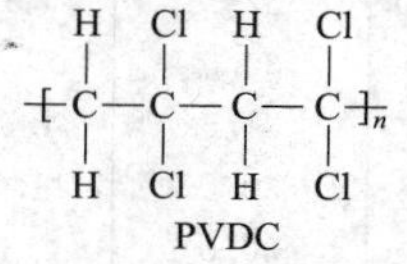

图 6-53 PVDC 结构式

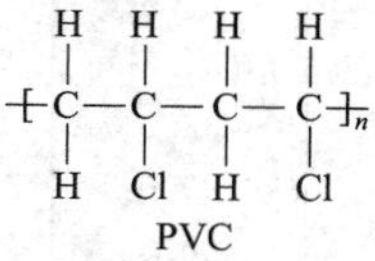

图 6-54 PVC 结构式

稳定性高的聚合物，如聚碳酸酯、聚砜，热解时发烟量较少，是由于凝聚相中炭的形成使挥发性产物减少，从而降低发烟量。

向聚合物中加阻燃剂，引入杂原子（如卤素、锑），减少了易燃性，增加了发烟性，这可能与聚合物的挥发性分解产物的不完全氧化有关，因为 HCl 有捕捉传播火焰的 HO· 作用。硼酸和磷酸盐虽能抑制阴燃（在规定的试验条件下，当有焰燃烧终止后或者无火焰产生时，移开点火源后，材料持续的无焰燃烧），但可促进发烟，因为它们可减少放热，导致不完全燃烧[37]。

6.5.2 消烟剂的种类和应用

6.5.2.1 有机消烟剂二茂铁的应用和消烟机理

二茂铁是常用的有机消烟剂，最适宜作为 PVC 的消烟剂，加入量为 1.5 份/100 份 PVC 或略多一些。PVC 的燃烧一般可划分为三个阶段：$200 \sim 300 ℃$脱 HCl；在 300℃引燃温度之间，由碳化层形成焦油的气溶胶；在引燃温度之上由焦油物质形成碳化煤渣。在 PVC 脱 HCl 过程中，二茂铁迅速地转化为 $\alpha\text{-}Fe_2O_3$ 存在于碳化层中，$\alpha\text{-}Fe_2O_3$ 能引起碳化层灼烧，催化氧化碳化层成为 CO 和 CO_2，从而减少了炭黑形成的数量。$FeCl_2$ 和 $FeCl_3$ 是 $\alpha\text{-}Fe_2O_3$ 生成的前身，它们也是有效的消烟剂，它们改善了 PVC 的裂解过程，使之容易生成轻质焦油。从而减少了烟黑的生成。二茂铁是双环戊二烯基合铁，即亚铁的环戊二烯的络合物，分子式为 $(C_5H_5)_2Fe$。外观是一种橙色结晶固体，mp $173 \sim 174 ℃$，不溶于水，溶于苯、乙醚、石油醚。化学性质稳定，耐热 400℃，它由环戊二烯钠和 $FeCl_2$ 在四氢呋喃中作用或者由环戊二烯和还原铁在 N_2 气中加热到 300℃作用而得。

6.5.2.2 钼系消烟剂

含钼化合物是增塑 PVC 和含卤热固性聚酯，以及 ABS 的有效阻燃消烟剂。除 MoO_3 和八钼酸铵之外，国外 Sherwin Williams 公司开发的 Kemgard 911A 是含少量锌的钼络合物，在 PVC 中加 4％可减烟 50％，Kemgard 425 是钼酸铵和锌的复合物，加入 $2 \sim 6$ 份于 PVC、聚烯烃、聚酯中，有很好的消烟性。例如，在聚氯乙烯中的应用，钼化物可以加入到以邻苯二甲酸二异辛酯为增塑剂的 PVC 护套材料中。在 100 份树脂中加 1 份 Sb_2O_3 和 1 份 MoO_3 的复合物与 3 份 Sb_2O_3 的阻燃效果相同，而且发烟量减少。钼酸锌和钼酸钙是中毒性低和阻燃性优良的消烟剂，详细结果见表 6-8。

在增塑的软聚氯乙烯中，其发烟量随着塑料所含增塑剂的量而变化，一般增塑剂含量越大，则发烟量也随之增大。

在以磷酸酯为增塑剂的软质 PVC 中，这些钼化物的消烟阻燃效果见表 6-9。

可以看出，MoO_3 与 Sb_2O_3 相当，或优于 Sb_2O_3，而 Sb_2O_3 和 MoO_3 的 1：1 混合物比单独使用 Sb_2O_3 更有效，八钼酸铵是比 MoO_3 或 Sb_2O_3 更有效的消烟阻燃剂，产生的烟量比 Sb_2O_3 要少得多。

表 6-8　电线绝缘外皮典型配方[①]的性质

阻燃剂	烟数据			阻燃剂	烟数据		
	氧指数[②]/%	烟密度/%	减少百分数[③]/%		氧指数[②]/%	烟密度/%	减少百分数[③]/%
不加阻燃剂	27.5	28.2	（—）	1 份 Sb_2O_3 + 1 份 MoO_3	32.5	6.1	74
1 份 Sb_2O_3	31.5	28.2	（—）	2 份八钼酸铵	30.5	7.2	69
2 份 Sb_2O_3	32.5	26.7	（—）	2 份十钼酸铵	31.5	4.3	81
1 份 MoO_3	29.0	12.2	47	2 份钼酸钙	30.0	11.5	50
2 份 MoO_3	30.5	4.8	79	2 份钼酸锌	30.0	8.4	64

① 配方：100 份 PVC，30 份邻苯二甲酸二辛酯，7 份三盐基硫酸铅稳定剂，0.4 份润滑剂，0.4 份硬脂酸铅加上阻燃剂。

② 1.9mm 厚的样品。

③ 与对照物相比较，（—）代表产生的烟量增大。

表 6-9　磷酸酯增塑的聚氯乙烯样品[①]的性质

消烟阻燃剂	烟数据		
	氧指数[②]/%	烟密度/%	减少百分数[③]/%
不加消烟剂	27.0	11.5	（—）
3 份 Sb_2O_3	29.5	9.0	22
3 份 MoO_3	29.5	7.8	32
1.5 份 Sb_2O_3 + 1.5 份 MoO_3	31.0	3.2	72
3 份八钼酸铵	31.5	5.8	50

① 配方：100 份 PVC，30 份 DOP，1.5 份磷酸三甲苯酯，5 份环氧大豆油，35 份 $CaCO_3$，1 份稳定剂加上阻燃剂。

② 1.9mm 厚的样品。

③ 与对照物相比较，（—）代表生烟量增加。

6.5.2.3　其他消烟剂

除了钼化物以外，氢氧化铝也有良好的消烟性能[38]，这是因为在固相中它促进了碳化过程，取代了烟灰形成过程的缘故。因此这个体系的消烟作用大概也是和脱水吸热直接有关的。氢氧化镁同样也有良好的消烟效果。

氧化锑的缺点是，在燃烧过程中会产生大量黑烟，为减少氧化锑引起的发烟量，可对氧化锑进行复合改进。如用氧化锑和硼酸锌（1∶1）的复合物，发烟量可减少 25%；Emiro strand 公司开发的 EM-Iss 是氧化锑和卤化物复合物，用在 PVC 中可减少发烟量 50%；America 公司的 BFR-2 是氧化锑和磷化物复合物，用在软质 PVC 中可减少 50% 的发烟量；Harshaw 公司开发的 HFR-131 是氧化锑和四氟硼酸铵的复合物，用在聚烯烃和多种工程塑料中有明显的消烟效果。

6.6　阻燃剂的发展趋势

阻燃剂的法规日趋严格，对阻燃产品性能的要求越来越严格、越来越全面。今后面临的课题是：现有阻燃剂品种的改进，无卤阻燃剂，根据用途而调配的复合型阻燃剂，多功能阻燃剂，安全卫生的反应型阻燃剂，低烟化、低毒阻燃剂等。阻燃技术发展呈现以下几大趋势。

6.6.1　无卤化趋势

溴系阻燃剂生产成本低、阻燃效果好，但是容易产生各种有毒有害的腐蚀性气体，并有致癌作用，国际上对溴系阻燃剂存在的优缺点一直存在争论，近几年，美国、英国等国家已制定或颁布法令，对某些制品进行燃烧毒性试验或对某些制品使用所释放的酸性气体进行规定，取代卤素阻燃剂开发无卤阻燃剂已成为世界阻燃领域的趋势。

6.6.2　发展多功能阻燃剂

阻燃剂的开发正向着复合增效系统发展，使用较好的阻燃剂来复配，一方面，不改变被阻燃物的自身性能，不改变高聚物原有的力学和电学性能，不改变纤维制品的手感和耐用性；另一方面，具有良好的阻燃和抑烟效果。理想的阻燃剂应该阻燃效率高、环境友好、使用面广、热稳定性好，并且便于回收。

膨胀型阻燃剂是近年阻燃领域的研发热点之一，以氮、磷、碳为主要成分的复合阻燃剂，不含卤素，其体系本身具有协同作用，在受热时发泡膨胀，在材料表面形成碳质泡沫层，起到隔热、隔氧、抑烟、防滴作用，具有无卤、低烟、低毒、防腐蚀性气体等优点，是一种高效、环保的阻燃剂[39~41]。

氢氧化镁/氢氧化铝复合阻燃剂应用在乙烯-酸醋乙烯共聚物（EVA）材料中，可提高复合材料的分解温度和燃烧残留率，能有效地抑制聚乙烯主链裂解，促进基体成炭，增强复合材料的热稳定性[42,43]。ATH 与 Sb_2O_3 并用时，硫化胶的燃烧速率比 ATH 和 Sb_2O_3 单独使用时低，离火熄灭时间短，即硫化胶的阻燃性能明显改善[44]。

6.6.3　阻燃剂的颗粒超细化和表面改性

阻燃剂的颗粒超细化通过减少阻燃剂的粒径，来改善自身与基体的相容性，是提高其阻燃性能的有效手段。其中，纳米粒子填充和纳米蒙脱土复配是其中比较有效的两种手段。而阻燃剂的表面改性是使用各种物理化学和机械方法来对粉体的阻燃颗粒表面进行处理，进而改变阻燃剂的性质来满足聚合物阻燃的需要。改性技术通过改善阻燃剂与聚合物的相容性来提高材料自身的阻燃性能。表面改性处理即通过各种表面改性剂与颗粒表面化学反应和表面包覆处理改变颗粒的表面状态，提高表面活性，从而改善或改变粉体的分散性以及和高分子材料的相容性等[45]。如为克服氢氧化铝和氢氧化镁添加量大的缺点，可采用改进造粒技术，向超精细化方向发展，使粒度分布变窄；改进包覆技术，以改善其在聚合物中的分散性；用大分子键合方式处理等方法进行。用阴离子、阳离子以及非离子型表面活性剂如高级脂肪酸、酯类、醇类、酰胺类对树脂表面进行改性，以提高阻燃剂和树脂之间的亲和力，改善制品的性能、增加阻燃性、改善加工性能，使之同高分子材料间的相容性更好[46]。由于红磷在空气中易吸潮、易氧化，并放出剧毒的磷化氢气体，易爆炸，因此，作为阻燃剂的红磷只有经过微囊化表面处理后才有实际应用价值[47~49]。

6.6.4　纳米阻燃剂趋势

纳米阻燃聚合复合材料是纳米材料中的一个重要分支，纳米阻燃体系最为显著的特点是相对于传统普通阻燃剂，只需添加极少量（小于5%）的纳米阻燃剂，即可显著降低材料的阻燃性能，并且纳米阻燃剂的加入还使得材料的机械性能提高，而普通阻燃剂的加入会大大影响材料的力学强度，随着纳米技术的不断发展，陆续有新的纳米阻燃体系出现并得到迅速发展，纳米阻燃技术已成为阻燃领域的一个重要研究热点。如可膨胀石墨、碳纳米管、蒙脱土、凹凸棒土、纳米碳酸钙等纳米材料可作为阻燃剂使用[50]。

6.6.5　抑烟化、减少有害气体趋势

据研究表明，火灾中80%死亡者是材料燃烧放出的烟和有毒气体造成的。此外，烟能

降低可见度，使人们迷失方向，妨碍人们逃离现场。使用阻燃剂虽可以降低可燃性，减少火灾发生的可能性，但不一定能减少烟气及毒性，因而研究如何合理地选择阻燃剂和阻燃体系，并降低材料燃烧时的烟量及有毒气体量，成为近年来阻燃领域中的重点研究课题之一。

6.6.6　现有阻燃剂品种的改进[51]

6.6.6.1　无机类阻燃剂

为了改善 $Al(OH)_3$ 和 $Mg(OH)_2$ 的使用性能，国外在对它们进行超细化和表面处理[52,53]，如美国 Soler 公司的 Hyfex 311 是粒径 $11\mu m$ 的经过硅烷偶联剂处理的 $Al(OH)_3$；Eerozcn 和 Halofree 是由超细的 $Al(OH)_3$ 和 $Mg(OH)_2$ 组成。氧化锑是卤化物阻燃剂的协同剂，但价格高且产生大量黑烟，日本精工公司的胶态 Sb_2O_3，粒径 $0.01\sim0.02\mu m$，能减少用量；美国 NI 公司的 Oncar 23A 为 Sb_2O_3 与 SiO_2 的复合物；Anzcn American 公司的 FFR-2 由氧化锑与磷化物复合而成，用于软质 PVC 中可降低发烟量 50%。

6.6.6.2　卤素阻燃剂

尽管卤素阻燃剂存在缺点，但由于其阻燃效率高，价格可被用户接受，特别是溴系阻燃剂在阻燃领域内举足轻重的地位，而且目前找不到能取代它的适用的阻燃体系，完全取代它并不容易。因此，新型溴系阻燃剂的开发一直都没停止过，目前乃至今后的发展趋势是提高分子量，改进分子结构，添加防滴落助剂，提高耐热性、耐喷霜性、加工性和卫生安全性，同时寻找多溴二苯醚的代用品也将受到重视。

自从 1979 年美国一家溴系阻燃剂生产企业周围的土壤中首次检测到了十溴二苯醚后，又多次在土壤和动物体内发现十溴二苯醚，经过研究表明，它们几乎无孔不入，包括空气、土壤、水底沉积物、野生动物以及人体血液、母乳。因此从 2003 年 2 月，欧盟限制和禁止在电子电气设备中使用五溴二苯醚和八溴二苯醚。美国、加拿大和中国都陆续限制多溴二苯醚的使用和销售。但溴系阻燃剂至今仍然是全世界阻燃剂领域的主力军。其优点在于：分解温度大多在 $200\sim300℃$，与各种高聚物的分解温度相匹配，因此能在最佳时刻，在气相及凝聚相同时起到阻燃作用，添加量少，阻燃效果好，在火灾易发的电子电气产品中的应用不可或缺，目前在某些领域还没有更优的替代品。因此寻找具有低放热率、低生烟性、低毒性、高阻燃效率的溴系阻燃剂（特别是十溴二苯醚）的代用品，以逐步实现阻燃剂的无卤化和生态化，将是明显的发展趋势之一。而聚合型溴系阻燃剂较好地解决了原溴系阻燃剂可能产生多卤代二苯并二噁烷及多卤代二苯并呋喃的问题是一种有前途的发展方向[54]。

溴化环氧树脂、溴化聚苯乙烯作为一种较新型的阻燃剂在国内外市场日益受到重视。由于它具有优良的熔融速率、较高的阻燃效率、优异的热稳定性，又能使被阻燃材料具有良好的物理机械性能、不起霜，从而被广泛地应用于 PET、PBT、尼龙等工程塑料[55]。

国外正在开发聚合物型溴化物，如美国 Ameribron 公司的 FR-1025，是相对分子质量为 $30000\sim80000$ 的聚五溴苯甲基丙烯酸酯，含溴 68%。美国大湖化学公司的 BC-52、BC-58 为四溴双酚 A 聚碳酸酯共聚物，相对分子质量 $3000\sim4000$，含溴量分别为 52% 和 58%。

6.6.6.3　磷系阻燃剂[56]

今后的开发方向是：①大力开发大分子量混合型和齐聚型有机磷酸酯阻燃剂，进一步降低挥发性，提高热稳定性、光稳定性以及与聚合物相容性的问题；②开发具有多官能团的磷酸酯阻燃剂，如开发集含卤、含磷和含氮 3 种元素或 2 种元素于一体的磷酸酯阻燃剂，进一步提高阻燃性能；③开发高效低毒、对材料性能影响小的新型环状或螺环磷酸酯阻燃剂；

④开发新型阻燃整理工艺，简化处理工艺，降低阻燃剂的使用门槛，拓宽应用范围。如美国 Great Lake 化工公司开发的三（1-氧化-1-磷杂-2,6,7-三氧杂双环［2,2,2］辛烷-4-亚甲基）磷酸酯（Trimer）和 1-氧-4-羟甲基-2,6,7-三氧杂 1-磷杂双环［2,2,2］辛烷（PEPA）。其中 Trimer 的特点是结构对称，磷的质量分数高达 21.2%，而 PEPA 阻燃剂磷的质量分数仅为 17.2%。这两种阻燃剂为白色粉末，热稳定性非常好，与聚合物的相容性也很好[57]。几种有机磷化合物的结构式见图 6-55。

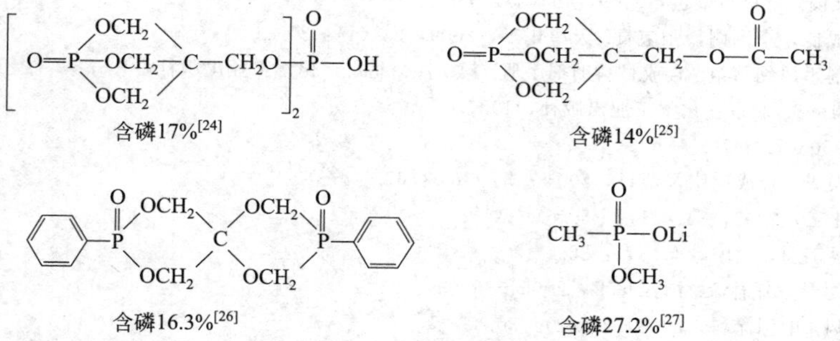

图 6-55　几种有机磷化合物[58~61]的结构式

AKIO 化学公司推出了一种磷酸型的非卤阻燃剂 Fyrolflex RDP，它具有低挥发性和高活化温度（300℃以上），应用于 PVC 和 ABS；其他新的磷酸酯产品包括 Albright-Wilson 公司的用于聚烯烃的膨胀级系列；Amgard NL 为 pH 值呈中性的阻燃剂，具有良好的热稳定性。

开发新型增效剂作为阻燃剂的添加剂，用于工程塑料的产品也越来越多。磷溴复合体系新品种不断问世。Borox 公司的阻燃剂、增效剂，Firebrake 的硼酸锌，可提供阻烟、促进焦化、防电弧和抑制余辉的作用。这些产品既可用于溴系阻燃体系，也可用于非溴素阻燃体系。它们能与溴系阻燃体系中的氧化锑竞争。如 Firebrake 415 是水合硼酸锌，可最有效地用作工程树脂的阻燃剂、PVC 的烟雾抑制剂。Firebrake 500 是无水硼酸锌，具有高热稳定性，用于高温加工的工程树脂。

总之，对已有阻燃剂的性能加大改进，选择稳定剂、爽滑剂、耐光剂等其他添加剂，或选择增强材料以及采用复合技术来加以弥补已有阻燃剂存在的缺点。除此之外，还可以利用含水聚合无机高分子，通过聚合物[62~65]的改性及与难燃性材料的复合等技术，达到高聚物阻燃化的目的。

参　考　文　献

[1]　Pitts J J. et al. Flame Retardancy of Polymeric Materials. New York：Marcel Dekker，1973：56.

[2]　Lyons J W. Kirk-Othmer. Encyclopedia of Chemical Technolgy. 3rd. New York：John Wiley & Sons Inc，1980，10，348.

[3]　杨荣杰，李向梅等编著. 中国阻燃剂工业与技术. 北京：科学出版社出版，2013.

[4]　Freedonia Group. World flame retardants to 2011. http：//www. freedoniagroup. com. 2012-04-11.

[5]　中国证券监督管理委员会. 江苏雅克科技股份有限公司首次公开发行股票招股说明书 http：//www. csrc. gov. cn. 2012-04-11.

[6]　胡桂花. 精细化工，1996，6：1.

[7]　梁云荣. 老化与应用，1994，2：21.

[8]　钱立军等编著. 新型阻燃剂制造与应用. 北京：化学工业出版社出版，2013：6-7.

[9]　梁诚. 中国石油和化工，2003，9：22.

[10]　杨国文. 塑料助剂作用原理. 成都：成都科技大学出版社，1991.

[11] 薛恩钰，曾敏修. 阻燃科学及应用. 北京：国防工业出版社，1988.

[12] Fenimore C P，Martin F J. Modern Plastics，1996，44：141.

[13] 王元宏. 阻燃剂化学及应用. 上海：上海科学技术文献出版社，1988.

[14] CMC 编辑部编. 塑料橡胶用新型添加剂. 昌世光译. 北京：化学工业出版社，1989.

[15] 宋启煌. 精细化工工艺学. 北京：化学工业出版社，1995.

[16] 山西省化工研究所编. 塑料橡胶加工助剂. 北京：化学工业出版社，1983.

[17] Lyons J W. The Chemistry and Uses of Fire Retardants. New York：Wiley Interscience，1970.

[18] 花金龙，李文霞. 染料与染色，2009，46（6）：38.

[19] 王晓英，毕成良，李俐俐，张宝贵. 天津化工，2009，23（1）：8.

[20] 合成材料助剂手册编写组. 合成材料助剂手册. 第 2 版. 北京：化学工业出版社，1985.

[21] BP 934970. 1963. 北京：化学工业出版社，1987.

[22] Ger Offen 1950607. 1970.

[23] 尹国强，崔英德. 合成树脂及塑料，2004，2 1（6）：67.

[24] 宋军. 广东化工，2007，34（11）：75.

[25] 覃文清. 涂料工业，2004，3（34）：36.

[26] 赵玉琳，徐丽君，任林荣. 浙江化工，2005，36（3）：23.

[27] 覃文清，李风. 中国涂料，2008，23（3）：30.

[28] Oren Jakob（IL），Yassin Nasif（IL），Zilberman Joseph（IL），Canfi Dorit（IL），Frim Ron（IL），Beruben Dov（IL）. Flame Rtardant romobenzyl Systems. WO 2007057900. 2007.

[29] 彭治汉. 一种双环膦酸酯阻燃剂及其合成方法. CN 1888013. 2007.

[30] 朴度炫，南振镐. 耐热变形和耐切断的树脂组合物和使用其的绝缘材料与电缆. CN 1969007. 2007.

[31] 吴玉章，原田寿郎. 林业科学，2005，41（2）：112.

[32] 包小霞，毛伟光. 木材阻燃剂及其制备方法. CN 1939685. 2007.

[33] 潘泉利，徐程程，刘明友，侯轶. 中国造纸，2006，25（5）：39.

[34] 公维光，高玉杰. 造纸化学品，2002，3：26.

[35] Lawson D F. Flame Retardant Polymeric Materials，1982；3：44.

[36] Imhof L G，Steuben K C. Polym. Eng. Sci.，1973，13：152.

[37] Cullis C F，Hirschler M M. The Conibustion of Organic Polymers. Oxford：Oxford University Press，1981：211.

[38] Iarsern E R. Fire Retardants Chemistry，1974，（1）：1.

[39] 何庆东，曹有名，岑兰. 塑料科技，2008，36（2）：104.

[40] 郑志荣，钟铉. 浙江纺织服装职业技术学院学报，2007，4：10.

[41] 王晓英，毕成良，李俐俐，张宝贵. 天津化工，2009，23（1）：8.

[42] 张清辉，郑水林，张强等. 北京科技大学学报，2007，29（10）：1027.

[43] 于立娟，孙鹏，李广义等. 上海塑料，2013，3：21.

[44] 刘振宇，梅文杰，熊玉竹. 现代塑料加工应用，2012，24（5）：60.

[45] Hietaniemi J，Kallonen R，Mikkola E. Burning. Fire Mater，1999，23（4）：171.

[46] 刘立华. 化工科技市场，2005，7：8.

[47] 吴小琴，熊联明，胡家朋等. 现代塑料加工应用，2005，17（5）：32.

[48] 熊联明，舒万艮，刘又年等. 塑料工业，2004，32（10）：50.

[49] 陈浩然，李晓丹. 纤维复合材料，2012，1：18.

[50] 杨荣杰，李向梅等编著. 中国阻燃剂工业与技术. 北京：科学出版社，2013：249.

[51] 杨占江，吴一峰，陈建华. 化工新型材料，1996，3：21.

[52] 肖鹤祥. 中国塑料，1991，1.

[53] 王伟宁. 中国塑料，1991，1.

[54] 杨荣杰，李向梅等编著. 中国阻燃剂工业与技术. 北京：科学出版社，2013：97.

[55] 周政懋. 国内外阻燃剂现状及进展. 铜牛杯第九届功能性纺织品及纳米技术研讨会论文集. 2009.

[56] 罗锐斌. 精细化工，1993，10（4）：35.

[57] 张云刚，胡玉捷，马永明等. 热固性树脂，2012，27（6）：73.

[58] JP 3-427. 1992.

[59] OSP 4801625.

[60] JP 5-163288. 1994.
[61] JP 3-182548. 1992.
[62] 王睦铿. 化工新型材料，1995，1：35.
[63] 李梅. 聚氯乙烯，1995，6：29.
[64] 徐云升. 聚氯乙烯，1995，6：25.
[65] 谢芳宇. 合成树脂与塑料，1995，112（2）：16.

7

交联剂与偶联剂

7.1 概述

树脂是一种人工合成或天然的高分子化合物，其表观可为液态、半固态、假固态或固态。液态、半固态和假固态树脂例如不饱和聚酯树脂和环氧树脂本身的可利用价值很低，然而可以利用其高分子链上的活性官能团与具有适当活性位点的物质（即偶联剂）相互作用固化形成三维网状结构聚合物。所形成的聚合物材料不溶不熔，具有较好的耐热性能、机械性能及耐候性，得到了广泛的推广应用，已涉及橡胶、塑料、树脂、纤维、胶黏剂及涂料等诸多领域。此外，交联剂的应用范围随着技术进步也逐渐扩展。例如，医用高分子材料的水溶性高分子的交联水凝胶，感光树脂平版印刷的油墨及涂料的固化技术，交联剂都起着重要的作用。由此可以看出，选择合适的交联剂，采用各种交联方法制备高附加价值的聚合物是一种重要发展方向。

随着树脂工业追求低成本、高效率、专业化和性能化，人们发现在聚合物基材中添加适当的无机矿物材料通过熔融混炼加工成型所得到的改性材料（即复合材料），具有比单一聚合物更优的性能，例如增强材料的强度，改善制品的机械、电绝缘及抗老化等综合性能。同时，这样获得的复合材料相对于聚合物材料本身具有更低的产品成本、更高的产量，日益受到各国的重视。然而无机填料和高聚物分子在化学结构和物理形态上极不相同，它缺乏亲和性，仅仅起到增量的作用。同时由于大量填充无机填料而导致聚合物复合材料的黏度显著提高，致使材料的加工性能受到影响。另外，由于填料与聚合物之间混合不均匀，且黏合力弱，制品的力学性能降低，造成这种大量添加廉价无机填料的方法具有一定的局限性。从理论上分析，这种填充复合材料的结构是以基材树脂构成连续相，以填料等物质构成分散相。正是由于高分子复合材料大多具有非均相结构，因而其内部存在明显的相界面。以无机矿物作为填充材料进行塑料复合化，使材料综合性能得到提高，确保填充材料和界面间的亲和性，就成为重要课题。

长期以来，人们就十分重视无机填料的表面改性，设法把活性的有机官能团接到无机填料表面，以改变其固有的亲水性，提高它与有机聚合物的相容性及分散性。这样无机填料在塑料中不仅具有增量作用，而且还能起到增强改性的效果，如提高复合材料的耐热性和改进尺寸的稳定性。曾试用过多种表面活性剂处理无机填料，并且取得了相当的成功。在此基础上偶联剂则应运而生，由于其良好的性能而被广泛地应用于复合材料领域。目前，偶联剂作为提高高分子复合材料性能及降低高分子复合材料成本的关键辅料，广泛适用于塑料、橡胶、玻璃钢、涂料、颜料、造纸、黏合剂等行业。

交联剂和偶联剂都是具有两个以上反应活性位点的助剂材料，前者只作用于聚合物相，后者则可同时作用于聚合物和无机填料两相。本章将针对交联剂和偶联剂，分别介绍其作用机理、重要品种的合成及应用。

7.2 交联剂

7.2.1 交联剂的发展背景及分类

交联（cross linking）是在两个高分子的活性位置上生成一个或数个化学键，将线性高分子转变成体型（三维网状结构）高分子的反应。凡能使高分子化合物引起交联的物质，就称为交联剂。在高分子材料加工中，交联反应能有效地提高聚合物的耐热性能及使用寿命，同时改善材料的机械性能及耐候性，是一类重要的化学反应。

用交联剂使聚合物生成三维结构始于硫黄对于天然橡胶的硫化。1834 年，N. Hayward 发现在生胶中加入硫黄，经加热可提高橡胶的弹性并延长使用寿命。1893 年，C. Goodyear 独自完成了硫化方法，并获得了专利。所谓硫化，实际上就是将橡胶分子进行交联，使它由线型结构转变为体型结构而具有良好的弹性和其他许多优异性能。其中硫黄就是交联剂，硫化反应即应用最早的高分子交联反应。

目前，交联反应已涉及高分子材料的诸多方面。例如，某些塑料，特别是某些不饱和塑料树脂，也需要进行交联。用不饱和聚酯制造玻璃钢时，就要应用交联剂，才能使它硬化。用胶黏剂胶接物件时，需要进行固化，才能使物件粘牢。所谓固化，实际上是高分子发生交联的结果，在这种情况下使用的交联剂又叫作固化剂。可以看出交联剂已广泛地应用于橡胶、塑料、树脂、纤维、胶黏剂及涂料等诸多领域中。

交联剂的种类很多，有无机化合物，如氧化锌、氧化镁、硫黄以及氯化物等，但主要以有机交联剂为主。根据不同的高分子，在不同情况下可以使用不同的交联剂。

根据交联剂的用途可分为如下几类：

① 橡胶硫化剂，包括硫黄、氯化硫、硒、碲等无机交联剂及有机硫化剂；

② 氨基树脂、醇酸树脂用交联剂；

③ 不饱和树脂交联剂、乙烯基单体及反应性稀释剂；

④ 聚氨酯用交联剂，包括异氰酸酯、多元醇及胺类等化合物；

⑤ 环氧树脂固化剂，主要以多元胺及改性树脂为主；

⑥ 纤维用树脂整理剂；

⑦ 塑料用交联剂，以有机氧化物为主等。

按照交联剂自身的结构特点可分为如下几类：

① 有机过氧化物交联剂；

② 羧酸及酸酐类交联剂；

③ 胺类交联剂；

④ 偶氮化合物交联剂；

⑤ 酚醛树脂及氨基树脂类交联剂；

⑥ 醇、醛及环氧化合物；

⑦ 醌及醌二肟类交联剂；

⑧ 硅烷类交联剂；

⑨ 无机交联剂等。

7.2.2 有机过氧化物交联剂

有机过氧化物是典型的塑料用交联剂。塑料是一种容易成型的加工材料，但存在着温度升高容易软化和流动的特点，而且在应力条件下的耐溶剂性差，且易发生环境应力龟裂。为解决这些问题，将塑料进行交联是一种行之有效的方法。目前，交联技术广泛地应用于作为电线和电缆绝缘材料的交联聚乙烯、交联聚氯乙烯、耐热性薄膜、管材、带材、各种包装材料及各种成型制品等方面。有机过氧化物交联的一大特征是，它可以交联硫黄等交联剂所不能交联的饱和聚合物，形成 C—C 交联键。除此之外，过氧化物交联一般具有如下优点：①可交联绝大多数聚合物；②交联物的压缩永久变型小；③无污染性；④耐热性好；⑤通过与助交联剂并用，可制造出具有各种特性的制品。同时，过氧化物交联也存在一定缺点，例如在空气存在下交联困难，易受其他助剂的影响，交联剂中残存令人不快的臭味，与硫化物相比，交联物的机械性能略低。

有机过氧化物是过氧化氢中的氢原子被烷基、酰基、芳香基等有机基团置换而形成的过氧化物。市售的有机过氧化物大致可分为如下五类：①氢过氧化物；②二烷基过氧化物；③二酰基过氧化物；④过氧酯；⑤酮过氧化物。以下是几类有机过氧化合物的典型代表。

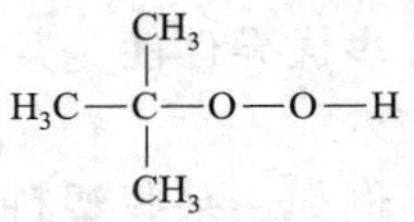

叔丁基过氧化氢

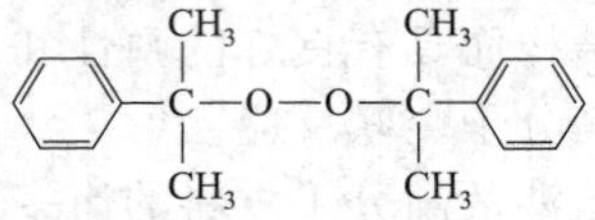

过氧化二异丙苯(DCP)

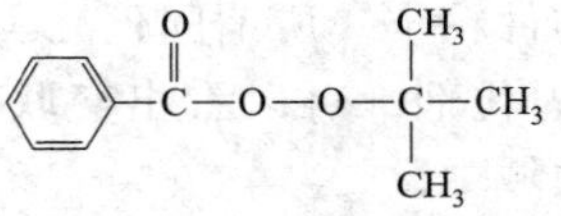

过氧苯甲酸叔丁酯

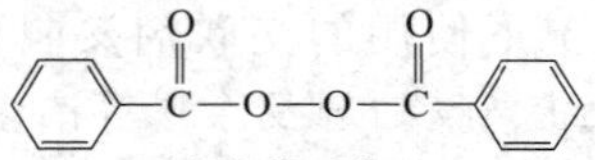

过氧化苯甲酰(BPO)

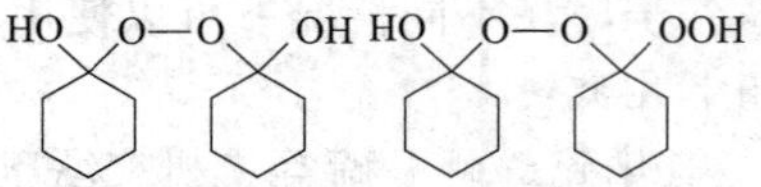

过氧化环乙酮

7.2.2.1 作用机理

过氧化物中的过氧键（—O—O—）的键能很小，受光或热的作用易分解产生自由基，这些自由基将夺取聚合物上的氢原子，生成聚合物自由基，然后这些聚合物自由基再相互键合形成交联。在这里有机过氧化物交联剂实际上起的是引发剂的作用，它既可以和不饱和聚合物交联，亦可以和饱和聚合物交联。

（1）对不饱和聚合物的交联 根据不饱和聚合物的结构，有机过氧化物分解生成的自由基将进行各种不同反应。交联过程大致可分为三步。

首先过氧化物分解产生自由基：

$$ROOR \longrightarrow 2RO\cdot$$

该自由基引发高分子链脱氢生成新的自由基：

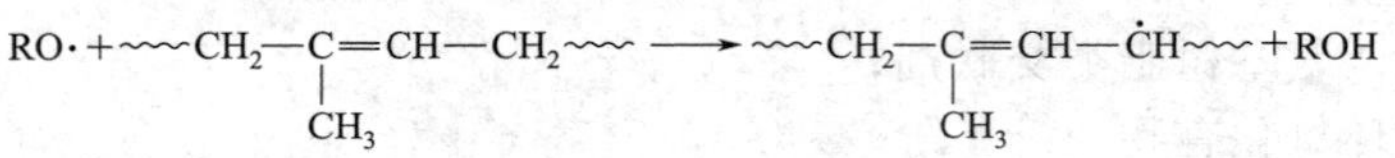

$$RO\cdot + \sim\sim CH_2-\underset{\underset{CH_3}{|}}{C}=CH-CH_2\sim\sim \longrightarrow \sim\sim CH_2-\underset{\underset{CH_3}{|}}{C}=CH-\dot{C}H\sim\sim + ROH$$

高分子自由基进行连锁反应或在双键处连锁加成完成交联反应，即：

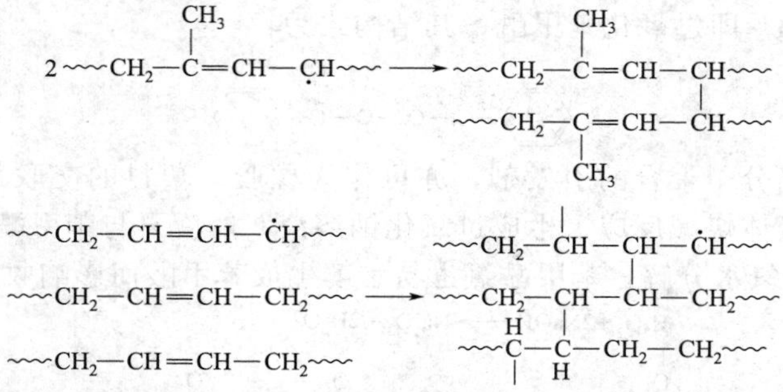

$$2\text{～CH}_2\text{—}\underset{\underset{\text{CH}_3}{|}}{\text{C}}\text{=CH—}\overset{\cdot}{\text{C}}\text{H}～\longrightarrow ～\text{CH}_2\text{—}\underset{\underset{\text{CH}_3}{|}}{\text{C}}\text{=CH—}\underset{\underset{\underset{\text{CH}_3}{|}}{\underset{\text{C}}{|}}}{\text{CH}}～$$

此外，还伴有交联剂自由基对聚合物的加成反应及聚合物自由基和交联剂自由基的加成等副反应。

（2）对饱和聚合物的交联　将聚乙烯和有机过氧化物反应可制得交联产物，例如过氧苯甲酰引发的反应：

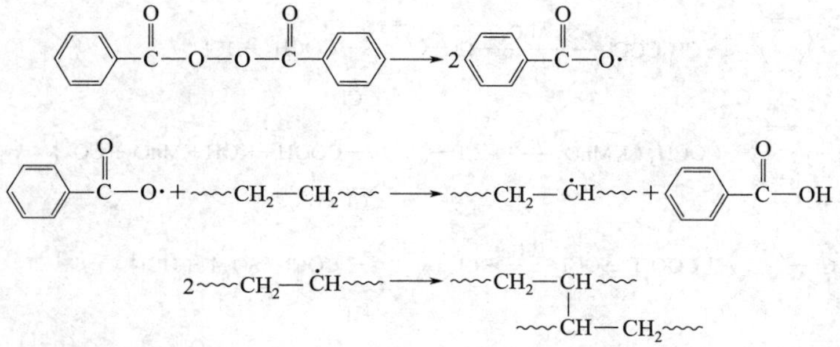

交联聚乙烯是一种受热不熔的类似于硫化橡胶的高分子材料，且具有优良的耐老化性能。

对饱和烃类高分子，用有机过氧化物引发自由基的例子相当多，除交联聚乙烯发泡体外，甲基硅橡胶、乙丙橡胶、聚氨酯弹性体、全氯丙烯及偏二氟乙烯齐聚物可采用有机过氧化物交联。

由于有机过氧化物在酸性介质中容易分解，因此在使用有机过氧化物时，不能添加酸性物质作填料，添加填料时要严格控制其 pH 值。此外，并非所有饱和型高聚物均可发生交联反应，与聚异丁烯反应时，会使聚合物发生分解：

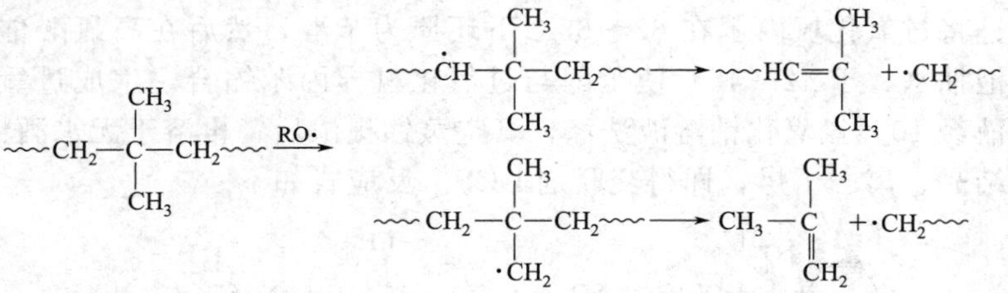

7.2.2.2　合成

塑料及橡胶行业常用的有机过氧化物交联剂品种以二烷基过氧化物及二酰基过氧化物为主。前者可用卤代烷和过氧化氢反应合成：

$$2(CH_3)_3CCl + H_2O_2 \longrightarrow (CH_3)_3COC(CH_3)_3 + 2HCl$$

后者可用酰氯与过氧化钠反应制备：

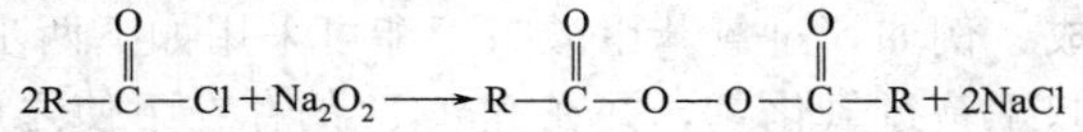

$$2R\overset{\overset{O}{\|}}{C}\text{—Cl} + Na_2O_2 \longrightarrow R\overset{\overset{O}{\|}}{C}\text{—O—O—}\overset{\overset{O}{\|}}{C}\text{—R} + 2NaCl$$

下面介绍常见的重要品种的合成。

(1) 交联剂 BPO　即过氧化苯甲酰，其结构式为：

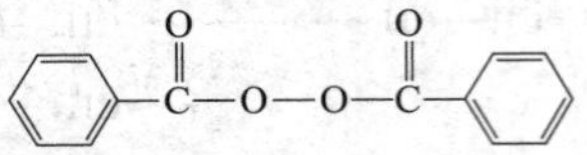

BPO 可以作为高分子聚合的引发剂，亦可作为橡胶、塑料的交联剂。其合成工艺首先使双氧水与 30％的液体烧碱反应，生成过氧化钠溶液，然后再与苯甲酰氯在 0℃左右进行反应。温度高则引起双氧水分解，苯甲酰氯也易水解生成苯甲酸而影响收率。

$$H_2O_2 + 2NaOH \longrightarrow Na_2O_2 + 2H_2O$$

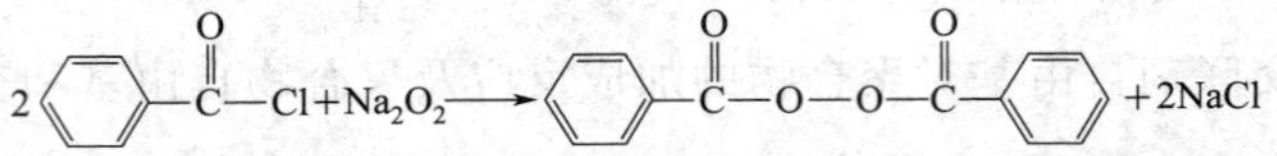

(2) 交联剂 DCBP　即 2,4-二氯过氧化苯甲酰。该产品是较常用的橡胶及塑料交联剂之一，其合成一般采用间二氯苯为原料进行。

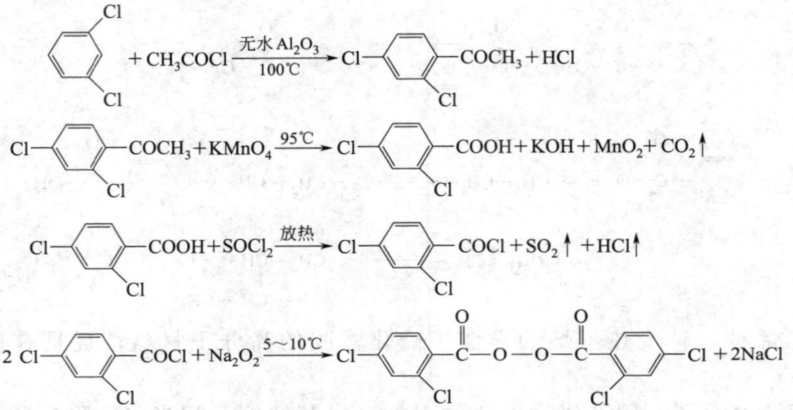

(3) 硫化剂 DCP　即过氧化二异丙苯，亦称过氧化二枯茗，其结构式为：

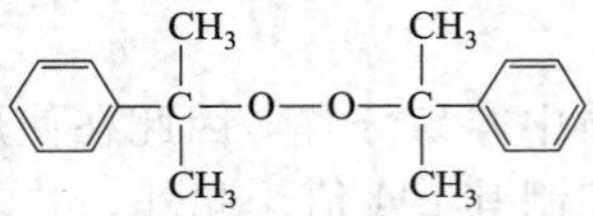

DCP 是天然胶、合成胶、聚乙烯树脂用硫化剂和交联剂，但不能用于硫化丁基胶。一般采用亚硫酸钠将过氧化氢丙苯在 62～65℃下还原为苄醇，然后在高氯酸催化剂的作用下并在真空中鼓泡抽水，于 42～45℃使苄醇与过氧化氢异丙苯缩合，生成过氧化二异丙苯缩合液，该缩合液经 10％氢氧化钠溶液洗涤，真空蒸馏提浓后，再溶于无水酒精，于 0℃以下经搅拌、冷冻结晶、离心干燥，即得交联剂 DCP。反应式如下。

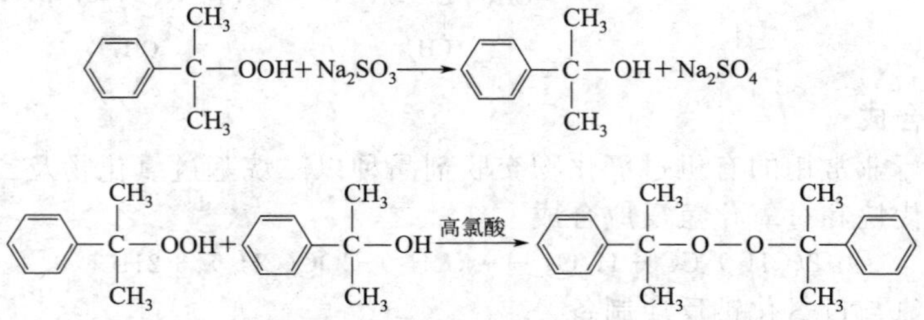

(4) 过羧酸酯的合成　例如，过氧苯甲酸叔丁酯可采用如下两步完成，首先将叔丁醇与过氧化氢作用，先生成叔丁基过氧化氢，并在 NaOH 的存在下使之成为钠盐。

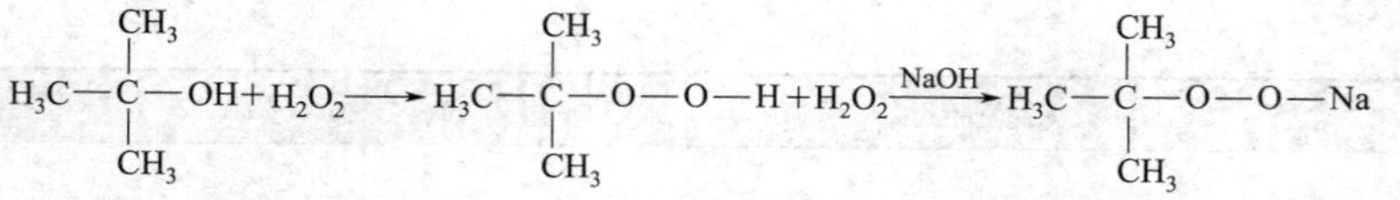

H₃C—C(CH₃)(CH₃)—OH + H₂O₂ ⟶ H₃C—C(CH₃)(CH₃)—O—O—H + H₂O →(NaOH) H₃C—C(CH₃)(CH₃)—O—O—Na

然后将此钠盐与苯甲酰氯反应，就可制得过氧苯甲酸叔丁酯。

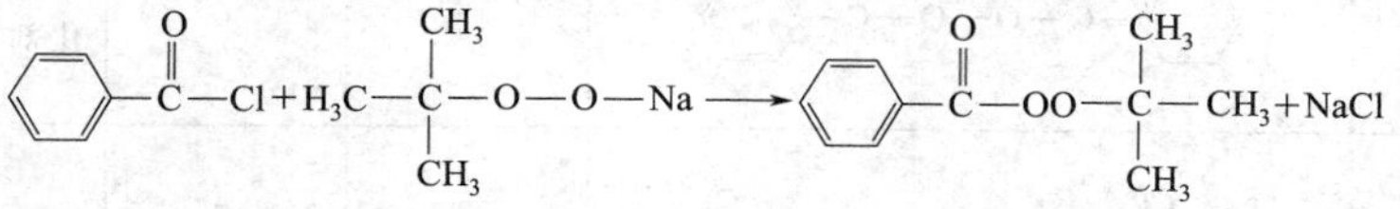

C₆H₅—C(O)—Cl + H₃C—C(CH₃)(CH₃)—O—O—Na ⟶ C₆H₅—C(O)—O—O—C(CH₃)₂—CH₃ + NaCl

（5）过氧化酮（即酮的过氧化物）**的合成** 在浓硝酸的存在下，将环己酮与过氧化氢（30%）在 30℃时进行反应，即可制得过氧化环己酮。

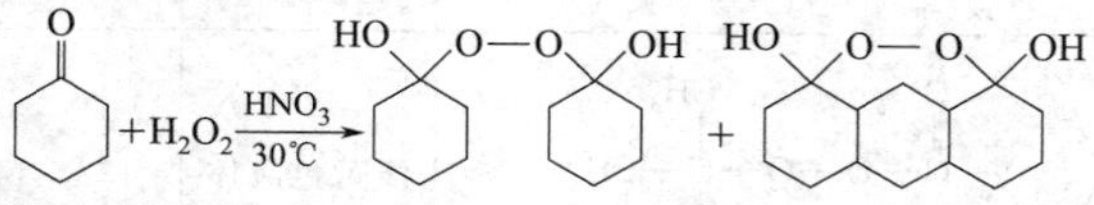

环己酮 + H₂O₂ →(HNO₃, 30℃) 产物（两种产物）

最终产品可能是两种产品的混合物。

7.2.2.3 应用

不同结构的有机过氧化物交联剂其交联特性亦不同，选用时必须根据聚合物的种类、加工条件及制品的性能选择适宜的品种。一般较理想的过氧化物交联剂应满足如下条件：

① 分解性与聚合物的加工条件相适应，即能及时生成活泼的自由基；

② 在聚合物的混炼条件下不分解（焦烧时间长），在实际交联温度下能够快速有效的交联；

③ 混炼时易分散，挥发性低；

④ 不受填充剂、增塑剂、稳定剂等其他助剂的影响；

⑤ 储存稳定性好，安全性高，分解产物无臭、无害，不喷霜。

此外，不同的有机过氧化物对不同聚合物的交联效率的变化也很大，并伴随有其他副反应的产生。这也是选择交联剂时应该注意的。表 7-1 列出了常用的有机过氧化物的性质及适用性。

表 7-1 常用的有机过氧化物的性质及适用性

名称	结构式	外观	分解温度/℃	用途
叔丁基过氧化氢	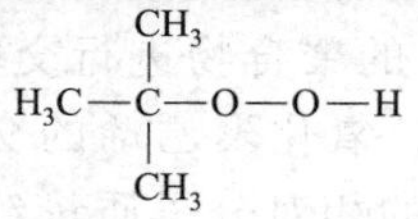 H₃C—C(CH₃)(CH₃)—O—O—H	微黄色液体	100～120	聚合物用引发剂，天然橡胶硫化剂
二叔丁基过氧化物（DTBP）	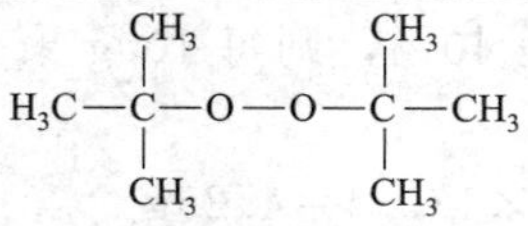 H₃C—C(CH₃)(CH₃)—O—O—C(CH₃)(CH₃)—CH₃	微黄色液体	100～120	聚合物用引发剂，硅橡胶硫化剂
过氧化二异丙苯（DCP）	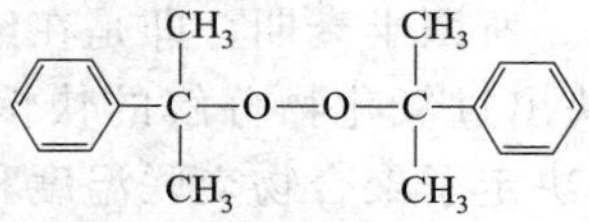 C₆H₅—C(CH₃)(CH₃)—O—O—C(CH₃)(CH₃)—C₆H₅	无色结晶	120～125	不饱和聚酯硬化剂，天然橡胶、合成橡胶硫化剂，聚乙烯树脂交联剂
2,5-二甲基-2,5 双（叔丁基过氧基）己烷（双25）	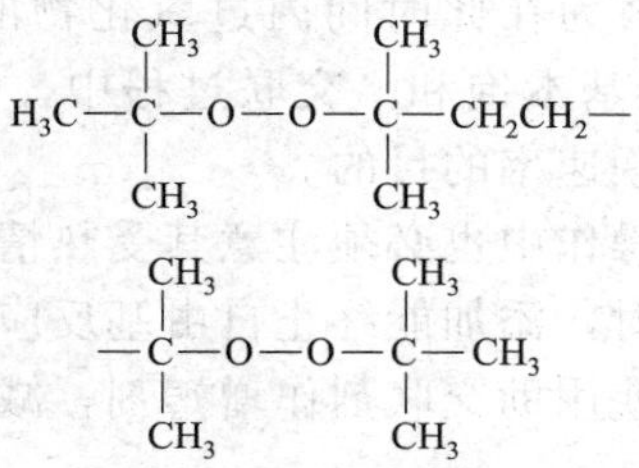 H₃C—C(CH₃)(CH₃)—O—O—C(CH₃)(CH₃)—CH₂CH₂—C(CH₃)(CH₃)—O—O—C(CH₃)(CH₃)—CH₃	淡黄色油状液体	140～150	硅橡胶，聚氨酯橡胶，乙丙胶硫化剂，不饱和聚酯硬化剂

名称	结构式	外观	分解温度/℃	用　途
过氧化苯甲酰 BPO	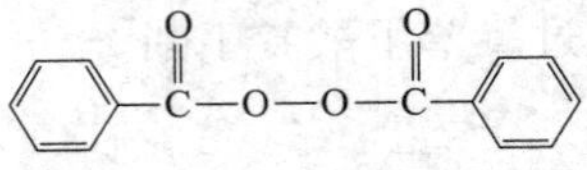	白色粉末	103～106	聚合用引发剂,不饱和聚酯硬化剂,橡胶加工硫化剂
双(2,4-二氯过氧化苯甲酰)(DCBP)	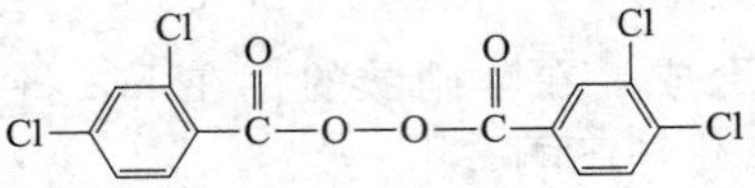	白色至浅黄色粉末	45	硅橡胶硫化剂
过氧苯甲酸叔丁酯	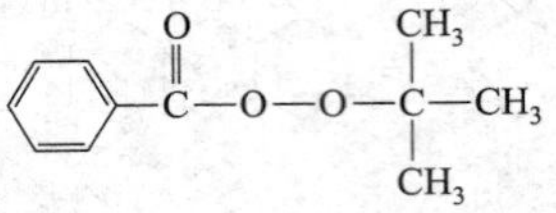	浅黄色液体	138～149	硅橡胶硫化剂,不饱和聚酯硬化剂
过氧化甲乙酮	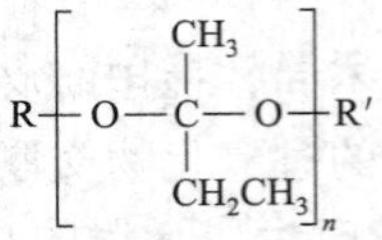 R,R′可以是 H 或 OH	无色液体		不饱和聚酯硬化剂

有机过氧化物交联技术的主要影响因素是交联剂的添加量、交联温度及时间等；此外，混炼技术和其他助剂的影响亦不容忽视。

有机过氧化物的添加量一般依据所选择过氧化物交联剂能提供自由基的数量来确定。活性氧量是有机过氧化物产生自由基数量的指标，用过氧化物分子中—O—O—键的比例来表示，其定义可用下式表述：

$$理论活性氧量 = \frac{(一个分子中的—O—O—键数) \times 16}{分子量} \times 100\%$$

即在 100g 有机过氧化物中的活性氧的量（g）。活性氧数越高，达到一定交联效率的聚合物所需的交联剂越少。对于 100g 交联效率为 1 的聚合物进行交联所需有机过氧化物的用量，一般定义为有效活性氧量。例如乙丙共聚物、氧化聚乙烯的交联中，每 100g 聚合物需加入 0.01mol 有效活性氧量，如果所使用交联剂的相对分子质量约 340，有效官能团数为 2 时［例如双（叔丁过氧基）二异丙苯］，含量是 40%，则每 100g 聚合物应添加的交联剂用量为：

$$340g \times 0.01 \times 1/2 \times 1/0.4 = 4.25g$$

有机过氧化物的活性亦可用半衰期来衡量。所谓半衰期，即是在给定温度下有机过氧化物中活性氧含量下降 50% 所需的时间。它反映出过氧化物分解的快慢和活性的高低。半衰期越短，分解速度越快，活性就越高。同时亦决定了聚合物交联温度和交联时间的选择。通常，所用的交联时间为半衰期的 5～7 倍，因为在此时间内过氧化物的分解量可达 97%～99%。若交联时间为半衰期的 10 倍，则交联基本饱和。交联过程中，可变化温度以调节过氧化物交联剂的分解速率，从而达到调节交联速率的目的。

与其他交联剂一样，在过氧化物的混炼操作中也必须注意其受热情况。过氧化物一般要最后加入，尽可能不使其受热。有焦烧危险时，添加能终止自由基反应的化合物，或并用其他焦烧安全性高的过氧化物，以防止焦烧。使用助交联剂作增塑剂，减低黏度以降低混合加工温度等，都是有效的防焦措施。

此外，填充剂、操作油、增塑剂、防老剂、稳定剂等助剂对过氧化物的交联效率也有影响。酸性填充剂（如槽法炭黑、陶土等）能够引起过氧化物发生离子型分解，选择时要注意其 pH 值；防老剂能终止自由基反应，但影响程度随种类的不同有很大的差异，最好选用RD（2,2,4-三甲基-1,2-二氢化喹啉聚合物）、MB（2-巯基苯并咪唑）、NBC（N,N-二丁基二硫化氢基甲酸镍）等对交联反应影响小的品种；增塑剂和操作油的选用以含不饱和成分和高反应性成分少的品种为好。

在用过氧化物交联乙烯丙烯共聚物的过程中，聚合物主链总是不可避免地会发生断裂。为了抑制聚合物主键的断裂，人们又发展了助交联剂来配合过氧化物进行使用。助交联剂的主要品种是一些多官能性单体、硫黄、苯醌二肟、液状聚合物等，它们能够提高交联效率；提高撕裂强度等物理性能，改善耐热性；增加塑化效果，调整 pH 值，赋予黏着性。应用最多的助交联剂是 TMPT（三甲基丙烯酸三羧甲基丙酯）、TAIC（异氰脲酸三烯丙酯）、EDMA（双甲基丙烯酸乙二酯）等多官能性单体。

在有机过氧化物交联剂中应用最广泛的品种是过氧化二异丙苯。近来为了适应多方面的要求，对热分解温度范围不同或臭味少的品种的应用日趋增多。在交联剂的开发方面人们还进行了许多新的尝试，如使用含有机过氧基的聚合物及齐聚物作交联剂，用过氧硅烷作交联剂以改善聚合物与金属的黏着性，用氢过氧化异丙苯-促进剂体系进行低温交联等。

此外，有机过氧化物在聚合物共混体系中的应用日益盛行。众所周知，硫黄硫化物、肟类化合物等交联剂只能用于交联诸如橡胶等不饱和聚合物，对于饱和性聚合物来说无交联效果；而过氧化物不论是在饱和性聚合物（如塑料）中还是在不饱和性聚合物（如橡胶）中都是有效的交联剂，被广泛应用。在聚合物的界面处也易于进行交联，因此在橡胶-橡胶[1]、橡胶-塑料、塑料-塑料、聚合物-调聚物-单体、液状聚合物-单体等各种共混体系中，有机过氧化物均有良好的共交联性，尤其在橡胶-塑料共混体系中最为有效，这种方式的研究十分活跃。

7.2.3　胺类交联剂

胺类化合物作为卤素系列聚合物、羧基聚合物及带有酯基、异氰酸酯、环氧基、羧甲基聚合物的交联剂已广为应用，尤其是在环氧树脂的固化及聚氨酯橡胶中的应用。通常，伯胺、仲胺是交联剂，叔胺是交联催化剂。胺类交联剂主要是含有两个或两个以上氨基的胺类化合物，包括脂肪族、芳香族及改性多元胺类。

（1）脂肪族多元胺　主要为乙二胺、二亚乙基三胺、三亚乙基四胺、多亚乙基多胺等。其特点是可使环氧树脂在室温交联，交联速率快，有大量热放出。但适用期短，一般有毒，有刺激性，易引起皮肤病。一般情况下，用脂肪族多元胺交联的环氧树脂韧性好，黏结力强；但耐热、耐溶剂性差，吸湿性强，在高温下容易喷霜，因此，必须严格控制添加量。活化期短也有其缺点。

（2）芳香族多元胺　主要为间苯二胺、二氨基二苯基甲烷、二氨基二苯基砜等。芳香族多元胺与脂肪族多元胺相比碱性弱，因此反应性能减少，造成这类交联剂的交联速率慢、室温下交联不完全，需长期放置才能勉强接近完全，产物性脆。为改进这一缺陷，通常加热至100℃以上，可很快交联完全；同时，芳香族伯胺和仲胺的反应性亦不同，仲胺反应时要求较高。使用芳香族多元胺交联固化的环氧树脂具有优良的电性能、耐化学腐蚀性和耐热性、适用期长等特点。

由于芳香族多胺常温下大多是固态，在与树脂交联混合时要加热熔融，造成其对树脂的适用性减小。为了改善这一不足，常将两种以上的芳香胺混合在一起制成共熔混合物，降低芳香胺的熔点；也可将一种芳香胺与苯基缩水甘油醚类的单环氧化物加成以进行改性。

(3) 芳核脂肪族多元胺和脂环族　含有芳香核的脂肪族多元胺（如间二甲苯二胺等）综合了脂肪族二胺的反应性高和芳香族二胺的各种优良性能。通过与环氧化物加成、氰乙基化等改性，可以改善其操作性。该固化剂可在低温及潮湿条件下固化，可作土木建筑方面用的环氧树脂固化剂及聚氨酯树脂防水灌浆材料用固化剂等。

通过脂环族多元胺交联得到的固化物，耐化学药品性能、固化性能均很好，但弯曲性能和附着力不太好。例如，具有代表性的 3,3′-二甲基-4,4′-二氨基二环己基甲烷（BASF 公司商品名 Laromine C）形成的膜非常硬，具有优异的耐化学药品性、耐汽油性、耐矿物油性，但易伤害皮肤。

(4) 改性多元胺类[2,3]　以脂肪族及芳香族多元胺为母体结构，通过结构修饰而制备的性能更优的交联剂。具有代表性的品种有 590 固化剂、591 固化剂、593 固化剂等。590 固化剂是间苯二胺的改良品种，它改进了间苯二胺与环氧树脂的相容性，加快了交联速率，延长了使用寿命。改性的脂肪族多元胺可以降低脂肪族多元胺的毒性，延长活化期，提高操作灵活度。可分为如下五种。

① 分离出胺的双酚 A 加成物。

② 未分离出胺的双酚 A 加成物。

③ 胺与烷基环氧的加成物，例如：

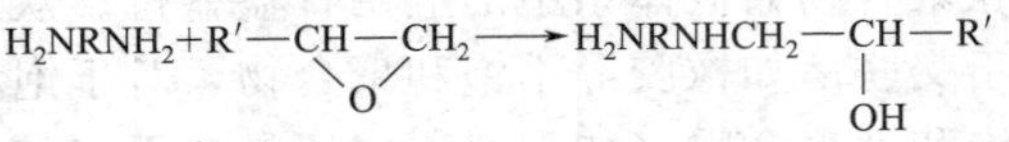

$$H_2NRNH_2 + R'-CH-CH_2 \xrightarrow{\quad O \quad} H_2NRNHCH_2-CH-R' \quad (OH)$$

④ 二氰乙基多胺：

$$H_2NRNH_2 + CH_2=CH-C\equiv N \longrightarrow H_2NRNHCH_2CH_2C\equiv N \xrightarrow{CH_2=CH-CN} N\equiv CCH_2CH_2HNRNHCH_2CH_2-C\equiv N$$

⑤ 各种环氧乙烷及环氧丙烷和胺类的加成物，例如 $H_2N(CH_2CH_2NH)_2CH_2CH_2OH$ 和 $HO(CH_2CH_2NH)_3CH_2CH_2OH$。

(5) 聚酰胺　二聚酸与过量的多元胺反应制备的聚酰胺树脂是环氧树脂的主要固化剂之一。该类交联剂用量幅度宽（40%～60%），毒性小，适用期长，树脂固化物的粘接性及可挠性良好，在涂料、粘接等用途中使用广泛。缺点是固化速率慢，低温固化性不好，在用于涂料及粘接剂等的成形膜固化及低温固化时，有必要使用固化促进剂。

(6) 其他胺类化合物　诸如双氰胺、BF₃-胺结合物等，均被作为潜在的交联固化剂使用于电气、层压板及粉末涂料领域。

7.2.3.1　作用机理

胺类交联剂主要是通过分子中的反应性官能团（主要是氨基和仲胺基团），与高分子化合物进行反应，将交联剂作为桥基把聚合大分子交联起来。

胺类化合物广泛应用于环氧树脂的固化反应，固化机理可认为按如下进行：

当环氧基过剩时，上述反应生成的羟基与环氧基还会发生慢反应：

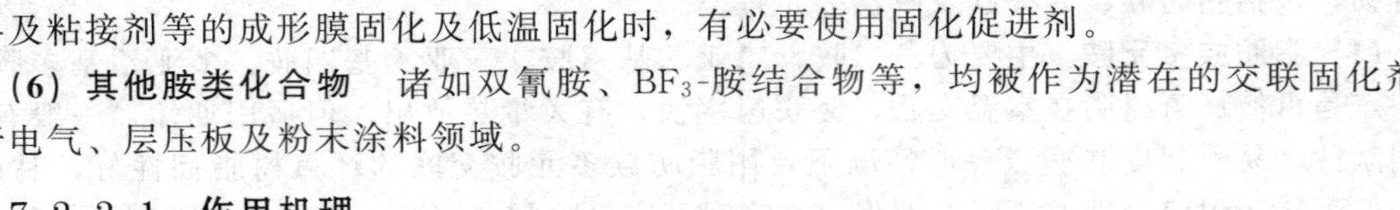

这样就把大分子链通过 N—R—N 桥基交联起来，成为体型分子，使其固化。通常，BF₃、单胺化合物、苯酚、酸酐及羧酸等，能促进芳香族胺和环氧树脂之间的反应。

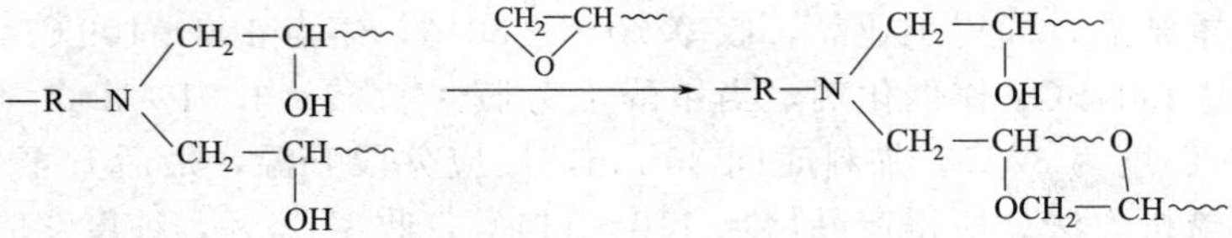

7.2.3.2 合成

(1) 脂肪族多元胺的合成 乙二胺、三亚乙基四胺、四亚乙基五胺等，都可以利用二氯（或溴）乙烷与氨直接反应来制得，反应式为：

$$ClCH_2CH_2Cl + 4NH_3 \longrightarrow H_2NCH_2CH_2NH_2 + 2NH_4Cl$$

$$3ClCH_2CH_2Cl + 10NH_3 \longrightarrow H_2NCH_2CH_2NHCH_2CH_2NHCH_2CH_2NH_2 + 6NH_4Cl$$

这个反应较为复杂，因为二氯乙烷、氨与产物还可以进一步反应，副产物为其他胺类，如交联能力欠佳的叔胺等化合物。工业生产中，当 NH_3：二氯甲烷＝15：1，反应温度100℃，压力为 4.823MPa 时，反应产品的构成比例为：乙二胺52％，二亚乙基三胺19％，三亚乙基四胺12％，余者则为其他胺类。后处理采用碱中和，生成胺类盐，酸盐制得游离状态的胺，分离、中和生成的副产物后，再采用分馏法收集各个胺，得最终产品。

至于脂环族多元胺的合成，一般因品种不同而合成条件各异。例如，异氟尔酮二胺（IPDA）的合成方法如下所示：

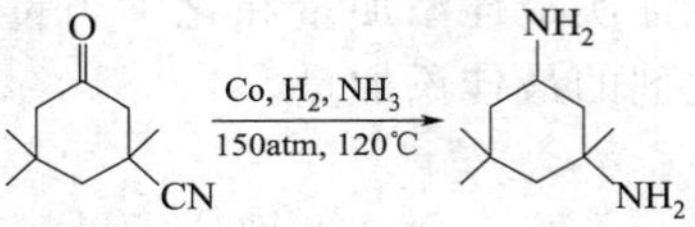

它可以用作层压材料及浇铸交联用固化剂。

(2) 芳香族多元胺的合成 芳香族多元胺交联剂除间苯二胺等单芳核化合物外，最常使用的为二氨基二苯基甲烷的衍生物及联苯胺类化合物。比较适宜于环氧树脂及聚氨酯的最常用的二元胺是 MOCA，即 3,3′-二氯-4,4′-二氨基二苯基甲烷。该产品国内已有成熟的工业化生产。

二苯基甲烷类交联剂的合成路线，一是有相应的苯胺取代衍生物与甲醛在酸催化下进行反应而直接制得：

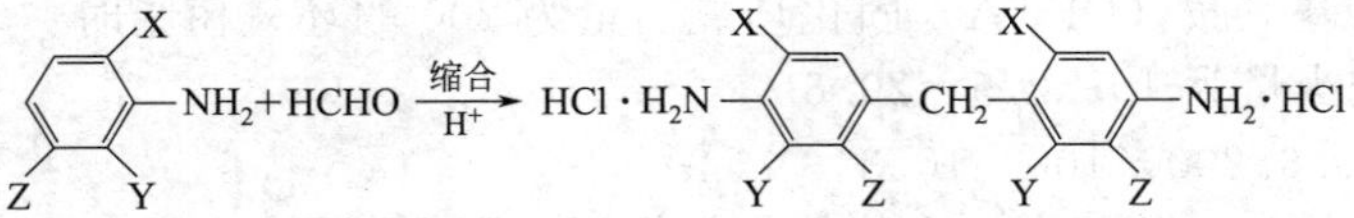

X=H, Cl, CH₃, OCH₃等
Y=H, Br
Z=H, Cl

二是由已知相应的二苯基甲烷二胺类化合物直接溴化、氯化，进行结构修饰得到最终产物。其中第一条合成路线是工业上常用的方法。

早在20世纪30～40年代，4,4′-二氨基二苯基甲烷（简称DDM）的生产就实现了工业化，此法采用20％盐酸作催化剂，水为介质，甲醛、芳胺及盐酸之比为1：2.94：2.10，加料温度30℃，加料时间2～3h，反应温度90℃，保温反应时间4h，即可使反应顺利进行。后处理采用先常压蒸馏除去水分，再真空蒸馏蒸出未反应的苯胺，蒸馏后的产品即为工业品。

MOCA的工业化生产可采用苯胺衍生物过量法及甲醛过量法两个过程。当芳胺过量时，采用盐酸催化剂，其配比为甲醛：芳胺：盐酸＝1：3.5：2.63，加料温度70～75℃，在80℃下保温反应3h，后处理采用水蒸气蒸馏法蒸出未反应的芳胺，粗品用乙醇水溶液（乙醇：水＝2：1）重结晶，即得工业品，收率70％～80％，熔点100～109℃。

亦可采用30％ H_2SO_4 作催化剂，当甲醛：芳胺：盐酸＝1.01：2.0：3.0时（甲醛微过量），采用加料温度为30℃，加料时间30min，反应分段升温，最后升至80℃，反应4h，后处理采用酸溶碱析方法。所得产品熔点110～114℃，收率95％，纯度≥99％。

实验结果发现，采用甲醛过量法可避免后处理过程中过量芳胺的回收，同时所得产品的纯度及外观均优于芳胺过量法，收率一般也较高。

除此之外，其他结构的芳胺类交联剂，如二氨基二苯砜（DDS），可采用如下方法合成：

$$H_2N\text{—}\bigcirc\text{—}SO_2H + H\text{—}\bigcirc\text{—}NO_2 \xrightarrow[H^+]{缩合} H_2N\text{—}\bigcirc\text{—}SO_2\text{—}\bigcirc\text{—}NO_2$$

$$\xrightarrow{[H]} H_2N\text{—}\bigcirc\text{—}SO_2\text{—}\bigcirc\text{—}NH_2$$

7.2.3.3 应用

胺类交联剂主要用作环氧树脂涂料、胶黏剂的固化剂以及聚氨酯弹性体等的扩链固化剂。这里仅就多元胺类化合物作为环氧树脂固化剂的应用情况予以介绍。

(1) 胺固化剂的用量 环氧树脂的环氧基与胺固化剂中活泼氢之间的固化反应符合多元胺固化的机理。因此胺固化剂的用量直接和胺中所含活泼氢相关。理论上固化剂用量与环氧树脂的环氧化学当量相当，实验证实最佳添加量和化学当量相近。由于胺固化剂结构明确，按当量计算可以简单地求出固化剂的最佳添加量。

环氧当量的计算方法为：

$$环氧当量 = \frac{平均分子量}{1分子中环氧基的个数}$$

一般市售的环氧树脂，厂家均已标明环氧当量。

伯胺、仲胺固化剂按下式计算添加量：

$$添加量(phr) = \frac{胺当量}{环氧当量} \times 100\%$$

$$胺当量 = \frac{胺的分子量}{活泼氢数}$$

例如，二亚乙基三胺（DETA）固化环氧当量为200的环氧树脂时：

该固化剂的胺当量为103.2/5＝20.6

其添加量为20.6/200×100＝10.3

但是，脂肪族伯胺、仲胺有一定的催化剂作用，因此用量以稍少于计算量为好。芳香胺没有催化作用，应用计算量。

(2) 各多元胺固化剂的固化特性 当采用多元胺固化剂固化环氧树脂涂料时，不同胺类表现出不同的性质。聚酰胺类固化剂用于环氧树脂涂料涂膜柔韧性能好，附着力及耐水性也非常好，因此，它是使用最多的环氧树脂涂料固化剂。

当胺类固化剂用于环氧树脂粘接剂时，其种类、添加量、固化温度及时间均对粘接强度产生影响。脂肪族多元胺以前一直用于胶黏剂，但因其伤害皮肤，使用受到限制。此外，其允许添加量范围窄，易挥发，剥离强度低，混合时激烈放热而不能一次混合。芳香族多元胺的分子量与官能度之比较大，要求添加量多，固化时通常要加热到100℃以上，固化后的树脂发脆，弯曲强度非常小。相比之下，低分子量聚酰胺由于具有无毒、不易挥发、添加量要求不严格、不吸湿、易处理等特点，目前已广泛用作家庭及工业用黏合剂、固化剂。

(3) 固化促进剂 一般带有羟基的化合物其对固化有促进作用，其中酚类化合物作用更大。叔胺也能起促进作用。常用的固化促进剂有苯酚、甲酚、壬酚、双酚A、聚硫醇、水杨酸等化合物。

7.2.4　树脂类交联剂

　　树脂类交联剂可广泛用于橡胶、涂料、胶黏剂、纤维加工等诸多工业部门。树脂类交联剂是一类含有活性反应官能团的特殊树脂，典型代表是酚醛树脂和氨基树脂。酚醛树脂主要用于丁基胶的硫化，使之具有优异的耐热性和耐高温性能，目前在工业上已得到广泛的应用；氨基树脂则是最具代表性的烘烤型涂料交联剂之一，它可作为可塑性的油改型醇酸树脂、无油醇酸树脂、油基清漆、聚丙烯酸树脂、环氧树脂等交联剂。

7.2.4.1　酚醛树脂交联剂

　　较常用的酚醛树脂交联剂有三种，即对叔丁基酚醛树脂、对叔辛基酚醛树脂、溴化对叔辛基酚醛树脂。

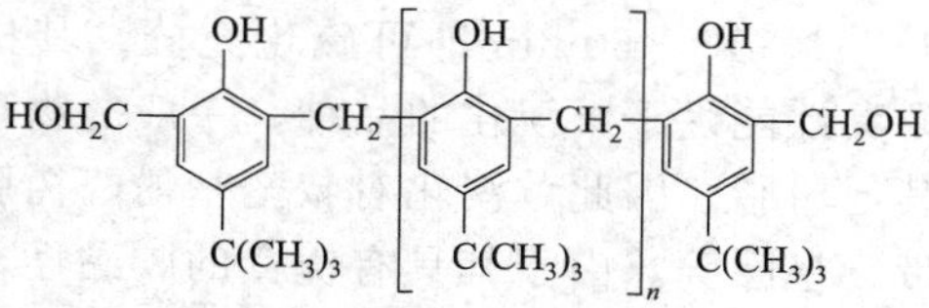

对叔丁基酚醛树脂MW550-750 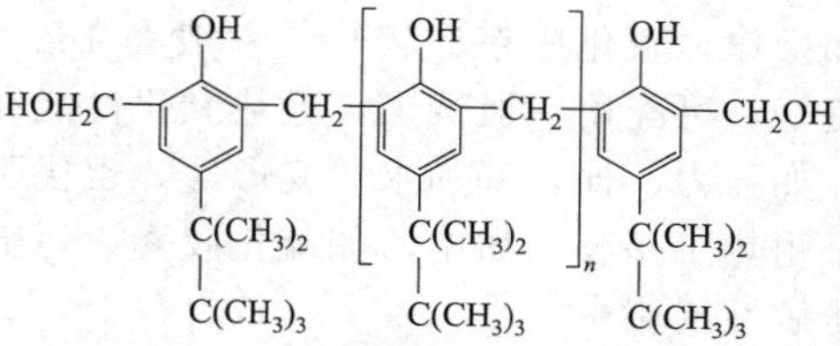　　　　　对叔辛基酚醛树脂

　　对叔丁基酚醛树脂是浅黄色透明松香状固体，软化点在 70℃ 以上；而对叔辛基酚醛树脂是黄棕色至黑棕色松香固体，软化点在 75～95℃。

　　前者采用如下工艺合成，首先苯酚和异丁烯在硫酸或者强酸性离子交换树脂的催化下于150℃左右烷基化，生成对叔丁基酚，对叔丁基酚在碱性催化剂的存在下与甲醛进行缩合反应，缩合温度在 95～100℃，时间约 4.5～5h，加入稀醋酸溶液或者稀硫酸溶液中和，酸化后静置分掉废酸液，然后加入甲苯溶解树脂。再用 50℃ 左右的热水洗涤树脂的甲苯溶液至中性。真空蒸出水分和甲苯（温度不超过 130℃），放置冷却，即得产品。其反应式可表示为：

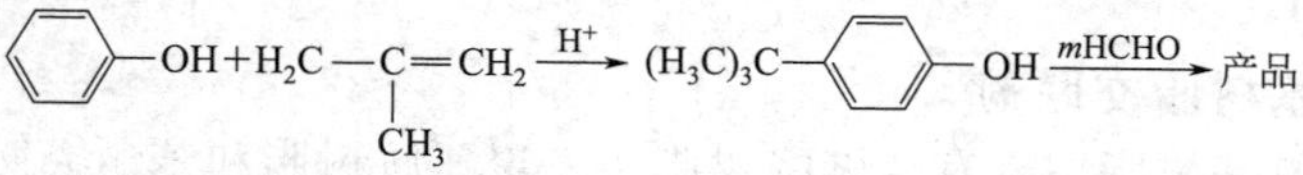

　　对叔辛基酚醛树脂的合成方法与此相同。而溴化对叔辛基酚醛树脂的合成方法则采用如下步骤：苯酚与二异丁烯在酸性催化剂（硫酸或者以活性白土为主催化剂、磷酸为助催化剂的混合催化剂）存在下于 60℃ 左右进行烷基化反应，生成对叔辛基苯酚。

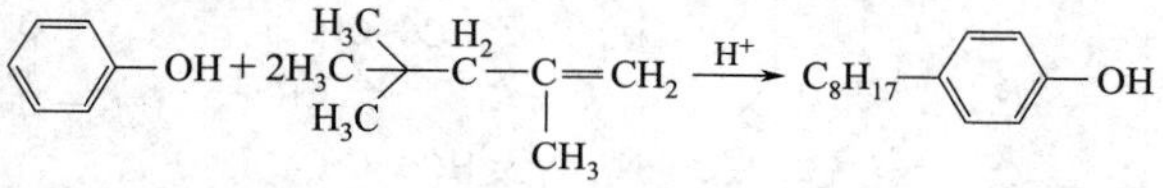

　　在 1mol/L 氢氧化钠存在下对叔辛基苯酚与甲醛缩合，生成单核双羟甲基对叔辛基酚。

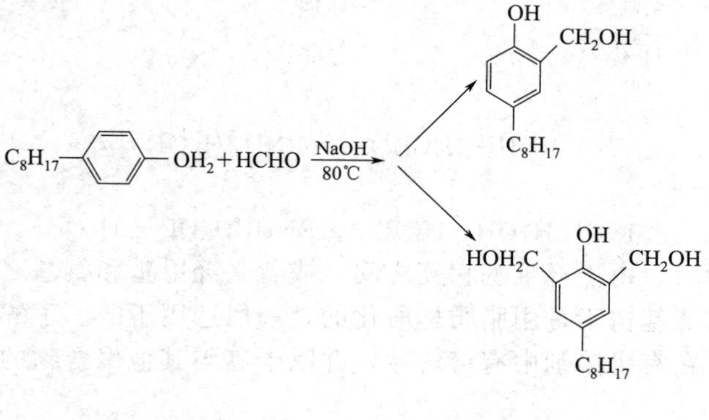

缩合产物与 40％的氢溴酸反应，使其中一部分羟甲基变成溴甲基，同时生成水。

$$C_8H_{17}\!\!-\!\!\bigcirc\!\!-\!\!OH + HBr \longrightarrow C_8H_{17}\!\!-\!\!\bigcirc\!\!-\!\!OH + H_2O$$
$$\ \ \ \ \ \ \ \ \ \ \ \ \ \ \ CH_2OH \qquad\qquad\qquad\qquad\quad CH_2Br$$

这时，反应物体系中共有五种化合物存在，这五个组分进一步缩合，即得溴化后的酚醛树脂，产品为黄棕色透明树脂状固体，熔点 50～51℃。

酚醛树脂交联剂的品种主要用作橡胶硫化剂，主要应用于丁基胶中。采用对叔丁基酚醛树脂硫化的橡胶具有良好的耐热性能，压缩变形小。该树脂应在软化温度以上混入胶料，混入后操作性能随之改善，为提高硫化胶的高温机械强度，宜加入大量的补强炭黑。由于其活性较低，通常需配合使用一些氯化物活性剂。对叔辛基酚醛树脂也主要作为丁基胶的硫化剂，性能与前者相似，但其硫化速率较快，硫化后橡胶的耐热性更高，压缩变形性更小。溴化后的酚醛树脂交联剂活性更高，它不需要活性即可硫化丁基胶。在通常操作温度下更易于分散和操作，硫化速率亦较快，一般在 166～177℃、10～60min 即可硫化充分。其抗焦烧性能良好，可配用一般炭黑，且热老化性能和耐臭性能优于未溴化的品种，一般的物理机械性能，如强力、伸长率和永久变形等，也优于其他树脂。因此，溴化对叔辛基酚醛树脂被广泛用于耐热丁基胶制品中，如硫化胶囊、运输带、垫圈等。由于其具有优良的胶黏性，还可用于压敏性树脂中。

此外，采用酚醛树脂同环氧树脂粉末涂料组合起来，可用来制造储存稳定性好的粉末涂料。涂膜的机械特性和耐化学药品性能很好，适用于金属罐的内部涂装。

酚醛树脂固化型环氧树脂粉末涂料的配方：

双酚 A 型环氧树脂	75 份	流平剂	0.7 份
酚醛树脂	25.0 份	三乙醇胺	0.75 份

固化时间在 180℃下为 15min，即可制得涂膜厚度 20～30μm 的膜。

酚醛树脂除自身可以成膜交联外，还可以制备成复合型交联剂（环氧/酚醛树脂）以及加入橡胶胶黏剂之中。

7.2.4.2 氨基树脂交联剂

目前所使用的氨基树脂主要有：脲醛树脂、三聚氰胺树脂和苯鸟粪胺甲醛树脂三种。它们是以三聚氰胺、苯鸟粪胺以及尿素等氨基化合物为主要原料，分别与甲醛、醇加成制得的缩合物，各原料胺的结构式为：

三聚氰胺　　　　　　　　苯鸟粪胺　　　　　　　　尿素

树脂的生成机理如下所示。

羟甲基化：

$$RNH_2 + HCHO \xrightarrow{\ \text{碱}\ } RNHCH_2OH$$

醚化：

$$RNHCH_2OH + HOR' \longrightarrow RNHCH_2OR' + H_2O$$

在醚化反应的同时，由于羟甲基相互之间，或者是羟甲基和氨基之间的亚甲基化反应可引起树脂化。涂料用氨基树脂是用脂肪醇醚化的，一般选用丁醇。丁醇醚化的作用在于使氨基树脂具有柔韧性，在有机溶剂中有溶解性，并赋予其与其他聚合物的相容性等性能，其反应式可表示为：

$$RNHCH_2OH + C_4H_9OH \longrightarrow RNHCH_2OC_4H_9 + H_2O$$

下面分别介绍各类树脂的应用性能。

（1）脲醛树脂　由尿素和甲醛反应得到羟甲基脲后，再在弱酸性条件下与丁醇加热，即可制得具有一定相容性和溶解性的脲醛树脂。反应中应尽量使醚化反应完全，这样的产物，相容性及稳定性好，但固化性差，固化要求温度高。这种交联性能易受尿素、甲醇及丁醇比例的影响。

当尿素为1mol、甲醛为2～4mol、丁醇为1～2mol时，树脂生成的反应式如下：

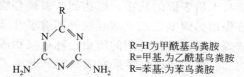

依据丁醇醚化程度的不同，生成树脂的缩合度、对烷烃系溶剂的溶解性、固化性等会差异很大。醚化所用的纯可用高级醇，也可选低级醇，一般改性醇的碳数愈小，则树脂固化性愈高，但与其他树脂的相容性降低。因此，甲醇改性树脂只能用于水溶性涂料中。

（2）三聚氰胺树脂　涂料交联剂用的三聚氰胺树脂，是由1mol三聚氰胺与4～6mol甲醛反应，然后采用丁醇醚化制备。醚化程度对其溶解性和相容性有影响。

由于丁醇醚化三聚氰胺树脂与各种醇酸树脂相容性很好，而且在比较低的温度下即能制得三维网状交联的强韧漆膜，所以，可用作氨基醇酸树脂涂料和热固性聚丙烯酸树脂涂料的交联剂。与不干性油改性的醇酸树脂并用，因其漆膜色浅、耐候性好，可用在汽车面漆上；与热固性聚丙烯酸树脂并用，可用在汽车面漆上或者家用电器制品上；与半干性醇酸树脂并用，可以在稍低温度下固化，用在大型载重汽车、农业机械、钢制家具等方面；与无油醇酸树脂并用，则用于金属预涂等方面。

与脲醛树脂比较，虽脲醛树脂价廉，但在质量上（如耐候性、耐水性、光泽、保色性等方面）三聚氰胺树脂要好得多。因此，脲醛树脂一般用于内用或者底漆上。

（3）苯鸟粪胺甲醛树脂　鸟粪胺是三聚氰胺中的一个氨基被氨基以外的其他基团所取代的产物。其中用苯基取代的鸟粪胺广泛地用于涂料交联剂。其结构如下：

R=H为甲酰基鸟粪胺
R=甲基，为乙酰基鸟粪胺
R=苯基，为苯鸟粪胺

和前两种氨基树脂一样，苯鸟粪胺与甲醛、丁醇反应，制得丁醇醚化苯鸟粪胺，可用作涂料交联剂。与三聚氰胺树脂相比，其溶解性小，固化成网状结构的程度小，交联程度差，造成固化得到的漆膜性能对温度的依赖性大，耐光性差。因此，它只适用于底漆或者内用交联剂。但由于其结构的特点使它具有与基料相容性好的优点，且初始光泽、耐热性、耐药品性、耐水性、硬度都很优良。表7-2列出了三种氨基树脂的特性。

表7-2　涂料用脲醛树脂、三聚氰胺树脂和苯鸟粪胺甲醛树脂的性能比较

性能	脲醛树脂	三聚氰胺树脂	苯鸟粪胺甲醛树脂
加热固化温度范围	100～180℃	90～250℃	90～250℃
固化性，漆膜厚度	固化性小，漆膜硬度低	固化性大，漆膜硬度高	固化性小，漆膜硬度高
酸固化性	大	小	
	部分酸可使其在室温下固化	温度降至80℃以下，固化极其困难	
附着性，柔软性	柔软，附着力好	硬，脆，附着性差	硬，柔韧性好，附着性也很好

性能	脲醛树脂	三聚氰胺树脂	苯鸟类胺甲醛树脂
耐水、耐碱性	差	良好	最好
耐溶剂性	差	良好	良好
光泽	差	良好	最好
面漆漆膜的附着性	良好	差	良好
户外暴晒性,保色和保光性	差	良	差
涂料稳定性	差	差	良好
价格	便宜	稍高	高

注：丁醇醚化度高者良好。

7.3 偶联剂

7.3.1 偶联剂的发展背景及分类

偶联剂是一种在无机材料和有机高分子材料的复合体系中，能通过物理和（或）化学作用把二者结合，使二者的亲和性得到改善，从而提高复合材料性能的一种物质。偶联剂的分子结构特点是具有两种不同性质的官能团，其中一种官能团可与高分子基体发生化学反应或至少有好的相容性，另一种官能团可与无机填料形成化学键。偶联剂可以改善高分子材料与填料之间的界面性能，提高界面的黏合性，改善填充或增强后的高分子材料的性能。

偶联剂最早由美国联合碳化物公司（UCC）为发展玻璃纤维增强塑料而开发。早在20世纪40年代，当玻璃纤维首次用作有机树脂的增强材料，制备目前广泛使用的玻璃钢时，发现当它们长期置于潮气中，其强度会因为树脂与亲水性的玻璃纤维脱粘而明显下降，进而不能得到耐水复合材料。鉴于含有机官能团的有机硅材料是同时与二氧化硅（即玻璃纤维的主要成分）和树脂有两亲关系的有机材料及无机材料的"杂交"体，试用它作为"黏合剂"或偶联剂，来改善有机树脂与无机表面的粘接，以达到改善聚合物性能的目的，就成为科技工作者的一大设想。人们首先用烯丙基二乙氧基硅烷处理玻璃纤维，制成的聚酯复合材料可达到双倍的强度，开创了硅烷偶联剂世纪应用的历史。随后又相继出现和开发了氨基和改性氨基硅烷、重氮和叠氮硅烷、α-官能团硅烷等系列偶联剂，形成了第一代硅烷类偶联剂。20世纪40年代初至60年代是偶联剂产生和高速发展时期。到20世纪70年代，针对以碳酸盐、硫酸盐和金属氧化物为填料的聚烯烃塑料等，美国Kenrich石油化学公司研制开发了钛系偶联剂。1983年美国Cavedon化学公司推出了锆铝双金属体系偶联剂。后来由于对复合材料新功能的追求，又陆续将稀土等金属引入到偶联剂中，这些都促进着偶联剂的蓬勃发展，并使得目前的偶联剂品种繁多，新产品层出不断。

目前，偶联剂按照其化学结构可分为：硅烷类，钛酸酯类，锆酸酯类，铝酸酯类，双金属类，稀土类等。它们广泛地应用在塑料橡胶等高分子材料领域之中。

7.3.2 硅烷偶联剂

在众多的偶联剂品种中，硅烷类偶联剂是研究得最早且被广泛应用的品种之一。硅烷类偶联剂是一类分子内同时含有能与有机树脂、橡胶等有机材料结合的有机官能团和能与无机材料相结合的可水解性硅官能团的低分子有机硅烷的商品名称。硅烷偶联剂分子内同时存在两种官能团的硅烷，能通过化学反应或物理作用在有机无机两种材料之间形成"分子桥"，使二者达到良好的黏合，提高复合材料性能。

硅烷偶联剂最早是在 20 世纪 40 年代作为玻璃纤维增强塑料的玻璃纤维处理剂而开发的，其后，随着新品种硅烷偶联剂的陆续出现，逐渐开发了在其他领域中的应用。目前，硅烷偶联剂已基本上适用于所有无机材料和有机材料的连接表面。含着各种官能团的硅烷偶联剂，除作为复合材料的偶联剂外，利用其结构特性可以对某些材料的表面引入特定官能性基团进行表面改性，已在塑料、橡胶、胶黏剂、涂料、纤维、皮革、纸张、金属材料、冶金铸造及建筑等领域得到广泛应用。

常见硅烷偶联剂的通式可写为：

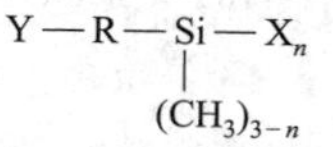

$$Y—R—Si—X_n$$
$$(CH_3)_{3-n}$$

其中，Y 是与聚合物分子有亲和力和反应能力的有机活性官能团，如乙烯基、氯丙基、环氧基、甲基丙烯酰基、氨基、巯基、异氰酸基等；R 是 2 价烃基，将 Y 与 Si 原子连接起来；X 为能够水解的基团，如甲氧基、乙氧基等，在水溶液中或空气中水分、无机材料表面吸附水作用下能分解形成 Si—OH 基，其可与无机材料表面的羟基等偶联；n 通常为 3，n 为 2 的偶联剂大量用于聚合物的改性。

硅烷偶联剂除了上述结构外，还可以进一步改变 Y 基团形成如下所示的双烷氧基硅基硅烷偶联剂、阳离子型硅烷偶联剂、潜在性氨基硅烷偶联剂、环状氮杂硅烷偶联剂、双有机官能团硅烷偶联剂等特殊结构类型。

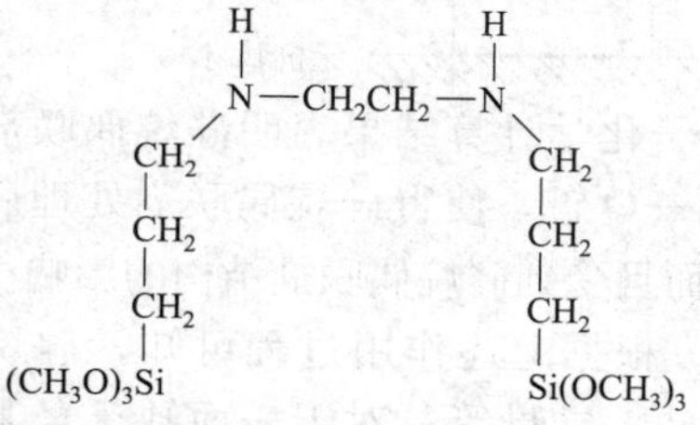

双[(3-三甲氧基硅)丙基]乙二胺

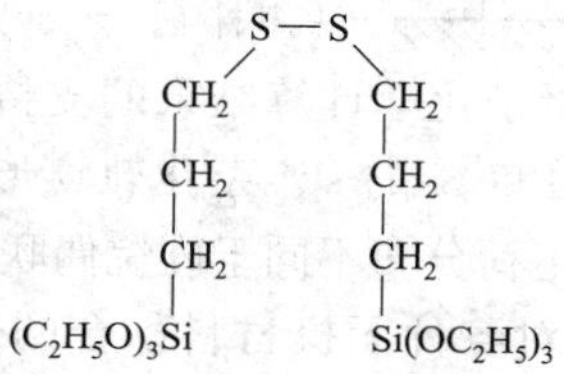

双[(3-三乙氧基硅)丙基]二硫化物

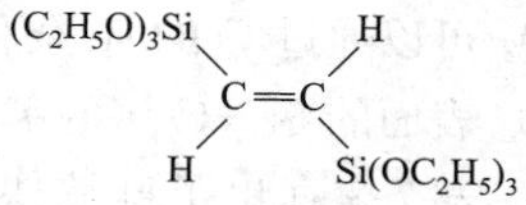

双(三乙氧基硅基)乙烯

$$(C_2H_5O)_3Si—CH_2CH_2—Si(OC_2H_5)_3$$

双(三乙氧基硅基)乙烷

$$(C_2H_5O)_3Si(CH_2)_8Si(OC_2H_5)$$

双(三乙氧基硅基)辛烷

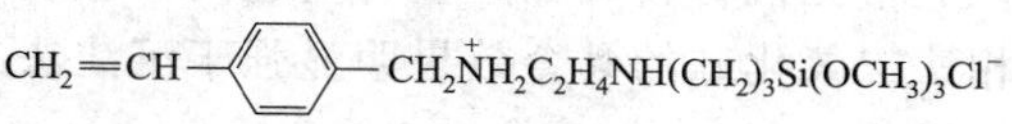

$$CH_2=CH——CH_2\overset{+}{N}H_2C_2H_4NH(CH_2)_3Si(OCH_3)_3Cl^-$$

N-β-(N-乙烯苄氨乙基)-γ-氨丙基三甲氧基硅烷·盐酸盐

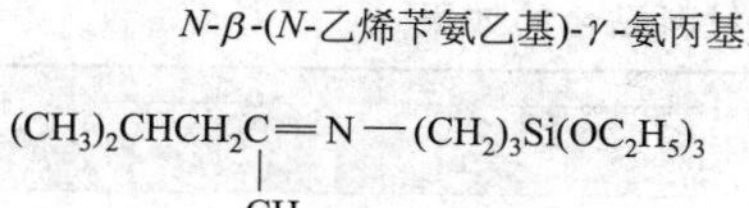

$$(CH_3)_2CHCH_2C=N—(CH_2)_3Si(OC_2H_5)_3$$
$$CH_3$$

4-N,N-二甲氨基丁基-三乙氧硅基-1-丙胺

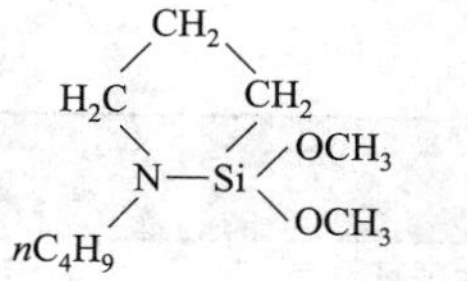

N-正丁基-氮杂-2,2-二甲氧基硅基硅环戊烷

7.3.2.1 作用原理[4,5]

硅烷偶联剂的作用和效果已被人们认识和肯定，硅烷偶联剂在两种不同性质材料之间界面上的作用机理也有不少研究，已有化学键合理论、变形层及拘束层理论、摩擦层理论、应力松弛理论等理论和假说被提出。其中化学键合理论是最古老却又是迄今为止被认为是比较成功的一种理论。

化学键合理论认为硅烷偶联剂含有一种化学官能团，能与玻璃纤维表面的硅醇基团或其他无机填料表面的分子作用形成共价键；此外，偶联剂还含有至少一种别的不同的官能团与聚合分子键合，这样偶联剂就在无机材料与有机材料之间起着相互连接的"桥梁"作用，实现了不同材料间界面良好的结合。

(1) 可水解基团与无机材料间的作用　关于硅烷偶联剂对表面含羟基无机材料的作用，普遍认同的机理是 Arkeles 于 1977 年提出的四步反应模型。

① 硅烷水解为硅醇：

$$Y{-}R{-}SiX_3 \xrightarrow{\text{水解}} Y{-}R{-}Si(OH)_3$$

② 硅醇缩合为低聚物：

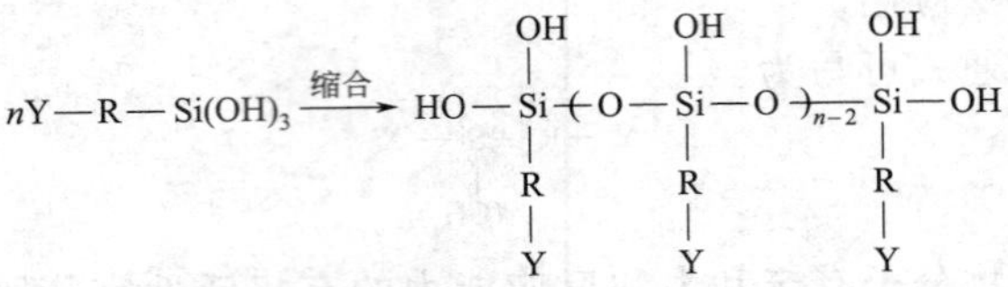

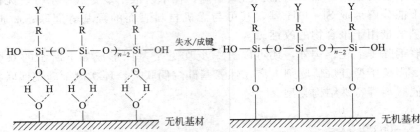

③ 低聚物与无机材料表面的羟基形成氢键。

④ 干燥、固化条件下，与无机材料表面的羟基缩合失水形成共价键：

上述反应过程已经得到了量子化学计算结果的支持。量子化学计算结果表明硅烷偶联剂与 SiO_2 可以通过 O 的 sp 杂化轨道和 Si 的 sp^3 杂化轨道形成 Si—O 键，使得硅烷偶联剂处理后的 SiO_2 表面的 Si—O 键的键长及电荷分布不同于硅烷偶联剂，而且受到硅烷偶联剂结构的影响。

表 7-3 列出了硅烷偶联剂对各种无机材料黏合的效果。根据上述作用过程可知，硅烷偶联剂适用于表面富含羟基的材料，例如玻璃纤维、二氧化硅、云母等；对于表面缺乏羟基的材料例如炭黑，硅烷偶联剂难以取得理想的黏合效果。然而，即使对于同一类无机材料，由于加工工艺不同，其表面的羟基含量差异可能很大。例如气相法和沉淀法制备的二氧化硅，前者表面的羟基含量明显高于后者。通常无机材料表面羟基含量越高，硅烷偶联剂的使用效果会更佳。因此，硅烷偶联剂对气相法二氧化硅的黏合效果明显强于沉淀法二氧化硅。

表 7-3　硅烷偶联剂对各种无机材料黏合的效果

强	效果程度		弱
玻璃纤维材料	滑石粉	铁氧体	碳酸钙
二氧化硅类材料	黏土类	氧化钛	炭黑
氧化铝[AlO(OH)]	云母	氢氧化镁	氮化硼
紫铜	高岭土	氧化锌	硫酸镍
二氧化锡(SnO_2)等	氢氧化铝	氮化硅等	石墨等
	各种金属等		

(2) 有机活性官能团与有机材料间的作用　关于硅烷偶联剂对有机材料表面的作用，根据有机材料的表面极性、临界表面张力和溶解度参数的不同，目前主要有以下几种解释。

① 提高了有机材料的表面张力，改善了有机材料的表面润湿性　有机材料对无机材料表面产生润湿，才能达到所希望的黏附性。一般无机固体，如常见的金属及其氧化物、卤化

物及各种无机盐的表面能约在 $500\sim5000\text{mN/m}$ 的范围，属于高能表面。相对于无机材料，有机材料的表面能相对低得多。大多数有机固体和高聚物的表面能低于 100mN/m，属于低能表面。无机材料和有机材料的表面极性相差很大，二者之间的界面张力很大，导致多数有机材料对无机材料表面的润湿性很差，并直接影响到二者间的结合强度。

硅烷偶联剂基本为液体。一种液体对某一固体表面的润湿情况可以通过接触角的测定来判断。如图 7-1 所示，将液滴（L）放在一理想固体平面（S）上，如果有一相是气体（G），根据杨氏润湿方程，接触角的大小 θ 与液滴受三个界面张力（γ）相关：

$$\gamma_{SG} - \gamma_{SL} = \gamma_{LG}\cos\theta$$

其中，γ_{SL} 是液体的表面张力；γ_{SG} 和 γ_{LG} 分别与液体的饱和蒸气成平衡时的固体和液体的表面张力（或表面自由能），即固体表面张力和固液界面张力。因此，接触角 θ 越小，表明该液体对固体表面的润湿性能越佳。若 $\theta = 0$，液体能在固体表面上自由铺展，即液体可以完全润湿固体表面。

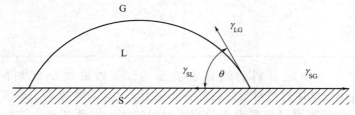

图 7-1 液滴在固体表面上的接触角

Zisman 等曾做过大量系统的有关低能表面润湿的工作，在光滑、干净、无增塑剂的有机高聚物表面，他们发现前进角和后退角相等，而且接触角数据可以很好重复。这说明这些表面接近理想表面。同系列液体在同一低能固体（高聚物）表面上的接触角随液体表面张力降低而变小。若以 $\cos\theta$ 对液体表面张力作图可得一很好的直线［图 7-2(a)］。将直线外延到 $\cos\theta = 1$ 处，相应的液体表面张力值指示此液体系列中表面张力大于此值者皆不能在此固体上自行铺展，只有同系物中表面张力小于此值的液体方可在该固体上自动铺展。因此把这个表面张力值叫做该固体的润湿临界表面张力，简称临界表面张力，以 γ_c 代表。

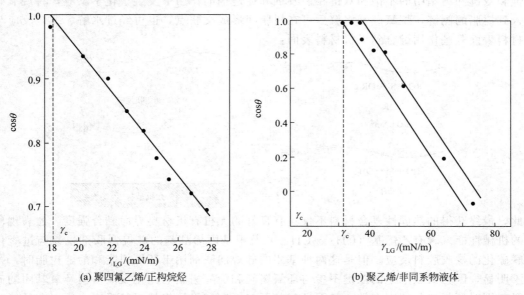

(a) 聚四氟乙烯/正构烷烃 (b) 聚乙烯/非同系物液体

图 7-2 低能固体表面上的临界表面张力

对于非同系列的液体，所得 $\cos\theta$ 对 γ_{LG} 关系的实验点在图上也大致成直线或分布于一窄带之中。将此带外延与 $\cos\theta=1$ 线相交，相应的 γ_{LG} 的下限值即为 γ_c 值 [图 7-2(b)]。

临界表面张力 γ_c 是反映低能固体表面润湿性能的一个极重要的经验参数。只有表面张力等于或小于某一固体的 γ_c 的液体才能在该固体表面上铺展。固体的 γ_c 越低，要求能润湿它的液体的表面张力就越低，能在此固体表面上铺展的液体便越少，其可润湿性便越差，即该固体越难润湿。典型聚合物的 γ_c 值见表 7-4。

表 7-4　典型聚合物的 γ_c 值

固体表面	$\gamma_c/(mN/m)$	固体表面	$\gamma_c/(mN/m)$
聚甲基丙烯酸全氟辛酯	10.6	聚甲基丙烯酸甲酯	39
聚四氟乙烯	18	聚氯乙烯	39
聚三氟乙烯	22	聚偏二氯乙烯	40
聚偏二氟乙烯	25	聚三氟氯乙烯	31
聚氟乙烯	28	聚酯	43
聚乙烯	31	尼龙-66	46
聚苯乙烯	33	甲基硅树脂	20
聚乙烯醇	37	纤维素及其衍生物	40~45

表 7-4 列出了一些有机材料的临界表面张力。一般硅烷偶联剂的表面张力约为 20mN/m，该数值小于常用有机材料的临界表面张力，加上硅烷基团与碳氢化合物相似的极性特性，使得硅烷偶联剂可以润湿大多数有机材料表面。在此基础上，根据 Wenzel 方程，可以通过增加有机材料的表面粗糙度来进一步提高硅烷偶联剂对有机材料的润湿性。对于可以润湿的体系，固体表面粗化时体系的润湿性更好。

② 聚合物表面的官能团可能与经硅烷偶联剂处理的无机材料表面的有机官能团形成了共价键或氢键　硅烷偶联剂末端的有机活性官能团 Y 可与热固性树脂中的反应活性基团反应形成共价键，获得非常显著的黏合效果。根据 Y 基团的不同，硅烷偶联剂所适合的聚合物种类也不同，这是因为基团 Y 对聚合物的反应有选择性。例如含有乙烯基（$CH_2=CH—$）和甲基丙烯酰基的硅烷偶联剂，对不饱和聚酯树脂及聚丙烯酸树脂特别有效。其原因是偶联剂中的不饱和双键和树脂中的不饱和双键在引发剂和促进剂的作用下发生了化学反应，将烷氧硅基引入到树脂的侧链，烷氧硅基水解后可在树脂间形成交联点，也可经过水解、缩合反应与无机材料表面羟基作用键合到无机材料表面：

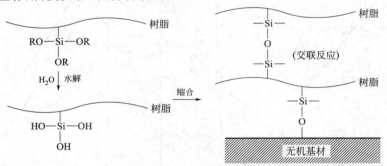

因此，最终获得的热固性复合材料不仅具有良好的无机有机材料界面黏合强度，还表现出优良的机械性能。含有乙烯基（$CH_2=CH—$）及甲基丙烯酰基的硅烷偶联剂也易与过氧化物交联硫化的橡胶胶料反应。但是这两种基团的硅烷偶联剂用于环氧树脂和酚醛树脂时，则效果不明显，因为偶联剂中的双键不参与环氧树脂和酚醛树脂的固化反应。但环氧基团的硅烷偶联剂则对环氧树脂特别有效，又因环氧基可与不饱和聚酯中的羟基反应，所以含环氧基硅

烷对不饱和聚酯也适用。

含有氨基的硅烷偶联剂能与环氧树脂、聚氨酯发生化学反应，例如经氨丙基硅烷偶联剂处理的玻璃纤维与环氧树脂部分反应，可形成如下的偶联结构：

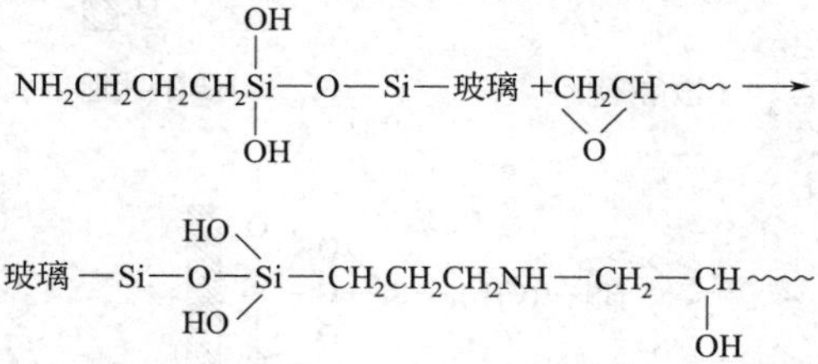

$$NH_2CH_2CH_2CH_2Si \overset{\overset{\displaystyle OH}{|}}{\underset{\underset{\displaystyle OH}{|}}{}} \!\!-O-Si-玻璃 \ +CH_2CH\!\!\!\overset{}{\underset{\underset{\displaystyle O}{\diagdown\!\!\diagup}}{}}\!\!\!\sim\!\!\sim\!\!\sim \longrightarrow$$

$$玻璃-Si\overset{\overset{\displaystyle HO}{|}}{\underset{\underset{\displaystyle HO}{|}}{}}\!\!-O-Si-CH_2CH_2CH_2NH-CH_2-CH\!\!\!\underset{\underset{\displaystyle OH}{|}}{}\!\!\!\sim\!\!\sim\!\!\sim$$

含有氨基的硅烷偶联剂对酚醛树脂和三聚氰胺树脂的固化也有催化作用，故适用于环氧、酚醛、三聚氰胺、聚氨酯等树脂。但是含有氨基的硅烷偶联剂不适用于不饱和聚酯树脂，因为其对不饱和聚酯的固化有阻聚作用。

潜在性氨基硅烷偶联剂将氨基惰化，用于环氧、酚醛、三聚氰胺、聚酰胺等树脂的复合材料的配制，可以改善储存稳定性。潜在性氨基硅烷偶联剂例如伯氨基烯酮化的 4-N,N-二甲氨基丁基-三乙氧硅基-1-丙胺，其在有水的情况下，酮亚氨基比烷氧基优先水解生成 3-氨丙基三乙氧基硅烷，然后氨基基团参与到环氧、酚醛、三聚氰胺、聚酰胺等树脂的固化反应中，从而实现无机有机的良好黏合。

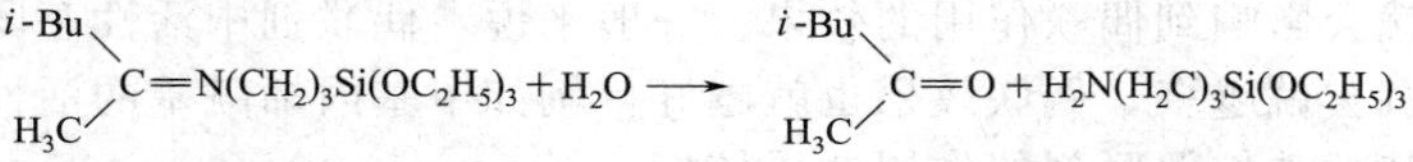

$$\underset{H_3C}{\overset{i\text{-}Bu}{}}\!\!C\!\!=\!\!N(CH_2)_3Si(OC_2H_5)_3 + H_2O \longrightarrow \underset{H_3C}{\overset{i\text{-}Bu}{}}\!\!C\!\!=\!\!O + H_2N(H_2C)_3Si(OC_2H_5)_3$$

环状氮杂硅烷偶联剂例如 N-正丁基-氮杂-2,2-二甲氧基硅基环戊烷，当其与纳米材料接触时，Si—N 键开裂，在纳米材料的表面上形成含有烷氧基与有机官能基的基团：

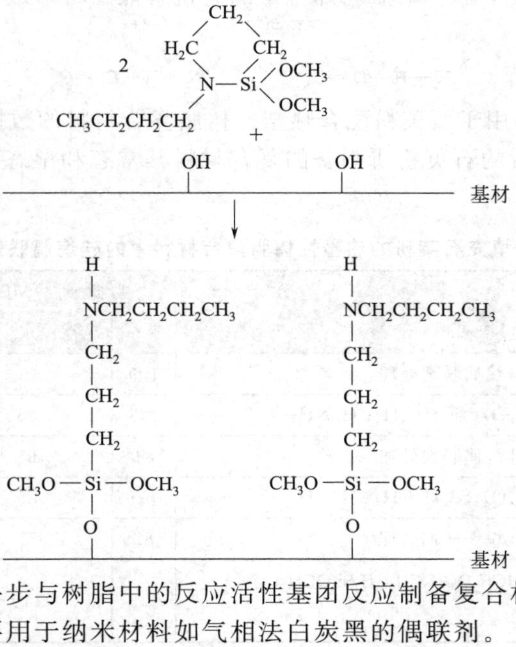

这些活性基团再进一步与树脂中的反应活性基团反应制备复合材料。环状氮杂硅烷偶联剂通常具有挥发性，主要用于纳米材料如气相法白炭黑的偶联剂。

含巯基的硅烷偶联剂则是橡胶工业应用广泛的品种。橡胶工业中使用的胶料大多数为硫黄硫化体系，含巯基硅烷偶联剂、多硫链的硅烷偶联剂是乙烯基聚合中的链增长调节剂，并通过链转移反应引入到聚合物分子中，对胶料的偶联效果最佳，是轮胎工业中应用最多的橡胶增强品种。其偶联反应可用下式表示：

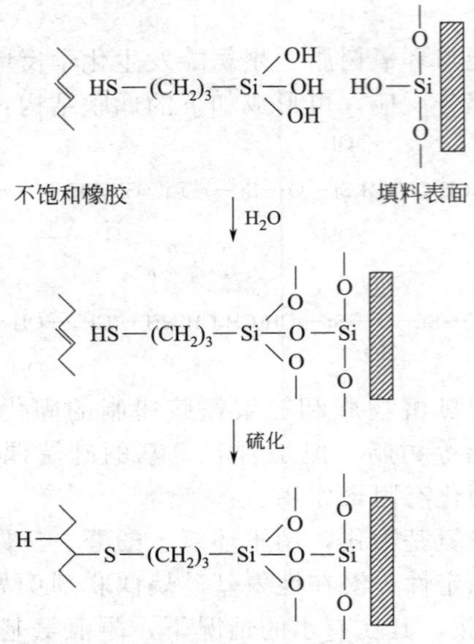

$$HS-(CH_2)_3-Si \begin{matrix} OH \\ OH \\ OH \end{matrix} \qquad HO-Si$$

不饱和橡胶　　　　　　　　填料表面

$\downarrow H_2O$

$$HS-(CH_2)_3-Si-O-Si$$

$\downarrow$ 硫化

$$H-CH-S-(CH_2)_3-Si-O-Si$$

值得注意的是，在硅烷偶联剂与有机聚合物作用的同时，聚合物本身也在进行化学反应。如果硅烷与聚合物的反应速率过慢或聚合物自身的反应速率太快，即只有少部分硅烷参与聚合物反应，就会影响到偶联作用的效果。一般来说，偶联剂中活性基团的活性越大，则与聚合物反应的机会就越多，偶联效果也就越好，例如甲基丙烯酰基的活性比乙烯基大，故含有甲基丙烯酰基的硅烷偶联剂的作用效果较好。

对于无反应活性基团但有一定极性的热塑性树脂如聚酰胺、聚酰亚胺、聚氨酯、聚碳酸酯、聚酯、聚甲基丙烯酸甲酯、聚氯乙烯等中的有机官能团可形成如下的氢键结构，达到较好的偶联效果：

$$N-H\cdots O=C \qquad N-H\cdots Cl=C$$

表 7-5 为硅烷偶联剂用于石英粉配合热塑性树脂复合材料的数据。相比于未处理的石英粉，经硅烷偶联剂处理后的石英粉所制备的复合材料其常态和湿态弯曲强度和拉伸强度都有了明显的提高。

表 7-5 填充石英粉的热塑性树脂复合材料中的硅烷偶联剂的效果

类别	项　目	弯曲强度/MPa		拉伸强度/MPa	
		常态	50℃浸水 24h 后	常态	50℃浸水 24h 后
尼龙-6	不经硅烷偶联剂处理	109	61	60	37
	$(C_2H_5O)_3SiCH_2CH_2CH_2NH_2$	128	85	76	55
聚碳酸酯	不经硅烷偶联剂处理	81	65	47	44
	$(C_2H_5O)_3SiCH_2CH_2CH_2NH_2$	101	85	59	56
聚对苯二甲酸乙二醇酯	不经硅烷偶联剂处理	82	77	50	41
	$CH_2CHCH_2OCH_2CH_2CH_2Si(OCH_3)_3$	113	110	60	69

注：石英粉的质量分数为 50%，硅烷偶联剂添加量为石英粉的 1%。

对于既无反应活性基团又缺乏极性基团的热塑性树脂，例如聚乙烯、聚丙烯等，一般的硅烷偶联剂很难产生效果。使用能产生自由基的硅烷偶联剂，如含磺酰叠氮基的三烷氧基硅烷 $(CH_3O)_2SiRSO_2N_3$ 或 3-缩水甘油醚氧丙基三甲氧基硅烷、3-甲基丙烯酰氧丙基三甲氧基硅烷等与有机过氧化物并用，可以产生较好的偶联效果。其机理以含磺酰叠氮基的硅烷偶联剂为例，$(CH_3O)_3SiRSO_2N_3$ 在受热情况下先分解生成自由基：

$$(CH_3O)_3Si-R-SO_2N_3 \xrightarrow{\triangle} (CH_3O)_3Si-R-SO_2N:+N_2$$

所产生的自由基，再与树脂中的烃基（如聚丙烯）或芳基（如聚苯乙烯）反应成键：

$$(CH_3O)_3Si-R-SO_2N:+H-\overset{|}{\underset{|}{C}}- \longrightarrow (CH_3O)_3Si-R-SO_2\overset{H}{\underset{|}{N}}-\overset{|}{\underset{|}{C}}-$$

$$(CH_3O)_3Si-R-SO_2N:+ \underset{\bigcirc}{} \longrightarrow (CH_3O)_3Si-R-SO_2-\overset{H}{\underset{N}{}}-\underset{\bigcirc}{}-$$

另一方面，硅烷偶联剂分子中的可水解性基团与无机基材例如玻璃纤维表面的硅羟基经水解、缩合反应成键，获得如下的偶联结构，如表 7-6 所示最终获得了良好的黏合效果。

表 7-6 含磺酰叠氮基的硅烷偶联剂对玻璃纤维增强塑料的偶联效果

树脂	测试条件	未经硅烷偶联剂处理	经磺酰叠氮基硅烷偶联剂处理
聚丙烯	常态弯曲强度/MPa	87.56	211.67
	50℃浸水 16h 后弯曲强度/MPa	66.19	173.06
高压聚乙烯	常态弯曲强度/MPa	70.33	144.10
	50℃浸水 16h 后弯曲强度/MPa	44.13	133.76

(3) 偶联剂的理论粘接力的推算　硅烷偶联剂通过化学键或氢键等作用改善了复合材料中高聚物和无机填料之间的粘接性，使其性能大大改善，那么偶联剂的处理效果如何？可以通过理论粘接力的推算进行表征。

根据界面化学的粘接理论，当胶黏剂与被粘物之间单位面积的次价键粘接力 σ_{adh} 主要考虑色散力时，可用如下公式计算：

$$\sigma_{adh} = \frac{2\Phi_1\Phi_2(\gamma_S \cdot \gamma_L)^{1/2}}{R_S+R_L}$$

式中，γ_S，γ_L 分别是被粘物和胶黏剂的表面张力；R_S，R_L 分别是被粘物和胶黏剂的分子半径；Φ_1，Φ_2 为两个不平衡因子。

根据此式可算得线性聚酯与玻璃的黏合力 $\sigma_{adh} = 0.25 \times 10^9$ Pa。

当胶黏剂与被粘物之间通过偶联剂形成化学键后，则可按其价键结合力来计算粘接力（σ_{max}）。

$$\sigma_{max} = \frac{1}{2}anV_0$$

式中，a 为键的自然振动常数；n 为被粘物表面上黏附键的数目；V_0 为原子之间平衡距离最低势能位的键能。

用 X 衍射和应力扭变曲线可测得 C—C 键的 $V_0 = 1.602 \times 10^{-19}$J，$a = 1.025 \times 10^{10}$ m^{-1}。

以乙烯基硅烷处理玻璃表面为例，当用不饱和聚酯树脂为胶黏剂，使其固化为三维网状结构时，可根据硅烷偶联剂和交联剂的添加量，从平均的键间距离推得 $n = 2 \times 10^4 \sim 3 \times 10^4$。也就是说，对于不饱和聚酯和玻璃的粘接，两种粘接力分别为：

$$\sigma_{adh} = 0.25 \times 10^8 \, Pa$$
$$\sigma_{max} = 0.21 \times 10^9 \, Pa$$

换句话说，用硅烷偶联剂处理形成共价键的粘接力 σ_{max}，比由次价键而引起的粘接力 σ_{adh} 大一个数量级。这从理论上说明了用硅烷偶联剂处理可使界面粘接强度、复合材料机械性能得到大幅度提高的原因。

(4) 其他理论和假说 变形层及拘束层理论是仅次于化学键合理论并被较为广泛接受的理论。这一主要从减轻界面应力的角度出发来解释硅烷偶联剂的作用机理。大部分聚合物在固化过程中会发生收缩，在界面处产生较大的附加应力。应力集中点处所承受的应力远远高出界面的应力平均值，所以在受力时会首先断裂，使材料破坏。为了缓和复合材料冷却时由于树脂和填料之间热收缩率的不同而产生的界面应力，就希望与处理过的无机物邻接的树脂界面是一个柔曲性的可变形相，这样复合材料的韧性最大。

偶联剂处理过的无机材料表面可能会择优吸收树脂中的某一配合剂，相间区域的不均衡固化，可能导致一个比偶联剂在聚合物与填料之间的多分子层厚得多的挠性树脂层。这一层被称之为可变形层。该层能松弛界面应力，阻止界面裂缝的扩散，因而改善了界面的结合强度，提高了复合材料的机械性能。同时，该理论认为这一层具有介于无机材料和有机材料之间的模量，硅烷偶联剂可将聚合物结构"紧束"在相间区域内，从而使应力均匀传递，因此这一层又称为拘束层。从增强后的复合材料的性能来看，要获得最大的粘接力和耐水解性能，需要在界面处有一约束层。

机械黏合理论则是一种较早的最直观的宏观理论。该理论认为无机材料表面的不规则性，如高低不平的峰谷或疏松孔隙结构，有利于硅烷偶联剂的添入。固化后，偶联剂和被粘物表面发生咬合而固定。按照该理论，机械黏合的关键是被粘物表面必须有大量的凹穴、槽沟、倒三角穴、根状穴或多孔穴等。当黏合剂涂布上去时，经过润湿、流动、渗透、挤压、铺展而填入这些孔穴内，固化后，就嵌定在孔隙中而紧密地结合起来，表现出较高的黏合强度。此外，有人将聚合物材料与无机材料之间的黏合归因于摩擦力的作用，认为硅烷偶联剂可增大有机材料和无机材料之间的摩擦系数，增大摩擦力，此即摩擦层理论。还有人提出了应力松弛假说，即假设在水的作用下，界面处的聚合物是坚硬的而不是橡胶状。这三种理论都可以解释一定的实验现象，但都有各自的局限性。如机械黏合理论和摩擦层理论忽略了界面的化学作用，而应力松弛假说却无法解释白炭黑应用于橡胶中使性能得以提高的现象。

7.3.2.2 合成[6~8]

硅烷偶联剂的合成关键在于硅原子上有选择地引入可水解基团与有机活性官能团。用于合成偶联剂的硅烷一般均为市售的简单硅烷化合物，常见的是 $HSiCl_3$ 或 $HSi(OR)_3$。硅的氢化物对取代烯烃及乙炔的加成是最重要的实验室制备方法和工业化生产方法：

$$X_3SiH + H_2C{=\!=}CH{-}R{-}Y \longrightarrow X_3SiCH_2CH_2RY$$
$$X_3SiH + HC{\equiv}CH \longrightarrow X_3SiCH{\equiv}CH_2$$

只要把上述试剂放在一起加热，就有可能在液相或气相中发生加成反应，如在过氧化物、叔胺或铂盐催化剂存在下效果更佳。硅烷分子 X_3SiRY 中的两个端基都可能参加化学反应，而且它们既可能单独参加各自的反应，也可能同时起反应。通过对反应条件的适当控制，可以在不改变 Y 基团的前提下取代 X 基团，或者在保留 X 基团的情况下，使 Y 基团改性。

（1）硅原子上可水解基团的引入

① 烷氧基　这类基团是硅烷偶联剂应用最多的一种。烷氧基硅烷通常是通过氯硅烷的烷氧基化反应而制备的。Si—Cl 键能被甲醇、乙醇、丙醇等直接醇解，例如乙烯基三烷氧基硅烷的制备：

$$CH_2=CHSiCl_3 + 3ROH \longrightarrow CH_2=CHSi(OR)_3 + 3HCl$$

醇解反应很容易发生，无需催化剂，但如果反应产生的 HCl 不能有效地排出，就可能和醇反应生成水，水又使生成的烷氧基硅烷或未反应的 Si—Cl 键水解生成聚硅氧烷：

$$CH_3OH + HCl \longrightarrow CH_3Cl + H_2O$$

$$H_2O + CH_2=CHSi(OR)_3 \longrightarrow \left(CH_2=CHSiO_{1.5}\right)_n$$

$$\equiv Si—OR + ClSi\equiv \longrightarrow \equiv Si—O—Si\equiv + RCl$$

最终，导致烷氧基硅烷的收率下降。因此必须有效除去反应中放出的氯化氢。工业生产中最好采用无水氯化氢的排放和回收措施。经过对醇解装置及工艺条件的改进，乙烯基三烷氧基硅烷的收率可达 99%。实验室制备时，可采用诸如叔胺或醇钠之类的氯化氢吸收剂。

另一种实验室简单的实现完全烷氧基化的方法是，在乙醇存在的条件下将氯硅烷与适当的原甲酸酯一起共热。

$$\equiv SiCl + HC(OR)_3 \xrightarrow{ROH} \equiv SiOR + RCl + RCOOH$$

除去 1mol 的氯化物要消耗 1mol 的原甲酸酯。

为了在中性条件下能有效地进行 RSi(OR)$_3$ 的烷氧基互换反应，可以选择无机酸、路易斯酸或强碱作催化剂，但反应条件必须适合于硅原子上的有机官能团。例如当碱催化剂存在时缩水甘油氧丙基三甲氧基硅烷可能会醇解，然而如果想保留环氧基团，很显然不能选择酸作催化剂，这是必须注意的。

② 乙酰氧基　在无水溶剂中，氯硅烷与乙酸钠反应，生成乙酰氧基硅烷。

$$RSiCl_3 + 3NaAc \longrightarrow RSi(OAC)_3 + 3NaCl$$

氯硅烷与乙酸酐一起共热并除去挥发性的乙酰氯，可避免生成盐的沉淀。

$$RSiCl_3 + 3AC_2O \longrightarrow RSi(OAC)_3 + 3AcCl$$

含乙酰氧基的可水解官能团还未见于国内开发的偶联剂品种之中。

（2）硅原子上有机官能团的引入

① 不饱和烷基　不饱和烷基例如乙烯基可以通过硅的氢化物对乙炔的单分子加成来制备：

$$HSiCl_3 + HC\equiv CH \xrightarrow{H_2PtCl_6} Cl_3SiCH=CH_2$$

$$HSi(OC_2H_5)_3 + HC\equiv CH \xrightarrow{铂磷配合物} (C_2H_5O)_3SiCH=CH_2$$

上述反应中要采用过量的乙炔，尽量减少双分子加成反应的发生。三氯硅烷与乙炔的反应若使用氯铂酸作催化剂，可有效避免副反应的发生，反应收率可接近 100%。然而，三乙氧基硅烷与乙炔的反应中，副反应却不可避免，铂磷配合物作催化剂可较好地抑制副反应，乙烯基三乙氧基硅烷的收率可达 96%。

高温条件下，硅的氢化物也会与氯乙烯发生缩合反应，生产不饱和硅烷：

$$HSiCl_3 + CH_2=CHCl \xrightarrow{650\sim750℃} CH_2=CHSiCl_3 + HCl$$

$$CH_3SiHCl_2 + CH_2=CHCl \xrightarrow{550\sim590℃} CH_3(CH_2=CH)SiCl_2 + HCl$$

硅烷会优先与诸如丙烯酸、甲基丙烯酸、马来酸、富马酸、衣康酸等不饱和酸的烯丙酯中的烯丙基发生加成反应，其中最重要的是由甲基丙烯酸烯丙酯制得的硅烷。这是硅烷偶联剂一重要品种，商品牌号为 A-174。

$$\text{HSi(MeO)}_3 + \underset{\underset{\text{CH}_3}{|}}{\overset{\overset{\text{CH}_3}{|}}{\text{CH}_2=\text{C}-\text{COOCH}_2\text{CH}=\text{CH}_2}} \longrightarrow \underset{\underset{\text{CH}_3}{|}}{\text{CH}_2=\text{C}-\text{COOCH}_2\text{CH}_2\text{CH}_2\text{Si(OMe)}_3}$$

三氯硅烷与商品级异丁烯二聚体（3,5,5-三甲基-1-戊烯）在高温下反应可制得高收率的甲基烯丙基三氯硅烷。

$$\text{HSiCl}_3 + (\text{CH}_3)_3\text{CCH}_2\overset{\overset{\text{CH}_3}{|}}{\text{C}}=\text{CH}_2 \xrightarrow{500\,℃} \underset{\underset{\text{CH}_3}{|}}{\text{CH}_2=\text{C}-\text{CH}_2\text{SiCl}_3} + (\text{CH}_3)_3\text{CH}$$

二甲基乙烯基烷氧基硅烷可由格式反应或伍尔茨反应制取：

$$\text{CH}_2=\text{CHSi(OC}_2\text{H}_5)_3 + 2\text{CH}_3\text{MgI} \longrightarrow (\text{CH}_2=\text{CH})(\text{CH}_3)_2\text{SiOC}_2\text{H}_5$$

$$(\text{CH}_3)_2\text{Si(OC}_2\text{H}_5)_2 + \text{CH}_2=\text{CHCl} \xrightarrow{\text{Na}} (\text{CH}_3)_2(\text{CH}_2=\text{CH})\text{SiOC}_2\text{H}_5$$

其他含苯乙烯基的硅烷、烯氧基硅烷、长链烯烃基硅烷等，可按下述反应合成：

$$\text{SiCl}_4 + \text{CH}_2=\text{CH}-\!\!\!\!\!\!\bigcirc\!\!\!\!\!\!-\text{MgCl} \longrightarrow \text{Cl}_3\text{Si}-\!\!\!\!\!\!\bigcirc\!\!\!\!\!\!-\text{CH}=\text{CH}_2$$

$$(\text{CH}_3\text{O})_3\text{SiH} + \text{CH}_2=\text{CHCH}_2\text{OCH}=\text{CH}_2 \xrightarrow{\text{Pt}} (\text{CH}_3\text{O})_3\text{SiCH}_2\text{CH}_2\text{CH}_2\text{OCH}=\text{CH}_2$$

$$(\text{CH}_3\text{O})_3\text{SiH} + \text{CH}_2=\text{CH(CH}_2)_6\text{CH}=\text{CH}_2 \xrightarrow{\text{Pt}} (\text{CH}_3\text{O})_3\text{Si(CH}_2)_8\text{CH}=\text{CH}_2$$

$$(\text{CH}_3\text{O})_3\text{SiC}_3\text{H}_6\text{NHC}_2\text{H}_4\text{NH}_2 + \text{ClCH}_2-\!\!\!\!\!\!\bigcirc\!\!\!\!\!\!-\text{CH}=\text{CH}_2 \longrightarrow$$

$$(\text{CH}_3\text{O})_3\text{SiC}_3\text{H}_6\text{NHC}_2\text{H}_4\text{NHCH}_2-\!\!\!\!\!\!\bigcirc\!\!\!\!\!\!-\text{CH}=\text{CH}_2 \cdot \text{HCl}$$

② 卤代烷基 氯甲基三氯硅烷可采用光照氯化法通过甲基三氯硅烷制备：

$$\text{CH}_3\text{SiCl}_3 \xrightarrow[\text{Cl}_2]{h\nu} \text{ClCH}_2\text{SiCl}_3 + \text{HCl}$$

此反应过程中，为了避免生成聚氯甲基硅烷，可采用循环法工艺。

在铂催化剂作用下，含 Si—H 键的氯硅烷或烷氧基硅烷可与烯丙基氯反应，获得 3-氯丙基硅烷：

$$\text{ClCH}_2\text{CH}=\text{CH}_2 + \text{HSiCl}_3 \longrightarrow \text{ClCH}_2\text{CH}_2\text{CH}_2\text{SiCl}_3$$

$$\text{ClCH}_2\text{CH}=\text{CH}_2 + \text{CH}_3\text{SiHCl}_2 \longrightarrow \underset{\underset{\text{CH}_3}{|}}{\text{ClCH}_2\text{CH}_2\text{CH}_2\text{SiCl}_2}$$

$$\text{ClCH}_2\text{CH}=\text{CH}_2 + \text{HSi(OCH}_3)_3 \longrightarrow \text{ClCH}_2\text{CH}_2\text{CH}_2\text{Si(OCH}_3)_3$$

若用烯丙基溴替换烯丙基氯，则可获得反应活性更高的 3-溴丙基硅烷：

$$\text{HSiCl}_3 + \text{CH}_2\text{CHCH}_2\text{Br} \longrightarrow \text{Cl}_3\text{SiCH}_2\text{CH}_2\text{CH}_2\text{Br}$$

以三氯硅烷与乙烯基氯苄的双键加成，可以制得高活性的含氯官能团硅烷。

$$\text{HSiCl}_3 + \text{H}_2\text{C}=\text{CHC}_6\text{H}_4\text{CH}_2\text{Cl} \xrightarrow{\text{Pt}} \text{Cl}_3\text{SiCH}_2\text{CH}_2\text{C}_6\text{H}_4\text{CH}_2\text{Cl}$$

而碘烷基硅烷最好用氯烷基硅烷与 NaI 的互换反应制备：

$$(\text{MeO})_3\text{SiCH}_2\text{CH}_2\text{CH}_2\text{Cl} + \text{NaI} \xrightarrow{\text{丙酮}} (\text{MeO})_3\text{SiCH}_2\text{CH}_2\text{CH}_2\text{I} + \text{NaCl}$$

由于卤素很易与氨或胺发生反应，生成氨基官能团硅烷，与硫化氢反应生成含硫基硅烷，或发生取代反应及裂解反应生成异腈酸酯等反应性基团，因此氯代烷基硅烷还是合成偶联剂的重要中间体。例如，由乙烯苄基氯制得的阳离子型苯乙烯官能团硅烷：

$$(\text{MeO})_3\text{SiCH}_2\text{CH}_2\text{CH}_2\text{Cl} + \underset{\underset{\text{CH}_3}{|}}{\overset{\overset{\text{CH}_3}{|}}{\text{CH}_2=\text{C}-\text{COOCH}_2\text{CH}_2\text{NMe}_2}} \longrightarrow \underset{\underset{\text{CH}_3}{|}}{\overset{\overset{\text{CH}_3}{|}}{\text{CH}_2=\text{C}-\text{COOCH}_2\text{CH}_2-\overset{+}{\underset{\underset{\text{CH}_3}{|}}{\text{N}}}-\text{CH}_2\text{CH}_2\text{CH}_2\text{Si(OMe)}_3}} \quad \text{Cl}^{\ominus}$$

③ 氨烷基　氨烷基硅烷通常可以利用氯丙基烷氧基硅烷与氨或胺反应及氰乙基硅烷还原等方法制备：

$$(RO)_3SiCH_2CH_2CH_2Cl+NH_3 \longrightarrow (RO)_3Si(CH_2)_3NH_2+HCl$$

$$(RO)_3SiCH_2CH_2CH_2Cl+R'NH_2 \longrightarrow (RO)_3Si(CH_2)_3NHR'+HCl$$

$$(RO)_3SiCH_2CH_2CN \xrightarrow{[H]} (RO)_3Si(CH_2)_3NH_2$$

$$Cl_3SiCH_2CH_2CN \xrightarrow[CH_3OH]{NaBH_4} (CH_3O)_3Si(CH_2)_3NH_2$$

反应中，生成的氨烷基硅烷还可继续和氯丙基烷氧基硅烷反应，形成仲氨基、叔氨基硅烷副产物，因此通常反应是在加压下进行，并要求氨或胺大量过量，以提高伯氨基产物的收率。

氨丙基三烷氧基硅烷例如商品牌号为 A-1100 的氨丙基三乙氧基硅烷，还可由三烷氧基硅烷与烯丙胺的加成反应来获得：

$$(RO)_3SiH + CH_2=CHCH_2NH_2 \xrightarrow{Pt} H_2NCH_2CH_2CH_2Si(OR)_3 + H_2NCH_{\overset{|}{\underset{CH_3}{}}}CHSi(OR)_3$$

3-氨丙基三烷氧基硅烷　2-氨丙基三烷基硅烷

然而，该反应可能形成 2-氨基或 3-氨基产物。其中，3-氨丙基三烷氧基硅烷是有效的硅烷偶联剂，而 2-氨丙基三烷氧基硅烷并无偶联剂作用。所以，工业上对该反应工艺的催化剂选择、产物的分馏精制要求较高，以使 3-氨丙基三烷氧基硅烷纯度达到 95％ 以上，产品才具有使用价值。另外，为了避免 2-氨丙基三烷氧基硅烷的产生，新的工艺将烯丙胺分子中的活泼氢先用三甲基硅烷化保护，再与含 Si—H 键的烷氧基硅烷进行硅氢化加成，最后在醇中回流使三甲基硅解离获得 3-氨丙基三烷氧基硅烷。由于避免了副反应的发生，新工艺的反应速率明显加快，收率也有所提高。

$$2(CH_3)_3SiCl + H_2NCH_2CH=CH_2 \xrightarrow[(C_2H_5)_3N]{TiCl_4} \begin{matrix}(CH_3)_3Si \\ \quad\quad NCH_2CH=CH_2 \\ (CH_3)_3Si\end{matrix}$$

$$\begin{matrix}(CH_3)_3Si \\ \quad\quad NCH_2CH=CH_2 \\ (CH_3)_3Si\end{matrix} + HSi(OR)_3 \xrightarrow{Pt} \begin{matrix}(CH_3)_3Si \\ \quad\quad NCH_2CH_2CH_2Si(OR)_3 \\ (CH_3)_3Si\end{matrix}$$

$$\begin{matrix}(CH_3)_3Si \\ \quad\quad NCH_2CH_2CH_2Si(OR)_3 \\ (CH_3)_3Si\end{matrix} + 2CH_3OH \longrightarrow H_2NCH_2CH_2CH_2Si(OR)_3 + 2(CH_3)_3SiOCH_3$$

氨苯基三甲氧基硅烷是在 CuCl 催化剂及 Cu 的存在下，通过溴苯基三甲氧基硅烷与过量的氨反应制备。

$$(MeO)_3SiC_6H_4Br+NH_3 \xrightarrow[110℃]{Cu+CuCl} (MeO)_3SiC_6H_4NH_2+NH_4Br$$

④ 丙烯酰氧基　含丙烯酰氧基或甲基丙烯酰氧基的硅烷可通过甲基丙烯酸或丙烯酸烯丙酯与含 Si—H 键的有机硅化合物在催化剂下进行加成反应来制备，例如：

$$CH_2=\underset{\underset{O}{\|}}{C}OCCH_2CH=CH_2 + HSiCl_3 \xrightarrow{Pt} CH_2=\underset{\underset{O}{\|}}{C}OCC_3H_6SiCl_3 \xrightarrow{ROH} CH_2=\underset{\underset{O}{\|}}{C}OCC_3H_6Si(OR)$$

(上式中三处 C 上均有 CH_3 取代基)

这个反应中，甲基丙烯酸、丙烯酸烯丙酯或甲基丙烯酸烯丙酯很容易自聚，其加成产物也容易自聚，因此，反应温度要求控制在不引起热聚合的温度之下。同时，在反应阶段以及后处理蒸馏过程，还都需要添加阻聚剂。阻聚剂的选择应以不影响催化剂活性、不降低产品品质为原则，例如 [3-(3′,5′-二叔丁基-4′-羟基苯) 丙酸季戊四酯] 甲烷（Ⅰ）和 2,2-硫-亚乙基-双 [3-(3,5-二叔丁基-4-羟苯基)] 丙酸酯（Ⅱ）。

$$\underset{I}{\underset{t-Bu}{\overset{t-Bu}{(HO)}}}\text{—CH}_2\text{CH}_2\text{C}\overset{O}{\parallel}\text{O—CH}_2\text{)}_4\text{C}$$

$$\left[\underset{(CH_3)_3C}{\overset{(CH_3)_3C}{HO}}\text{—CH}_2\text{CH}_2\overset{O}{\underset{\parallel}{\text{C}}}\text{OCH}_2\text{CH}_2\right]_2\text{S}$$

含丙烯酰氧基或甲基丙烯酰氧基的硅烷也可采用甲基丙烯酸或丙烯酸的碱金属盐为原料，在相转移催化剂作用下与 3-氯丙基三烷氧基硅烷脱盐缩合制备：

$$\text{CH}_2\overset{CH_3}{\underset{|}{=}}\text{COCOK} + \text{ClCH}_2\text{CH}_2\text{CH}_2\text{Si(OR)}_3 \xrightarrow{\text{相转移催化剂}} \text{CH}_2\overset{CH_3}{\underset{|}{=}}\text{COCOC}_3\text{H}_6\text{Si(OR)}_3$$

为了防止甲基丙烯酸盐及目的产物的自聚，反应中应加入适量的阻聚剂。同时，为了抑制目标产物的水解，还应控制反应体系中水的含量：水的含量越大，产物的收率就越低，纯度也越差。

⑤ 环氧基　这类有机基团可通过硅烷与不饱和环氧化物的加成反应或与含双键的不饱和硅烷的环氧化反应来制备。工业上普遍采用的是烯丙基缩水甘油醚或 1-乙烯基-3,4-环氧环己烷与含 Si—H 基团的烷氧基硅烷经硅氢化加成反应制取，例如：

$$(\text{CH}_3\text{O})_3\text{SiH} + \text{H}_2\text{C}=\text{HCH}_2\text{COH}_2\text{CHC}\overset{O}{\overbrace{\quad}}\text{CH}_2 \xrightarrow{\text{Pt}} \text{H}_2\text{C}\overset{O}{\overbrace{\quad}}\text{CHCH}_2\text{O(CH}_2)_3\text{Si(OCH}_3)_3$$

$$(\text{CH}_3\text{O})_3\text{SiH} + \text{H}_2\text{C}=\overset{}{\underset{\text{C—H}}{}} \text{[环氧环己烷]} \xrightarrow{\text{Speier 催化剂}} (\text{CH}_3\text{O})_3\text{SiCH}_2\text{CH}_2\text{[环氧环己烷]}$$

这些反应可以均相催化和非均相催化制备。均相催化反应结束后必须通过吸附等方式除去催化剂，否则容易在后处理蒸馏过程中形成难分离的副产物；非均相催化不存在催化剂分离过程，且催化剂可以循环套用，但是产物的纯度相对较低。

⑥ 含硫基团　含硫基硅烷可以通过不饱和硅烷或氯烷基硅烷来制备。例如在紫外线辐照下，借助于亚磷酸三甲酯的促进作用使硫化氢与不饱和三甲氧基硅烷反应，可制备巯烷基三甲氧基硅烷，方程式为：

$$(\text{MeO})_3\text{SiCH}\equiv\text{CH}_2 + \text{H}_2\text{S} \xrightarrow{(\text{MeO})_3\text{P}} (\text{MeO})_3\text{SiCH}_2\text{CH}_2\text{SH}$$

巯烷基硅烷可由氯烷基硅烷和硫化氢的铵盐制得[9]，采用硫化氢的乙二胺盐作为反应试剂，制得的产物可通过液层分离制备。

$$(\text{MeO})_3\text{SiCH}_2\text{CH}_2\text{CH}_2\text{Cl} + \text{H}_2\text{NCH}_2\text{CH}_2\text{NH}_2\cdot\text{H}_2\text{S} \longrightarrow$$
$$(\text{MeO})_3\text{SiCH}_2\text{CH}_2\text{CH}_2\text{SH} + \text{H}_2\text{NCH}_2\text{CH}_2\text{NH}_2\cdot\text{HCl}\downarrow$$

巯烷基硅烷还可以氯烷基硅烷来制备。氯烷基硅烷很易与硫脲反应生成异硫脲盐。这种盐受氨作用分解后，生成巯烷基硅烷，而且没有二烷基硫化物之类的副产物生成。

$$(\text{MeO})_3\text{SiCH}_2\text{CH}_2\text{CH}_2\text{Cl} + \text{H}_2\text{NCSNH}_2 \longrightarrow (\text{MeO})_3\text{SiCH}_2\text{CH}_2\text{CH}_2\text{SC(NH)NH}_2\cdot\text{HCl}$$
$$\tag{1}$$

$$(1) + \text{NH}_3 \longrightarrow (\text{MeO})_3\text{SiCH}_2\text{CH}_2\text{CH}_2\text{SH} + \text{H}_2\text{NCONH}_2 + \text{NH}_4\text{Cl}$$

其他含硫的基团例如硫氰基和硫桥可由以下反应合成制备：

$$(\text{C}_2\text{H}_5\text{O})_3\text{SiCH}_2\text{CH}_2\text{CH}_2\text{Cl} + \text{NaSCN} \xrightarrow[\text{乙醇}]{\text{高压}} (\text{C}_2\text{H}_5\text{O})_3\text{SiCH}_2\text{CH}_2\text{CH}_2\text{SCN} + \text{NaCl}$$

$$\text{Na}_2\text{S}_n + \text{ClCH}_2\text{CH}_2\text{CH}_2\text{Si(OC}_2\text{H}_5)_3 \xrightarrow[n=2\sim4]{\text{相转移催化剂}} [(\text{C}_2\text{H}_5\text{O})_3\text{SiCH}_2\text{CH}_2\text{CH}_2]_2\text{S}_n + \text{NaCl}$$

$$(\text{C}_2\text{H}_5\text{O})_3\text{Si(CH}_2)_3\text{Cl} + \text{Na}_2\text{S}_n + \text{Cl(CH}_2)_m\text{CH}_3 \xrightarrow[n=2\sim4,m=3\sim9]{\text{相转移催化剂}}$$
$$(\text{C}_2\text{H}_5\text{O})_3\text{Si(CH}_2)_3\text{—S}_n\text{—(CH}_2)_m\text{CH}_3$$

$$(\text{CH}_3\text{O})_3\text{Si(CH}_2)_3\text{Cl} + \text{Na}_2\text{S}_n + \text{Cl(CH}_2\text{CH}_2\text{O})_m\text{CH}_2\text{CH}_2\text{OH} \xrightarrow[n=2\sim4,m=1\sim3]{\text{相转移催化剂}}$$
$$(\text{CH}_3\text{O})_3\text{Si(CH}_2)_3\text{—S}_n\text{—(CH}_2\text{CH}_2\text{O})_m\text{CH}_2\text{CH}_2\text{OH}$$

⑦ 其他基团　有机硅烷酸可以通过含有腈基或酯基官能团的硅烷进行皂化反应来制备。$HSiCl_3$ 与丙烯腈进行碱催化加成可得到氰烷基硅烷：

$$Cl_3SiH+CH_2\text{=}CHCN \xrightarrow{Me_3N} Cl_3SiCH_2CH_2CN$$

$$Cl_3SiCH_2CH_2CN+4NaOH \xrightarrow{H_2O} (OH)_3SiCH_2CH_2COONa+3NaCl+NH_3\uparrow$$

羟基也是硅烷偶联剂中常见的活性基团，可以通过带羟基的烯烃与 Si—H 键的直接加成反应引入。在铂催化剂存在下，硅烷对不饱和醇直接加成，其生成物较复杂；但对不饱和仲醇或苯酚的加成，反应比较容易进行，并生成含有双键的加成产物。

$$(MeO)_3SiH+CH_2\text{=}CHCH_2OH \xrightarrow{Pt} (MeO)_3SiCH_2CH_2CH_2OH+(MeO)_3SiOCH_2CH\text{=}CH_2+H_2$$

$$(EtO)_3SiH+2\text{-}CH_2\text{=}CHCH_2C_6H_4OH \xrightarrow{Pt} 2\text{-}[(EtO)_3SiCH_2CH_2CH_2]C_6H_4OH$$

异氰酸基具有很高的反应活性，也被引入到硅烷偶联剂中，典型品种是 3-异氰酸丙基三烷氧基硅烷。3-异氰酸丙基三烷氧基硅烷可以通过 3-氨丙基烷氧基硅烷进行基团转化、烯丙基异氰酸酯对 Si—H 键的加成反应或氯丙基三烷氧基硅烷与氰化钾反应制备：

$$H_2N(CH_2)_3Si(OC_2H_5)_3+COCl_2+2(C_2H_5)_3N \xrightarrow{甲苯} (C_2H_5O)_3Si(CH_2)_3NCO+2(C_2H_5)_3N\cdot HCl$$

$$(C_2H_5O)_3SiH+CH_2\text{=}CHCH_2NCO \xrightarrow{RhCl_3} (C_2H_5O)_3SiCH_2CH_2CH_2NCO$$

$$(C_2H_5O)_3Si(CH_2)_3Cl+KNCO \xrightarrow{相转移催化剂} (C_2H_5O)_3Si(CH_2)_3NCO+KCl$$

其他活性基团可以选择不同的烯烃衍生物为原料，利用双键对 Si—H 键的加成反应制备；或者可以通过带有活性基团的硅烷如氯丙基三乙氧基硅烷、3-异氰酸丙基三烷氧基硅烷等与不同的化合物来制备。如下所示，采用这些方法可以获得用于铜箔基板等的带咪唑基硅烷偶联剂、用于碳酸钙处理的分子内含有环状硅氮基的硅烷偶联剂，甚至耐热树脂用硅烷偶联剂、光敏性硅烷偶联剂、生物材料用硅烷偶联剂、大分子硅烷偶联剂等新型硅烷偶联剂。

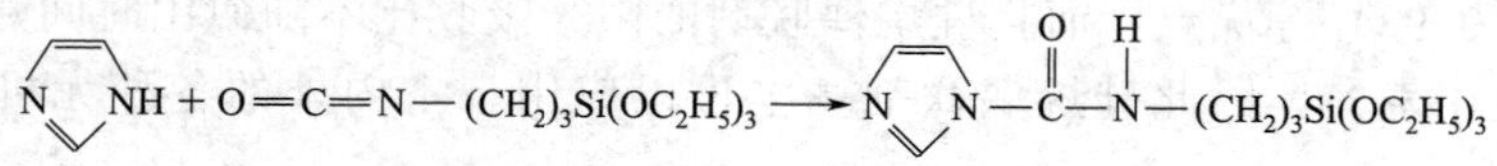

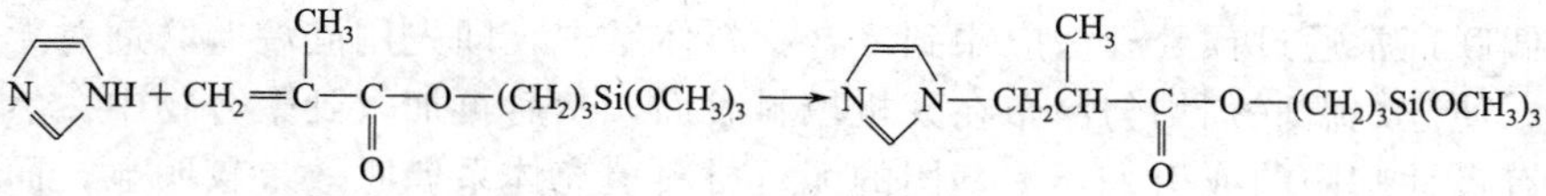

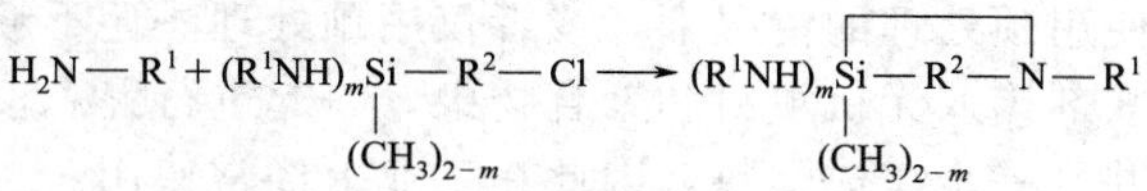

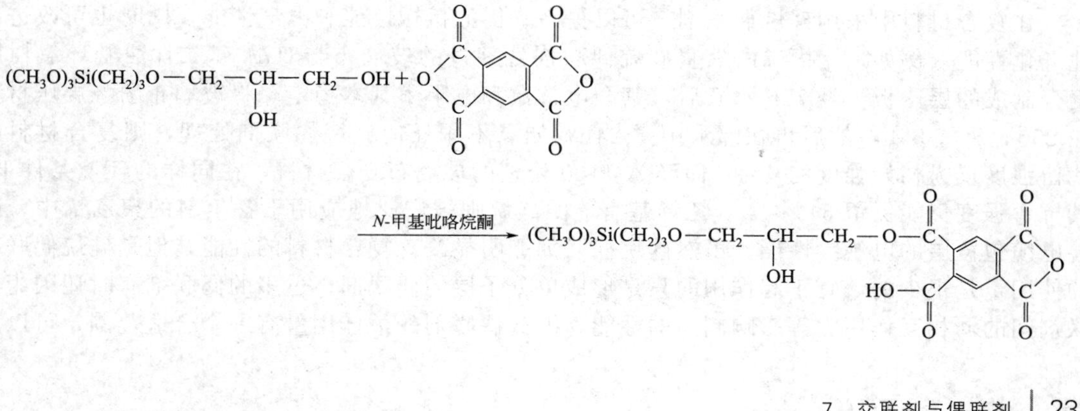

$$\text{(MeO)}_3\text{Si—H} + \quad \xrightarrow{\text{H}_2\text{PtCl}_6 \cdot 6\text{H}_2\text{O}} \quad \text{(MeO)}_3\text{Si}$$

$$x\text{H}_2\text{C} \overset{\text{CH}_3}{=} \text{CCOOCH}_2\text{CH}_2\text{CH}_2\text{Si(OCH}_3)_3 + y\text{H}_2\text{C}=\text{CH} + z\text{H}_2\text{C}=\overset{\text{CH}_3}{\text{C}} + w\text{H}_2\text{C}=\text{CH}$$

$$\overset{\triangle}{\longrightarrow} \ *\!\!\Big(\text{CH}\!-\!\overset{\text{CH}_3}{\underset{\text{COOCH}_2\text{CH}_2\text{CH}_2\text{Si(OCH}_3)_3}{\text{C}}}\Big)_a \Big(\text{CH}_2\!-\!\overset{}{\underset{}{\text{CH}}}\Big)_b \Big(\text{CH}_2\!-\!\overset{\text{CH}_3}{\underset{\text{COOCH}_3}{\text{C}}}\Big)_c \Big(\text{CH}_2\!-\!\overset{}{\underset{\text{COOCH}_2\text{CH}_2\text{CH}_2\text{CH}_3}{\text{CH}}}\Big)_d *$$

7.3.2.3 应用[10,11]

硅烷偶联剂具有瓷器通性，以及强度大、硬度高、热稳定性好、吸水率低（＜0.5％）、阳光吸收比高（0.93）等优点，而且硅烷偶联剂的阳光吸收比不随使用时间衰减，可具有与建筑物相同的使用寿命，因此硅烷偶联剂基本可以应用于室内外的各种无机有机复合材料体系。

硅烷偶联剂常通过预处理法应用到复合材料体系中，即先用硅烷偶联剂对无机填料进行表面处理，使硅烷偶联剂均匀涂布在无机填料表面，然后再加入到聚合物中。然而，硅烷偶联剂对含有极性基团的或引入极性基团的无机材料填充体系偶联效果较明显，而对非极性无机材料则效果不显著。在不能使用预处理的情况下，或者仅用预处理法还不够充分时，可以采用整体掺合法，即将硅烷偶联剂掺入无机填料和聚合物中，一起进行混炼。此法的优点是偶联剂的用量可以随意调整，并且一步完成配料，因此在工业上经常使用。

在复合材料中采用硅烷偶联剂，可以提高它们的机械性能和电气性能，同时也可改进其他老化性能。例如，用丙烯酰氧基硅烷偶联剂处理过的玻璃布与双酚 A 二甘油醚环氧树脂复合制成的层压板，经 72h 水煮后，其介电常数和电阻率基本稳定。将玻璃布酚醛层压材料在 250℃放置 96h，然后再在沸水中煮 24h，如果不用任何硅烷偶联剂处理，则复合材料的残留强度仅为初始强度的 6％；而经 A-1100 处理的玻璃布复合材料，在同样的环境条件下，其抗弯强度仍能保留 64％[12]。乙烯基官能团硅烷则被广泛地应用于含填料的聚乙烯中，改善电缆包覆层的电绝缘性能。虽然硅烷偶联剂能明显改善复合材料的性能，但是硅烷偶联剂的使用量是很少的，真正起作用的只是形成单分子层的偶联剂。过多的偶联剂有时还因为偶联剂间的弱相互作用力等影响制品的性能，因此偶联剂的最佳用量有一个合适范围，可以用以下公式来估算：

$$硅烷偶联剂的用量=\frac{填料用量(g)\times填料表面积(m^2/g)}{硅烷最小包覆面积(m^2/g)}$$

正如前面所述，不同的硅烷偶联剂适用的树脂体系不同，不同的树脂体系对硅烷偶联剂也是有选择性的，以下分别从不同的树脂角度介绍硅烷偶联剂的应用。

（1）不饱和聚酯　对于大多数通用聚酯来说，最好选择含甲基丙烯酸酯的硅烷。阳离子型乙烯基硅烷用于乙烯类树脂（丙烯酸改性的环氧树脂）能赋予最佳性能。在紫外线固化的乙烯类树脂与石英纤维的粘接中，乙烯基硅烷也是一种有效的硅烷偶联剂。

含有可聚合增塑剂的柔性聚合物可像不饱和聚酯那样处理。反应型的不饱和硅烷可用作底胶或添加剂以形成对无机物表面的耐水粘接。甲基丙烯酸酯基三甲氧基硅烷以及阳离子型苯乙烯基硅烷可用于含可聚合增塑剂的聚氯乙烯溶胶中。透明的乙烯-醋酸乙烯酯共聚物（EVA）或乙烯-甲基丙烯酸酯共聚物（EVA）可用少量的丙烯酸单体交联，以获得可供太阳能电池使用的透明、无蠕变的包封材料，胺与丙烯酸丙酯三甲基硅烷的混合物作底胶或添加剂时，对可交联的EVA与各种表面的粘接很有效。

（2）环氧树脂　环氧树脂是树脂中的一大类，为数众多的含有机官能团的硅烷对环氧树脂都相当有效。可以制定一些通则为某特定体系选择最适宜的硅烷。偶联剂的反应性至少应与环氧树脂所用的特定固化体系的反应性相当。对任何一种含缩水甘油官能团的环氧树脂来说，显然是选用缩水甘油氧丙基硅烷为宜。对于脂环族环氧化物或任何用酸酐固化的环氧树脂，建议应用脂环族硅烷。使用含伯氨基官能团的硅烷，可使室温固化的环氧树脂获得最佳性能。但这类硅烷不适合于以酸酐固化的环氧树脂，这是因为有很大一部分伯氨基官能团会消耗，而含氯树脂是一种很可靠的偶联剂。

除此之外，当环氧乙烷树脂应用于印刷线路板、结构用层压板以及胶黏剂和涂料时，均可选择适当的硅烷偶联剂以达到绝缘、改善介电常数、提高力学强度以及防腐蚀等目的，表7-7是经硅烷处理后复合材料电性能的变化。

表 7-7　硅烷偶联剂对填充型复合材料电性能的影响

偶联剂	石英/环氧乙烷				硅酸钙/环氧乙烷			
	介电常数		损耗因子		介电常数		损耗因子	
	初始	72h水煮	初始	72h水煮	初始	72h水煮	初始	72h水煮
无	3.39	14.60	0.017	0.035	3.48	22.10	0.009	0.238
A-187	3.40	3.44	0.016	0.024	3.30	3.32	0.014	0.016
A-1100	3.46	3.47	0.013	0.023	3.48	3.55	0.017	0.028

（3）酚醛树脂　硅烷偶联剂可以用来改善几乎所有含有酚醛树脂的无机复合材料的性能。含氨基官能团的硅烷与酚醛树脂粘接料一起用于玻璃纤维绝缘材料上；与间苯二酚-甲醛-胶乳浸渍液中的间苯二酚-甲醛树脂一起用于玻璃纤维轮胎帘线上；与呋喃树脂及酚醛树脂一起用作金属铸造用的砂芯的粘接料。硅烷偶联剂作为酚醛树脂砂芯粘接料中的添加剂时，硅烷偶联剂在室温下对树脂具有反应性，但仅放置数小时后，硅烷便会失去偶联作用。硅烷与树脂过早反应就降低了它的流动性，以致使少量的硅烷添加剂失去了增进粘接的效果。为使之有效，硅烷必须以单体形式存在，这样它能在固化前迅速向填料或增强剂迁移。对填料进行预处理，可以充分利用硅烷的增进粘接的作用，但其代价要比把硅烷作为添加剂直接加入高得多。

（4）工程塑料　实践证明，硅烷偶联剂在填充复合材料中具有较好的应用效果。表7-8为几种在热塑性增强塑料中的应用效果。可以看出，通过偶联剂处理可大大提高塑料的强度。其他方面的例子也有很多，如采用硅烷偶联剂对云母进行预处理，可以明显提高云母填充聚丙烯复合材料的力学性能、热性能和电性能[13]；用硅烷偶联剂处理石英填充聚氯乙烯复合材料，也能显著增强其机械强度。

表 7-8　硅烷偶联剂在热塑性增强塑料中的应用效果

塑料种类	聚苯乙烯		ABS		PMMA		聚碳酸酯	
玻璃纤维/%	40		38		43		47	
弯曲强度	强度/MPa	强度比	强度/MPa	强度比	强度/MPa	强度比	强度/MPa	强度比
无偶联剂	172	100	133	100	300	100	271	100
A-174	340	198	314	236	330	110	—	—
A-186	301	175	288	217	308	103	315	116
A-187	—	—	326	245	237	79	318	117
A-1100	211	123	202	152	438	146	360	133

(5) 有机橡胶[14,15]　硅烷偶联剂对各种有机橡胶的传统填料炭黑几乎没有效果，但是对于新型的白色填料体系，例如二氧化硅和陶土，则有非常好的效果。二氧化硅具有可大幅度降低胎面滚动阻力，同时又保持较好的牵引性能、耐久性、胎面耐磨性等特性，因此用其填充制备的轮胎等制品具有高抗湿滑性、低滚动阻力的特点。20 世纪 90 年代，随着米其林公司成功开发的全填充白炭黑的"绿色轮胎"问世，这些白色填料体系在橡胶工业中得到更为广泛的应用（表 7-9）。含硫的硅烷偶联剂例如双（三乙氧基丙基硅烷）四硫化物（TESPT），提高了白炭黑与橡胶的相容性，改善了胶料的加工性能，提高了硫化胶的物理机械性能，在新型橡胶补强中具有重要作用。

表 7-9　传统配方轮胎与改性白炭黑配方轮胎的性能比较

	项　　目	配方一	配方二
用量①	天然橡胶/份	10	20
	沉淀法白炭黑（Hi-Sil210）/份	0	80
	炭黑/份	85	0
	TESP 50%溶液/份	0	12
	硫黄/份	0.8	1
性能	DIN 磨耗/cm³	160	189
	损耗因数（tanδ）		
	0℃	0.23	0.265
	60℃	0.16	0.11

① 其他组分相同：70 份 E-SBR（36%苯乙烯），20 份 3,4-聚异戊二烯（$T_g=-16℃$），49 份加工助剂，2 份脂肪酸，4 份氧化锌，3 份抗氧剂。

表 7-9 对传统炭黑填充的轮胎与 TESPT 改性白炭黑填充的轮胎性能进行了比较。其中，0℃的损耗因数是评价轮胎的湿滑性能，其值越大越好；60℃的损耗因数是评价轮胎的滚动阻力，其值越小越好。由表中数据可以看出，改性白炭黑填充的轮胎可显著降低轮胎的滚动阻力，明显提高轮胎的抗湿滑性能。然而，与传统轮胎相比，新型轮胎的磨损性能有所下降，表现为 DIN 损耗增大。这也是前期新型轮胎只用在轿车轮胎上的原因之一。通过胶料配方的改进、新型结构硅烷偶联剂的开发，新型轮胎的耐磨损性能目前已经显著提高，并超过传统轮胎水平。

(6) 其他用途　硅烷偶联剂除用于复合材料改性外，还可以根据其结构特性用于更广泛的领域。胶黏剂尤其是密封胶中硅烷偶联剂的应用也非常广泛。在胶黏剂领域，硅烷偶联剂除了用于填料的表面改性，还常常是底涂剂的主要成分，提高建筑密封胶、橡胶制品等的粘接强度；硅烷偶联剂还是密封胶制备过程中不可或缺的组分之一，例如乙烯基三甲氧基硅烷可提高密封胶的储存稳定性和产品质量，含氨基的硅烷偶联剂具有助催化作用，特殊结构的硅烷偶联剂还可在一定程度上调整湿气扩散速率进而控制密封胶的交联固化速率。在涂料中，硅烷偶联剂可以提高涂膜与基材的附着力、耐水性、耐候性、耐磨性，改善基体树脂与体质颜料的相容性、分散性，改善基体树脂的交联成分，提高涂膜表面硬度。在其他一些要求粘接性能的领域如纤维、皮革、纸张、金属材料、冶金铸造等领域硅烷偶联剂也发挥着重要作用。

此外，硅烷偶联剂还可用于一些特殊领域。在色谱中，常以三甲基氯硅烷或其他挥发性甲硅基烷基化剂处理气-液色谱柱用的二氧化硅填料，以减少极性有机物的拖尾现象，并可用于电荷转移色谱的分离稠环或多核芳烃。含螯合官能团的硅烷可进行水溶液中离子的预富集或作为固定化的金属络合物催化剂。与表面键合的有机硅季铵氯化物有增强抗菌与灭藻的作用，可用作抗微生物剂，也可用于多肽的合成与分析以及固定化酶的研究中，同时也可以改善液晶图像的清晰度及持久性。用硅烷偶联剂包覆快淬 NdFeB 中磁粉可改善其抗氧化性，并可提高粘接 NdFeB 的磁性能和压缩强度[16]，亦可用于对非金属矿物的表面改性[17]以及水泥的性能改良[18]。随着技术的开发，其应用范围会愈来愈广泛。

7.3.3　钛酸酯偶联剂

钛酸酯偶联剂是 20 世纪 70 年代后期由美国肯利奇石油化学公司开发的一种新型偶联剂，是目前发展较快的一类新型偶联剂。目前肯利奇石油化学公司已有 50 多个钛酸酯偶联剂品种。美国杜邦公司、美国 Tioxide 公司、德国 Dynamit Nobel 公司都是生产钛酸酯偶联剂的大公司。日本味之素公司从美国引进生产技术，也生产钛酸酯偶联剂。我国的一些科研院所和大专院校如上海有机所、南京大学、山西化工研究所等，也研发了多种钛酸酯偶联剂。80 年代初期我国已能生产几个品种，小规模应用，取得了较为明显的经济效益。目前，我国能够生产 20 多个品种的钛偶联剂。

钛酸酯偶联剂对热固性或热塑性树脂基符合材料都有一定效果，尤其是对于热塑性聚合物，可以成倍增加干燥的无机填料的用量而不降低制品的物理性能，同时可明显降低体系的黏度，改善加工性能。钛酸酯偶联剂能在无机填料表面形成单分子层，扩大了偶联剂的使用范围，使非极性的钙塑填充体系的偶联效果明显提高。

7.3.3.1　作用原理

虽然钛酸酯偶联剂的应用发展迅速，使用范围和用量已不逊于硅烷偶联剂，但是对其作用机理的研究相对于硅烷偶联剂来说还是少得多。对于钛酸酯偶联剂的作用效果，基本沿用硅烷偶联剂的化学键合理论来解释，因此，钛酸偶联剂的分子结构常被划分成 6 个功能区，可用以下通式表示：

$$\underline{偶联无机相}\cdot\underline{亲有机相}$$
$$\begin{array}{cccccc} 1 & 2 & 3 & 4 & 5 & 6 \end{array}$$
$$(RO)_M\text{——}Ti\text{——}(OX\text{——}R'\text{——}Y)_N$$

式中，R 为短碳链烷烃基；R′ 为长碳链烷烃基；X 为 C，N、P、S 等元素；Y 为羟基、氨基、环氧基、双键等基团，$1 \leqslant M \leqslant 4$，$M+N \leqslant 6$。

钛酸酯偶联剂的 6 个功能区都有自己的特点，在偶联过程中发挥着各自的作用。功能区 1：$(RO)_M$，主要提供与无机填料作用的基团，通常是能与无机材料表面羟基起反应的基团，从而达到化学偶联的目的。功能区 2：Ti—O，某些钛酸酯偶联剂它们能与聚合物材料中的酯基进行酯基转移、与羧基进行交联反应，造成钛酸酯、无机填料及聚合物材料三者间的交联，促使体系黏度上升呈触变性。功能区 3：OX，可以是酰氧基、烷氧基、磺酸基、磷酸基、焦磷酸基等。这些基团决定钛酸酯偶联剂所具有的特殊性能，如磺酸基赋予有机聚合物一定的触变性，焦磷酰氧基有阻燃、防锈和增强粘接的性能，亚磷酰氧基可提供抗氧、耐燃性能等，因此通过 OX 的选择，可使钛酸酯兼具偶联和其他特殊性能。功能区 4：R′，是分子中的有机骨架，它比较柔软，能和有机聚合物进行弯曲缠结，增强和有机材料的结合力，并能改善有机材料和无机材料的相容性，提高材料的抗冲击强度。功能区 5：Y，主要提供可与有机聚合物进行化学反应的活性基团，使无机填料和有机材料交联结合成一体。功能区 6：*N*，表示钛酸酯偶联剂的非水解基团数，钛酸酯偶联剂中非水解基团的数目至少具有两个以上。由于分子中多个非水解基团的作用，可以加强缠绕，并可明显改变表面能，大幅度降低体系的黏度。

钛酸酯偶联剂与有机材料相互作用的机理与硅烷偶联剂相似，但是其与无机材料间的作用则随钛酸酯偶联剂的结构不同而有差异。从化学结构角度来看，钛酸酯偶联剂可分为单烷氧基型、螯合型、配位型三种类型，例如 TTOP-12、CTDPP-138S 和 OTDLPI-46：

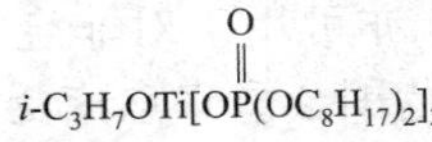

TTOP-12(KR-12)

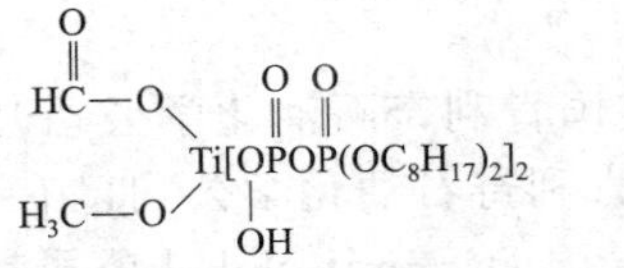

CTDPP-138S (KR-138S)

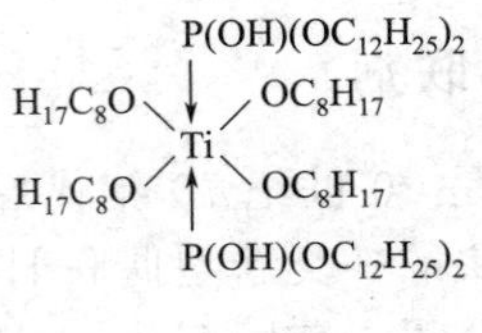

OTDLPI-46 (KR-46)

单烷氧基型钛酸酯偶联剂一般容易水解，适用于处理干燥的无机填料，即无机填料仅含键合水。单烷氧基型钛酸酯偶联剂可与无机填料表面的羟基发生反应，例如：

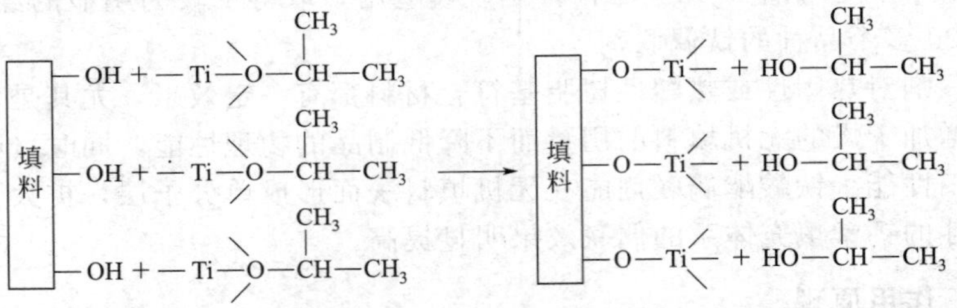

单烷氧基型钛酸酯偶联剂中如果引入焦磷酸酯基，例如异丙氧基三（焦磷酸二锌酯）钛 TTOPP-38S（KR-38S），则耐水性有所改善，可用于中等含水量的无机填料的表面改性。TTOPP-38S 与无机填料表面的羟基发生反应如下：

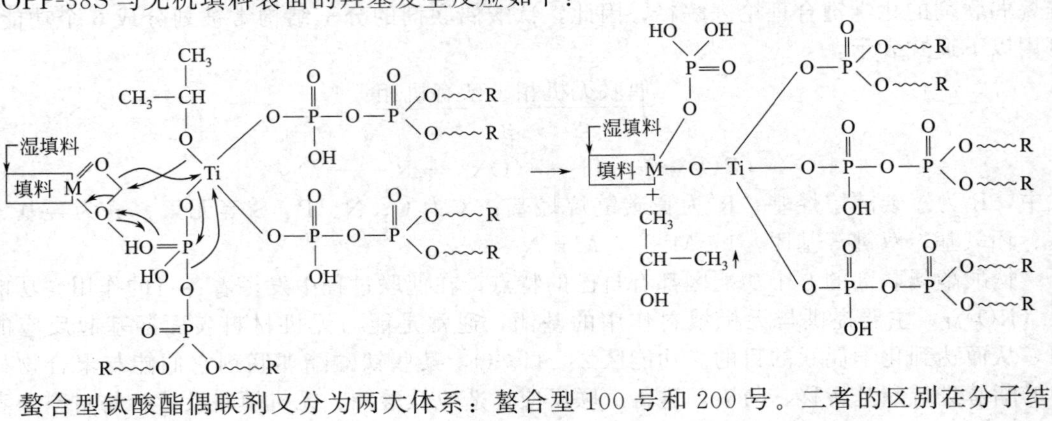

螯合型钛酸酯偶联剂又分为两大体系：螯合型 100 号和 200 号。二者的区别在分子结构

上，前者为氧乙酸螯合基，后者为乙二醇螯合剂。螯合型钛酸酯偶联剂的耐水性好，适用于高含水量的无机填料的表面处理。螯合型钛酸酯偶联剂与无机填料表面的羟基反应时没有小分子有机物产生：

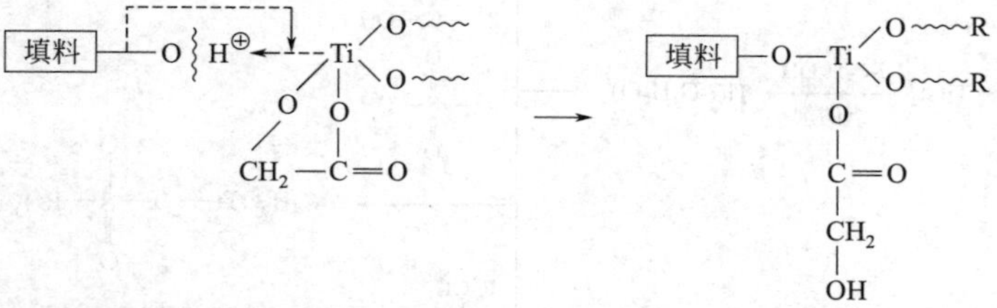

$$填料—O{\rbrace}H^{\oplus} \quad Ti \quad \begin{matrix}O\sim\sim\\O\sim\sim\end{matrix} \qquad CH_2-C=O \qquad \longrightarrow \qquad 填料—O—Ti\begin{matrix}O\sim\sim R\\O\sim\sim R\end{matrix} \quad O \\ C=O \\ CH_2 \\ OH$$

配位型钛酸酯偶联剂中钛原子由 4 价键转变为 6 价键，降低了钛酸酯的反应性，显著提高了其耐水性。因此，配位型钛酸酯偶联剂耐水性好，可在溶剂型涂料或水性涂料中使用，其与无机填料间的偶联反应如下：

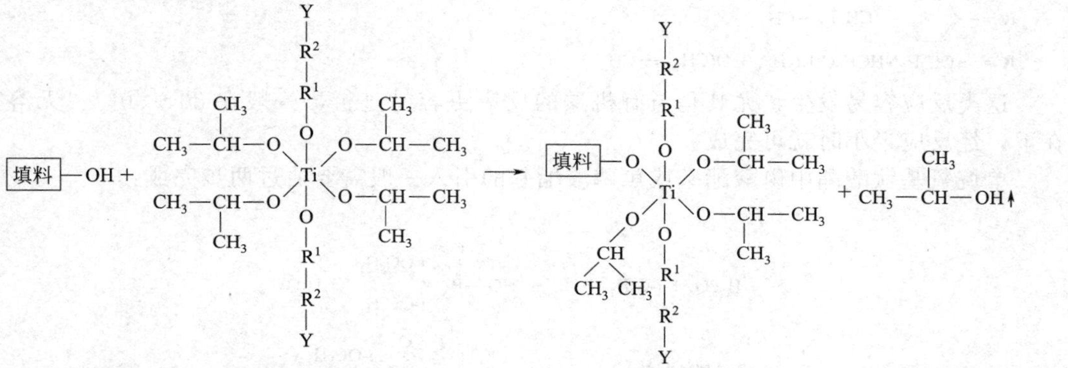

$$填料—OH + \quad [钛酸酯配位结构] \quad \longrightarrow \quad [填料配位后结构] \quad + CH_3-CH-OH\uparrow$$

按照化学键合理论，钛酸酯偶联剂中的烷氧基与无机填料表面形成化学结合，最终无机材料和有机材料界面之间形成了有机活性单分子层。南京大学胡柏星等则认为钛酸酯偶联剂与无机填料之间是配位键起作用，提出了配位理论。按照配位理论，钛酸酯偶联剂中的 Ti 可以提供空的 sp^3d^2 杂化轨道，其与无机填料表面所提供的孤对电子产生配位化学作用。

对于上述的反应机理到目前为止都没有直接的确凿证据。但是间接的光谱、能谱、热力学分析等实验结果都表明钛酸酯偶联剂与无机填料之间会发生相互作用，而且基本可以认定含有化学键合作用，但至于是共价键还是配位键，至今还没有定论。

7.3.3.2　合成[19,20]

钛酸酯偶联剂的合成方法一般分为两步：第一步是四烷基钛酸酯的合成，四烷基钛酸酯有多种合成方法，其中最常用的是直接法，即由四氯化钛和相应的醇直接反应而合成；第二步为成品偶联剂的合成，由四烷基钛酸酯进一步和不同的脂肪酸反应，即可得到不同类型的钛酸酯偶联剂。

美国、英国、前苏联及日本等国在钛偶联剂的制备方法上大同小异，只是第一步在使用溶剂及通入气体的种类及时间上各有不同，总收率一般在 80%～85%。我国生产厂家参照国外工艺，方法大致相同，并提出了钛酸酯偶联剂一步法合成新工艺，改造了传统的二步法，具有工艺简单、产品纯度高、性能好的特点。下面对常用的单烷氧基钛酸酯和螯合型钛酸酯偶联剂的合成举例说明。

(1) 单烷氧基钛酸酯的合成　一般的单烷氧基钛酸酯先通过四氯化钛的醇解反应，再与长碳链的羧酸、磺酸、醇和醇胺的交换反应制得。其反应式为：

$$TiCl_4 \xrightarrow[\text{缚酸剂}]{i\text{-}C_3H_7OH} Ti(i\text{-}C_3H_7O)_4$$

反应产物:
- $i\text{-}C_3H_7OTi\text{-}(OC\text{-}R^1)_3$ (与 $R^1\text{-}C\text{-}OH$ 反应)
- $i\text{-}C_3H_7OTi\text{-}(O\text{-}S\text{-}R^2)_3$ (与 $R^2\text{-}S\text{-}OH$ 反应)
- $i\text{-}C_3H_7OTi\text{-}(OR^3)_3$ (与 R^3OH 反应)

$$R^1 = -(CH_2)_{16}-CH_3, -C=CH_2, -(CH_2)_7-CH=CH-(CH_2)_5-CH_3, \overset{CH_3}{\underset{}{|}} \quad \overset{OH}{\underset{}{|}} \quad \overset{C_2H_5}{\underset{}{|}} -CH-C_4H_9, -(CH_2)_7-CH_3$$

$$R^2 = -\underset{}{\bigcirc}-(CH_2)_{11}-CH_3$$

$$R^3 = -OC_2H_4NHCH_2CH_2NH_2, -O(CH_2)_{13}-CH_3$$

这类反应容易发生,尤其是与有机酸的反应更容易进行,一般在 80～90℃、无溶剂存在下,经反应半小时就可完成。

单烷氧基钛酸酯中磷酸酯基或焦磷酸酯基的引入一般需要通过两步完成:

①

$$H_3PO_4 + i\text{-}C_8H_{17}OH \longrightarrow HO-P\underset{i\text{-}OC_8H_{17}}{\overset{O}{\underset{i\text{-}OC_8H_{17}}{|}}} + H_2O$$

$$\xrightarrow{+Ti(i\text{-}OC_3H_7)_4} i\text{-}C_8H_{17}O-Ti\left[O-P\underset{i\text{-}OC_8H_{17}}{\overset{O}{\underset{i\text{-}OC_8H_{17}}{|}}}\right]_3$$

②

$$P_2O_5 + i\text{-}C_8H_{17}OH \longrightarrow HO-\overset{O}{\underset{i\text{-}OC_8H_{17}}{P}}-O-\overset{O}{\underset{i\text{-}OC_8H_{17}}{P}}-OH \xrightarrow{Ti(i\text{-}OC_8H_{17})_4}$$

$$i\text{-}C_3H_7O\left(O-\overset{O}{\underset{i\text{-}OC_8H_{17}}{P}}-O-\overset{O}{\underset{i\text{-}OC_8H_{17}}{P}}-OH\right)_2$$

在第一步反应中,磷酸与醇的反应是可逆的,而且反应很慢,反应进行到一定时间后,反应物与生成物便达到平衡。为了加快反应速率,提高生成物的产量,可选用硫酸作催化剂并增大醇的用量,在此条件下可采用分水器,尽可能把反应生成的水分出并促进反应完全。焦磷酸酯的合成按 Moor 法完成。它与制备磷酸酯相比,反应较易发生,而且没有副产物生成。

(2) 螯合型钛酸酯的合成 螯合型钛酸酯是通过钛酸四异丙酯与酸及醇的交换反应而制得,其反应方程式如下:

$$Ti(i\text{-}OC_3H_7)_4 + R^1\overset{OH}{\underset{OH}{\diagdown}} + 2R^2OH \longrightarrow R^1\overset{O}{\underset{O}{\diagdown}}Ti-(OR^2)_2$$

$$R^1 = -CH_2CH_2-, \quad -\underset{CH_3}{\overset{O}{\underset{|}{C}}}CH-C-, \quad -CH_2CH_2NHCH_2CH_2-$$

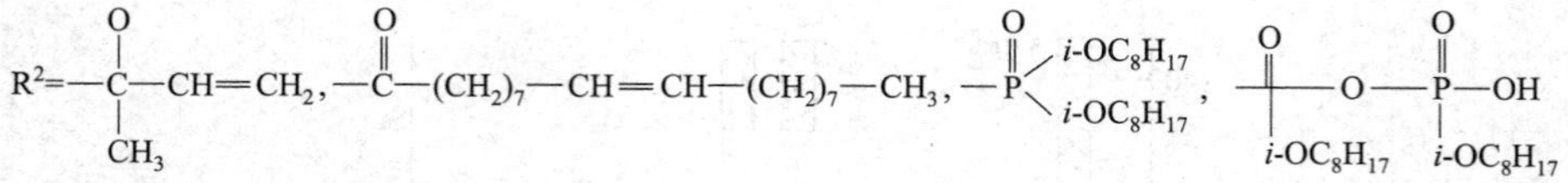

$$R^2 = -\overset{\overset{\displaystyle O}{\|}}{C}-CH=CH_2,\ -\overset{\overset{\displaystyle O}{\|}}{C}-(CH_2)_7-CH=CH-(CH_2)_7-CH_3,\ -\overset{\overset{\displaystyle O}{\|}}{\underset{i\text{-}OC_8H_{17}}{\overset{i\text{-}OC_8H_{17}}{P}}},\ \overset{i\text{-}OC_8H_{17}}{\underset{i\text{-}OC_8H_{17}}{-O-P}}-OH$$
$$\underset{CH_3}{}$$

该反应中,为了确保产物的结构,通常是先将钛酸四异丙酯与等摩尔的酸先反应,然后再与等摩尔的双官能团化合物如乙二醇、羟基乙酸等进行酯交换,最后再与等摩尔的酸反应,即可获得目标结构的钛酸酯偶联剂。

7.3.3.3 应用[21,22]

钛酸酯偶联剂具有高分散性和低黏度等特点,主要是在树脂中进行磁性材料及各种填料的高填充时使用。钛酸酯偶联剂适应的无机填料非常广泛,特别是对硅烷偶联剂不能有效处理的碳酸钙、滑石粉等廉价的非硅系填料也有明显的作用。钛酸酯偶联剂的用量虽然只有无机填料重量的 0.5%~5.0%,但加入钛酸酯偶联剂却能提高复合材料加工时填料的分散性,实现高填充化,提高流动性,降低黏度,改善延伸率和耐冲击性,改善对金属的黏着性等;提高涂料的分散性,改进涂料的耐腐蚀性,提高复合材料的耐燃性等。目前,钛酸酯偶联剂已渗透到电子、汽车、建材、磁性材料等领域,使用范围已可和硅烷偶联剂并驾齐驱,目前市场需求量已达 100t 以上。

在无机填料填充体系中,为了获得最大的偶联效果,钛酸酯偶联剂应用时还得遵循如下原则:①不要另外再添加表面活性剂,因为它会干扰钛酸酯在填料表面上的反应;②氧化锌和硬脂酸具有某种程度的表面活性剂作用,故应在钛酸酯处理过的填料、聚合物以及增塑剂充分混合后再添加它们;③大多数钛酸酯具有酯基转移反应活性,所以会不同程度地与酯类或聚酯类增塑剂反应,因此酯类增塑剂一般在混炼后再掺入;④钛酸酯及硅烷并用,有时会产生加和增效作用;⑤用螯合型钛酸酯处理已浸渍过硅烷的玻璃纤维,可以产生双层护套的作用;⑥单烷氧基钛酸酯用于经干燥和煅烧处理过的无机填料,效果最好;⑦潮气空气(0.1%~3%)的存在,能形成极佳的反应位置,而不会产生有害的影响,如 $Al_2O_3 \cdot 3H_2O$ 中的结晶小,对偶联剂也是有用的反应位置。

钛酸酯偶联剂处理填料时可以采用干法或预处理法[23]。干法,也称直接加料法,是将树脂、填料、偶联剂及溶剂与助溶剂按一定比例混合均匀后再加入其他助剂,然后再混匀。这种方法具有经济、灵活以及方法简单等特点。预处理法则是把钛酸酯偶联剂溶解在溶剂中,再与无机填料接触混合,然后再除去溶剂将钛酸酯留在填料表面。钛酸酯偶联剂也可通过均化器或乳化剂强制乳化在水中,或者转化成水溶性盐再溶于水中,然后再对填料进行预处理。预处理一般宜由填料生产厂进行。这种处理方法的好处是,填料和偶联剂单独处理可以保证最大的偶联效果;处理好的无机物被偶联剂所包覆,空气中水分对它的侵袭得到有效屏蔽,故无机填料性能稳定。

为了充分发挥钛酸酯偶联剂的效果,应根据所用树脂和填充料的种类选择适应的偶联剂品种。下面按照不同的树脂分别举例说明。

(1) 聚乙烯 采用钛酸酯偶联剂处理碳酸钙填料,可以克服在填充过量时聚乙烯、聚丙烯等聚烯烃树脂流动性降低、加工困难等缺点。以低密度聚乙烯为例,如图 7-3 所示,可以看出,改性后其抗张强度及伸长率均有明显改善。采用钛酸酯处理高密度聚乙烯-重质碳酸钙体系,可使其流动性比通常采用硬脂酸表面处理剂处理所得的流动性大许多。

(2) 聚氯乙烯 对于硬质聚氯乙烯,通过钛酸酯处理后可改进其加工工艺及强度。表7-10 是一组实验对比数据,可以看出,当加入偶联剂后,强度等各项指标均可提高或保持

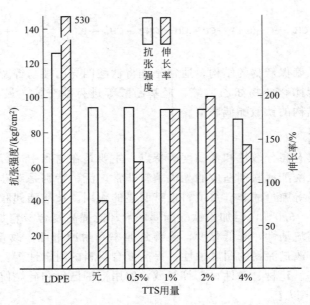

图 7-3　钛酸酯 TTS 在 LDPE-CaCO₃（轻质）体系中的效果

表 7-10　钛偶联剂在硬质聚氯乙烯-CaCO₃ 体系中效果

项　　目	拉伸强度/（N/m）	弯曲强度/MPa	缺口冲击强度/（kJ/m²）
空白	249.2	661.7	7.8
加钛偶联剂	403.9	742.2	7.7

一定水平。但对于软质聚氯乙烯，由于其间加入了增塑剂，因此使用偶联剂一般较难奏效。对于聚氯乙烯糊，钛酸酯的效果不仅在于可降低其黏度，而且可以保持配合料的黏度不变，同时还具有使发泡体的微孔细小均匀的效果。

（3）环氧树脂　对于以环氧树脂为代表的热固性树脂，采用钛酸酯也能收到降低配合料黏度、实现高填充化的效果。而且钛酸酯对环氧树脂的固化不仅没有延迟作用，反而能降低其固化时可能达到的最高放热温度，对提高成型品的尺寸稳定性有利。

（4）聚氨酯树脂　有报告提到，钛酸酯偶联剂对于聚氨酯的补强型反应性注压成型（R-RIM）有效。钛酸酯是异氰酸酯与聚醚型聚醇反应的有效催化剂。其活性与钛酸酯的化学结构有关。一般活性顺序为：氨基烷氧基＞配位型＞酰基型＞焦磷酸酯≈正磷酸酯。若要在一般情况下进一步增加填充剂用量，就必须使用偶联剂，它可以使配合料的黏度降低15％～25％。

（5）橡胶　目前在工业发达国家，大部分橡胶用无机填料都经过表面处理。用钛酸酯处理无机填料，如碳酸钙等，不仅可以提高橡胶的力学性能，而且使胶料混炼及压出容易，出片光滑并可节约能源。白炭黑填充的丁腈胶体系，使用钛偶联剂可使其扯断强度提高近30％，伸长率增加 15％。

碳酸钙作为白色填充料，具有易混、柔软、利于压延等特点，是橡胶行业广泛应用的无机填料，如果用钛酸酯对其进行表面改性处理并用于胶料中，就可发挥较好的补强作用，其效果可与沉淀白炭黑及通用炭黑相当，但价格只有它们的 1/3。如在热塑性橡胶中借助 TTS偶联剂就可以填充高达 50 重量份的碳酸钙，并使抗张强度提高 1/3，定伸强度、伸长和永久变型保持不变。此外，在一些特种胶中，如氟橡胶、聚硫胶以及硅橡胶中，钛酸酯偶联剂可改进其某些性能。

7.3.4 其他偶联剂

7.3.4.1 铝酸酯偶联剂

铝酸酯偶联剂是国内自行开发的品种，是1983年由中国福建师大章文贡教授等最新提出，也是近年来我国发展较快的偶联剂之一[24,25]。铝酸酯偶联剂在改善制品的物理机械性能方面，如提高冲击强度和热变型温度，可与钛酸酯偶联剂相媲美。另外，铝酸酯偶联剂的成本低，价格仅为钛酸酯偶联剂的一半，具有色浅、无毒、使用方便等特点，热稳定性比钛酸酯还好，它与钛酸酯偶联剂的最大差异在于对炭黑等颜料的分散性有极优的效果，因此在涂料方面的应用甚多。

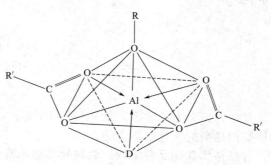

图 7-4 铝酸酯偶联剂分子的空间结构示意

铝酸酯偶联剂的化学通式为：$(RO)_x Al (OCOR')_m \cdot D_n$，其中，RO 为与无机填料表面活泼质子或官能团作用的基团；COR' 为与高聚物基料作用的基团；D_n 代表配位基团，如 N、O 等。铝酸酯偶联剂分子的空间结构示意如图 7-4 所示。铝酸酯偶联剂与无机粉体表面的作用机理如图 7-5 所示。

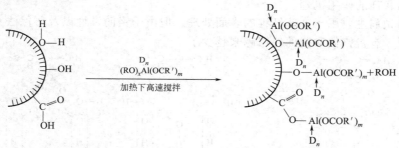

图 7-5 铝酸酯偶联剂与无机粉体表面的作用机理

铝酸酯偶联剂产品有膏状、液态、水溶性等性状，使用非常方便。铝酸酯偶联剂对填料的改性一般采用预处理法，可以加热熔融后直接添加到待改性的填料粉体中进行干法改性，也可以选用水溶性产品进行湿法改性。水不溶的铝酸酯偶联剂可以先乳化后再加到填料体系进行湿法改性。铝酸酯偶联剂的用量一般为无机填料质量的 0.1%～2%。

铝酸酯偶联剂早期主要用于涂料与油墨，以发挥其对炭黑分散性好的性能。随着树脂填充体系的发展，铝酸酯偶联剂被广泛用于处理碳酸钙等，其填充到聚氯乙烯、聚乙烯、聚丙烯、聚苯乙烯和聚氨酯等树脂体系中，不仅提升了制品的断裂伸长率及抗冲击性能，还可提高填充量，降低制品的成本，且具有良好的加工流动性。表 7-11 列出了铝酸酯偶联剂处理前后的碳酸钙填充高密度聚乙烯 HDPE 的物理力学性能数据。

表 7-11 $CaCO_3$/HDPE 与 A-$CaCO_3$/HDPE 的物理力学性能比较

体 系	断裂伸长率/%	维卡软化点/℃	收缩率/%		拉伸强度/MPa	冲击强度/(kJ/m²)
			横	纵		
$CaCO_3$/HDPE[①]	88	88.5	1.80	1.84	9.05	7.99
A-$CaCO_3$/HDPE[②]	105	88	1.85	1.85	9.08	9.07

① 铝酸酯偶联剂处理前。

② 铝酸酯偶联剂处理后。

7.3.4.2 有机铬络合物偶联剂

有机铬络合物偶联剂又称有机铬偶联剂，是 20 世纪 50 年代由美国杜邦公司开发。有机铬偶联剂是一种由不饱和有机羧酸与三价铬氯化物形成的配位型金属络合物，其结构通式如下：

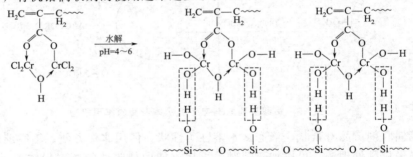

其中，X 为无机酸根，如 NO_2、Cl 等；R 为不饱和烷烃基。其最重要的产品是沃兰，即甲基丙烯酸的氯化铬络合物。

有机铬偶联剂品种单调，偶联效果多不及前面几种偶联剂，但在玻璃纤维增强塑料中的偶联效果较好，且成本较低。因此，沃兰一直被用作聚酯和环氧树脂增强用的玻璃纤维的标准处理剂。玻璃纤维经沃兰处理后还能赋予玻璃纤维优良的抗静电性和别的工艺性能，因此由铬产生的绿色普遍看做是"偶联了的"玻璃纤维对塑料增强的标准。

有机铬偶联剂一端含有活泼的不饱和基团，可与树脂中的活性基团反应；另一端依靠配价的铬原子与玻璃纤维表面的硅氧键结合，使得玻璃纤维与树脂达到良好的黏合。图 7-6 给出了有机铬偶联剂的作用机理。

有机铬偶联剂主要用于玻璃纤维的表面处理。但由于铬的毒性以及环保法对含铬化学物质的使用限制，有机铬偶联剂的使用越来越少了。

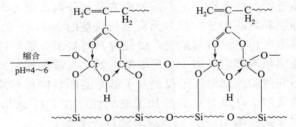

图 7-6 有机铬偶联剂对玻璃纤维的作用机理

7.3.4.3 双金属偶联剂

双金属偶联剂的特点是在两个无机骨架上引入有机官能团，其最典型的品种是铝-锆偶联剂。

铝-锆偶联剂是美国 Cavedon 化学公司于 20 世纪 80 年代开发出的一种新型偶联剂，是由水合氯化氧锆（$ZrOCl_2 \cdot 8H_2O$）、氯醇铝（Al_2OH_5Cl）、丙烯醇、羧酸等原料合成的含铝酸锆的低分子量的无机聚合物。其分子结构式如下所示：

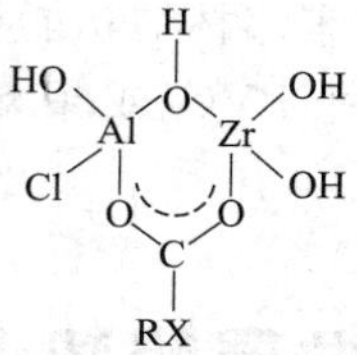

其中，—RX 为有机配位基团，并可按照需要将 X 设计成氨基、羧基、羟基、巯基、甲基丙烯酸等活性官能团。

铝-锆偶联剂分子结构上含有 2 个无机部分和 1 个有机功能配位体。因此，与硅烷等偶联剂相比，铝-锆偶联剂分子具有更多的无机反应点，可增强与无机填料表面的作用。铝-锆偶联剂与无机填料的反应主要是通过 Al-Zr 之间的配位来实现的，其通过氢氧化铝和氢氧化锆基团的缩合作用可与带羟基的表面形成不可逆的共价键联结，甚至能参与 Fe、Ni、Cu、Al 等金属表面羟基的形成并在金属表面形成氧锆桥联的复合物，作用过程如图 7-7 所示[26]。

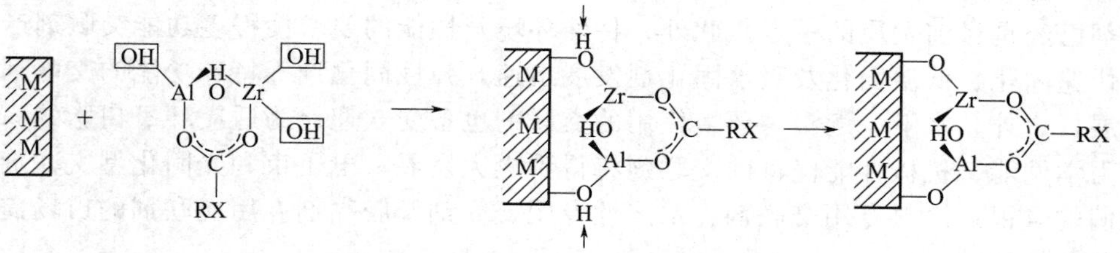

图 7-7　铝-锆偶联剂与金属表面的作用

铝-锆偶联剂可应用于填充聚烯烃、聚酯、环氧、尼龙、聚丙烯酸类树脂、聚氨酯、合成橡胶等的无机填料的表面处理，包括玻璃纤维、白炭黑、滑石粉、碳酸钙、陶土、炭黑、金属及金属氧化物等填料[27,28]。许多无机填料表面存在着羟基等亲水性基团，粒子间易发生相互作用而凝聚，致使黏度增加，影响其在塑料体系中的分散。加入铝-锆偶联剂后，可抑制填料粒子的相互作用，抑制体系的黏度增加，改善制品的加工性能，增大填料的分散性和填充量，还可提高制品的机械性能，是一类很有发展前途的偶联剂，目前已有数十吨的市场规模了。铝-锆偶联剂比钛酸酯系的价格要高，但因具有不变黄、着色性好等特点，还常常用于改性涂料、油墨、催化剂等方面。

基于铝-锆偶联剂的优异性能，山西省化工研究所又开发出了铝-钛偶联剂，其化学结构通式如下[26]：

$$a(R'O)_n Al(OOCR'')_{3-n} \cdot b(R'O)_m Ti(OOCR'')_{4-m}$$

式中，R' 为碳数在 4~11 之间的烷烃基；R'' 为碳数在 11~12 之间的烷烃基。

铝-钛偶联剂兼具钛酸酯类偶联剂和铝酸酯类偶联剂的应用特性，偶联效果优于单一金属中心的偶联剂品种，尤其适用于碳酸钙、滑石粉、硅石灰、氢氧化铝等填充的聚烯烃、聚氯乙烯树脂体系，使制品具有优异的加工性能和力学性能。

7.3.4.4　稀土偶联剂[29]

稀土元素具有特殊的价电子结构和独特的物理化学特性。稀土化合物在改进塑料加工、使用性能及赋予其新功能等方面具有独特而显著的功效。我国是稀土大国。近年来，国内有人将稀土元素引入到偶联剂中获得了稀土元素的金属有机化合物或含有稀土元素的多金属偶联剂，形成了一类新型的稀土偶联剂。

稀土偶联剂不仅具有双亲偶联作用，还因为稀土元素带来了很多奇特的功能。例如，用稀土偶联剂处理氢氧化镁填充聚丙烯体系，不仅改善了阻燃材料的物理机械性能和加工性能，还提高了复合材料的阻燃性能。广东炜林纳功能材料有限公司开发的一种稀土偶联剂兼具增韧、润滑、促进塑化的作用，使 PVC 或聚烯烃填充体系具有独特的增效改性作用[30,31]。

7.4　交联剂和偶联剂的发展趋势[32]

交联剂与偶联剂经过这几十年的发展，已有近千个品种，且市场需求仍在不断增大。我国整体技术与国外相比还存在比较大的差距，整体发展相对于国外而言还比较落后。虽然我国在环氧树脂、ABS 工程材料等方面已经成为全球产销第一大国，但是高性能产品使用的交联剂、偶联剂仍然依赖进口，品种少、产业链配套发展水平极低，供需矛盾日益突出，这些为我国今后技术的发展指明了方向。

随着节能、防止大气污染等的社会呼声日趋高涨，绿色环保型交联剂例如无溶剂型和水性交联剂已经是目前发展的重点。此外，特殊环境及性能的要求使得多功能交联剂产品越来越多，快速固化、低温固化及吸水固化剂发展迅速，弹性固化剂等特殊功能的交联剂也有明显的发展，户外、水下、潮湿等环境使用的交联剂也备受欢迎；为适应环氧树脂的高性能化要求，力学性能、机械性能优良的交联剂将得到更大发展；电子束和光固化型交联剂越来越受到人们的重视；涂料专用交联剂、水溶性专用交联剂及胶黏剂专用交联剂的市场需求量很大，产业前景广阔。

偶联剂中以硅烷系的需求量最大，钛酸酯、铝酸酯、双金属、稀土等偶联剂利用其各自特征形成了独自的市场。硅烷系最早是用作玻璃纤维增强塑料（GFRP）中玻璃纤维的表面处理剂，以使玻璃纤维能与树脂更好的熔融。这种用途尽管约占市场的 70%，但其市场构成比却呈相对减少之势，现在的构成比约为 30%。这是因为在玻璃纤维之后，树脂改性、胶黏剂（含密封剂）封装材料等有了较大进步，偶联剂的用途也向多元化发展。尤其是树脂改性方面，今后的市场潜力很大，成了该行业各公司共同追逐的目标，也是偶联剂今后发展的重点之一。

随着复合材料的不断发展，对偶联剂的性能也在不断提出更高要求，从而促使人们研制出大量不同功能、适合于不同需要的新产品，除了提供更优良的有机-无机界面黏合性能，还要求赋予复合材料更高的耐热性、耐磨性、耐药品性、耐冲击性、疏水性等性能。新的稀土元素的引入，不同无机金属元素的协同作用，大分子偶联剂的发展，尤其是高分子接枝共聚物和嵌段共聚物的引入，这些都将促进新型偶联剂的发展。

偶联剂的发展也直接制约着高分子填料材料以及其他复合材料的发展。现代高技术的发展，推动着功能性复合材料、新型高分子材料、特种涂料、生物化学材料、电子信息材料、吸附环保材料、催化材料、纳米材料等的需求。而这些材料的功能化不仅与其本体性能有关，还与其表面界面性质紧密相连。随着人们对复合材料需求的不断增长，必将进一步完善偶联剂的作用机理，那时偶联剂也不会仅限于硅、钛、铝、锆这几种中心原子，更多类型和功能的偶联剂将开发出来，推动复合材料的发展。

参　考　文　献

[1] 王安民. 高分子工业（台湾），1991，32：43-50.

[2] 张贤丰. 沈阳化工，1991，(3)：60-62.

[3] 陈永杰. 聚氨酯工业，1995，(1)：17-19.

［4］　杜慧翔，黄活阳，王文鹏，张雅洁. 化学与粘合，2013，35（2）：63-65.

［5］　张志坚，花蕾，李焕兴，崔丽荣. 玻璃纤维，2013，（3）：11-22.

［6］　何胜刚. 有机硅材料及应用，1991，（4）：16-19；1991，（5）：26-28.

［7］　林祖良，郭示欣. 有机硅材料及应用，1991，（3）：1-2.

［8］　杜仕国. 河北化工，1994，（4）：35-39.

［9］　郭秋木，樊胜男. 涂料与应用，1990，19（11）：24-21.

［10］　傅永林. 中国塑料，1991，5（3）：20-23.

［11］　刘高友，程英蓉. 粘接，1995，16（3）：6-8.

［12］　张志坚，花蕾，李焕兴，崔丽荣. 玻璃纤维，2013，（3）：11-22.

［13］　Ching W Y, et al. J. Appl. Polym. Sci.，1988，35：807-823.

［14］　林桂，钱燕超，吴友平，田明，刘力，张秀娟，张立群. 第二届全国橡胶制品技术研讨会论文集. 2003：80-88.

［15］　颜和祥，孙廉，张勇. 第二届全国橡胶制品技术研讨会论文集. 2003：114-118.

［16］　刘颖等. 成都科大学报，1995，（1）：56-58.

［17］　刘曙光，刘保安. 山东建材学院系报，1995，9（1）：90-97.

［18］　何劲松，黄从远. 水泥技术，1995，（6）：51-52.

［19］　Sommer L H, Whitmore F C. J. Am. Chem. Soc.，1946，68：486.

［20］　Speier J L, et al. J. Am. Chem. Soc.，1947，79：947.

［21］　黄汉生. 国外塑料，1992，10（4）：29-34.

［22］　卓存成，卓家明. 塑料工业，1995，（5）：30-32.

［23］　吉全良，王祖玉. 塑料工程，1989，（1）：43-47.

［24］　章文贡，陈田安等. 中国塑料，1989，3（4）：30-35.

［25］　赵贞，张文龙，陈宇. 塑料助剂，2007，（3）：4-10.

［26］　李桂颖，梁明，李青山. 科技进展，1999，13（3）：21-25.

［27］　陈均志，冯练享，赵艳娜. 化工新型材料，2005，33（12）：24-26.

［28］　陈育如. 塑料工业，2001，29（6）：44-46.

［29］　刘伯元，陈宇，郑德，王朝晖. 有色矿冶，2004：20（增刊）：113-116.

［30］　欧阳强国，陈宇，郑德等. 塑料，2004，33（2）：12.

［31］　于莲，郭敏怡，郑德等. 塑料工业，2005，33（8）：60-63.

［32］　中国橡胶工业协会橡胶助剂专业委员会编. 中国橡胶助剂工业科技发展报告. 2009.

8

乳化剂、分散剂

8.1 概述

乳化剂和分散剂都属于表面活性剂。表面活性剂由于在它的分子结构中含亲水和亲油两部分，因此少量加入，即可显著地改变气-液、液-液、液-固等界面性质，引起表面张力降低、渗透、润湿、乳化、增溶、分散、洗净、发泡等多项表面活性功能，使其在各行业得到广泛的应用。根据应用场合不同，一般又分别称为乳化剂、去污剂、润湿剂、分散剂、发泡剂和抑制剂等。

乳化剂是指那些能使互不相溶的两种液体（油和水）中的任何一种液体乳化成 $0.1\sim10\mu m$ 的液体微滴，均匀稳定地分散在另一种液体体系中的物质。而分散剂则是指那些能使固体微粒均匀稳定地分散在液体体系中的物质。实际上通常使用的乳化剂、分散剂，有时几乎是相同的表面活性剂。当一种表面活性剂本身同时具有多种功能，既可作乳化剂使用，又可作分散剂使用时，还可称作为乳化分散剂。

乳化剂、分散剂是随着表面活性剂的发展而发展的。它们是在第二次世界大战以后，随着石油化学工业的迅速发展而兴起的一类新型化学品，广泛用于纤维、纺织染整、纸浆、化妆品、食品、医药、染料、颜料、农药、金属加工、土木建筑、陶瓷、涂料、石油等方面。

乳化剂、分散剂若按原材料来源的时代特征则可分为四个阶段[1]：①以煤化学为主体的 1925～1940 年，此时大致确定了按亲水亲油两部分直接连结的不同离子类型的乳化剂、分散剂；②以石油化学为背景的 1945～1960 年，这一阶段对各种疏水亲水材料、连结试剂、配合的反应手法等进行多种研究，此时出现的新品种占当今乳化剂、分散剂种类的一半以上；③1960～1970 年，这一阶段是从环保和安全要求以及乳化剂的合理使用出发，开始重新探索疏水亲水各部分材料、连结试剂的用法，开展结构对物理及化学性能等影响效果的模型化研究，进入对乳化剂分子重新认识的时期，这种趋势一直延续至今；④1970 年至现在，这一阶段是对乳化剂、分散剂新功能的摸索时期[2]。

8.2 乳化剂

两种互不混溶的液体，其中一种以微粒（液滴或液晶）分散于另一种液体中形成的体系称为乳化液。形成乳化液时，由于两种液体的界面面积增大，所以这种体系在热力学上是不稳定的，为使乳化液稳定，需要加入第三组分——乳化剂[3]，以降低体系的界面能。乳化剂属于表面活性剂，其主要功能是起乳化作用。乳化液中以液滴存在的那一相称为分散相（或内相、不连续相）；连成一片的另一相叫作分散介质（或外相、连续相）。

乳化作用在染料加工、印染、油品、食品中广泛应用。例如，洗涤就是乳化和润湿、渗透、分散等多种作用的综合结果。在制备油剂、柔软剂、防火剂、防火阻燃剂和印花浆等时，乳化作用也是很重要的。

8.2.1 乳化剂的作用机理

为使各种物理乳化方法容易进行，使乳液稳定性提高，所使用的助剂就是乳化剂。乳化剂的主要作用是降低被乳化的两种液体的表面张力。因此，用表面活性剂作为乳化剂时，其疏水基一端吸附在不溶于水的液体（如油）的微粒表面，而亲水基一端则伸向水中。表面活性剂在液体微粒表面定向排列成一层亲水性吸附膜（界面膜），从而减少液滴之间的相互引力，降低两相间的表面张力，起到促进相互分散形成乳化的作用。表面活性剂的浓度大小对形成界面膜的强度有直接影响，浓度小，界面上吸附的表面活性剂分子数多，形成的界面膜致密，强度大。不同的表面活性剂（乳化剂），乳化效果不同，达到最佳乳化效果所需的量也不同。一般来说，形成界面膜的乳化剂分子，作用力越大，膜强度越高，乳化液越稳定；反之，作用力越小，膜强度越低，乳化液越不稳定。此外，当界面膜中有脂肪醇、脂肪酸和脂肪胺等极性有机物分子时，膜强度显著增高。这是因为在界面吸附层中乳化剂分子与醇、酸和胺等极性分子发生作用形成复合物，使界面膜强度增高的缘故。

由两种以上表面活性剂组成的乳化剂为混合乳化剂。由于分子间的强烈作用，界面张力显著降低，乳化剂在界面上的吸附量显著增多，形成的界面膜密度增大，强度增高。

8.2.2 乳化液的类型

常见的乳化液，一相是水或水溶液；另一相是与水不相溶的有机物，如油脂、蜡等。水和油形成的乳化液，根据其分散情形可以分为三种类型[4]。

(1) 油/水 (O/W) 型乳液 油分散在水中，油为分散相（内相）、水为连续相（外相）的水包油型乳化液，可用水稀释，如牛乳、豆浆等。

(2) 水/油 (W/O) 型乳液 水分散在油中，水为分散相（内相）、油为连续相（外相）的油包水型乳化液，可用油稀释，如人造奶油，原油等。

(3) 多元乳液 分水包油包水（W/O/W）型和油包水包油（O/W/O）型。

配制乳液成何种类型，可根据乳化液的性质及乳液的用途。如植物油易形成 O/W 型，而矿物油易形成 W/O 型。通常，要用水稀释的乳液必须是 O/W 型；而在厚敷涂层中的乳液，则以 W/O 型为宜。

乳化液的最大特征表现是分散在连续相中的不连续相的液滴粒子大小。例如，牛奶中脂肪微粒的半径大于 $1\mu m$ 时，牛奶呈乳状；半径在 $0.05\mu m$ 以下的胶体是全透明状；当半径在 $0.05\sim0.1\mu m$ 之间时，则为带灰色的半透明体；在 $0.1\sim1.0\mu m$ 时，则带蓝光。乳液的另一特征是黏度。黏度可用浓度的改变来调整。浓度非常高的乳液，其黏度也很高，甚至呈膏状；而浓度很低的乳液，黏度则与其液体的黏度相近似。

检查乳化液类型的方法有以下几种。

(1) 稀释法 将乳化液用与连续相（外相）相同的液体进行稀释，例如将一滴乳化液滴在水中，能在水中扩散者为油/水型乳化液；而将一滴乳化液滴在油中，能在油中扩散的为水/油型乳化液。

（2）导电性　水、油的电导率相差很大，O/W 型乳化液较 W/O 型乳化液电导率大数百倍。所以在乳化液中插入两电极，并在回路中串联氖灯，当乳化液为 O/W 型时灯亮，为 W/O 型时灯不亮。

（3）染色法　在试管中放置乳化液少许，加入油溶性染料或水溶性染料（如甲基橙）2～3小滴，可根据哪一类染料能使连续相均匀着色来判断乳化液的类型。

（4）滤纸润湿法　此法适用于重油和水的乳化液。将乳化液滴于滤纸上，若液体能快速展开在中心留下一小滴油，则乳化液为水包油型的；若乳化液液滴不展开，则为油包水型的。但此法对于在纸上能铺展的油剂，如苯、环己烷、甲苯等所形成的乳状液不适用。

（5）光折射法　利用水和油对光的折射率不同，也可鉴别乳化液的类型。令光从一侧射入乳化液，乳化液粒子起透镜作用，若乳化液为水包油型的，则粒子起集光作用，用显微镜观察仅看到粒子的左侧轮廓；若乳化液为油包水型的，则与上相反，只能看到粒子的右侧轮廓。

8.2.3　乳化剂的类别、合成及特性[5~7]

乳化剂种类繁多，可有不同的分类方法[8~10]，按其来源可分为天然产物和人工合成物；按分子量大小可分为低分子（C_{10}～C_{20}）乳化剂和高分子乳化剂（C 数成千上万）；按它们在水溶液中可否电离分为离子型乳化剂和非离子型乳化剂两大类，这是最常用的分类方法。离子型乳化剂根据其亲水基团在水溶液中解离时产生的电荷性质又可分为阴离子型、阳离子型和两性离子型乳化剂三类。

8.2.3.1　阴离子型乳化剂

水解时生成阴离子基团的乳化剂，它在碱性介质中有效。一般阴离子型乳化剂的亲水性较强，主要适于 O/W 型乳液。如将阴离子型表面活性剂的钠盐或钾盐转变为铵盐，除增加其水溶性之外，还能增加油溶性，更有利于乳化。有的甚至还可用于制备 W/O 型乳液。阴离子型表面活性剂如与部分溶于油的表面活性剂合用，则可用于 W/O 型乳化。阴离子型乳化剂主要有：高级脂肪酸盐、磺酸盐、硫酸酯盐、磷酸酯盐、脂肪酰-肽缩合物等。

（1）高级脂肪酸盐　这类乳化剂的代表产品就是肥皂，即高级脂肪酸的钠盐或钾盐，化学结构式为：

$$RCOOM（M＝Na、K）\quad R＝C_8～C_{12} 的烃基$$

它是由天然动、植物油脂与碱的水溶液加热起皂化反应而制得。例如，用硬脂酸、月桂酸和油酸制成的三种肥皂分别为硬脂酸皂、月桂酸皂和油酸皂。

硬脂酸钠是具有脂肪气味的白色粉末，易溶于热水和热乙醇中，常用作化妆品的乳化剂。

肥皂有优良的净洗和乳化性能，作为乳化剂对于 O/W 型乳化非常有效。除高级脂肪酸的钠盐和钾盐外，其铵盐（特别是乙醇胺的盐）也可得到优良的乳化效果，能与油和水很容易地成为稳定的乳液。如用三乙醇胺与油酸制成的皂为淡黄色浆状物，溶于水，易氧化变质，常用作乳化剂。但是肥皂的各种钠盐、钾盐或铵盐都不耐硬水，同时遇无机酸时脂肪酸就游离析出，使肥皂的乳化作用减弱，直至完全消失。因此，目前肥皂已很少用作乳化剂。

（2）磺酸盐　磺酸盐的化学通式为 RSO_3Na，R 为 C_8～C_{20} 的基团。主要有烷基磺酸盐、烷基苯磺酸盐、烷基萘磺酸盐、琥珀酸酯磺酸盐、石油磺酸盐等。

① **烷基磺酸盐**　这类乳化剂的典型品种是烷基磺酸钠，化学结构式为：R—SO_3Na（R

为 $C_{14} \sim C_{18}$ 的烷基）。一般以平均碳数为 16 的 $C_{16}H_{33}-SO_3Na$ 为代表。早期，烷基磺酸盐的工业规模生产是在特殊反应器中于紫外线照射下，烷烃氯磺化反应，再皂化而制得，如图 8-1 所示。

$$RCH_3 + SO_2 + Cl_2 \longrightarrow RCH_2-SO_3Cl + HCl$$
$$RCH_2-SO_3Cl + 2NaOH \longrightarrow RCH_2SO_3Na + NaCl + H_2O$$

图 8-1 烷烃氯磺化皂化制备烷基磺酸盐

现在主要采用氧磺化方法，由正烷烃在紫外线照射下与 SO_2 和 O_2 反应，然后用 NaOH 中和。但在形成烷基磺酸钠的同时，SO_2 和 O_2 与 H_2O 也反应生成硫酸，如图 8-2 所示。

$$RH + 2SO_2 + O_2 + H_2O \longrightarrow RSO_3H + H_2SO_4$$
$$RSO_3H + NaOH \longrightarrow RSO_3Na + H_2O$$

图 8-2 烷烃氧磺化皂化制备烷基磺酸盐

烷基磺酸钠的耐酸性和耐硬水性能比肥皂强得多，并且耐碱、耐热和耐冻。作为乳化剂，具有良好的乳化和分散能力，乳化能力高于肥皂，适用于 O/W 型乳化。

② 烷基苯磺酸盐　这类乳化剂的典型产品是十二烷基苯磺酸钠。制造烷基苯磺酸盐的原料主要由石油工业取得。以硫酸或发烟硫酸对烷基苯进行磺化反应，很容易制得烷基苯磺酸盐，R 是 $C_{10} \sim C_{14}$、平均为 C_{12} 的烷基，如图 8-3 所示。

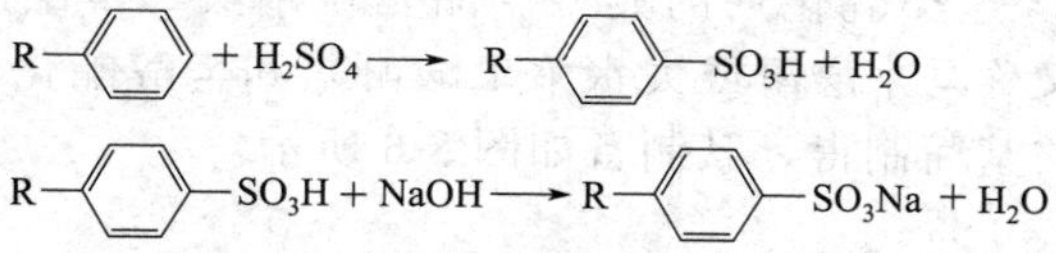

图 8-3 烷基苯磺酸盐的制备

实际上，制得的乳化剂是各种异构体的混合物，总称为烷基苯磺酸盐。其中最常用的是十二烷基苯磺酸钠。在工业上它是以丙烯为原料，聚合成十二烯，再与苯反应，制得十二烷基苯的混合物，如图 8-4 所示。然后再经磺化，以碱中和，即制得十二烷基苯磺酸钠。

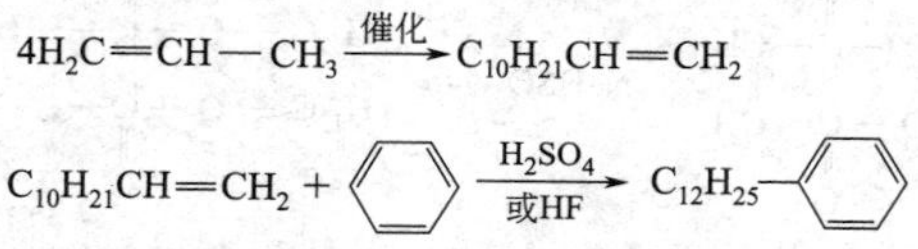

$$4H_2C{=}CH-CH_3 \xrightarrow{\text{催化}} C_{10}H_{21}CH{=}CH_2$$

$$C_{10}H_{21}CH{=}CH_2 + \text{⬡} \xrightarrow[\text{或HF}]{H_2SO_4} C_{12}H_{25}\text{⬡}$$

图 8-4 十二烷基苯的制备

十二烷基苯磺酸钠为白色粉末，易溶于水，有良好的洗涤能力，也是较好的乳化剂，其耐酸、耐碱性和耐硬水性都很好，适于 O/W 型乳化。

如用甲苯代替十二烷基苯磺酸钠分子中的苯，制成十二烷基甲苯磺酸钠，可使净洗力降低，润湿性增强，耐乳化性能大大加强，作为乳化剂，国外商品名称为 Emulphor STT（I. G）。如用二甲苯制成十二烷基二甲苯磺酸钠，其乳化性能将进一步增强，国外商品名称为 Emulphor STX（I. G）。

③ 烷基萘磺酸钠　这类乳化剂有二异丙基萘磺酸钠和二异丁基萘磺酸钠，商品名称分别为 Nekal A 和 Nekal BX。后者，国内称为拉开粉，它们的化学结构式为：

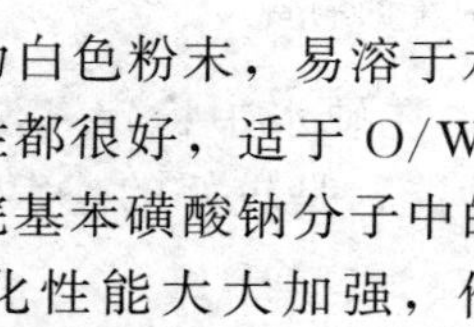

Nekal A 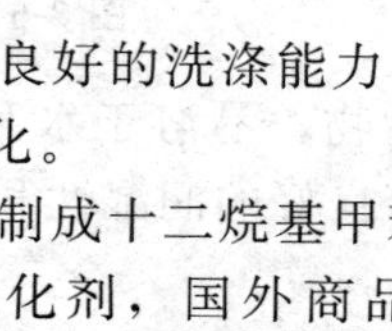　　　　　Nekal BX(拉开粉)

其工业生产方法都是先将萘用浓硫酸磺化，生成的 2-萘磺酸再在浓硫酸中分别与异丙醇和丁醇进行烷基化，用烧碱中和后，就可分别得到二异丙基萘磺酸钠和二异丁基萘磺酸钠。如 Nekal A 的制备如图 8-5 所示。

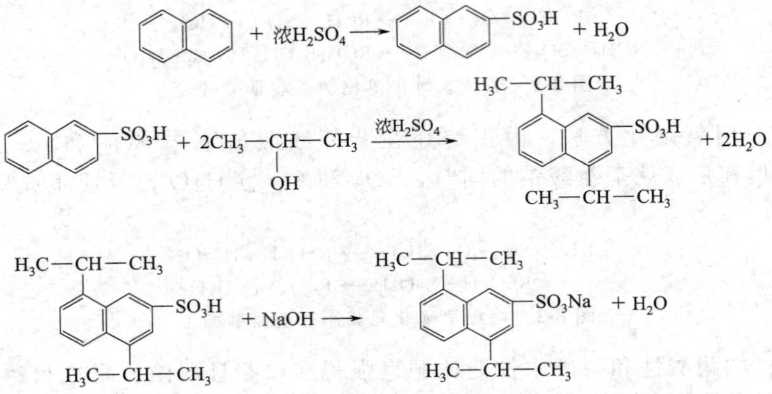

图 8-5　Nekal A 的制备

它们的润湿作用和乳化作用都很强，并且能耐强酸和强碱，广泛用于油脂或有机溶剂配制 O/W 型乳液。但所制得的乳液稳定性不够好。

④ 琥珀酸酯磺酸盐　这类乳化剂的典型产品是琥珀酸二辛酯磺酸钠，又名渗透剂 T。它是由顺丁烯二酸酐（又称马来酸酐或失水苹果酸酐）和辛醇酯化，再用亚硫酸氢钠处理，在不饱和双键处引入磺酸基而制得，其制备如图 8-6 所示。

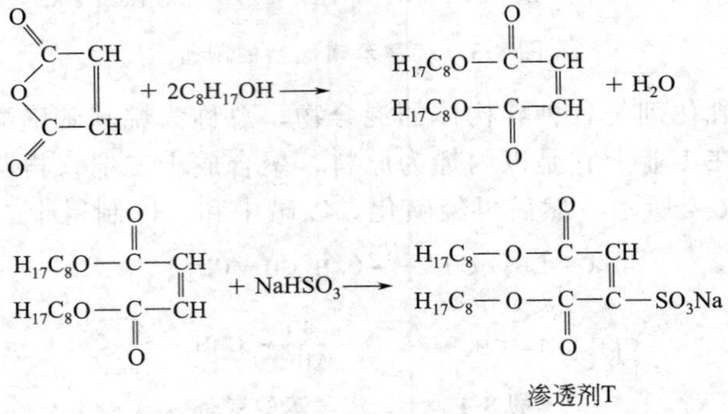

渗透剂 T

图 8-6　渗透剂 T 的制备

本品为白色蜡状塑性物，易溶于水和乙醇，在硬水中稳定，洗涤和发泡性能好，无毒性，对皮肤刺激性小，有良好的润湿性和渗透性能，是较好的 O/W 型乳化剂，多用于生产香波、泡沫浴和牙膏等。

⑤ 石油磺酸盐　是各种磺酸盐的混合物，主要成分为复杂的烷基苯磺酸盐和烷基萘磺酸盐，其次则为脂肪烃的磺酸盐和环烃的磺酸盐及其氧化物等。石油磺酸盐大都为油溶性的，常用于切削油和农药中作乳化剂；在矿物浮选中用作泡沫剂；在燃料油中用作分散剂；高分子量的用作金属防锈油中的防蚀剂；大量的石油磺酸钠用于石油采收。

(3) 硫酸酯盐　其化学通式为 $ROSO_3M$ ［M 为 Na、K N $(CH_2CH_2OH)_3$，烃基中碳数为 8～18］。主要品种有脂肪醇硫酸酯盐、蓖麻油硫酸酯盐、硫酸化蓖麻酸丁酯盐。

① 脂肪醇硫酸酯盐　它是以脂肪醇、脂肪醇醚或脂肪酸单甘油酯经硫酸化反应后再用碱中和而制得。反应方程式如图 8-7 所示。

$$ROH + SO_3(或\ H_2SO_4, H_2SO_4 \cdot nSO_3) \longrightarrow ROSO_3H$$
$$ROSO_3H + NaOH \longrightarrow ROSO_3Na + H_2O$$

图 8-7 脂肪醇硫酸酯盐的制备

$R=C_{12}\sim C_{18}$ 烃基。脂肪醇硫酸酯钠不仅是优良的净洗剂，也是较好的 O/W 型乳化剂，具有很强的耐硬水性。典型品种有十二烷基硫酸钠，亦称月桂醇硫酸钠，分子式为 $C_{12}H_{25}SO_4Na$，其为白色粉末，有特殊气味，易溶于水，可用作发泡剂、洗涤剂和乳化剂。

月桂酸单甘油酯硫酸钠的化学结构式为：

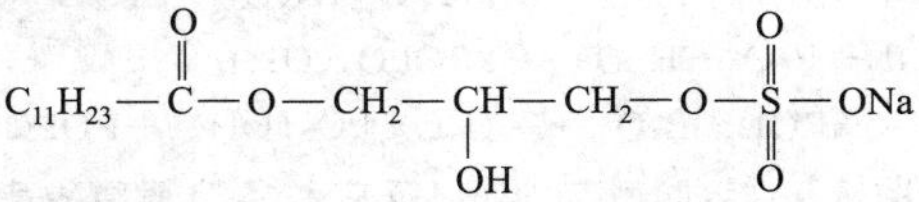

$$C_{11}H_{23}-\overset{\overset{\displaystyle O}{\|}}{C}-O-CH_2-\underset{\underset{\displaystyle OH}{|}}{CH}-CH_2-O-\overset{\overset{\displaystyle O}{\|}}{\underset{\underset{\displaystyle O}{\|}}{S}}-ONa$$

它是以月桂酸和甘油在碱性催化下加热，生成单甘油酯，然后以硫酸处理，再经碱中和而制得的一种硫酸酯盐类乳化剂。它易溶于水，对硬水稳定，具有良好的乳化、发泡、洗涤能力。此外，鲸蜡醇硫酸酯钠（$C_{16}H_{33}OSO_3Na$）也是一种有用的乳化剂。

② 蓖麻油硫酸酯盐 这类乳化剂的代表产品是土耳其红油，又称太古油。主体组成是由蓖麻油用硫酸水解和磺化，生成的蓖麻酸硫酸酯再用烧碱中和而制得。化学结构式为：

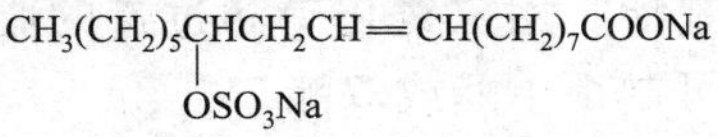

$$\underset{\underset{\displaystyle OSO_3Na}{|}}{CH_3(CH_2)_5CHCH_2CH}=CH(CH_2)_7COONa$$

土耳其红油在水中的溶解度很大，表面活性效果也很显著，耐硬水性和耐酸性比肥皂好，但对酸的抵抗力并不很强；润湿性和渗透性也都胜过肥皂，特别是对于 O/W 型乳液的乳化性能非常好。由于分子中含有羧酸钠基（—COONa），在水的硬度过高时，仍能生成钙皂或镁皂。

③ 硫酸化蓖麻酸丁酯盐 是将蓖麻酸和丁醇进行酯化，生成蓖麻酸丁酯，再用硫酸进行酯化，烧碱中和而得。化学反应如图 8-8 所示。

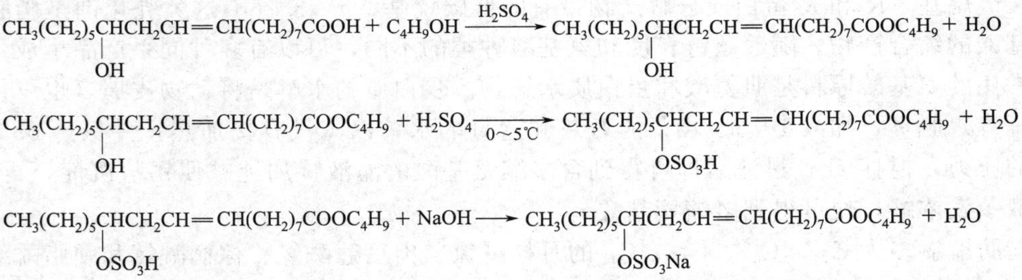

$$\underset{\underset{\displaystyle OH}{|}}{CH_3(CH_2)_5CHCH_2CH}=CH(CH_2)_7COOH + C_4H_9OH \xrightarrow{H_2SO_4} \underset{\underset{\displaystyle OH}{|}}{CH_3(CH_2)_5CHCH_2CH}=CH(CH_2)_7COOC_4H_9 + H_2O$$

$$\underset{\underset{\displaystyle OH}{|}}{CH_3(CH_2)_5CHCH_2CH}=CH(CH_2)_7COOC_4H_9 + H_2SO_4 \xrightarrow{0\sim5℃} \underset{\underset{\displaystyle OSO_3H}{|}}{CH_3(CH_2)_5CHCH_2CH}=CH(CH_2)_7COOC_4H_9 + H_2O$$

$$\underset{\underset{\displaystyle OSO_3H}{|}}{CH_3(CH_2)_5CHCH_2CH}=CH(CH_2)_7COOC_4H_9 + NaOH \longrightarrow \underset{\underset{\displaystyle OSO_3Na}{|}}{CH_3(CH_2)_5CHCH_2CH}=CH(CH_2)_7COOC_4H_9 + H_2O$$

硫酸化蓖麻酸丁酯钠盐

图 8-8 硫酸化蓖麻酸丁酯盐的制备

硫酸化蓖麻酸丁酯钠盐，国外商品名称为 Avirol AH（Hickson），国内称为磺化油 AH。由于分子中的羧基（—COOH）被酯化，耐硬水和耐酸性增强，是优良的 O/W 型乳化剂。用于合成纤维油剂，不仅有乳化作用、抗静电作用，还对纤维有平滑、抱合等作用，缺点为不耐强碱。

将硫酸化蓖麻酸丁酯钠盐和部分溶解于油的表面活性剂合用，则可配制 W/O 型乳液。国外商品 Iyogen P（Sandoz）即属于此类产物。如将硫酸化蓖麻酸丁酯制成铵盐，也可以作为 W/O 型乳化剂，其他性能均与硫酸化蓖麻酸丁酯相同。例如，其三乙醇胺的盐：

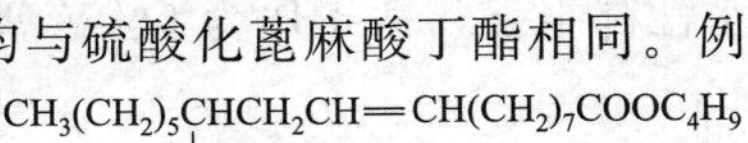

$$\underset{\underset{\displaystyle OSO_3H \cdot N(CH_2CH_2OH)_3}{|}}{CH_3(CH_2)_5CHCH_2CH}=CH(CH_2)_7COOC_4H_9$$

(4) 磷酸酯盐 主要是高级磷酸酯盐，也称为烷基磷酸酯盐，其化学结构可分为以下两种主要类型：

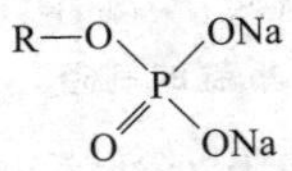

$$R-O-\overset{\displaystyle O}{\underset{\displaystyle O}{\overset{\parallel}{P}}}\overset{ONa}{\underset{ONa}{}} \qquad RO-\overset{\displaystyle O}{\underset{RO}{\overset{\parallel}{P}}}\overset{O}{\underset{}{}}ONa$$

高级醇磷酸酯二钠盐 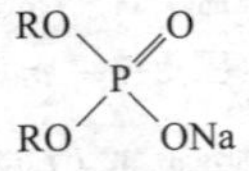　　高级醇磷酸双酯钠盐

单酯易溶于水，双酯较难溶于水，呈乳化状态。实际使用的产品都为两者的混合物。工业上采用脂肪醇与 P_2O_5 反应制备烷基磷酸酯，其反应如图 8-9 所示。

$$4ROH + P_2O_5 \longrightarrow 2(RO)_2PO(OH) + H_2O$$
$$2ROH + P_2O_5 + H_2O \longrightarrow 2ROPO(OH)_2$$
$$3ROH + P_2O_5 \longrightarrow (RO)_2PO(OH) + ROPO(OH)_2$$

图 8-9　脂肪醇与 P_2O_5 反应制备烷基磷酸酯

反应产物是单酯和双酯的混合物。单酯和双酯的比例与原料中的水分含量以及反应中生成的水量有关，水量增加，产物中的单酯含量增多；脂肪醇碳数较高，单酯生成量也较多。醇和 P_2O_5 的摩尔比对产物组成有影响，二者的摩尔比从 2∶1 改变到 4∶1，产物中双酯的含量可从 35% 增加到 65%。用这种方法制得的产品成本较低。焦磷酸和脂肪醇用苯作溶剂，在 20℃ 进行反应，可制得单烷基酯。用三氯化磷和过量的脂肪醇反应，可制得纯的双烷基酯。脂肪醇和 $POCl_3$ 反应，也可制得单酯或双酯。

这类磷酸酯盐表面活性剂对酸碱有良好的稳定性，易为生物降解，洗涤能力好，特别是对硬表面净洗性更好，可用作金属净洗和电镀。具有乳化、分散等性能，广泛用于纺织、化工、金属加工和轻工业等部门。

(5) 脂肪酰-肽缩合物[11]　又叫 N-酰基氨基羧酸盐，化学通式为：

$$R-CONH(CONHR'')_n COONa$$
$$\underset{\displaystyle R'}{\big|}$$

R 为长链烷基，R' 和 R'' 蛋白质分解产物带有的低碳烷基，$n = 3 \sim 6$。这类乳化剂是脂肪酰氯与氨基酸的缩合产物。随着碳链长度和氨基酸种类的不同，可以有多种同系产品生成。

常用的氨基酸原料是肌氨酸和蛋白质水解物。蛋白质的水解是将动物皮屑（也可使用脱脂蚕蛹等）脱臭，加入 10%～40% 的石灰和适量的水，以蒸汽直接加热，并保持 0.35MPa 左右的压力，搅拌 2h，过滤后即可得到含多缩氨基酸的滤液。加纯碱使钙盐沉淀，再过滤，将滤液蒸发浓缩，便可得到多缩氨基酸。

脂肪酰氯多为 C_{12}、C_{14}、C_{16}、C_{18} 的月桂酰氯、肉豆蔻酰氯、棕榈酰氯和硬脂酰氯以及带有一个双键的油酰氯。以油酰氯的制备为例，将油酸经干燥脱水后放入搪瓷釜，加热至 50℃，搅拌下加入约油酸量 20%～25% 的 PCl_3，在 55℃ 下保温搅拌 0.5h 放置分层，得相对密度为 0.93 的褐色透明油状产物。

油酰氯与蛋白质的水解产物缩合是先将多缩氨基酸溶液放入搪瓷釜中，于 60℃ 搅拌下加入油酰氯，保持碱性反应条件，最后加入少量保险粉，升温至 80℃，并将 pH 值调至 8～9。为了分离水层，先将产物用稀酸沉淀，分水后再加氢氧化钠溶解，即得到产品。

脂肪酰-酞缩合物分子中含有羧酸钠（—COONa），故亲水性较强，同时又含有 3～6 个氨基酸（—NHCHCOONa），具有近似蛋白质的性质。其乳化能力很强，乳液的稳定性也很好，耐热性、耐碱性和耐硬水性都很强，适于作为 O/W 型乳化剂。

8.2.3.2　阳离子型乳化剂

水解形成阳离子基团的乳化剂，在酸性介质中使用有效。阳离子型乳化剂大多适于制备 W/O 型乳液。阳离子型乳化剂主要有烷基胺盐、烷基季铵盐和烷基吡啶盐三类。

（1）烷基胺盐　采用硬脂酸、油酸等廉价脂肪酸与低级胺反应可得到烷基胺盐阳离子型乳化剂。其主要品种有三乙醇胺硬脂酸酯，商品名称 Soromine A，国内称为乳化剂 FM，化学结构式为：

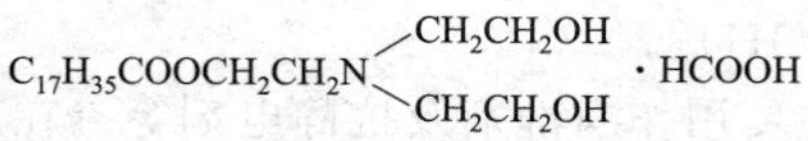

$$C_{17}H_{35}COOCH_2CH_2N \begin{matrix} CH_2CH_2OH \\ CH_2CH_2OH \end{matrix} \cdot HCOOH$$

它是由三乙醇胺与硬脂酸进行酯化而得到。乳化剂 FM 能溶于油类，在水中分散为乳状液，是 W/O 型乳化剂。

（2）烷基季铵盐　由叔胺和烷化剂反应而得到。从形式上看是铵离子的 4 个氢原子被有机基团所取代，成为 $R^1R^2N + R^3R^4$ 的形式。其主要品种有烷基三甲基季铵盐。它是由高级脂肪胺与氯甲烷在加压下于 NaOH 存在下反应制备的。化学反应如图 8-10 所示。

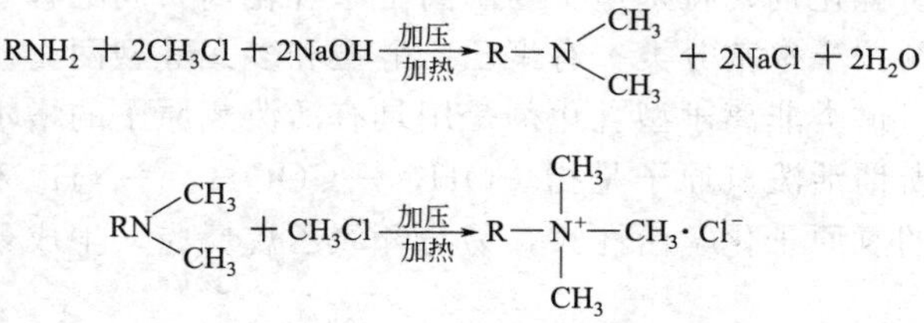

$$RNH_2 + 2CH_3Cl + 2NaOH \xrightarrow[\text{加热}]{\text{加压}} R-N\begin{matrix} CH_3 \\ | \\ CH_3 \end{matrix} + 2NaCl + 2H_2O$$

$$RN\begin{matrix} CH_3 \\ \\ CH_3 \end{matrix} + CH_3Cl \xrightarrow[\text{加热}]{\text{加压}} R-\overset{CH_3}{\underset{CH_3}{N^+}}-CH_3 \cdot Cl^-$$

烷基三甲基氯化铵

图 8-10　烷基季铵盐的制备

重要代表品种有十六碳脂肪胺的季铵盐，此乳化剂的乳化性能很好，是优良的 W/O 型乳化剂，其化学结构式为：

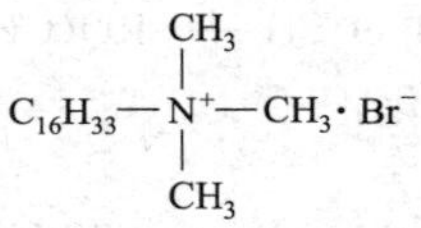

$$C_{16}H_{33}-\overset{CH_3}{\underset{CH_3}{N^+}}-CH_3 \cdot Br^-$$

国内称为 1631 表面活性剂。其水溶性很好，对于矿物油、植物油、动物油、合成油等均有很好的乳化性能，并对合成纤维有较好的柔软和抗静电作用，但有使染料变色和耐晒牢度降低的缺点。

（3）烷基吡啶盐　是由吡啶与烷基卤反应，生成与季铵盐相似的烷基吡啶盐，如图8-11所示。

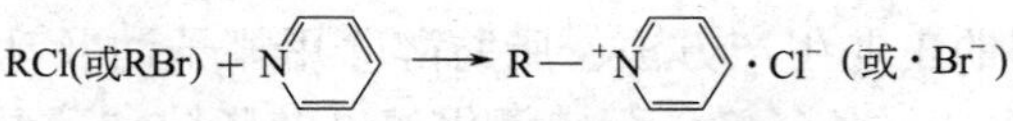

$$RCl(\text{或}RBr) + N\bigcirc \longrightarrow R-^+N\bigcirc \cdot Cl^- (\text{或} \cdot Br^-)$$

图 8-11　烷基吡啶盐的制备

主要品种有氯化十六烷基吡啶、溴化十六烷基吡啶、氯化十七酰甲氨基吡啶和氯化十二烷基吡啶等。

此外，还有烷基磷酸酯取代胺可作乳化剂使用，其结构式如下：

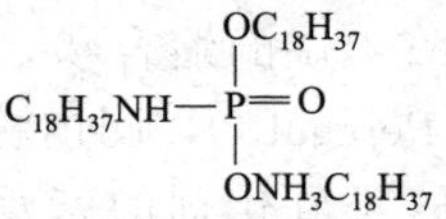

$$C_{18}H_{37}NH-\overset{OC_{18}H_{37}}{\underset{ONH_3C_{18}H_{37}}{P}}=O$$

阳离子型乳化剂的水溶液通常显酸性，而阴离子型乳化剂的水溶液一般呈中性或碱性，两者是不相容的，所以两者一般不能混合使用。

8.2.3.3　两性离子型乳化剂

严格地讲，两性离子型乳化剂是指一个分子中包含有阴离子活性基和阳离子活性基，阴离子活性基与非离子活性基，阳离子活性基与非离子活性基的乳化剂。但目前通常指的是第一类，即分子中同时含有碱性基团和酸性基团。它是在不同的 pH 值条件下可分别解离出阳离子或阴离子的乳化剂，且在任何 pH 值范围内均可作用。主要类型有：羧酸酯型 $RNHCH_2CH_2COOH$、磺酸酯型 $RNHC_2H_4NHC_6H_4SO_3H$、硫酸酯型 $RCONHC_2H_4NHC_2H_4SO_4H$ 和磷酸酯型 $RCONHC_2H_4NHC_2H_4PO_2(OH)_2$。

两性离子型表面活性剂主要用作净洗剂及抗静电剂等，在此不作详细介绍。

8.2.3.4 非离子型乳化剂

在水溶液中它不会解离成离子，其亲水基团一般为聚氧乙烯（间或有聚氧丙烯），它们的乳化效果与溶液的 pH 值无关。非离子型乳化剂耐酸、耐碱性良好，受盐和电解质的影响小，尤其是由环氧乙烷缩合制得的乳化剂，可以随意制成 O/W 型或 W/O 型乳化剂。这类乳化剂可以和其他类型乳化剂、特别适于与阴离子型乳化剂共同配合使用，因此用途极为广泛。非离子表面活性剂按亲水基分类，有聚乙二醇型和多元醇型两类。

(1) 聚乙二醇型 这类非离子型乳化剂是用具有活泼氢原子的增水性原料与环氧乙烷进行加成反应制得的。所谓活泼氢原子是指—OH、—COOH、—NH_2 和—$CONH_2$ 等基团的氢原子。这些基因中的氢原子化学活性大，易与环氧乙烷反应，生成聚乙二醇非离子表面活性剂。

① 脂肪醇聚氧乙烯醚，简称 AEO，是非离子表面活性剂中的主要品种之一。产品的通式为：$RO{\left(CH_2CH_2O\right)}_nH$。

制备脂肪醇聚氧乙烯醚有下面三种方法。

溴代烷与聚乙二醇单钠盐醚化：

$$RBr + NaO(CH_2CH_2O)_nH \longrightarrow RO(CH_2CH_2O)_nH + NaBr$$

烷基对甲苯磺酸盐与聚乙二醇醚化：

$$R{-}SO_3{-}\!\!\left\langle\!\!\!\bigcirc\!\!\!\right\rangle\!\!{-}CH_3 + HO(CH_2CH_2O)_nH \longrightarrow HRO(CH_2CH_2O)_nH + H_3C{-}\!\!\left\langle\!\!\!\bigcirc\!\!\!\right\rangle\!\!{-}SO_3H$$

脂肪醇与环氧乙烷进行醚化：

$$ROH + n\,CH_2{-}CH_2 \xrightarrow[\text{催化剂}]{\text{NaOH}} RO(CH_2CH_2O)_nH$$

第 3 种方法是最常用的工业生产方法。脂肪醇除用椰子油及动物脂氢化外，几乎有 2/3 的醇来自羰基合成醇、Ziegler 聚合醇、石蜡氧化醇以及脂肪酸还原醇等。

这类乳化剂的代表性产品如下：

$CH_3(CH_2)_7CH{=}CH(CH_2)_7CH_2O(CH_2CH_2O)_{15}H$	Leonil O
$C_{16}H_{33}(CH_2CH_2O)_{25}H$	Emulphor O
$C_{18}H_{37}O(CH_2CH_2O)_{15\sim20}H$	Peregal O

Leonil O 是用油醇和 15 分子环氧乙烷的缩合物，Emulphor O 是用抹香鲸油制得的鲸蜡醇和 25 分子环氧乙烷的缩合物；Peregal O，国内称为平平加，是十八醇或十八烯醇和 15～20 分子环氧乙烷缩合制得的。这类乳化剂的亲水性较强，适用于对中性油脂和脂肪酸配制 O/W 型乳液。如平平加能使矿物油和水配制成较稳定的 O/W 型乳化浆，适用于作涂料印花的浆料。蓖麻油由于其脂肪酸链上具有羟基，同样可与环氧乙烷反应生成油醚，商品名为乳化剂 EL，有 $n=80$、54、20 等多种，用作皮革、农药、矿物油的乳化剂。

我国生产的脂肪醇聚氧乙烯醚的主要品种见表 8-1。

表 8-1　我国生产的脂肪醇聚氧乙烯醚的主要品种

商　品　名	性　　质	用　　途
乳化剂 MOA-3 乳化剂 MOA-4	$n=3$ $n=4$	液体洗涤剂，合成油剂
乳化剂 FO	醇/EO=1/0.8	乳化剂
乳百灵 A	HLB=13	矿油乳化剂
匀染剂 O（平平加）	$n=22$	匀染剂
平平加 O 5-15	HLB=14.5	匀染剂，金属清洗剂
平平加 A-20	HLB=16	乳化剂
匀染剂 102	$n=25\sim30$	石油乳化剂，匀染剂

② 烷基酚聚氧乙烯醚，通式为：

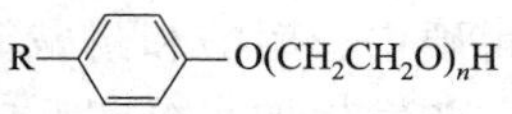

$$R\text{—}\underset{}{\bigcirc}\text{—O(CH}_2\text{CH}_2\text{O)}_n\text{H}$$

烷基的碳数为 8～12。环氧乙烷缩合分子数在 4～10 之间时，都具有良好的乳化作用，是很重要的 O/W 型乳化剂。国内称这类产品为乳化剂 OP。其制备方法与脂肪醇聚氧乙烯醚类似，由苯酚、甲苯酚、萘酚等烷基酚与环氧乙烷进行加成反应，如图 8-12 所示。

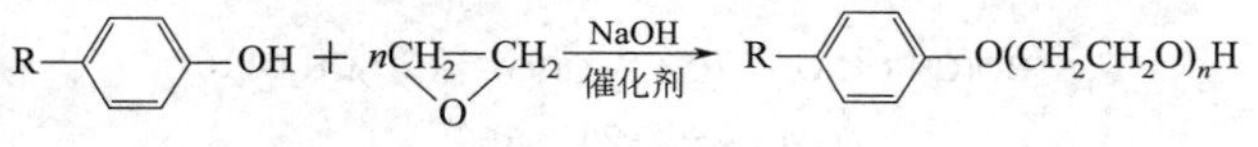

$$R\text{—}\bigcirc\text{—OH} + n\text{CH}_2\text{—CH}_2 \xrightarrow[\text{催化剂}]{\text{NaOH}} R\text{—}\bigcirc\text{—O(CH}_2\text{CH}_2\text{O)H}$$

图 8-12　烷基酚聚氧乙烯醚的制备

典型产品有：

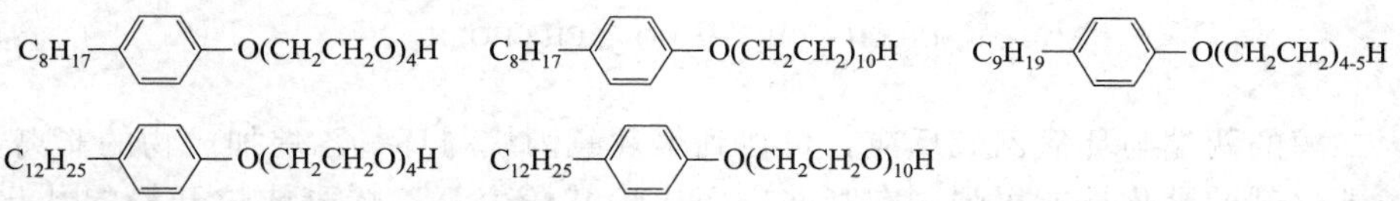

$$C_8H_{17}\text{—}\bigcirc\text{—O(CH}_2\text{CH}_2\text{O)}_4\text{H} \quad C_8H_{17}\text{—}\bigcirc\text{—O(CH}_2\text{CH}_2)_{10}\text{H} \quad C_9H_{19}\text{—}\bigcirc\text{—O(CH}_2\text{CH}_2)_{4\cdot5}\text{H}$$

$$C_{12}H_{25}\text{—}\bigcirc\text{—O(CH}_2\text{CH}_2\text{O)}_4\text{H} \quad C_{12}H_{25}\text{—}\bigcirc\text{—O(CH}_2\text{CH}_2\text{O)}_{10}\text{H}$$

烷基酚聚氧乙烯醚的化学稳定性高，耐硬水、耐酸和耐碱等性能均良好，即使在高温下也不易被强酸、强碱破坏。乳化力强，因此还可用于金属酸洗液及强碱性洗涤剂中。

③ 脂肪酸聚氧乙烯酯，通式为 $R\text{—COO(CH}_2\text{CH}_2\text{O)}_n\text{H}$，是优良的 W/O 型乳化剂。其制备方法是由脂肪酸与环氧乙烷进行加成反应，或由脂肪酸与聚乙二醇进行酯化反应制得，如图 8-13 所示。

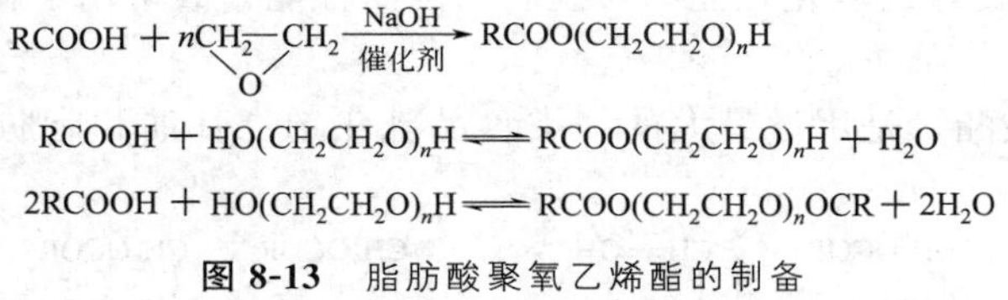

$$\text{RCOOH} + n\text{CH}_2\text{—CH}_2 \xrightarrow[\text{催化剂}]{\text{NaOH}} \text{RCOO(CH}_2\text{CH}_2\text{O)}_n\text{H}$$

$$\text{RCOOH} + \text{HO(CH}_2\text{CH}_2\text{O)}_n\text{H} \Longleftrightarrow \text{RCOO(CH}_2\text{CH}_2\text{O)}_n\text{H} + \text{H}_2\text{O}$$

$$2\text{RCOOH} + \text{HO(CH}_2\text{CH}_2\text{O)}_n\text{H} \Longleftrightarrow \text{RCOO(CH}_2\text{CH}_2\text{O)}_n\text{OCR} + 2\text{H}_2\text{O}$$

图 8-13　脂肪酸聚氧乙烯酯的制备

这种反应除生成单酯外，还生成水，为一可逆反应，由于聚乙二醇有两个羟基，都能和酸发生反应，因而也能生成双酯，两者的比例与反应物料的比例有关。如采用等摩尔反应，则单酯含量较高；如果脂肪酸的摩尔用量较高，则反应物中双酯含量较多。为制得大量单酯，通常在反应中加入大量聚乙二醇。

环氧乙烷的缩合分子数对产品的性能影响很大。一般来说，1 分子脂肪酸与环氧乙烷缩合的分子数为 12～15 之间时，产品适于作净洗剂；高于 15 或低于 12 者则适于作乳化剂。例如，1 分子油酸和 6～9 分子环氧乙烷缩合的产物 $C_{17}H_3COO(CH_2CH_2O)_{6\sim9}H$，国内称为乳化剂 A，是优良的油溶性乳化剂，特别适于中性油配制 W/O 型乳液。当环氧乙烷缩合分子数为 22 时，则成为水溶性的 O/W 型乳化剂。

脂肪酸的种类不同，所得产物的性能也有变化。例如，1 分子硬脂酸和 6 分子环氧乙烷缩合的产物溶解度较小，仅适于作柔软剂；由月桂酸（十二烷基酸）制得的产物溶解度则较大；若用油酸为原料，其产物是乳化剂。

以橄榄油与聚乙二醇在碱催化下进行酯交换反应，可得到聚乙二醇油酸酯和油酸单甘油酯的混合物。反应过程如图 8-14 所示。

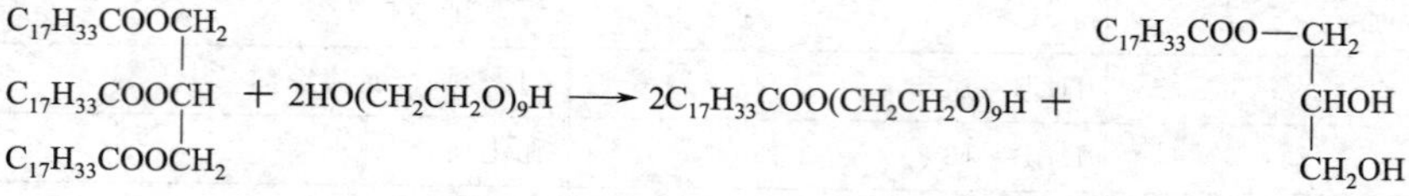

$$
\begin{array}{l}
C_{17}H_{33}COOCH_2 \\
C_{17}H_{33}COOCH \quad + 2HO(CH_2CH_2O)_9H \longrightarrow 2C_{17}H_{33}COO(CH_2CH_2O)_9H + \\
C_{17}H_{33}COOCH_2
\end{array}
\qquad
\begin{array}{l}
C_{17}H_{33}COO-CH_2 \\
CHOH \\
CH_2OH
\end{array}
$$

图 8-14 聚乙二醇油酸酯和油酸单甘油酯的混合物的制备

这种混合物是具有特殊性能的油溶性乳化剂，具有广泛用途。

脂肪酸聚氧乙烯酯类乳化剂的耐硬水、耐酸和耐碱等性能都非常优良，起泡力也大，但分子中含有羧酸基，在苛刻的条件下能发生加水分解反应。

④ 聚环氧丙烷与环氧乙烷加成物，又叫聚醚。它是聚氧丙烯和聚氧乙烯的嵌段共聚物，化学结构式为：

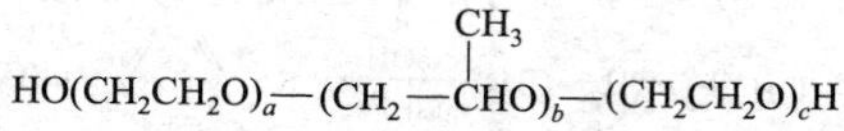

$$
\begin{array}{c}
CH_3 \\
HO(CH_2CH_2O)_a-(CH_2-CHO)_b-(CH_2CH_2O)_cH
\end{array}
$$
$$
a+b+c=20\sim80
$$

环氧丙烷聚合得到聚环氧丙烷，也称聚丙二醇。

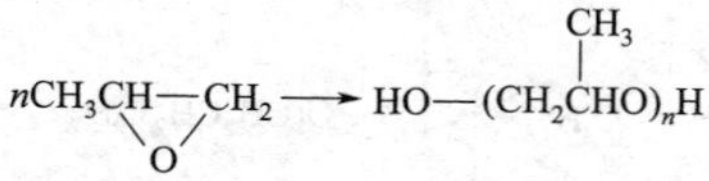

$$
nCH_3CH-CH_2 \longrightarrow HO-(CH_2CHO)_nH
$$
$$
\begin{array}{c} CH_3 \end{array}
$$

聚丙二醇的两端与环氧乙烷反应，可得到聚环氧丙烷与环氧乙烷加成物的非离子型乳化剂。这类乳化剂的乳化性能很强，在某些方面比烷基酚聚氧乙烯醚或拉开粉的乳化更迅速；其另一特性是起泡性很低，是无泡沫的乳化剂，适于制备 O/W 型乳液。

（2）多元醇型[12]　是指含有多个羟基的多元醇与脂肪酸进行酯化而生成的酯类；此外还包括由带有—NH$_2$ 或—NH—基的氨基醇，以及带有—CHO 基的糖类与脂肪酸或酯进行反应制得的非离子型乳化剂。由于它们在性质上很相似，故统称为多元醇型非离子型乳化剂。这类乳化剂具有良好的乳化性能和对皮肤的滋润性能，故常用于化妆品、食品和纤维油剂的生产中。

① 甘油的脂肪酸酯，是用量最大的一类食品乳化剂。甘油和脂肪酸反应，可以生成单酯、双酯和三酯。

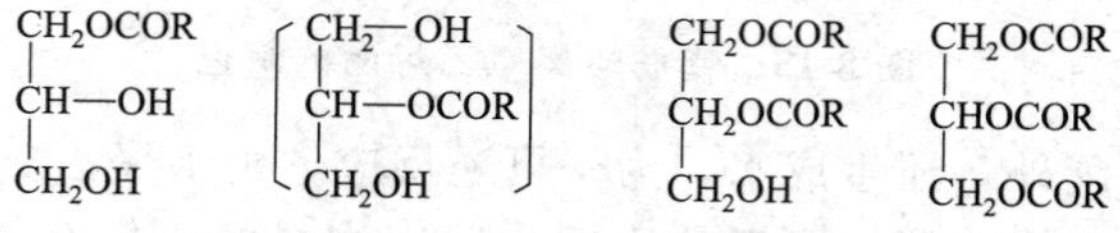

$$
\begin{array}{l}
CH_2OCOR \\
CH-OH \\
CH_2OH
\end{array}
\left[
\begin{array}{l}
CH_2-OH \\
CH-OCOR \\
CH_2OH
\end{array}
\right]
\qquad
\begin{array}{l}
CH_2OCOR \\
CH_2OCOR \\
CH_2OH
\end{array}
\qquad
\begin{array}{l}
CH_2OCOR \\
CHOCOR \\
CH_2OCOR
\end{array}
$$
单酯　　　　　　　　　双酯　　　　三酯

在催化剂参与下，甘油与脂肪酸直接生成甘油酯的反应相当复杂，甘油有三个羟基，两个是伯醇（1,3-），一个是仲醇（2-）。三个羟基的反应速率不同，伯醇快。反应达到平衡时，反应产物中有单酯（1-，2-）两种、二酯两种（1,3-及 1,2-）和三酯，以及未反应的脂肪酸和甘油。作为乳化剂用的大多数是单酯，三酯不具有乳化能力，双酯在某些严格的乳化作用中也有副作用。脂肪酸和甘油以 1∶1.5（mol）于 100℃反应 6h，所得产物组成如表 8-2 所示。

表 8-2 甘油的脂肪酸酯组成

脂肪酸	酯化了的酸/%（质量分数）	甘油单酯/%（质量分数）	甘油酯组成/%		
			单酯	双酯	三酯
硬脂酸	82.2	60.0	64.9	33.8	1.3
油酸	33.6	57.2	65.6	33.2	1.1
月桂酸	81.4	67.7	70.8	29.0	0.2

在相同条件下，三种脂肪酸酯化的深浅有差异。油酸低于硬脂酸和月桂酸。由于甘油单酯在脂肪酸中的溶解度比在甘油中大，因此一旦有甘油单酯生成，即有利于生成甘油二酯。所以用直接酯化法合成只能得到混合物。可用分子蒸馏设备进行蒸馏提纯，得到含量在90％以上的高纯单酯。

采用脂肪酸酰卤与有意识地封闭了一个或两个羟基的甘油作用，可得到纯甘油单酯。如用1,2-亚异丙基甘油与脂肪酸酰氯反应，或1,2-亚甲苯基甘油与脂肪酸酰氯反应，再进行水解后，即可得到甘油单酯，如图8-15所示。

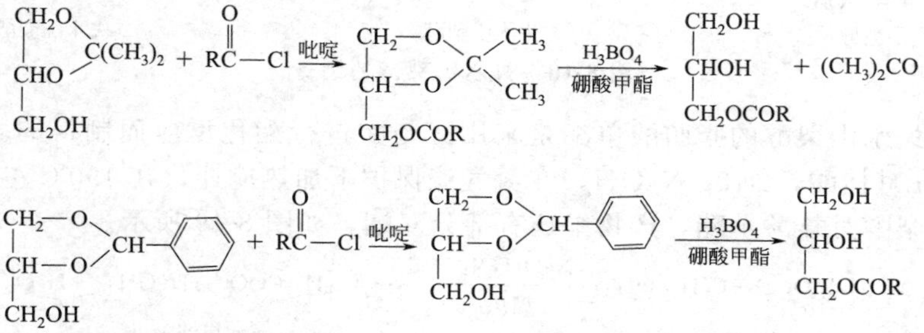

图 8-15 甘油单酯的制备

脂肪酸甘油酯的性质依脂肪酸的种类而异。一般为白色至淡黄色粉末，片状或蜡状半流体的黏稠液体，无臭、无味，或具有特异的气味，可溶于乙醇，与热水混合，经强烈搅拌可以乳化。

② 戊四醇的脂肪酸酯，其制备方法及乳化性能与甘油的脂肪酸酯类似。如在1mol季戊四醇中，加入1mol棕榈酸之类的脂肪酸，加氢氧化钠0.5％～1％，在不断搅拌下于200℃左右反应3～4h，即可完成酯化反应，如图8-16所示。

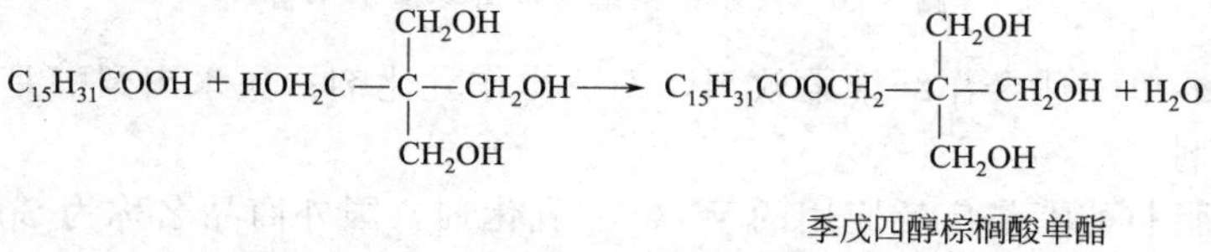

季戊四醇棕榈酸单酯

图 8-16 季戊四醇棕榈酸单酯的制备

用此方法制得的产品都是混合物，其中都含有双酯和三酯。

工业上常采用油脂与季戊四醇进行酯交换来制备这类物质，条件只是温度略高一些（200～230℃），其他不变，反应如图8-17所示。

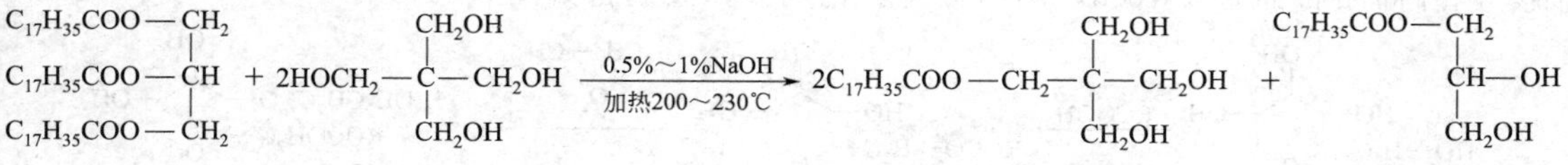

季戊四醇硬脂酸单酯   硬脂酸单甘油酯

图 8-17 油脂与季戊四醇进行酯交换制备季戊四醇单酯

这种方法得到的产物除季戊四醇硬脂酸单酯主要成分外，还得到硬脂酸单甘油酯副产物。季戊四醇的脂肪酸酯在常温下为乳白色蜡状固体，在水浴上加热融化后，加水即乳化，能溶解于乙醇。既可作乳化剂，又可作为人造纤维和合成纤维的柔软剂，以及用作油剂复合材料。

③ 山梨醇及失水山梨醇的脂肪酸酯，山梨醇可由葡萄糖加氢制得，是具有 6 个羟基的多元醇，由于分子中没有醛基，所以对热和氧稳定。与脂肪酸反应不会分解或着色。山梨醇在酸性条件下加热或者在与脂肪酸酯化时，能从分子内脱掉 1 分子水，变成失水山梨醇（4个羟基），如再脱去 1 分子水，便生成二脱水物（2 个羟基），如图 8-18 所示。由于山梨醇羟基失水位置不定，所以一般所说的失水山梨醇是各种失水山梨醇异构体的混合物。

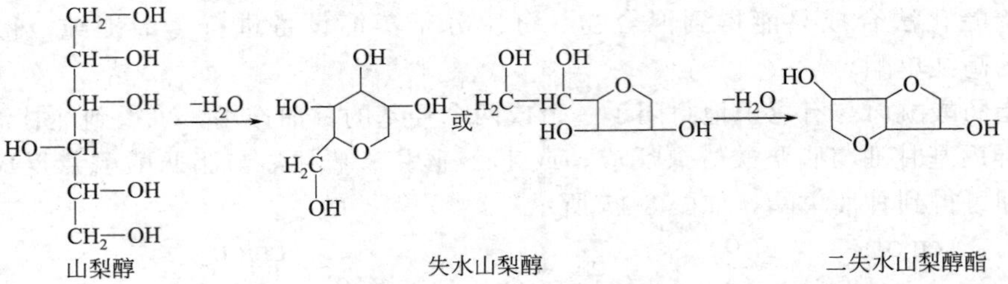

图 8-18　失水山梨醇的制备

山梨醇和失水山梨醇的脂肪酸单酯是采用醇与酸进行酯化反应而制得的。例如取 1mol 山梨醇和 1mol 月桂酸，加 2g NaOH，在氮气流保护下加热搅拌，在 190℃左右进行脱水反应，可制得山梨醇月桂酸单酯，产物中还有部分双酯，如图 8-19 所示。

$$C_{11}H_{23}COOH + C_6H_8(OH)_6 \xrightarrow[\text{加热 190℃}]{NaOH, N_2\text{ 气流下}} C_{11}H_{23}COOC_6H_8(OH)_5 + H_2O$$

山梨醇月桂酸单酯

图 8-19　山梨醇月桂酸单酯的制备

当反应温度上升到 230～250℃时，在酯化的同时，山梨醇发生脱水形成失水山梨醇，于是可制得失水山梨醇月桂酸单酯，如图 8-20 所示。产物中还有部分二失水山梨醇月桂酸单酯，也有部分双酯。

$$C_{11}H_{23}COOH + C_6H_8(OH)_6 \xrightarrow[230\sim250℃]{NaOH, N_2} C_{11}H_{23}COOC_6H_8O(OH)_3 + 2H_2O$$

失水山梨醇月桂酸单酯

图 8-20　失水山梨醇月桂酸单酯的制备

山梨醇月桂酸单酯适合作纤维柔软剂，不适合作乳化剂；失水山梨醇月桂酸单酯适合作乳化剂和纤维油剂。

失水山梨醇脂肪酸酯是广泛应用的 W/O 型乳化剂，国外商品名称为 Span，国内称为乳化剂 S。这类乳化剂可以根据不同的脂肪酸，制备出很多产品。失水山梨醇的脂肪酸酯不溶于水，很少单独使用，但与其他水溶性表面活性剂复配，具有良好的乳化力。它在食品工业中的用量约占工业应用的 10%。

将失水山梨醇的脂肪酸酯进一步和环氧乙烷缩合，生成失水山梨醇脂肪酸酯聚氧乙烯醚，国外商品名称为 Tween，国内称为乳化剂 T，其制备如图 8-21 所示。

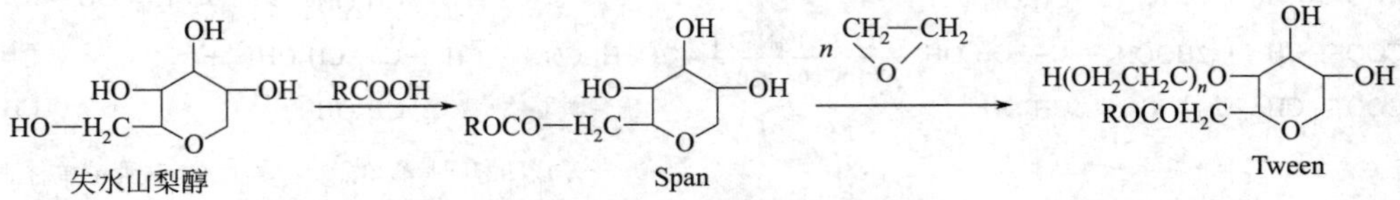

图 8-21　失水山梨醇脂肪酸酯聚氧乙烯醚（Tween）的制备

Tween 型乳化剂根据所用脂肪酸的种类和所接环氧乙烷的数目不同而有不同的品种，其水溶性都大于相应的 Span 型乳化剂，故大都适于 O/W 型乳化。目前在医药、化妆品和硅油中用作乳化剂。一般认为它不宜用于食品中。

④ 蔗糖脂肪酸酯，是糖基脂肪酸酯（简称糖酯）的一种。糖基脂肪酸酯的糖源有：葡萄糖、蔗糖、棉籽糖、木糖等；脂肪酸可为：月桂酸、棕榈酸、硬脂酸、油酸、蓖麻酸等。糖酯中具有 8 个以上羟基的产品（如蔗糖酯），其水溶性良好，乳化分散性强，生物降解完全，去污性能优良，对人体无毒、无刺激性，可作食品及医药用乳化剂。

蔗糖脂肪酸酯的结构式如下：

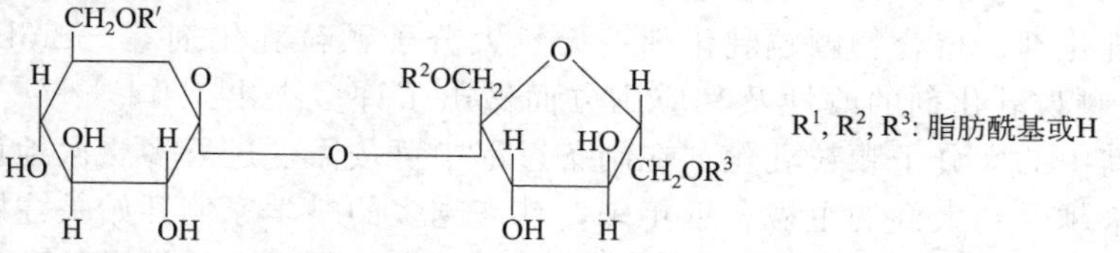

R^1, R^2, R^3：脂肪酰基或 H

蔗糖酯的工业生产方法是采用酯交换法，如图 8-22 所示。

$$C_{12}H_{22}O_{11} + RCOOCH_3 \longrightarrow RCOOC_{12}H_{21}O_{10} + CH_3OH$$

蔗糖　　　脂肪酸酯　　　蔗糖脂肪酸单酯　甲醇

图 8-22　酯交换法制备蔗糖脂肪酸酯

1mol 脂肪酸甲酯与 3mol 蔗糖溶于二甲基甲酰胺（DMF）中，在搅拌和 90～100℃ 条件下进行酯交换，即可获得蔗糖脂肪酸酯。这一方法比较简单，但溶剂二甲基甲酰胺不易回收，成本较高，且有毒性。

用丙二醇代替 DMF 为溶剂，同时加入油酸钠肥皂作为表面活性剂，在碱性条件下使脂肪酸与蔗糖在微滴分散情况下进行反应，K_2CO_3 作催化剂，加热至 130～135℃，除去溶剂后得粗糖酯[13]。纯化后糖酯含量在 96% 以上。

蔗糖酯广泛用于食品乳化剂、分散剂、低泡无刺激洗涤剂、化妆品和感光材料等。

⑤ 醇胺的脂肪酰胺，又叫烷基醇酰胺或脂肪醇酰胺。它是由含氨基和羟基的化合物与脂肪酸反应而制得。

含氨基和羟基的原料为二乙醇胺，有时也用单乙醇胺、三乙醇胺以及异丙醇胺等；脂肪酸大都是椰子油酸、油酸或合成脂肪酸，也可用它们的甲酯或乙酯。油酯（如椰子油）也可直接与乙醇胺缩合。工业上常用椰子油酸和椰子油。

由 1mol 椰子油酸与 2mol 二乙醇胺在气流存在下，经搅拌加热、脱水缩合，制得水溶性烷基二乙醇酰胺，含量为 60%，如图 8-23 所示。

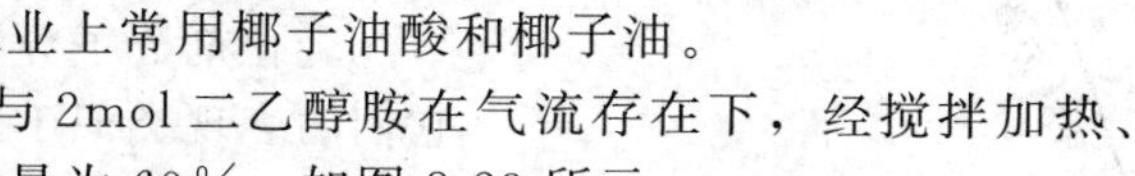

图 8-23　烷基二乙醇酰胺的制备

工业上生产的烷基醇酰胺，大都采用脂肪酸甲酯与乙醇胺反应，如图 8-24 所示。

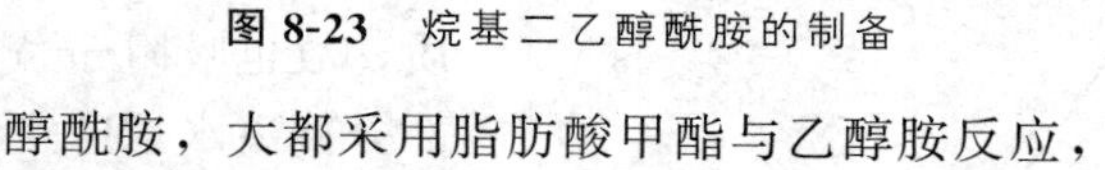

图 8-24　脂肪酸甲酯与乙醇胺反应制备烷基醇酰胺

为防止生成酯及其他副产物，以在低温下反应为宜（116℃），甲酯与二乙醇胺的比例为（1∶1）～（1∶3），催化剂采用甲醇钠或氢氧化钾。这样制得的产物中烷基二乙醇酰胺的含量可高达 99%。

这类乳化剂的代表性产品有月桂酰二乙醇胺、椰子油脂肪酰二乙醇胺、油酰二乙醇胺和环烷酰二乙醇胺，它们都具有良好的乳化性能，适于 W/O 型乳液的制备。

8.2.3.5 大分子颗粒乳化剂[14]

近年来，纳米科技的蓬勃发展将颗粒乳化剂的研究热点从传统乳化领域拓展到纳米材料的制备领域。颗粒乳化剂体系也从最初的无机颗粒拓展到有机/无机复合颗粒乳化剂、聚合物颗粒乳化剂、天然大分子颗粒乳化剂等体系，并引起了科学家们的广泛关注。

纳米科技时代的到来，让有着百年历史的颗粒乳化剂焕发了新春，研究的热点从传统乳化领域拓展到功能乳化剂/乳液以及纳米材料的制备等。颗粒乳化剂的体系也从最初的无机颗粒（如纳米 SiO_2 粒子[15,16]、蒙脱土粒子[17]、金属氢氧化物颗粒[18,19]等）拓展到有机/无机复合颗粒乳化剂、聚合物颗粒乳化剂、天然大分子颗粒乳化剂等。Binks、孙德军和杨振忠等在 SiO_2 颗粒乳化剂的改性及其应用方面做出了许多杰出工作[20~27]。而有机颗粒乳化剂，尤其是其中的大分子颗粒乳化剂在制备过程中可按需求进行多层次地设计，实现功能化，因而也越来越受到人们的重视。近年来，越来越多的科学家们开始关注颗粒乳化剂及其在纳米科技领域的拓展研究，发表了许多有意义的结果，但对大分子颗粒乳化剂体系的研究和报道还相对较少，我们近期一直在关注这一领域的研究进展，有许多有趣的结果，希望能与大家分享。

8.2.4 乳化液的性质及影响因素[28]

由于乳化剂的分子结构中包含有两种性质不同的基团，故使得在同一分子中存在着两种相反的化学亲和性，因而具有独特的溶液性质。

8.2.4.1 溶解特性

乳化剂在水中的溶解性取决于乳化剂的亲水基-水、亲油基-水、水-水之间凝聚力的相对强度、绝对强度、分子分散溶解时熵的增加等综合效果。一般来说，离子型乳化剂的溶解度为 0.05%～0.1%（质量），非离子型乳化剂为 0.005%～0.2% 左右。

乳化剂分子分散在水中，当浓度低时它们的表现类似于无机电解质，呈分子状溶解（单分散）。此时溶液中乳化剂分子间距离甚大，分子的热运动阻止了它们相互聚集。同时由于它们具有亲水亲油性质，故也吸附于气/液界面上。此时疏水部分偏离水指向空气，亲水部分则相反指向水相。乳化剂这种在界面上定向排列的结果使水表面被亲油物质取代以及降低了水溶液的表面张力。但是随着浓度的增大，一旦乳化剂单分子层全部覆盖表面时，它必然要进入溶液中，这就要受到水分子的排斥。水分子强烈的内聚力力图把乳化剂的疏水部分从溶液中排挤出去，将

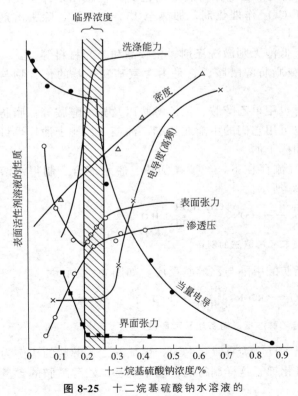

图 8-25 十二烷基硫酸钠水溶液的
物理性质变化（25～38℃）

亲水部分保留下来。当乳化剂浓度足够大时，这种作用力的折中结果必然导致过饱和的乳化剂分子克服热运动，形成将疏水部分朝内、亲水部分向外的分子聚集体，即胶束。开始形成胶束时的乳化剂浓度称为临界胶束浓度（CMC）。一旦乳化剂的浓度达到CMC时，整个溶液的性质，如表面张力、密度等物理量将发生急剧变化，如图8-25所示。因此，通过测量这些物理因素的变化来确定乳化剂的CMC值是一种简便易行的方法。

形成的胶束与单分散的乳化剂分子间不是静止不变而是处于动态平衡的过程。研究发现，它们在溶液中至少以10^{-4}s左右的速率相互交换。

胶束的形状因活性剂浓度变化而异。在比CMC低时可形成单分散乳化剂分子或它的二聚体、三聚体，在较CMC高时多半为球形，浓度更高时则成圆柱状或棒状，见图8-26。

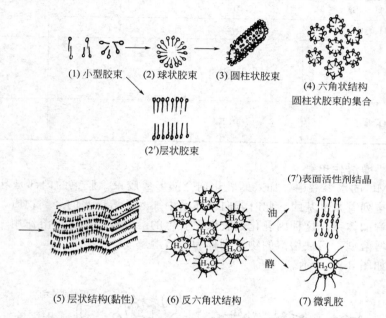

图8-26　随离子型表面活性剂浓度增加胶束形状的变化

构成胶束的分子单体数目称为聚集数。一般来说，离子型乳化剂胶束的聚集数小，约为10～100；非离子型乳化剂胶束的分子聚集数大些，例如聚氧乙烯十二烷基（$n=6$）醚的胶束数在25～50℃时约为2000～5000。聚集数小的胶束多为球状，而随着链长的增加和反离子浓度的提高，聚集数增大的结果将使其在球形胶束内紧密填充的情况变差，引起向椭圆状、棒状、层状乃至圆柱状聚集体转移。

胶束的大小在0.05～0.01μm之间，小于可见光的波长，所以胶束溶液是清澈透明的，胶束的大小与胶束的形状有密切关系。胶束的大小通常以聚集数来表示，可采用光散射法、X射线衍射法、扩散法、渗透法、超速离心法等进行测定。比如用光散射法测胶束的分子量（胶束量），然后除以乳化剂的分子量，即得到胶束聚集数。表8-3列出了各种常用的乳化剂水溶液的CMC、胶束质量和聚集数。

乳化剂的胶束质量、形状、聚集数与乳液集合速率、聚合稳定性密切相关。影响胶束聚集数的一般规律如下：

① 在同系列中聚集数随烷基链长的增大而增大；

② 对离子型乳化剂而言，离子浓度增大时聚集数增加，反离子的离子半径越大，则聚集数也越大；

③ 对非离子型乳化剂而言，聚集数随亲水基增大而减小。

表 8-3　某些乳化剂水溶液的 CMC、胶束质量和聚集数[29]

乳 化 剂	CMC(M)	胶束质量(×10⁻⁴)	聚集数($\bar{n}$)
$CH_3(CH_2)_{11}SO_4Na$	0.0081	1.8	62
$CH_3(CH_2)_{11}N(CH_3)_3Br$	0.0144	1.5	50
$CH_3(CH_2)_{11}COOK$	0.0125	1.19	50
$CH_3(CH_2)_{11}SO_3Na$	0.010	1.47	54
$CH_3(CH_2)_{11}NH_3Cl$	0.014	1.23	56
$CH_3(CH_2)_{11}N(C_6H_5)_3Br$	0.016	1.77	54
$CH_3(CH_2)_{11}N(CH_3)_2O$	0.00021	1.73	71
$C_{12}H_{25}$—⟨苯环⟩—SO_3Na	0.00146	1.99	57
$H_{25}C_{12}$—⟨苯环⟩—SO_3Na	0.0012	0.82	24

8.2.4.2　增溶作用[30]

在超过 CMC 的水溶液中，加入的乳化剂全部形成胶束。胶束的内部是乳化剂的亲油性部分，外侧则排列着亲水基团。此时若向该体系中加入不溶于水的烃类物质，则有可能形成透明而稳定溶解的体系。这种因乳化剂胶束而发生的溶解现象称为增溶作用，具有这种性质的乳化剂称为增溶剂，而被增溶的物质则称为增溶溶解质。

增溶机理如图 8-27 所示。

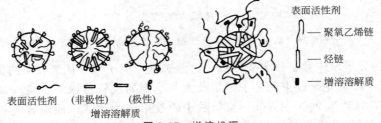

图 8-27　增溶机理

通过 X 射线及其他方面的研究，发现增溶可分为下述 3 类：①非极性增溶，即增溶溶解质溶于胶束的烃核中，形成所谓夹心型增溶。此时胶束的球形直径或层形厚度以及相当于胶束层间距或柱状胶束的中心距离都将增大。②极性-非极性增溶，此时增溶溶解质分子分割插入胶束的乳化剂分子中，极性基位于乳化剂分子的亲水基间，非极性基则插入它的疏水基间，形成混合胶束，又称栅型增溶。③吸附增溶，此时增溶溶解质分子吸附于乳化剂胶束的极性表面上。

一般来说，在胶束的哪一部分被增溶取决于增溶溶解质的分子结构，分子结构复杂并具有极性基、分子量大的油溶性染料分子一般属于③类吸附增溶；非极性小分子多为①类非极性增溶；分子量小但含有极性基团的则可考虑为②类极性-非极性增溶。

非离子型乳化剂也存在增溶作用。由于非离子型乳化剂是以容积大的聚氧乙烯基式多元醇类为亲水基，故胶束的亲水层很厚。由它所包裹着的疏水部分可看做它的浓缩相。故非离子型乳化剂多半在胶束的亲水部分发生增溶。

乳化剂增溶作用的大小可用增溶临界值或增溶能力来表示。增溶临界值指任意浓度的乳化剂溶液中可溶解的增溶溶解质的量；增溶能力指每摩尔乳化剂的增溶溶解质的摩尔数。影响乳化剂增溶作用的因素有乳化剂的化学结构、增溶溶解质的化学结构、电解质及温度。

(1) 乳化剂化学结构的影响　乳化剂亲水基团相同时，增溶能力随疏水部分烃链增大而加大。具有侧链的乳化剂，其侧链长度越接近主链，或亲水基团越靠近疏水基中部，则增溶量越大，而且有超过总碳数相同的直链产物的倾向[31,32]。非离子型乳化剂由于较离子型乳化剂易于形成胶束，故增溶能力也大。离子-非离子型乳化剂的混合体系也将比各自的单体体系的增溶量来得大。有文献报道，难形成混合胶束的体系比易形成混合胶束的体系增溶量大。他们认为，这是增溶溶解质的存在促使混合胶束形成所致[33]。

(2) 增溶溶解质的化学结构的影响　一般来说，在同系列化合物中随分子量或碳原子数的增大，其增溶能力下降，而支化度的影响不大；但是具有不饱和键或芳环的物质，则有利于增溶。

(3) 电解质的作用　电解质的加入降低了乳化剂的 CMC，增大了胶束的尺寸，结果引起乳化剂亲水基团间静电斥力的降低，胶束易于形成。因而电解质的加入会引起烃类及其他非极性物质的增溶作用，但由于此时亲水基团间隔变窄将不利于极性物质的栅型增溶作用。

非极性物质的增溶作用还因极性物质的加入而显著增强。这是因为这些极性物质本身也在乳化剂胶束中进行栅型增溶，从而增大了胶束体积的缘故。

(4) 温度的影响　通常认为，温度上升 CMC 增大，胶束尺寸降低，可能不利于增溶作用，但实际上增溶量反而增加。这只能从温度对溶解度有利这样的一般意义上来解释。

对于离子型乳化剂，其在水中的溶解性随温度升高，溶解度加大。但从某一温度开始，其溶解度显著增高，溶解度急剧增高的温度称为 KP（Krafft point）点。KP 点是由 Krafft 研究肥皂的溶解时首先发现的。它是表面活性剂固有的特征值，当表面活性剂溶液的温度高于 KP 时，胶束发生溶解。KP 点相当于离子乳化剂水合固体的熔点，在大于 KP 点的温度时，离子型乳化剂对水的溶解度显著增加。此时，离子型乳化剂呈胶束状分散溶解状态。因此，KP 值越高，溶解性越差。

非离子型乳化剂看不到上述 KP 值，这是因为它的熔点低，即使低于零度也是液体之故。非离子型表面活性剂的溶解度随温度升高而降低，当达到某一温度时溶液发生白浊化，此温度称为浊点（cloud point）。对亲水基为聚氧乙烯链的非离子型表面活性剂来说，亲油基相同时，聚氧乙烯链越长，浊点越高。显然非离子型表面活性剂的溶解机理截然不同于离子型表面活性剂。非离子型乳化剂是借助于聚氧乙烯链中氧原子与水分子之间形成氢键而被溶解的。所以当温度低于浊点时，氢键形成，非离子型乳化剂溶解；温度高于浊点时，氢键断裂，非离子型乳化剂从水中游离出来。在浊点的前后，非离子型乳化剂的性质发生显著变化。各种非离子型乳化剂的环氧乙烷加成数与浊点之间的关系见表 8-4。

表 8-4　聚氧乙烯壬酚醚的环氧乙烷加成数与浊点的关系　　　　　单位：℃

乳　化　剂	浊　点	乳　化　剂	浊　点
$C_9H_{19}C_6H_4(C_2H_4O)_8H$	23.9	$C_9H_{19}C_6H_4(C_2H_4O)_{30}H$	109
$C_9H_{19}C_6H_4(C_2H_4O)_{10}H$	62.5	$C_9H_{19}C_6H_4(C_2H_4O)_{35}H$	109.5
$C_9H_{19}C_6H_4(C_2H_4O)_{11}H$	73.6	$C_9H_{19}C_6H_4(C_2H_4O)_{50}H$	111
$C_9H_{19}C_6H_4(C_2H_4O)_{13}H$	90.0	$C_9H_{19}C_6H_4(C_2H_4O)_{86}H$	109
$C_9H_{19}C_6H_4(C_2H_4O)_{17}H$	99.5		

溶解能力与温度的关系还牵涉到各组分之间的相变化，图 8-28 表示了聚氧乙烯类非离

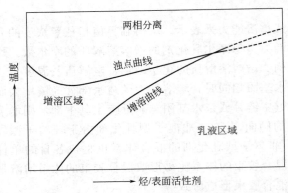

图 8-28 非离子型乳化剂-烃-水体系的相图

子型乳化剂-烃-水三组分体系的典型相图。

由图 8-28 可知，增溶量在某一温度下变得极大。关于这种现象可解释为：非离子型乳化剂亲水的羟基和醚氧的水合度随温度上升而减少，但疏水基与烃类间的亲和力却没有什么变化。当考虑到排列在水/烃界面上的乳化剂相时，由于亲水基与水相的界面能量较亲油基与油相的界面能量小，故其表面易于扩展，可看成 O/W 型。但当亲水基对水的亲和力随温度上升而减少，一旦等于疏水基与油相的亲和力时，此时的温度为该体系的相转变温度，

表面张力最低，最有利于油的乳化和增溶。一旦温度进一步升高，亲水基-水相间的亲和力较疏水基-油相间的亲和力小时，则变成 W/O 型，见图 8-29。

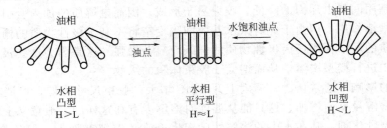

图 8-29 非离子型表面活性剂对水相的溶解状态的变化

H—亲水基-水相间的亲和力；L—疏水基-油相间的亲和力

8.2.5 乳化剂的选择方法

制造乳化液，首先应当根据不同的乳化对象与不同的乳化类型来选择适当的乳化剂。如果乳化剂选择适当，一般 3%～5% 用量已经足够；如果选择不当，有时用量即使增加到 30%，也不能得到性能良好的乳化液。

(1) 根据 HLB 值选择乳化剂 HLB 值指的是乳化剂分子结构中的亲水疏水平衡值 (hydrophilic-lipophilic balance)，通常作为乳化过程中乳化剂的选择依据。这是 Griffin 于 1949 年率先提出的对乳化剂的乳化能力加以定量表示的一种物理量概念。他认为乳化剂的 HLB 值与其溶解度间存在着表 8-5 所示的关系。

表 8-5　各种乳化剂的 HLB 值与水中溶解度的关系[28]

水中溶解度	HLB 值	应 用 范 畴
不可分散	0 — 2 — 4	消泡剂 W/O 型乳液用乳化剂
分散性差 不稳定的乳状分散液 稳定的乳状分散液	6 — 8 — 10	润湿剂
半透明溶液 透明溶液	12 — 14 — 16 — 18	洗涤剂 增溶剂 } O/W 型乳液用乳化剂

这只是一种经验排列。在实际中，对某一具体问题往往会有较大的偏差。

Griffin 所阐述的 HLB 值计算方法如下：

$$HLB = 20 \times \frac{M_H}{M}$$

式中，M_H 为亲水基部分的分子量；M 为总的分子量。

上式表明，HLB 值是乳化剂亲水基部分的分子量与总的分子量之比的函数。此式可用于计算非离子型乳化剂的 HLB 值。

对于多元醇的脂肪酸类乳化剂，按下式计算 HLB 值：

$$HLB = 20 \left(1 - \frac{S}{A} \right)$$

式中，S 为乳化剂的皂化值；A 为脂肪酸的酸值。

对于皂化值不易测定的乳化剂，则可用下式计算：

$$HLB = (E + P)/5$$

式中，E 为乳化剂的亲水部分，即加成的环氧乙烷的质量分数；P 为多元醇的质量百分数。

对只有亲水基的乳化剂，可采用下式计算：

$$HLB = E/5$$

对于离子型乳化剂，HLB 值的计算公式需加以修正，应引入一个附加项 C。

$$HLB = 20 \times \frac{M_H}{M} + C$$

关于 HLB 理论发展后的一些其他计算方法，如 Davies 理论计算法、PIT 法、藤田理论、混合熵法等，可见有关专著[34]。

HLB 值具有加和性，对于混合乳化剂来说，其 HLB 值可由各组分乳化剂的 HLB 值相加得出。如 A、B 两种乳化剂混合后的 HLB 值可按下式计算：

$$HLB = \frac{W_A \times HLB_A + W_B \times HLB_B}{W_A + W_B}$$

式中，W_A 为乳化剂 A 的混合量；W_B 为乳化剂 B 的混合量；HLB_A 为乳化剂 A 的 HLB 值；HLB_B 为乳化剂 B 的 HLB 值。

一些商品化的乳化剂的 HLB 值，列于表 8-6。常用乳化剂的 HLB 值，可从有关手册上查到[35]。

表 8-6   主要乳化剂的 HLB 值[36]

分类	乳化剂的化学组成	HLB
阴离子型	三乙醇胺油酸酯	12
	油酸钠	18
	油酸钾	20
阳离子型	N-十六烷基-N-乙基吗啉乙基硫酸酯（Atlas G-25）	25～35
非离子型	油酸	约 1
	山梨酸醇酐三油酸酯（Span 85）	1.8
	山梨糖醇酐油酸半酯（Arlacel C）	3.7
	山梨糖醇酐单月桂酸酯（Span 20）	8.6
	聚氧乙烯山梨糖醇酐单油酸酯（Tween 81）	7～13.5
	聚氧乙烯山梨糖醇酐单硬脂酸酯（Tween 60）	14.0
	聚氧乙烯山梨糖醇酐单月桂酸酯（Tween 20）	16.7
	聚氧乙烯山梨糖醇单棕榈酸酯	15.6
	聚氧乙烯山梨糖醇酐三硬脂酸酯	2.1

不同的乳化对象，也具有不同的 HLB 值，如表 8-7 所示。当选择乳化剂时，应选择乳化对象与乳化剂 HLB 值相近的来进行乳化试验。一般来讲，使用复方配制的乳化剂要比单一结构的乳化剂效果好。HLB 值按表 8-8 所示，计算举例如下。

表 8-7　常用乳化对象的 HLB 值

乳化对象	HLB 值		乳化对象	HLB 值	
	O/W	W/O		O/W	W/O
植物油	7～9		液体石蜡	12～14	6～9
石蜡	9	4	无水羊毛脂	14～16	8
石油	10.5	4	CCl$_4$	16～18	

表 8-8　配制 O/W 型乳液举例

类别	组　成	HLB	配比	类别	组　成	HLB	配比
乳化对象	硬脂酸	17	10	乳化剂	聚氧乙烯山梨糖醇酐单棕榈酸酯	15.6	8
	羊毛脂	15	4				
	重质矿物油	10.5	20		聚氧乙烯山梨糖醇酐三硬脂酸酯	2.1	2
	蜂蜡	13	2				

乳化对象所要求的 HLB 值：

$$\frac{17 \times 10 + 15 \times 4 + 10.5 \times 20 + 13 \times 2}{10 + 4 + 20 + 2} = 12.9$$

乳化剂的 HLB 值：

$$\frac{15.6 \times 8 + 2.1 \times 2}{8 + 2} = 12.9$$

（2）HLB 值和其他方法相结合的选择方法　按 HLB 值来选择乳化剂虽是一种常用的方法，但有一个不足之处，即 HLB 值不能概括被乳化物和乳化剂的化学结构，以及两者之间的相互关系。事实上，除了 HLB 值以外，还有很多其他值得考虑的因素：

① 一般阴离子乳化剂与乳液粒子带同种电荷相互排斥，易于获得稳定的乳化液；

② 乳化剂的憎水性基团与被乳化物结构相似时，乳化效果比较好；

③ 乳化剂在被乳化物中易于溶解的，乳化效果比较好；

④ 乳化剂的憎水性基团一定要和被乳化物有很好的亲和力，两者之间的亲和力强时，不但乳化力强，而且乳化剂用量也可减少；

⑤ 被乳化物的憎水性强，若使用亲水性强、HLB 值过大的乳化剂，由于乳化剂与被乳化物两者之间缺乏亲和力，乳化剂易溶于水中，乳化效果不好，此时要掺用部分 HLB 值较小的乳化剂来进行调节。

8.2.6　乳化方法

工业上，制备乳化液的方法可按乳化剂、水的加料顺序与方法大致分为：转相乳化法、自然乳化法、机械乳化法三种。

（1）转相乳化法　转相乳化法是一种操作方便、应用广泛的乳化方法。先将加有乳化剂的油类加热成液体，然后一边搅拌，一边缓慢地加入温水。开始时加入的水以微滴分散在油中，起初呈 W/O 型乳化液，再继续加水，随着加入水量的增加，乳化液逐渐变稠，直至最后黏度急剧下降，转相为 O/W 型乳化液。通过转相乳化法制备的乳化液，容易生成双重或多重乳化体系。乳化液的稳定性比较优良。

（2）自然乳化法　易于流动的油状液体（例如矿物油）常用自然乳化法乳化。即把乳化剂预先溶入矿物中制成液状产品，使用时投入大量水中，自然形成乳化物。

含有乳化剂的油滴在水中缓慢下沉，表面即不断地被乳化，同时也不断地分裂成若干细小油滴并进一步乳化，直至最终完全形成乳化液。产生自然乳化作用的原因，是由于水不断从油的表面侵入油的内部而引起的。

若乳化剂预先掺入油中，不能形成良好的自然乳化效果，可用加入极少量的水一起溶解的方法来改善自然乳化效果。极少量水的加入可以在油相中事先形成水的通道，使水易于浸入，以改善自然乳化效果。黏度高的油类自然乳化较为困难时，可以稍微提高乳化温度。纺织工业用纤维油剂、纺毛油、梳毛油、大都属于自然乳化型乳化液。

(3) 机械乳化法（强制乳化法）　机械乳化法是使用匀化器、胶体磨等乳化机械来进行乳化。匀化器的操作原理是将欲乳化的混合物，在很高压力下自一小孔挤出。工业生产中所用匀化器的主要部分是一个泵和一个用弹簧机构控制的活门（即上面所说的小孔）。胶体磨的主要部分是定子和转子，定子和转子的表面可以是平滑的，也可以是有皱纹的；转子的速度为 $1000 \sim 20000 r/min$，可以产生很大的剪切力。操作时液体在定子和转子间的空隙中通过，立即产生机械乳化作用。用人工和普通搅拌器不能乳化分散的物质，用匀化器或胶体磨进行机械乳化，大多数场合都能得到很好的乳化分散效果。乳化液的分散微粒越均匀细小（普通以 $3\mu m$ 以下为好），被乳化物的密度越接近于水，制得的乳化液稳定性就越好。

8.2.7　乳化剂的应用

8.2.7.1　在涂料中的应用[14]

以水为分散介质的乳液涂料在水性漆中占有举足轻重的地位。这是一种以聚合物乳液为基料，配以颜料、填料和各类助剂构成的涂料体系。由于它具有可用水稀释、施工方便、快干、不燃、低毒、节能和涂膜性能优异等特点，被广泛用作建筑内外墙涂料、工业和维护用漆，以及在其他如纤维处理、造纸、皮革涂饰等多种应用领域，发挥着日益重要的作用。

不论是以乳液聚合法制备的合成树脂乳液，还是经后乳化工艺生产的乳化型树脂乳液，乳化剂在其中都起着重要的作用。前者，乳化剂是实施聚合的四大要素之一（单体、水、引发剂和乳化剂）；后者，乳化剂在树脂的乳化分散过程中更是不可缺少的组分。聚合物乳液以及由它配制的各类涂料的性能，在很大程度上均取决于配方中的乳化剂。

一般来说，如果乳化剂在聚合温度下可以形成胶束，则可能引发聚合反应。能满足该条件的通常为具有碳原子数 $10 \sim 12$ 以上链长的品种。此外，乳化剂还应选择能在上述聚合反应过程中和聚合反应结束后赋予分散稳定性，不与单体和引发剂等其他添加剂相互作用，对聚合物物性没有或最好还能带来好的影响的品种。目前，工业上按不同聚合物类型所用的乳化剂如表 8-9 所示。

表 8-9　乳液聚合用乳化剂

聚合物	乳化剂类型	乳 化 剂 品 种
合成橡胶	阴离子型	脂肪酸皂、松香酸皂、烷基(苯)磺酸钠、烷基硫酸钠、萘磺酸、甲醛缩合物
聚氯乙烯	阴离子型、非离子型	烷基磺酸钠、烷基(苯)磺酸钠、烯烃磺酸钠、丁二酸二烷基酯磺酸钠、聚氧乙烯($n=30 \sim 40$)烷芳醚
聚醋酸乙烯	聚合物非离子型	聚乙烯醇、聚氧乙烯($n=30 \sim 50$)烷芳醚
聚丙烯酸酯	阴离子型、非离子型	烷基醚磺酸钠、聚氧乙烯($n=30 \sim 50$)烷芳醚
聚甲基丙烯酸酯	阴离子型、非离子型	烷基醚磺酸钠、聚氧乙烯($n=30 \sim 50$)烷芳醚
聚乙烯-醋酸乙烯	阴离子型、非离子型	烷基醚磺酸钠、聚氧乙烯($n=20 \sim 40$)烷芳醚
聚偏氯乙烯	阴离子型	烷基醚磺酸钠、丁二酸二烷基酯磺酸钠盐

以聚乙烯醇为保护胶体的聚醋酸乙烯乳液的合成为例，其配方为（单位：份）：

① 聚乙烯醇［醇解度87%（摩尔比）］6，Na_2CO_3 0.85，水153；

② 过硫酸铵1.7，水42；

③ 醋酸乙烯220。

其工艺为：将聚乙烯醇和碳酸钠的水溶液①加热至68℃，边搅拌边将过硫酸铵和水构成的水溶液②和醋酸乙烯③分别以一定速率在3.5h内滴加进去，其间温度升到80℃，加完后再在90℃搅拌1h，冷却后即可得到稳定的乳液。

8.2.7.2 在纺织工业中的应用[37]

乳化剂在纺织工业中的应用相当广泛，从纺纱、织造到印染、后整理等，每一工序都要使用。

(1) 上浆 棉和合成纤维纯纺或混纺的经向单纱，在织造过程中往往要经受数千次的折、磨、拉等复合机械作用，结果使纱结构松散，表面毛羽突出以至断裂。为了改善经纱的可织性，尽可能减少经纱断头率，提高织造效率和降低织物瑕疵点，通常对经纱进行上浆处理。浆料中所加助剂大多为表面活性剂，其中作用之一就是乳化浆液。

浆料中乳化剂的作用主要是使油脂在浆液中稳定乳化，以提高浆液质量；其次，减轻化学合成浆料黏着剂因表面具有聚凝性而发生的结皮，以利于上浆；其次，可提高浆液对黏胶纤维和合成纤维的润湿能力，因为它们虽不含天然蜡（胶）质，但含有油剂。浆料中乳化剂要求水溶性好，化学性质稳定，耐酸、耐碱、耐展水，对各类纤维无亲和性。常用的浆料乳化剂为非离子型表面活性剂，如乳化剂OP、乳百灵A。

(2) 退浆 经纱上浆解决了顺利织布的问题，但坯布上的浆料又给织物的印染加工增加了困难，不仅多耗用染化药品，而且还影响印染质量，所以必须除去浆料，此过程叫做退浆。退浆除使用退浆剂外，还要加入少量乳化助剂。乳化助剂主要有非离子型的（如壬基酚聚氧乙烯醚、辛基酚聚氧乙烯醚等）、阴离子型的（如十二烷基苯磺酸钠、十二烷基硫酸钠、烷基萘磺酸钠等）以及非离子型与阴离子型的混合物。非离子型乳化剂适用于中性至酸性退浆液，阴离子型乳化剂适用于中性至碱性退浆液。

(3) 煮炼 煮炼可以除去棉纤维上的蜡质、果胶质、含氮物、棉籽壳等天然杂质和残余浆料及化纤纺丝油剂中的油脂，改善织物的渗透性能和白度，提高印染加工质量。煮炼剂是以烧碱为主、乳化剂等表面活性剂为辅的混合物。煮炼中乳化剂的类型主要有阴离子型和非离子型，如十二烷基磺酸钠、土耳其红油、脂肪醇聚氧乙烯醚。

(4) 印花 乳化糊主要用于涂料印花。涂料印花是用黏合剂将颜料粘在纤维表面来获得所需图案的印花工艺。乳化糊是由石油溶剂（沸点在160～200℃）和水两种不相溶液体在乳化剂作用下经快速搅拌而成的乳化液，有W/O型和O/W型两种，目前多使用O/W型的。乳化糊用乳化剂通常为非离子型和阴离子型的，如平平加O等。在织布后整理过程中也常常加入乳化剂。

8.2.7.3 在石油钻井中的应用[38,39]

为了提高钻井液的润滑性、耐温性和防塌性，有时需要使用乳化钻井液，包括混油（即水包油，O/W）型乳化泥浆和油包水（W/O）型乳化泥浆。对于钻斜井、超深井及在不稳定地层钻井，这类乳化泥浆非常重要。混油现象（O/W型乳化泥浆）就是向正常泥浆中加入一定量的原油或柴油，并施以常规的O/W型乳化剂即成。W/O型乳化泥浆则比较复杂，它采用油和矿物化度很高的水按比例混合，配以乳化稳定剂、悬浮剂和降失水剂等。常用的乳化剂有脂肪酸皂类、C_{12}～C_{15}烷基苯磺酸、烷基苯磺酸钠、石油磺酸钠、磺化琥珀酸盐、磺化油酸钠、十二烷基硫酸钠、二甲基萘磺酸钠盐、$C_{12} \sim C_{15}$烷基磷酸酯异丙胺盐、磺化琥珀酸、二辛酯钠盐、十八烷基苯磺酸异丙胺盐等。一般是以多种乳化剂复配使用。

8.2.7.4 在食品中的应用[40]

乳化剂是用量很大的一类食品添加剂，广泛用于面包、糕点、糖果、饮料等食品中，起到乳化、分散、润湿、消泡等作用。食品用乳化剂有 30 多种，用量最大的是脂肪酸甘油酯、脂肪酸蔗糖酯、山梨醇脂肪酸酯、大豆磷脂以及丙二醇脂肪酸酯四大类。

食品乳化剂在面包中用作品质改良剂，对面团起调理强化作用，对面包组织起软化作用。某些乳化剂与蛋白质相互作用，可增强面团的筋力，又叫面团强化剂；在糕点中它主要起增加气孔、软化糕饼及乳化油脂和起酥油的作用；在饼干生产中它可以使油脂以乳化状态均匀地分散于饼干中，从而防止油脂从饼干渗出，并能提高饼干的脆性、保水性和防陈化性能，还能减少饼干在储藏、运输和销售过程中的破损；在冰淇淋生产中，它可使油脂乳化分散，使各种配料混合均匀，使产品组织细腻滑爽、体积增大、质地干燥疏松、保形性好和耐储存等。人造奶油是一种典型的 W/O 型乳状体，食品乳化剂在人造奶油生产中起的作用是：使乳化均匀，防止水滴分离，防止加热时喷溅，控制人造奶油的组织结构，改善产品性状、口感和风味，延长储存期。

在速溶食品中，如生产麦乳精、奶油可可、速溶可可、速溶咖啡和奶粉时，添加高HLB 值（13～15）的蔗糖脂肪酸酯，可提高制品的速溶性。在饮料中加入乳化剂，可起着香、起浊、赋色、助溶和乳化分散等作用。在巧克力生产中使用乳化剂，可降低黏度有利于操作，使结晶细致均一，并能防止油脂酸败和巧克力表面"起霜"，还能改善制品光泽、增强风味。在香肠、红肠、肉制品和鱼制品生产中使用乳化剂，能使配料充分乳化，均匀混合，防止脂肪离析，而且还能提高制品的保水性，改善制品的组织形态，提高制品质量。在果酱生产中，使用乳化剂可使制品质地软化，能防止陈化。

乳化剂在涂膜保鲜中也起重要作用，可单独用作涂膜保鲜剂，也可与其他涂料、防腐剂复配使用。如 SM 保鲜剂是用黑糖脂肪酸酯、甘油脂肪酸酯作乳化剂，以淀粉加防腐剂为主要原料配制而成的乳化液。水果、蔬菜用这种涂膜保鲜剂浸渍后，可起到良好的保鲜防腐作用。

8.2.7.5 乳化剂在养殖行业的应用

乳化剂在养殖行业主要用于养殖饲料的改性。在畜禽水产养殖中，为了加快动物的生长速度、提高动物的生产性能、降低料肉比，在饲料中普遍使用乳化油脂。这样一来，消化高比例的油脂所需的胆汁酸盐的量超过了畜禽体内的分泌量，造成饲料不消化及脂肪在肝脏的积累[41,42]。为此，选择适合的饲料乳化剂成为乳化剂在养殖行业应用中的关键。目前在畜禽水产养殖中使用较多的是离子型的胆汁酸盐类和卵磷脂类乳化剂，这类乳化剂的主要功能是保肝利胆、调节肉质，但其乳化效果并不理想。而非离子型饲料乳化剂能取得更高的乳化性，如单硬脂酸甘油酯、蔗糖脂肪酸酯等。同时，能够加速油脂裂解的脂肪酸酯作为添加剂加入到饲料乳化剂中的应用也逐渐增多。

8.2.7.6 乳化剂在其他行业的应用

在军事工业中乳化剂常被添加到炸药中制作乳化炸弹。通常由不溶于水的碳氢燃料作为连续相，以过饱和硝酸铵盐水溶液作为分散相，通过乳化剂的乳化作用，硝酸铵盐水溶液以极小的液滴分散在碳氢燃料中形成一种油包水型特殊乳胶体系。由于乳化炸药是热力学高度不稳定体系和不可逆体系，乳化剂的作用在于大幅度降低油水界面张力，在界面形成界面膜使内相的硝酸铵液滴难以聚结，从而提高乳化炸药的稳定性[43]。

在矿石浮选中，乳化剂用于煤泥、金属矿、非金属矿的浮选中对浮选剂进行改进。由于在浮选过程中，浮选剂的乳化分散程度对其使用效率及浮选效果有着重要的影响，因此乳化剂的加入有助于提高浮选剂的捕集性能，大大降低浮选剂的消耗量[44]。

将乳化剂添加到水、甲醇和柴油的混合体系中制得的微乳化柴油与普通柴油相比，具有更好的燃烧性能、更低的能耗、更少的污染。将具有一定乳化能力的生物柴油添加到石化柴油中不仅可以促进可再生能源行业的发展、降低排放、提高燃油的环保性能，还有利于燃油的乳化，提高燃烧率，降低能耗[45]。

8.3 分散剂

能使固体絮凝团分散为细小的粒子而悬浮于液体中的物质叫分散剂。

如何使团体微粒在液体中获得最佳的分散状态是颜料、染料、农药、陶瓷等工业面临的重要研究课题。与此相反，如何使均一分散的固体微粒进行絮凝，则又是污水处理、土壤改良方面需要解决的问题。

一般固体粉末在液体中，多数是一次粒子相碰形成具有很多间隙的集合体，这种集合体可按粒子间结合力来加以区别。用比较弱的机械力以及在固体与溶剂的界面上作用的物理力即可分裂成各个粒子，将外力消除又回复至原来的粒子集合状态，这种集合体称为絮凝。不用强的机械力即不能粉碎，具有强的结合力，分裂成各个粒子后难于回复至原来状态，这种集合体称为聚集。将二次粒子分裂成各个一次粒子，并加以保持的过程叫作分散。

炭黑、水一起振荡，炭黑不能在水中分散，仅能凝聚成块；但将炭黑在苯或石油中振荡，即能分散成黑色悬浮液。固体粒子一般能在将其润湿的液体中充分分散，而在不能将其润湿的液体中形成絮凝。但此时若使用少量的表面活性剂，例如肥皂，亦能使炭黑在水中得到很好的分散。这里表面活性剂利用其特有的润湿或渗透作用，向一次粒子之间的间隙中渗透，并在粒子表面定向吸附，改变了粒子的表面性质，形成双电层，防止了粒子的絮凝。因此，凡能促进向一次粒子分裂，并有防止絮凝作用的物质都可称为分散剂。

乳化的界面是液-液界面，分散的界面是固-液界面。从本质上看，都是一种物质在另一种物质中的分散，但由于分散的对象不同，具体处理方法亦有所差异。

一般来讲，分散过程大体上有絮凝体→各个粒子（1）及各个粒子的稳定化（2）两个过程。过程（1）以无机颜料来说就是研磨，主要受机械条件的支配，不能期望分散剂对增进机械研磨效率有很显著的作用。分散剂的作用主要是过程（2），即对已分散的粒子防止其再絮凝。

8.3.1 分散剂的类别和作用

分散剂的类别主要有表面活性剂、无机分散剂和高分子分散剂三大类。表面活性剂型分散剂又包括阴离子分散剂、非离子分散剂和阳离子分散剂。

（1）阴离子分散剂 阴离子分散剂是阴离子表面活性剂，有烷基硫酸酯钠盐、烷基苯磺酸钠、石油磺酸钠等，很多阴离子型乳化剂又是分散剂。

（2）非离子分散剂 非离子表面活性剂作为分散剂主要用于有机物质的分散。有些品种较阴离子分散剂的分散能力强。主要有脂肪醇聚氧乙烯醚、山梨糖醇酐脂肪酸聚氧乙烯醚等。

（3）阳离子分散剂 阳离子表面活性剂广泛用作矿物浮选捕集剂，很少作为水溶液中分散剂使用。阳离子表面活性剂对颜料的亲油化有效，故有时将颜料预先用阳离子表面活性剂进行表面处理，然后用非离子或阴离子表面活性剂分散。常作为油中的分散剂、刷涂剂使用。

（4）无机分散剂 硅酸盐、缩合磷酸盐等电解质，对于水溶液体系、无机颜料等有较大的分散效果。由于在颜料表面吸附阴离子，表面电位（ζ电位）增大，电荷的相互排斥作用促使分散效果稳定。

（5）高分子分散剂 淀粉、明胶、水溶性胶、卵磷脂等天然产物，自古以来即作为保护胶体使用，此后羧甲基纤维素、羟乙基纤维素、海藻酸钠、木质素磺酸盐等天然产物的衍生物亦广泛作为分散稳定剂使用。

合成高分子化合物用作分散剂则以聚乙烯醇、β-萘磺酸甲醛缩合物开始，此后进一步合成了烷基苯酚甲醛缩合物的环氧乙烷缩合物、聚羧酸盐等多种产物，它们均具有特异的分散性能。

萘磺酸甲醛缩合物通常不是单一的化合物，而是多种缩合体的混合物，对金属氧化物、黏土、有机或无机颜料、染料等均有良好的分散力。近年来伴随合成纤维的发展，大量用作分散染料的分散剂。

烷基苯酚甲醛缩合物的环氧乙烷缩合物与低分子烷基苯酚型非离子表面活性剂不同，主要用于农药乳化剂。

聚羧酸及其盐类为乙烯、丙烯、异丁烯等与顺丁烯二酸酐的共聚体的水解物。主要用作无机颜料的分散剂、乳液聚合用乳化剂等。

8.3.2　染料加工用分散剂

在染料加工和染料应用中，分散剂是不可缺少的助剂。有的分散剂兼有分散性和移染性等多种功能，既可作为染料加工用分散剂，又可作为印染中的匀染剂。

分散染料和还原染料几乎是不溶或微溶于水。半成品原染料颗粒在$100\mu m$左右，不能满足印染工艺的要求，因此需要经研磨将原染料颗粒粉碎至大约$2\mu m$，研磨时需要加入分散剂。其作用是使染料颗粒分散，有助于颗粒粉碎，同时阻止已经粉碎的颗粒再行凝聚而保持染料分散体稳定。

8.3.2.1　分散剂的作用机理

离子型分散剂在染料浆中，亲水基端趋向于水，而亲油基端趋向于染料，在染料颗粒表面形成定向排列的同离子层，彼此相互排斥，阻止颗粒沉降，使分散体系稳定。非离子型及高分子型分散剂在染料浆中，则是非极性部分指向染料颗粒，极性部分指向水，产生水合作用，起到阻止颗粒凝聚的作用。

当前应用最多的是阴离子型，其次是非离子型和高分子型分散剂。阳离子型分散剂、两性型分散剂在染料加工中应用较少。

8.3.2.2　主要品种类型、化学及特性

染料加工用分散剂主要有木质素磺酸盐、萘系甲烷磺酸盐、酚醛缩合物磺酸盐及非离子型、聚合型分散剂。

（1）木质素磺酸盐 通常是指木质素磺酸钠。它是染料加工用分散剂中重要的品种，也是一种用途十分广泛的助剂。

木质素是从纸浆废液中分离出的天然大分子化合物。它随木材种类、产地、树龄及部位不同在结构上有很大差异，所以木质素分散剂的商品种类相当多。对其应用性能影响较大的

主要因素有两个：①分子量的大小；②分子结构中磺酸基的多少。其重要品种为分散剂M-9，它是脱糖并分级的木质素磺酸钠，为棕色粉末，具有水溶性，并具有优良的分散性，属于高分子阴离子型分散剂。其生产工艺为：木材的酸性亚硫酸纸浆废液经石灰乳沉降，使还原糖转化并分级，过滤，滤饼打浆后加酸溶解，过滤除去硫酸钙（不过滤可得低浓度产品，含硫酸钠较多），再将滤液用碳酸钠转化为钠盐，经蒸发、喷雾干燥而制得。

随着分散染料和还原染料的发展，以及各种印染工艺的改进，对分散剂的需求量日益剧增，对分散剂的性能也提出了多样化的要求。加之，化工分离方法及木质素化学等各方面的发展，使木质素磺酸钠的品种有了相当地发展，并已突破纺织印染和染料加工工业的范畴，在其他工业部门得到大量地利用。木质素磺酸钠制造方法的多种改进途径已取得了可喜的成果。

木质素磺酸钠可用作分散染料和还原染料的加工用扩散剂及纺织印染用分散匀染剂，具有研磨速度快、分散性好、耐热稳定性好、泡沫小、沾色低、还原性低等优点。

一般，把含磺酸基指数为 1 的产物（即 $1SO_3H/1000$ 相对分子质量）称为低磺化物，把含磺酸基指数为 2 的产物（即 $2SO_3H/1000$ 相对分子质量）称作高磺化物。选择高磺化物还是低磺化物将根据被分散物质的分子结构及对加工后成品的要求而定。

（2）亚甲基萘磺酸盐 它是分散剂中生产较早、用量较大、应用较广的品种，而且合成方法简便，分子量可以控制，含磺酸基较多，分散效果比较优良。主要品种有分散剂 N、分散剂 CNF、分散剂 MF 等。

分散剂 N（或分散剂 NNO），是萘系亚甲基磺酸盐类中最简单的品种，由萘磺化制成 2-萘磺酸，然后再与甲醛缩合的产物，如图 8-30 所示。

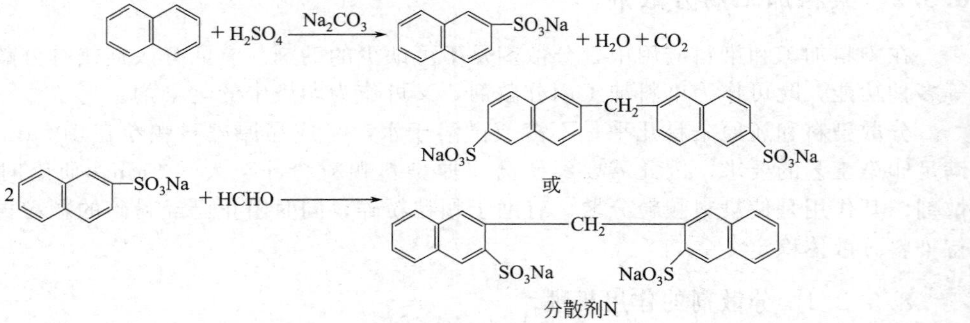

图 8-30　分散剂 N 的制备

生产工艺为：将熔融的萘于搅拌下升温，加入浓 H_2SO_4 反应。反应过程中有部分水和萘挥发，反应物料几乎无色，将其倒入水中，搅拌下加入 Na_2CO_3 和食盐，分离产品，过滤、干燥得 2-萘磺酸钠盐。

萘磺酸钠盐与甲醛的缩合反应可在水溶液中进行，也可在无水介质的中性或弱酸性条件下进行。萘磺酸钠盐与甲醛的摩尔比为 2:1，反应温度为 $80\sim90℃$，反应结束后加入石灰乳进行中和，过滤、加碳酸钠、脱钙、吸滤、浓缩、干燥得产品。

分散剂 N 为米棕色粉末，易溶于任何硬度的水中，pH 值（1% 水溶液）为 7～9，分散性与保护胶体性好，无渗透及起泡性。主要用于还原染料悬浮体轧染、隐色酸法染色、分散染料与可溶性还原染料的染色等。染料工业上主要用作掺混填料及分散染料和色淀制造时的分散助剂。应用实例如下：

还原染料悬浮体轧染时，在轧染浴中加入分散剂 N，约 3～5g/L，有助于染料颗粒的分散与稳定；

还原染料隐色酸法染色，不宜采用非离子型分散剂，而宜采用分散剂 N 将隐色酸分散，其用量依还原染料的溶解度和浓度而定，一般为 $2\sim3g/L$，靛类还原染料为 $0.6\sim1.5g/L$。

分散剂 CNF，化学名为亚甲基双苄基萘磺酸钠。为苄基萘磺酸与甲醛的缩合物，而苄基萘磺酸是由萘与氯化苄经缩合、磺化而制得，如图 8-31 所示。

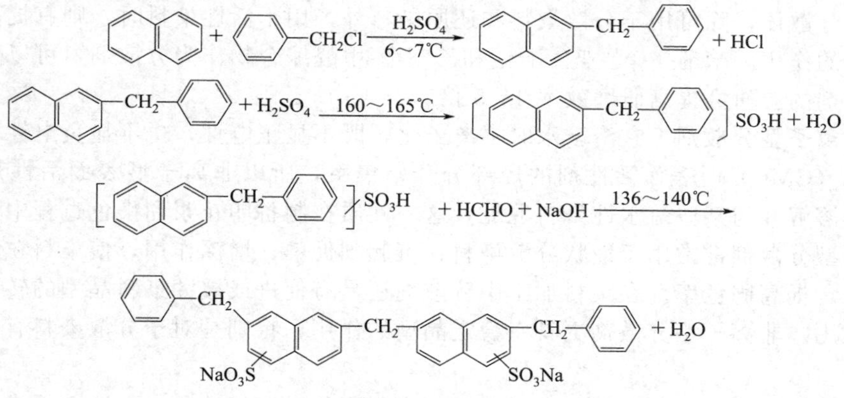

图 8-31 分散剂 CNF 的制备

分散剂 CNF 为褐棕色粉末，易溶于水，易潮解，pH 值近中性，阴离子型。具有优良的分散性能，无渗透和起泡性，热稳定性与分散性比分散剂 N 高。可与阴离子和非离子表面活性剂同时使用，但不能与阳离子染料或表面活性剂混用。主要用作分散、还原等染料的分散剂和填充剂。

分散剂 MF 为 1-甲基萘磺酸与甲醛的缩合物，是由 1-甲基萘与硫酸经磺化，而后再与甲醛缩合而制得。结构式如下：

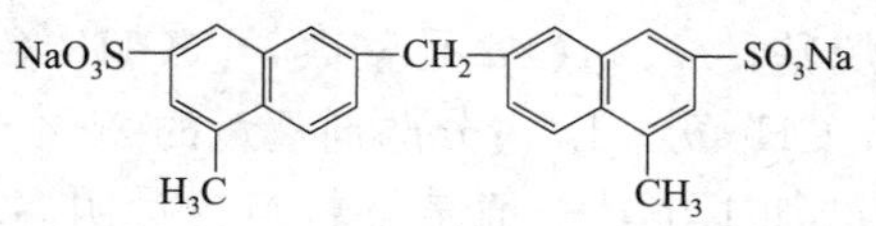

分散剂MF

分散剂 MF 的应用范围和应用性能大致与分散剂 CNF 相同。与分散剂 N 相比，分散剂 MF 用于分散染料、还原染料的分散悬浮体具有良好的稳定性，可缩短加工研磨时间，并对染料各种性能无不利影响。

（3）酚醛缩合物磺酸盐 它是由酚（苯酚、甲醛或混合甲酚、萘酚）、羟基萘磺酸等与甲醛缩合而成。从结构特征上看，可以看做是引入羟基改性的萘磺酸-甲醛缩合物型分散剂。除去磺酸基以外，由于羟基的存在，使之水溶性增强，并具有形成氢键的能力，有利于提高分散性能，而且泡沫少，被认为是一类性能较为优良的分散剂。

分散剂 SS 是由混合甲酚、甲醛、亚硫酸钠反应生成磺甲基化酚醛树脂，再与 2-萘酚-6-磺酸钠（薛佛盐）、甲醛、亚硫酸钠反应而制得。分散剂 SS 的用途十分广泛，曾是醋酸纤维染料加工用的最主要的分散剂。它与木质素磺酸钠混合用于分散染料的加工，能够防止染料在高温染浴中的重结晶及结晶物在织物表面上的吸附。与木质素磺酸钠或分散剂 N 混合用于易分散的蒽醌型染料；在有机溶剂中加热，可使染料易于过滤、流动、干燥和研磨成商品。也可用于防火剂的分散悬浮体中。

含有 40% 间甲酚的工业甲酚（或 2,2'-二羟基联苯、二甲基苯酚、邻氯苯酚）与甲醛和亚硫酸钠缩合，得到磺甲基化酚醛缩合物，与分散染料混合并进行喷雾，造粒后，所得染料在高温下有良好的分散性。例如，采用酚类衍生物、甲醛和亚硫酸钠水溶液于常压下一步合成得到耐高温分散剂，日本产品称为 Demol SSL。该产品高温分散稳定性好，色力高，染色均匀。若将苯酚-甲醛-亚硫酸钠的缩合物与染料、乙二醇混合进行研磨，可以得到高温稳定性好的染料分散体，除可用于分散染料和还原染料外，用于活性染料时，则有提高染料溶解度和得色量的作用。苯酚-甲醛-亚硫酸钠和乙萘酚-甲醛缩合物作为分散剂，可以使分散染料和荧光增白剂的湿研磨提高研磨效率 4～5 倍。

(4) 非离子型分散剂 它溶于水时不离子化，既不显正电性，也不显负电性。由于在临界胶束浓度 (CMC) 时表面活性剂的烃部分开始集束，所以非离子型表面活性剂此时可以在水介质中溶解并与某些疏水性染料混配，这一性质在制备印花浆和染色过程中是极其重要的。非离子型分散剂常常用于液状分散染料，可起到促染、增深作用，使染料粒子迅速向糊料内部扩散，提高固色率。在染料加工中分散剂还具有促进或缓冲染料晶型的转变及增进染料溶解的作用。非离子型分散剂更具有稳定晶型的作用，特别是对于分散染料有比较好的增溶作用。

无论是分散染料或还原染料，在染色过程中都要经过溶解阶段，而这两类染料恰好又是水不溶性或微水溶性的，因此染料的细度、分散剂及非离子型分散剂的选择就十分重要。分散剂的用量也不能过多，否则将降低纤维对染料的吸收。在一般加工配方中，非离子型分散剂的用量少于阴离子型分散剂。当配制 40%～60% 的分散染料或还原染料的稳定分散体时，阴离子型分散剂含量为 1%～5%，助溶剂为 5%～30%，非离子型分散剂为 1%～3%。这种配方制成的染料分散体在 -15～40℃ 下储存 12 个月不会变质。在分散染料加工中，还宜采用聚氧乙烯、聚氧丙烯嵌段共聚物的聚醚类非离子型分散剂，或与其他阴离子型分散剂的混合物。

具有通式 $R[(CHR'CHR''O)_n(CH_2CH_2O)_m]_p$ 的非离子型分散剂，特别适用于含有合成增稠剂的印花浆。其中，R 是含有多个活泼氢原子的有机化合物母体；R' 和 R'' 中一个是氢原子，另一个是 C_1～C_{22} 烷基；m、n、p 是整数，$[(CHR'CHR''O)_n]_p$ 用羟基值测定的分子量是 900～7500，$[(CH_2CH_2O)_m]_p$ 占分散剂重量的 20%～90%；$p=1$～6。

在使用非离子型分散剂的加工中，一般是染料与少量阴离子型分散剂先研磨到一定细度，再加入非离子型分散剂；也可同时研磨。

分散剂 WA 是有机硅系非离子型高效分散剂，主要用于腈纶及其混纺织物使用阴离子/阳离子染料或助剂的同浴染色和处理，可以防止染料沉淀，以及使高分子物的悬浮充分扩散，同时还有改善手感的作用。分散剂 WA 的化学结构如下：

$$RO(CH_2CH_2O)_{30} \diagdown$$
$$RO(CH_2CH_2O)_{30}\!-\!Si\!-\!CH_3 \quad (R=C_1～C_{12}烷基)$$
$$RO(CH_2CH_2O)_{30} \diagup$$

该分散剂还可用作真丝的精练、复练的煮炼剂，涤/棉绸染色时的匀染剂和一些染料的防沉淀剂等。它是由脂肪醇聚氧乙烯醚、甲基三氯硅烷缩合、稀释而制得。

(5) 聚合型分散剂 主要有聚丙烯酸及其酯类、聚乙烯醇和纤维素硫酸酯钠盐与醇类硫酸酯钠盐的混合物。

在分散染料和还原染料的分散体中添加相当数量的水溶性聚丙烯酸钠盐，即使阴离子分散剂用量不到 10%，染料分散体也可在 -10～20℃ 稳定不变，黏度低，易于再分散。

亦可以丙烯酸-苯乙烯共聚物或丙烯酸-顺丁烯二酸酐-苯乙烯共聚物的水溶性盐作为制取分散染料和还原染料稳定分散体的分散剂。丙烯酸丁酯-丁烯酸-醋酸乙酯共聚物的铵盐与水或与水混溶的醇类能将分散染料制成耐热并储存稳定的分散体，在高温高压染色中得到深浓而鲜艳的色泽。部分皂化的聚丙烯酸乙酯及共聚的甲基丙烯酸甲酯-丙烯酸乙酯对分散染料悬浮体具有稳定作用，其稳定作用取决于皂化程度、染料结构和介质中的电解质含量。

聚合度在 20～2500 之间的聚乙烯醇类用氯磺酸酯化，或聚乙烯醇用氯化砜酯化，再用碱中和而得到的产物可作分散剂，特别适于色泽鲜艳的染料，而且染料分散体在温度不超过 80℃情况下稳定性良好，对纤维无沾污，对偶氮型分散染料（如分散红 SE-GFL），在高温染色中无还原作用。

纤维素硫酸酯钠盐与醇类硫酸酯钠盐的混合物是由纤维素、醇类经与硫酸反应酯化，再用 30％氢氧化钠溶液中和而制得。结构式为：

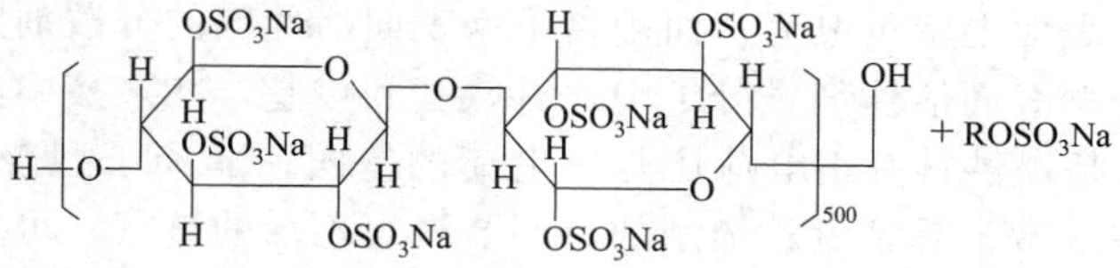

商品名称为分散剂 CS，为黄色粉末，1％的水溶液 pH 值为 7～8，可溶于水，储存稳定，容易化料，且对于强度和色光无影响。这种分散剂仍属于阴离子型，作为染料分散剂使用时，对分散染料和还原染料具有分散和稳定性能，并可缩短染料研磨时间。

8.3.3　涂料工业用分散剂

涂料是一种用途广泛的化工材料，虽然涂料产品的质量主要取决于树脂和色漆的制造工艺，但涂料助剂的添加，使涂料的功能和质量有了很大的改善和提高。分散剂是涂料工业中不可缺少的助剂之一。在制漆过程中，颜料的分散程度是非常重要的，颜料在涂料中分散得好，就能得到颜料分散程度均匀一致的色浆，这样在涂料生产中，颜色的重复性就比较好；反之，如果颜料在涂料中分散得不好，那么涂料在储藏过程中，颜料就会不断地凝集，实际使用时，涂膜中就会呈现出颜色偏离、发花和色泽不均等弊病。

（1）颜料的分散过程　颜料分散可分为 4 个过程：①研磨，使用分散机或混合机将颜料中的大块颗粒，磨成均匀的微小颗粒；②润湿，颜料颗粒在分散以前，先被周围的空气和水的薄层包围而被润湿；③分散，颜料颗粒被溶剂或介质润湿后，会在介质中不断移动而使之逐渐分散，应防止颗粒的直接接触，否则会发生颜料颗粒的聚结现象；④稳定，被分散的颜料颗粒，在介质中均匀地悬浮，形成稳定体系。如果颜料颗粒未被充分润湿，此时颜料就会在容器中再次聚结和沉降而形成团块。

颜料采用的分散剂通常也是表面活性剂，能强烈地吸附在颜料表面，从而改变颜料的表面性能，使颜料的润湿和分散过程易于进行。

（2）分散剂的作用机理

① 形成双电层　分散剂多为离子化电解质，其离子部分可被吸附在颜料质点的表面，这样在颜料液体界面形成带电层。在液相中，此电层又吸引周围介质带相反电荷的离子，从而形成双电层，使颜料颗粒相互排斥，所以增强了涂料体系的稳定性。

② 物理屏蔽作用　分散剂能将颜料颗粒表面包围起来，形成吸附层，使颜料颗粒之间产生空间阻碍，从而阻止颗粒相互接触，而不会发生聚结现象。

③ 氢键作用　分散剂分子本身具有带正电和负电的部分，通过氢键的作用力，使周围的水分子产生定向排列。依靠氢键的作用，在颜料颗粒附近，建立起附加的缓冲层，使涂料体系的黏度上升，有利于颜料分散的稳定性。

④ 偶极作用　在电场的作用下，非离子型表面活性剂分子内部的正负电中心发生偏移，

成为偶极分子。偶极分子的一端沿着颜料颗粒表面定向排列，另一端朝向液相，从而阻止颜料颗粒之间的接触，起到保护胶粒的稳定作用。

作为颜料用分散剂，可以是阴离子型、阳离子型、两性离子型和非离子型表面活性剂。其化学结构特点是带有极性（亲水）基团和非极性（亲油）基团，把它加入到颜料中去时，可能是极性部分也可能是非极性部分被吸附在颜料颗粒的表面上，而未被吸附的另一部分就定向排列在表面之外。是极性部分还是非极性部分被吸附，决定于颜料颗粒表面的性质。如果颗粒表面是疏水性的，则吸附分散剂的非极性部分；反之，吸附分散剂的极性部分。在颜料吸附分散剂的过程中，颗粒表面上的水分和气体就被取代了。这样在分散剂的作用下，颜料的润湿作用得到改善，其分散作用也便于进行。阴离子型表面活性剂的分散剂在溶液中离解后，能使颜料颗粒表面上带负电荷；而阳离子型表面活性剂的分散剂则使颜料颗粒表面上带正电荷；两性离子型表面活性剂，分子中含有氨基和羧基，在溶液中离解后，再根据溶液的 pH 值大小来决定是提供具有正电荷还是负电荷的基团；非离子型表面活性剂的分散剂，在溶液中不发生离解，常常是聚氧乙烯型的，调节聚氧乙烯的链长，可使它们适用于各种类型的基料。

应该注意的是，在使用表面活性剂的分散剂时，使颜料颗粒表面所带的电荷必须与基料所带的电荷相同，这样才能使涂料体系的稳定性加强；如果与基料所带的电荷相反，那么会发生电荷中和，使体系不稳定，最终导致颜料沉淀。

（3）分散剂的类型

① 阴离子型分散剂　主要有二烷基（辛基、己基、丁基）磺酸盐、烷基苯磺酸盐、磺化蓖麻油、十二烷基苯磺酸钠、十二烷基硫酸盐、磺化丁基油酸盐等。

② 阳离子型分散剂　主要有烷基氯化吡啶等。

③ 非离子型分散剂　主要有烷基酚聚氧乙烯醚、脂肪醇聚氧乙烯醚、聚氧乙烯乙二醇烷基酯、聚氧乙烯、二醇烷基苯基醚、乙炔乙二醇等。

此外还有两性型的分散剂。利用表面活性剂作为颜料的分散剂，使用量较少，一般为颜料总量的 1% 以下。但是分散剂对不同的颜料具有专用性，所以在使用时应注意颜料与分散剂的匹配。

8.3.4　制浆造纸工业用分散剂

在制浆造纸工业中分散剂主要用于树脂分散和纸张涂布加工。

（1）树脂分散剂　在制浆造纸过程中，木浆所含树脂，在漂白过程中析出，如不及时分离，会形成黏性淤积物黏附于设备、输送带、纸机的毛毡或烘缸上，淤积物受撞击而脱落，混入浆料，造成制成的纸出现疵斑。阔叶木浆最容易出现这种现象，针叶木浆也时有出现。此外，在生产过程中由于 pH 值、温度或生产系统中的料流突然变化，也会引起树脂附聚物出现。在木浆碱抽提过程中添加表面活性剂可使树脂析出，但析出的树脂通过水洗不可能全部除去，解决这个问题必须使用分散剂。

树脂分散剂品种主要有：脂肪醇聚氧乙烯醚、烷基酚聚氧乙烯醚、甲醛与萘磺酸的缩合物。使用条件为：漂白浆浓度为 6%～7%，pH 值为 8.5，操作温度 35～40℃。

漂白浆在酸处理前或酸处理过程中，添加阴离子型或非离子型分散剂，如脂肪醇聚乙二醇醚，可以解决酸处理过程中漂白浆残留树脂附聚的现象。但一般认为，在洗涤过程中加入分散剂更为合理。效果较好的分散剂有：脂肪醇聚氧乙烯醚、聚氧乙烯、木糖醇单硬脂酸酯、十八烷基三甲基氯化铵、十八烷基二甲基苄基氯化铵、油酸钠等。

（2）纸张涂布用分散剂　纸张涂布加工是纸张精整加工的重要环节，主要为改善纸张的表面性能，以提高适印性、纸张的强度、耐水和耐油性能；赋予纸张以照相显影、记录摹写、防锈防蚀、抗静电和装饰等性能。因此，纸张涂料中需要用到各种助剂。涂布纸有颜料涂布纸、树脂涂布纸、特种涂布纸等，其中占主流的是用于印刷的颜料涂布纸，比如铜版纸、普通涂布印刷纸等。

颜料涂布纸是将由颜料、胶黏剂、助剂配合制成的涂料，经涂布装置涂于纸张表面制得的加工纸。分散剂是纸张涂料中最重要的助剂，其作用是保证涂料中的颜料不发生絮凝和沉降现象，并使涂料的黏度保持尽可能低，具有良好的流动性和涂布适应性，提高胶黏剂与颜料的混合性，以达到提高涂布纸表面强度和印刷适应性的效果。

低含固量涂料中经常用的分散剂为磷酸盐。聚硅酸盐、磷酸氢二铵、萘磺酸与甲醛的缩合物为最早使用的分散剂。随着涂布机的使用，为提高车速和节能，需使用高含固量的涂料。通常采用高分子有机分散剂，如聚丙烯酸钠溶液、聚甲基丙烯酸钠及其衍生物，或二异丁烯与马来酸酐共聚物的二钠盐溶液，以及烷基酚聚氧乙烯醚（OP）、脂肪醇聚氧乙烯醚（平平加）等。一般宜选用较高 HLB 值（HLB 值为 10～20）的表面活性剂。各种分散剂及其适用对象见表 8-10。

表 8-10　分散剂及其适用对象

分散剂	适用颜料	分散剂	适用颜料
非离子型表面活性剂	缎白，滑石粉及一般无机颜料	羧甲基纤维素	碳酸钙
聚丙烯酸钠	白土、缎白及一般无机颜料	羧甲基淀粉	缎白
木质素磺酸钠	碳酸钙	氧化淀粉	缎白
萘磺酸甲醛缩合物	白土	阿拉伯树胶	缎白
聚磷酸盐	碳酸钙、钛白及一般合成颜料	$NaOH$，Na_3PO_4	对阳离子稳定的瓷土、钛白
干酪素、大豆蛋白	碳酸、钙、缎白及合成颜料		

8.3.5　化妆品用分散剂

在生产美容化妆品时常采用表面活性剂作分散剂，所用的被分散原料有滑石、云母、二氧化钛、炭黑等无机颜料和酞菁蓝等有机颜料。使用这些粉体，主要是使化妆品具有好的色调，能遮盖底色，有良好的使用感和防晒功效。为最大限度地发挥它们的功能，必须将它们均匀地分散于化妆品中。为提高粉体的分散度，需添加分散剂和分散助剂。

用作分散剂的表面活性剂有硬脂酸皂、脂肪醇聚氧乙烯醚、脂肪酸聚氧乙烯酯、失水山梨醇脂肪酸酯、二烷基磺化琥珀酸盐、脂肪醇聚氧乙烯醚磷酸盐等。为使粉体在液体中充分分散必须使液体能很好地润湿粉体的表面。因此，在选择表面活性剂时，必须首先考虑粉体表面与分散介质的亲水亲油平衡。通常在水基体系中使用亲油性粉体时，应主要使用亲水性表面活性剂。

8.3.6　石油工业用分散剂

(1) 钻井液用稀释分散剂　钻井液是以泥浆为主要成分配制的，亦称为钻井泥浆。钻井液的性能对钻井效率、防止事故发生起关键的作用，而泥浆的好坏又与钻井液中各类助剂有关。稀释分散剂是其中的一种，当钻井液的黏土和钻屑达到一定浓度时，就会形成空间网状结构，水中的盐类，尤其是高价阳离子会加剧这种结构，使钻井液流动性变差，稀释分散剂能拆散这种结构，释放自由水，从而使泥浆黏度降低。常用的有木质素磺酸盐以及它同 Fe、

Cr离子形成的络合物，单宁和栲胶的苛化物或磺甲基化物，腐殖酸的钠盐、钾盐及其磺甲基化物或硝化物等。此外，还有二羟基萘磺酸钠、低分子量丙烯酸和丙烯酰胺共聚物、有机磷酸盐、1-亚硝基-2-羟基-3,6-二磺酸萘、带有多个羟基的多元苯甲酸、3,4-二羟基苯丙酸盐、4-烷基二羟基苯、2,4-二硝基-1,3-二羟基苯、2,4-二羟基苯乙酮、多元环烷酸、磷酸盐、烷基酚聚氧乙烯醚、脂肪醇聚氧乙烯醚、三氨基二己基五亚甲基磷酸盐等。

(2) 石油产品用分散剂 分散剂是油品添加剂中最主要的添加剂之一，广泛用于燃料油和润滑油中，能把油箱和曲轴箱中的油泥分散开来，使之成为胶体溶液的状态存在于油中，这样油泥就不会堵塞机油滤清器和输送机油的管道，从而赋予油品良好的分散性能。除具有一定分散性能的硫、磷酸盐和磺酸盐外，作用强大的分散剂主要有：甲基丙烯酸的高级醇酯与胺醇酯的共聚物，这些分散剂同时兼有增黏效果；丁二酰亚胺类型的分散剂燃烧后没有灰分，故称它为无灰添加剂。

8.3.7 超分散剂的应用[46]

超分散剂是一类新型高效的聚合物型分散助剂，克服了传统分散剂在分子结构上的局限性。超分散剂又称高分子分散剂，是相对分子质量在1000～10000之间的高效聚合物型分散剂。它与传统的表面活性剂和分散剂相比有如下优势[47]。超分散剂用锚固基团代替表面活性剂上的亲水基团，吸附为不可逆吸附，难发生解吸；以聚合物溶剂化链取代表面活性剂上的亲油基团，链长可调，可起到有效的空间稳定作用；可形成极弱的易于活动的胶束，能迅速移向颗粒表面而起到润湿保护作用。因此，超分散剂广泛用于颜料分散剂、混凝土外添剂、陶瓷分散剂、水煤浆、钻井泥浆、化妆品、食品添加剂、药物和生物技术等领域[48]。

国外从20世纪70年代初开始对超分散剂进行研究，国内从90年代开始有超分散剂的相关报道。尽管国外对高分子的研究起步较早，研究多，但大多适用于油溶体系。目前，国内外对水性体系的研究较少，而由于对环保要求的逐步提高，颜料色浆用溶剂逐渐由油性体系过渡到水性体系，水性体系用高分子分散剂将成为研究的热点。因此水性体系用高效超分散剂和天然高效超分散剂将会是研究的热点。同时，目前国内对于超分散剂的作用机理、超分散剂的分子量及分子量分布等基础理论方面的探讨比较薄弱，需要进一步深入，以确定不同分子量超分散剂的应用领域。

8.4 乳化剂、分散剂发展趋势

乳化剂、分散剂广泛用于涂料、纺织印染、石油、造纸等行业，其发展趋势是开发新的功能及减少污染。

国外一直在致力于乳化剂的多功能性的开发，以及降低乳化剂的成本及应用范围，开展了无皂乳液聚合法的研究。目前涂料用聚合物乳液由于多半使用低分子乳化剂以及保护胶体进行稳定，在成膜过程中它们又滞留于漆膜内部，这样往往造成漆膜耐水性及其他抗性的下降，平整度及光泽差，对温度敏感，易于沾尘。另外这些乳化剂又是具有很高表面活性的物质，所以乳液及制漆体系极易起泡，这样就给生产加工及施工带来困难。另外含这类乳化剂的工厂废水处理也是一个难题，无皂乳液聚合法的研究正是着力解决这一问题。其研究方向有：醋酸乙烯、丙烯酸甲酯等较亲水的单体通过硫酸盐引发，而不用乳化剂的无皂乳液聚合法；以离子型、非离子型的水溶性特殊单体的共聚；用聚乙烯醇、羟乙基纤维素等水溶性聚合物、齐聚物等的聚合。反应型乳化剂也是乳化剂发展的方向之一。反应型乳化剂又称共聚型乳化剂，它对单体有乳化能力，又可通过本身结构中存在的双键参与游离基共聚反应，进入聚合物链中而使生成粒子得到分散稳定。

为减少污染的环保型分散剂是分散剂发展的一大趋势。如 BASF 公司为染涤纶的 Palanil 分散染料开发了一种新的分散剂 Setamol 5110，它是一种芳香族磺酸的缩合物，不同于大多数木质素酸。据报道，它能在水处理中被清除 70％以上[49,50]。

超分散剂（高分子分散剂）的开发及应用研究是分散剂发展的又一方向[51]。超分散剂因其优越的应用性能，广泛应用于塑料、油墨、印刷等行业，尤其是用于涂料具有卓效。超分散剂与某些高档有机颜料配套使用，不同牌号的超分散剂不断问世[52]。

参 考 文 献

[1] 贯名省语. ファイ二ケミカル. 1985，14（8）：75.
[2] 桑村常严. 油化学，1982，31（10）：793.
[3] 化学工业部科学技术情报研究所编. 世界精细化工手册. 北京：煤炭工业出版社，1982.
[4] 刘程. 表面活性剂应用手册. 北京：化学工业出版社，1995.
[5] 合成材料助剂手册编写组. 合成材料助剂手册. 第2版. 北京：化学工业出版社，1985.
[6] 张乔. 饲料添加剂大全. 第2版. 北京：北京工业大学出版社，1985.
[7] 丁忠传. 纺织染整助剂. 北京：纺织工业出版社，1985.
[8] 松蒲良平. 油化学，1985，34（1）：69.
[9] 胡金生，曹同玉，刘庆普. 乳液聚合. 北京：化学工业出版社，1987.
[10] 藤本武彦著. 新表面活性剂入门. 高仲江，顾德荣译. 北京：化学工业出版社，1989.
[11] 宋启煌. 精细化工工艺学. 第3版. 北京：化学工业出版社，2014.
[12] 刘程等. 表面活性剂应用大全. 北京：北京大学出版社，1991.
[13] 项德律，陈兆鸿. 蔗糖酯的合成与应用. 食品发酵工业，1986，（5）：50.
[14] 张永威，易成林，刘晓亚等. 大分子颗粒乳化剂研究进展. 高分子通报，2011，（12）.
[15] Duan L，Chen M，Zhou S，Wu L. Langmuir，2009，25（6）：3467-3472.
[16] Frelichowska J，Bolzinger M A，Valour J P，Mouaziz H，Pelletier J，Chevalier Y. Int J Pharmaceut，2009，368（1-2）：7-15.
[17] Cauvin S，Colver P J，Bon S A F. Macromolecules，2005，38（19）：7887-7889.
[18] Yang F，Liu S，Xu J，Lan Q，Wei F，Sun D. J Colloid Interf Sci，2006，302（1）：159-169.
[19] Yang F，Niu Q，Lan Q，Sun D. J Colloid lnterf Sci，2007，306（2）：285-295.
[20] Binks B P，Lumsdon S O. Langmuir，2000，16（8）：3748-3756.
[21] Binks B P，Dyab A K F，Fletcher P D I. Chern Commun，2003，（20）：2540-2541.
[22] Binks B P，Rodrigues J A，Frith W J. Langmuir，2007，23（7）：3626-3636.
[23] Binks B，Rodrigues J. Ang，ew Chem Int Ed，2007，46（28）：5389-5392.
[24] Fujii S，Read E S，Binks B P，Armes S P. Adv Mater，2005，17（8）：1014-1018.
[25] Fujii S，Armes S P，Binks B P，Murakami R. Langmuir，2006，22（6）：6818-6825.
[26] 蓝强. 表面活性物质与纳米颗粒协同稳定的 Pickering 乳液. 济南：山东大学，2007.
[27] Wu Y，Zhang C，Qu X，Liu Z，Yang Z. Langmuir，2010，26（2）：9442-9448.
[28] 钱逢麟，竺玉书. 涂料助剂. 北京：化学工业出版社，1990.
[29] 田中满. 油化学，1985，34（3）：207.
[30] 黑岩茂隆. 油化学，1985，34（6）：479.
[31] Sagitani H. J. Colloid Inter. Sci.，1982，87：11.
[32] Shinodo K. J. Phys. Chem.，1983，87：2018.
[33] 李宗石，徐明新. 表面活性剂合成与工艺. 北京：轻工业出版社，1990.
[34] Griffin W. C. J. Soc. Cosmetic Chemists，1954，5（4）：1.
[35] 轻工业部设计院编. 日用化工理化数据手册. 北京：轻工业出版社，1981.
[36] 藤本. 新界面活性剂入门. 三洋化成（株），1973，（8）.
[37] A 达泰纳著. 表面活性剂在纺织印染加工中的应用. 施长予等译. 北京：纺织工业出版社，1988.

［38］ R A 巴巴良等著. 表面活性剂在油田开发中的应用. 刘青年等译. 北京：石油工业出版社，1987.

［39］ 樱井男编著. 石油产品添加剂. 石油产品添加剂小组译. 北京：石油工业出版社，1980.

［40］ 松本幸雄著. 食品用乳化剂乳化技术. 日本工业技术会，1985.

［41］ 赵国义. 乳化剂在畜禽饲料中的应用. 养殖技术顾问，2011，(10).

［42］ 富金华，许盾超，陆建英. 乳化剂在动物生产中的应用. 饲料研究，2009，(9)：32-34.

［43］ 李德平. 乳化炸药用乳化剂的现状与发展趋势. 煤矿爆破，2010，(3)：31-33.

［44］ 林红，付晓恒，张付生. 乳化剂在矿物浮选中的应用. 精细与专用化学品，2010，18 (10)：39 -42.

［45］ 李科，李翔字，蒋剑春等. 新型乳化剂制备及其微乳柴油的研究. 生物质化学工程，2010，44 (2)：19-22.

［46］ 张钰，张军平，李垚，孙忠伦. 超分散剂的研究及应用现状. 玻璃钢/复合材料，2012，(6).

［47］ Zi Qiang Wen, Ya Qing Feng, Xiang Gao Li, et al. Surface modification of organic pigment particles for microencapsulated electrophoretic displays. Dyes and Pigments, 2011，92 (1)：554 -562.

［48］ 公瑞煜，李建蓉，王洛礼等. 聚羧酸型梳状共聚物超分散剂的构性关系. 化工学报，2002，53 (11)：1143-1146.

［49］ 戴富强译. 国际染印漂整工作者（英国），1993，78 (9)：40.

［50］ 周渭涛. 印染，1994，20（8）：38.

［51］ 周春隆. 染料工业，1991，28 (3)：41.

［52］ Schofield J D. Surf. Coat Int.，1991，74 (6)：204.

9

流动性能与流变性能改进剂

9.1 流动性能改进剂

从石油开采至炼制的一系列产品，随着环境温度变化，黏度、流动性和凝固点等性质也发生变化，故油品的应用效果受到温度的制约。为了抑制或延缓油品性质随温度的变化，使之在较宽温度范围内均表现出良好的性能，往往需要添加一些能够改善油品流变性的有机助剂。根据应用目的和作用原理的不同，这些助剂可分为降凝剂、低温流动改进剂和黏度指数改进剂。

高含蜡原油是一种因石蜡烃含量高而呈现高凝固点和高黏度的原油，全球开采量很大。由高含蜡原油炼制得到的馏分油，如燃料油和润滑油中也含有较多的石蜡烃。由于石蜡烃在低温下析出，给油品的应用带来诸多不便。目前虽然已有各种方法可脱除石蜡烃，但因此也影响到油品的质量和收率。例如，由含蜡原油制取的润滑油，通过脱蜡工艺处理，可将基础油的凝固点控制在 $-15\sim-10℃$，在低于此温度下工作时，油品中残存的蜡会因温度降低而失去溶解性，析出并形成三维网状结构，将低熔点的油黏附或包覆于其中，从而使油品完全失去流动性，这会造成机器设备的严重磨损，甚至发生事故。解决这一问题的合理途径是适当深度脱蜡，再加入适量的能够阻止低温下析出蜡晶并相互粘接的添加剂，这类添加剂即称为降凝剂。

除润滑油之外，另外一大类重要的油品是燃料油。在炼制过程中，提高终沸点（干点）温度可以增加燃料油的产量，但其中石蜡烃的含量也相应增加。当温度下降至油品浊点时，石蜡烃开始析出，温度愈低，析出蜡愈多，油品尚未完全凝固时，这些析出的蜡晶便可能堵塞柴油机的过滤器。若在燃料油中加入少量的添加剂，使之在浊点附近浸入蜡晶晶核中，形成许多比原来细小的晶核，这些吸附于蜡晶表面的添加剂分子的极性基阻止了蜡晶之间的聚集，从而保证燃料油低温使用时的过滤性和泵送性。这种能够改善燃料油冷过滤性质的添加剂称为低温流动改进剂，它多为低分子量聚合物，在燃料油中的添加量一般为 $0.01\%\sim0.1\%$。

如前所述，油品黏度随温度下降而增大，直至凝固；与此相反，温度上升使分子热运动加剧，油品黏度明显下降。这种油品黏度随温度的变化通常用黏度指数表示，黏度指数愈高，油品黏度随温度变化的程度就愈小。使用时由于机器运行产生的热量导致温度升高，油品黏度便迅速下降，润滑效果变差。它们无法同时满足良好的低温起动性和高温润滑性的双重要求。为此，在润滑油中加入一种低温下增稠能力小、高温下增稠能力大的化合物便能满足上述要求。具有此种作用的添加剂称为黏度指数改进剂，也称增黏剂，是一种油溶性高分子化合物，室温下呈橡胶状或固体，通常用中性油稀释至 5%～10%，以方便使用。

9.1.1　降凝剂

降凝剂又称倾点下降剂，具有降低油品的倾点或凝固点的作用，根据应用对象的不同，有润滑油降凝剂和原油降凝剂之分；根据化合物结构，可分为聚酯、聚烯烃和烷基萘等。

在高含蜡原油的开采和输送过程中，若无强化措施，原油便会凝固在管道中，为防止原油在管道中的凝固，经常采用的方法有加热法、稀释法、热处理法和添加化学降凝剂等。其中加热降黏法，燃料消耗大，一旦停输，很难重新启动；稀释法造成后处理中的一系列困难；热处理法虽然可以改变蜡晶，但对某些原油无效，特别是处理含蜡量 15% 以上的原油时，效果很差；而添加降凝剂的方法相对比较经济、有效，如在江汉油田产的原油中加入一定量的乙烯-醋酸乙烯酯共聚物，可使凝固点降至 3～5℃，低于当地最低地温 7℃。添加降凝剂的方法不仅成本低，而且可用于海上采油和集输。从含蜡原油制取低凝点的润滑油，虽然可以采用深度冷冻脱蜡等方法处理，但油品收率会显著降低；另外，石蜡烃是润滑油的良好组分，将其脱除有损油品质量，故为了保证油品的质量和收率，不宜过度脱除石蜡烃。然而，石蜡烃的存在，又导致油品倾点上升，使油品在较高温度下失去流动性，给使用带来很多不便。在油品中添加降凝剂是解决这一问题的有效途径。

含蜡原油和润滑油失去流动性，均是因其中的石蜡烃在低温下析出了蜡晶，蜡晶进一步结合在一起形成三维网状结构，并把低倾点的油包于其中，因此，只要能够阻止蜡晶三维网状结构的产生，对润滑油而言，可降低其倾点，确保低温下的流动性和润滑性；对原油而言，可降低其凝固点、表观黏度和屈服值，以提高原油的低温流动性，使之在常温下能顺利输送。用于原油和润滑油的降凝剂具有相同的降凝原理，即降凝剂分子中所含的与石蜡烃齿形链结构相同的烷基链段，通过与石蜡烃共晶而改变了蜡的晶形；同时，分子中的极性基团或较易极化的芳环阻止了蜡晶间的凝集，使蜡晶变得松散、均匀，从而延缓或防止导致油品凝固的三维网状结晶的形成。通常，降凝剂只能在含蜡油品中显示降凝作用，但对含蜡量过高的油品降凝效果不显著。适用的降凝剂结构和用量依油品类型、烃组成、黏度和蜡含量等的不同而异。如原油降凝剂就应根据原油产地不同而选择不同的结构。原因是来自不同产地原油的蜡含量、胶质和沥青质含量差异很大。一般降凝剂的添加量为 0.1%～1.0%。因为降凝剂能改变蜡的晶形，使其形成均匀而松散的晶粒，因此在脱蜡过程中少量加入降凝剂，能显著提高过滤速率，降低蜡膏的油含量，提高脱蜡油收率。作此用途的降凝剂称为脱蜡助滤剂。

9.1.1.1　作用原理

(1) 石蜡烃的析出方式　含蜡油品中的石蜡烃以正构烃为主，另有一定量的异构烃和长侧链的环状烃，低温下定向排列形成蜡晶而析出。在无降凝剂存在的情况下，正常的蜡单晶的生长方式如图 9-1 所示。

蜡晶在 X 轴和 Z 轴方向的生长较快，在 Y 轴方向增长很慢，结果形成大的片状或板状结晶，长度大约为 $20～150\mu m$。这些结晶通过其棱角相反黏结成三维网状骨架，它们像吸水的海绵，将低熔点的油吸附或包于其中，使油品失去流动性。依油品不同，蜡含量差异很大，一般炼制油品中蜡含量低于 10%；而原油中蜡含量较高，有时可达百分之几十，不论含蜡量的多少，只要有石蜡烃按上述方式析出，就有可能造成油品的凝固。

(2) 降凝剂的作用原理　在含蜡油中添加降凝剂，并不能阻止石蜡烃的结晶析出，而且在同一冷却条件下，加或不加降凝剂，析出的蜡晶数量相同。但是，降凝剂能够影响蜡晶网状构造的发育过程，使蜡的结晶形态发生变化。如前所述，不含降凝剂的油品在低温下形成 20～150μm 长的片状或板状结晶，而含有降凝剂的油品则形成直径为 10～20μm 带分枝的片状或星形结晶。降凝剂含量愈高，分枝愈多。这种晶粒不易再黏结成网状结构，即使有少量网状结构形成，施加一定的剪切力后也容易破坏

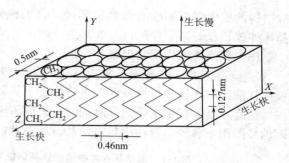

图 9-1 蜡单晶生长方式示意[3]

掉，因此油品的倾点降低。降凝剂改变蜡晶的发育过程可通过晶核作用、吸附作用和共晶作用实现。

① 晶核作用　降凝剂在高于油品浊点温度下结晶析出，成为晶核发育中心，使油品中的小蜡晶增多、细化，从而不易产生大的蜡团。这种作用对于柴油降凝很重要。

② 吸附作用　降凝剂在略低于油品浊点的温度下析出，吸附在已析出的蜡晶晶核的活性中心上；而降凝剂分子中的极性基团和易被极化的芳环等，因与烷烃的排斥作用而处于晶核表面，它们阻止了晶核与晶核之间的凝结，故此，避免了形成三维网状结构。该过程如图 9-2 所示。

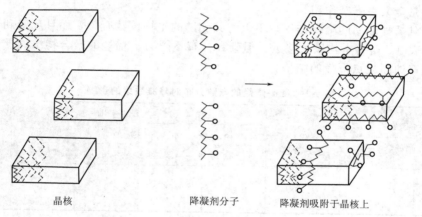

晶核　　　　　降凝剂分子　　　降凝剂吸附于晶核上

图 9-2　降凝剂吸附作用示意
—○极性基团或易被极化的基团

③ 共晶作用　在油品的浊点温度下，降凝剂与蜡共同析出结晶，对蜡晶的生成产生了定向作用，抑制蜡晶向 X 轴和 Z 轴方向的生长，促进其向 Y 轴方向成长。随着添加剂浓度的增加，晶体逐渐转变为不规则的锥形和柱形，不仅增大了蜡晶的体积和比表面积，而且使网状结构难以形成，故不会出现大块结晶现象；另外，降凝剂分子留在蜡晶表面的极性基团、芳环或主链段，具有阻止蜡晶粒间黏结的作用。这种共晶作用如图 9-3 所示。

降凝剂以哪种机理起作用，取决于本身的结构。如润滑油降凝剂中，具有齿形

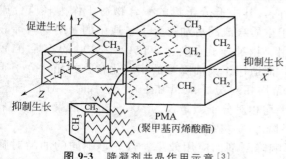

图 9-3　降凝剂共晶作用示意[3]

链结构的聚甲基丙烯酸酯和聚 α-烯烃，借助侧链烷基与蜡共晶，极性的酯基或主链则留在晶体外部，起着屏蔽作用；而烷基萘一般认为是通过吸附作用产生降凝效果的。

（3）影响降凝作用的因素

① 降凝剂的结构与分子量　目前使用的降凝剂大多数是合成高分子，聚合物的侧链、极性官能团的比例和极性强弱、平均分子量等都影响降凝效果。

适宜长度的侧链是合成降凝剂时首先应该考虑的问题。含 10～14 个碳数侧链的聚甲基丙烯酸酯用于各种润滑油中，对油品凝点降低的结果见表 9-1。

表 9-1　聚甲基丙烯酸酯的烷基侧链对其在润滑油品中降凝效果的影响

基础油凝点/℃		变压器油		10 号机械油		透平油
		−10	−25	−7	−18	−6
		含添加剂油品凝点/℃				
聚甲基丙烯酸酯	癸酯	−10	−25	−10	−18	−6
	十二酯	−10	−40	−10	−20	−6
	二四酯	−24	−34	−38	−44	−30

可见，聚甲基丙烯酸酯的侧链平均碳数高于 12，才开始显示降凝效果，聚甲基丙烯酸十四酯在三种不同类型的基础油中添加，均有显著的降凝作用。聚苯乙烯-马来酸酯添加于含 56～58℃ 熔点的石蜡的模拟原油中，侧链含 18 个碳时表现出很好的降凝效果；但降至 14 个碳时，则完全失去降凝作用。

降凝剂对某种油品的降凝作用，不仅与其侧链的平均碳数有关，而且还受到侧链碳数分布的影响，表 9-2 是将平均碳数接近、但碳数分布不同的 α-烯烃的聚合物添加于不同含蜡量的基础油中，油品凝点下降的结果。

表 9-2　聚 α-烯烃的碳数分布对降凝效果的影响

聚 α-烯烃原料			变压器油凝点/℃				
			−18	−20	−17	−14	−13
馏程/℃	碳数分布	平均碳数	添加降凝剂后凝点下降度数/℃[①]				
230～250	C_{12}～C_{14}	12.98	11	10	9	14	15
100～340	C_7～C_{19}	12.88	18	14	9	10	15
十三-1-烯	C_{13}	13.0	11	6	4	2	0

① 降凝剂的添加量为 0.25%。

可见，虽然每种碳数分布的聚 α-烯烃在各种基础油中降凝作用的大小顺序不尽相同，但比较不同碳数分布降凝剂的降凝效果可知，碳数分布愈宽，降凝剂的降凝效果愈好。

根据结构和用途的不同，适于作降凝剂的聚合物的分子量差异很大。如聚甲基丙烯酸酯的平均相对分子质量可在 5000～500000 范围内，其中低分子量的聚合物适于作为轻质合成润滑油的降凝剂，而高分子量的聚合物适宜于重质合成润滑油；分子量适中的聚甲基丙烯酸酯，同时具有降凝和改进油品黏度指数的作用。相对分子质量为 20000～28000 的乙烯-醋酸乙烯酯共聚物对原油表现出良好的降凝作用，而适用于柴油降凝的相应化合物的相对分子质量仅为 1500～2000。聚苯乙烯-马来酸酯的黏均相对分子质量在 9000 左右时，对含 56～58℃ 石蜡的模拟原油有良好的降凝作用；而平均相对分子质量仅为 500～5000 的聚过氧化苯乙烯，添加 0.2% 于原油中，可使原油倾点下降 20℃ 左右。

② 基础油　基础油的性质可从多方面影响降凝剂的应用效果。首先，不同的油品对降凝剂有不同要求，如适用于高蜡原油中的降凝剂，对脱除胶质和沥青质的原油便失去降凝作

用；针对不同地域的原油，应选用适当结构的降凝剂。其次，对于炼制油品，基础油的脱蜡深度和黏度对降凝剂的感受性有着显著影响。将聚α-烯烃添加于不同脱蜡深度的润滑油中，适宜的最佳侧链长度与油品黏度和凝点的关系见图9-4。

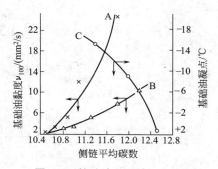

图 9-4 基础油的黏度、凝点对降凝剂的最佳侧链平均碳数的影响

A—深度脱蜡油；B——般脱蜡油；
C—基础油凝点随侧链平均碳数的变化

可见，聚α-烯烃添加于蜡含量低的 A 油品中时，随基础油黏度增加，最佳侧链平均碳数略有增加；相反，添加于蜡含量高的 B 油品中时，最佳侧链平均碳数随基础油的黏度增加，数值急剧增大。这说明对脱蜡深度相近的基础油，聚α-烯烃的最佳侧链平均碳数随基础油黏度上升而增加；但不同的脱蜡深度影响着增加幅度。对黏度相近但脱蜡深度不同的基础油，适用的聚α-烯烃的最佳侧链平均碳数，随基础油脱蜡深度降低（凝点增高）而增加，如图9-4中曲线 C 所示。

基础油的烃组成对降凝作用有着明显的影响。一般烷烃和环烷烃对降凝剂的感受性最好；少环长侧链的轻芳烃有一定的降凝感受性；中、重芳烃的感受性最差，这些组分在油中的含量达到一定程度时，可使降凝剂完全丧失降凝作用。此外，因加工工艺不同，导致油品组成结构不同，会影响降凝剂的作用效果。通常炼制油的馏分愈宽，添加降凝剂的感受性愈好。

基础油的组成不仅影响降凝作用，而且影响含添加剂油品的凝点稳定性。所谓凝点稳定性，系指加有降凝剂的油品，经过长期储存后，凝点是否回升的趋势。若存放后的油品凝点回升到接近未加降凝剂时油品的凝点，表明降凝剂失去降凝作用，这种现象称作"倾点回升"或"倾点逆转"，试验表明具有小片状结晶的重质油品，倾点回升比较严重。另外，倾点回升与降凝剂本身结构有关，已发现加有烷基萘的油品凝点稳定性较差，而加有聚甲基丙烯酸酯和聚α-烯烃的油品凝点比较稳定。

③ 降凝剂的添加量、添加温度及冷却速率　降凝剂的降凝效果与其添加量有关。一般比较适当的用量为 0.2%～0.6%，但有些高含蜡油品需要的添加量高达 1%；而在有些油品中，用量低至 0.05%～0.3%，便能获得满意的效果。

降凝剂只有在高于油品的析蜡点（浊点）温度以上加入，才能在蜡晶形成过程中起到阻止作用。因此，若要使降凝剂表现出较好的降凝效果，必须在高于浊点温度下添加。

冷却速率和预热温度影响蜡的结晶速率和晶粒的粒度，因而对油品凝点产生一定影响，这种影响对于添加有降凝剂的油品同样存在。若油品冷却速率慢，蜡晶可逐渐地均匀析出，有比较充分的时间使降凝剂与石蜡相互作用，从而达到较好的降凝效果。

9.1.1.2　降凝剂的类型与合成

(1) 烷基萘　烷基萘是最早使用的降凝剂，1931 年 Davis 利用氯化石蜡和萘进行 F-C 反应时，偶然发现产物具有降低油品凝点的作用，由此得到第一个降凝剂——烷基萘。制备烷基萘原料易得，工艺简单，产品用于中质和重质润滑油中，有较好的降凝效果，所以至今仍在国内外广泛使用。合成烷基萘时，首先将石蜡氯化，然后氯化石蜡和萘在氯化铝催化剂条件下进行 C-烷基化反应。缩合产物先用氨水和乙醇洗涤，再溶于煤油中，除去废渣，溶液蒸馏，将煤油回收，便得到成品。见图9-5。

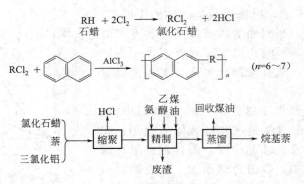

$$RH + 2Cl_2 \longrightarrow RCl_2 + 2HCl$$
石蜡　　　　　氯化石蜡

$$RCl_2 + \text{[naphthalene]} \xrightarrow{AlCl_3} \text{[naphthalene]}-R]_n \quad (n=6\sim7)$$

氯化石蜡　　　　　HCl　　氨 乙醇 煤油　　回收煤油
萘　　→ 缩聚 → 精制 → 蒸馏 → 烷基萘
三氯化铝　　　　　　　　废渣

图 9-5　烷基萘制备工艺流程示意

原料石蜡组成较复杂，故得到的烷基萘中 R 为碳数不同的烷基 $C_m H_{2m}$（$m=60\sim66$）。烷基萘降凝剂的有效成分主要是相对分子质量 1 万左右的缩合物，其中烷基侧链与石蜡烃具有共晶作用，萘环则吸附于晶粒表面，阻止晶粒间的黏附。

（2）聚烯烃类

① 聚 α-烯烃　聚 α-烯烃是含 $6\sim24$ 个碳原子的 α-烯烃的共聚物。这些 α-烯烃由软蜡裂解而成，经适当精制后，在 Ziegler-Natta 催化剂存在下进行聚合，用氢气调节分子量，聚合完毕，通过酯化和水洗脱去催化剂。原料 α-烯烃的转化率可达 90% 以上，后处理完毕，通过蒸馏将未聚合的 α-烯烃除去，加入稀释油并混合均匀，即得产品。见图 9-6。

$$nR-CH=CH_2 \xrightarrow[H_2]{TiCl_3/Al(C_4H_9)_3} \text{[} CH-CH_2 \text{]}_n$$
　　　　　　　　　　　　　　　　　　|
　　　　　　　　　　　　　　　　　　R

R=$C_7\sim C_{18}$的烷基

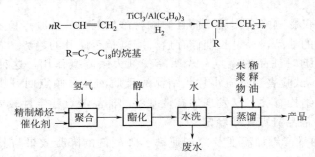

精制烯烃　　氢气　　醇　　水　　未聚物 稀释油
催化剂　→ 聚合 → 酯化 → 水洗 → 蒸馏 → 产品
　　　　　　　　　　　　　废水

图 9-6　聚 α-烯烃制备工艺过程示意

聚 α-烯烃合成工艺简单，价格很便宜，色度浅，且具有良好的降凝效果，是我国在 20 世纪 70 年代自行研制开发的一种降凝剂。国外在 70 年代末期才有文献报道。

② 氢化聚丁二烯　氢化聚丁二烯是由丁二烯均聚物或丁二烯与含 $5\sim8$ 碳原子的共轭脂肪族二烯烃共聚物加氢而得：

$$nCH_2=CH-CH=CH_2 + mR-CH=CH-CH=CH-R' \xrightarrow[\text{加热,溶剂}]{\text{催化剂}}$$

R,R'为氢或烷基

二烯烃单体在环己烷或甲苯溶液中进行配位聚合，得到不饱和度大于 97% 的聚合物，然后，用 Raney 镍作为催化剂，在 $2.03\sim3.03$ MPa、$60\sim70$℃下进行催化加氢，使产物不饱和度达到 40%$\sim$70%。若加氢量不足，不饱和度高于 80% 时，聚合物几乎不表现出任何降凝效果；反之，若聚合度低至 5% 以下时，聚合物在油中基本不溶，也无降低油品凝点的作用。只有不饱和度在 $40\%\sim70\%$ 之间，数均相对分子质量为 $2000\sim2500$ 的聚合物，添加于原油和石油馏分中，才能够有效改善油品的低温流动性。

（3）聚不饱和羧酸酯类降凝剂

① 聚甲基丙烯酸酯　聚甲基丙烯酸酯是一种高效浅色降凝剂，对各种润滑油均显示很好的降凝效果。其制备方法首先是 $C_{16\sim18}$ 高碳醇与甲基丙烯酸反应，生成甲基丙烯酸酯单体；然后以过氧化苯甲酰或偶氮二异丁腈作引发剂，进行溶液聚合。如下所示：

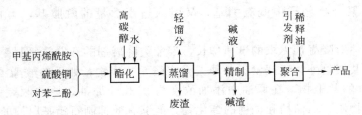

R为$C_{6\sim18}$直链烷基

聚合物的分子量可通过改变引发剂用量、反应温度、溶剂对单体比例和反应时间，或加入分子量调节剂硫醇来控制。

原料甲基丙烯酸可利用生产丙烯腈的副产物氢氰酸，以丙酮吸收得到丙氰醇，然后脱水并使氰基水解成酰胺，酰胺在硫酸铜催化剂下进一步水解成羧酸，如下所示：

以甲基丙烯酰胺为原料的合成工艺过程见图 9-7。在酯化一步加入对苯二酚为阻聚剂，得到甲基丙烯酯，经蒸馏、洗涤，除去各种杂质后，进行自由基型聚合，往聚合产物中直接加入稀释油，即得成品。

图 9-7　聚甲基丙烯酸酯制备工艺路线示意

作为降凝剂使用的聚甲基丙烯酸酯，酯基部分的碳原子数为 $12\sim18$，酯化度为 $10\%\sim30\%$（摩尔比）；适宜的平均相对分子质量为 $5000\sim500000$。其中，低分子量的聚合物可用作轻质合成润滑油的流动改进剂；高分子量的聚合物适于用作重质合成润滑油的流动性改进剂，有时还可同时作为黏度指数改进剂使用；在润滑油中的添加量为 $0.1\%\sim0.5\%$。

② 聚乙烯-醋酸乙烯酯　乙烯-醋酸乙烯酯共聚物是一类适用范围较广的降凝剂，由乙烯和醋酸乙烯酯的自由基型溶液聚合反应制备。如下所示：

所用溶剂可以是苯或环己烷，引发剂为过氧化物，如二叔丁基过氧化物和二月桂酰基过氧化物等。反应条件，包括溶剂种类、引发剂、反应温度、乙烯压力等依生产厂家的不同而异。研究表明，乙烯-醋酸乙烯酯共聚物中，增加乙烯含量，可增加共聚物的油溶性和分散性，但却降低了聚合物对原油的降凝和降屈服值的能力；反之，增高醋酸乙烯酯的含量，则可增强聚合物的降凝和降屈服值效果，但却使油溶性和分散性变差。因此，聚合物中乙烯和醋酸乙烯酯必须保持适当比例，醋酸乙烯酯含量为 35%～45%，相对分子质量为 20000～28000 的共聚物，对含蜡原油有较好的降凝效果。若将聚乙烯-醋酸乙烯酯中的酯基部分水解，或与第 4 单体进行共聚，可提高产品的降凝和减黏效果，很低的添加量便能显著改善原油的低温流动性。

③ 聚苯乙烯-马来酸酐衍生物　苯乙烯-马来酸酐共聚物的侧链上带有易于反应的酸酐官能团，可与醇、胺等反应，生成相应的酯和酰胺。该类化合物自 20 世纪 60 年代末开始用作原油和润滑油的降凝剂，降凝效果优于聚乙烯-醋酸乙烯酯。其制备过程首先是苯乙烯和马来酸酐在苯、甲苯、二甲苯及其混合溶剂中，以过氧化苯甲酰为引发剂进行自由基聚合，所得的聚合物与混合醇和十八胺进一步反应，便可得到降凝剂产品，反应如下所示。

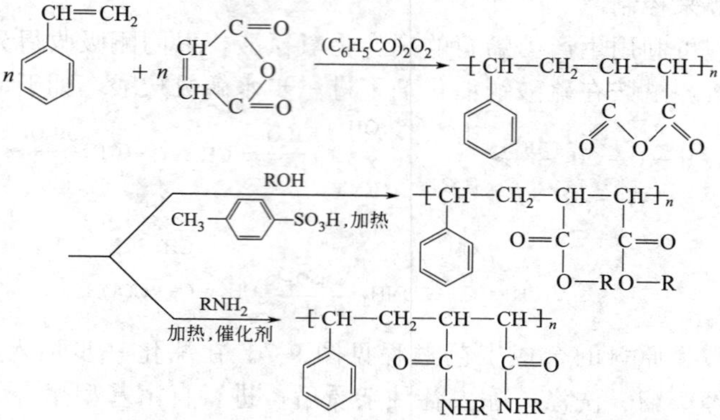

产物能显著降低含蜡原油的凝固点、表观黏度和屈服值，且酯化率增高，有利于改善降凝效果。在同一聚合物分子中既有酯基，又引入适当数量的酰胺基，可提高产品的降凝效果。

随着高蜡原油对降凝剂需求的迅速增长，聚酯类降凝剂的开发与研制受到人们的普遍关注。除上述二元共聚物外，还开发出各种三元或四元共聚物，如丙烯酸酯-醋酸乙烯酯-马来酸酯（1:1:1）的共聚物，在原油中添加浓度为 0.3g/t 原油，原油倾点可下降 21℃。此外，天然高分子物质，如糊精和蔗糖的酯化物，能够有效抑制石蜡基原油的凝结，降低原油黏度和屈服值，故可用于原油储存和输送过程中，抑制蜡的沉积。

9.1.2　低温流动改进剂

从含蜡原油中炼制得到的燃料油，除汽油本身几乎不含石蜡烃外，其他如煤油、柴油和重油中含有不等量的石蜡烃，使得油品在未达到凝点之前已无法通过柴油机过滤器。为满足使用燃料油时的要求，往往不能在炼制时切取足够的数量，或采用尿素脱蜡工序除去石蜡烃，这样不仅限制了燃料油的产量，而且生产灵活性低，成本高，在燃料油中使用低温流动改进剂，能够抑制油品中析出的蜡晶长大，从而防止过滤器被堵塞。

低温流动改进剂（俗称柴油降凝剂）与以上所述为改善润滑油质量，或增加原油可输送性所用降凝剂不同的是，它不仅要能够降低燃料油的倾点，而且还要能够改善低温析出蜡晶的大小和形状，即它是一种兼具改善燃料油倾点和过滤性的添加剂。这类添加剂自 1960 年开始在工业上使用后，发展较快。迄今为止，文献中已经介绍了多种低温流动改进剂，如聚烯烃、聚酯、烯烃-不饱和羧酸酯或酰胺共聚物、烯基琥珀酸亚胺及含芳环的叔胺、酰胺和铵盐等。适于用作低温流动改进剂的聚合物分子量较低，一般在2000~5000范围内，在燃料油中的添加量为0.01%~0.1%。

9.1.2.1 作用机理

(1) 燃料油的低温性质 燃料油的低温性质包括浊点（cloud point，CP）、倾点（pour point，PP）及冷过滤堵塞点（cold filer plugging point，CFPP）。它们所表示的温度点及随温度的变化如图9-8所示。

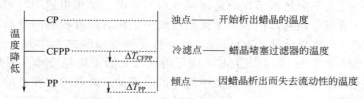

图9-8 燃料油的低温特性

当燃料油冷却时，油中的蜡随温度下降而折出，温度愈低，析出蜡愈多，达到某一点温度时，油品失去流动性，即完全凝固，此温度即为倾点，很多能够使倾点下降的添加剂，在使用过程中发现它无法提高柴油低温下的使用性能，这是因为加入这些添加剂后，使油品凝固点下降，即产生图中ΔT_{PP}的变化，但在低温下形成的蜡晶足以堵塞柴油机的过滤器。在燃料油中，使用过程中需要通过过滤器的主要是各种柴油。为此，Coley等人在1965年提出采用冷过滤堵塞点作为柴油流动性的指标，并确定了测定CFPP的方法。此后，各国分别制定了CFPP的测定标准，并与浊点、倾点一起作为柴油低温使用的标准。如我国的10#、0#、−10#轻柴油表示的就是倾点分别为10℃、0℃和−10℃，冷滤点在12℃、4℃和−5℃的柴油。

(2) 低温流动改进剂的作用原理 柴油在低温下的析蜡过程与其他油品一样，低于浊点时，开始有蜡析出，形成大小约200nm的蜡晶，该蜡晶迅速长大成板状菱形结晶，并相互黏附成三维网状结构，将低熔点的油吸附或包覆于其中，使油品失去流动性。柴油中有0.5%~2%石蜡析出时，油品就会凝固。添加有低温流动改进剂的柴油，在浊点附近，添加剂会作为成核剂与石蜡共同析出，形成许多比原来细小的晶核，而吸附在蜡晶表面上添加剂的极性基，维持了蜡晶的微细分散状态，此外，流动改进剂还具有削弱蜡晶结构强度的作用，故可提高油品的过滤性和泵送性。

与降凝剂一样，低温流动改进剂无法改变蜡析出温度，既不改变燃料油的浊点，也不改变某一温度下的蜡析出量，它所改变的只是蜡晶的形状和大小，阻止其生成三维网状结构。但对于低温流动改进剂，必须能保证蜡晶充分细小，否则便会堵塞过滤器。相同结构的化合物作为降凝剂和低温流动改进剂时，相对分子质量相差很大，如聚甲基丙烯酸酯，作为原油降凝剂使用时，适宜的相对分子质量为20000~28000；而作为低温流动改进剂时，仅为2000左右。近年开发出的小分子低温流动改进剂，相对分子质量在1000~2000之间，虽然添加剂相对分子质量小，但与石蜡烃共晶的侧链长度不变，当蜡晶产生后，极性端阻止了彼此间的黏附与聚集，由此改善燃料油低温下的流动性。

(3) 影响低温流动改进剂应用效果的因素 燃料油组成是影响低温流动改进剂添加效果的主要因素，而油品组成与原油来源、加工工艺、调油配方、馏分组成等有关。

① 石蜡烃结构与含量 添加剂的应用效果随正构石蜡含量增加而降低，故由环烷基原

油炼制的燃料油中，因正构石蜡烃含量低，加添加剂后效果最好；中间基原油次之；石蜡基原油中效果最差。对于相同来源的原油，因加工工艺不同，其中正构石蜡烃的含量与分布不同，故会影响低温流动改进剂的应用效果。通常低温流动改进剂添加于催化裂化柴油、分子筛脱蜡、尿素脱蜡和临氢降凝柴油中，效果最好；用于加氢裂化和热裂化柴油，效果次之；而用于直馏柴油、焦化加氢精制柴油效果最差。此外，添加于多组分调配的柴油或含煤油馏分比例较大的柴油，效果较好。

② 燃料油的组成　在正构烷烃碳数分布宽、单一碳数的正构烷烃相对含量低的燃料油中，添加低温流动改进剂的效果明显。其原因是这类燃料油被冷却时，由于正构烷烃的碳数不同，不会在某一温度下突然析出，而是逐渐地均匀析出。蜡析出速率均匀和缓慢，就有利于流动改进剂与石蜡充分相互作用。为了使燃料油中正构烷烃有较宽的分布，在炼制过程中可将馏分适当加宽。如将重柴油的 90% 蒸馏温度与终沸点温度之差增为 $25\sim30℃$，$20\%\sim90\%$ 馏分的馏出温度之差为 100℃ 以上时，便可得到较宽的正构烃分布。另外可往柴油中加入适量的煤油和重柴油组分，这样的油品中添加低温流动改进剂均有明显的效果。

燃料油中单环芳烃的含量高，添加低温流动改进剂的效果好，其原因是单环芳烃为正构烷烃的良溶剂，低温下能够减少蜡晶析出。若一种柴油所含正构烷烃在 20% 左右，芳烃含量也在 20% 左右，并有适当的馏分宽度，加流动改进剂后，一般都有明显的效果。由于燃料油组成比较复杂，故使用低温流动改进剂时，应综合考虑各种因素，并且很有必要研制开发对高蜡、窄馏分燃料油有效的新型添加剂。

9.1.2.2　低温流动改进剂的类型与合成

目前，在工业生产上使用的燃料油低温流动改进剂主要有聚烯烃、烯烃-不饱和羧酸酯共聚物、烯基琥珀酰胺及其衍生物及含芳环的仲胺、酰胺和铵盐等。通常的低温流动改进剂产品都用煤油或相当于煤油馏分的芳烃作稀释油，有效成分为 50% 左右。

(1) 烯烃-不饱和羧酸酯共聚物　这类共聚物的代表产品是聚乙烯-醋酸乙烯酯，它是目前使用最广，效果也比较明显的柴油低温流动改进剂。聚乙烯-醋酸乙烯酯中醋酸乙烯酯链段的比例、平均相对分子质量及共聚物的支链度等是影响产品应用性能的主要因素。醋酸乙烯酯含量为 $35\%\sim45\%$ 的产品，降凝效果较好；而含量为 $25\%\sim40\%$ 的产品，改善冷滤点效果较好。平均相对分子质量为 $1500\sim3000$ 的产品适于作低温流动改进剂，对馏分较轻的燃料油，平均相对分子质量可适当小些；共聚物的支链度小于 $6CH_3/100CH_2$ 的产品，表现出较明显的改善冷滤点效果。共聚时加入第三单体，如高碳数的 α-烯烃、反丁烯二酸酯、丙烯酸酯、甲基丙烯酸酯、苯乙烯、含氮极性化合物等，具有改进产品油溶性或蜡晶分散性等作用，因而提高了产品的应用性能。

将两种不同的乙烯-醋酸乙烯酯共聚物组合使用，可大大改进中间馏分油对流动性能改进剂的感受性。这两种共聚物可以是酯单体的比例不同，也可以是相对分子质量不同。其中一种功能是抑制石蜡的成长，另一种功能是充当成核剂。一般来说，成核剂应具有比较长的聚乙烯链段，而石蜡成长抑制剂应是相对分子质量比较低、醋酸乙烯酯含量较高的共聚物，其原因是极性基团的存在可有效阻止蜡晶间的黏附。

乙烯-丙烯酸酯共聚物作为低温流动改进剂时，适宜的相对分子质量为 3000 左右，经常与聚乙烯-醋酸乙烯酯配合使用，但因原料价格较贵，使用远不及乙烯-醋酸乙烯酯共聚物普遍。

(2) 烯基丁二酸酰胺及其衍生物

① 烯基丁二酸酰胺　又称烯基琥珀酸酰胺，是异构化的 $C_{15}\sim C_{20}\alpha$-烯烃与马来酸酐反应，然后由脂肪胺与酐基进行酰化所得的产物，反应方程式如下：

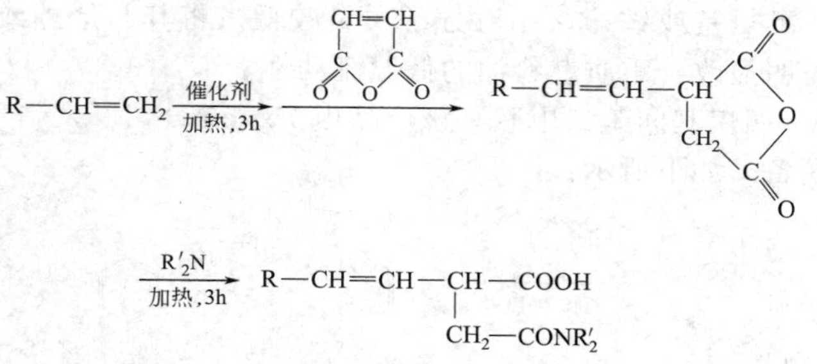

R,R′为直链烷基

C₁₅～C₂₀α-烯烃在 205℃左右、0.3％小球硅铝催化剂存在下，反应 3h，使烯烃异构化；然后加入马来酸酐，异构化烯烃与马来酸酐的摩尔比为 2∶1，在 230℃、0.3MPa 压力下反应 3h 得到烯基丁二酸酐，然后将该反应物与十六或十八烷基仲胺按 1∶1 摩尔比混合，加热到 66℃得到产品。烯基丁二酸酰胺是兼具分散、破乳、防锈等多种功能的柴油低温流动改进剂，经常与其他结构的添加剂，如烷基萘、聚乙烯-醋酸乙烯酯等配合使用，具有显著的加合增效作用。

② 烯基琥珀酸亚胺羧酸酯　这是一种 20 世纪 90 年代开发出的燃料油低温流动改进剂，较之烯基琥珀酸酰胺，分子中含较多的亲水性基团，由烯基琥珀酸的酰化、与环氧乙烷加成和酯化反应制备，如下所示：

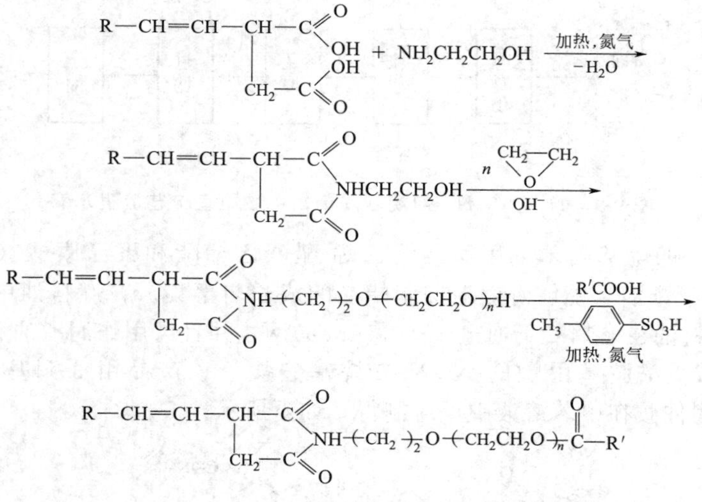

R,R′为直链烷基，n=4～6

首先是烯基琥珀酸和单乙醇胺以等摩尔比，在 130～150℃有氮气保护下，进行 3～10h 的脱水反应；再在氢氧化钙催化剂作用下，于加压装置中与环氧乙烷进行加成反应，150℃左右边控制压力边通入环氧乙烷，全部环氧乙烷通入后，得到羟值为 105 的中间产物；最后与等摩尔的高级脂肪酸，以对甲苯磺酸作催化剂，于 150～160℃下边通氮气边反应，得到相应的酯化产物。产物中少量未反应物的存在，不影响其应用性能。

烯基琥珀酸亚胺羧酸酯可与烷基萘、聚乙烯-醋酸乙烯酯、聚甲基丙烯酸酯和烯基琥珀酰胺等复合使用，添加于重质窄沸程燃料油中，具有很好的溶解度，不仅提高了低温流动性能，而且阻止了蜡在底部的沉积，从而无法形成高密度的蜡层。

(3) 含芳环的叔胺、酰胺和铵盐　含芳环的叔胺、酰胺和铵盐是 20 世纪 80 年代末开发出的燃料油低温流动改进剂，其特点是分子中同时含有芳环、长链烷基和极性官能团，极性官能团可以是氨基、酰氨基或铵盐，相对分子质量较低。将其与聚酯或烯烃-不饱和羧酸酯共聚物配合使用，可明显改善重质燃料油的低温流动性。

① N,N,N',N'-四烷基间苯二甲胺　该产品由 Exxon 公司开发，用邻苯二甲酰氯与仲胺反应，然后加氢制备，如下所示：

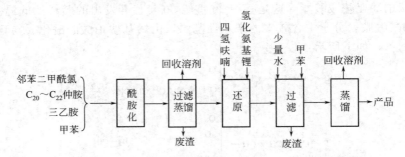

R^1, R^2 为 $C_{20} \sim C_{22}$ 直链烷基

第一步反应过程中，邻苯二甲酰氯与仲胺的摩尔比为 $1:2$，甲苯作溶剂、三乙胺为缚酸剂，在 $60 \sim 70℃$ 下使两个酰氯基完全反应，过滤除去三乙胺盐酸盐，并将溶剂蒸发后，得到二酰胺；第二步羰基还原反应是以氢化氨基锂作还原剂，在四氢呋喃溶液中回流 $45min$，随后加入适量甲苯并加热至 $70℃$，过滤，除去甲苯中不溶物，滤液蒸馏，回收溶剂，釜底物即为产品。该工艺过程如图 9-9 所示。

图中文字：四氢呋喃　氢化氨基锂　少量水　甲苯　回收溶剂　回收溶剂

邻苯二甲酰氯　$C_{20} \sim C_{22}$ 仲胺　三乙胺　甲苯　→　酰胺化　→　过滤蒸馏　→　还原　→　过滤　→　蒸馏　→　产品

废渣　废渣

图 9-9　N,N,N',N'-四烷基间苯二甲胺制备工艺流程示意

N,N,N',N'-四烷基间苯二甲胺与聚乙烯-醋酸乙烯酯和聚己康酸（$C_{16} \sim C_{18}$）酯以 $1:1:1$ 的重量比复配后，能够有效地抑制蜡晶的成长与聚集。在燃料油中添加 $8 \times 10^{-4} g/L$，可使原 $0^\#$ 燃料油在 $-14℃$ 下通过 $10 \sim 15 \mu m$ 滤网，并且可用作润滑油和原油降凝剂。

② 2-N,N-二烷酰胺苯甲酸的 N,N-二烷基铵盐　该产品由 3-硝基邻苯二甲酸酐与 $C_{16} \sim C_{18}$ 烷基取代仲胺在甲苯溶液中反应制得，如下所示：

R^1, R^2 为 $C_{16} \sim C_{18}$ 直链烷基

$C_{16} \sim C_{18}$ 烷基取代仲胺多用二氢化牛脂胺，反应完毕，减压脱除溶剂，即得到半胺半铵盐的产品。该产品与苯乙烯-马来酸酯共聚物、乙烯-醋酸乙烯酯共聚物等复配后，添加 $5 \times 10^{-4} g/L$ 于 $-10^\#$ 燃料油中，使油品冷滤点降至 $-20^\#$ 燃料油的水平，即可在 $-14℃$ 下顺利通过 $10 \mu m$ 滤网。

这类结构的化合物极性大于 N,N,N',N'-四烷基间苯二甲胺类添加剂，若两者配合使用，可进一步提高对油品低温流动性能改善的效果。除用 3-硝基邻苯二甲酸酐作原料外，适于合成类似结构化合物的原料还有 3-甲酸酯基邻苯二甲酸酐、3-羧基邻苯二甲酸酐、3-甲氧基邻苯二甲酸酐和 2-羧基苯磺酸等，它们与仲胺反应得到的半酰胺、半铵盐衍生物，均

有改善燃料油低温流动性的作用。

9.1.3 黏度指数改进剂

　　理想的润滑油，应该具有这样一种黏温特性，即在低温时比较稀，以减小油品内部的摩擦损失，且发动机的低温启动性能比较好；高温时又能保证充分的润滑。评价润滑油黏温特性的指标称为黏度指数（viscosity index，VI），它是一种无因次的约定度量单位，可根据40 ℃和100 ℃的运动黏度计算出来。若润滑油的黏度指数较高，黏温曲线平缓，即随温度上升黏度下降幅度较小，该润滑油便具有很好的低温起动性和高温润滑能力，且四季均可使用。为了提高润滑油的黏度指数，往往在基础油中加入一类油溶性高分子化合物，如苯乙烯-双烯共聚物、乙烯-丙烯共聚物、聚甲基丙烯酸酯等，得到低温启动性能好、高温又能保持适当黏度的稠化机油，即缩小了由于温度上升带来的黏度下降的幅度。具有这种作用的高分子物质称为黏度指数改进剂或增黏剂。

　　黏度指数改进剂是一种油溶性线型高分子化合物，因其在室温下一般呈橡胶状或固体，故常用中性油稀释至5％～10％，以便于使用。在黏度较低的基础油中添加1％～10％的增黏剂，不仅可以提高黏度，而且能显著改善黏温性能，适用宽温度使用范围对黏度的要求。例如，溶剂精制法得到的石蜡基润滑油，黏度指数在100 ℃左右；加氢精制的润滑油为110～120 ℃；而含有黏度指数改进剂的稠化机油可以达到150～200 ℃，因此稠化机油在低温时有稀薄润滑油的良好启动性能与摩擦特性，在高温时又有黏性较大油品的良好润滑性能，可同时满足多种黏度级别要求。由于这种原因，稠化机油也称为多级油。

　　自20世纪30年代高分子物质被用于润滑油的黏度指数改进剂后，这类添加剂得到持续不断的发展，其原因主要有如下几个方面：① 用增黏剂配制的多级内燃机油、齿轮油和其他油品，黏温性能好，具有良好的低温起动性和高温润滑能力；②使用黏度指数改进剂的多级内燃机油和稠化机油等，与相同黏度级别的单级油相比，可显著降低摩擦阻力和轴承磨损；③ 采用多级油，可简化油品种类，实现油品通用化；④将轻质低黏度润滑油转变为高黏度油品，增产重质润滑油，更合理地利用资源。

9.1.3.1 作用机理

(1) 多级油黏度的表示方法　　通常，表示稠化机油黏度及其变化的有增比黏度、比浓黏度、固有黏度和黏温指数等。

　　① 增比黏度（η_{sp}）　　表示含黏度指数改进剂油品的黏度较基础油黏度增加的比例，由下式计算而得：

$$\eta_{sp} = \frac{\eta - \eta_0}{\eta_0}$$

式中，η_0 和 η 分别为添加黏度指数改进剂前后的运动黏度。

　　② 比浓黏度（η_{red}）　　表示当浓度为 c 时，单位浓度的高分子黏度指数改进剂对黏度的贡献，由下式计算而得：

$$\eta_{red} = \eta_{sp}/c$$

式中，c 为黏度指数改进剂的浓度，$g/100cm^3$。

　　③ 固有黏度［η］　　表示添加剂浓度很低时溶液的比浓黏度，如下式所示：

$$[\eta] = \lim_{c \to 0} \frac{\eta_{sp}}{c}$$

固有黏度也称 Staudinger 指数，其值取决于溶剂和温度。根据 Huggins 方程，可推导出比浓黏度与常温时固有黏度之间的关系，如下式所示：

$$\frac{\eta_{sp}}{c}=[\eta]+K[\eta]^2c$$

式中，K 反映了卷曲的聚合物分子的结构、形态、流动性及空间位阻的影响。

④ 黏温指数（Q） 表示在 99℃和 38℃范围内含黏度指数改进剂油品黏温性能的变化，由下式计算而得：

$$Q=\frac{\eta_{sp}(99℃)}{\eta_{sp}(38℃)}$$

通常黏温指数作为评价黏度指数改进剂应用效果的一项指标。

（2）黏度指数改进剂的作用原理 润滑油黏度指数的提高，取决于聚合物分子间以及聚合物分子与润滑油分子之间的相互作用。根据在溶液中含量的大小，线性聚合物大分子可以不同程度地卷曲起来或伸展开来，即在溶液中形成颗粒性结构或网状结构。在溶解性良好的溶剂中，聚合物分子被溶剂分子所包围，形成溶剂外壳，几乎不存在高聚物分子内或分子间的吸引力，聚合物分子呈舒展状；而在溶解性略低的溶剂中，尽管聚合物分子仍呈伸展状态，但通过分子内或分子间的内聚力互相吸引，从而表现出对溶剂具有稠化作用。因此，在溶解性较好的溶剂中能得到高的固有黏度，而在溶解性能不好的溶剂中则得到的是低的固有黏度。又因为聚合物的溶解度随着温度的上升而增大，故与良溶剂相比，聚合物在不良溶剂中的固有黏度增大值要大得多。理想的黏度指数改进剂就应该是那种能溶于基础油，但基础油又不是其良溶剂的聚合物。

多级通用润滑油中使用的黏度指数改进剂，在常温下最好能呈颗粒性溶液状态，而形成网状结构的聚合物和聚合物分子间的相互作用只占次要地位，不会因添加剂分子间的相互作用而增加低温下油品的黏度；反之，若黏度指数改进剂在油品中呈伸展状态，聚合物分子间互相吸引，在常温下便有明显的稠化效应，而不可能有良好的黏度指数改进效果。换言之，聚合物在基础油中的溶解度随温度的变化幅度愈大，作为黏度指数改进剂时的应用效果愈好。按照聚合物溶液理论，它在选定的最低温度下应处于 Q（黏温指数）状态，即溶解度很差，有较多的卷曲分子，没有流体动力学的相互作用，已接近要沉淀出来的状态；而在选定的最高温度下，它的溶解性较好，卷曲分子少，基础油成为优于 Q 溶剂。聚合物的这种变化过程如图 9-10 所示。

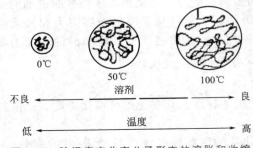

图 9-10 随温度变化高分子形态的溶胀和收缩

这样，在所要求的温度范围内，油品随温度上升而呈现出最大的固有黏度增长值，即黏温指数 Q 值较大。表 9-3 列出了不同结构黏度指数改进剂的种类及其不同添加量下的黏度指数（VI）和黏温指数（Q）。

表 9-3 黏度指数改进剂的种类和黏温性能

黏度指数改进剂	添加浓度/%（质量分数）	VI	Q
氢化苯乙烯-双烯共聚物	0.8	131	0.87
	2.0	152	0.86
乙烯-丙烯共聚物	0.8	152	0.87
	2.0	184	0.88
聚甲基丙烯酸酯	0.8	156	1.40
	2.0	196	1.35

可见，两者不呈比例关系，只有 $Q>1$ 的聚合物，才表现出具有改善黏温性能的作用。将这三种物质的比浓黏度随温度的变化作图，分别如图 9-11 所示。

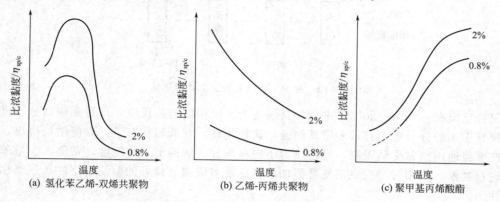

图 9-11 含聚合物油品的比浓黏度与温度的关系

可见，聚甲基丙烯酸酯在低温时，对黏度贡献小；而在较高温度下，比浓黏度显著增大，故 $Q>1$。相反，乙烯-丙烯共聚物在低温时比浓黏度高，随着温度升高，比浓黏度减小；而氢化苯乙烯-双烯共聚物随温度升高，起初比浓黏度呈上升趋势，到一定温度，比浓黏度急剧下降，最终两者的 Q 值均小于 1，起不到改善黏温性能的作用。有人认为，苯乙烯-双烯共聚物和乙烯-丙烯共聚物，卷曲分子体积明显地随温度上升而缩减；但聚甲基丙烯酸酯随温度上升体积增大。因此，聚合物卷曲分子因温度上升而造成的体积膨胀，对于改善黏温性能很重要。此外，低黏度基础油比高黏度油具有更加平滑的黏温曲线，在比较具有相同高温黏度的单级油和多级油时，会发现后者的黏温曲线较平滑，黏度指数较高。由此制造多级油时，一般都使用低黏度基础油。

从黏度指数和黏温指数的定义可知，前者仅考虑了含添加剂油品在 40℃ 和 100℃ 下的运动黏度的变化；而后者还考虑了基础油黏度随温度升高而发生的变化。因此，两者之间无明确关系，同时也说明黏度指数改进剂的实际应用效果取决于基础油和添加剂两方面。

9.1.3.2 黏度指数改进剂的类型及合成

理论上讲，油溶性的链状高分子化合物添加于润滑油中，或多或少都有增加油品黏度的作用，但是，实际上能够作为黏度指数改进剂使用的只是那些既能满足多级油各种应用性能要求，经济上又比较合理的聚合物，包括聚烯烃、聚酯和含氮共聚物等。

（1）聚烯烃类黏度指数改进剂

① 聚异丁烯 聚异丁烯是第一个作为黏度指数改进剂的产品，适宜的相对分子质量为 10000～15000，具有良好的增黏作用和热氧化稳定性。采用阳离子聚合方法制备，以炼油厂裂解生成的丁烷-丁烯馏分作原料，Lewis 酸，如 $AlCl_3$、BF_3、$AlCl_3$-$Al(i$-$C_4H_9)_3$（双铝催化剂）和 $AlCl_3$ - 甲苯-二氯乙烷等作催化剂，在 $-60～-30℃$ 下聚合，如下所示：

$$n CH_2 = \underset{\underset{CH_3}{|}}{\overset{\overset{CH_3}{|}}{C}} - CH_3 \xrightarrow[-60～-30℃]{Lewis酸} \left[CH_2 - \underset{\underset{CH_3}{|}}{\overset{\overset{CH_3}{|}}{C}} \right]_n$$

反应可以卤代烃或低分子饱和烃作溶剂，也可不用溶剂进行本体聚合。聚合产物水洗，蒸馏除去低聚物，然后溶解于稀释油中，过滤，除去机械杂质，即得成品。工艺过程如图 9-12 所示。

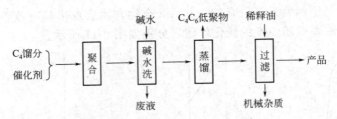

图 9-12　聚异丁烯的制备工艺流程示意

聚合反应在 $-60\sim-30℃$ 下进行，目的是为了减少链转移反应，以得到较高分子量的产品。聚异丁烯的分子链上有很多甲基侧链，比较刚硬，在低温状态下，黏度增长很快，因此在生产多级通用油时受到限制。另外，为了提高聚异丁烯的剪切稳定性，常加入少量苯乙烯单体进行共聚，使用时与抗氧剂复合添加，可保证多级油有良好的剪切稳定性和热氧化降解稳定性。

② 乙烯-丙烯共聚物　作为黏度指数改进剂的乙烯-丙烯共聚物可通过两条途径获得。其一是直接合成法，聚合工艺与乙丙橡胶相似，采用钒系催化剂 $[VOCl_3\text{-}Al_2(C_3H_5)_3Cl_3/VO(C_4H_9)_3\text{-}Al(C_2H_5)_2Cl]$，在 $10\sim50℃$ 进行溶液配位聚合，一般用氢气或加三氯乙酸乙酯（ETCF）调节分子量，如下所示：

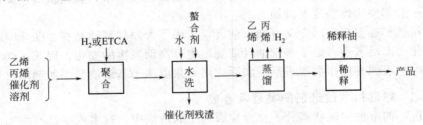

合成得到的聚合物，经水洗除去催化剂残渣，然后再蒸馏除去低分子挥发单体，用稀释油稀释即得产品，工艺过程如图 9-13 所示。

图 9-13　乙烯-丙烯共聚物的制备工艺流程

首先原料单体乙烯与丙烯的比例一般在（50∶50）～（60∶40）（摩尔比）范围内。若乙烯含量过高，聚合物结晶度增加，油溶性变坏，低温下易形成凝胶，但有利于提高黏温性能；反之，若丙烯含量过高，则因主链碳数减少，使增黏能力降低，且由于叔碳氢增加，导致聚合物的热氧化稳定性变差。作为黏度指数改进剂，聚合物的结晶度应低于 15%。

其二是将分子量较高的乙丙橡胶，在 $150℃$、氮气保护下施以高剪切应力，如高速搅拌或挤压，使其降解到预定的分子量。Exxon 公司生产的 Paratone 700 系列黏度指数改进剂即采用这种工艺。

乙烯-丙烯共聚物具有较高的增黏能力和剪切稳定性，可用于配制多级柴油机油，但其低温性能较差，用于配制低黏度多级内燃机油时，最好与聚酯类降凝剂复合使用。在乙烯-丙烯链上通过接枝引入含氮极性单体，可以得到具有分散性的黏度指数改进剂。制备过程首先是主链上出现可反应的接枝点，然后与极性单体反应。使主链上产生接枝点的方法有：热氧化法、自由基引发法和共聚双烯单体法等。

a. **热氧化法**　通过热氧化法产生链自由基，然后与极性单体反应，如下所示：

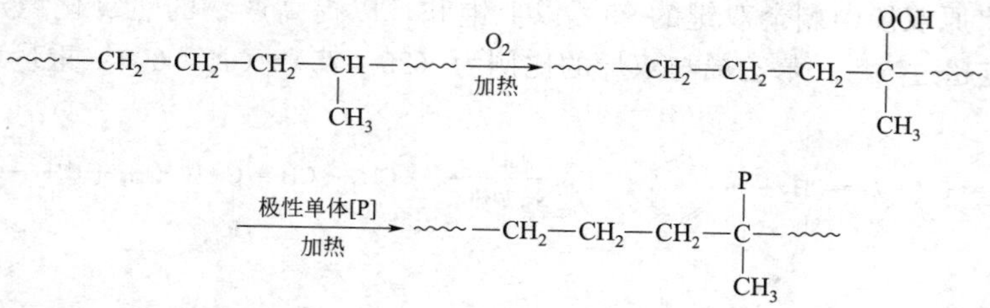

$$\sim\!\!-CH_2\!-\!CH_2\!-\!CH_2\!-\!\underset{\underset{CH_3}{|}}{C}H\!-\!\!\sim \xrightarrow[\text{加热}]{O_2} \sim\!\!-CH_2\!-\!CH_2\!-\!CH_2\!-\!\underset{\underset{CH_3}{|}}{\overset{\overset{OOH}{|}}{C}}\!\!\sim$$

$$\xrightarrow[\text{加热}]{\text{极性单体[P]}} \sim\!\!-CH_2\!-\!CH_2\!-\!CH_2\!-\!\underset{\underset{CH_3}{|}}{\overset{\overset{P}{|}}{C}}\!\!\sim$$

b. **自由基引发法**　在引发剂存在下，使乙烯-丙烯共聚物热分解产生自由基，引发烯类单体的接枝聚合。这种接枝上的单体往往具有很高的极性，如马来酸酐，它易于进一步反应，同时引入具有一定长度的其他官能团，如下所示：

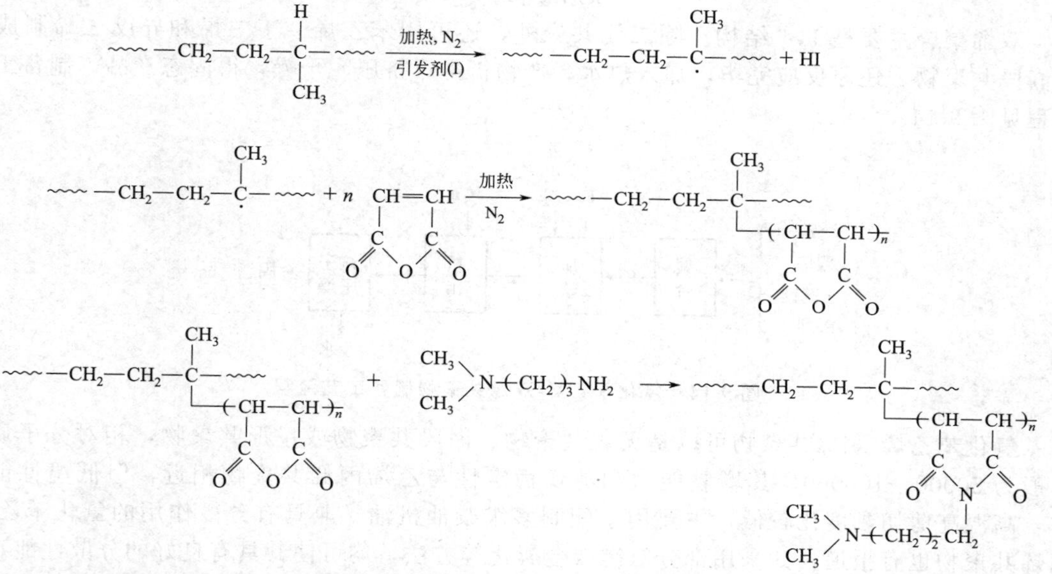

$$\sim\!\!-CH_2\!-\!CH_2\!-\!\underset{\underset{CH_3}{|}}{\overset{\overset{H}{|}}{C}}\!-\!\!\sim \xrightarrow[\text{引发剂(I)}]{\text{加热, } N_2} \sim\!\!-CH_2\!-\!CH_2\!-\!\underset{\underset{CH_3}{|}}{\overset{}{\dot{C}}}\!-\!\!\sim + HI$$

$$\sim\!\!-CH_2\!-\!CH_2\!-\!\underset{\underset{CH_3}{|}}{\dot{C}}\!-\!\!\sim + n\ CH\!=\!CH\cdots \xrightarrow[N_2]{\text{加热}}$$

c. **共聚双烯单体法**　由双烯类单体聚合得到的聚合物侧链中含双键，它可以转化为活性官能团，如环氧基等，从而与极性单体作用，如下所示：

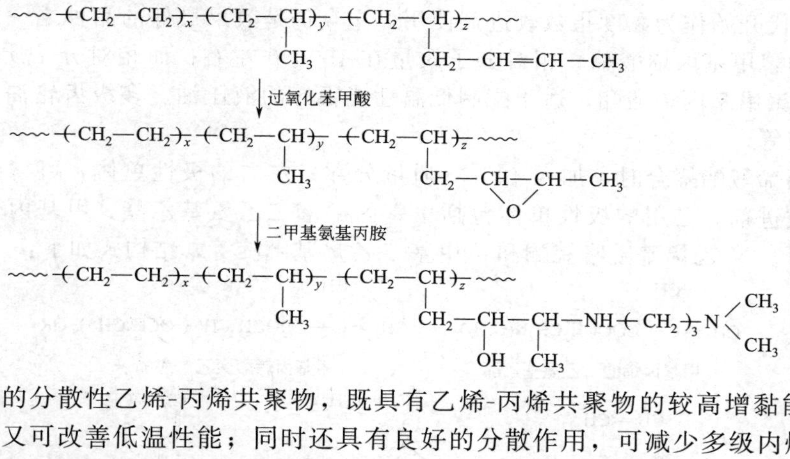

$$\sim\!\!(CH_2\!-\!CH_2)_x\!(CH_2\!-\!CH)_y\!(CH_2\!-\!CH)_z\!\!\sim$$

由此得到的分散性乙烯-丙烯共聚物，既具有乙烯-丙烯共聚物的较高增黏能力和剪切稳定性的优点，又可改善低温性能；同时还具有良好的分散作用，可减少多级内燃机油中无灰分散剂的用量，这样就可采用黏度较高的基础油，进一步提高了多级油的使用性能。分散型黏度指数改进剂的开发，已成为发展黏度指数改进剂的一个主要趋势。

③ **氢化苯乙烯-双烯共聚物**　系由苯乙烯与丁二烯或异戊二烯通过阴离子聚合，再催化

加氢而得。首先以丁基锂作催化剂，在50℃左右进行溶液聚合，再以有机镍和三烷基铝作催化剂加氢，将原双烯中剩余双键的95%以上饱和，以提高产物的热氧化稳定性；但苯环上的双键氢化不应超过5%。苯乙烯与双烯的比例为（25∶75）～（40∶60）（重量比）。如下所示：

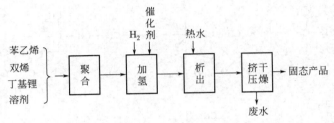

R为H或甲基

双烯聚合主要是1,4-结构。除二元共聚外，还可用苯乙烯、丁二烯和异戊二烯制成三元嵌段共聚物。还原反应完毕，加入热水，产物析出，挤压、干燥，得固态产品，制备工艺过程见图9-14。

图9-14　氢化苯乙烯-双烯共聚物制备工艺流程

氢化苯乙烯-双烯共聚物可以是无规共聚物、嵌段共聚物或星形共聚物，相对分子质量一般为50000～100000，其增黏能力和剪切稳定性与乙烯丙烯共聚物相近，但低温性能较差，高温高剪切黏度比较低，主要用于配制多级柴油机油。兼具有分散作用的氢化苯乙烯-双烯共聚物也有报道，如采用部分双键或金属化等方法，均可使其具有良好的分散性能。

（2）聚酯类黏度指数改进剂

① 聚甲基丙烯酸酯　聚甲基丙烯酸酯具有良好的氧化稳定性和黏温指数改进效果，自20世纪50年代开始作为黏度指数改进剂使用，迄今仍是效果最好的品种之一。用于配制多级内燃机油的聚甲基丙烯酸酯，相对分子质量在150000左右；而相对分子质量在20000～30000范围的聚甲基丙烯酸酯，适于配制低温性能很好的液压油、多级齿轮油、数控机床油和自动传动液等。

在甲基丙烯酸酯聚合时，加入10%（质量分数）左右的极性单体，可得到具有分散性的黏度指数改进剂。已用的极性单体包括甲基丙烯酸二乙氨基乙酯、甲基丙烯酸聚乙二醇酯、马来酸酐、N-乙烯基吡咯烷酮和α-甲基-5-乙烯基吡啶等，结构式如下：

$$CH_2=C-COOCH_2CH_2N(C_2H_5)_2$$
甲基丙烯酸二乙氨基乙酯

$$CH_2=C-COOCH_2(OCH_2CH_2)_n OR$$
甲基丙烯酸聚乙二醇酯

马来酸酐　　　　N-乙烯基吡咯烷酮　　　　α-甲基-5-乙烯基吡啶

使用这类分散型黏度指数改进剂，可降低多级油中无灰分散剂的用量。

② 聚苯乙烯-马来酸酐衍生物　系由苯乙烯与马来酸酐进行自由基聚合，然后将酸酐胺化和酯化而得。共聚物的胺化和酯化反应如下所示：

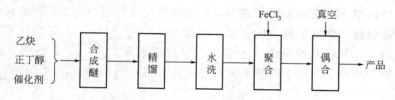

与用作降凝剂的聚苯乙烯-马来酸酐衍生物所不同的是，酰胺部分不是直链烷基取代，但两者的制备工艺过程基本相同。聚苯乙烯-马来酸酐衍生物是一种低温性能较好，并具有一定分散性的黏度指数改进剂，但剪切稳定性较差，目前由美国 Lubrizol 公司生产。

(3) 聚乙烯基醚类黏度指数改进剂　唯一使用的聚乙烯基醚类黏度指数改进剂是聚正丁基乙烯基醚，由正丁基乙烯基醚均聚合而得。单体正丁基乙烯基醚则由乙炔和丁醇在催化剂作用下制备，反应式见下式：

$$C_4H_9OH + CH \equiv CH \xrightarrow{BF_3 \cdot H_2O} CH_2 = CH - O - C_4H_9$$

$$m CH_2 = CH - O - C_4H_9 \xrightarrow[\text{或}BF_3]{FeCl_3, SnCl_4} +CH_2 - CH\frac{}{}_m$$
$$O - C_4H_9$$

聚合得到的产物相对分子质量在 10000 左右，直接调合为成品。工艺流程见图 9-15。

图 9-15　聚正丁基乙烯基醚的制备工艺过程

聚正丁基乙烯基醚具有良好的剪切稳定性和低温性能，但增黏能力和热氧化稳定性差，故其应用受到较大限制。

9.1.4　流动性能改进剂的发展趋势

解决高含蜡原油的长距离管道输送问题成为降凝剂研制开发的热点。由于原油中含大量胶质、沥青质等非烃组分，它们有时可促进降凝剂的降凝效果，有时又会抑制其作用。例如，一般原油降凝剂对脱除胶质和沥青质的原油无降凝作用，即胶质和沥青质对降凝剂发挥其降凝效果具有促进作用；但大庆原油中所含的一种端基带有羟基的醚类胶质，几乎对所有降凝剂都有强烈的抑制作用。将比较成熟的润滑油降凝剂用于该原油中，往往没有明显的降凝效果。随着世界含蜡原油产量的日益增长，为了能够对其进行经济合理的管道输送，各国竞相开发各种新型降凝剂品种，降凝剂的开发表现出如下几个特点。

(1) 多元共聚物替代均聚物　以三元甚至四元共聚物作为降凝剂的降凝效果，明显好于单一组成的均聚物降凝剂。近年开发的三元共聚物有：富马酸 C_{22} 烷基酯-醋酸乙烯酯-烯丙基 C_{22} 烷基酯共聚物，乙烯-醋酸乙烯酯-苯乙烯共聚物，乙烯-醋酸乙烯酯-马来酸二辛酯共聚物，丙烯酸酯-醋酸乙烯酯-马来酸酯共聚物等。合成三元共聚物时，除去三种主体结构完全不同的主体外，还可用不同碳数醇类合成的羧酸酯，如合成丙烯酸酯-醋酸乙烯酯-马来酸酯时，酯基为 $C_{16} \sim C_{22}$ 混合物。其中几种不同长度碳链醇的比例为 C_{16}：C_{18}：C_{20}：$C_{22}=$ 2：15：50：30，这种共聚物在原油中添加 $3 \times 10^{-4}\,g/L$，可使原油倾点下降 21℃。此外，羧酸酯基和酰氨基共同存在于主链结构相同的共聚物中，也可有效地提高降凝效果。

(2) 聚合物侧链向高碳链发展　侧链碳数低于 10 的聚（甲基）丙烯酸酯的降凝效果很差，若侧链碳数增至 12，便开始有明显的降凝效果，如十二烷基丙烯酸酯-甲基丙烯酸酯可使原油倾点下降 20℃。目前 $C_{16} \sim C_{30}$ 的高碳醇已被广泛应用于降凝剂的合成，如甲基丙烯酸 $C_{16} \sim C_{30}$ 烷基酯-甲基丙烯酸二氨基酯共聚物，$C_{24} \sim C_{28}\alpha$-烯烃与丙烯酸正十八醇酯的共聚物等。

(3) 多种降凝剂复配使用　两种或者更多种降凝剂复配使用，经常具有加合效应。如使用聚乙烯-醋酸乙烯酯时，添加少量的聚甲基丙烯酸酯，降凝效果明显提高。此外，降凝剂与一些低分子物质配合使用，也可增加其降凝效果。如在开采高含蜡原油时，先加入甲醇作为活化剂，然后再注入聚乙烯-醋酸乙烯酯，可得到更好的降凝效果。

我国主要油田生产的原油，多数属于高凝固点、高含蜡、高黏度的"三高原油"，如大庆、胜利、大港、任丘、中原等油田生产的原油的含蜡量为 15%～20%，南海原油含蜡量约 30%。不仅油井结蜡限制了油田的生产，而且在输送过程中因加热要烧掉大量原油，燃料和动力消耗约占到输油成本的 30%。由于降凝剂应用的针对性强，对某种原油效果好，而对另一种原油可能效果很差。所以，有针对性地开发适合于各种原油的降凝剂，对于原油生产、节约能源等具有重要意义。

近年开发的燃料油低温流动改进剂，主要是针对高含蜡、窄馏分的油品。由于只有确保蜡晶以微细状态存在，才能使油品在低温下不堵塞柴油机过滤器，因此增加晶核数和通过增大添加剂的极性而阻止晶核间黏附，成为近年低温流动改进剂的主要研究方向。

(1) 开发高极性、低分子量的化合物　20 世纪 80 年代以后，四烷基芳羧酸酰胺相应的半酰胺半铵盐衍生物和胺发展很快，这些分子中的烷基为 $C_{16} \sim C_{40}$ 直链烷基，可以与石蜡烃共晶析出，而芳环和含杂原子部分的强极性，具有阻止蜡晶间结合的作用。已开发的品种结构如下：

其中，R，R^1，R^2，R^3，R^4 为含十六个碳以上的烷基；Y 可以是—NO_2、—COOH、—COOMe、CH_3、—OH、OCH_3 等。这些物质经常是与高分子-降凝剂复合使用，能够有效降低燃料油的冷滤点。

(2) 多种低温流动改进剂复配使用　不同类型的低温流动改进剂的配合使用，具有增效作用。这种配合可以是结构相近而分子量不同的低温流动改进剂间的配合，如前述不同分子量及不同醋酸乙烯酯含量的聚乙烯-醋酸乙烯酯组合使用，大大改善了中间馏分燃料油的低温过滤性；也可以是结构差异极大的低温流动改进剂间的配合，如将烷基萘-聚乙烯醋酸乙烯酯-N-烷基琥珀酰胺酸（或铵盐）复配使用，3-硝基-邻苯二甲酰胺-铵盐-聚乙烯醋酸乙烯酯-聚亚甲基丁二酸 C_{18} 酯配合使用等,均能够显著降低燃料油的冷滤点。

国外近年来发展较快的黏度指数改进剂是双烯与 α-烯烃类单体的共聚物。如 Shell 公司开发的 Shellvis 200 系列产品为氢化苯乙烯和异戊二烯的共聚物,分子中带有不同的侧链,调整侧链长度,可以满足不同润滑油的性能要求。这种共聚物可以制成分子分布很窄的产品。具有很高的稠化能力和抗剪切能力。通常在基础油中添加 0.6%~1%,黏度下降率仅为 5%,因此降低了成品油的成本;此外,它们具有很好的低温流动性和热氧化稳定性,减少了发动机油的油泥。我国目前开发较多的是分散型乙丙共聚物,随着发动机制造技术的进步,同时要求燃料向低污染、低能耗、低噪声、高可靠性方向发展,使得高档润滑油的需求量愈来愈大,积极开发与之配套的黏度指数改进剂,对于我国黏度指数改进剂自足和高档润滑油的发展,具有重要的意义。

9.2 流变性能改进剂

液体的流变性能,对于涂料、乳液、润滑脂和钻井泥浆等体系的制备和应用有着显著影响。例如,在涂料施工和成膜过程中,若无理想的流变性能,涂膜便可能存在流挂、起绉和气泡等弊病,因此其中需加入流变性改进助剂,如流变剂、流平剂和防缩孔剂等,使涂料体系有独特的稳定结构,形成有触变性的稳定的颜料分散体系,以控制流挂,保持优良的流平性,防止颜料沉降;又如在涂料印花过程中,浆料必须具备良好的流变性,以保证色浆不堵网孔,印花明晰,色彩浓艳。改变一个体系的稠度,除满足流变性的要求外,还有诸多其他原因,如在化妆品生产过程中,过分稀薄的产品会从瓶中喷射出来,故需加入增稠剂以提高其黏度;而在液体洗涤用品中,足够量的表面活性剂常常无法满足消费者对产品稠度的感观需求,加入适量的增稠剂便使这一问题得以解决。为改变黏状液体产品的流变特性和其他与黏度和流动有关的应用性能而加入的添加剂主要有流变剂、增稠剂和流平剂等。

9.2.1 流变剂

在涂料使用过程中,为防止流挂,保证良好的涂刷性和适当的涂膜厚度,并阻化涂料渗入多孔性基材,需加入能够改变涂料流变性的助剂。这类助剂除赋予涂料触变性外,还能防止储存时颜料的沉降,或使沉淀软化以提高再分散性,称之为流变剂。根据其化学性质,可分为无机类流变剂,有机金属化合物和有机类流变剂,它们分别适用于不同基质,如表 9-4 所示。本部分重点介绍有机类流变剂。

表 9-4 流变剂的品种类型和适用范围

流变剂		适用范围
无机类	硫酸钡	丁苯橡胶
	氧化锌	硅橡胶
	碱土金属氧化物	不饱和聚酯树脂
	碳酸钙	聚氨酯树脂、PVC 密封料
	氯化锂	辐照固化树脂
	硫酸钠	水性油墨
	硅酸镁	水性清洁剂
	气相二氧化硅	环氧树脂、氯化异戊二烯橡胶、聚酯树脂
		聚氨酯混合物、环氧沥青涂料
	水玻璃	织物涂料
	胶态二氧化硅	无机硅酸盐漆料、乳胶漆和密封料、水性清洁剂

流变剂	适用范围
有机金属化合物 硬脂酸铝	氯化橡胶
烷醇铝	聚酯
钛螯合物	乳胶漆
铝螯合物	乳胶漆
有机类 有机膨润土	聚酯、醇酸漆、环氧树脂、氯化橡胶、氧化沥青
氢化蓖麻油	氯化橡胶
氢化蓖麻油/酰胺蜡	长油醇酸树脂
纤维素衍生物	乳液、PVC塑溶胶、水性油墨
异氰酸酯衍生物	氯丁橡胶黏合剂、聚酯、聚氨酯、辐照固化
羟基化合物	丁二烯橡胶
丙烯酸乳液	醇酸树脂分散体
丙烯酸共聚物	乳胶漆
聚乙烯醇	乳胶漆
纤维素酯	醇酸

9.2.1.1　涂料的流动性与流变剂的作用原理

（1）流变学基本概念　一个理想固体，在施加外力时产生弹性形变，一旦除去外力，又完全恢复原形态。一个理想流体，在外力作用下产生不可逆的形变，释去外力后不能恢复原状，只有少数液体，其流动性能近似于理想液体；而大多数液体显示出介于液体和固体之间的流动性能，它们或多或少是具有弹性且黏稠的，涂料就是典型的呈现这种性质的液体。

流变学是一门描述物体在外力作用下产生流动和形变规律的学科，由剪切应力、剪切速率和黏度三因素构成。

① 剪切应力　作为流变模型，可将液体看做是多层极薄液层堆积而成的长方体，它们充满于两块平行板之间，其底板固定不动，其他各层是能移动的，如图9-16所示。如果在面积为 A 的液体顶板上，以切线方向施加力 F 时，液体就接连地被拉向倾斜，这个单位面积上的拉曳力称为剪切应力，以符号 τ 表示。由此定义可知，剪切应力即作用于物体单位面积切线方向上的力，由下式计算而得：

$$\tau = F/A$$

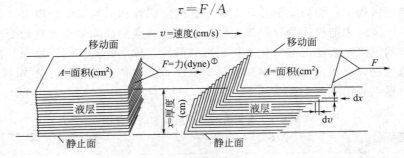

图 9-16　牛顿型流动中剪切速率与剪切应力的关系

① 1dyne＝10^{-5}N

τ＝剪切应力＝F/A（N/m²）

D＝剪切速率＝$\mathrm{d}v/\mathrm{d}x = v/x$（s⁻¹）

η＝黏度＝$\dfrac{剪切应力}{剪切速率} = \dfrac{F/A}{v/x}$（Pa·s）

② 剪切速率　当顶板在力 F 的作用下以切线方向移动时，由于内聚力的作用，其下层的液层随之移动，然后一层接一层地拉曳，直到固定底板。从底板向上，相对于每一微小厚

度 dx 有一微小的速率增加 dv（见图 9-16），其比值 dv/dx 在流体的任何部分都相等，称为剪切速率，用 D 表示，如下所示：

$$D = dv/dx - v/x$$

③ 黏度 剪切应力与剪切速率之比，称为绝对黏度，用 η 表示，它是流体流动阻力的量度；绝对黏度与流体密度之比，称为运动黏度，用 ν 表示。黏度往往随着温度、剪切应力、剪切速率和剪切历程等的变化而变化。

$$\text{绝对黏度} \, \eta = \frac{\text{剪切应力}}{\text{剪切速率}} = \frac{F/A}{v/x}$$

$$\text{运动黏度} \, \nu = \frac{\text{绝对黏度}}{\text{密度}} = \eta/\rho$$

④ 流动特性曲线和黏度特性曲线 一个液体的剪切应力和剪切速率之间的关系就决定了其流动行为。以 τ 为纵坐标、D 为横坐标做图，得到流动特性曲线；以 η 为纵坐标、D 为横坐标做图，得到黏度特性曲线。图 9-17 即为牛顿型流体的流动特性曲线和黏度特性曲线。

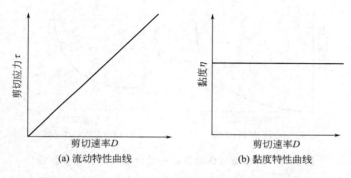

图 9-17 牛顿型液体的流动特性曲线和黏度特性曲线

（2）非牛顿型液体的流动 若一种液体的黏度随着剪切速率或时间的变化而变化，该液体即为非牛顿型流体。根据黏度变化趋势的不同，可分为假塑性流体、膨胀型流体、触变型流体和震凝型流体，各自的变化特征见表 9-5。

表 9-5 各类非牛顿型流体的特点

剪切条件	黏度变化	
	下降	上升
剪切速率上升	假塑性（剪切稀化）	膨胀型（剪切稠化）
恒定剪切速率,增加剪切时间	触变型	震凝型

① 假塑性流体 假塑性流体是黏度随着剪切速率的增加而降低的液体，也称之为剪切变稀或剪切稀化流体，其流动和黏度特性曲线如图 9-18 所示。许多高聚物溶液及熔融体均属于假塑性流体。

② 膨胀型流体 膨胀型流体又称胀塑性流体。其黏度随着剪切速率的增加而上升，表现为剪切稠化。膨胀型流体的流动和黏度特性曲线如图 9-19 所示。多数高聚物的分散体系、固体含量高的悬浮液、淀粉、高分子凝胶等属于膨胀型流体。

对于非依时性的假塑性和膨胀型流体的流动行为，目前广泛采用半经验的 Ostwall 幂律来描述，其数学模型如下所示：

$$\tau = K\gamma^n$$

式中 n 为非牛顿指数，它的大小表明该流体偏离牛顿流体的程度；K 为稠度系数，表示该流体的稠度大小，$\times 10^{-1}\mathrm{Pa \cdot s}$；$\tau$ 为剪切应力，$\mathrm{N/m^2}$；γ 为剪切速率，$\mathrm{s^{-1}}$。

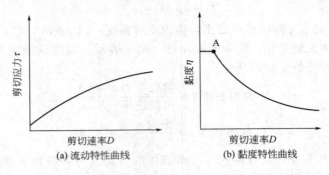

图 9-18 假塑性流体的流动特性曲线和黏度特性曲线

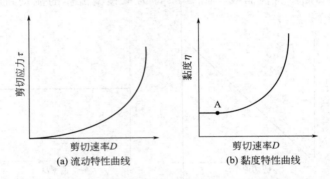

图 9-19 膨胀型流体的流动特性曲线和黏度特性曲线

可见，对非牛顿型流体，剪切应力与剪切速率的比值不是常数，而是呈幂函数关系，该比值称为表观黏度，用 μ_a 来表示。

③ 宾汉流体 剪切应力必须超过某一最低点 Q，液体才开始流动，Q 点称为屈服值或塑变点。剪切应力低于屈服值时，液体如同弹性固体，在外力作用下仅变形而不流动，通常称为宾汉体。剪切应力一旦超过屈服值，液体则开始流动，它可以是假塑性的，也可以是膨胀型的。图 9-20 为各种不同流体的流动曲线，其中 D、E 和 F 曲线分别表示了宾汉流体的流动特性。

某些高聚物的水溶液，如含羧基的聚乙烯水溶液，在低浓度时 [0.1%～0.5%（质量分数）] 没有宾汉流动特征，如图 9-21 中 A 线所示；而在浓度达到一定值时 [1%～5%（质量分数）]，就出现宾汉流动的特征，如图 9-21 中 B 线所示。对这类现象的出现，可解释为当溶质浓度达到一定值后，流体在静止时存在凝胶或三维结构，而剪切速率必须达到一定值后，该结构才能被破坏而产生流动。另外一些流体，如牙膏和润滑脂等膏状物、悬浮泥浆和黏土-水系统、乳液等，具有宾汉假塑性流动的特性，即剪切应力低于某一值时不发生流动，而当剪切应力达到某一值后才开始流动，且随剪切速率的增加黏度下降。

④ 触变性流体 触变性流体的黏度不仅随剪切速率的变化而变化，而且在恒定的剪切速率下，也随时间的推移而下降，并达到最低值，即最小的表观黏度值；当剪切作用停止后，黏度逐渐回升，但是，由于原始结构已被破坏，必须经过一定的时间，黏度才能恢复到原始值。因此在释去剪切力的过程中，任何剪切速率下，其黏度均低于未经剪切的原始材料

黏度值。图 9-22 为触变性流体的黏度特性曲线，剪切速率增加和回降时黏度特性曲线所包围的区域面积是衡量其触变性能的尺度。因结构破坏是暂时的，尽管存在滞后现象，但大多数触变性流体可恢复到最初的黏度值，一些高分子凝胶和乳胶漆通常属于此类流体。

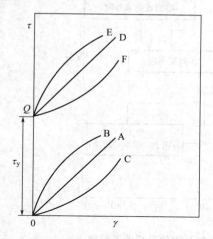

图 9-20　各种不同流体的流动特性曲线

A—牛顿流体；B—假塑性流体；C—膨胀型流体；
D—宾汉塑性流体；E—屈服/假塑性流体；
F—屈服/膨胀型流体；Q—屈服值

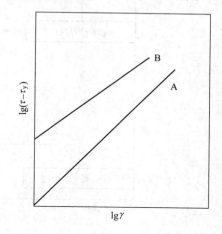

图 9-21　含不同浓度羧基聚乙烯溶液的
流动特性曲线

A—0.3%（质量分数）；B—4%（质量分数）

⑤ 震凝型流体　震凝型流体的流动行为与触变性流体恰好相反，故也称为反触变流体。即在一定的剪切速率下其表观黏度随时间的推移而增加，并达到一个最大的平衡值，达到平衡的时间一般需要几分钟至几小时；若停止剪切作用，可较快地恢复到最初的黏度值，其剪切速率-剪切应力曲线图与触变性流体相似，也出现类似的滞后曲线。实际生产中，震凝型流体极为罕见。

（3）涂料的流动特性　在涂料生产、储存和涂装操作中，每步都有不同的剪切速率。为了满足使用性能要求，均应对应于最为适宜的流动特性。若将从原料制备涂料直至涂装完毕的各过程与相应的剪切速率做图（见图 9-23），可见，

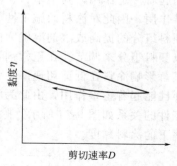

图 9-22　触变性流体的
黏度特性曲线

在涂料施工阶段，剪切速率很高（$10^3 \sim 10^5 \mathrm{s}^{-1}$），若此时涂料黏度低，则有助于涂料流动并易于施工；相反，在涂料成膜过程中，剪切速率降至 $10^{-3} \sim 10^{-1} \mathrm{s}^{-1}$，此时若有较高黏度，可防止颜料沉降和湿膜流挂，因此，涂料应该是一个触变性流体，即随剪切速率增大和剪切时间延长，体系黏度下降；而在低剪切速率下，体系黏度回升。涂料的黏度可采用锥板黏度计和旋转黏度计等测定。

值得注意的是，涂层流挂和流平是两个相互矛盾的现象。良好的涂膜流平性要求在足够长的时间内将黏度保持在最低点，有充分的时间使涂膜完全流平，从而形成平整的涂膜，这样往往会出现流挂问题；反之，若要求不出现流挂，则涂料黏度必须特别高，它将导致很少或完全没有流动性。为使流挂和流平两种性能取得适当平衡，需要添加优良的流变助剂，使涂料在施工条件下，黏度暂时降低，并在黏度的滞后恢复期间保持于低黏度下，以显示良好的涂膜流平性；一旦流平后，黏度又逐渐恢复，这样就起到了防止流挂的作用。

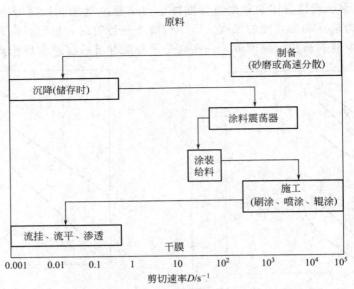

图 9-23　涂料生产、施工、成膜过程中适用的剪切速率范围

9.2.1.2　流变剂的作用原理

涂料是由基料、溶剂、颜料和各种助剂组合而成的一个复杂体系。各种成分对流动性能均起着一定作用，其中基料、溶剂和颜料对涂料在高剪切速率下的流动性能（黏度）起着主导作用，因此对涂料的施工性能影响极大。高剪切速率下涂料黏度随着基料分子量的增加和颜料组分的提高或溶剂溶解力的下降而增加。即在高剪切速率下，涂料黏度应以基料、溶剂或颜料组分来调节。在正常剂量下，流变助剂一般对高剪切速率下的涂料黏度影响极微，而显著影响涂料在低剪切速率下的黏度；在超低的剪切速率下，流变助剂对涂料流动和颜料悬浮性能起着主宰作用，由此为涂料提供了稳定的可以调节的流变控制。上述涂料的组成与流变性的关系如图 9-24 所示。除流变助剂外，少数基料，如触变性醇酸也会影响超低剪切速率下的涂料黏度。

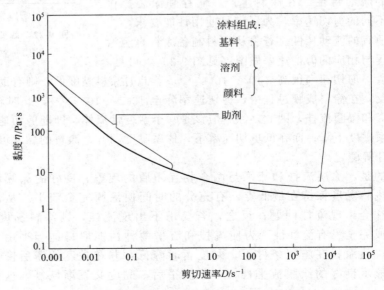

图 9-24　涂料组成与其流变性能的关系

流变剂是使涂料在低剪切速率下建立起触变结构的添加剂。其作用过程是在无剪切力或极弱剪切力下，流变剂在涂料内部形成疏松的凝胶网络，为了破坏该结构，并使之流动，必须施加外力。当这个力超过该涂料的屈服值（如施工）时，其内部结构遭到完全破坏，涂料变为极易流动的流体而便于流平；到一定阶段，湿膜内部又缓慢地恢复疏松网状结构，使涂料难以流动，从而防止流挂。

　　有机流变助剂在不同的溶剂中，各有其特定的操作温度要求。选择最佳的有机流变助剂取决于所需的涂料流变性能、溶剂类型、操作温度和生产设备。每种有机流变助剂都有其最佳操作温度范围。操作温度过低，流变性能不能全部体现，操作或储藏温度过高，会使助剂溶剂化，丧失了流变结构，冷却时形成柔软凝胶颗粒。在最佳操作温度下剪切时间的长短，对流变助剂性能也有很大影响，使用高速分散机时，适宜剪切时间为 $15 \sim 30$ min。

　　为控制涂料在低剪切速率下的黏度，早期的涂料体系中曾经采用颜料絮凝法以建立触变结构。即在涂料配方中添加表面活性剂，使颜料疏松地附着在一起形成絮凝物，也就是由颜料颗粒链结合起来的颜料网络。这个相互紧拉的结构使絮凝了的涂料体系在低剪切速率下显示高黏度。但是，这种方法削弱了颜料颗粒的分散效果，如果絮凝作用失去控制，就会出现颜料粒子间的凝聚。少量的颜料凝聚即足以恶化涂膜的完整性，遮盖力和展色性随颜料的凝聚成比例地下降。这种方法现已完全被添加流变剂的方法所取代。但依靠悬浮粒子形成触变结构的机理仍然适用于多数无机流变剂及有机膨润土。以有机膨润土为例，当表面活性剂分子通过离子键结合在膨润土表面上时，表面活性剂分子平伏于表面上，被极性化合物活化后，在低剪切速率作用下，彼此之间形成凝胶网络，如图 9-25 所示。

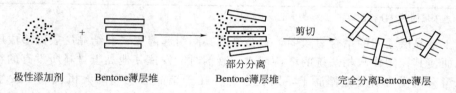

极性添加剂　　　Bentone薄层堆　　　剪切　　　部分分离Bentone薄层堆　　　完全分离Bentone薄层

图 9-25　有机膨润土形成触变结构的过程

　　在较高剪切速率作用下，网络结构被破坏，涂料呈良好流平性；当剪切作用消除后，体系内部又逐渐恢复疏松的凝胶网络，故可防止流挂。若极性添加剂不足或过量，均不利于凝胶网络的形成，如图 9-26 所示。

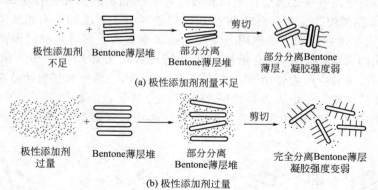

极性添加剂不足　　Bentone薄层堆　　剪切　　部分分离Bentone薄层堆　　部分分离Bentone薄层，凝胶强度弱

(a) 极性添加剂剂量不足

极性添加剂过量　　Bentone薄层堆　　剪切　　部分分离Bentone薄层堆　　完全分离Bentone薄层凝胶强度变弱

(b) 极性添加剂过量

图 9-26　极性添加剂不足或过量时，对有机膨润土形成凝胶网络的影响

　　用于处理膨润土表面的表面活性剂多为含长碳链的季铵盐，如二甲基十八烷基季铵盐。在表面无极性活化剂时，长碳链是平伏于粒子表面的；而当极性添加剂移动到粒子表面时，

会使长碳链直立于粒子表面，从而使薄层分离。常用的极性添加剂包括 95% 甲醇、95% 乙醇和碳酸丙烯酯，它们适宜的用量分别为有机膨润土 Bentone 量的 33%、50% 和 33%。为了获得最佳的活化效率，甲醇和乙醇都含有 5% 的水，此时黏度很快上升；若使用无水甲醇或乙醇，则没有凝胶结果。对于不能含水的涂料或当需要高闪点的极性活化剂时，应使用碳酸丙烯酯，但成本较高。

由于流变剂使涂料形成了疏松网络，能够使颜料颗粒保持悬浮状态而不沉降，故流变剂也称为防沉降剂。

9.2.1.3 流变剂的类型与合成

(1) 有机膨润土 膨润土是以蒙脱土为主要成分的黏土状物质的总称，具有膨润性、黏性、粘接性、阳离子交换性等很有利用价值的性质。典型的蒙脱土矿物见表 9-6，它们呈层状结构，主要有 2-八面体型和 3-八面体型。天然品中多数含有非黏土质材料（石英、长石、石灰石、白云石等），作为涂料添加剂时，需经过充分精制、分级。

表 9-6 典型的蒙脱土矿物

矿物品	结构式[①]	结构型式
蒙脱土（Montmorillonite） 贝得石（Beidellite） 囊脱石（Nontronite）	$M_x(Al_4 - xMg_x)Si_8O_{20}(OH)_4 \cdot nH_2O$ $M_xAl_4(Si_8 - xAl_x)O_{20}(OH)_4 \cdot nH_2O$ $M_xFe_4^{3+1}(Si_8 - xAl_x)O_{20}(OH)_4 \cdot nH_2O$	2-八面体型
皂石（Saponite） 水辉石（Hectorite）	$M_xMg_6(Si_8 - xAl_x)O_{20}(OH)_4 \cdot nH_2O$ $M_x(Mg_6 - xLi_x)Si_8O_{20}(OH)_4 \cdot nH_2O$	3-八面体型

① M 为进入层间的交换性阳离子，通常为 Na、K、Ca 等。

膨润土结晶层之间的结合力较弱，水会进入其间引起溶胀，在结晶层表面形成厚厚的水合层，从而使其在用作水相系统的增稠剂或胶凝剂时能发挥其他黏土材料所没有的特性。若用阳离子型有机化合物处理膨润土，则它会与存在于结晶层之间的无机阳离子发生置换反应，生成亲有机性的膨润土。可用作阳离子有机化合物的物质有十八烷基胺、三甲基十八烷基氯化铵、二甲基二（十八烷基）氯化铵、甲基苄基二椰子油脂肪酸氯化铵和二苄基二椰子油脂肪酸氮氯化铵等。有机膨润土为粉末状，长碳链横卧于薄层表面。使用时，应采用机械能、化学能和适当的热能使粉末中的薄层堆之间完全解聚，随后分离并使有机长碳链为涂料中的有机组分溶剂化而直立于薄层。该过程便是有机膨润土的活化过程，工业上称为预胶，如图 9-27 所示。在预胶工艺中，首先将溶剂与树脂混合，其次加入有机膨润土，混合 4～50min，附聚的薄层堆在剪切力的作用下使溶剂或基料渗入毛细管状缝隙而润湿，导致薄层堆的解附聚。此时体系黏度往往会增加，然后仍在剪切力作用下，加入极性化合物，如95% 甲醇、95% 乙醇和碳酸丙烯酯等，使薄层进一步分离，继续剪切直至薄层完全分离。如果需要较低黏度的预胶，可加入大豆卵磷脂或其他分散剂，一般用量为 1%～2%。润湿性不良的树脂必须采用预胶，以确保流变助剂充分润湿，并使极性活化剂与流变助剂充分接触。

(a) 附聚物　　　　(b) 解附聚物　　　　(c) 极性活化物　　　　(d) 完全活化分散物

图 9-27 有机膨润土的活化过程

由于有机取代基的不同，有机膨润土的亲油性有明显差异，因此需根据介质的极性和使用目的的不同选择适当的品种。Bentone系列产品为美国NL化学品公司生产的有机膨润土系流变助剂，其中Bentone 27、34和38分别为水辉石/二甲基十八烷基苄基季铵盐、膨润土/二甲基二（十八烷基）季铵盐和水辉石/二甲基二（十八烷基）季铵盐的反应产物，其在不同基料中的应用效果列于表9-7。可见，只有根据体系特性选择适当的型号，才能使体系具有良好的触变性，不流挂，不沉降，化学稳定性好。

表9-7　Bentone流变助剂在各种基料中的应用效果

基料	Bentone 27	Bentone 34	Bentone 38
沥青漆		良好触变性。高温不熔融，不流动	
醇酸漆		无硬质沉淀，不流挂，具触变性，漆膜收缩小，不浮色，可防止过度渗透	无硬质沉淀，不流挂，具触变性，漆膜收缩小，不浮色
硝基漆	较高黏度，储存稳定，不流挂，较高膜厚		
聚酯漆	较高膜厚和稳定性，清漆透明度良好		较高膜厚和稳定性，清漆透明度良好
乙烯漆	较高膜厚，不流挂，不沉降		较高膜厚，不流挂，不沉降
丙烯酸漆	涂膜不开裂，较高膜厚	涂膜不开裂，较高膜厚	涂膜不开裂，较高膜厚
环氧-沥青漆	不流挂，不过度渗透，不浮色		具触变性，涂膜表面均匀
环氧漆		不沉降，不流挂	不沉降，不流挂
氯化橡胶		低温不发脆，不沉降，不拉丝，化学稳定性好	
聚氨酯漆	较高膜厚，不流挂，不沉降		较高膜厚，不流挂，不沉降
有机硅漆			较高膜厚，烘烤时不流动

（2）氢化蓖麻油　蓖麻油含有大约85%的12-羟基-9-十八碳烯酸，称之为蓖麻醇酸，经催化加氢后，双键饱和，如下所示：

$$CH_3\!+\!CH_2\!\overset{}{)_5}\!CH\!-\!CH_2\!-\!CH\!=\!CH\!+\!CH_2\!\overset{}{)_9}\!COOH \xrightarrow{[H]} CH_3\!+\!CH_2\!\overset{}{)_5}\!CH\!+\!CH_2\!\overset{}{)_{10}}\!COOH$$
$$\quad\quad\quad\quad\quad |\quad\quad\quad\quad\quad\quad\quad\quad\quad\quad\quad\quad\quad\quad\quad\quad\quad |$$
$$\quad\quad\quad\quad OH\quad\quad\quad\quad\quad\quad\quad\quad\quad\quad\quad\quad\quad\quad\quad OH$$

提取熔点为85~87℃的硬化油，制成粉末后作为流变剂使用。氢化蓖麻油在非极性溶剂中有溶胀、胶凝、分散的特性；同时，因分子中含有极性基团，在溶胀时，生成溶胀粒子间微弱的氢键键合，高级脂肪酸部分呈现近似层状配置的结构，以胶体状分散，在涂料中形成触变结构。该过程需经过加热才能完成，可分为如图9-28所示的三个阶段。

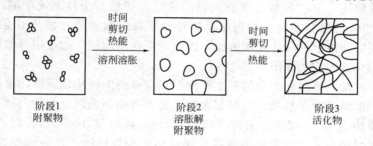

图9-28　氢化蓖麻油的活化过程

将氢化蓖麻油粉末投入基料和溶剂的混合物中，施加剪切力并加热一段时间，使得氢化蓖麻油开始被溶剂溶胀，然后形成溶胀解附聚物。继续加热剪切至溶剂溶胀的颗粒成为流变活化状态，形成稳定的流变结构，适用于氢化蓖麻油活化的操作温度，在脂肪烃中为55～75℃，在芳香烃中为30～55℃。若操作温度过高或操作时间过长，活化物会部分地溶解于溶剂中，失去其流变活性，冷却时从溶液中析出，形成柔软附聚物，粒子变粗，流变性能下降。为改善氢化蓖麻油的耐热性和溶解性，可将其与酰胺化合物配合使用。适用的酰胺有羟基硬脂酸与1,2-亚乙基二胺、三亚乙基四胺、四亚乙基五胺的反应物，羟基硬脂酸与脂肪族二羧酸、脂肪族二胺反应生成的低聚状聚酰胺等。

氢化蓖麻油主要应用于氯化橡胶涂料、高固体涂料、环氧涂料、工业用气干涂料。在线路漆、油性清漆、装饰用漆、聚氨酯漆、沥青复配物、防污涂料，填泥、厚浆涂料，黏合剂，密封材料等体系中，能够赋予涂料触变结构，改善颜料悬浮性，控制流挂而不牺牲流动和流平性，还可控制对多孔物质的渗透性。它通常不与涂料中的其他组成起反应，不影响有机体系的抗水性和涂料的耐久性，在配方中不泛黄，并赋予体系良好的储存稳定性和可重现性。

(3) 聚乙烯蜡及其氧化物 适合作为涂料流变剂的聚乙烯蜡是相对分子质量为1500～3000的乙烯与少量极性单体的共聚物，通过乙烯与其他单体在高压下进行自由基聚合而得。常用的极性单体为醋酸乙烯酯，其聚合反应如下：

$$n\mathrm{CH_2}\!=\!\mathrm{CH_2} + m\mathrm{CH_2}\!=\!\underset{\mathrm{OOCH_3}}{\mathrm{CH}} \xrightarrow[\text{加压}]{\text{引发剂}} \underset{}{\underbrace{\mathrm{CH_2}\!-\!\mathrm{CH_2}}_n} \underset{\mathrm{OOCH_3}}{\underbrace{\mathrm{CH_2}\!-\!\mathrm{CH}}_m}$$

在1500～3000范围内的聚乙烯蜡还可由高分子量聚乙烯热裂解而成，经氧化处理后，生成多个羟基、酮基、羧基、醛基和过氧化物极性基团。由两条途径获得的聚乙烯蜡衍生物均可在非极性溶剂中溶胀，形成凝胶体，可提供优良的颜料悬浮性而不明显增稠；在稀释至喷涂黏度时，能改善流变控制且流平性良好，既可防止在浸渍槽、喷漆罐和储存容器中涂料的结块，还可防止喷涂中发生的拉丝现象；在烘烤过程中能够防止流挂，加强颜料润湿，有助于储存中的黏度稳定性；在闪光漆中还可控制金属片的良好定向和提高冲击性能。此外，还可用作消光剂、耐刮耐磨改进剂、增稠剂、防粘连剂等。

美国 Allied 化学公司生产的 AC-405 为聚乙烯蜡固体粉末，其中醋酸乙烯酯的含量为11%，用量约为1%，使用时将10份 AC-405 加入到90份二甲苯中，加热到90～100℃，迅速搅拌并使透明溶液冷却到60℃左右；然后加入冷二甲苯100份，迅速冷却成为分散液，继续搅拌降温至30℃，备用。

(4) 触变性树脂 由二聚酸与多胺制得的聚酰胺树脂与干性油或醇酸树脂混合，并在200℃反应，制得具有触变性的醇酸树脂，这种触变性醇酸树脂在加热时会失去凝胶强度，对共用的拼和树脂和溶剂的极性基团敏感，因此，现在应用较广的是用异氰酸酯改性的触变性醇酸树脂。一个典型实例如图 9-29 所示。

妥尔油酸、甘油、季戊四醇和邻苯二甲酸酐反应得到的结构预聚物用聚酰胺树脂改性的触变树脂。妥尔油酸来源于造纸厂的制浆废液，是多种脂肪酸的混合物。预聚物中未反应的羟基与聚酰胺树脂在220～230℃条件下反应约3h，降温至140℃后，以汽油溶剂稀释到70%固体份，然后用甲苯二异氰酸酯改性，便得到触变性树脂。将该触变性树脂添加10%于长油醇酸树脂中，加入颜料后便得到触变漆。

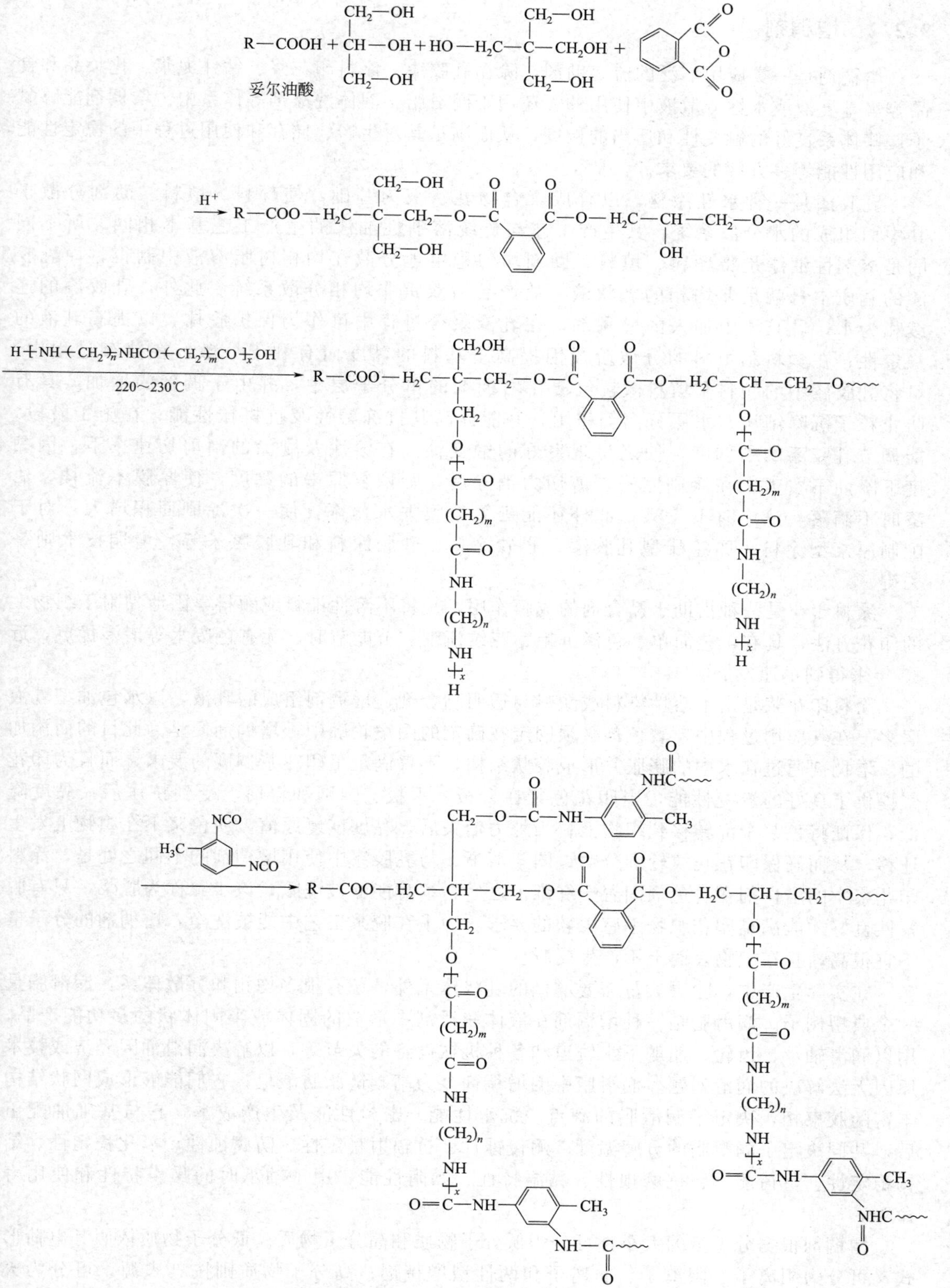

图 9-29 异氰酸酯改性的触变性醇酸树脂

9.2.2 增稠剂

增稠剂是一类应用广泛的流变助剂，除在乳胶漆、涂料印花浆、钻井泥浆、化妆品和食品等水基乳液或水性分散液中使用外，还用于润滑脂、液体洗涤剂等体系中。增稠剂能够赋予这些体系良好的触变性和适当的稠度，从而满足其对生产、储存和使用过程中的稳定性能和应用性能等多方面的要求。

乳胶漆是一种水性涂料，以合成聚合物乳状液为基础，使颜料、填料、助剂分散于其中而组成的水分散系统。其生产工艺与传统溶剂性油漆的生产工艺基本相同，所不同的是溶剂性油漆是将颜料、填料、助剂均匀稳定地分散在均相树脂溶液中制得，而乳胶漆的基质本身就是非均相的乳状液，故产品为双重非均相分散系统。此外，乳胶漆的连续相为水，乳胶漆中加入的增稠剂，在乳液聚合过程中可作为保护胶体，以提高乳液的稳定性；在颜料和填料的分散阶段因提高了基料的黏度而有利于分散；在储存过程中，可将乳胶漆中的颜料和填料微粒包覆在增稠剂的单分子层中，并由于稠度的增加，具有防止粒子沉降结块、水层分离等作用，并能提高其抗冻融性及抗机械性能；在施工阶段，能调节乳胶漆的黏稠度，使之呈现良好的触变性，在滚涂及刷涂的高剪切速率下，因黏度下降而不费力，在涂刷完毕、剪切力消除后，则恢复原来的黏度，使厚膜不流挂，沾漆时不滴落，滚涂时不飞溅；此外还能延缓涂膜失水速率，使一次涂刷面积增大。对于配制厚浆型涂料，如浮雕型乳胶漆、彩砂涂料、砂胶涂料和乳胶腻子等，增稠技术则是关键。

涂料印花是一种借助于黏合剂的成膜作用，是将不溶性染料或颜料牢固地黏附于织物上的印花方法，具有工艺简单、色泽鲜艳、花纹清晰、节能节时、无有色废水等诸多优点，近30年来得到迅速发展。

涂料印花浆是由不溶性染料或颜料与透明黏合剂、增稠剂组成的乳液，以水包油型乳液居多。在其应用过程中，着色剂必须固定在确定的图案轮廓中，增稠剂便是为此目的而添加的。增稠剂通过在水中的膨胀并形成胶状结构，不仅满足了印花浆稠度的要求，而且为印花浆提供了良好的流变性能，当印花色浆在台板、平板、圆网和辊筒上受到挤压后，黏度降低，保证将色浆全部转移到织物上；当外力消失后，黏度恢复原值，使色浆不在织物上发生迁移，从而确保印花花纹轮廓分明，图案清晰。与乳胶漆中使用增稠剂的不同之处是，涂料印花浆中的增稠剂在着色剂固着于纤维上之后，本身能够被洗除，该步骤称为脱浆，只有脱浆性良好才能满足印花织物手感柔软的要求。为了在脱浆工艺中能被洗净，增稠剂的分子量不宜很高，且在织物表面上不产生凝胶。

在实际生产中，除去大量需要增稠的乳状体系外，还有很多均相和分散体系，润滑脂是一个典型例子。润滑脂是一种增稠剂在液体润滑剂中形成的固体或半固体状的多功能产品，用以润滑轴承、齿轮、船舶下水轨道和各种机械设备的关节等，以解决润滑油因经济或技术原因无法解决的润滑问题。润滑脂中的增稠剂多为高碳链脂肪酸皂，它们能够形成网状结构丰富的胶束相，决定了润滑脂的滴点、抗水性能、密封性能及生产成本。它与基础油配伍后，共同决定了润滑脂的分解温度、耐侵蚀性、抗辐射稳定性、防腐蚀性、氧化稳定性、结构稳定性、负荷能力、抗磨损性、黏温特性、黏附性能，用于轴承时的噪声特性和使用寿命等。

增稠剂根据分子量的大小，可分为低分子物质和高分子物质。低分子物质依照其电荷形式又可分为阴离子、阳离子、非离子和两性型增稠剂；高分子物质则按其来源，可分为天然、半合成和合成增稠剂，如图 9-30 所示。

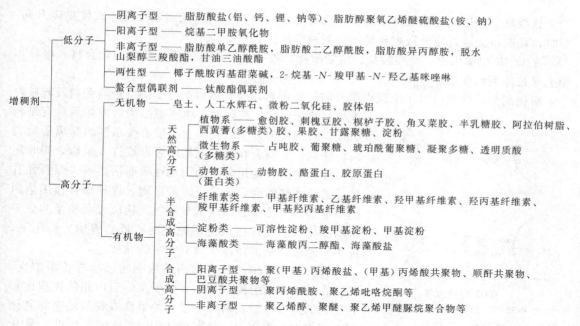

图 9-30 增稠剂的分类及代表性产品

9.2.2.1 作用机理

在非水基质中，流变剂通过在低剪切速率作用下形成网状结构而赋予涂料良好的触变性，以防止流挂。在乳胶漆、涂料印花浆、钻井泥浆和化妆品等以水为连续相的乳液或悬浮液体系中，为满足触变性要求而加入的增稠剂，可达到相同的应用目的。但其作用过程除粒子间的交联外，表面电荷是产生触变现象的又一重要原因。

(1) 触变性的电荷理论 分散体系中胶粒表面的电荷力使得粒子如同磁铁一样存在着南北极。若将电荷粒子看做偶极子，粒子的相反极会面对面地有序排列。排列的有序程度不同，体系触变性的强度也不同，如图 9-31 所示。

由于偶极子排列成直线需要一定的时间，故粒子间完全的定向排列不可能瞬时完成，而是需要一定的时间。形成的有序排列可以被搅拌破坏，此时，粒子变得无约束，且相互扰乱，体系黏度也会下降。当体系剪切作用去除后，在电荷力的作用下，趋向于粒子间的有序排列，黏度上升，由此，乳化体系产生了触变性。

体系的触变性与粒子的性状有关，一般不定向的粒子比不等容粒子具有更大的触变性；较小的粒子具有较高的触变性；电解质的存在影响其触变性，但不是主要的。

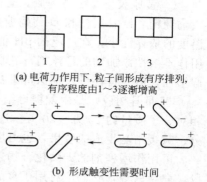

(a) 电荷力作用下，粒子间形成有序排列，有序程度由1～3逐渐增高

(b) 形成触变性需要时间

图 9-31 触变性的电荷理论

(2) 乳状体系黏度的调节 乳状体系分为水包油（O/W）型和油包水（W/O）型。乳胶漆为水包油型体系，体系的黏度与内相（合成树脂）的结构和分子量无关，只取于水相的黏度；涂料印花浆、钻井泥浆和化妆品等既有水包油型体系，也有油包水型体系，但不论是何种体系，黏度均是通过增加外相的黏度来调节。对于 O/W 型乳化体系，可加入合成或天然树脂胶、黏土和聚羧酸盐；对 W/O 型体系，可加入多价金属皂。高熔点的蜡和树脂胶，以增加黏度。适量的增稠剂吸附在乳粒表面，然后膨胀

产生软凝聚，并形成包覆层，增加了乳粒的体积，使粒子的布朗运动受阻，致使黏度升高。有时，黏度也能通过使分散相变稠而得到调节。

在 O/W 型体系中，聚羧酸盐、脂肪酸盐、羧甲基纤维素钠等可解离的化合物，电荷作用会导致体系黏度增加。

增稠剂分子的支链对于增稠作用有明显的影响，通常增稠剂分子的支链与颜料及乳胶粒子相互缠结，发生交联而产生网络结构，使体系具有结构黏度。若增稠剂分子的支链上连接有疏水性的非离子型表面活性剂，它们会在水中互相缔合形成许多微胞，同时还会与体系中的其他组分，如疏水性表面活性剂、颜料和乳粒等的疏水端缔合，形成更多的微胞。这种缔合作用达到动态平衡时，已缔合的疏水支链能互换位置而使微胞处于不断变化状态。这些微胞不论在高或低的剪切力作用下，都不易断裂，从而使体系具有稳定的黏度。

在乳化体系中，若乳化剂的浓度超过临界胶束浓度，便会在油水界面吸附，产生多分子层。当内相的体积比和乳化剂的浓度都较高时，分散相的液珠或胶粒便会和乳化剂多层定向地联结在一起，如图 9-32 所示。因此，乳化剂用量增加，或内相体积大于外相体积时，乳液体系的表观黏度也会显著增大。

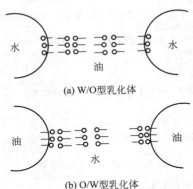

图 9-32 分散液珠由多层定向乳化剂连结示意

(a) W/O型乳化体

(b) O/W型乳化体

9.2.2.2 增稠剂的类型与合成

（1）天然增稠剂

① 榅桲子胶　是由欧洲、亚洲南部产的榅桲树的种子提取的天然胶，主要成分为 L-阿拉伯糖、D-木糖、葡萄糖、半乳糖和糖醛酸等酸性多糖类。在抽出黏液时，将榅桲子用 20 倍的水在 60℃左右浸泡一夜，此过程中应不断搅拌，过滤，然后将种子再按前述方法提取一次，将两次提取物混合，可以得到有适当黏度的黏液，这种黏液触摸感独特，具有并不发黏而是滑爽的感觉，由于在放置过程中易被微生物污染，所以必须使用防腐剂。

② 黄原胶　又名占吨胶，是由葡萄糖经黄单胞菌发酵而得到的天然胶，其主要组成为 D-葡萄糖、D-甘露糖和 D-葡萄糖醛酸等酸性多糖，相对分子质量在 100 万以上。占吨胶对温度的依存性小，在广泛的 pH 值范围内稳定，有多糖类独特的优良使用感。在化妆品中可用作不溶性添加物的悬浮剂，乳状液的稳定剂、增稠剂和分散剂，具有优异的瞬时和可逆的假塑性，流变特性可长期保持不变。另外广泛应用于食品和医药工业中。

③ 瓜耳树胶　是由配糖键结合的半乳甘露聚糖，其中半乳糖和甘露糖的比例为 1 : 2，相对分子质量约 20 万～30 万。适用于作化妆品和食品加工的增稠剂和稳定剂，具有保持水分、减缓结晶生成的效果，也可用作黏料或润滑剂。

可用作增稠剂的天然化合物还很多，如阿拉伯树胶、明胶、龙须胶、卡拉亚胶、刺槐豆胶、酪蛋白等，它们广泛用于食品、饲料和化妆品中。其缺点是存在批次间的差异，易被微生物污染。

（2）半合成增稠剂

① 纤维素醚类　由脱水葡萄糖组成的天然高分子化合物，其结构单元为：

$$\left[-O-\underset{OH}{\overset{CH_2OH}{\underset{|}{\overset{|}{\diagup}}}}-\right]_n \quad \text{（以下简写为纤维素—OH）}$$

它本身在水中不溶解，分子中的三个羟基可与不同摩尔比的氯甲烷、氯乙酸、环氧乙烷、环氧丙烷等发生化学反应，制得甲基纤维素、羧甲基纤维素、羟乙基纤维素、羟丙基纤维素等水溶性纤维素衍生物。控制取代度和纤维素主链的长度，可制得不同规格的品种。

甲基纤维素是纤维素与氯甲烷在碱作为缚酸剂的条件下反应制得的：

$$纤维素—OH + CH_3Cl \xrightarrow{OH^{\ominus}} 纤维素—O—CH_3$$

产品能溶于冷水而不溶于热水。产品可用于内部和外部乳胶漆，可赋予其黏度稳定性、良好的成膜和应用性能。但由于甲基纤维素水溶液的黏度随温度上升时增高，直至胶化，故不能用于乳液合成时的保护胶体，加之使用不够方便，就限制了它的应用。

② 甲基纤维素钠　是由纤维素与氯乙酸反应，然后用碱中和而成的溶于水的半合成高分子，合成反应如下所示：

$$ClCH_2COOH + 纤维素—OH \xrightarrow{—OH} 纤维素—O—CH_2COOH \xrightarrow{NaOH} 纤维素—O—CH_2COONa$$

羟基部分的取代度不同，其增稠效果有所差异。适用于乳胶漆中的产品是取代度为 0.8~0.9 的中黏度型羧甲基纤维素钠，使用时常用温水配制成水溶液。由于生产羧甲基纤维素钠时有氯化钠副产物不易除去而影响漆膜的耐水性，又因易被酶降解而使漆的黏度下降，因此，目前仅在低档水性漆中使用。在化妆品工业中，羧甲基纤维素钠经常作为具有保护胶体性和乳化稳定性的透明增黏溶液，配合在膏霜、乳液和洗发香波中。此外，羟甲基纤维素钠在钻井泥浆、纺织加工、纸张生产、食品、药物等多种行业中，广泛用作增稠剂、成膜剂、黏料、稳定剂和悬浮剂等。

③ 羟乙基纤维素是由纤维素与环氧乙烷进行羟乙基化而制得：

$$\underset{\underset{O}{\diagup}}{CH_2\!\!-\!\!CH_2} + 纤维素—OH \longrightarrow 纤维素—O—CH_2CH_2OH$$

根据取代度和黏度的不同分作不同规格，有易分散型、生物稳定型、低黏度型和高黏度型等。由于羟乙基纤维素增稠效果好，其溶液为假塑性流体，使用方便，与乳胶漆和涂料印花浆中各组分的混溶性好，故广泛用作乳液合成时的增稠和保护性胶体，以及乳胶漆和涂料印花浆的增稠剂；此外，还广泛用于医药、造纸、陶瓷和石油等行业。若将羟乙基纤维素用于乳胶漆中，可在制漆过程中的不同阶段加入。易分散型产品可以干粉直接加入颜料浆研磨。但加入前体系的 pH 值应小于 7，颜料浆中的碱性组分应在羟乙基纤维素充分润湿分散后加入，否则容易结块；如在配漆阶段加入，应将其配成 1%~3.5% 的水溶液或浆状液使用。

④ 丙基甲基纤维素是由纤维素与氯甲烷和环氧丙烷反应而制得，其葡萄糖单元上的羟基一部分成为甲氧基，另一部分被羟丙基取代。

$$纤维素(\!-\!CH)_3 + xClCH_3 + y\underset{\underset{O}{\diagup}}{CH_3\!\!-\!\!CH\!\!-\!\!CH_2} \xrightarrow{OH^-} 纤维素(\!-\!OCH_3)_x(OCH_2\underset{\underset{OH}{|}}{CH}CH_3)_y(OH)_{3-x-y}$$

羟丙基甲基纤维素主要用作乳胶漆的增稠剂。依据羟基丙氧基和甲氧基的比例不同，表现出不同的应用特性。如美国 Dow 化学公司生产的 Methocel 系列产品，按甲氧基和羟基丙氧基比例的不同分为 F、J 和 K 型，各自的特性及用途见表 9-8。

表 9-8　美国 Dow 化学公司生产的羟丙基甲基纤维素的各种特性

特征	Methocel F	Methocel J	Methocel K
甲氧基比例	27%~30%	16.5%~20.0%	19%~24%
羟基丙氧基比例	4.0%~7.5%	23%~32%	4%~12%
表面张力/(dyn/cm)①	40~50	48~52	50~56

续表

特征	Methocel F	Methocel J	Methocel K
应用特性	对乳胶漆的原料溶液或乙二醇粉料浆液具有良好的增稠效果。它的胶凝温度较低（60～70℃），使之对调色温度和着色剂类型有所限制	可以高固含量的水浆料配入乳胶漆中，可使黏度均匀、并能改善成膜能力和遮盖力，缩短工业乳胶漆的干燥时间	在乳胶漆生产中的加入方法和精确控制增稠效果方面有很大的灵活性

① $1dyn=10^{-5}N$。

羟丙基甲基纤维素的增稠性与羟乙基纤维素相同，并具有较好的抗酶降解性；但其水溶性不及羟乙基纤维素，加热能胶凝，故不宜用于乳液合成。

⑤ 海藻酸类　海藻酸是从褐藻类中用碱液提取得到的物质，结构单元为：

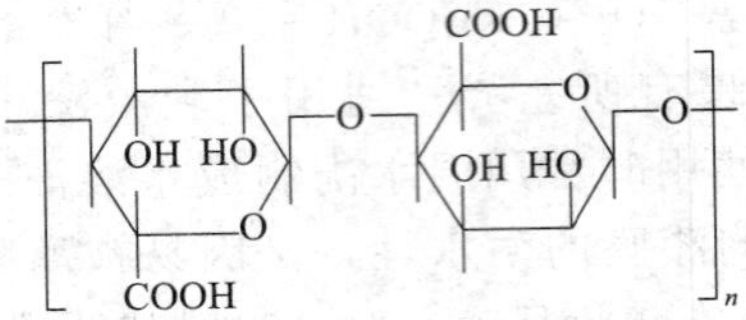

(以下简记为Alg—COOH)

其中的羧酸基可与碱反应成盐，或与醇反应成酯。作为增稠剂使用的主要有海藻酸钠和藻酸丙二醇酯。

a. 海藻酸钠　又称藻朊酸钠，溶于水成黏稠状或胶状液体，高于80℃后黏性降低。广泛用作食品和化妆品的增稠和胶凝剂，还具有悬浮剂、增厚剂和乳化剂的作用。此外，在纸张涂层、纺织印染等方面用作水分保持剂，在医药上用作止血剂等。海藻酸钠的水溶液与钙离子接触时，成为凝胶，但添加草酸盐、氟化物、磷酸盐等可抑制其凝固效果。

b. 藻酸丙二醇酯　由藻酸与1,2-丙二醇反应制得，如下所示：

$$Alg—COOH—CH_2(OH)—CH(OH)—CH_3 \longrightarrow \begin{cases} Alg—COO—CH_2—CH(OH)—CH_3 \\ Alg—COO—CH(CH_3)—CH_2—OH \end{cases}$$

产品为白色至浅黄色纤维状粉末，溶于水形成黏稠胶状溶液，可溶于稀有机酸，但在pH=3～4的溶液中形成凝胶，不产生沉淀。藻酸丙二醇酯的抗盐析性强，广泛用作增稠剂、稳定剂、乳化剂和消泡剂。

⑥ 瓜耳树胶　瓜耳树胶中含有多个羟基，可与高反应活性的化合物作用而改性。较常见的是与环氧丙烷或环氧氯丙烷反应生成相应的非离子和阳离子化合物。

a. 羟丙基瓜耳树胶是由瓜耳树胶与环氧丙烷反应而得，见下式：

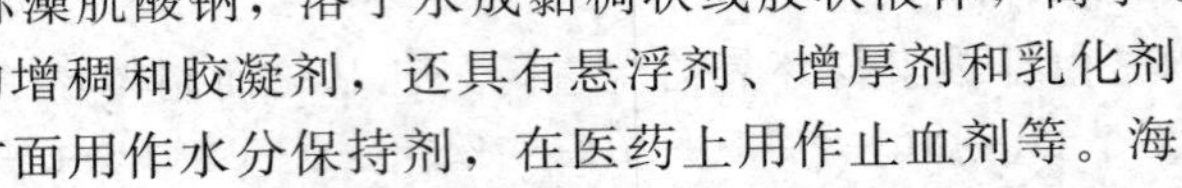

产品为高黏性液体，当含量为2%（质量分数）时，其水溶液的黏度可达到15Pa·s，故可用作高黏度水溶性增稠剂，可改善体系与电解质以及某些稀释性有机溶剂的相容性；用作防护胶体，可有效地稳定某些水包油型乳液；与硼砂或其他交联剂反应可生成坚韧的耐水凝胶。此外，在地毯印刷中用作增稠剂，置于水中充分搅拌至颗粒分散后，很容易得到无块的黏性溶液。

b. 瓜耳树胶羟丙基三甲基氯化铵是由瓜耳树胶与环氧氯丙烷反应后，再与三甲胺成盐，得到具有阳离子特性的白色或黄色粉末，反应如下：

$$Guar\!-\!OH + Cl\!-\!CH_2\!-\!\underset{\underset{O}{\diagdown\diagup}}{CH}\!-\!CH_2 \longrightarrow Guar\!-\!O\!-\!CH_2\!-\!\underset{\underset{OH}{|}}{CH}\!-\!CH_2\!-\!Cl$$

$$\xrightarrow{N-(CH_3)_3} Guar\!-\!O\!-\!CH_2\!-\!\underset{\underset{OH}{|}}{CH}\!-\!CH_2\!-\!\overset{\overset{CH_3}{|}}{\underset{\underset{CH_3}{|}}{N^+}}\!-\!CH_3\cdot Cl^-$$

该产品具有增稠性和使乳液稳定的性质，几乎能与所有化妆品用表面活性剂相配伍，甚至与脂肪醇硫酸酯和脂肪醇聚氧乙烯醚硫酸酯能够很好地配合使用，因此广泛用于洗发剂和护发用品中，除起增稠稳定作用之外，还有抗静电效果，如添加于护理香波中，泡沫量虽略有下降，但可改善湿发梳理性，使手感更细腻。

(3) 合成增稠剂

① 非离子型

a. 脂肪酸醇酰胺系由脂肪酸和二乙醇胺、异丙醇胺反应得到的产物。常用的脂肪酸包括癸酸、月桂油（椰子油酸）、大豆油酸、肉豆蔻酸、硬脂酸和油酸等。

椰子油二乙醇酰胺是目前用量最大的非离子型增稠剂，本身为淡黄色黏稠状液体，可与水以任意比例混溶，与其他非离子或阴离子型表面活性剂有良好的配伍性。广泛应用于各种液体洗涤剂、工业清洗剂和卫生化学品等含阴离子表面活性剂的体系中，除增稠性外，还兼具润滑、稳泡、分散、乳化和防锈等作用。月桂酸异丙醇酰胺具有类似的应用效果。

硬脂酸二乙醇酰胺为白色蜡状固体，可用作阴离子、阳离子和两性表面活性剂溶液的增稠剂和胶凝剂，适于配制透明、无黏度、可快速分散，且冻熔稳定性很好的膏霜类洗涤用品和化妆品。此外，还可用作纺织纤维的润滑剂和整理剂。

油酸二乙醇酰胺为琥珀色黏稠液体，溶解于大多数醇类及乙二醇醚类、脂肪烃和氯代烃中，在水中可分散，适用于含两性和阳离子型表面活性剂产品的增稠，还具有富脂效果。另外，可用作矿物黏土和颜料的分散剂、芳烃和脂肪烃溶剂的乳化剂等。油酸异丙醇酰胺为琥珀色液体或软质固体，溶解性与油酸二乙醇酰胺近似，适用于洗发和染发用品中作增稠剂。当与月桂醚硫酸钠一起使用时，既具有促进泡沫形成和稳泡作用，又可使毛发具有光滑和柔软的效果。两种或两种以上的脂肪酸二乙醇酰胺混合物也广泛用于化妆和洗涤用品中，如月桂酸/肉豆蔻酸二乙醇酰胺、月桂酸/肉豆蔻酸/棕榈酸二乙醇酰胺等，适用于作无刺激洗发剂、泡沫浴液、气溶胶刮须膏、面部擦洗剂和洗手皂等产品的增黏助剂。

b. 失水山梨醇脂肪酸酯可由月桂酸、棕榈酸、硬脂酸和油酸等与山梨醇反应制得。可以是单酯或三酯结构。

单酯　　　　　　　　　　三酯

若是油酸酯，烷基部分应是 C_nH_{2n-1}。失水山梨醇脂肪酸酯与相应的环氧乙烷加成产物配合，用于化妆品、卫生用品和油剂中，具有增稠、润滑、乳化和抗静电作用。失水山梨醇单油酸酯还用于乳化炸药、纺织油剂、油漆分散剂、钛白粉生产的稳定剂、原油开采压裂剂、石油产品的防锈剂等。

② 两性型

a. N-(十二酰胺亚丙基)二甲基甜菜碱，亦称为椰子酰胺丙基甜菜碱，是由等摩尔量的十

二酸与 N,N-二甲基丙二胺进行酰胺化反应后，再和氯乙酸钠水溶液成盐而得，如下所示：

$$C_{12}H_{25}COOH + H_2N-(CH_2)_3N\begin{matrix}CH_3\\CH_3\end{matrix} \xrightarrow{\triangle} C_{12}H_{25}\overset{O}{\overset{\|}{C}}-NH-(CH_2)_3N\begin{matrix}CH_3\\CH_3\end{matrix} \xrightarrow{ClCH_2COONa} C_{12}H_{25}\overset{O}{\overset{\|}{C}}-NH-(CH_2)_3\overset{CH_3}{\overset{|}{\underset{CH_3}{\overset{\oplus}{N}}}}-CH_2COO^{\ominus}$$

产物呈软蜡状，作为洗涤中的增稠剂，适用于毛发用品、洗浴剂、皮肤清洗剂和消毒剂中，毒性和刺激性极小，与阴离子、非离子和其他两性表面活性剂配伍性好，在广泛的 pH 值范围内稳定。此外，还具有良好的柔软与抗静电作用，故也应用于织物的柔软整理。

b. 脂肪酸 N-羟乙基-2-烷基咪唑啉，其相应的脂肪酸可以是椰子油酸、辛酸、妥尔油脂肪酸和油酸等，它们与羟乙基乙二胺在甲苯溶剂中于 $150\sim180℃$ 下反应，反应过程中不断蒸除生成的水，反应完毕，将未反应的原料减压蒸出，得到 N-羟乙基-2-烷基咪唑啉；然后以氢氧化钠作为缚酸剂，与氯乙酸反应成盐，如下所示：

$$RCOOH + H_2N-(CH_2)_2NH-(CH_2)_2OH \xrightarrow[-H_2O]{甲苯,\triangle} \begin{matrix} CH_2 \\ N \diagdown \diagup CH_2 \\ \| \\ R-C-N-CH_2CH_2OH \end{matrix}$$

$$\xrightarrow[NaOH]{ClCH_2COOH} \begin{matrix} CH_2 \\ N \diagdown \diagup CH_2 \\ \| \quad\quad \oplus CH_2CH_2OH \\ R-C-N \\ \quad\quad CH_2COO^{\ominus} \end{matrix}$$

$$\xrightarrow[NaOH]{2ClCH_2COOH} \begin{matrix} CH_2 \\ N \diagdown \diagup CH_2 \\ \| \quad\quad \oplus CH_2CH_2OCH_2COOH \\ R-C-N \\ \quad\quad CH_2COO^{\ominus} \end{matrix}$$

R为$C_8\sim C_{18}$饱和或不饱和直链烷基

若氯乙酸用量增加，N-羟乙基中的羟基也会发生反应，成盐反应在 $100℃$ 进行 $2h$，所得产品溶于水，是一类无毒、无刺激、生物降解性好的两性表面活性剂，与阴离子、阳离子和非离子表面活性剂有良好的配伍性，适用于农药、洗涤剂、油漆、油墨和燃料油中，除作为增稠剂外，还具有抗静电、柔软、缓蚀和分散等多种作用。

c. 脂肪酰氨基叔胺，其结构通式为 $RCONNR_3$，分子具有高度两极性的性质。它可由 1,1-二甲基联氨和环氧乙烷作用，然后胺解酯类化合物而制得；也可由脂肪酸甲酯和氯化三甲基肼反应而得，如下所示：

$$CH_5-\overset{O}{\overset{\diagdown\diagup}{CH}}-CH_2 + H_2NN(CH_3)_2 + RCOOCH_3 \longrightarrow CH_3\underset{OH}{\overset{|}{CHCH_2}}-\overset{CH_3}{\overset{|}{\underset{CH_3}{\overset{\oplus}{N}}}}\cdot NH\overset{O}{\overset{\|}{C}}-R + CH_3OH$$

$$RCOOCH_3 + (CH_3)_3\overset{\oplus}{N}NH_2\cdot \overset{\ominus}{Cl} + NaOCH_3 \longrightarrow RCOO\overset{\ominus}{NH}\cdot \overset{\oplus}{N}(CH_3)_3 + CH_3OH + NaCl$$

产物在水中有很好的溶解性，可用作增稠剂、低泡洗涤剂和矿物浮选剂等。

③ 阴离子型 用作增稠剂的阴离子型化合物主要是脂肪酸盐，它们在润滑脂中与基础油一起决定着产品的各种性能。此外，也用作油漆、油墨和洗涤用品中的增稠剂。

脂肪酸铝，也称铝皂，由水溶性脂肪酸盐与铝盐或铝的醇化物反应制得。除大量应用于润滑脂中外，还适合作溶剂型涂料、清漆和印刷油墨等的增稠剂。脂肪酸铝对石蜡基基础油的稠化效果优于环烷基基础油。

脂肪酸钙主要应用于润滑脂中，具有生产成本低的特点。脂肪酸锂，也称锂皂，是现今最重要的润滑脂增稠剂。直接由氢氧化锂和脂肪酸或者脂肪在矿物油或合成润滑油中反应制得，反应温度为 $160\sim220℃$。脂肪酸的结构决定了产品的滴点。用双酯类合成油制得的锂基润滑脂主要用于航空和宇宙飞行。锂基润滑脂的缺点是原料价格昂贵，生产成本高，随着温度的上升会软化。

脂肪酸钠，其根据不同的用途有不同的制造方法。用于生产润滑脂钠皂是由脂肪酸或脂肪与过量的氢氧化钠在油中反应制得，反应温度为 $150\sim260℃$。产品主要用于齿轮润滑。

硬脂酸钠可用作化妆品和盥洗用品的增稠剂、润湿剂、乳化剂和遮光剂等，由硬脂酸或硬脂酸酯与氢氧化钠反应而得。

（4）合成高分子增稠剂　近年来，合成高分子增稠剂发展很快，它不仅解决了使用天然增稠剂时，各批次间黏度变化大、易被微生物污染等问题；而且其产品的黏度受剪切速率的影响很小，在易于使用的黏度下有很好的稳定性。目前，国外一些大的厂商，如美国的 Diamond Shamrock 公司、NL 公司，英国的 Allied Colliod 公司，德国的 BASF 公司等，均有自己独特的合成高分子系列增稠剂产品。

① 聚丙烯酸类　聚丙烯酸类增稠剂是一种用碱中和后产生增稠作用的乳化体。通常以游离酸的形式存在，加入碱，使之转化成羧酸铵盐或金属盐，它们的离子化导致沿着聚合物大分子链的阴离子中心产生静电排斥作用，使交联的大分子链迅速扩张和伸展，从而使聚合物粒子的体积增加许多倍，黏度显著提高。由于聚合物不能完全溶解，因此成盐后的聚合物是粒子急剧增大的聚合物分散体。增稠剂的溶胀效果与碱的性质有关，经常使用的碱有氢氧化钠、氢氧化钾和三乙醇胺等。

聚丙烯酸类增稠剂品种繁多，按其结构可分为：丙烯酸均聚物，甲基丙烯酸均聚物，丙烯酸-甲基丙烯酸共聚物，丙烯酸-丙烯酸酯-苯乙烯共聚物，丙烯酸顺丁烯二酸酐-苯乙烯共聚物等，它们被广泛应用于乳胶漆、涂料印花浆、天然胶乳、合成胶乳和化妆品中作为增稠剂、稳定剂和防护性胶体。例如，在乳胶漆中使用聚丙烯酸类增稠剂，涂层具有良好的流平性，涂料黏度受剪切速率的影响极小，故抗溅落性好，且对光泽影响小，适用于配制有光乳胶漆；应用于涂料印花浆中，以很少的用量就可达到较高的黏度，印花鲜艳，手感柔软，有较高的耐湿牢度，增稠剂留在织物上，有助于黏合剂交联成膜，从而使牢度提高。

② 羧基多亚甲基聚合物，这类产品有马来酸、马来酸酐以及马来酸酐与乙烯、醋酸乙烯酯、烷基乙烯基醚等的共聚物，为通用型增稠剂，适合于各种胶乳和乳剂体系，如在黏合剂、印花浆料和涂料中，具有促使胶乳平滑、均匀、不流动等特性。

a. 马来酸酐与烷基乙烯醚的共聚物是由马来酸酐和烷基乙烯醚在胺存在下共聚制得。在涂料印花和染料印花中使用。

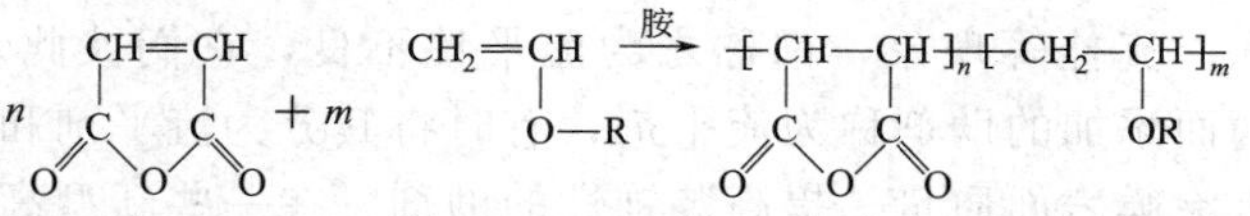

b. 马来酸酐与烯烃的共聚物。苯乙烯、乙烯及异丁烯与马来酸酐的聚合物都是性能良好的增稠剂。以苯乙烯为例，聚合反应如下：

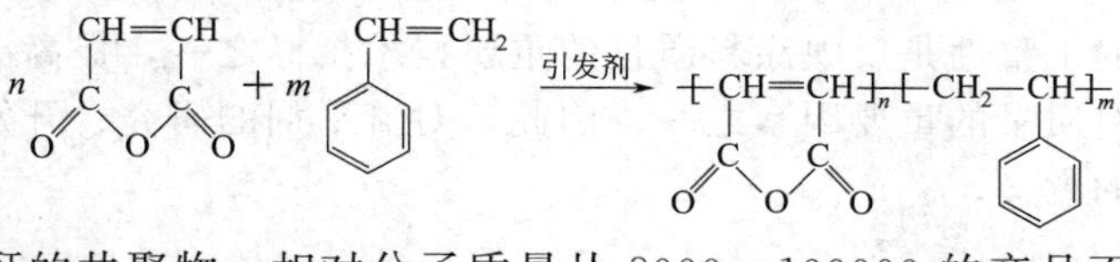

乙烯与马来酸酐的共聚物，相对分子质量从 $8000\sim100000$ 的产品不仅具有很好的增稠作用，而且可使各种不溶解固体及颜料稳定地分散在水中或有机相中，适用于涂料印花浆、钻井泥浆、各种悬浮剂、洗发剂和化妆品中。

c. 马来酸酐-丙烯酸共聚物。这类产品呈高黏度的浆状，具有很好的储存稳定性，用于涂料印花浆中，对织物的牢度和手感影响小，特别适合于无火油或低火油的涂料印花浆。

③ 聚乙烯基吡咯烷酮系 由乙烯基吡咯烷酮聚合而得，如下所示：

$$\begin{matrix} CH_2{=}CH \\ | \\ N \\ H_2C \quad C{=}O \\ | \quad | \\ H_2C{-}CH_2 \end{matrix}\Bigg]_n \longrightarrow \left[\begin{matrix} CH_2{-}CH \\ | \\ N \\ H_2C \quad C{=}O \\ | \quad | \\ H_2C{-}CH_2 \end{matrix}\right]_n$$

产品相对分子质量为 5000~700000，为无臭、无味白色粉末或透明溶液，稳定性很高，具有优良的生理惰性和生物相容性，无毒，不刺激皮肤和眼睛。聚乙烯吡咯烷酮有很强的黏结能力，极易被吸附在胶体粒子表面起到保护胶体的作用，故广泛用作乳液、悬浮液的增稠剂、胶凝剂、稳定剂、胶黏剂等。在医药工业中，还可用作片剂、颗粒剂、注射剂的助溶剂，胶囊剂的助流剂，液体制剂及着色剂的分散剂，酶及热敏药物的稳定剂，难溶药物的共沉淀剂等；在食品工业中，用作啤酒、果汁的稳定剂；在化妆品工业中，适用于护肤滋润剂及脂膏基料染发分散剂，泡沫稳定剂，能提高洗发水的稠度。此外，还用于涂料印花浆的增稠剂、纤维处理剂、纸加工助剂等。

④ 聚乙二醇酯系 由聚乙二醇（相对分子质量为 400~1000）与脂肪酸进行酯化反应而得，如下所示：

$$HO{-}[CH_2{-}CH_2{-}O]_n H + RCOOH \xrightarrow{-H_2O} RCOO{-}[CH_2CH_2O]_n H$$

所用脂肪酸可以是月桂酸、硬脂酸和油酸，根据它们与聚乙二醇摩尔比的不同，可得到单酯或双酯。产品为非离子型，故适应面广，使用方便，在化妆品和工业乳液中用作乳化剂和增稠剂；添加于涂料印花浆中，对电解质不敏感，印花织物鲜艳、手感好。聚合度较高的聚乙二醇（$n>300$），称为聚氧乙烯，本身具有很好的增稠作用，在化妆品中可用作胶合剂、增稠剂和成膜物质。

9.2.3 流平剂

涂料不论用什么涂装方法，经施工后，都有一个流动及干燥成膜的过程，然后逐渐形成一个平整、光滑、均匀的涂膜，从而达到装饰及保护目的。涂膜能否达到平整光滑的特性，称为流平性；而缩孔是涂料在流平与成膜过程中产生的特征性缺陷之一。如果涂膜不平整并出现不规则的缩孔，不仅起不到装饰效果，而且会降低或损坏其保护功能。在实际施工过程中，由于流平性不好，刷涂时出现刷痕，喷涂时出现橘皮，滚涂时产生滚痕，在干燥过程中相伴出现缩孔、针孔、流挂等现象，都称之为流平性不良，它们彼此之间有一定的内在联系。为克服这些弊病而添加的助剂称为流平剂，有时将其分为流平剂和防缩孔剂。

流平剂属于改进涂膜表面质量、提高装饰性的助剂，在一些新型高档涂料（如聚氨酯类涂料、交联固化环氧类涂料、乳胶型涂料、粉末涂料等）生产中，易于产生流平性不良的问题。由于这些涂料开发较晚，所以关于流平剂的开发和应用，大多见诸于近十多年的文献中。由于涂膜外观的平整性是反映涂料质量的重要技术指标之一，提高涂料的流平性能、克服缩孔，是改进涂料质量的重要因素之一，因此，对流平剂的研究、开发与应用，具有广阔的前景和十分重要的意义。

9.2.3.1 作用机理

(1) 涂料干燥时的流动现象 涂料在干燥过程中，随着溶剂的蒸发，在涂膜表层形成较高的表面张力，且黏度增大，随温度下降，里、表层之间出现温差及表面张力和黏度的不同。按照 G. Marwedel 的观点，当表面张力不同时将产生一种推动力，使涂料从底层向上层产生有规则的运动。当上层溶剂含量降低时，较多溶剂的底层就向表面散开，随着溶剂蒸发、黏度增大，流动速率减缓，流动的涂料在重力作用下向下沉；同时，里、表层之间表面张力的差异再次促使流动的涂料向上。这种下沉、向上、散开的运动循环进行，直到涂层黏度增长到足以阻止其流动时为止。此时，里、表层的表面张力差也趋于消失。

涂层中重复进行的上述流动运动，造成局部涡流。按照 Helmholtz 流动分配理论，这种流动形成的边与边相接触的不规则六角形网络，称之为 Benarl 漩流涡，如图 9-33 所示。

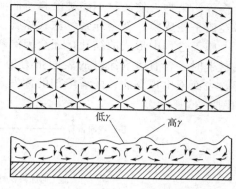

图 9-33 Benarl 漩流涡及产生漩流涡的流动
γ—表面张力

这种漩流涡在仔细观察涂膜表面时就可以看到。涡流的原动点在网格体中间，涂料沿网格体边缘下沉，在湿涂膜上形成许多漩涡状的小格，待干燥后就留下不均匀的网纹或条纹。对流造成漩涡状小格中心稍稍隆起，若涂料的流动性差，干燥后就会有橘皮现象。

若在涂料中添加低挥发度的溶剂，它能够增加涂料在固化成膜前的流动，并能降低蒸发速率及膜截面间（里、表层间）的温度差和浓度差。

（2）与平流、缩孔有关的物理量　缩孔是指在涂膜上形成不规则的、有如碗状的小的凹陷，它的形成使涂膜失去平整性。缩孔常常是以一滴或一小块杂质为中心，在周围形成一个环形的棱，如图 9-34 所示。

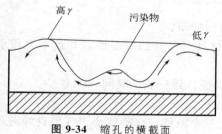

图 9-34 缩孔的横截面
γ—表面张力

从流平性的角度来看，它是一种"点式"的流不平，其形状从表观上可分为平面式、火山口式、点式、露底式和气泡式等，如图 9-35 所示。

形成缩孔的原因是多方面的。首先是涂料的配方、组成等。由涂料组分中不溶性胶粒的产生而引起的缩孔，主要是点式的。这种胶粒是由于树脂与溶剂间的溶解性发生变化所致。例如，涂料中含有不同分子量的树脂和不同结构的树脂，它们随溶剂的蒸发、溶解性变化而有所差异，在固化过程中，部分溶解性差的树脂会变成不溶于溶剂的胶粒；另外，涂料组分中的表面活性物质会与涂料产生不相容性，或在涂料干燥过程中浓度发生变化而超出了它的溶解度，生成少量不相容的液滴，也会导致缩孔。如在涂料中加入过量的硅油因其黏度过大，都易产生缩孔。

形成缩孔的第二个原因是在施工过程中，由空气中的活性粒子、漆雾、尘埃、水汽等产生的污染，或由施工工具带来的油污、尘埃、水分等的污染，其中油污、水分主要造成火山口式缩孔；因底材处理不净，有油污、水分、

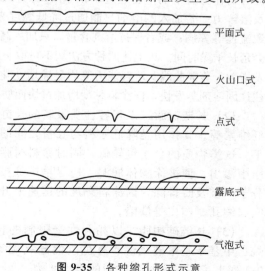

图 9-35 各种缩孔形式示意

尘埃等污染物，使底材不能被涂料所润湿，从而导致露底式缩孔；湿涂膜中气泡破裂，随后未经流平便成膜，就会导致气泡式缩孔。

施工过程中形成的缩孔，还会因涂料与底材之间表面张力的变化而导致。当涂料施涂于底材上时，含有溶剂涂料的表面张力为 γ_1，底材表面张力为 γ_2，此时 $\gamma_2 > \gamma_1$，底材易润湿，表面不出现弊病；随着溶剂的挥发，涂料的表面张力会逐渐增大至树脂的表面张力 γ_3，如图 9-36 所示。

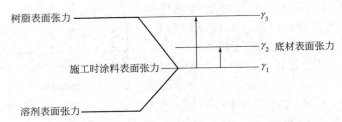

图 9-36　涂料施工过程中表面张力的变化

当涂层的表面张力增至 γ_2 时，若其黏度未足够大，便会出现缩孔或缩边；但若此时黏度已很大，而表面张力不足以拉破涂层，则不会出现缩孔。由此原因而产生的缩孔多出现在高固含量、紫外线固化或表面张力高的涂料品种上。

9.2.3.2　流平剂的作用原理

为改善涂料的流平性，应从三个方面着手改进涂料的性质：

① 降低涂料与底材之间的表面张力，使涂料对底材具有良好的润湿性，并且不至于引起缩孔的物质之间形成表面张力梯度；

② 调整溶剂蒸发速率，降低黏度，改善涂料的流动性，延长流平时间；

③ 在涂膜表面形成极薄的单分子层，以提供均匀的表面张力。

在涂料中加入流平剂后，若能部分或全部满足以上三个条件，涂膜便会表现出良好的流平性，得到平整光滑的表面。作为流平剂的物质有高沸点有机溶剂及相容受限制型长链树脂和长链硅树脂等，它们的作用原理分别讨论如下。

(1) 溶剂类流平剂　在溶剂型涂料中常以芳烃、酮类、酯类或含多官能团的高沸点溶剂混合物作为流平剂，它通过调整原溶剂的挥发速率，使涂料在干燥过程中具有平均的挥发速率及溶解力。若加入的溶剂只能通过降低黏度来改善流平性，其结果会使涂料的固体分下降并导致流挂等弊病；或者保持溶剂含量，只加入高沸点溶剂以通过调整挥发速率来改善流平，其结果会延长干燥时间。故上述两种方法均不可取。而加入高沸点溶剂混合物，涂料的各种特性，如挥发指数、蒸馏曲线、溶解能力等均呈递增变化，因而表现出良好的流平性。在常温干燥涂料中，往往因溶剂蒸发快，使涂料黏度增加过快而妨碍流动，此时，使用溶剂类流平剂是很有效的。

(2) 长链树脂　以相容性受限制的长链树脂为主要组成物，常用的有聚丙烯酸酯和醋丁纤维素等。其作用是降低涂料与底材之间的表面张力，提高了底材的润湿性而促进涂料的流平，这类物质的分子量较低，同时涂料树脂不完全相混溶；其表面张力也比较低，故易从树脂中渗出，使被涂物体润湿。应尽早排除被涂固体表面所吸附的气体分子，若被吸附的气体分子未被及时排除，因涂料黏度的迅速上升会阻碍该过程，这样就会在固化涂膜表面形成凹穴、缩孔、橘皮等缺陷。

(3) 长链硅树脂　以相容性受限制的长链硅树脂为主要组成，常用的有二苯基聚硅氧烷、甲基苯基聚硅氧烷、有机改性硅氧烷等，这类物质具有降低涂料表面张力的作用。表 9-9 列出了不同底材和树脂的表面张力。

表 9-9　不同底材与树脂的表面张力

底材名称	表面张力/($\times 10^{-3}$N/m)	树脂名称	表面张力/($\times 10^{-3}$N/m)
铝	33～35	三聚氰胺树脂	58
磷化钢板	45～60	环氧树脂	45
玻璃	70	聚甲基丙烯酸丁酯	41
镀锌钢板	30～40	65％豆油醇酸树脂	37

可见，长油性（65％豆油）醇酸树脂的表面张力低于大多数底材的表面张力，故其流平性较好；相反，氨基交联树脂、环氧树脂等涂料因其表面张力大于底材的表面张力而易产生缩孔。当其中添加硅树脂时，涂料的表面张力便可小于底材的表面张力，从而使底材易被润湿，同时，也具有控制表面流动的效果；当溶剂挥发后，硅树脂在涂膜表面形成单分子层，它是一层极薄而光滑的膜，可改善涂膜的光泽。

9.2.3.3　流平剂的类型与合成

(1) 醋酸-丁酸纤维素　纤维素经醋酸或丁酸处理后，与丁酸、丁酐、醋酸、醋酐混合液在催化剂（如硫酸、过氯酸-硫酸和过氯酸-磺酰醋酸）的存在下，进行混合酯化而得，如下所示：

$$纤维素\!\leftarrow\!(OH)_3 + \frac{x}{2}\quad\text{(二聚体)} + \frac{y}{2}\quad\text{(二聚体)} \xrightarrow{H^+}$$

$$纤维素\!\leftarrow\!(OCOCH_3)_x\,(OCOC_3H_7)_y(OH)_{3-x-y}$$

产物经水洗、干燥、沉淀即得成品。醋酸-丁酸纤维素与多种合成树脂、高沸点增塑剂有优良的混溶性，能溶于多种有机溶剂。根据丁酰基含量的不同，可分别用作聚氨酯及粉末涂料的流平剂。丁酰基含量增加，有利于提高流平效果，丁酰基最高可达 55％。醋酸-丁酸纤维素本身是用途很广的纤维素塑料。

(2) 聚丙烯酸酯类（相容受限制型）　聚丙烯酸酯类流平剂可降低树脂的表面张力，以增加涂料对底材的润湿性。由于其与涂料用树脂的相容性有限，可在短时间内迁移到涂层表面形成单分子层，以保证在表面断面中的表面张力均匀化，增加抗缩孔能力，从而改善涂膜表面的光滑平整性。聚丙烯酸酯类流平剂可分为丙烯酸酯均聚物、改性聚丙烯酸酯及与硅酮拼合的聚丙烯酸酯以及聚丙烯酸碱溶性树脂等。

丙烯酸酯均聚物与普通环氧树脂、聚酯树脂、聚氨酯等涂料用树脂的相容性很差，若将两者物理混合，其表面状态不好，会形成有雾状的涂膜。为了提高相容性，通常用比均聚物有较好混溶性的二元或三元共聚物。

用作流平剂的聚丙烯酸酯，平均分子量不能太大，以 6000～20000 为宜，且分子量分布越窄，越有利于单分子层的形成。通常使用的聚丙烯酸酯在 65℃ 时以黏度为 4～12Pa·s 为好，若黏度高于此值，涂膜便几乎没有或完全失去流平性；反之，若黏度过低，聚丙烯酸酯就会在整个表面移动，使涂膜物性显著变化。另外，聚丙烯酸酯的玻璃化温度应在 -20℃ 以下，使之在常温下具有一定的流动性；适宜的表面张力为 (25～26)$\times 10^{-5}$N/cm。

针对不同树脂，适宜的聚丙烯酸酯用量不同，如表 9-10 所示。但是，根据不同来源的聚丙烯酸酯，其用量也应做适当调整。

表 9-10　聚丙烯酸酯流平剂在不同树脂中的用量

涂料用树脂	环氧树脂	聚酯树脂	聚丙烯酸树脂
每 100 份树脂聚丙烯酸酯的用量	0.5～1.0 份	约 1.0 份	1.0～1.5 份

（3）有机硅树脂类（相容受限制型） 有机硅树脂流平剂的流平性与树脂的分子量、黏度、结构及与涂料用树脂的相容性有关。一般黏度在 $0.1\sim0.4Pa\cdot s$ 的有机硅，具有良好的促进流动和流平增光作用；若分子量继续增加，使黏度随之增大，则流平剂与涂料用树脂的相容性会下降，从而产生橘皮和缩孔。因此，使用有机硅作流平剂时，相容性是很重要的，否则不仅起不到流平作用，反而会使涂膜产生缩孔等弊病。

有机硅流平剂的作用效果与树脂的分子量大小、有机官能团的类型及位置、与硅原子的连接形式等有关，应根据具体的涂料产品来选择适当的流平剂产品和用量。常用的有机硅树脂流平剂主要有如下三类。

① 聚二甲基硅氧烷，亦称二甲基硅油或聚二甲基硅醚。产品黏度与分子量大小有关，若控制下式中的 n 为 $5\sim100$，产品黏度为 $0.001\sim0.1Pa\cdot s$，则适合作为流平剂及防发花和防浮色剂使用；若 n 达 1200，产品黏度增至 $60Pa\cdot s$，则适合作为消泡剂使用。结构式如下：

$$(CH_3)_3-Si-O\left[\begin{matrix}CH_3\\|\\Si-O\\|\\CH_3\end{matrix}\right]_n Si-(CH_3)_3, \ n=5\sim100$$

水溶性聚二甲基硅氧烷适合作为水溶性涂料的流平剂。如在水溶性丙烯酸烘漆中，添加水溶性硅油对涂膜外观的影响如表 9-11 所示。可见，添加量为 0.1%（质量分数）时，得到平整光滑的涂膜；但用量增加，会使表面呈橘皮状，从而不利于涂膜质量的提高。

表 9-11　水溶性硅油在水溶性丙烯酸烘漆中的用量及对涂膜的影响

添加量/%（质量分数）	外　观	添加量/%（质量分数）	外　观
0	漆膜表面布满凹坑、麻点	0.1	表面平整光滑
0.05	麻点减少	0.2	表面出现橘皮

② 聚甲基苯基硅氧烷系　以硅氧烷键为骨架的链状聚合物，结构式如下：

$$(CH_3)_3-Si-O\left[\begin{matrix}CH_3\\|\\Si-O\\|\\ \bigcirc\end{matrix}\right]_n Si(CH_3)_3$$

聚二甲基硅氧烷与涂料用树脂的相容性差，引入苯环后可显著增加相容性，由此明显提高了涂料的流平性，但无增光和增滑作用。这种有限的效果限制了聚甲基苯基硅氧烷在涂料配方中的使用。

③ 有机改性聚甲基硅氧烷　根据改性有机基团部分的结构类型可分为：聚醚改性有机硅、聚酯改性有机硅和反应性有机硅三种。反应性有机硅系指所含的有机官能团能与涂料用树脂起化学反应，使有机硅成为固化后树脂的一部分。这种官能团常见的有羧基、酰氨基和环氧基等。聚醚改性的有机硅是目前使用的较为普遍的流平剂，根据聚醚与硅相连接方式的不同，又可分为 Si—O—C 型和 Si—C 型两类。

a. 聚醚与硅相接的化学键为 Si—O—C 型，改性有机硅的结构式为：

$$(CH_3)_3-Si-O\left[\begin{matrix}CH_3\\|\\Si-O\\|\\O\\|\\CHR\\|\\CH_2\\|\\O\\|\\R'\end{matrix}\right]_x\left[\begin{matrix}CH_3\\|\\Si-O\\|\\R''\end{matrix}\right]_y Si-(CH_3)_3$$

此类有机硅具有良好的润湿性,具有改善流平、增进光泽等作用。但遇水会发生水解反应,使 Si—O—C 中的 O—C 断裂,故不能在含水体系中应用。

b. 聚醚与硅相接的化学键为 Si—C 型,改性有机硅的结构式为:

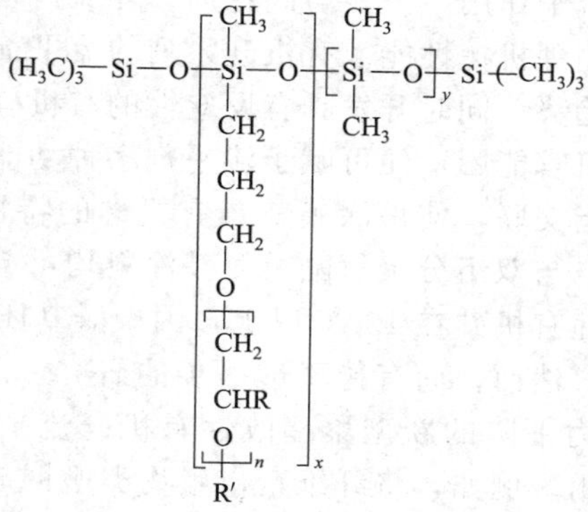

$$(H_3C)_3-Si-O-\underset{\underset{\underset{\underset{\underset{\underset{\underset{R'}{O}}{CHR}}{CH_2}}{O}}{CH_2}}{\underset{CH_2}{\underset{CH_2}{CH_3}}}{\underset{CH_3}{Si}}-O-\left[\underset{CH_3}{\overset{CH_3}{Si}}-O\right]_y-Si+CH_3)_3$$

一般 x 越小,y 越大,平滑效果越好。但 x 值太小,会影响到与涂料的相容性。这类流平剂的作用效果主要取决于分子结构,与用量关系较小;且在提高使用浓度的情况下,也不会对漆基产生不相容现象和副效应。另外,由于是 Si—C 结构,此类流平剂对水解稳定。

(4) 溶剂类 溶剂型流平剂是各种高沸点溶剂的混合物。主要应用于溶剂型漆,它既是涂料良好的溶剂,又是颜料良好的润湿剂。能够解决两方面的问题:其一是在自干漆中,由于溶剂挥发快,涂料黏度迅速提高,妨碍了流动,从而引起漆膜刷痕问题;其二是由于溶剂挥发而使基料的溶解性变差所导致的缩孔,或在烘烤型涂料中产生的沸痕、起泡等问题。

用作流平剂的高沸点溶剂常为酯、酮和醇的混合物。它们挥发较慢,可以较长时间保持表面开放,且具有强溶解性,能使基料稳定,防止基料因溶剂的挥发而析出;同时由于调节了挥发速率,可克服漆膜表面泛白的弊病。

除上述各种流平剂外,氟系表面活性剂因对很多树脂和溶剂有很好的相容性和表面活性,对于改善润湿性、分散性和流平性也是很有效的。如多氟化多烯烃,既可应用于水溶性氨基烘漆中,又可用在溶剂型漆中调整溶剂挥发速率,以达到流平效果。

9.2.4 流变性改进剂的发展趋势

流变性改进剂的发展是与相应的被改进体系的发展相配套的。随着无污染、省能源和省资源的要求愈来愈严格,涂料逐步向高固体、水溶性、粉末、无溶剂和辐照固化型发展,对相应的各类助剂提出了新的要求,以适应这些新型涂料发展的需要。

目前流变剂的发展有如下三个特点。

首先是采用复配体系,提高流变助剂的应用效果。如在氢化蓖麻油中配入酰胺蜡,既保持了氢化蓖麻油的特点,又能避免溶解时重结晶而造成的粗大粒子问题;有机膨润土系流变剂采用可交换的阳离子取代和以胺取代的有机膨润土的复合体,在低级醇、酮、酯类溶剂中的溶胀性下降;触变树脂则是将干性油和单体进行共聚,再与胺或二聚酸的缩合物及多元醇反应,由此得到的共聚触变树脂对颜料有选择性。

其次是提高原有产品的纯度、分散性等,使之使用方便。如采用母粒法制备气相二氧化硅,得到平均粒径范围在 $10\sim20\mu m$、高纯度和高分散性的产品。

最后,是开发新型流变助剂。如采用二亚甲基苯基山梨醇和苯甲醛的反应物,其二聚体具有良好的凝胶性能；还可将蓖麻油的硫酸和磷酸酯等表面活性剂作为流变剂使用。

涂料流平剂的发展趋势是开发稳定、多功能、聚合物类的产品，例如，环氧粉末涂料用的丙烯酸聚合物是一种分子链上无活性官能团的线型高分子，若在聚合物中引入少量环氧基，产物既能对粉末涂料起流平作用，又能与固化剂、环氧树脂起交联作用，形成三维网状结构，可提高涂膜的光泽及物理机械性能。有机硅系列的流平剂则以开发多功能、多效用且没有副作用的新品种为主要趋势；同时开发具有反应性的有机硅产品。如有机改性聚甲基硅氧烷，分子中同时含多种有机官能团，便可赋予流平剂多种功能；若含有反应性基团，则既能起到流平作用，又能与树脂交联，使得涂膜兼具有机硅的特性，平滑且不能再涂。例如，用含羟基的聚酯改性有机硅，与双组分聚氨酯及氨基涂料均可起交联作用，在一般烘烤温度下极为稳定，解决了聚醚改性有机硅在130℃以上，因聚醚基团裂解时生成甲基硅油，致使层间附着力明显降低的问题。然而，尚有待于进一步的研究，以开发出与涂料相容性更好，高温稳定，不导致层间附着力下降的新型聚酯改性有机硅流平剂。此外，发展多效复合助剂，使之兼具流平和其他作用。例如，将纤维素衍生物类增稠剂与氨基甲酸酯、碱溶性丙烯酸聚合物复合，可取得良好的外观效果。

近年来，增稠剂以开发聚羧酸盐类产品为主要发展方向。如美国 Goodrich 公司的 Carbopol 系列产品，根据分子量的不同，提供了不同用途，在涂料印花浆和化妆品中应用最多；美国 Rohm and Hass 公司的 Acrysol ASE 系列产品，为丙烯酸和甲基丙烯酸的共聚物，以很少的用量就可达到较高的黏度。美国 Diamond Shamrock 公司的 SN-Thickener 系列产品，是以氨基甲酸乙酯改性的聚醚型丙烯酸增稠剂，应用于乳胶漆中，漆的黏度持续性好，储存稳定性高，且不会影响涂膜的耐水性、耐碱性和流平性。而应用于乳胶漆中的 Rheovis CR 系列产品，是在传统的碱活化聚丙烯酸增稠剂分子支链上接上疏水性的非离子表面活性剂，使其具有缔合能力，在使漆料达到满意增稠效果的同时，还具有良好的抗剪切力的流变性。

提高聚丙烯酸增稠剂的应用性能，如储存稳定性、耐电介质性能和增稠能力等，是目前研究的重要内容。如在丙烯酸单体中加入 2% 的 2,5-二乙烯基对二噁烷及 2,6-二乙烯基对二噁烷混合物进行共聚，所得产品用氨水中和后得到稳定的胶状体，可放置 4 个月以上不分相；若将不饱和羧酸酯与丙烯酸酯类单体共聚，分子中引入非离子亲水部分，可得到耐电介质性能良好的增稠剂。例如，将烯丙基季戊四醇与丙烯酸、甲基丙烯酸十八酯，以过氧化物作为引发剂进行共聚，将所得的产品添加 1.2%～2.0% 于涂料印花浆中，即可达到 4.7～25Pa·s 的黏度，并可使印花浆在圆网印花时，具有更好的渗透性，印花清晰、均匀、得色量高。此外，通过与其他增稠剂的复配，可进一步提高使用效果。例如，聚丙烯酸增稠剂与羟乙基纤维素配合使用，添加于乳胶涂料中，能得到无流挂、无沉淀、涂膜综合性能良好的涂料。

除聚羧酸盐外，性能良好的半合成增稠剂也得到不断地发展。如美国 Aqualon 公司开发的 Natrosol 250 B 型抗霉菌降解的羟乙基纤维素，因其用量少、使用方便、可在制漆过程中的各个阶段加入，使之在乳胶漆中的应用颇具竞争力；若将高、中黏度型的羟乙基纤维素复合使用，或将其与其他类型的增稠剂复合使用，均可提高乳胶漆涂膜的质量。另外，用丙烯酸和丙烯酰胺改性的淀粉，是对无机物具有很好相容性的增稠剂。例如，将淀粉溶液与丙烯酸丁酯-丙烯酸乙酯-甲基丙烯酸共聚钠盐溶液一起加热，得到高黏度的增稠剂浆，5% 溶液的黏度为 27.5Pa·s。为了应用的便利，应积极探讨两性增稠剂，使之能在宽 pH 值范围内使用；此外应探索新的聚合方法，如无皂乳液聚合、无溶剂聚合等，以合成出高性能的增稠剂产品。

参 考 文 献

［1］ 黄文轩. 润滑剂添加剂性质与应用. 北京：中国石化出版社，2012.
［2］ 林松. 精细与专用化学品，1992，4：1.
［3］ 张景河等. 现代润滑油与燃料添加剂. 北京：中国石化出版社，1991.
［4］ 黄文轩等. 润滑油与燃料添加剂手册. 北京：中国石化出版社，1994.
［5］ 周英兵等. 石油学报，1992，8（4）：24.
［6］ MW 兰奈著. 内燃机燃料添加剂. 李奉孝等译. 北京：烃加工出版社，1985.
［7］ Klamann D 著. 润滑剂及其有关产品. 张溥译. 北京：烃加工出版社，1985.
［8］ 钱逢麟等. 涂料助剂——品种和件能手册. 北京：化学工业出版社，1990.
［9］ 陈国权等译. 涂料添加剂的制法、配方及开发. 上海：上海科技文献出版社，1989.
［10］ Johnson RW 等编. 工业脂肪酸及其应用. 陆丹海等译. 北京：中国轻工业出版社，1992.
［11］ 刘国杰等. 涂料应用科学及工艺学. 北京：中国轻工业出版社，1994.
［12］ 洪啸吟，冯汉保编. 涂料化学. 北京：科学出版社，2006.
［13］ 杨新伟等. 纺织染整助助. 北京：化学工业出版社，1988.

10

其他助剂

10.1 润滑添加剂

10.1.1 概述

两个相互接触的物体做相对运动时存在着一种抗拒其做相对运动的力,称作摩擦力,这种现象称为摩擦现象。可以把摩擦分为两种,即粘着摩擦与动摩擦,前者较后者大。当滑动表面处于相互直接接触状态时的摩擦叫干摩擦或固体摩擦;当它们之间以固体介质、液体介质或气体介质隔开时,称之为润滑摩擦或流体摩擦。从润滑摩擦向干摩擦过渡的阶段叫做混合摩擦,这时两种摩擦同时出现。在向干摩擦过渡阶段的混合摩擦中有一种情况叫边界摩擦。根据两表面的相对运动状态,有滑动摩擦和滚动摩擦,两者都产生摩擦损失,但在滚动摩擦时的能量损失比滑动摩擦时要小得多。摩擦力是接触面尺寸大小的函数,并且与滑动面的表面粗糙度、滑动速率以及润滑体的材质有关。目前比较为人们所接受的摩擦理论是凹凸学说和黏合学说[1]。

10.1.1.1 凹凸学说

微观观察物体表面,会发现表面上有许多凹凸部分,当两个物体接触时,凹凸之间发生咬合,阻碍相互滑动。物体表面凹凸愈少,咬合就少,则摩擦力愈小,摩擦系数愈低。因此,摩擦面粗糙,摩擦力就大;摩擦面平滑,摩擦力小。但当摩擦面的光洁度极高时,摩擦力反而上升,这是凹凸学说无法解释的现象。

10.1.1.2 黏合学说

在物体表面上有许多小的凹凸部分,当两个物体接触时,主要是在凸部彼此互压,实际接触面积比表观接触面积要小得多。全部负荷加于接触部分,造成局部高压和变形,在接触面上便产生黏合。即在物质接触表面上由于分子间的力或原子间的力而形成一种黏附现象。

在机械运行或材料加工过程中,存在着金属与金属之间、加工材料与加工机械之间的摩擦。如在高分子材料成型加工时。存在着聚合物熔体与加工设备表面间的摩擦,它可能导致聚合物熔体黏附在加工设备和其他接触材料的表面上。特别是在高温下,熔体与金属表面的摩擦系数随温度升高而显著增大。由此会影响制品从模具中的脱出,严重时会使制品表面非常粗糙,无光泽,甚至产生流纹。另有统计表明,在机械运行过程中,大约有1/3的能源消耗在摩擦上，80％的损坏零件是由磨损报废的。为了减少由于各种摩擦造成的严重磨损、产品质量差、生产效率低等一系列问题，目前生产上广泛使用润滑剂，这是一种能够在表面与表面之间形成隔离层或修复不平滑表面的物质。根据应用对象的不同，可分为高分子材料加工用润滑剂、机械运行用润滑剂和纤维加工用油剂等。其适用的化合物结构类型较多，一般是由亲水性官能团和疏水性烷基链组成。

10.1.2　高分子材料加工用润滑剂种类

高分子材料在成型加工时，存在着熔融聚合物分子间的摩擦和聚合物熔体与加工设备表面间的摩擦，前者称为内摩擦，后者称为外摩擦。内摩擦会增大聚合物的熔融流动黏度，降低其流动性，严重时会导致材料的过热、老化；外摩擦则使聚合物熔体与加工设备及其他接触材料表面间发生黏附，随温度升高，摩擦系数显著增大。为了减少这两类摩擦，改进塑料熔体的流动性，防止高分子材料在加工过程中对设备的黏附现象，保证制品表面光洁度而加入的物质称为润滑剂。若材料本身具有自润滑作用，如聚乙烯、聚四氟乙烯等，加工时可不加润滑剂；而聚氯乙烯，特别是硬质聚氯乙烯、聚丙烯、聚苯乙烯、聚酰胺、AFS 树脂等，则必须加入润滑剂才能很好加工。根据摩擦类型的不同，所需的润滑又分为内润滑和外润滑两种。内润滑是在塑料加工前的配料中，加入与聚合物有一定相容性的润滑剂，并使其均匀地分散到材料中而起润滑作用。外润滑有两种方法：一种是在高分子材料成型加工时，将润滑剂涂布在加工设备的表面上，让其在加工温度下熔化，并在金属表面形成一"薄膜层"，将塑料熔体与加工设备隔离开来，不致黏附在设备上，易于脱膜或离辊；另一种是将与聚合物相容性很小，在加工过程中很容易从聚合物内部迁移到表面上，从而形成隔离层的物质，在加工前配料时加入，使其分散到塑料中，而在加工过程中迁移到表面，起到润滑作用。外润滑与内润滑是相对而言的，实际上，大多数的润滑剂兼其两种作用，只是相对强弱不同。就一种润滑剂而言，它的作用可能随聚合物种类、加工设备和加工条件，以及其他助剂的种类和用量的不同而发生变化，故很难确定它属于哪一类。而且聚合物的加工一般是在加热条件下进行的，加工过程中还配合有其他多种助剂；此外，除相容性外，还应该考虑润滑剂在使用时的热稳定性和化学惰性，要求其具有良好的耐老化性能，不腐蚀模型表面，在模具表面不残留分解物，并能赋予制品良好的外观，不影响制品的色泽和其他性能，不产生气味，无毒[2]。关于高分子材料加工用润滑剂的结构对应用性能影响的研究还比较少，往往依靠经验选择添加剂，由此制约了生产发展，并影响到产品性能。今后随着高分子材料加工向高速化、自动化的方向发展，被加工的材料在加工过程中将会受到更多的剪切和摩擦作用，从而润滑剂的作用将会显得更加突出，故十分有必要开发更多的高效、价廉的新型润滑剂，同时还应深入研究润滑剂在聚合物中的行为。

10.1.2.1　作用机理[3,4]

由于塑料加工过程中的影响因素很多，关于润滑剂的作用机理尚存在着各种不同的解释，一般认为有塑化机理、界面润滑和涂布隔离机理。

(1) 内润滑——塑化机理　为了降低聚合物分子之间的摩擦，即减小内摩擦，需加入一种或数种与聚合物有一定相容性的润滑剂，称为内润滑剂。其结构及其在聚合物中的状态类似于增塑剂，所不同的是润滑剂分子中，一般碳链较长、极性较低。以聚氯乙烯为例，润滑剂和材料的相容性较增塑剂低很多，因而仅有少量的润滑剂分子能像增塑剂一样，穿插于聚氯乙烯分子链之间，略微削弱分子间的相互吸引力，如图10-1所示。

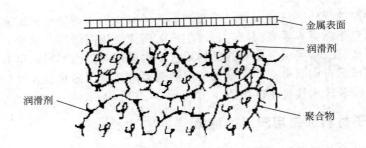

图 10-1　内润滑机理示意

于是在聚合物变形时，分子链间能够相互滑移和旋转，从而分子间的内摩擦减小，熔体黏度降低，流动性增加，易于塑化。

（2）外润滑——界面润滑机理　与内润滑剂相比，外润滑剂与聚合物的相容性更小。故在加工过程中，润滑剂分子很容易从聚合物的内部迁移至表面，并在界面处定向排列。极性基团与金属通过物理吸附或化学键合而结合，附着在熔融聚合物表面的润滑剂则是疏水端与聚合物结合。这种在熔融聚合物和加工设备、模具间形成的润滑剂分子层（如图 10-2 所示）所形成的润滑界面，对聚合物熔体和加工设备起到隔离作用，故减少了两者之间的摩擦，使材料不黏附在设备上。润滑界面膜的黏度大小，会影响它在金属加工设备和聚合物上的附着力。适当大的黏度，可产生较大的附着力，形成的界面膜好，隔离效果和润滑效率高。润滑界面膜的黏度和润滑效率，取决于润滑剂的熔点和加工温度。一般来说，润滑剂的分子链愈长，愈能使两个摩擦面远离，润滑效果愈大，润滑效率愈高。

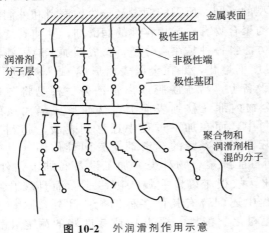

图 10-2　外润滑剂作用示意

（3）外润滑——涂布隔离机理　对加工模具和被加工材料完全保持化学惰性的物质称为脱模剂。将其涂布在加工设备的表面上，在一定条件下使其均匀流布分散在模具表面，当其中加入待成型聚合物时，脱模剂便在模具与聚合物的表面间形成连续的薄膜，从而达到完全隔离的目的，如图 10-3 所示，由此减少了聚合物熔体与加工设备之间的摩擦。避免聚合物熔体对加工设备的黏附，而易于脱模、离辊，从而可提高加工效率和保证质量。

一种好的脱模剂应该满足如下要求：

① 表面张力小，易于在被隔离材料的表面均匀铺展；

② 热稳定性好，不会因温度升高而失去防黏性质；

③ 挥发性小，沸点高，不会在较高温度下因挥发而失去作用；

④ 黏度要尽可能高，涂布一次可用于多次脱模；同时在脱模后较多黏附在模具上而不是在制品上。

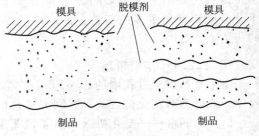

图 10-3　脱模剂的作用机理

10.1.2.2 材料加工用润滑剂

通常，润滑剂按其化学成分和结构，分为无机润滑剂和有机润滑剂。无机润滑剂是由滑石粉、云母粉、陶土、白黏土等为主要组分配制而成的复合物，它们主要用作橡胶加工中胶片和半成品防黏用的隔离剂。在实际生产中，广泛使用有机润滑剂，它们按化学结构可分为：脂肪酸酰胺，脂肪酸酯，脂肪酸及其金属皂，脂肪醇，烃类化合物和有机硅氧烷等。

(1) 脂肪酸酰胺[4,5] 用作材料加工用润滑剂的脂肪酸酰胺主要是高级脂肪酸酰胺，其结构和物性列于表 10-1。

表 10-1 材料加工用脂肪酸酰胺类润滑剂

名称	结构式	外观	熔点/℃
硬脂酰胺	$CH_3(CH_2)_{16}\overset{O}{\overset{\|}{C}}-NH_2$	白色片状结晶	108～109
油酰胺	$CH_3(CH_2)_7CH=CH(CH_2)_7\overset{O}{\overset{\|}{C}}-NH_2$	白色结晶	75～76
乙二胺硬脂酰胺	$C_{17}H_{35}\overset{O}{\overset{\|}{C}}-NHCH_2CH_2NHC\overset{O}{\overset{\|}{}}-C_{17}H_{35}$	白色粒状	141～142

这些酰胺类润滑剂由脂肪酸与氨直接反应制备，如下所示，产物大多同时具有外部和内部润滑作用，其中硬脂酰胺、油酰胺的外部润滑性质优良，多用作聚乙烯、聚丙烯、聚氯乙烯等的润滑剂和脱模剂，以及聚烯烃的爽滑剂和薄膜抗黏结剂等。乙二胺双硬脂酰胺在多种热塑性和热固性塑料以及橡胶加工中，作为润滑剂和脱模剂使用。

$$R-COOH+NH_3 \xrightarrow[-H_2O]{\triangle} R-CONH_2$$

式中，R 为 C_{18} 饱和或不饱和直链烷基。

(2) 脂肪酸酯 作为润滑剂的酯类主要是高级脂肪酸的一元醇酯和多元醇单酯。一些具有代表性化合物的结构和物性如表 10-2 所示。这类润滑剂可由脂肪酸与醇直接反应，或油脂与醇进行酯交换反应而得。

表 10-2 材料加工用脂肪酸酯类润滑剂

名称	结构式	外观
硬脂酸丁酯	$CH_3(CH_2)_{16}COOC_4H_9$	淡黄色液体
硬脂酸单甘油酯	$CH_3(CH_2)_{16}COOCH_2-\overset{OH}{\underset{H}{\overset{\|}{\underset{\|}{C}}}}-CH_2OH$	无色油状液体
油酸单甘油酯	$CH_3(CH_2)_7CH=CH(CH_2)_7\overset{O}{\overset{\|}{C}}-O-\overset{OH}{\overset{\|}{\underset{H_2}{C}}}-CH_2OH$	淡黄色油状液体
聚乙二醇油酸酯	$CH_3(CH_2)_7CH=CH(CH_2)_7\overset{O}{\overset{\|}{C}}+OCH_2CH_2{\overset{}{)_n}}OH$	浅琥珀色油状液体

多数脂肪酸酯兼具润滑剂和增塑剂性质，如硬脂酸丁酯便是氯丁橡胶的增塑剂，脂肪酸酯多与其他润滑剂并用或作成复合润滑剂使用。

(3) 脂肪酸及其金属皂[4,6] 直链脂肪酸及其相应的金属盐具有多种功能，其中硬脂酸和月桂酸常作为润滑剂使用。它们均为白色固体，无毒，主要由油脂水解而得，除作润滑剂外，还兼具软化剂和硫化活性等多种功能。由于其对金属导线有腐蚀作用，一般不用于电缆等塑料制品中。

常用作润滑剂的脂肪酸金属皂主要是硬脂酸盐，包括硬脂酸锌、硬脂酸钙、硬脂酸铅和硬脂酸钠等，前三个品种均是由硬脂酸钠与相应的金属盐发生复分解反应而制得。硬脂酸锌呈白色粉末状，是兼具内润滑和外润性的润滑剂，可保持透明聚氯乙烯制品的透明度和初始色泽；在橡胶中兼具硫化活性、润滑剂、脱模剂和软化剂等功能。硬脂酸钙可用于硬质和软质聚氯乙烯混料的挤塑、压延和注塑加工，在聚丙烯生产中作为润滑剂和金属清除剂使用。硬脂酸铅经常与硬脂酸钙复合使用，用作硬质聚氯乙烯混料的润滑剂和共稳定剂，但因铅盐有毒，近年来用量逐渐减少。硬脂酸钙与硬脂酸锌的复合物在聚乙烯、聚丙烯挤压和模塑加工中用作润滑剂和脱模剂，还适用于不饱和树脂的预制整体模塑料和片状成型料。硬脂酸钠则用作高抗冲聚苯乙烯、聚丙烯和聚碳酸酯塑料的润滑剂，具有优良的耐热褪色性能，且软化点较高。

（4）脂肪醇[4]　作为润滑剂使用的醇类，主要是含有十六个碳原子以上的饱和脂肪醇，如硬脂醇和软脂醇等。高级脂肪醇具有初期和中期润滑性效果，与其他润滑剂混合性良好，能改善其他润滑剂的分散性，故经常作为复合润滑剂的基本组成之一。高级醇与聚氯乙烯相容性好，具有良好的内部润滑作用，与金属皂类、硫醇类及有机锡稳定剂并用效果良好。此外，由于高级醇类透明性好，故也作为聚苯乙烯的润滑剂。

多元醇的热稳定性略次于高级醇，在硬质聚氯乙烯辊压加工时，如与其他外用润滑剂并用，也有一定的润滑效果。

（5）石蜡及烃类[4,6]　用作润滑剂的烃类是一些相对分子质量在350以上的脂肪烃，包括石蜡、合成石蜡和低分子量聚乙烯蜡等。烃类润滑剂具有优良的外润滑性。但由于与聚合物相容性差，因此内润滑性不显著。

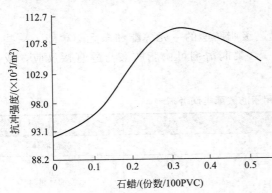

图10-4　石蜡用量对硬质聚氯乙烯强度的影响[3]

① 石蜡　主要成分为直链烷烃，仅含少量支链，广泛用作各种塑料的润滑剂和脱模剂，外润滑作用强，能使制品表面具有光泽。在硬质聚氯乙烯挤出制品中使用最多。因其用量对制品强度有影响，如图10-4所示，故为了保证制品强度，推荐用量为0.5～1.5份（质量）/100份PVC。

② 微晶石蜡　主要由支链烃、环烷烃和一些直链烷烃组成。相对分子质量大约为500～1000，即为 C_{35}～C_{50} 烷烃，可作为聚氯乙烯等塑料的外润滑剂，润滑效果和热稳定性优于一般石蜡，无毒。其缺点是凝胶速率慢，影响制品的透明性。

③ 液体石蜡　液体石蜡也称"白油"，不同凝固点的产品适用于不同用途。作为润滑剂使用的液体石蜡凝固点在−15～35℃范围内，适宜用作聚氯乙烯、聚苯乙烯等的内润滑剂，润滑效果较高；热稳定性好，无毒，适用于注射、挤出成型等。但与聚合物的相容性差，故用量不宜过多。

④ 聚乙烯蜡　相对分子质量为1500～5000的低分子量聚乙烯或部分氧化的低分子量聚乙烯，可作为聚氯乙烯等的润滑剂，比其他烃类润滑剂的内润滑作用强；适用于挤出和压延成型，能提高加工效率，防止薄膜等粘连，且有利于填料或颜料在聚合物基质中的分散。

（6）有机硅氧烷　有机硅氧烷俗称"硅油"，是低分子量含硅聚合物，因其很低的表面张力，较高的沸点和对加工模具及材料的惰性，常作为脱模剂使用。

① 聚二甲基硅氧烷　亦称二甲基硅油或硅油，为无色、无味的透明黏稠液体，不挥发，无毒。它是由二甲基二氯硅烷水解成相应的醇，同时加入少量的三烷基硅醇作为封闭剂一起进行缩聚而成的，如下所示。

聚二甲基硅氧烷具有优良的耐高温、低温性能，透光性能、电性能，防水、防潮性和化学稳定性，广泛用作塑料等多种材料的脱模剂，特别适用于酚醛、不饱和聚酯等的大规模脱模。在食品工业中，常用作食品脱模剂、食品用防沫剂及水溶液消泡剂等。

$$Cl-\overset{|}{\underset{|}{Si}}-Cl + 2H_2O \longrightarrow HO-\overset{|}{\underset{|}{Si}}-OH + 2HCl$$

$$-\overset{|}{\underset{|}{Si}}-Cl + H_2O \longrightarrow -\overset{|}{\underset{|}{Si}}-OH + HCl$$

$$2-\overset{|}{\underset{|}{Si}}-OH + nHO-\overset{|}{\underset{|}{Si}}-OH \xrightarrow{-nH_2O} -\overset{|}{\underset{|}{Si}}+O-\overset{|}{\underset{|}{Si}}\xrightarrow{}_n O-\overset{|}{\underset{|}{Si}}-$$

② 聚甲基苯基硅氧烷　　亦称为甲基苯基硅油，为无色或微黄色透明黏稠液体，不挥发。合成反应同聚二甲基硅氧烷的制备，只是将原料二甲基二氯硅烷改为甲基苯基二氯硅烷即可，产品的化学结构式为：

$$-\overset{|}{\underset{|}{Si}}+O-\overset{|}{\underset{\text{}}{Si}}\xrightarrow{}_n O-\overset{|}{\underset{|}{Si}}-$$

聚甲基苯基硅氧烷是一种耐高温、低温，黏度系数小的塑料脱模剂，具有优良的润滑性和电性能，表面张力小，耐化学腐蚀，能与矿物润滑油互溶。若在苯环上引入氯原子，得到氯苯基甲基硅氧烷，除适用于塑料加工用的脱模剂之外，还可作为润滑油添加剂，用于抗摩擦机械、滚压机械、往复式机械、缓冲器和减震装置中。

（7）聚四氟乙烯　聚四氟乙烯由四氟乙烯经聚合而得到，它是一种适用于各种介质的通用型润滑性粉末，可快速涂抹形成干膜，以用作石墨、钼和其他无机润滑剂的代用品。适用于热塑性和热固性聚合物的脱模剂，承载性能优良。此外，在弹性体和橡胶工业中也广泛使用。

10.1.3　载荷添加剂

在机械运行过程中，通过使用性能优异的润滑油，能够减少摩擦、磨损，防止烧结，从而提高机械效率，减少能源消耗，延长机械寿命。为了提高润滑油的应用性能，往往需加入具有不同作用的添加剂，其中可以减少摩擦和磨损、防止烧结的各种添加剂，统称为"载荷添加剂"。载荷添加剂按其作用性质，可分为：油性添加剂，抗磨损添加剂和极压添加剂。

油性添加剂又称油性剂，是为减少摩擦和磨损目的而使用的添加剂。一般是表面活性物质，如动植物油脂、脂肪酸、脂肪酸酯和胺等。在中等负荷及速率条件下，摩擦面的温度会升高达到150℃，超过上述物质的软化点，使油性剂丧失吸附能力，发生脱附，这时必须使用那些在高温下能与金属表面作用，生成能抗磨损反应膜的表面活性物质。这种表面活性物质称为抗磨损添加剂，也称中等极压剂。用作抗磨损添加剂的有：含非活性硫的化合物（如硫化油脂）以及磷酸酯、二硫代磷酸金属盐等。在低速高负荷或高速冲击摩擦条件下，即在所谓极压条件下，摩擦面容易发生烧结，抗磨损添加剂失去作用能力，此时，需加入以防止烧结为目的的添加剂，称之为极压添加剂，简称极压剂。极压剂在摩擦面上和金属起化学反

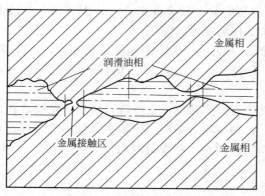

图 10-5　半流体润滑示意

应，生成剪切力和熔点都比原金属为低的化合物。构成极压固体润滑膜，防止烧结。油性剂、抗磨损剂和极压剂之间并无明确界限，抗磨损剂和极压剂往往也具有一定的减摩擦作用，抗磨损剂在一定程度上也能起到极压剂的作用。

10.1.3.1　作用机理

(1)　油性剂的作用机理[7,8]　在半流体润滑区域，润滑油膜一部分在流体润滑区工作，一部分在边界润滑区工作，如图 10-5 所示。在流体润滑区，摩擦力很小，而在边界润滑区，由于摩擦面之间有少部分金属接触，导致摩擦力增大许多，且发生磨损，同时产生摩擦热，使摩擦面温度升高，这种状态即为半流体润滑状态。此时，如果润滑油分子能在摩擦面上牢固吸附，就可减少金属的直接接触。矿物油分子以非极性烃类为主，其中有微量的含 S、N、O 的化合物，可使非极性长链分子极化。使之在金属表面产生定向排列的分子层，当摩擦面进入半流体润滑时，靠烃分子定向排列形成的油膜强度就不够了，引起突出点接触、剪断，产生摩擦，使摩擦面温度升高，油膜被破坏。这种摩擦面的油膜不能承受所加的载荷而发生金属的直接接触称为油膜破裂，而抵抗油膜破裂的量度称为油膜强度。油性剂即为能够提高油膜强度的一类物质，其分子为极性分子，对金属有很强的吸附性，可与金属之间形成极性链在内、非极性链在外的牢固的化学键或皂膜，如图 10-6 所示。

由于这些极性分子牢固的吸附膜，使半流体润滑时的部分金属变为油性剂分子膜之间的接触（如图 10-7 所示），从而使摩擦系数下降，减少磨损。油性剂的吸附能愈大，吸附膜就愈牢固，而吸附能与分子的结构、摩擦表面的性质有关。脂肪酸在金属表面发生化学吸附生成金属皂是较有代表性的例子。加有脂肪酸的润滑油在使用时，物理吸附和化学吸附同时存在，一般在金属的某些凸出部位，温度条件具备时方能生成金属皂，由物理吸附转变成化学吸附。另外，金属表面材料对油性剂的作用效果也有影响。以添加有 0.2%（质量分数）硬脂酸的四氢萘溶液为例，用于钢润滑时，随钢表面组成不同得到的摩擦系数列于表 10-3。可见，和硬脂酸反应性最高的金属摩擦系数最小，其原因是反应性愈高，生成金属皂的

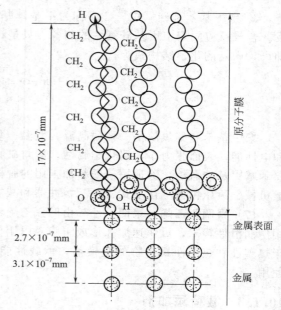

图 10-6　月桂酸在金属表面上吸附生成的分子膜示意

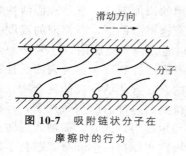

图 10-7　吸附链状分子在摩擦时的行为

速率愈快，吸附膜愈牢固，吸附膜分子排列愈规整，即混有硬脂酸物理吸附的分子愈少。通常，使用的油性剂有动植物脂肪油、脂肪酸及酯、高级醇、高级胺和酸胺等。

表 10-3　含 0.2%（质量分数）硬脂酸的四氢萘溶液用于不同金属与
钢表面间润滑时的摩擦系数

金属	铁	锡	铅	银	铝	铜	镁	镉	锌
摩擦系数	0.140	0.133	0.130	0.105	0.098	0.093	0.092	0.082	0.075
反应性	小 $\longleftarrow$							$\longrightarrow$ 大	

（2）抗磨损剂的作用原理　在苛刻的操作条件下，由于摩擦面温度很高，即使采用加有油性剂的润滑油也不能维持半流体润滑，而出现边界润滑。此时，需加入抗磨损添加剂，它能与金属表面发生化学反应，在摩擦面上形成牢固的有机化学反应膜，在较苛刻的条件下保护金属表面。化学反应膜不同于化学吸附膜，化学吸附时，添加剂分子和金属分子间形成化学键，但金属原子不离开它本身的晶格（见图 10-8），在热的作用下会发生脱附；化学反应时，由于接触部位的高温作用，使化学吸附在金属表面上的抗磨损添加剂发生分解，分解产物与金属反应，生成新的化合物，金属原子脱离原来的晶格，形成牢固的化学反应膜，从而起到隔离金属直接接触的作用（见图 10-9）。

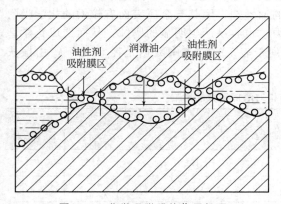

图 10-8　化学吸附膜的作用机理

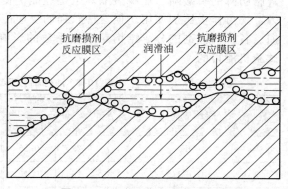

图 10-9　化学反应膜的作用机理

（3）极压添加剂的作用机理　在极苛刻的操作条件下，摩擦面上既没有相对厚的流体膜存在，也没有薄的半流体膜存在，表面隔离是由分子大小的薄膜来维持的，出现极端边界润滑，这时化学反应膜也不能很好地起到隔离金属的作用，必须采用含有高活性硫、磷、氯的化合物以及金属有机化合物，这些化合物即为极压剂。极压添加剂在载荷面的凸出点上，因高温以及新暴露金属的高活性而引起化学反应，活性元素和金属反应，生成金属的硫化物、氯化物、磷化物以及它们的金属盐等，构成极压无机润滑膜，极压膜的熔点低于摩擦面的基础金属，故抗剪切强度低，从而起到减小摩擦系数、防止烧结和擦伤的作用；同时由于极压膜的熔点较低，在接触点的摩擦温度下处于熔融状态，容易通过摩擦的揩擦作用而被带到凹部，起到平滑金属表面的作用（见图 10-10）。由于极压剂是通过化学反应生成固体极压膜来起作用的，因此，反应性大的极压剂有较大的承载能力；但反应性太大，会造成较大的化学磨损，故在提高极压剂反应性的同时，还要提高极压膜在底层金属上的吸附性，减少揩擦流失，从而减少化学磨损。

以上将载荷添加剂的作用机理分为三类，实际上，摩擦、磨损、润滑以及各添加剂的作

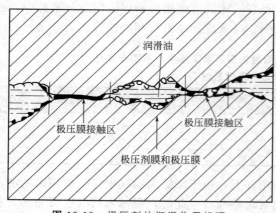

图 10-10　极压剂的润滑作用机理

用往往是综合在一起的。同一台机械随操作条件的改变，有时处于流体润滑，有时处于半流体润滑，有时则处于边界润滑；同一化合物，也可能随摩擦状态的变化，有时起油性剂作用，有时起抗磨损剂作用，有时则起极压剂作用，有时还同时起到油性剂、抗磨损剂和极压剂的作用。

10.1.3.2　油性剂的特性与合成[7~10]

目前使用的油性剂主要有脂肪酸、酯、醇、胺及长链脂肪酸酯的硫化物等；按官能团的结构和是否含硫元素，又可分为含极性基团的油性剂和含硫油性剂等。

(1) 含极性基团的油性剂　这类油性剂包括长链脂肪酸、脂肪醇、脂肪胺及酰胺，它们的非极性链部分至少含十个以上碳原子。不同的极性官能团对固体表面的吸附性不同，一般脂肪酸和脂肪胺的吸附性较大，而醇和酯较小，因此，润滑性也有差异。脂肪酸酯类油性剂既有较好的油性，又有良好的防腐蚀性，故使用较普遍。经常使用的有油酸单甘油酯、肉豆蔻酸甘油酯、油酸甲酯、油酸正丁酯、肉豆蔻酸正丁酯、脱水山梨醇单油酸酯等。此外，直链脂肪醇的磷酸酯、亚磷酸酯等也是性能优良的油性剂，因其与金属表面有较大的化学吸附力，还可作极压剂使用。但这种较强的反应能力，也容易产生明显的腐蚀，从而造成化学磨损。各种油性剂的分子结构对摩擦系数的影响列于表 10-4，表中数据是在 50℃ 下，由摆式试验机测得的。

表 10-4　油性剂分子结构对摩擦系数的影响

极性基团	摩擦系数		极性基团	摩擦系数	
	$C_{12}H_{25}-$	$C_{18}H_{37}-$		$C_{12}H_{25}-$	$C_{18}H_{37}-$
—OH	0.29	0.26	—NH₂	0.22	0.21
—COOH	0.18	0.10	—N$\leftarrow$CH₃)₂	—	0.31
—COOCH₃	0.30	0.30	—N$\leftarrow$CH₂CH₂OCH₂CH₂OH)₂	0.14	0.14
$-COO-C-C-CH_2OH$	0.13	0.12	$-O$ P—OH	0.09	—
—CONH₂	—	0.14	$-O$ P—OH (双键O)	0.09	—
—CON$\leftarrow$CH₂CH₂O$\frac{}{n}$H]₂	—	0.15	$-O$ P (双键O)	0.17	—

(2) 含硫油性剂　非活性油脂（酯）类硫化物一般用作油性剂和抗磨损剂，主要品种是硫化鲸鱼油及其替代产品。自美国颁布禁止捕鲸的法令后，鲸鱼油及其鲸鱼副产品成为禁用品。此后便开展了一系列硫化鲸鱼油代用品的研究开发工作。目前，生产硫代鲸鱼油代用品

主要有三条途径。

① 将从动植物油制得的混合脂肪酸，包括饱和与不饱和脂肪酸与脂肪醇反应后，进行硫化。

$$R-CH=CH-R'-COOH + R''-OH \xrightarrow{-H_2O} R-CH=CH-R'-COOR'' \xrightarrow{S} R-CH-CH-R'-COOR''$$

式中，R、R′、R″为烷基。

② 将动植物油与 α-烯烃以一定比例混合后再行硫化。

③ 将动植物油与脂肪酸酯以一定比例混合后，再行硫化。

10.1.3.3　极压抗磨损剂的特性与合成

适合作为抗磨损剂使用的化合物有非活性硫化物、磷酸酯、铅皂和二烷基二硫代磷酸锌等，它们在较高负荷下防止磨损效果好。而极压剂指的是含硫、磷、氯等的有机化合物，它们在高温、高负荷下与金属表面反应生成无机润滑膜，从而防止烧结和磨损。但抗磨损剂往往也能起到极压剂的作用，故将两者统一起来讨论。

(1) 硫系极压抗磨损剂　在摩擦面的极压润滑条件下，由于局部温度上升，吸附在金属表面的含硫化合物与金属急剧反应。生成极压膜，同时还生成 Fe_2O_3、Fe_3O_4 和 $FeSO_4$ 等金属氧化物，这些氧化物在表面形成微细的孔道，使润滑油分子能够渗入而起作用。可见，有机硫化物的极压作用，不仅与硫化金属膜降低剪切应力的作用有关，而且与氧化物的生成有关，故可以认为硫化物是通过"抑制性的腐蚀反应"而起作用的。

① 硫系极压抗磨损剂的结构与性能　硫系极压抗磨损剂分子中含 S—S 键和 C—S 键，前者键能较低，在混合润滑条件下首先断裂，形成硫醇铁覆盖膜而起抗磨损作用；在极压润滑条件下，硫醇铁膜已起不到保护金属表面的作用，此时 C—S 键断裂，形成硫化铁覆盖膜而起到极压作用。可见硫化物在低负荷下起抗磨损作用，在高负荷下起极压作用。

$$Fe + R-S-S-R \longrightarrow Fe\begin{vmatrix} S-R \\ S-R \end{vmatrix} \quad \text{（表面吸附）}$$

$$Fe\begin{vmatrix} S-R \\ S-R \end{vmatrix} \longrightarrow Fe\begin{matrix} S-R \\ S-R \end{matrix} \quad \text{（生成硫醇铁膜）}$$

$$Fe\begin{matrix} S-R \\ S-R \end{matrix} \longrightarrow FeS + R-S-R \quad \text{（生成硫化铁膜）}$$

为了提高抗磨损效果，硫醇铁膜不仅要容易生成，而且要使生成的膜排列牢固，一般碳链短和立体障碍大的化合物，不易达到这种膜的要求，故抗磨损效果差；相反，由于其诱导效应增大，C—S 键能下降，有利于硫化铁膜的生成，故其极压性能好。分子中含有双键或芳环结构的化合物，共轭作用使得 S—S 键强度减弱，且在 S—S 键断裂后形成稳定的具有共轭结构的基团，故表现出良好的载荷性能。不论抗磨损性或极压性，均与硫化物分子中含硫部分的活性有关，活性愈高，愈易生成硫醇铁和硫化铁膜。故硫化物极压抗磨损剂的作用能力大小有如下次序：硫化物＜二硫化物＜三硫化物。但烷基多硫化物在长期储存时会游离硫析出而产生沉淀，故稳定性差。多用于切削油和金属加工用油中。

② 硫系极压抗磨损剂的类型与合成

a. 硫代异丁烯是目前用途最广的极压添加剂之一，可用作切削油、齿轮油、液压油、金属加工用油等的极压剂；一般含硫量为 $40\%\sim50\%$（质量分数）。这类硫化物稳定性好，极压性高，颜色浅，由异丁烯与一氯化硫（S_2Cl_2）反应而得，反应式如下：

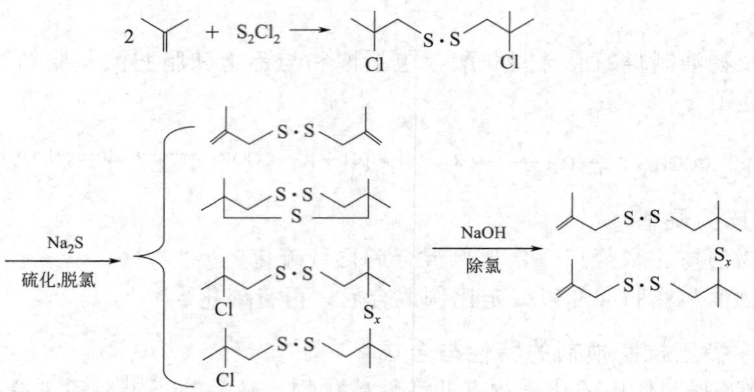

$$2 \overset{\diagup}{\diagdown} + S_2Cl_2 \longrightarrow$$

$$\xrightarrow[\text{硫化,脱氯}]{Na_2S} \xrightarrow[\text{除氯}]{NaOH}$$

在此生产过程中，由于（S_2Cl_2）及反应中放出 HCl、H_2S 等为强腐蚀性气体，加之大量含 NaCl 和硫化物的废水，使得三废处理成为硫化异丁烯生产的难点。

b. 硫化聚丁烯　以三聚异丁烯、四聚丙烯及其他 α-烯烃为原料，与硫黄反应而得。它们可用作齿轮、汽车传动和工业减速器润滑油的极压剂。添加量一般为 5%～8%（质量分数），可大大改善润滑油的抗擦伤性和抗磨损性。

c. 二苄基二硫化物　系由氯化苄和二硫化钠反应制得。产物中硫含量为 26%（质量分数），外观为结晶固体，具有优于其他二硫化物的极压抗磨损性，但在矿物油中的溶解度低于 3%（质量分数）。为改善其油溶性，可在芳环上引入烷基，制成双烷基苄基二硫化物，含硫量为 22.7%（质量分数），也具有良好的极压、抗氧和抗腐蚀性能。

（2）磷系极压抗磨损剂　磷系极压抗磨损剂中用得最广泛的是烷基亚磷酸酯、磷酸酯、酸性磷酸酯及其铵盐，这类添加剂不仅化合物种类繁多，而且元素组成复杂。在同一化合物中，可含单一磷元素，也可含硫、磷或磷、氮两种元素甚至同时含硫、磷、氮三种元素。此外，对元素组成相同的化合物，还可能有多种同分异构体存在。磷系极压抗磨损剂有增进其他主极压剂效能的作用，本身也可单独用作抗磨损剂、油性剂和摩擦改进剂。

磷系极压抗磨损剂的结构与性能：磷系化合物是基于磷化铁-铁的低熔点共熔物而起到抗磨损作用的，已证明能够形成的磷化铁物质包括糊状的 $FePO_4 \cdot 2H_2O$，碱性磷酸铁 $2Fe \cdot Fe(PO_4)_3(OH)_2$ 和 Fe_2P、FeP_2 等。一般认为，磷化合物首先在铁表面上吸附，然后在摩擦条件下发生 C—O 键断裂，生成亚磷酸铁或磷酸铁有机膜，起到抗磨损作用。在极压条件下，有机磷酸铁膜进一步反应，生成无机磷酸铁膜，从而避免金属间的直接接触，这一过程如图 10-11 所示。

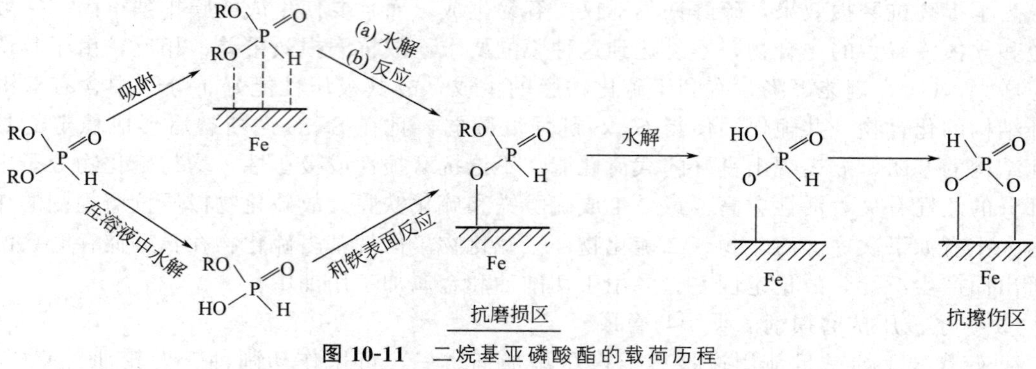

图 10-11　二烷基亚磷酸酯的载荷历程

磷系化合物的极压抗磨损性与其水解性有关，耐水解性高，极压性就差。常用磷系极压抗磨损剂的极压性能顺序为：

次膦酸酯＜膦酸酯＜磷酸酯＜酸性磷酸酯≤亚磷酸酯≤磷酸酰胺＜磷酸酯铵盐。

和磷酸酯比较，次膦酸酯和膦酸酯的效果较差，其原因是 C—P 键较 C—O—P 键稳定；酸性磷酸酯在金属表面上的吸附力和反应性均高于中性磷酸酯，故抗烧结性能好。但酸性磷酸酯腐蚀性较大，为此，出现了磷酸酰胺和磷酸酯的铵盐，它们既可减小酸性磷酸酯的腐蚀性，又能很好地保持其载荷能力。

（3）氯系极压抗磨损剂　氯系极压抗磨损剂的润滑作用是通过含氯化合物在摩擦面上的热分解，打开 C—Cl 键，释放出原子氯或生成氯化氢；然后进一步和金属反应，生成 $FeCl_3$、$FeCl_2$ 等容易剪切的低熔点膜而实现的。在氯系极压抗磨损剂中，广泛使用的有氯化石蜡、五氯联苯等氯化烃和氯代脂肪酸类，它们除有时单独使用于切削油中外，多与硫化合物和磷化合物配合使用。

氯系极压抗磨损剂的作用效果取决于它的结构，如氯化深度和氯原子的活性等。氯在脂肪烃碳链的末端时，最为活泼，载荷性能最高；氯在碳链的中间时，活性次之；最不活泼的是氯连接在环上的化合物。氯系极压抗磨损剂形成的氯化铁极压膜熔点低，在 350℃ 便会丧失效果。此外，氯化铁膜容易发生水解，生成氢氧化铁、氧化铁等，同时放出氯化氢，成为腐蚀的根源，故在有水混入的条件下不宜使用氯系极压剂。已经证明，当反应性相同时，生成的极压膜的载荷能力顺序为：氯系＜磷系＜硫系。

（4）有机金属极压抗磨损剂　有机金属极压抗磨损剂是脂肪酸皂类化合物，如环烷酸铅和二烷基二硫代磷酸、二烷基二硫代氨基甲酸的锌、铅、锑盐等。当铅皂作为极压剂使用时，在铁表面上生成铅薄膜；当它与硫共存时，则在铁表面上生成 $PbSO_4$、PhS、FeS、Pb 等低熔点共熔物。其优点是不牺牲摩擦面金属，被称为无损失润滑。二烷基二硫代磷酸盐或二烷基二硫代氨基甲酸盐在摩擦面的接触点上发生分解，生成活性硫化物，类似硫系极压剂的作用，但关于这种极压剂的作用机理还存在争议。

（5）硼系极压抗磨损剂　硼系极压抗磨损剂出现于 20 世纪 70 年代，是用分散剂磺酸盐、羧酸盐、酚盐或烯基丁二酰亚胺、丙烯酸酯和酰胺共聚物等，将无机硼酸盐精细地分散到矿物油或合成油中而得到的。常用的无机硼酸盐是三硼酸钾或钠盐，平均直径约 $0.1\mu m$，呈无定形态，密度很小，故比其他无机极压剂的分散性好，储存稳定。硼系极压抗磨损剂的载荷性能、抗磨损性能、热氧化稳定性、高温抗腐蚀性和密闭性等均优于硫-铅型和硫-磷型极压剂。硼酸盐极压剂的作用机理不同于硫、磷、氯极压抗磨损剂，在摩擦过程中，金属表面带电，使硼酸盐微粒发生电泳而移向摩擦表面沉积，形成极压膜。这种膜厚而且黏，比基础金属软，容易剪切，从而起到无机润滑膜的作用。近年开发出一系列有机硼系化合物，如丁二酰亚胺硼化物、油胺硼酸酯等，它们均表现出很好地降低摩擦效果。

10.1.3.4　载荷添加剂的复合及应用

当含不同活性元素的载荷添加剂复合使用时，其载荷性能可超过等量单剂使用时的水平，即存在加合效应。例如，氯化石蜡和二烷基二硫代磷酸锌复合使用时，极压试验结果远优于同等量的氯化石蜡或二烷基二硫代磷酸锌的结果。另外，在一个分子中含有硫、磷、氯、锌等多种元素时，其效果优于含单一元素极压剂的复合效果，其原因是在同一分子中含有多种活性元素时，只需一个分子吸附到金属表面上，就可起到两个以上单元素化合物复合的作用，而一个分子在摩擦面上吸附比两个以上分子吸附容易。如三氯叔丁基烷基苯基二硫代磷酸锌的四球机试验结果优于氯化石蜡和二烷基二硫代磷酸锌复合使用时的效果。必须注意的是，载荷添加剂之间的配合有时为上述增效作用，有时也有相互抑制效应。因此，有必要在仔细研究添加剂的复合效果之后，再进行复配以制得性能优良的润滑油。

载荷添加剂，特别是极压剂本身是活泼的化合物。在润滑油中使用时，必须充分考虑其腐蚀性和稳定性，依据润滑油种类和使用条件而进行选择。例如，在生产车用齿轮油时，需满足高扭矩、高冲击负荷等条件下的使用要求。现在常用硫-磷-氯-锌型极压剂和硫-磷型极压剂。前者由二烷基二硫代磷酸锌和氯化石蜡复合而成，具有良好的极压性能，但耐热性、氧化稳定性和耐腐蚀性较差；后者由硫化烯烃和亚磷酸酯组成，表现出良好的极压性能和热氧化稳定性，若用磷酸酯铵盐替代亚磷酸酯，其防锈性和热氧化稳定性可进一步提高。对于金属切削用油，应考虑到金属被切削时，温度显著上升，表面暴露出新鲜金属。此时，若采用活性很高的极压添加剂，可很快与金属反应，使金属表面迅速被极压膜覆盖，从而达到基础金属不被烧结、擦伤的目的，使加工表面平滑。当切削条件较温和时，采用脂肪油和矿物油的混合物即可；如果切削温度高于150℃，就必须采用反应性强的氯系、硫系极压剂，目前常用的是硫化异丁烯、硫化三聚异丁烯、硫化脂肪、氯含量为50%（质量分数）的氯化石蜡、硫氯化石蜡、硫氯化脂肪等。若用于重型切削，还应适当增加极压抗磨损剂的用量。

10.1.4　纺织纤维用油剂

纤维在纺织过程中的摩擦，会损伤纤维表面、产生静电、使生产效率下降等，特别是在合成纤维纺丝过程中还可能造成纤维散乱、断裂，形成毛丝、废丝等，为了避免这些现象的发生，在纤维成丝或织布过程中，往往需要使用油剂，其作用是在纤维表面形成一层油膜，减小纤维间的摩擦，从而增加纤维的可纺性，提高纺织效率，保证纺织品的质量。根据油剂应用对象的不同，可分为合成纤维用油剂和天然纤维用油剂。根据丝的形态，可分为长丝油剂和短纤维油剂。但是，不论油剂用于何种纤维，都应满足如下要求：

① 能使纤维具有适当的平滑性和柔软性，使表面得到油膜的保护，减轻纤维与纤维间和纤维与其他材料间摩擦造成的损伤，使纺丝各工序顺利进行；

② 赋予纤维一定的抗静电性，以消除纤维在纺织过程中，由于摩擦产生的静电；

③ 耐热性好，加热时本身不变黄，不挥发，不冒烟；

④ 稳定性好，不产生分层现象，经长时间储存仍能保持均匀稳定的乳液状态；

⑤ 可洗性好，在淋洗时易除去，因而不会造成染色不均等不良染色效果；

⑥ 呈中性，不腐蚀设备。

为满足上述各种应用性能要求，一般纤维用油剂都是由多种物质复配而成，主要包括平滑剂、乳化剂、抗静电剂、柔软剂、防锈剂、抗氧剂等，这些物质根据应用对象和工艺过程的不同而进行不同组合。在发达国家，纤维油剂与生产形成了良好的配套体系，着重于合成润滑剂、高效表面活性剂和其他相应成分的研究。我国的天然纤维用油剂和小化纤用油剂已基本上实现自给自足，但大化纤用油剂还主要依靠进口。研制性能优异的合成纤维用油剂，使之国产化，是目前所面临的一项重要任务。

10.1.4.1　作用机理

（1）油剂与摩擦　纤维油剂的摩擦一般为边界摩擦或液体摩擦。纤维纺织中的边界摩擦是在物体接触面之间形成平滑剂的单分子膜时的摩擦，它不仅与平滑剂性质有关，而且与摩擦表面性质和状态有关。但油剂分子的定向性和油剂与纤维之间的相互作用影响更显著，若油剂分子在纤维表面上形成稳定的油膜时，给予纤维以较低的边界摩擦，可以把含油少的短纤维间的摩擦近似地看做边界摩擦。

液体摩擦是指摩擦接触面之间有层较厚的润滑油膜，摩擦面被液体膜隔开，纤维间几乎没有直接接触时的摩擦，其摩擦力主要取决于油剂的黏度。含油较多的长丝间的摩擦近似于液体摩擦，此时，摩擦系数随着矿物油黏度的增加而增加。矿物油黏度对锦纶和涤纶长丝间的摩擦力的影响即是一个典型例子，处于液体摩擦领域时，用极性化合物，如脂肪醇、脂肪酸和聚醚型表面活性剂作平滑剂时，随着其碳链长度的增加，摩擦力增大，平流体摩擦是介于边界摩擦与液体摩擦之间的摩擦，此时润滑层是不均匀的，主要倾向于液体摩擦。

由上述讨论可知，油剂分子在纤维表面上的定向吸附和油剂分子之间的相互作用，决定了纤维的摩擦形式。当油剂分子与纤维分子间作用强烈，即油剂分子定向性很强时，产生较低的边界摩擦。如果油剂分子的相互作用阻碍纤维表面间的相对运动，那么表现出较高的液体摩擦。在液体摩擦区域，分子之间相互作用小的油剂，随摩擦面相对速率加大，其摩擦力增加不大。将这些摩擦的特点与油剂间的关系及其影响因素做一归纳，如表 10-5 所示。

表 10-5　纤维间摩擦种类及其特点

摩擦形式	特征	影响摩擦力的因素	与油剂的关系
边界摩擦	①接触面之间有极薄的油膜；②摩擦力较小；③含油少的短纤维之间的摩擦，近似于此类	①油剂的定向性；②纤维的亲和性；③纤维与油剂之间的作用	矿物油——随黏度增加，摩擦系数增大；脂肪族极性化合物——随碳链增长或分子量增加，摩擦系数减小；非离子型表面活性剂——随环氧乙烷加成数增加，摩擦系数减小
液体摩擦和半液体摩擦	①接触面之间油膜较厚；②黏性液体摩擦，代替接触物质间的摩擦；③摩擦力最小；④含油多的长丝之间的摩擦，近似于此类	①油剂的黏度（主要影响因素）；②离子表面活性剂在纤维表面的定向性	矿物油——随黏度增加，摩擦系数增大；脂肪族极性化合物（如脂肪醇、脂肪酸等）——碳链增长或分子量增大，摩擦系数提高；非离子型表面活性剂——随环氧乙烷加成数增加，摩擦力增大；离子型表面活性剂——随碳链增长，摩擦力减小

（2）油剂的化学结构与摩擦系数

① 不同类型平滑剂对纤维摩擦系数的影响　不同类型的表面活性剂和矿物油对降低纤维动、静摩擦系数的作用如图 10-12 所示。对于降低纤维表面的静摩擦系数（μ_s）作用能力大小的顺序是：阳离子型表面活性剂>多元醇型非离子型表面活性剂>阴离子型表面活性剂>聚乙二醇型非离子型表面活性剂>矿物油。对于降低纤维的动摩擦系数（μ_d）各种表面活性剂及矿物油的作用恰好与之相反。在纺丝、纺纱、络筒等工艺过程中，需要降低纤维间的动摩擦系数。

② 同类型表面活性剂对纤维摩擦系数的影响

a. 阴离子型表面活性剂对纤维摩擦系数的影响　适合于作为平滑剂使用的阴离子型表面活性剂，其主要品种有烷基磷酸酯、烷基硫酸酯和烷基磺酸盐。烷基链增长，平滑性提高，摩擦系数减小；若分子中含有聚氧乙烯链，如烷基聚氧乙

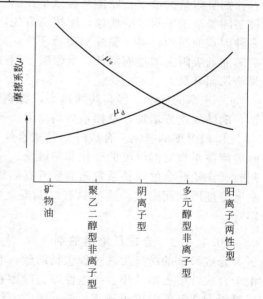

图 10-12　各类表面活性剂与纤维摩擦系数的关系

烯醚的磷酸酯和硫酸酯，随环氧乙烷加成数的增加，对多种纤维的平滑性变差，其原因是环氧乙烷加成数增加后，阴离子型表面活性剂逐渐显示出非离子型的特性。

b. 阳离子型表面活性剂对纤维摩擦系数的影响　阳离子型表面活性剂除具有良好的抗静电性之外，还有很好的柔软平滑性。广泛用作柔软整理剂，以降低纤维与纤维之间的静摩

擦系数，使用的主要类型有季铵盐、铵盐和聚酰胺型阳离子型表面活性剂。季铵盐和铵盐类阳离子型表面活性剂对降低纤维的动、静摩擦系数均有效，在平滑柔软整理方面优于多元醇酯，且手感较好。聚酰胺多胺类阳离子型表面活性剂对降低静摩擦系数的作用非常明显，织物手感很好，用作合成纤维柔软整理剂，其性能优良，且随酰氨基增多，摩擦系数下降。

　　c. 非离子型表面活性剂对纤维摩擦系数的影响　　通常非离子型表面活性剂的烷基愈大，摩擦系数愈小；含酰氨基结构者摩擦系数小，而含有双键的摩擦系数大。若用脂肪醇聚氧乙烯醚处理涤纶纤维，随环氧乙烷加成数的增加，纤维与纤维、纤维与金属间的静摩擦系数下降，但动摩擦系数增加。用丁醇聚氧乙烯醚处理聚氯乙烯纤维和脂肪醇聚氧乙烯醚处理黏胶纤维时，摩擦系数均是随环氧乙烷加成数增加而增大，环氧乙烷加成数对纤维间摩擦系数的影响受到纤维本身的制约。在环氧乙烷加成数相同的情况下，增加烷基部分的碳链长度，可降低作为黏胶纤维平滑剂时纤维间的摩擦系数。多元醇酯型非离子型表面活性剂（如山梨醇酯、季戊四醇酯等）对于降低动摩擦系数作用不大，但对降低静摩擦系数有显著作用，用于合成纤维有平滑柔软的效果。

　　(3) 影响摩擦系数的因素

　　① 纤维品种的影响　　纤维的种类决定了其表面构造，故各类纤维的摩擦系数差异很大。在条件完全相同的情况下，化学纤维中的黏胶纤维的摩擦系数最小。纤维的纤度增加，比表面积减小，纤维与纤维、纤维与机器之间的接触面积随之减小，故摩擦系数下降。

　　② 油剂黏度和吸附量的影响　　油剂的黏度对边界摩擦没有直接的影响，但与液体摩擦有直接的关系，通常液体摩擦的摩擦系数随着黏度的增加而增大。而油剂在纤维上的吸附量一般为 $0.1\% \sim 2.0\%$（质量分数），在此范围内，摩擦系数有三种不同的变化：第一种是随着油剂吸附量的增加，摩擦系数减小；第二种是随油剂吸附量增加，摩擦系数也增加；第三种是随着油剂吸附量的增加，摩擦系数先增加、后减小。摩擦系数随油剂吸附量的变化受着多种因素的制约。对于黏胶棉型短纤维，油剂吸附量在 0.3%（质量分数）以下时，摩擦系数随油剂吸附量增加而降低；当吸附量超过 0.3%（质量分数）时，动摩擦系数随油剂吸附量增加而升高。

　　③ 速率的影响　　提高纺纱速率，剪切强度将增加，摩擦系数也随之增大，不论何种油剂，随纺纱速率增加，摩擦系数均增大。

　　④ 温湿度的影响　　合成纤维是疏水性物质，吸湿性很小，但是吸附油剂之后，在纺纱时的摩擦系数对温湿度的变化非常敏感。一般摩擦系数随温度上升而增高，如以油酸为平滑剂时，涤纶纤维的摩擦系数随温度升高而增大。非离子型油剂吸附后，纤维的摩擦系数往往会随湿度增加而变大。油剂只有对温湿度的适应性强，才能保证摩擦系数不受季节变化的影响。

10.1.4.2　合成纤维用油剂

　　合成纤维的纺丝工艺过程包括纺丝、卷绕、集束、牵伸、卷曲、切断、淋洗、干燥等。由于合成纤维吸湿性小、导电性差、摩擦系数大，从喷丝头喷出时，处于绝对干燥状态，所以对周围空气的湿度很敏感，能够吸收空气中的水分使纤维的横向和纵向均产生膨胀。从喷丝头到卷绕之间的时间极短，所吸收的湿度有限，绕到筒管上以后，会继续吸收空气中的水分逐渐达到饱和，该过程中纤维继续膨胀并使长度增加，很容易从筒管上松脱滑落、散乱，造成废丝。若在纺丝和卷绕筒管之间用油剂处理，使纤维达到一定的含湿量，便可避免上述现象的发生，减少废丝，提高纤维牵伸后的质量。此外，合成纤维本身不含有脂肪类物质，故在纺丝过程中缺乏抱合力，又因合成纤维是不良导体，在各种加工过程中，往往由于摩擦产生静电，造成丝束中单丝断裂而形成毛丝。故使用油剂还应起到改善纤维的抱合力，防止静电产生和增加平滑性等作用。

合成纤维用油剂的分类如图 10-13 所示。

（1）短纤维油剂 涤纶、锦纶和丙纶短纤维按其长度和旦数不同，分为棉型、中长和毛型三种，均采用熔融法纺丝。在纺丝时使用纺丝油剂，也称前纺油剂；在拉伸时使用纺纱油剂，也称后纺油剂。有的纺丝油剂要求洗去，有的则可保留。现在涤纶短纤维生产中，多使用纺丝纺纱统一油剂，既简化了工艺，又减少了油剂的消耗，改善了油剂对环境的污染。腈纶、维纶等短纤维采用湿法纺丝，只使用纺纱油剂。

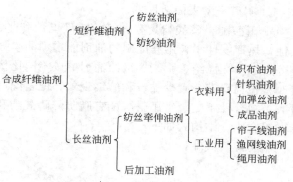

图 10-13 合成纤维用油剂的分类

短纤维油剂的主要作用是赋予纤维抗静电性，以消除纺织加工中产生的静电，改进纤维的平滑性，保证纤维顺利加工。其主要成分是表面活性剂。因单一表面活性剂很难满足所有方面的要求，故多为几种类型表面活性剂的复配物。这些表面活性剂通常配制成稀溶液或乳液使用，要求配得的油剂具有良好的耐热性、低泡、对设备无腐蚀。另外，为了避免重金属盐对阴离子型表面活性剂的沉淀作用，应使用去离子水配制油剂。

短纤维油剂常用表面活性剂列于表 10-6。

表 10-6 各种短纤维油剂常用的表面活性剂组分

纤维品种	平滑组分	抗静电组分
涤纶	脂肪醇硫酸酯 烷基磷酸酯 脂肪醇聚氧乙烯醚 脂肪酸聚氧乙烯酯 环氧乙烷-环氧丙烷共聚物 油酸油醇酯	脂肪醇聚氧乙烯醚硫酸酯 脂肪醇聚氧乙烯醚磷酸酯 脂肪醇磷酸酯 烷基胺聚氧乙烯醚 烷基酰胺聚氧乙烯醚 烷基咪唑啉硫酸酯
腈纶	脂肪醇磷酸酯 脂肪醇聚氧乙烯醚 烷基酚聚氧乙烯醚 聚氧乙烯蓖麻油 聚醚 烷基多元醇酯	脂肪醇聚氧乙烯醚 脂肪醇磷酸酯 聚氧乙烯失水山梨醇酯
锦纶	脂肪醇磷酸酯 脂肪醇聚氧乙烯醚 脂肪醇聚氧乙烯醚硫酸酯 多元醇脂肪酸酯 硬脂酸甲酯 油酸油醇酯	聚氧乙烯醚硫酸酯 聚氧乙烯醚磷酸酯 烷基酰胺聚氧乙烯醚 烷基胺聚氧乙烯醚 烷基二甲基胺己内酯
维纶	脂肪醇硫酸酯 脂肪醇聚氧乙烯醚硫酸酯 脂肪醇聚氧乙烯醚 多元醇脂肪酸酯 烷基醇酰胺	脂肪醇磷酸酯 脂肪醇聚氧乙烯醚硫酸酯 脂肪醇聚氧乙烯醚磷酸酯
丙纶	脂肪醛磷酸酯 脂肪醇聚氧乙烯醚 脂肪酸聚氧乙烯酯 烷基醇酰胺	聚氧乙烯醚硫酸酯 聚氧乙烯醚磷酸酯

① 阴离子型表面活性剂

a. 磷酸酯　磷酸酯具有良好的抗静电性和平滑性，一定的抱合性，较好的防锈性和耐热性，热挥发性小，用其配制的油剂能增加油膜强度，减少磨耗，故是短纤维油剂的最常用组分之一。在涤纶、腈纶、维纶油剂中按不同比例配制使用。磷酸酯的熔点高，用于油剂中可改善梳棉状态，减少黏着和缠结现象，但是配制时比例过大或单独使用则会使纤维平滑性过大，抱合性不足。常用磷酸酯有脂肪醇磷酸酯和脂肪醇聚氧乙烯醚磷酸酯，均为单酯和双酯的混合物，结构式如下：

脂肪醇磷酸酯：

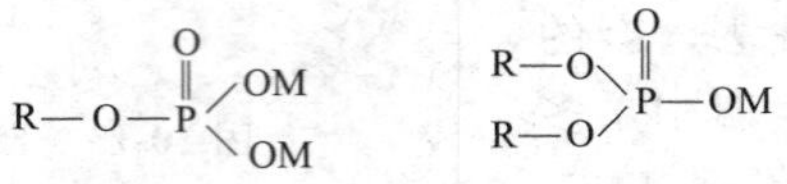

单酯　　　　　　　双酯

脂肪醇聚氧乙烯醚磷酸酯：

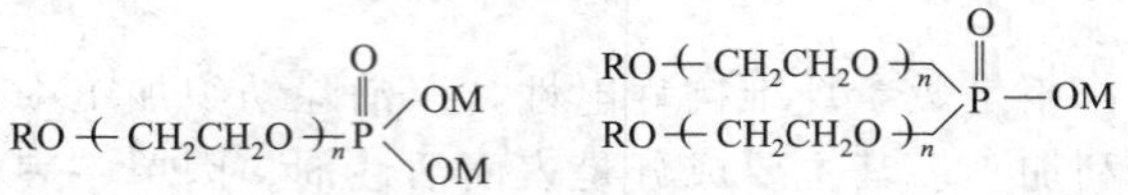

单酯　　　　　　　双酯

R=C$_{12}$, C$_{12}$～C$_{16}$, C$_{18}$, C$_{16}$～C$_{18}$烷基

n=3～10; M=K, Na, 乙醇胺

磷酸酯中单、双烷基比例不同，其抗静电性和吸湿性就有一定差别。一般含单烷基磷酸酯的抗静电性比双烷基磷酸酯为好，原因是单烷基磷酸酯分子中有两个亲水基，吸湿性较大。磷酸酯中疏水性烷基链的长度同时影响平滑性和抗静电性。一般烷基链较长的磷酸酯，摩擦系数低，平滑性好，抗静电性较差；相反，烷基链短者，摩擦系数高，平滑性较差，抗静电性较好。脂肪醇聚氧乙烯醚磷酸酯中的环氧乙烷加成数影响其应用性能，随环氧乙烷加成数增多，摩擦系数有所增加，但抗静电性的变化无明显规律性。磷酸酯的性能除与上述各因素有关外，还与中和剂有关，如用氢氧化钠中和，得到的磷酸酯钠盐比磷酸酯钾盐的平滑性好，但抗静电性较差。

b. 硫酸酯　常用于短纤维油剂的硫酸酯有脂肪醇硫酸酯和脂肪醇聚氧乙烯醚硫酸酯，均表现出良好的平滑性，且脂肪醇聚氧乙烯醚硫酸酯对涤纶、丙纶具有很好的抗静电效果。两类硫酸酯的结构式如下。

脂肪醇硫酸酯：

$$R—O—SO_3H$$

R 为 C$_{12}$ 或 C$_{12}$～C$_{14}$ 合成脂肪醇

脂肪醇聚氧乙烯醚硫酸酯：

$$RO\ {\overline{(CH_2CH_2O)}}_n\ OSO_3H$$

$$n=2～10$$

脂肪醇聚氧乙烯醚硫酸酯与其他表面活性剂的相容性好，易溶于水，吸湿性较大，故在低湿条件下仍具有较好的抗静电性。这一点优于磷酸酯，但因其吸湿性大，若用量过多，纺纱时会造成黏着和缠结现象。

② 阳离子型表面活性剂　阳离子型表面活性剂因对纤维有定向吸附的特点，故具有良好的抗静电性，即使在低湿条件下也能发挥较好的抗静电作用；摩擦特性表现为纤维之间的静摩擦系数低、动摩擦系数高。因其能够显著降低纤维之间的静摩擦系数，所以赋予纤维良好的平滑性和柔软性。阳离子型表面活性剂常作为合成纤维的柔软剂。油剂中使用的阳离子

型表面活性剂有烷基二甲基羟乙基季铵盐和甲基三羟乙基季铵甲基硫酸盐等。

a. 烷基二甲基羟乙基季铵盐　主要产品有十六烷基二甲基羟乙基氯化铵和十八烷基二甲基羟乙基季铵硝酸盐，分别由十六烷基二甲胺和十八烷基二甲胺与氯乙醇或环氧乙烷反应制得。

b. 甲基三羟乙基季铵甲基硫酸酯　亦称为抗静电剂 TM，是由三乙醇胺和硫酸二甲酯反应得到的。

阳离子型表面活性剂的缺点是对设备腐蚀性较大，会影响染色，且价格高，产量少，故使用范围受到一定的限制。

③ 非离子型表面活性剂

a. 脂肪醇聚氧乙烯醚　适用于短纤维油剂的有脂肪醇聚氧乙烯醚 $RO+CH_2CH_2O)_nH$，其烷基链 R 可以是 C_{12}、$C_{10} \sim C_{14}$ 和 $C_{12} \sim C_{18}$ 的直链烷基；环氧乙烷加成数 n 可为 $3 \sim 4$、$5 \sim 6$ 和 $15 \sim 20$。

虽然它们的抗静电效果不及离子型表面活性剂，但受温湿度影响较小。脂肪醇聚氧乙烯醚由脂肪醇与环氧乙烷加成而得。脂肪醇聚氧乙烯醚用作短纤维油剂，含较长的烷基链时，平滑性好，纤维与纤维、纤维与金属之间的动、静摩擦系数均较低；反之，含烷基链短，平滑性差。含不饱和烷基链的聚氧乙烯醚的动摩擦系数较高。环氧乙烷加成数增加，会降低纤维与纤维之间、纤维与金属之间的静摩擦系数，但使动摩擦系数提高。

b. 脂肪酸聚氧乙烯酯　脂肪酸聚氧乙烯酯的通式为 $RCOO+CH_2CH_2O)_nH$，适合作为油剂组成的产品中，R 为 C_{12}、$C_{10} \sim C_{14}$ 和 $C_{12} \sim C_{16}$ 烷基，n 为 9、15 和 18 等，它们具有良好的乳化性和相容性，低泡，热稳定性好。脂肪酸聚氧乙烯酯是由脂肪酸在氢氧化钠或氢氧化钾作催化剂的条件下，与环氧乙烷加成而得。

c. 脂肪酸失水山梨醇酯及其聚氧乙烯醚　脂肪酸失水山梨醇酯可由山梨醇和脂肪酸直接反应制得，在酯化条件下，山梨醇从分子内脱水得到失水山梨醇及异山梨醇。等摩尔的山梨醇与脂肪酸反应时，生成的是相应的失水山梨醇酯和异山梨醇酯。脂肪酸失水山梨醇酯在碱催化剂存在下，$130 \sim 180 \, ^{\circ}\!C$ 与环氧乙烷加成，便可得到脂肪酸失水山梨醇酯聚氧乙烯醚。脂肪酸失水山梨醇酯及其聚氧乙烯醚分别称为 Span 系列和 Tween 系列表面活性剂，前者呈油溶性，后者为水溶性。它们均是聚丙烯腈纤维纺丝油剂的重要组分，两者可以根据不同配比配制具有不同 HLB 值的复合物，以满足各种使用要求。除在油剂中使用外，还广泛应用于涂料、化妆品、皮革、医药和食品工业中，作为分散剂和乳化剂。

d. 脂肪酸醇酰胺　油剂中经常使用的脂肪酸醇酰胺有椰子油二乙醇酰胺、油酸二乙醇酰胺和硬脂酸二乙醇酰胺等，可由脂肪酸或脂肪酸甲酯与二乙醇胺反应制得，产品为以脂肪酸烷醇酰胺为主的混合物。脂肪酸二乙醇酰胺可用作涤纶、丙纶等合成纤维纺丝油剂的组分，具有良好的润湿、净洗、抗静电等性能，在洗涤溶液中还有很好的稳泡和增稠作用。

(2) 长丝油剂　近年来，合成纤维长丝及超长丝发展很快，原因是其生产工艺流程短，设备、厂房、人力投资和生产费用少，织物的服用性能好。长丝的主要加工工序是纺丝和拉伸。因此要求长丝油剂能够改善纤维的拉伸性、集束性和抗静电性能，本身应具有良好的热稳定性和化学稳定性，不会对后续加工带来不利影响，并对设备无腐蚀等。纤维在拉伸过程中，表面积增大，此时，油剂应能够迅速地取代纤维表面气相，使之均匀而迅速地被完全润湿，这样才能使未拉伸丝的玻璃化温度下降，从而提高纤维的拉伸性能并改变其结晶度。但是，油剂对纤维内部的润滑将导致纤维产生异常的拉伸现象，通过提高油剂的黏度可防止此现象的发生。此外，为了减少和防止脱落物的产生，要求油剂有较大的油膜强度，与纤维低聚物的相容性和亲和力低，故长丝油剂的含油率不宜过低。

长丝油剂有许多品种，可以按使用油剂的纺织加工工序和用途的不同进行分类。按使用油剂的纺织工序可分为纺丝拉伸油剂、成品油剂或称后加工油剂。按用途可分为民用丝油剂和工业用丝油剂；民用丝油剂又可分为织布、针织、弹力丝用油剂等，工业用丝油剂包括帘子线、渔网线、绳索用油剂等。不论何种油剂，其基本组成包括平滑剂、抗静电剂、集束剂、乳化剂和乳化调整剂等。在此重点介绍具有润滑作用的平滑剂，对其他添加剂仅做简单介绍，详细内容见有关章节。

① 平滑剂　平滑剂在油剂中主要起润滑作用，以减少纤维与纤维之间及纤维与金属之间的摩擦，同时使纤维丝具有适当的柔软性和平滑性，并增强抱合力。长丝油剂所用平滑剂有天然平滑剂和合成平滑剂，天然平滑剂一般多为矿物油，如锭子油、高速机械油、白油和石蜡等；也可使用植物油，如花生油、菜籽油和大豆油等；或根据需要选用数种油脂以适当比例混合使用，这样易于乳化，有时也用动物油脂，如羊毛脂等。合成平滑剂主要是酯类化合物，如脂肪酸的高碳醇酯、三羟甲基丙烷脂肪酸酯、苯二甲酸酯等；也可使用醚类化合物，如聚乙二醇、聚丙二醇、聚氧乙烯-聚氧丙烯嵌段共聚物等。合成平滑剂较天然平滑剂性能优越，且原料来源广泛。

② 表面活性剂　在长丝油剂中常用的表面活性剂以阴离子型和非离子型为主，它们兼具平滑、乳化、抗静电、柔软等多种功能。如脂肪酸聚氧乙烯醚、脂肪酸胺聚氧乙烯醚、脂肪酸聚乙二醇酯、硫酸化蓖麻酸丁酯盐、磺化琥珀酸双烷基酯、脂肪醇硫酸酯和烷基磷酸酯等。阳离子型和两性型表面活性剂只在一些特殊情况下才使用。

a. 乳化剂　长丝油剂的乳化剂应根据平滑剂的种类和性质来选择，非离子型表面活性剂是最主要的乳化剂，其优点是杂质含量低。

b. 抗静电剂　长丝油剂中常用的抗静电剂为阴离子型的聚氧乙烯脂肪醇硫酸酯盐和烷基磷酸酯盐，其中烷基磷酸酯盐有很好的抗静电效果。阳离子型抗静电剂多为季铵盐，如抗静电剂 SN 和 TM，对纤维具有良好的吸附性及抗静电性，同时能改善织物手感；其缺点是有气味和对金属有锈蚀作用，一般情况下尽量不用。非离子型抗静电剂的抗静电效果一般，不单独作抗静电剂使用，而是常与离子型抗静电剂复合使用，适用于作低湿条件下的抗静电剂。两性型抗静电剂的抗静电持续性长，耐热性好，与其他助剂并用时不会有不良影响；缺点是有气味和对金属有腐蚀性。

c. 集束剂　要提高长丝的集束性，应当选用对纤维吸附性好、凝聚性强的组成，它们对纤维渗透性好，黏度大。常用作集束剂的物质有磺化蓖麻酸丁酯盐、脂肪酸三乙醇胺盐、$C_{12}\sim C_{18}$ 烷基磷酸酯胺盐或钾盐、酯型非离子型表面活性剂、烷基醇酰胺等。

③ 其他添加剂　为了提高油剂的应用效果，经常在油剂中添加其他成分，如防锈剂、抗氧化剂和防霉剂等。

a. 防锈剂　当油剂中含有磺酸盐、硫酸酯等阴离子化合物时，会引起纺织机械的锈蚀，其原因并不是这些化合物本身，而是其中含有的无机盐，如氯化钠、硫酸钠等，它们对金属有腐蚀作用。此外，阳离子表面活性剂会引起金属的锈蚀，而两性型表面活性剂一般也含有大量的无机盐。为防止油剂引起的锈蚀，通常在油剂中添加下述化合物：

烷基磷酸酯，若以其为主复配油剂，可以防锈；

加入脂肪酸钠可以提高油剂的 pH 值；

加入一乙醇胺、二乙醇胺、三乙醇胺或吗啉等有机碱；

加入约为油剂量 2%～3%（质量分数）的亚硝酸钠，可抑制阳离子型表面活性剂的腐蚀；

将阳离子表面活性剂做成亚硝酸盐或磷酸盐，可减少对金属的锈蚀。

b. 抗氧化剂　一般油剂中不加抗氧化剂，只有在帘子线用油剂中加入 0.5%（质量分数）的烷基酚类抗氧剂，抗氧化剂本身氧化后会使纤维着色。

c. 防霉剂　油剂因受霉菌影响会造成发霉，随应用环境而定。为避免此现象，配制油剂所用的水，最好事先煮沸或用甲醛处理。油剂中的防霉剂一般在应用时加入，并要几种产品交替加入。

在复配长丝油剂时，应综合考虑各种性能，如油剂组分是否能适应使用地域的水质和温湿度影响，相互间是否匹配，是否影响后续工序等。同时，还应处理好油剂的黏度与平滑、起锈与防锈、起泡与消泡、上浆与退浆等矛盾，从而获得性能优异的油剂产品。

10.1.4.3　天然纤维纺织用油剂[11,12]

(1) 纺毛油剂　应用于羊毛纺纱过程中的油剂的作用是减少摩擦力、提高纤维的润滑性和抱合力，也称为和毛油，对其的基本要求为：①在水中易成乳液，并在各种浓度下都稳定；②容易用水洗净除去；③不使羊毛变色发臭。

纺毛油剂中的平滑成分主要是锭子油和水化白油。它们以乳液形式加到纤维上，所用乳化剂有阴离子型的和非离子型表面活性剂。精梳毛纺中所用的油剂多为中性水包油型乳液，常用非离子型表面活性剂，如以脂肪酸聚氧乙烯酯、脂肪醇聚氧乙烯醚、烷基酚聚氧乙烯醚等作为乳化剂，用量为油剂的 5% ～20%（质量分数）。粗纺毛纺中所用的油剂由矿物油乳液和非离子型表面活性剂复配而成，非离子型表面活性剂的类型和用量与精梳毛纺用油剂相同，有时也采用阴离子型与非离子型乳化剂的复合体配制油剂。

(2) 丝用油剂　蚕丝需经络丝、加捻后才可成为织造用丝，在此加工过程中，由于丝条缺乏柔软性，加捻时易发生扭切而造成断头。为改善蚕丝的柔软性、平滑性、吸湿性，增强丝的抱合力，提高丝的光泽，在络丝之前需经过浸渍软化处理。所用浸渍液即丝用油剂，由表面活性剂、蜡、油脂、柔软剂、抗静电剂和水组成。在表面活性剂的帮助下，油脂进入丝胶中软化，润滑丝条并在丝条外表形成一层油膜，从而增加了丝条的光滑性、耐磨性和抗静电性。对丝用油剂的要求，除具有一定的渗透性和润滑性外，还应耐硬水，化学性质稳定，不损伤纤维，不使丝条产生色斑、泛黄、发脆等问题。

丝用油剂中使用的平滑成分有油脂和蜡，常用油脂主要有土耳其红油、乳化白油等。常用蜡包括石蜡和木蜡。添加于丝用油剂中的表面活性剂，应起到如下三种作用。

① 渗透作用和乳化作用　具有这种作用的表面活性剂有中性皂和平平加等。

② 柔软作用　将具有平滑作用的物质与表面活性剂复配来满足柔软性的要求，如柔软剂 HC39，又名丝束灵，主要由硬脂酸、石蜡、二甲基十八叔胺等复配而成，适合作为酸性或中性溶液中的丝柔软成分。

③ 抗静电作用　具有这种作用的阳离子型表面活性剂有十八胺醋酸盐、双烷基季铵盐等，阴离子型表面活性剂有烷基磷酸酯盐和聚氧乙烯烷基磷酸酯盐等。

(3) 织布用油剂　合成纤维混纺时，纱丝上的抗静电剂会在纺丝过程中和储存期间逐渐脱落，故在织布时又产生静电问题，特别是在无法调节温度和湿度的地方，静电非常显著，有时甚至使织布无法顺利进行，因此织布时需要油剂，它既能起到抗静电作用，又具有平滑效果。织布用油剂通常是将抗静电剂和油脂混配于石蜡中而制成，为蜡状固体，称之为蜡制剂或上蜡剂。

(4) 浆纱用油剂　在棉织品的织造过程中，纱线，特别是经纱要经受很强的拉力和张力，工业生产上是采用上浆的方法，以增强纱线的润滑性和平滑性，减少纱线间、纱丝与机械间的摩擦，并避免静电产生。该过程所用浆料即浆纱用油剂，由天然及合成浆料、平滑剂和表面活性剂复配而成，浆纱用油剂应满足下述性能要求：

① 增进浆纱的平滑性和润湿性，以减少摩擦和防止浆料的脱落；

② 能迅速渗透到纤维内部，增强纤维间的抱合力；

③ 退浆容易，即易从纤维表面洗除，不会对后续工序产生不良影响；

④ 稳定，不损害织物的手感。

浆纱油剂一般呈乳化状态，乳化较差时，浆纱的润滑性较好，原因是此时油剂多存在于浆纱表面；熔点高的油脂比低熔点的液体油脂的润滑效果好。

10.1.5　润滑添加剂的发展趋势

塑料润滑剂是一类消耗量较大的助剂，近年主要使用的品种仍然是脂肪酰胺、脂肪酸酯、金属皂、微晶蜡、聚乙烯蜡等，虽然在品种上无多大突破，但在形态、复配和专用品上开展了很多工作，针对不同的聚合物和用途，推出适用的高效润滑剂。

国外在 PVC 用润滑剂方面研究较多，如德国汉高公司的 G60、G70S 等产品性能优异，可用于高档 PVC 薄膜的生产。美国 AXEL 塑料研究试验室最近成功发明了一种新工程树脂用内润滑剂，该产品可兼作内润滑剂和加工助剂，适用于 160～370 ℃高温下工程树脂的加工。据介绍，它可提高树脂流动性及 TiO_2 等助剂的分散性。产品有粉状、粒状，可根据需要混入树脂中。

Reedy Internatinal 公司生产的 Safoam PVC-SD 是一种 PVC 和 TPE 的外部和内部用润滑剂的混合物。PVC-SD 是一次性包装的用于泡沫和其他用途的润滑剂，发泡剂可以加入其中，PVC-SD50 和 PVC-SDA50 含 50％的发泡剂。这种添加剂会产生均质的熔化，可促进加工助剂和填料的分散，允许低加工温度，提高了挤出率。

Dover Chemical 公司通过 Doverlube 硬脂酸钙和硬脂酸锌的推出扩大了其添加剂范围，生产出硬脂酸镁和硬脂酸铝。硬脂酸钙有两种可流动的粉末和一种可流动的颗粒形式产品。硬脂酸锌有细粉、粒状和珠状形式。Dover 供应 Doverlube 和其他添加剂产品的混合物。

美国杜邦特性润滑剂公司成功开发出一种新型有机氟添加剂。据报道，这种新型油状含氟化合物是一种无色、无味、惰性的聚合物添加剂，把它加入到聚合物中，能改善热塑性及热固性聚合物的耐磨性，延长制品的使用寿命，而且不会影响制品的化学性能。此外，该产品可消除热塑性聚氨酯等聚合物表面的擦痕及划痕，还能改善聚合物熔融流动性及脱模性能，加快挤出速率，这种添加剂具有耐 300℃的热稳定性，可与使用常规操作设备的许多聚合物结合，应用范围包括齿轮、磁管、汽车的挡风雨条、密封件、聚合物薄膜等[13]。

目前市场上成熟的产品多为单一性能的塑料润滑剂，功效有一定的局限性。即便是复合型的塑料润滑剂也只是几种组分的简单复配，在效果上是这几种组分性能的折中。利用分子合成的方法，实现塑料润滑剂的官能团多元化、功能高效化和环保低污染化是今后塑料润滑剂发展的主要方向[14]。

但随着现代工业的快速发展及人类对自身环境的要求和健康意识的不断提高，这些单活性元素型抗磨损剂已经越来越难以满足苛刻工况及时代发展对它们的要求。如氯类抗磨损剂因其毒性问题已被有的国家如美国和西欧禁用；环烷酸铅也因生态和毒性问题逐渐被淘汰；硫类、磷类抗磨损剂及二烷基二硫代磷酸盐（ZnDDP）因其含有的 P 和 S 会使尾气转化器中的三效催化剂中毒、影响氧气传感器测量准确性及对生态环境的毒性，已被国际规定限量使用；而硼类抗磨损剂也一直存在"悬而未决"的分散稳定性和水敏感性问题等等。

在传统的单活性元素型抗磨损剂难以满足要求的情形下，润滑油抗磨损剂的研究正呈现出活性元素复合化、金属稀土化、分子结构杂环化和无灰化的多元化和一体化研究趋势。也就是说，各个趋势是相互联系、相互融合、相互包含的，而不是绝对分开的[15]。未来的新兴润滑油抗磨剂，无论是纳米粒子、液晶类或者富勒烯类还是其他类化合物，应不仅仅只具有优异的抗磨减磨性能，而应像 ZnDDP 那样，还具有如抗氧、抗腐蚀、催化减活等其他性能[16]。

化纤油剂的发展至今已有五代：第一代油剂是以矿物油为主，再添加乳化剂和抗静电剂组成；第二代油剂以脂肪酸酯为主体；第三代油剂以脂肪酸酯和环氧丙烷/环氧乙烷、聚醚并用组成；第四代油剂以环氧丙烷/环氧乙烷聚醚为主；随着化纤长丝发展到高速、超高速化及多功能型纤维，相应开发了改性环氧丙烷/环氧乙烷聚醚及具有低摩擦、超耐热、易湿润等特种功能的成分和添加剂组成的第五代油剂。美国、德国、英国、日本等国家对化纤油剂的研究一直很活跃，不仅研制出不少新型高效油剂，还运用复配技术开发出抗静电性好、平滑性与集束性比较理想的复合型油剂。

未来化纤纺丝油剂的研究，从技术上来讲一定要在油剂用表面活性剂性能方面进行系统开发和研究，使油剂能够适应化纤纺丝工艺进步的要求。随着人们生态安全与环保意识的不断增强，用户在选择产品时，不仅考虑质量、性能和价格，而且更注重产品对人体和生态环境的影响。化纤工业逐步向差别化纤维及高技术纤维发展，异型纤维、复合纤维、超细纤维、中空纤维等特种纤维百花齐放，适应各种特殊用途赋予纤维以抗静电、抗起球、阻燃、吸湿、透气、抗菌、防臭、耐高温、高膜强度、易降解、生态等功能的化纤新品种、新技术层出不穷，纺丝、纺织速率将更高速化，都使得研制新型化纤油剂越来越重要[17]。

10.2 发泡剂与消泡剂

10.2.1 概述

泡沫是人们最熟悉的现象之一，它是一非连续的相，即空气或其他气体分散在一连续相中（如液体与固体）的现象。

人们对泡沫现象进行研究的同时发现，由于气体具有良好的隔热、绝缘性能，而且气体易被压缩，富于弹性，这使得固体泡沫材料具有其他材料所不具备的特性。因此固体泡沫材料工业在 21 世纪初得到了迅猛地发展。目前，随处可见的泡沫塑料、泡沫橡胶、泡沫树脂等，由于它们具有质轻，隔热、隔音，节省材料资源，又有良好的电绝缘性能及机械阻尼特性等，所以其用途极为广泛，典型的泡沫制品有海绵板、地板材、垫材、聚苯乙烯珠粒料发泡体、泡沫塑料电线等。这些制品都是由高分子聚合材料及橡胶制成，属于固体泡沫材料，其对气泡的大小与分布都有一定的要求。另外，液体泡沫制品也逐渐发现其用途，最典型的如 CO_2 泡沫灭火机、各种啤酒、饮料等，都是利用了泡沫的特性。要制造各种泡沫制品，就会涉及气泡的产生、控制等技术，即发泡技术。长期以来，人们研究出了各种各样的发泡方法，目前应用最为广泛的是有机发泡剂。

另一方面，泡沫的产生往往给人们的生产与生活带来诸多令人头痛的问题。例如泡沫能严重地降低设备的生产能力，甚至造成溢锅现象；在印染工业中，泡沫可造成纤维着色不均匀，在石油炼制过程中，泡沫能够引起火灾等等。总之，泡沫涉及人们的衣、食、住、行与许多行业，并产生许多难以解决的问题。为此，人们对泡沫现象进行了广泛地研究，总是想方设法抑制或消灭泡沫的产生。通常是向体系中加入少量的某种物质，以达到抑制泡沫产生的目的，这种物质就称作消泡剂或抗泡剂。

为便于理解，在讨论发泡剂与消泡剂之前，首先探讨一下发泡与消泡的原理。

10.2.2　发泡与消泡原理

10.2.2.1　发泡理论

要理解发泡剂与消泡剂的作用原理，首先就要弄清楚泡沫产生、存在与消失的原因与机理。什么因素能够使得产生的泡沫稳定呢？对于纯净的液体，例如，水、乙醇等，它们是不能够产生稳定的泡沫的；但肥皂水所形成的泡沫，则具有一定的寿命，其原因何在呢？这可通过热力学的知识予以解释。对于一单元组分的体系，其表面能是总能量的一个重要的组成部分，而表面能是与体系的表面积成正比的，下述的 Gibbs 方程式给出了自由能（ΔG）的变化：

$$dG = -SdT + Vdp + \gamma dA$$

式中，G 为 Gibbs 自由能；S 为熵；T 为温度；p 为大气压；γ 为液体的表面张力；A 为每摩尔物质的表面积。

由上式可以看出，当温度与压力为常数时，自由能的变化只与体系表面积的变化有关，积分上式可得到如下结果：$\Delta G = \gamma \Delta A$。

这里 ΔG 是恒温恒压下的自由能的变化。如将上式应用到泡沫现象就不难理解为什么纯净的液体难以形成泡沫了。这是因为对于单组分的体系，γ 是常数，当有泡沫产生时其液体表面积激增，当然也就造成 Gibbs 自由能的增加。众所周知，稳定的体系趋向于自由能减少，熵增加，所以纯净液体所产生的气泡在热力学上是不稳定的，它只有短暂的寿命。

那么，为什么肥皂水或水中溶有一定的表面活性剂时容易产生比较稳定的泡沫呢？这是因为当这样的体系形成泡沫时，表面活性剂分子能从水中迁移到泡沫表面上，而使其表面张力降低，从而降低其自由能；克服了由于形成泡沫，表面积增大而使得自由能增加的倾向。所以，也就使得这样的体系产生的泡沫要比纯净液体产生的泡沫稳定得多，其寿命也长得多。必须指出的是，单纯的表面活性剂水溶液产生的泡沫在热力学上仍是不稳定的，它只能部分克服由于泡沫形成所造成的自由能的增加，所以也只能延长泡沫的寿命，但最终都会凝聚、破裂与消失。事实证明，单纯表面活性剂的存在尚不足以克服重力与其他能毁灭气泡的因素的影响而使泡沫得以稳定。在重力的作用下液体能从气泡壁上流下，使气泡壁越来越薄而易于破裂。如果增加液体的黏度，则可在一定程度上抑制此现象的发生。同样的道理，挥发也能降低泡沫的稳定性，因此低挥发性的组分毫无疑问能改善泡沫的稳定性。众所周知，在儿童的吹泡泡玩具中，甘油被用作泡沫稳定剂就是因为它能阻止肥皂液膜的挥发与流下。

泡沫稳定性的影响因素很多。例如，液膜的弹性通常是影响泡沫稳定性的重要因素之一。一般来说，气泡的破裂都是由气泡壁上最薄的那一点开始的。当这一薄点伸缩时，薄点上的表面活性剂浓度就降低了，造成该区域中表面张力的升高，这就产生了指向薄点的作用力而使得气泡壁上薄点周围的液体被拉向此区域，防止了该点的进一步变薄，这种现象被称作 Marangoni 效应。所以，通常胶状表面层的形成能提高液膜的弹性，从而提高泡沫的稳定性。例如在啤酒中加入少量的蛋白质多糖络合物，能被吸附在气泡表面上，从而提高泡沫的稳定性。如果气泡壁上薄区的表面活性剂浓度的变化不是通过 Marangoni 效应，而是通过液相表面活性剂分子的迁移，则气泡就会破裂。事实上，大部分表面活性剂的分子从液相迁移到气泡表面上都是相当慢的，所以，通常还是气泡膜的弹性效应在起主要作用。有人还提出了电双层排斥、熵双层排斥以及气泡间的聚合能够稳定气泡的观点。但大多数人则认为，气泡的表面弹性及表面黏度很有可能是影响泡沫稳定性的两个极其重要的因素。当然发泡理论还有待于进一步地发展。

10.2.2.2　消泡理论

由上述的发泡理论可知，在泡沫介质中加入一定的表面活性剂（助发泡剂），能够改善气泡的表面弹性与表面黏度，促进泡沫的形成与稳定。那么，消泡剂则必须能够降低泡沫的表面弹性与表面黏度，从而降低泡沫的稳定性。

一般来说，化学消泡剂应是不溶于泡沫介质的液体（如果它们能溶的话，则将是表面活性的）。作为消泡剂，仅仅不溶于泡沫介质是不够的，它还必须同时进入所生成的气泡上并分散开来，以促进气泡的破裂。要达到这一目的，它们必须得具有正的进入系数 E 和分散数 S，表示如下：

$$E = \gamma F + \gamma FA - \gamma A$$
$$S = \gamma F - \gamma FA - \gamma A$$

式中，γF 为泡沫介质的表面张力；γA 为消泡剂的表面张力；γFA 为泡沫介质与消泡剂之间的界面张力。

其作用机理为，消泡剂取代了气泡表面上能够稳定气泡的表面活性剂，从而抑制了 Marangoni 效应。同时消泡液通过取代泡沫稳定剂，很有可能降低泡沫的黏度，加快液体沿泡壁流下的速率，促进气泡的破裂。

当然，上述理论尚不完善，无法解释为什么在许多液体消泡剂中需含有多孔的固体颗粒，如果没有这些悬浮颗粒，许多消泡剂是无效的。某些研究者认为，通过对这些小颗粒的润湿，或者说是通过这些固体颗粒吸附泡沫介质而起到消泡剂作用的。所以在气泡表面上的小颗粒能吸取其周围气泡壁上的液体而导致了气泡的破裂。在这种情况下，消泡剂的液体组分可认为仅仅是固体颗粒的载体。这些载体应具有足够低的表面张力，并且具有正的进入系数 E 和分散系数 S。毫无疑问，这些固体颗粒的性能对于其消泡能力是至关重要的。但是必须指出的是，并不是所有的液体消泡剂都需要固体颗粒的存在。例如，对于许多高效的液体消泡剂，加入这些固体颗粒并不能增加其消泡能力。因此要完全理解消泡的机理尚须做进一步的研究工作。

10.2.3　发泡剂

10.2.3.1　概述

发泡剂是一类能使处于一定黏度范围内的液态或塑性状态的橡胶、塑料形成微孔结构的物质。它们可以是固体、液体或是气体。根据其在发泡过程中产生气泡的方式不同，发泡剂可分为物理发泡剂与化学发泡剂两大类。物理发泡剂是利用其在一定温度范围内物理状态的变化而产生气孔。化学发泡剂则是在发泡过程中因发生化学变化而产生的一种或多种气体，而使聚合物发泡。常用发泡剂的分类见图 10-14[18]。

（1）物理发泡剂的概况　物理发泡剂在使用过程中不发生化学变化，所以只能依靠其物理状态的变化来达到发泡的目的。早期常用的物理发泡剂主要是压缩气体（空气、CO_2 和 N_2 等）与挥发性的液体，例如低沸点的脂肪烃、卤代脂肪烃以及低沸点的醇、醚、酮和芳香烃等。一般来说，作为物理发泡剂的挥发性液体，其沸点低于 110℃。一些常用的物理发泡剂可参阅有关文献［4］。从理论上来说，不管用什么方法，只要能放出气体的物质都可作为发泡剂。但事实上，一个实用的发泡剂尚需具备一定的条件，具体到物理发泡剂也是一样的。一般认为，作为一个理想的物理发泡剂应具备以下性能：①无毒、无味；②无腐蚀性；③不易燃易爆；④不损坏聚合物的性能；⑤气态时必须是化学惰性的；⑥常温下具有低的蒸气分压；⑦具有较快的蒸发速率；⑧分子量小，相对密度大；⑨价廉，来源充足。

但是，能满足上述所有条件的物理发泡剂是不存在的。例如，常用的低沸点脂肪烃，一般为 $C_5 \sim C_7$ 的各种异构体的脂肪烃，虽价廉、低毒，却易燃易爆，这就限制了它的广泛使用。石油醚主要用于制造均聚和共聚的苯乙烯泡沫塑料。卤代脂肪烃价廉、不易燃易爆，但

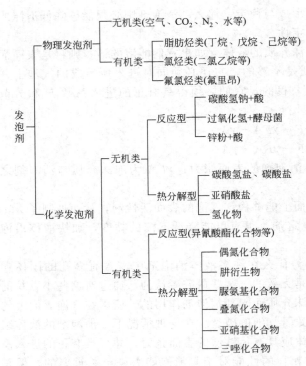

图 10-14 常用发泡剂的分类

其毒性与热稳定性稍差。

尽管物理发泡剂一般都价格低廉，但却需要比较昂贵的、专门为一定用途而设计的发泡设备。所以在工业生产中应综合考虑生产成本以确定采用何种发泡剂。

(2) 化学发泡剂 所谓化学发泡剂是指那些在发泡过程中通过化学变化产生气体进而发泡的物质。一般来说，气体的产生方式有两种途径：其一是聚合物链扩展或交联的副产物；其二是通过加入化学发泡剂，产生发泡气体。例如，在制备聚氨酯泡沫时，当带有羧基的醇酸树脂与异氰酸酯起反应时，或者具有异氰酸酯端基的聚氨酯树脂与水起反应时，都会放出 CO_2 气体；碳酸氢铵在一定的温度下能分解产生 CO_2、H_2O 与 NH_3。

对于化学发泡剂而言，许多因素影响其发泡效果的好坏，其中两个最重要的技术指标是分解温度与发气量。其分解温度决定着一种发泡剂在各种聚合物中的应用条件，即加工时的温度，从而决定了发泡剂的应用范围。这是因为化学发泡剂的分解都是在比较狭窄的温度范围内进行，而聚合物材料也需要特定的加工温度与要求。发气量是指单位重量的发泡剂所产生的气体的体积，单位为 mL/g。它是衡量化学发泡剂发泡效率的指标，发气量高的，发泡剂用量可以相对少些，残渣也较少。当然衡量一种发泡剂效能的指标还很多，所以在选择使用发泡剂时，要综合考虑使用对象、使用目的及发泡剂的各项性能，再通过实验予以选择。理想的化学发泡剂应具备如下性能：①热分解温度是一定的，或在一狭窄的范围内；②热分解反应的速率必须是可控的，而且必须有足够的产生气体的速率；③所产生的气体必须是无腐蚀性的，易分散或溶解在聚合物体系中；④储存时必须稳定；⑤价格便宜，来源充足；⑥分解残渣不应有不良气味，低毒，无色，不污染聚合材料；⑦分解时不应大量放热；⑧不影响硫化或熔融速率；⑨分解残渣不影响聚合材料的物化性能；⑩分解残渣应与聚合材料相容，不发生残渣的喷霜现象等等。

10.2.3.2 无机化学发泡剂

无机化学发泡剂是早在发泡剂发展的初期就被发明并广泛地使用。在当时，科学家们已经掌握了许多无机化合物能在一定的温度下发生热分解反应，进而产生一种和多种气体，所以尝试着将其用作发泡剂，其中尤以碳酸盐用得最多。下面将就较常用的无机化学发泡剂分别予以论述。

(1) 碳酸盐 常用作发泡剂的碳酸盐主要有碳酸铵、碳酸氢铵与碳酸氢钠。

① 碳酸铵 组成：$NH_4HCO_3 \cdot NH_2COONH_4$（工业上作为发泡剂使用的实际上是碳酸氢铵和氨基甲酸铵的混合物或复盐，习惯上将此复盐也叫做碳酸铵）；分解温度：30℃开始，55～66℃剧烈分解。发气量：700～980mL/g。特点：便宜，发气量高，但储存稳定性差，在聚合物中分散困难，而且有一定的氨味，碱性对橡胶硫化有促进作用。

② 碳酸氢铵 分解温度：60℃；发气量：850mL/g。特点：热分解温度比碳酸铵高，

比碳酸铵稳定，便于储存；分解反应是可逆的，分解速率可控，能得到均匀的微孔泡沫制品；在聚合物中分散困难且具有氨味。

③ 碳酸氢钠　分解温度：100℃开始，140℃迅速；发气量：267mL/g。特点：碳酸氢钠不产生刺激性的氨气，但其发气量较碳酸氢铵低，而且分解残渣 Na_2CO_3 碱性较强。

(2) 亚硝酸盐　用作发泡剂的亚硝酸盐主要是亚硝酸铵。亚硝酸铵是不稳定的化合物，作为发泡剂使用的基本上是氯化铵和等摩尔的亚硝酸钠的混合物，在橡胶中经加热而放出氮气。亚硝酸铵分解产生的气体是氮气，也含有少量氮的氧化物，因此对橡胶的硫化有促进作用，但会腐蚀模具和设备。

(3) 硼氢化钾与硼氢化钠　发气量：KBH_4 发气量为 1660mL/g，$NaBH_4$ 发气量为 2370mL/g。特点：碱金属氢硼化物价格昂贵，而且易燃易爆。

(4) 过氧化氢　过氧化氢的特点是发气量较低，且具有强腐蚀性，限制了其应用。

无机发泡剂的特点一般是吸热反应，分解速率缓慢，发泡率难以控制，分散性差。

10.2.3.3　有机化学发泡剂

(1) 概述　有机化学发泡剂比无机发泡剂容易使用，其粒径小、泡孔细密、分解温度恒定、发气量大，所以有机化学发泡剂是目前工业上最广泛使用的发泡剂。它们主要产生氮气，所以它们的分子中几乎都含有—N＝N—或—N＝N—结构，如偶氮化合物、N-亚硝基化合物、肼类衍生物、叠氮化合物和一些脲的衍生物等。在这些化合物中，氮氮单键与双键是不稳定的，在热的作用下能发生分解反应而放出氮气，从而起到发泡剂的作用。

有机化学发泡剂的优点：

① 在聚合物中分散性好；

② 分解温度范围较窄，易于控制；

③ 所产生的 N_2 气，不易从发泡体中逸出，因而发泡率高；

④ 粒子小，发泡体的泡孔小。

有机化学发泡剂的缺点：

① 发泡后残渣较多，污染聚合材料或产生表面喷霜现象；

② 分解放热过大造成内部焦烧现象；

③ 有机发泡剂多为易燃物，在储存和使用时都应注意防火。

商品的有机发泡剂可以以液体、糊状、膏状和固体颗粒出售。对于固体颗粒的有机发泡剂，由于其粒子细微，可以获得细密均匀的泡孔。但发泡体的微孔结构并不完全取决于粒子的大小，这是因为并非发泡剂的一个粒子只产生一个气泡，根据不同的聚合材料与发泡时的具体条件，每个发泡剂的粒子所产生的气体能分裂成数个或数十个气泡。为了得到分布均匀、性能优良的发泡体，应尽量将发泡剂与聚合材料混合均匀。最好是将混合好的聚合物料放置一段时间，以便于发泡剂粒子在其中充分迁移，然后再在适宜的工艺条件下进行发泡。

发泡剂的分解温度必须与聚合物的熔融温度相适应，也就是说在聚合物的一定黏度范围内进行发泡才能得到性能优良的发泡体。这就要求对于不同熔融温度的聚合材料选择不同分解温度的发泡剂，或通过发泡剂的混用，或通过加入助发泡剂来调节其分解温度，以适应聚合物发泡条件的要求。有机发泡剂的分解温度一般为 100～200℃，特定的分解温度可通过发泡剂的混用与使用助发泡剂来达到。

发泡剂的分解速率也是影响发泡效果的重要因素，在硫化橡胶和交联聚烯烃的场合，发泡速率慢的发泡剂易与交联速率相适应；但在塑料的场合，必须根据聚合物黏度与温度的关系来选择与其相适应的发泡剂的分解速率。

另外，发泡剂的分解热也是影响发泡剂发泡效果的重要因素。一般来说，发泡剂的分解热越小越好。因为分解热大，聚合物的温度梯度就大，尤其是对于比较厚的材料，内部温度太高：一方面会使聚合物的黏度降低，使得气泡容易破裂，造成泡孔不均匀；另一方面易引起树脂内部变色，严重时甚至能够改变聚合材料的物化性能。

（2）有机发泡剂各论　目前，在工业上得到应用的有机发泡剂有许多品种，其中应用比较广泛的为 N-亚硝基化合物、偶氮化合物和酰肼类化合物。它们的分解温度为 $80\sim300{}^{\circ}\mathrm{C}$，发气量约为 $100\sim300\mathrm{mL/g}$，因此可根据不同使用对象及加工条件，选择适宜的发泡剂。下面分别介绍几种应用比较广泛的发泡剂。

① N-亚硝基化合物　仲胺和酰胺的 N-亚硝基衍生物是有机发泡剂中重要的一类，其中 N,N'-二亚硝基五次甲基四胺（DPT）和 N,N'-二甲基-N,N'-二亚硝基对苯二甲酰胺（NTA）是两个重要的品种。

N,N'-二亚硝基五次甲基四胺（DPT），又名发泡剂 H，工业品为淡黄色固体细微粉末，其分子结构与热分解反应机理如下所示：

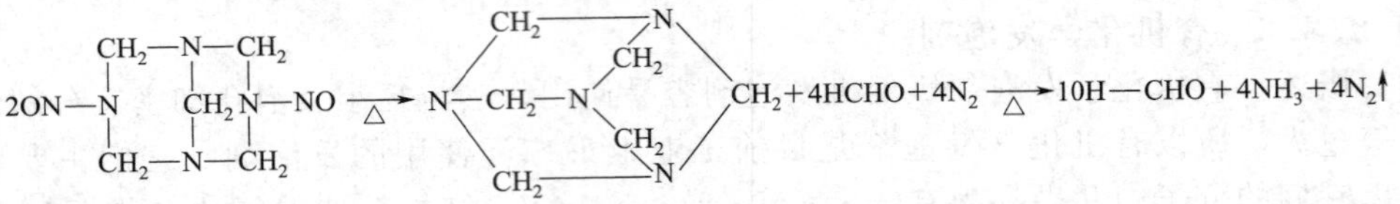

其分解温度为 $190\sim205{}^{\circ}\mathrm{C}$，若按 N_2 计，其理论发气量为 $240\mathrm{mL/g}$，由于在分解过程中难免产生一定量的氨气，所以其实际发气量为 $260\sim275\mathrm{mL/g}$。在有机发泡剂中，其单价发气量大，是一种较经济的有机发泡剂。

发泡剂 H 单独使用时分解温度比较稳定，但分解温度比较高，所以常常与助发泡剂共同使用，以调整其分解温度。如以尿素、二甘醇及水杨酸作为助发泡剂时，其分解温度分别为 $121\sim132{}^{\circ}\mathrm{C}$、$138\sim144{}^{\circ}\mathrm{C}$ 与 $71\sim82{}^{\circ}\mathrm{C}$。使用脲类助发泡剂，还能消除发泡剂 H 分解残渣所产生的异味。在有机发泡剂中发泡剂 H 的分解热大，所以有时在制造厚制品时会导致制品内部焦化，发泡剂 H 在酸性介质中不稳定。

② 偶氮化合物　偶氮化合物包括芳香族的偶氮化合物和脂肪族的偶氮化合物两大类，主要有偶氮二甲酸胺（发泡剂 AC）、偶氮二异丁腈（AIBN）和二偶氮氨基苯（DAB）等品种。它们是很重要的一类有机发泡剂。

a. 偶氮二甲酰胺（发泡剂 AC）　分解温度：$195{}^{\circ}\mathrm{C}$（空气），$170\sim210{}^{\circ}\mathrm{C}$；发气量：理论 $193\mathrm{mL/g}$ 实际 $250\sim300\mathrm{mL/g}$。特点：具有自熄性，不助燃，无毒，无臭味，不变色，不污染，不溶于一般的溶剂和增塑剂，是商品发泡剂中最稳定的品种之一；而且粒子细小，易分散，可得到均匀的微孔发泡体；其发气量大，对常压和加压发泡工艺均适用，所以发泡剂 AC 是性能优良的有机发泡剂。热分解机理如下：

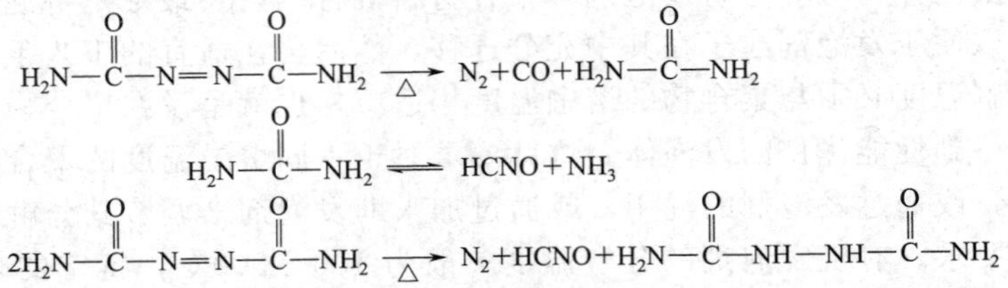

b. 偶氮二异丁腈（AIBN）　为白色结晶状粉末，熔点 $105{}^{\circ}\mathrm{C}$，分解温度为 $95\sim105{}^{\circ}\mathrm{C}$，理论发气量为 $136\mathrm{mL/g}$，在工业上用作发泡剂及游离基反应的引发剂。其热分解机理如下：

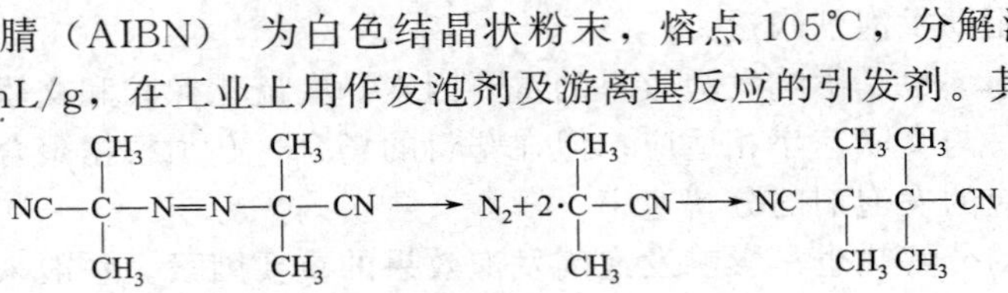

③ 酰肼类化合物　芳香族的磺酰肼类化合物，是一类重要的有机化学发泡剂。磺酰肼一般都是由相应的磺酸氯与肼反应制得。

a. 苯磺酰肼（BSH）　分解温度：104℃，90℃（胶料）；发气量：115mL/g。特点：分散性差，分解温度低。

b. 对甲苯磺酰肼（TSH）　分解温度：110℃；发气量：110～125mL/g。特点：分解缓慢，使橡胶的硫化与发泡同时进行。

c. 4,4'-氧代双苯磺酰肼（OBSH）

$$H_2NHNSO_2-\!\!\!\!\bigcirc\!\!\!\!-O-\!\!\!\!\bigcirc\!\!\!\!-SO_2NHNH_2$$

分解温度：130℃开始，150～160℃迅速；发气量：125mL/g。特点：应用最为广泛的有机发泡剂之一，储存稳定，无毒不易燃，气孔结构细微均一，分解残渣不影响制品的电器绝缘性能，价格较高。

④ 尿素衍生物

a. N-硝基脲

$$H_2N-\overset{\overset{\displaystyle O}{\|}}{C}-NH-NO_2$$

分解温度：158～159℃，在石蜡烃中分解温度为129℃；发气量：380mL/g。特点：有机碱促进其热分解。

b. N-硝基胍

$$H_2N-\overset{\overset{\displaystyle NH}{\|}}{C}-NH-NO_2$$

分解温度：235～240℃；发气量：280～310mL/g。

c. 磺酰氨基脲

$$RSO_2-NH-NH-\overset{\overset{\displaystyle O}{\|}}{C}-NH_2$$

特点：分解温度及发气量均较相应的磺酰肼高，是高温发泡剂。

⑤ 其他发泡剂——叠氮化合物

特点：热分解产生氮气，分解残渣是白色无污染物；热分解时的热效应大；不适宜用作厚制品的发泡剂；对振动敏感且是可燃性的，因此储存和使用时要小心。代表性品种如下。

a. 对甲苯磺酰叠氮

$$CH_3-\!\!\!\!\bigcirc\!\!\!\!-SO_2-N\!\!\!\diagup\!\!\!\overset{N}{\underset{N}{\diagdown}}$$

b. 联苯-4,4'-二磺酰叠氮

$$\overset{N}{\underset{N}{\diagup}}\!\!\!N-SO_2-\!\!\!\!\bigcirc\!\!\!\!-\!\!\!\!\bigcirc\!\!\!\!-SO_2-N\!\!\!\diagup\!\!\!\overset{N}{\underset{N}{\diagdown}}$$

10.2.3.4　发泡助剂

与发泡剂并用并能调节发泡剂分解温度和分解速率的物质，或能改进发泡工艺，稳定泡沫结构或提高发泡体质量的物质，均可以称作发泡助剂，或辅助发泡。工业上常用的发泡助剂主要有以下几类：尿素衍生物和氨基化合物、有机酸、有机酸或无机酸的盐、碱土金属的氧化物、多元醇和有机硅化合物。

（1）尿素　尿素受热可发生热分解反应放出氨气，所以可作为发泡剂使用。当缓慢地把它加热到熔点以上时，分解放出氨气，分解残渣为缩二脲，发气量为187mL/g。

$$2NH_2-\overset{\overset{\displaystyle O}{\parallel}}{C}-NH_2 \longrightarrow NH_2-\overset{\overset{\displaystyle O}{\parallel}}{C}-NH-\overset{\overset{\displaystyle O}{\parallel}}{C}-NH_2+NH_3$$

如果迅速地将尿素加热到 150℃以上时，虽然同样分解放出氨气，但分解残渣为三聚氰酸，且发气量为 374mL/g。

$$3NH_2-\overset{\overset{\displaystyle O}{\parallel}}{C}-NH_2 \longrightarrow \begin{matrix} HO \\ \end{matrix} \quad + 3NH_3$$

(2) 尿素-硬脂酸复合物 可改善尿素分散性差的缺点，有 N 型、A 型、M 型复合物等几种。N 型复合物：依次将氨水、硬脂酸、甘油等加入尿素水溶液中，经充分搅拌溶合，尿素与硬脂酸的量约为 2：1。A 型复合物：成分与 N 型相同。M 型复合物：以油酸代替甘油，其余成分相同。

(3) 有机酸 许多有机酸如硬脂酸、月桂酸、苯甲酸和水杨酸等均可作为发泡剂 H 的发泡助剂，它们能降低发泡剂 H 的分解温度，但不能消除臭味，对硫化有抑制作用。

(4) 金属皂与金属氧化物 它们能降低发泡剂 AC 的分解温度，改变发泡剂 AC 的分解速率。

(5) 发泡灵（水溶性硅油） 发泡灵是聚硅氧烷-聚烷氧基醚共聚物的商品名，主要用作聚醚型、聚氨酯泡沫体进一步发泡工艺的泡沫稳定剂。

10.2.4 消泡剂

消泡剂品种繁多，但主要有两大类：硅氧烷类消泡剂与有机消泡剂。尽管此两类消泡剂在结构上不相同，但都是通过置换气液界面的泡沫稳定剂而达到消泡作用。

10.2.4.1 硅氧烷类消泡剂

硅氧烷类消泡剂是公认的最重要的通用型消泡剂。该类消泡剂具有两个很难同时具有的特性，即低表面张力与低挥发性。此外，它们在一般情况下是化学惰性的，不溶于水与多种有机溶剂。正是由于它们的稳定性，使得该类消泡剂通常是无毒或低毒的。传统的消泡剂一般都是聚二甲基硅氧烷与憎水性硅胶的复合物。

聚二甲基硅氧烷的结构式如下：

$$Me_3SiO(\overset{\overset{\displaystyle Me}{|}}{\underset{\underset{\displaystyle Me}{|}}{Si}O})_nSiMe_3$$

如果在此类消泡剂中不含硅胶，其结果是这类消泡剂的消泡能力就非常低，尤其是对于那些水基泡沫体系效能就更差。传统的硅氧烷类消泡剂通常是以水包油型乳剂用于水基泡沫体系。对于非水体系的泡沫现象，据认为可直接使用 100% 活性硅氧烷化合物，或甚至是纯的硅氧烷液剂作消泡剂。

10.2.4.2 硅氧烷类消泡剂的复配

硅氧烷类消泡剂的复配至今仍然是一门主要技术，对于硅氧烷类消泡剂而言，它们的消泡或抗泡能力与许多因素紧密相关，如胶乳颗粒的大小，所采用的表面活性剂的性能，所使用的活化硅胶以及所采用的乳化方法等。人们对胶乳颗粒度对其抗泡能力的影响进行了研究，发现直径小于 $2\mu m$ 的颗粒几乎不具有抗泡作用。据认为，这是由于这种大小的硅氧烷本身易被吸收于泡床介质中，而不能定向排列在气-液界面上的缘故。另外，有证据表明，当乳浊液的颗粒太小时，这些分散在泡沫介质中的硅氧烷，可以溶解在任何存在的表面活性剂胶束中。另一方面，当颗粒直径大于 $50\mu m$ 时。尽管它们能使稳定的气泡破裂，具有较强的破泡能力，但是它们很容易从泡沫介质中游离出来而使得长期的抗泡效果降低；在某些特定的场合就会造成一定的问题，如在织物的印染过程中，若使用的硅氧烷乳剂的胶粒太大，则可能造成织物的"斑染"，使印染效果变差。

因此，制备硅氧烷类乳剂时应控制其粒度在 $2\sim50\mu m$ 范围内，这就要求选择恰当的表面活性剂与恰当的乳化设备，以达到上述目的。通常，采用一种低亲水亲油比与一种高亲水亲油比表面活性剂的混合物，如常用的甘油单硬脂酸酯与聚乙二醇单硬脂酸酯的混合物。

10.2.4.3　有机消泡剂

有机消泡剂是一类品种繁多的有机化合物，既可以是单一的化合物，也可以是按一定配方复配的混合物。由于有机消泡剂的应用领域具有多样性与特殊性，所以有机消泡剂往往具有专用性。目前，工业上所使用的有机消泡剂有：硬脂酸或油酸的铝皂，聚丙二醇（相对分子质量>2000），丙二醇与乙二醇的共聚物，脂肪酸及其甘油酯、或乙氧基化合物，高碳醇（如正辛醇，十六醇），分散于矿物油中的高沸点的石蜡与憎水性硅胶的复配物（有时需加入一种表面活性剂以有助于分散），三丁基磷，脂肪酰胺与液体碳氢化合物的复配混合物等。

10.2.4.4　理想消泡剂的物化性能

对于一个理想的消泡剂而言，其物化性能必需满足使用对象的要求。使用对象不同，则所用消泡剂的性能也应有所变化。一般来说，下述性能一般是选择消泡剂时要考虑的一些重要因素：①具有比泡沫介质更低的表面张力；②不溶于泡沫介质；③不与泡沫介质起反应，不能被泡沫介质分解降解；④具有正的扩散系数，以便其扩散到气液界面上；⑤低毒或无毒；⑥具有低的 BOD（生化需氧量）、COD（化学需氧量）与 TOD（总需氧量）值；⑦储存稳定；⑧具有良好的消泡能力与泡沫控制能力；⑨成本低。

10.2.5　消泡剂的种类

由于消泡剂，尤其是有机消泡剂品种繁多，很难从化学结构上予以分类，所以按照其用途进行分类与讨论。

10.2.5.1　纺织工业用消泡剂

纺织品在加工过程中，要接触各种染料和助剂。这些助剂，特别是洗涤剂、渗透剂、乳化剂和匀染剂等表面活性剂，在受到机械振动后，容易产生泡沫。泡沫是空气在水中或某些液体中的分散体，在织物加工时，会使液体与织物的接触面降低，产生加工不匀现象，严重影响生产和产品质量。在纺织品加工过程中，一些工序，都要应用消泡剂，如织造上浆、前处理、染色、印花和整理等过程。

纺织工业用的消泡剂品种较多，但根据类别，一般可分为含硅和不含硅两大类，现分述如下。

(1) 含硅消泡剂　含硅消泡剂表面张力低，溶解度小，分散性好，作用持久，用少量即具有强大的破泡、抑泡能力。该类消泡剂化学性能不活泼，无毒，对环境无污染，是纺织工业上效果好、应用广泛的一类消泡剂。含硅消泡剂产品有硅油、硅油溶液（硅油溶于有机溶剂中）、硅油加其他填料（如 SiO_2、Al_2O_3 等）、硅油乳液四种。

纺织上应用的主要为硅油乳液，是由硅油、改性硅油、不同分子量的混合硅油或硅油加无机硅（SiO_2）等添加剂制成。组分中含有乳化剂，使硅油乳化或分散于水中，形成 O/W 型乳液。

(2) 不含硅消泡剂　不含硅消泡剂品种多，国内外需求量很大。其中少量品种为单组分，大部分为复配混合物，性能各不相同，有些产品还具有独特的优点：①由于消泡剂不含硅，对设备器壁和织物不会造成沾污或产生油斑；②有些产品除能消泡外，对织物同时具有渗透、洗涤、缓染和匀染等性能，可用作多功能助剂，比含硅消泡剂应用更广泛；③部分消泡剂与各类表面活性剂复配后，具有协同效应，同时具有分散或匀染作用，能阻止染料凝聚，并使织物易于清洗；④有些产品耐高温性能较好，适用于高温工艺。

不含硅消泡剂的组分主要有：①醇、醚、脂肪酸及其酯、动植物油或矿物油以及聚乙二醇丙二醇等物质，原料易得，也有一定的消泡效果，在纺织工业上单独或复配均有应用；②膦酸酯类消泡剂，消泡效果较好，应用较普遍，如膦酸三丁酯等国内外应用不少；③醇类与氧乙烯（EO）和氧丙烯（PO）的加成物。醇类包括脂肪醇、二元醇（主要为丙二醇）、三元醇（以丙三醇为主）及其他醇。EO 和 PO，PO 亲油性较强，EO 亲水性较强。从 R 含碳大小和 EO、PO 的含量可调节亲水和亲油性，控制消泡性能。该类消泡剂品种多，效果好，目前还在不断开发。一般也可从不含硅消泡剂中专门划分为聚醚类消泡剂[19]。

用消泡剂来控制和抑制纺织品加工过程中泡沫的产生，对提高印染产品质量具有重要意义。产生泡沫的因素复杂，在不同的场合下，要采用不同的消泡剂才能达到消泡目的。到目前为止，国内外都没有找到能适用于一切工艺的万能消泡剂。总的发展情况是硅油消泡剂用量低，是今后发展的重要品种。①国内目前已在发展含硅消泡剂，但原料还不够丰富，品种和质量也与国外存在一些差距，大量硅酮原料还需进口，对分散乳化技术还未全面掌握；②不含硅消泡剂近年来发展较快，进口品种也很多，特别是聚醚型国内外都在开发；③印染加工条件复杂多变，依靠单一的消泡剂要满足多方面的要求比较困难，一般要由多种组分复配；④有关消泡机理的研究工作，各国都很重视。如对热力学和动力学基础工作的研究，尚处于不断发展和探讨阶段[20]。

10.2.5.2 发酵工业用消泡剂

许多工业规模的发酵过程在生产中都遇到了严重的泡沫问题，如抗生素、酶、酵母、单细胞蛋白质、葡萄酒、啤酒与白酒的生产，以及某些有机酸，例如柠檬酸、醋酸和工业酒精的生产等。以上行业所需要的消泡剂是极为不同的，甚至对于同一领域的不同品种，所需的消泡剂也是不同的。现将最常用于发酵工业的消泡剂分述如下。

（1）醇 尽管高碳醇（大于 8 个碳）在目前仍是有限制地用于发酵工业，但至今却是主要的发酵工业用消泡剂，其中正辛醇是最早用于发酵工业的消泡剂。

（2）天然油脂 长期以来，天然油脂被大量地用作消泡剂。特别是用于抗生素与酶的生产。最常用作消泡剂的天然油脂包括黄豆油、花生油、橄榄油和猪油等。

（3）聚醚 聚醚化合物也是用于发酵工业的重要消泡剂。通常所用的聚醚类消泡剂是环氧乙烷和环氧丙烷的聚合物或共聚物。这些聚合物的要求是不溶于水的，以保证其具有足够的消泡能力。聚乙二醇在水中是具有一定溶解度的，所以一般不能用作水基泡沫体系的消泡剂。

（4）硅氧烷类消泡剂 此类消泡剂被广泛地用于发酵工业中，但对于许多的发酵过程，在使用硅氧烷类消泡剂之前，必须对它们进行灭菌，通常是通过在压力下加热产品至 125～140℃ 3h 来完成的。但对于水基乳剂消泡剂来说，这种杀菌过程很容易破坏乳液。目前已研制出对这些杀菌过程稳定的硅氧烷类乳剂消泡剂。

发酵过程用的消泡剂应具备多种性能，其中一部分是所有消泡剂都应具备的，另一部分则是针对发酵过程的特殊性所要求的。例如，普遍的性能包括良好的破泡能力；在低浓度下具有较高的抗泡活性，无毒，无味、无色；易于分散在泡沫介质中等。特殊性要求包括对所产生的微生物无毒，不能新陈代谢，对氧的传递没有影响，不影响随后的加工过程，能承受热杀菌。

综上所述，在发酵工业中存在着某些很复杂而又非常特殊的泡沫问题，这就对所使用的消泡剂提出了较苛刻的要求。目前，消泡剂的生产尚不能满足发酵工业对消泡剂的需求。由于发酵工业中泡沫问题的复杂性，使得在实验室中再现这些泡沫十分困难，也为人们研究开发适宜的消泡剂带来了一定的难度。

10.2.5.3 食品工业用消泡剂

就像发酵工业一样。泡沫问题对于许多不同的食品加工是个普遍存在的现象，事实上，通过加入一定的消泡剂解决上述问题并不困难，困难的是用于食品工业消泡剂的某些特殊的要求难以完全满足。一般来说，食品级的消泡剂应能满足下述要求：①高效，以降低加入量至最小；②无毒，最低限度是低毒；③遵守食品规章；④无味。除了上述要求外，还要求所使用的食品添加剂是生物可降解的，无菌的或可被杀菌的。

食品工业常用的消泡剂有如下种类。

① 矿物油与动物脂的复合物。

② 聚丙二醇与硅氧烷的复合物。

③ 硅氧烷类化合物。

④ 脂肪酸酯/脂肪醇烷氧基醚复合物。

⑤ 植物油类消泡剂。

10.2.5.4 表面涂层工业用消泡剂

泡沫现象在表面涂层工业中也是普遍存在的，近些年来，硅氧烷系或非硅氧烷系消泡剂均已用作表面涂层消泡剂。以硅氧烷为基础而复配的消泡剂的稳定性已有了很大的提高，再与相容性更好的第二代硅氧烷类产品（如硅氧烷二元醇）复配，性能更为优良，加之有关该类消泡剂的使用积累了丰富的经验，所以现在它们已广泛地应用于表面涂层工业。对于非硅氧烷类消泡剂，也有许多性能优良的品种可用于表面涂层工业。这些产品的配方并不总是公开的，但通常认为这些产品中至少有如下三种配料：①载体，通常是矿物油；②疏水胶体，可以是微晶蜡或疏水硅胶；③乳化剂，这种成分的加入是为了使消泡剂分散在泡沫介质中。当然，在不同场合有时尚需加入某些其他的添加剂。

10.2.5.5 纸浆用消泡剂

用于纸浆洗涤工序的消泡剂必须要能处理表面泡沫和夹带的气泡，以保证在真空鼓上纤维能最大量地排除水。表面泡沫易于处理，而难于处理的是这些细小的稳定的夹带气泡。这种现象在纸浆与纸的生产中是普遍存在的。目前，移除这些夹带的气泡的办法就是加入消泡剂，但在这方面完全有效的消泡剂尚待进一步的研究。

用于纸浆洗涤过程的比较成功的消泡剂曾经是以油为基础的复配物（OBDS），如由矿物油、脂肪酸胺和亲水硅胶等组成。然而，考虑到近年石化产品价格的不断升高，生产车间对环保的要求愈来愈严格，其含有化学品的三废量应尽可能地减少等，所以针对这些研制开发了某些新型的消泡剂，如水扩展型消泡剂，此类消泡剂一般为油包水型乳剂。另一种用于该工业的消泡剂，其使用量也呈逐年上升的趋势，它也是水基的、胶冻型的消泡剂，是由分散在水中的胶冻粒子所组成，而这些胶冻粒子本身是由长碳链的脂肪皂、长碳链的脂肪醇与水组成。

10.2.5.6 水处理工业用消泡剂

对于污水处理厂与海水淡化厂来说，泡沫也是普遍存在的问题。下面将分别讨论污水处理与海水淡化用消泡剂。

（1）污水处理用消泡剂　用于污水处理的消泡剂通常是以烃为基础复配的，按一定流速将其分配到所有产生泡沫问题的地方。与较便宜的烃类消泡剂相比，较贵的消泡剂（如硅氧烷类消泡剂）由于成本较高，并不常用于此工业。

（2）脱盐用消泡剂　用于脱盐过程的消泡剂通常是聚乙二醇单烷基醚型消泡剂，它能满足用于多级快速脱盐工厂的消泡剂的各项要求。硅氧烷类消泡剂有时也被成功地用于该领域。

10.2.5.7　石油炼制用消泡剂

在石油炼制工业中，由于大多数泡沫问题均与非水体系相关，所以在该领域大量使用有效的消泡剂是硅氧烷类消泡剂。与石油炼制有关的主要的泡沫问题如下所述。

（1）气/油的分离　气/油分离工序是石油炼制过程中泡沫问题最严重的工序之一。而成功地用于此工序的消泡剂是硅氧烷类消泡剂。来自油井的粗油中，一般含有溶解的气体，在移除这些气体的过程中常常伴随有严重的泡沫问题。具有不同分子量的硅氧烷类消泡剂广泛地用于该过程，以防止在气/油分离器中有泡沫生成。

（2）气体加工用消泡剂　在天然气的加工过程中也经常发生泡沫问题。二元醇（如乙二醇）通常被用于从天然气中移除水分，而胺（DEA，MEA，DGA 和 DIPA）的水溶液，甚至碳酸钾的水溶液则被用来除去 H_2S 与 CO_2 等气体。耐蚀剂与烃类杂质通常是泡沫产生的根源。过多的泡沫将会导致溶液的损失、生产能力的降低以及对下游工序的污染等等。为了克服天然气加工中泡沫所产生的危害，目前广泛应用的是硅氧烷类乳剂、高碳醇与二元醇等消泡剂。

10.2.5.8　其他工业用消泡剂

泡沫是许多重要工业生产中所发生的问题，以上的介绍并不完全，许多重要的工业用消泡剂并未给予详述，如化学工业用消泡剂、医药工业用消泡剂和建筑工业用消泡剂等领域。

10.2.6　发泡剂和消泡剂的发展趋势

10.2.6.1　发泡剂的发展趋势

氟氯烃（CFC）作为物理发泡剂的市场日渐萎缩，其替代品的开发异常活跃。《蒙特利尔公约》签署之后，世界各国取缔 CFC 的步伐明显加快，有关替代品和相应发泡技术的研究备受重视。吸热型化学发泡剂趋于活跃，它以无机发泡剂为主，其发泡制品泡沫结构微细洁白，表面光滑且易于加工和操作，目前已成为发泡剂领域引人注目的热门课题，新品种和新技术的报道层出不穷。注塑成型是吸热发泡剂的传统应用领域，随着研究的深入进行，许多性能更为全面的吸热发泡剂正悄然进入挤出成型发泡制品的加工市场。吸热型发泡剂的一个显著特点是其释放的气体易于从发泡制品中逸出，可缩短甚至消除从制品成型到印刷之间必要的陈化阶段。同时，吸热型发泡剂往往兼具有成核功能，能缩短成型周期约 20%。容易引起设备锈蚀是吸热型发泡剂的突出缺陷之一。

单一发泡剂往往很难满足多种聚合物及同一聚合物多种加工制品的性能要求。复合发泡剂以发泡剂 AC、发泡剂 H、OBSH 及无机发泡剂为主体，两种以上发泡剂并用，或配合其他助剂，以满足特定应用领域。以此为基础，使得聚合物用发泡剂的市场日益繁荣。吸热/放热型化学发泡剂的复合品种性能甚佳，标志着复合型发泡剂的最新趋势。综观全球市场，新结构的化学发泡剂品种极为少见。以现有品种为基础，通过协同配合实现最佳性能平衡的复合发泡剂无疑是现今发泡剂研究领域的重要特征。吸热/放热型复合发泡剂集中了单一吸热和单一放热化学发泡剂各自的应用特点，使泡沫结构微细、均匀和高发气量达到高度统一，应用范围颇为广泛，各具特色的品种难以计数。但对浅色制品加工，选择吸热/放热型复合化学发泡剂必须慎重。

提高分散性、降低粉尘污染等剂型改良技术继续受到重视。聚合物发泡工艺中发生的故障多由发泡剂分散不良引起，同时，以粉状剂型为主的化学发泡剂产生的粉尘污染也是造成环境恶化的重要原因。因此，母粒化和表面处理技术在发泡剂品种开发中得到了充分的应用。

顺应世界趋势，开发高性能发泡剂和进行发泡剂活化改性品种的研究，是目前乃至今后一个时期内助剂开发领域的重要任务[18]。

10.2.6.2　消泡剂的发展趋势

有机硅消泡剂、聚醚消泡剂和矿物油消泡剂的主要发展趋势为：①有机硅消泡剂在不同的行业中有着不同的侧重点，提高有机硅消泡剂的品质是至关重要的，其品质主要包括抑泡性能、消泡性能、稳定性、相容性、抗剪切性能等；②通过研究聚醚的结构与组成提高聚醚型消泡剂的抑泡性能；③提高矿物油型产品的分散性、稳定性、消/抑泡性能；④通过对有机硅分子进行设计与改性，针对具体的行业有具体的消泡剂类型[21]。

由于人们的环保意识不断加强，人们对消泡剂的要求也愈来愈高，这无疑导致某些传统的消泡剂品种逐渐被淘汰并代之以新型高效低毒的品种。

随着消泡剂工业的迅速发展，许多新型的消泡剂已相继问世。新型消泡剂主要有以下三种类型：①有机硅化合物与表面活性剂的复配；②聚醚与有机硅的复配；③水溶性或油溶性聚醚和含硅聚醚的复配。由此可以看出，新型消泡剂主要是通过聚醚类与有机硅类消泡剂的复配而得到的，所以复配是消泡剂的发展趋势之一。就目前的消泡剂而言，聚醚类与有机硅类消泡剂的性能最为优良。对这两类消泡剂的改性与新品种的开发研究也比较活跃。

10.3　抗静电剂和柔软剂

10.3.1　概述

在日常生活中，静电危害是不可忽视的，涉及纤维、弹性体、工程结构材料、表面涂布材料等聚合物材料，也涉及使用这些材料的煤炭、计算机、集成电路等领域。静电荷积累现象，给高分子材料的应用带来很大的危害，轻则附尘沾污，降低制品的表观性能和使用价值；重则由于静电、放电严重干扰仪器、仪表正常运行的精确性和灵敏度，甚至会引起某些可燃物体的燃烧和爆炸。

普通合成材料按照表面电阻率来分，小于或等于 $10^5\,\Omega/cm$ 的，一般作为导电材料；表面电阻率在 $10^{14}\,\Omega/cm$ 以上的，一般作为绝缘材料；表面电阻率在 $10^5\sim10^9\,\Omega/cm$ 的材料能充分地逸散静电荷；而一般表面电阻率在 $10^9\sim10^{14}\,\Omega/cm$ 的，可视为抗静电材料。

具有高阻抗的高分子材料，在实际应用中，由于静电荷积累会产生吸尘放电、加工困难等一系列问题。在纺织纤维加工过程中，因纤维与纤维、纤维与机器间的摩擦产生了静电。静电的存在，在纺丝时会引起丝束发散，难以卷绕，产生毛丝、断丝；烘干时出乱丝；切断时超长、倍长纤维增多；在纺纱厂会出现棉卷分层不清、棉网不稳定、针织时出现断头等问题。

由于静电的干扰，使合成纤维厂和纺织厂的劳动生产率下降，产品质量降低。因此，增加其抗静电性能非常重要。

除聚合物材料的静电积累外，液体燃料因静电而导致的事故也是很严重的。此外，在汽车、飞机加油、清洗油滤过程中，也会因静电导致火灾，特别在气候干燥地区，这个问题更加严重。

在工业上采用抑制静电荷的产生和促进电荷的泄漏来解决材料的带电问题。有以下几种方法：

① 提高材料加工环境和使用场所的湿度，有利于抑制电荷的产生和促进电荷的泄漏；

② 对聚合物进行结构改性，引入极性化或离子化基团，提高导电性；

③ 在材料加工过程中利用导电装置或在制品中加入导电性材料；

④ 用氧化剂或采用电晕放电处理制品表面，提高高分子材料表面的导电性；

⑤ 在高分子材料中添加导电性填料，如炭黑、金属氧化物粉末或金属粉末；

⑥ 采用导电性高分子材料或导电性涂料进行表面预处理；

⑦ 添加抗静电剂，提高高分子材料的极性或吸湿性。

其中湿气对材料的表面电阻（R_s）和体积电阻（R_v）影响甚大，即便是不能被水润湿的非极性材料表面，在高湿度下，其表面也容易黏附一层不纯的具有导电性的混合物，从而降低表面电阻。

对于聚合物的结构改性，主要是在聚合物分子中引入极性基团或离子化基团，如聚苯乙烯的磺化，磺酸基的引入能降低聚苯乙烯的固有电阻，也可以利用具有极性基的单体进行自聚或共聚来实现抗静电的目的。

这种对聚合物进行结构改性的方法，是抗静电性的根本方法，但有很大的难度和一定的局限性。

对制品成型后的表面处理方法虽然比较简单，但常受到制品形状和大小的限制，比较适用于合成纤维；而在聚合物内部掺入抗静电剂的方法适用于大多数的塑料和涂料；液体燃料中也是通过添加抗静电剂，提高其导电率，从而抑制静电产生的。

比较实用的抗静电剂在化学结构上有极性基团和非极性基团，如果在分子内亲水基部分与亲油基部分配合适宜的话，则抗静电剂对高分子材料和液体燃料有良好的相容性。

在外部使用时，它们的亲油基就容易吸附在高分子材料的表面，结果在材料的表面上形成一层抗静电剂的分子层。

在内部使用时，同样在材料表面也有一个抗静电剂分子层，当这个分子层受到破坏时，材料内部的抗静电剂又可以渗透到材料的表面上来，这样，就会减少因摩擦产生的静电。

当抗静电剂为非离子型时，则由于亲水基的吸湿作用，也可以使塑料或纤维中所含有的微量电解质有离子化的场所，从而间接地降低了表面电阻。

总之，无论哪种情况，都可以使塑料或纤维表面变成导电层，这样，就会使因摩擦而产生的静电沿着导电层而迅速逸散，不再聚集生电。

目前在塑料和纤维工业中使用的抗静电剂主要有五种基本类型：胺的衍生物、季铵盐、磷酸酯、硫酸酯以及聚乙二醇的衍生物，总计约有 100 个品种。

此外，导电性能良好的炭黑、金属粉末、金属盐、金属氧化物等偶尔也作为塑料和纺织品的抗静电剂使用。

织物的染整加工和使用过程中，除需要进行抗静电整理外，为了使织物具有滑爽、柔软的手感，提高产品质量，往往还需要用柔软剂进行整理。例如，经过树脂整理的织物，虽然防缩防皱的特性有了改善，但手感变得比较粗硬，因此必须在树脂水溶液中或在后处理溶液中加入柔软剂整理。棉或中长纤维纺织物成品都要求具有滑爽、柔软等风格。另外，织物经过多次洗涤后，也会变得粗硬。为了改善织物的穿着性，使纤维变得柔软，国外普遍使用织物柔软剂。在国内，随着人民生活水平的逐步提高，人们对衣服的柔软性、舒适性也有所要求。

柔软剂的结构及在纤维上的吸附和作用过程，与抗静电剂有许多类似之处，产品也是以表面活性剂结构的化合物为主。此外，还有反应性柔软剂和高分子型柔软剂等。

10.3.2 抗静电剂

静电的产生：当两种不同物质互相摩擦时，在两种物质之间会发生电子移动，电子由一种物质的表面转移到另一种物质的表面，于是前者失去电子而带阳电，后者得到电子而带阴电，这样，就产生了静电。

大多数高分子材料都具有绝缘性，它们不导电，所以，当它们得到静电后就不易消失，这样，就容易产生下列问题。

(1) 由于静电的吸力和斥力作用而产生的问题　例如，在塑料薄膜加工时，由于产生静电吸力，使得薄膜粘在机械上，不易脱离。又如，塑料制品由于静电吸力的关系，使它们吸尘而失去透明；电影胶片生产过程中由于静电而影响电影的清晰和唱片的音质。

(2) 触电　在一般情况下，静电不至于对人身造成直接的伤害，但也会发生触电现象。

例如，在电影胶片的生产过程中，产生的静电压，有时会高达几千伏，使人很易触电，一般产生触电的静电压为 8000V。

(3) 放电　静电放电自身的能量虽然很小，但危害却不少。当产生的静电压大于 500V 时，则能发生火花放电，如果这时环境中有易燃物质存在的话，则往往会导致重大的火灾和爆炸事故。

静电的产生，不仅给人们生活带来诸多不适，而且对工业生产的危害极大，因此必须注意克服。

通常克服静电危害的方法有两个：一是靠机械装置的传导；二是通过静电剂的作用来消除。实际上，尤以应用抗静电剂的方法更为普遍。

这些添加在树脂、燃料中或涂附在塑料制品、合成纤维表面的用以防止高分子材料和液体燃料静电危害的一类化学添加剂统称为抗静电剂，分为外用抗静电剂和内用抗静电剂。

抗静电剂的品种很多，可以按化学结构和使用方法进行分类。

抗静电剂中既有极性基团又有非极性基团。常用的极性基团有：羧酸、磺酸、硫酸、磷酸的阴离子，胺盐、季铵盐的阳离子，以及—OH、—O—等。常用的非极性基团有：烷基、烷芳基等。

抗静电剂的结构分类主要依据其极性基，一般分为阴离子型、阳离子型、非离子型和两性离子型四类；此外还有高分子型和复配型抗静电剂。

按使用方法抗静电剂又可分为：外部涂层用与内部添加用两大类。外用抗静电剂：采用涂布、喷雾、浸渍等方法使它附着在塑料、纤维表面，耐久性较差，所以又叫做暂时性抗静电剂。内用型抗静电剂（或混炼型抗静电剂）：在树脂加工过程中（或在单体聚合过程中）添加到树脂组成中的抗静电剂，因其有较好的耐久性，又称为永久性抗静电剂。

按抗静电剂与材料的结合方式可分为：反应型和混入型两大类。

按抗静电剂的用途可分为：塑料加工用，纤维加工用，涂料用和油品用抗静电剂等。

10.3.2.1 作用机理

(1) 静电的产生与积累[22]　不同物质的分子、原子对电子的吸引作用各不相同，两种不同物质的表面互相接触，瞬间就能产生电荷，很小的静电荷，就足以形成极高的静电压。

偶电层理论认为，处于平衡状态的原子中的正负电荷，由于在接触摩擦中接受了表面能量而形成偶电层，脱离摩擦后，失去电子的一方带正电，获得电子的一方则带负电荷，但正负带电量是相同的，这样就形成了物质的摩擦带电序列。聚合物材料和烷烃结构的油品则由于分子中不含或极少含有极性基团或离子化基团而成为良好的绝缘材料，它一旦带上静电荷则很难消除。静电荷的积累既可发生在固-固界面上，也能发生在固-气、固-液界面上。

① 纤维的静电现象　羊毛、尼龙、人造毛等具有酰胺键的纤维倾向于带正电，而聚酯、聚丙烯腈等倾向于带负电。这种纤维摩擦时的带电，是电荷在被摩擦的纤维之间移动而产生的。

关于这种电荷移动 Gonsalres、Mont-gomery 等进行了详细的研究，若金属和纤维进行摩擦，根据纤维种类不同，电子可从金属到纤维或从纤维到金属发生移动而使纤维带电。

② 其他高分子材料的静电现象　高分子材料的带电主要是由于高分子材料的高表面电阻，致使所产生的静电荷一时很难泄漏，积累的静电荷越来越多而造成的，有些材料的摩擦带电压甚至高达几千伏，根据聚合物结构不同，所带静电积累程度也不同。

涂料中使用的成膜物质如乙烯树脂、丙烯酸树脂、聚酯、聚氨基甲酸酯等，在特定的应用场合，需要进行抗静电处理。

③ 液体燃料的起电[7]　石油产品在炼制和输送过程中会带进杂质如有机金属盐、氧化产物、沥青等，其浓度只要达到 $10^{-9}g/L$，就可以严重起电。

油品在输送时混有水或气体，将使起电程度增大 50 倍。所以油品中含有水或水溶液经过泵送，或是油中的液滴沉降时，均能造成相当的静电起电，甚至造成火花。

(2) 静电的逸散

① 电荷的表面传导　在物质摩擦过程中电荷不断产生，同时也不断中和，电荷泄漏中和时主要通过摩擦物自身的体积传导、表面传导以及向空气中辐射三个途径，其中表面传导是主要的。

水是高介电常数的液体，纯水的介电常数为 81.5，与干燥的塑料和纺织品相比具有很高的导电性，而且随着其中所溶解的离子的存在，导电性还将进一步增加。因此如果在高分子材料表面附着一层薄薄的连续相的水就能起到泄漏电荷的作用。

抗静电剂的亲油基吸附在材料表面，而亲水基排列在材料-空气界面，从而形成一个单分子导电层。

当抗静电剂为离子型化合物时，本身便具有离子导电作用。

非离子型抗静电剂虽然不能直接影响导电性，但吸湿的结果，除利用了水的导电性外，还使得纤维中所含的微量电解质有了离子化的场所，从而间接地降低了表面电阻，加速了电荷的泄漏。

② 电荷的体积传导　一些导电化合物，如金属粉末、导电纤维、炭黑等，以微粒状分散在聚合物材料中，可有效调节制品的抗静电性能。

其作用机理是在电压作用下，间距小于 1nm 的导电粒子间形成导电通路，而在聚合物隔开的导电粒子之间，电子轨道跃迁也会产生导电作用。

(3) 抗静电剂的作用机理

① 外用抗静电剂的作用机理　外用抗静电剂一般以水、醇或其他有机溶剂作为溶剂或分散剂使用。

当用抗静电剂溶液浸渍高聚物材料时，抗静电剂的亲油部分牢固地附着在材料表面，而亲水部分则从空气中吸收水分，从而在材料表面形成薄薄的导电层，起到消除静电的作用，图 10-15 所示。

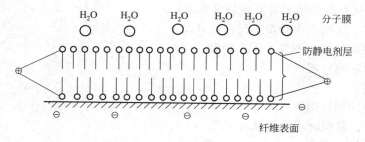

图 10-15 纤维防静电示意

　　由于一般外用抗静电剂的效果不持久，在使用和储存过程中抗静电性能会逐渐降低和消失，所以应设法采用单体分子中带有乙烯基等反应性基团的高分子电解质和高分子表面活性剂。

　　通常可将其或以单体、或以预聚物形式涂布在塑料和纤维表面，再加以热处理，使之聚合而形成附着层，这样抗静电效果就可以持久。

　　② 内用抗静电剂的作用机理　　内用抗静电剂是在树脂加工中与之混合再进行成型加工，或直接添加于液体燃料中起作用的。内用抗静电剂在树脂中的分布是不均匀的，抗静电剂在树脂表面形成一层稠密的排列，其亲水的极性基向着空气一侧成为导电层，表面浓度高于内部。

　　但在加工、使用中，由于外界的作用可以使树脂表面的抗静电剂分子缺损，抗静电性能随之下降；潜伏在树脂内部的抗静电剂会不断渗出到表面层，向表面迁移，补充缺损的抗静电剂分子导电层。

　　抗静电剂的迁移性与树脂的相容性有密切关系：如果抗静电剂与树脂的相容性不好，迁移速率大，就容易大量地渗析到表面，既影响制品的外观，也难以维持持久的抗静电效果。与树脂的相容性太好，则不容易渗析到表面，那么，因洗涤或磨损等原因造成的抗静电剂丧失就很难及时得到补充，也难以及时恢复抗静电性能。

　　用于液体燃料中的抗静电剂则是通过增加燃料的导电率而起到抗静电作用的。

　　油品导电率愈低，电荷消散的时间愈长。如我国炼油厂规定，在油罐混油之后须静置30min 才能取样分析，其目的就是尽可能使油品中携带的电荷漏泄到较低水平，以确保安全。

　　适用于液体燃料的抗静电剂可使油品导电率提高 $10^4 \sim 10^7$ 倍，并顺利地导走静电。

10.3.2.2　各种材料的抗静电方法及其影响因素

(1) 塑料

　　① 塑料用抗静电剂的特点　　塑料带静电所引起的主要障碍首先是在塑料表面吸附尘埃等，极容易污染，尽管可以擦去，但加工的制品却给人以脏污的感觉，从而降低了商品价值。

　　若塑料薄膜在高速印刷时产生高电位静电，会使周围空气中的气体离子化，产生火花放电，对燃点低的溶剂易引起燃烧，甚至发生爆炸事故。

　　为了防止这些故障的产生，在实际生产中常采用活性剂抗静电法。这种活性剂称之为塑料用抗静电剂。

　　塑料用抗静电剂多为内用型或称混炼型。它们与塑料有适当的互溶性，既要能有一定的量渗出到表面，同时又要渗出到一定程度便会自行停止。此外，当因水洗使活性剂从表面被洗掉后，还能有一定量的活性剂再从树脂内部渗出到塑料表面。

理想的内用抗静电剂须满足下列基本要求：

a. 耐热性好，能经受树脂加工过程的高温；

b. 与树脂兼容性好，不发生渗出现象；

c. 不损害树脂的性能；

d. 混炼容易；

e. 能与其他助剂并用；

f. 用于薄膜、薄板时不发生黏着现象；

g. 不刺激皮肤、无毒；

h. 价廉。

外用型或称表面涂附型抗静电剂是将塑料表面浸入含抗静电剂的水溶液，或浸入用适当溶剂制成的溶液中，或者将溶液喷在塑料表面上，或者把溶液涂在塑料表面上，使活性剂在塑料表面形成极薄的涂膜。

表面涂附加工一般在处理后通过干燥除去溶剂。除去溶剂的方法除了利用室温自然干燥外，还可根据需要利用热风连续干燥等，这种处理方法抗静电的持久性低。特种树脂或成型制品等如果不适宜用混炼型的抗静电剂，一般采用表面涂附型的抗静电剂。

一个理想的外用型抗静电剂的基本要求为：

a. 可溶或可分散在溶剂中；

b. 与树脂表面结合牢周、耐磨、耐洗涤；

c. 有良好的抗静电效果，对环境温度变化的适应性强；

d. 不会引起制品颜色的变化；

e. 手感好，无刺激，无毒；

f. 价廉。

近年来，出现的一些新型高分子抗静电剂，用于塑料表面，具有不易逸散、耐磨和耐洗涤性好等特点，称之为"永久性"外部抗静电剂。

② 影响塑料用抗静电剂效果的因素

a. 抗静电剂与塑料要有适度的相容性，影响相容性的因素主要有三。

ⅰ. 极性　抗静电剂与塑料极性之间应保持适当平衡。极性相近者相容；极性差别大的混合困难，还影响塑料表面质量及加工性。

ⅱ. 构成高聚物的分子结构　在与分子结构有关的参数中，首先考虑的是玻璃化温度（T_g）。

在此温度以下，高聚物分子呈冻结状态，在此温度以上分子呈微布朗运动状态，加入其中的抗静电剂，借助于分子的链段运动向表面迁移，如在玻璃化温度较低的塑料聚乙烯、聚丙烯、软质聚氯乙烯中，抗静电剂容易向表面迁移。玻璃化温度高的聚合物（如 PS、ABS 树脂、硬质 PVC、PC、PET 等），室温时抗静电剂在这些树脂中的渗出性不好，在成型加工时，抗静电剂析出被模具吸附，又从模具表面向制品表面转移，在制品表面形成一个抗静电剂层。那些与树脂相容性不好的抗静电剂，在热加工时尤其会以这种方式转移到制品表面。

玻璃化温度较高的聚合物表面的抗静电剂，一旦被水洗而丧失，一般需要进行热处理，加热到玻璃化温度以上，使聚合物分子运动加剧，促进抗静电剂向表面迁移，才能恢复其抗静电效果。

ⅲ. 结晶状态　内用型抗静电剂存在于高聚物的非结晶部分，借助于分子的链段运动向表面迁移。因高聚物的结晶状态不同，抗静电剂的迁移速率也不一样。

b. 抗静电剂的表面浓度　抗静电剂在塑料制品的表面分布，必须达到一定浓度才能显示抗静电效果，该浓度称为临界浓度。各种抗静电剂的临界浓度依其本身组成和使用情况而异。

其原因是仅依靠亲水基在空气中的取向所形成的单分子导电层，是不会有显著抗静电效果的。只有当抗静电剂分子在表面有 10 层以上时，才会由于亲水基的取向性而产生优良的抗静电效果。

c. 与其他添加剂之间的关系和表面处理　复配得当与否是抗静电效果发挥的关键。抗静电剂与抗静电剂、或抗静电剂与其他添加剂复配后，可能呈现最佳的协同效应。

某些增塑剂、润滑剂、稳定剂、颜料、填充剂、阻燃剂等会影响抗静电效果。当稳定剂是金属皂类阴离子，抗静电剂是阳离子时，两者可能相互抵消；与润滑剂并用（特别是与外部润滑剂作用），由于润滑剂优先于抗静电剂迁移到制品表面，所形成的润滑剂表面膜层影响了抗静电剂的析出。无机填料对抗静电剂的吸附性，尤其是含卤阻燃剂与抗静电剂复合，可能出现反协同作用等，在进行助剂复配时均应注意。

另外，对塑料表面进行适当处理，如使表面部分氧化，可产生某种极性基团，它与抗静电剂相互作用往往有叠加效果，使抗静电效应得到充分发挥。

d. 环境湿度　以表面活性剂为主体的抗静电剂，尤以抗静电性与环境中空气湿度密切相关。

湿度大则抗静电性能好，吸湿后抗静电剂能产生离子结构，塑料表面的导电性可大大增加。所以，抗静电剂与具有吸湿性的、能在水中电离的无机盐、有机盐、醇类等合用，往往能促进抗静电效果的发挥。相对湿度（RH）与抗静电剂的作用效果有密切关系，以非离子型的乙氧基化烷基胺为例，在相对湿度为 15％和 50％时，表面电阻可相差 10～1000 倍。

抗静电制品的加工方法不同时，抗静电剂的分散状态与迁移速率不同，效果也不同。对于不同的树脂，要想达到同样的抗静电效果，加入的抗静电剂的量不同。

防静电制品的防静电性能是否符合要求，应根据其产品特点和使用情况而定。常用的测试方法有测定表面电阻率和体积电阻率，测定试样的摩擦起电情况，测定试样的静电半衰期等。

（2）纤维

① 纤维的抗静电方法　为了避免在纤维内聚集静电或将纤维内所产生的静电尽快疏散，可以在合成纤维的生产过程中引入某种导电组分，或选用某些亲水性单体进行接枝聚合的方法来提高其吸湿性，以消除所产生的静电。

另一种方法就是应用抗静电剂对织物进行整理。

a. 对纤维进行改性的抗静电方法是针对不同纤维，将聚烷基二醇、聚环氧烯烃、N-烷基胺与环氧乙烷加成物等亲水性物质引入纤维中。

b. 利用抗静电剂的方法是在纤维的纺织和应用过程中普遍采用的方法，使用的抗静电剂均为外用抗静电剂。外用抗静电剂在织物表面上的耐洗牢度不好，易被洗去，若用反应性化合物与纤维在高温下形成共价键结合，则可提高抗静电剂的耐洗牢度。

② 影响抗静电剂在纤维上应用效果的因素

a. 抗静电剂浓度。

b. 纤维的类型　因纤维不同，每种抗静电剂的应用效果有所差别，处理合成纤维，往往会有比较理想的降低表面电阻的效果。

c. 抗静电剂的结构　不同种类的活性剂的抗静电效果因各自不同的结构而有差别，阳离子型表面活性剂、两性型表面活性剂效果最好，其次是非离子型表面活性剂、阴离子型表面活性剂。

研究纤维的静电已有许多方法，大致可分为两类：一是测定纤维表面电导率；二是测定纤维摩擦产生的电量。

这两类方法，对于长丝、短纤维、布、地毯等各种形态的纤维都适用。

(3) 涂料　在涂料中混入抗静电剂能够提高涂料的抗静电效果。在家电制品及汽车部件的涂装应用中，使涂膜表面具有抗静电性是十分重要的。另外，电视机机壳面板（ABS 树脂或聚碳酸酯）以及灯具（聚丙烯酸树脂）都可以采用抗静电涂料涂覆的办法，来达到持续防污的目的。

涂料中使用的抗静电剂类型及其影响抗静电效果的因素与塑料基本相同。

(4) 液体燃料　20 世纪 70 年代以前，世界各地因油罐、油轮和加油过程中产生静电而引起的爆炸、火灾事故屡有发生，每次都会造成严重损失。为此，促使人们采取各种措施加以预防，主要方法有：①空气增湿；②用放射源照射发生静电的物体而使空气电离后导电；③在装可燃液体的罐内充氮或采用浮顶油罐；④在管路内安装消电器以中和流动电荷；⑤降低油品流速，含水燃料的最大线速不超过 1m/s，无水燃料的最大线速不超过 7m/s；⑥在可燃液体内加入抗静电剂以导走静电。在液体燃料储运过程中各个环节均可能发生静电，故采取①～⑤的措施只能避免个别环节的静电，唯有加入抗静电剂才是比较安全的措施。

适用于液体燃料中的抗静电剂为有机金属盐，烷基取代水杨酸铬具有较好的抗静电效果。

若将两种以上金属盐配合使用可起到增效协同作用。两种金属盐的选择原则如下：

① 一个组分必须是二价或高于二价的金属盐，如各种酸的镁盐、碱土金属盐及其他金属盐（Cu、Fe、Mn、Ni、Co、Cr、Th 等），一价金属除锂以外均无效，而烷酸以取代的烷基水杨酸为最好；

② 另一组分应该是一种电解质，能靠本身提供一定的导电率，通常 0.1% 的苯溶液的导电率至少应达到 10000 导电单位。

10.3.2.3　抗静电剂的类型与合成

目前广泛应用的抗静电剂主要分为阳离子型、阴离子型、非离子型、两性型、高分子型五类。

(1) 阳离子型抗静电剂

① 季铵盐　在阳离子型抗静电剂中，季铵盐是最常用的一类。它们的静电消除效果好，同时具有很大的吸附力，在浓度极稀的情况下，也能充分发挥其良好的效果，常用于合成纤维、聚酯、聚氯乙烯、聚乙烯醇薄膜及塑料制品等的抗静电剂。缺点是耐热性不够好，容易发生热分解。

一般季铵化合物是由叔胺与烷基化试剂反应合成的。以月桂基三甲基氯化铵为例，反应如下所示，这种季铵化反应也称为 Menschvthin 反应。利用该反应，可以形成多种季铵盐型抗静电剂。

$$C_{12}H_{25}N\Big\langle \ +CH_3Cl \longrightarrow \Big[C_{12}H_{25}\overset{+}{N}{-}\Big]Cl^-$$

② 脂肪胺、胺盐及其衍生物　脂肪胺和胺盐及其衍生物，常用于合成纤维油剂的静电清除剂、录音材料的抗静电剂，常见的有伯胺、仲胺和叔胺盐。例如：

$$RCH_2NH_2 \qquad ROCH_2\overset{\underset{\displaystyle OH}{|}}{C}HCH_2NHCH_2CH_2OH \qquad RCONHCH_2N(CH_2CH_3)_2 \cdot HCl$$

烷基胺 　　　　*N*-(3-烷氧基-2-羟基丙基)乙醇胺　　　*N*-(烷酰氨基甲基)二乙胺盐酸盐

③ 咪唑啉盐　咪唑啉类抗静电剂是带有一个长链烷基的咪唑啉化合物，抗静电效果好，适宜用作塑料和唱片加工用的内部抗静电剂，典型化合物如：

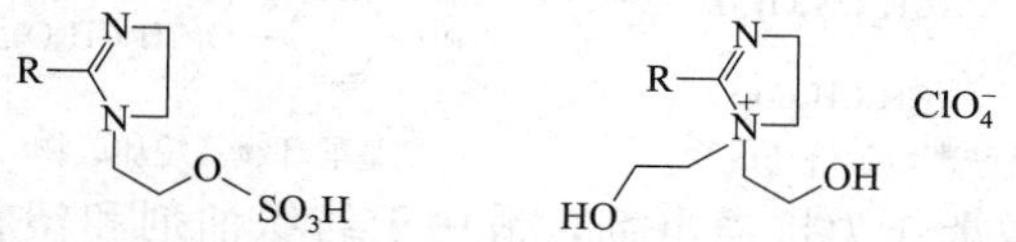

2-烷基-1-羟乙基咪唑啉硫酸酯　　　　2-烷基-1,1-二羟乙基咪唑啉高氯酸盐

咪唑啉衍生物的合成，既要考虑有一个咪唑啉环，又要考虑引进一个长链烷基。例如，将高级脂肪酸与乙二胺在 $180 \sim 190℃$ 温度下进行反应，则可得到酰胺，再加热至 $250 \sim 300℃$ 就可闭环，制得带有长链烷基的咪唑啉，如下所示。

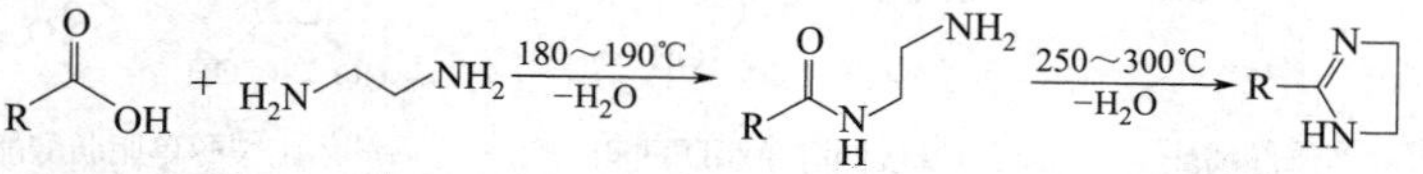

（2）阴离子型抗静电剂

① 硫酸酯及其盐　硫酸酯及其盐通常用于合成纤维油剂的静电消除剂，典型化合物的结构式如下：

$$ROSO_3H \text{ 或 } ROSO_3Na \qquad RO{\left(CH_2CH_2O\right)}_nSO_3 \cdot N{\overset{\displaystyle CH_2CH_2OH}{\underset{\displaystyle CH_2CH_2OH}{-CH_2CH_2OH}}}$$

脂肪醇硫酸酯或钠盐　　　　(烷氧基聚氧乙烯醚硫酸酯)三乙醇胺盐

② 磷酸酯及磷酸酯盐　磷酸酯和磷酸酯盐用于合成纤维和塑料，静电消除效果很好。用作纤维抗静电剂时，它们以憎水基团面向纤维，亲水基团面向大气，因而具有优良的抗静电性能。主要品种有单烷基磷酸酯盐和二烷基磷酸酯盐。

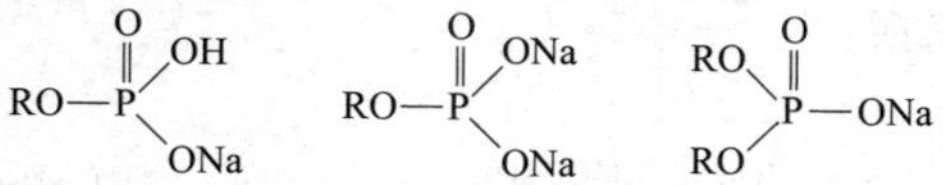

③ 烷基水杨酸盐　这类有机金属盐是用相应的水杨酸或 3,5-二取代水杨酸与三价或四价可溶性金属盐及碱性化合物反应制得，适合的金属有 Fe、In、Ga、Al、Zr 和 Cr 等，但应用最为广泛的是 Cr 络合物。

④ 丁二酸二（2-乙基己基）酯磺酸钠　它系由马来酸酐与异辛醇进行酯化反应后，再用 $NaHSO_3$ 进行加成反应得到的产物，如下所示：

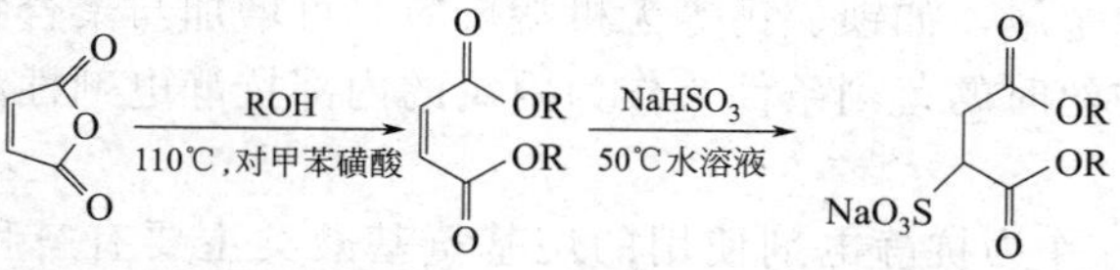

（3）非离子型抗静电剂　非离子型抗静电剂不能像离子型那样，可以利用本身的离子导电泄漏电荷，所以抗静电剂使用时需要较大的用量；但它热稳定性好，耐老化，因此被用来作为塑料的内部抗静电剂及纤维外用抗静电剂使用。

主要品种有多元醇、多元醇酯、醇或烷基酚的环氧乙烷加成物、胺和酰胺的环氧乙烷加成物等。

① 环氧乙烷加成物　环氧乙烷加成物用作抗静电剂，其抗静电效果与环氧乙烷加成数有关。这类抗静电剂具有静电消除效果良好、热稳定性优良等特点，适用于塑料和纤维。典

型化合物包括：

$$RO(CH_2CH_2O)_nH$$

脂肪醇环氧乙烷加成物

$$RCOO(CH_2CH_2O)_nH$$

脂肪酸环氧乙烷加成物

$$RN\diagup^{(CH_2CH_2O)_nH}_{\diagdown(CH_2CH_2O)_nH}$$

脂肪胺环氧乙烷加成物

$$RCON\diagup^{(CH_2CH_2O)_nH}_{\diagdown(CH_2CH_2O)_nH}$$

脂肪酰胺环氧乙烷加成物

$$R-\!\!\!\!\bigcirc\!\!\!\!-O(CH_2CH_2O)_nH$$

烷基酚环氧乙烷加成物

② 多元醇酯　多元醇酯作为抗静电剂，适用于纺织油剂和塑料加工中，典型化合物结构为：

甘油单脂肪酸酯　　　季戊四醇单脂肪酸酯　　　山梨醇单脂肪酸酯

（4）两性型抗静电剂　两性离子型抗静电剂主要包括季铵内盐、两性烷基咪唑啉和烷基氨基酸等。它们在一定条件下既可以起到阳离子型活性剂的作用，又可以起到阴离子型活性剂的作用，在一狭窄的 pH 值范围内于等电点处会形成内盐。

两性离子型抗静电剂的最大特点在于它们既能与阴离子型抗静电剂配伍使用，也能与阳离子型抗静电剂配伍使用。

与阳离子型抗静电剂一样，它们对高分子材料有较强的附着力，因而能发挥优良的抗静电性。在某些场合下其抗静电效果优于阳离子型抗静电剂。

① 季铵内盐　耐热性良好，除了作塑料内部抗静电剂使用外，与尼龙、腈纶、丙纶、涤纶等相容性良好，能经受纺丝时的高温，抗静电性能优良，是合成纤维内部抗静电剂的主要品种之一。典型化合物包括：

$$R-\overset{(CH_2CH_2O)_pH}{\underset{(CH_2CH_2O)_qH}{\overset{|}{\underset{|}{N}}}}{}^+-CH_2COOM\ ^-OH$$

R=C_{12～18}的烷基
M=Mg, Ca, Ba, Zn,Ni等

$$C_{12}H_{25}-\overset{CH_3}{\underset{CH_3}{\overset{|}{\underset{|}{N}}}}{}^+-CH_2COO^-$$

烷基二(聚氧乙烯基)季铵乙内盐氢氧化物　　　十二烷基二甲基季铵乙内盐

② 两性烷基咪唑啉　两性烷基咪唑啉的抗静电性优良，与多种树脂相容性良好，是聚丙烯、聚乙烯等优良的内部抗静电剂。

若将其钠盐与二价金属，如钡、钙等无机盐反应，可增加与聚合物材料的相容性。相应的钙盐能经受聚丙烯纺丝时的苛刻条件，作为丙纶的内部抗静电剂性能优良，效果持久，实用性很强。

③ 烷基氨基酸类　作为抗静电剂使用的烷基氨基酸类主要有三种类型，即烷基氨基乙酸型、烷基氨基丙酸型和烷基氨基二羧酸型。

烷基氨基丙酸的金属盐或二乙醇胺盐可作为塑料的外部或内部抗静电剂在照相薄膜的生产中广泛使用。作为外部抗静电剂使用时，为了增加其水溶性，多使用碱性介质。烷基氨基二羧酸的金属盐或二乙醇胺盐主要作为塑料的内部抗静电剂使用。

（5）高分子型抗静电剂　耐久性好的外部抗静电剂大都是高分子电解质或高分子表面活性剂，它们的合成中采用一些特殊的单体，既含有活泼乙烯基，又含有一些可提供抗静电性的基团。如：

$$ -N^+ - \qquad -CON\big< \qquad -CON\big<{}^{C_2H_5}_{C_2H_5} \qquad -COONa $$

在聚合或共聚后可用通常的方法进行涂布处理，或将单体、齐聚物等先涂布在塑料、合成纤维的表面上，然后经热处理得到具有抗静电性能的涂层。常用的高分子型抗静电剂有聚酰胺、乙烯基化合物的共聚物、聚砜和聚醚型聚氧硅烷等。

10.3.3　柔软剂

在织物的染整加工和使用过程中除需要进行抗静电整理外，为了使织物具有滑爽、柔软的手感，提高产品质量，往往还需要用柔软剂进行整理。

柔软剂的结构及在纤维上的吸附和作用过程，与抗静电剂有许多类似之处，产品也是以表面活性剂结构为主的化合物。在纺织工业中，柔软剂应用于树脂整理剂中，克服了树脂整理织物手感粗硬的缺点；用于高速缝纫工艺中，可降低针和线受到损伤而影响强度。

随着人民生活水平的逐步提高，人们对衣服柔软性的要求也愈来愈高。柔软剂根据表面活性的特征可以分为三大类：表面活性剂；非表面活性剂；表面活性剂和非表面活性剂物质的混配物。

表面活性剂型按其离子形式又可分为阳离子型、阴离子型、非离子型和两性型四种。

按织物整理加工要求可分为纤维素用柔软剂、合成纤维用柔软剂和树脂加工用柔软剂。

10.3.3.1　作用原理[23]

柔软整理的基本性质是赋予织物以平滑、柔软性，即调节纤维间的动摩擦系数和静摩擦系数。对于平滑作用，主要是指降低纤维与纤维间动、静摩擦系数的同时，应更多地降低动摩擦系数。在使用柔软剂的情况下，一般静摩擦系数越小，柔软触感越好。为了满足应用性能的要求，柔软剂分子对纤维应具有吸附性和反应性，本身应具有拔水性和成膜性。

(1) 吸附性　用表面活性剂作柔软剂，其分子应具有对纤维吸附的性能。此吸附作用是由于异性电荷的化学亲和力和范德华力，故各种纤维对表面活性剂的吸附方式和吸附量有所不同，其中以离子型特别是阳离子型表面活性剂在羊毛和棉上的吸附量较大。

阳离子型表面活性剂对纤维的柔软作用最大，且兼有一定的抗静电效果。

纤维上的柔软剂若超过一定数量便会形成多层排列，这时表面活性剂的疏水基和疏水基相接，亲水基和亲水基相接。由于单层柔软剂的吸着力最强，排列亦较整齐，第二层、第三层的吸着力逐渐减弱，排列也不整齐，还会影响柔软效果，因此柔软剂用量过多，不但浪费，而且起不到最好的柔软效果。

具有直链的烷基疏水基和含有较强亲水基的表面活性剂是使吸附排列整齐的必要条件之一。

(2) 化学反应性　柔软剂分子中若含有能与纤维素分子中的羟基发生化学反应的环氧基、羟甲基、氨基、亚氨基、环氮乙烷基、甲氧基、乙氧基、烯基等基团，则能显著提高其耐洗性能。

(3) 拔水性　一般来说，非离子型、阴离子型、阳离子型、两性型等表面活性剂都有赋予纤维柔软的性质，表面活性剂的 HLB 值愈小，即疏水基和亲水基之间的平衡移向疏水方向的程度就愈大，则柔软效果也愈好，且耐久性亦愈好。

除暂时性柔软剂外，耐久性的柔软剂均是不溶于水的，因此绝大多数的防水剂，同时又是良好的柔软剂。

从多种柔软剂分子可以看出，其疏水基都含有长链烷基，织物整理后具拔水性的长链烷基能定向地吸附于织物的纤维表面，从而改变纤维的表面性能，使织物具有柔软和拔水效应。

有人曾对脂肪酸单分子层摩擦系数和碳链长度之间的关系进行了研究，发现随着碳链增加，摩擦系数减少，碳链增至 13~14 以后，摩擦系数不再变化；C_{12} 以下低分子膜表面，烷基排列不整齐。因此用作柔软剂的活性剂常用碳数 12~18 直链碳氢基化合物为原料，碳数高的比碳数低的更好。

疏水基烷基碳链对柔软效果的影响可认为是：C—C 单键能在保持键角 109°28′不变的情况下，绕单键进行内旋转，使长链形成无规则排列的卷曲状态，从而形成了分子长链的柔曲性；当受到外力作用时，由于长链分子的柔曲性，能赋予其延伸、收缩的活动性能，这样，柔软剂分子分布在纤维表面，起着润滑作用，降低了纤维间的动、静摩擦系数，增加了织物的平滑柔软性；另外，由于纤维表面分布了一层脂肪长链分子，也使织物具有一定的拔水性。疏水基的烷基呈细而长的链，有利于分子链的凝聚收缩，增加了分子的柔曲性，为此提高了柔软效果。

(4) 成膜性　有些柔软剂分子本身对纤维缺乏吸附和化学结合的性能，但能在纤维表面形成一层透气的连续性树脂薄膜，形成的薄膜具有透明、优良的坚韧、柔曲、拔水等性能，故往往亦用来作为织物的柔软整理剂。属于此类柔软剂的是油/水型的含硅系列防水剂、聚乙烯乳液、石蜡及丙烯酸酯共聚物等。

综上，作为耐久性的织物柔软整理剂，应具有水溶性差（若为表面活性剂，应以达到临界溶解度为宜）、吸附性强、成膜性好、能与纤维发生化学结合等性能，其分子结构中的烷基碳数以 16~18 为好，为了提高耐洗性和柔软效果，碳链以高级脂肪酸为宜。

(5) 柔软剂对动、静摩擦系数的影响　柔软的手感和触感的本质是复杂的，除摩擦系数外，还与吸湿、再润湿有关。由于柔软剂的不同组成和化学结构，显示出的性能是广泛的，故应根据不同性能要求，制造各种柔软剂。柔软剂中使用的活性剂除有柔软效果外，有时还有抗静电、防水、防再污染、提高润湿性和抗撕裂强度等效果。对柔软剂的要求，除具备上述各种性能外，还要求能提高缝制性，在制纱阶段使用的柔软剂要求具备编织油剂的性能，还要求给予最终产品以良好的手感。

10.3.3.2　各种纤维的柔软整理

根据纤维和纤维制品的种类及要求的手感等，对使用的柔软剂要适当选择。但因纤维固有的物性和表面性能不同，柔软剂对各种纤维的柔软效果也不同。柔软整理用活性剂的柔软效果与纤维种类间大致存在的定性关系，如图 10-16 所示。该图是根据定性的手感基准，在配制纤维柔软剂时可作为参考。

(1) 纤维素纤维的柔软整理　棉、人造丝等纤维素纤维的柔软整理以针织品为主要对象，有单独整理、与上浆并用、与树脂涂层并用等多种整理方法。纤维素纤维用柔软剂以阴离子类为主体，多使用硫酸化油脂型的乳化油、长链醇乳化油，或这些乳化油与阴离子活性剂的配合物，还可用单独的或配合脂肪酰胺磺酸盐、烷基苯并咪唑磺酸盐等。这些阴离子柔软剂在纤维表面定向，给予再润湿性良好的重厚手感。为了提高柔软效果，需要和油脂类、蜡等配合。阴离子类柔软剂用于棉、针织品的整理、机械防缩整理等，可提高再润湿性，同时能防止纤维素纤维用的荧光增白剂和直接染料相互作用所引起的增白能力降低或发生变色等。

(2) 合成纤维素的柔软整理　合成纤维的柔软整理除改善手感以外，大多数情况下，依纤维疏水性的不同，兼有抗静电性、再润湿性和防再污染等作用。合成纤维用柔软剂的主体是对腈纶和尼龙吸附性好、耐洗性优良的胺盐型阳离子类活性剂。这类活性剂种类繁多，最

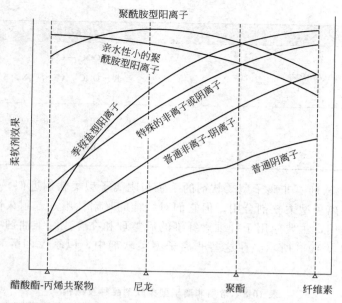

图 10-16 柔软剂的效果和纤维种类的关系

为适用的是由硬脂酸、山葡酸等长链饱和脂肪酸组成的含有两个以上烷基酰氨基的分子量较高的疏水化合物，而且还应根据酰胺结合数、分子量和烷基数的平衡调节滑爽感、挺括等手感因素和耐洗涤性的各种柔软剂。这些化合物具有自乳化性，是高分子的疏水化合物，可单独作为乳化液使用。要求光滑感且柔软度小时，除长链聚酰胺型阳离子活性剂以外，可使用季铵盐阳离子活性剂，这类活性剂的抗静电性比酰胺型优越。此外，对于需要使用专用非离子型活性剂等的聚酯，虽然也可使用其他非离子型活性剂、阴离子型活性剂、阳离子型活性剂，但其用量所占比例是很小的。

10.3.3.3　柔软剂的类型与合成[11]

(1) 表面活性剂类柔软剂　大部分柔软剂品种都属于表面活性剂。阴离子型和非离子型柔软剂过去主要用于纤维素纤维，现在用得较少了。阳离子型柔软剂既适用于纤维素纤维，也适用于合成纤维的整理，是应用较广泛的一类。两性柔软剂对纤维柔软效果好，适用范围很广，可用于天然纤维，也可用于合成纤维。

①　阴离子型柔软剂　阴离子型柔软剂应用较早，但由于纤维在水中带有负电荷，所以不易被纤维吸附，柔软效果较弱。常用品种如表 10-7 所示。

表 10-7　常用阴离子型柔软剂品种及结构

名称	结构式
磺化蓖麻油	$H_3C + C \frac{H_2}{}_8 C \frac{H}{} + C \frac{H_2}{}_7 COONa$ $\quad OSO_3Na$
蓖麻酸丁酯硫化物（磺化油 AH）	$H_3C + C \frac{H_2}{}_8 C \frac{H}{} + C \frac{H_2}{}_7 COOC_4H_9$ $\quad OSO_3Na$
脂肪醇部分硫酸化物	$R—OH + R—OSO_3Na（R＝长碳链烷基）$

名称	结构式
磺化琥珀酸酯(柔软剂 MA-700)	$\begin{aligned} R&-OOC-CH_2 \\ R&-OOC-\underset{\underset{H}{\mid}}{C}-SO_3Na \end{aligned}$
脂肪醇磷酸酯	$\begin{aligned} R&-O \\ R&-O \end{aligned}\!\!\begin{aligned} P \\ \end{aligned}\!\!\begin{aligned} O \\ OH \end{aligned}$ 或 $\begin{aligned} R&-O \\ HO& \end{aligned}\!\!\begin{aligned} P \\ \end{aligned}\!\!\begin{aligned} O \\ OH \end{aligned}$

② 非离子型柔软剂 非离子型柔软剂的手感与阴离子型柔软剂近似,不会使染料变色,能与阴离子型或阳离子型柔软剂合用。但它们对纤维的吸附性不好、耐久性低,并且对于合成纤维几乎没有作用,主要应用于纤维素纤维的后整理和在合成纤维油剂中用作柔软和平滑组分。常用品种如表 10-8 所示。在这些非离子型柔软剂中,以季戊四醇和失水山梨糖醇这两大类最重要。

表 10-8 常用非离子型柔软剂品种及结构

名称	结构式
季戊四醇脂肪酸酯	$C_{17}H_{35}COOCH_2-\underset{\underset{CH_2OH}{\mid}}{\overset{\overset{CH_2OH}{\mid}}{C}}-CH_2OH$
甘油单脂肪酸酯	$\begin{aligned} &CH_2OOCC_{17}H_{35} \\ &CHOH \\ &CH_2OH \end{aligned}$
失水山梨糖醇脂肪酸单酯	$C_{17}H_{35}COOCH_2CH\!\!\begin{aligned} \\ \underset{OH}{\mid} \end{aligned}$ (呋喃环, HO、OH)
脂肪酸聚二醇酯	$C_{17}H_{35}COO(CH_2CH_2O)_nH$
脂肪酸乙醇酰胺	$C_{17}H_{35}CON\!\!\begin{aligned} CH_2CH_2OH \\ CH_2CH_2OH \end{aligned}$
脂肪酰胺聚氧乙烯缩合物	$C_{17}H_{35}CONH(CH_2CH_2O)_nH$
羟甲基脂肪酰胺	$C_{17}H_{35}CONHCH_2OH$
聚醚	$\underset{O}{\wedge}_a$ $\underset{O}{\wedge}_b$ $\underset{O}{\wedge}_c$

③ 阳离子型柔软剂 阳离子型柔软剂与各种天然纤维、合成纤维结合的能力强,能耐高温和经受洗涤,耐久性强,用于整理织物可获得优良的整理效果和丰满的手感、滑爽感,使合成纤维具有一定的抗静电效果,并能改进织物的耐磨蚀度和撕裂强度。缺点是有泛黄现象,使染料变色,对荧光增白剂有抑制作用,降低日晒和摩擦牢度,不能和阴离子型表面活性剂合用,并对人体皮肤有一定的刺激性。因而其使用受到限制,近年的用量逐渐减少。

a. 叔胺盐类

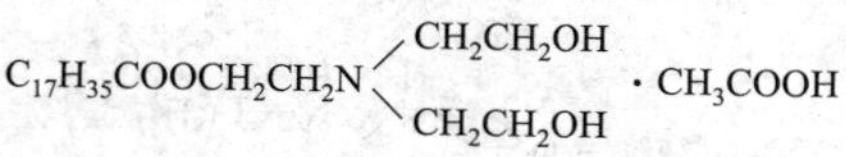

$$C_{17}H_{35}COOCH_2CH_2N\begin{array}{c}CH_2CH_2OH\\CH_2CH_2OH\end{array}\cdot CH_3COOH \qquad C_{17}H_{35}CONHCH_2CH_2N\begin{array}{c}C_2H_5\\C_2H_5\end{array}\cdot HCl$$

硬脂酸三乙醇胺乙酸盐 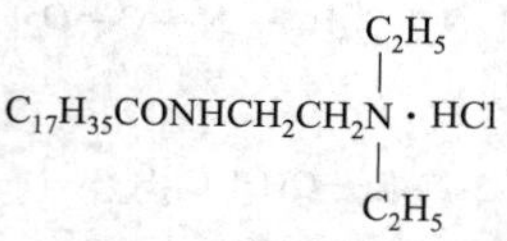 　　　　　　　　*N,N*-二乙基乙二胺硬脂酰胺盐酸盐

b. 季铵盐类

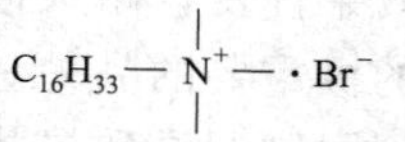

$$C_{16}H_{33}-N^+-\quad\cdot Br^-$$

十六烷基三甲基溴化铵

c. 烷基咪唑类

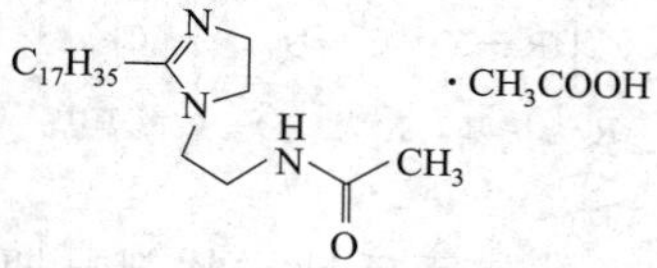

$$C_{17}H_{35}\cdots \cdot CH_3COOH$$

d. 尿素衍生物

$$C_{17}H_{35}CONHC_2H_4NC_2H_4OH$$
$$\quad\quad\quad\quad\quad\quad\quad\quad\quad\;|\!=\!O$$
$$C_{17}H_{35}CONHC_2H_4NC_2H_4OH$$

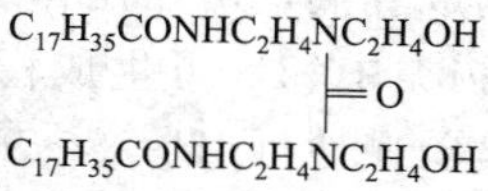

Ahcovel G

④ 两性柔软剂　两性柔软剂是为改进阳离子型柔软剂的缺点而发展起来的。它对合成纤维的亲和力强，没有泛黄和使染料变色或抑制荧光增白剂等弊病，能在广泛的 pH 介质中使用。但其柔软效果不如阳离子型柔软剂，故常和阳离子型柔软剂合用。这类柔软剂品种主要是烷基甜菜碱型、咪唑啉型和氨基羧酸型。

a. 烷基甜菜碱型：

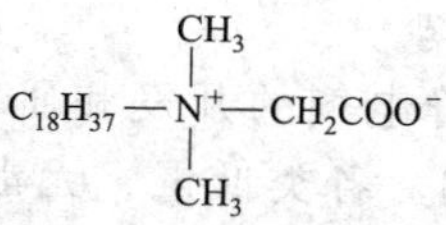

$$C_{18}H_{37}-N^+-CH_2COO^-$$

十八烷基二甲基甜菜碱

b. 咪唑啉型：

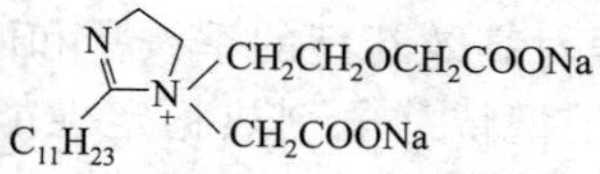

$$C_{11}H_{23}\cdots\begin{array}{c}CH_2CH_2OCH_2COONa\\CH_2COONa\end{array}$$

（2）反应性柔软剂　反应性柔软剂，也称为活性柔软剂，是在分子中含有能与纤维素纤维的羟基直接发生反应，形成酯键或醚键共价结合的柔软剂。因其具有耐磨、耐洗的持久性，故又称为耐久性柔软剂。

① 酸酐类衍生物　由两分子脂肪酸脱水生成酸酐化合物，或由一分子脂肪酸本身脱水生成的烯酮化合物，它们都能和纤维的羟基发生反应而生成酯键结合。

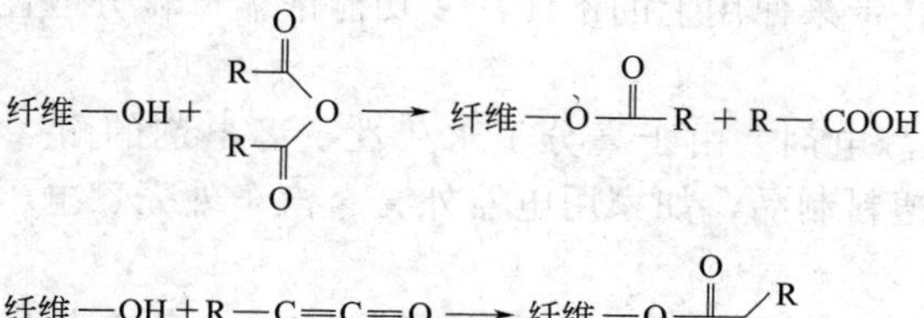

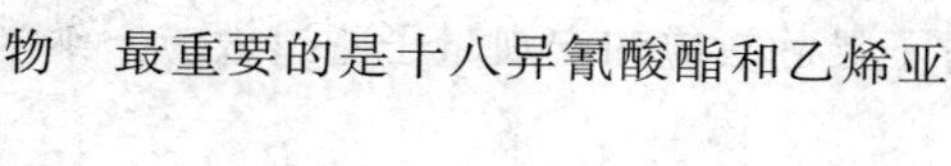

纤维—OH + R—C=C=O → 纤维—O—C(=O)—R

② 乙烯亚胺类衍生物　最重要的是十八异氰酸酯和乙烯亚胺的缩合物。

$$C_{18}H_{37}-N=C=O + HN\triangleleft \longrightarrow C_{18}H_{37}-\overset{H}{N}-\overset{\overset{\displaystyle O}{\|}}{C}-N\triangleleft$$

$$纤维-OH + C_{18}H_{37}-\overset{H}{N}-\overset{\overset{\displaystyle O}{\|}}{C}-N\triangleleft \longrightarrow 纤维-O-\!\!-\overset{H}{N}-\overset{\overset{\displaystyle O}{\|}}{C}-\overset{H}{N}-C_{18}H_{37}$$

处理后的纤维可获得耐洗涤性很强的柔软和防水效果，广泛用于棉、麻、锦纶、黏胶、羊毛、丝绸及合成纤维等。由于它的效果优良，耐久性好，可单独使用，或与树脂整理剂合用，故用量很大，是织物柔软整理用的极重要的品种。近年来发现乙烯亚胺类化合物具有致癌性，使这类柔软剂的生产和使用受到限制，导致寻找和开发新型代用品。

③ 吡啶季铵盐类衍生物　具有耐久性的柔软和防水效果。

$$\left[R-X-\overset{H_2}{C}-N\!\!\bigcirc\right]^{+}Cl^{-}$$

R 为烷基，X 为—O—或酰氨基

（3）非表面活性柔软剂

① 天然油脂、石蜡类柔软剂　非表面活性柔软剂早期以此类为主，它是以天然油脂、石蜡为原料，在乳化剂的作用下配制成乳液，可以用作纺织油剂和柔软整理剂。

② 脂肪酸的胺盐皂　脂肪酸用胺类中和，可生成稳定的胺盐。就像脂肪酸的金属盐一样，具有肥皂的性质，能溶于水，呈弱碱性（pH＝8～9），具有良好的乳化性，并能使织物手感柔软。

③ 高分子聚合物乳液　这类柔软剂是聚乙烯、聚丙烯、有机硅树脂等高分子聚合物制成的乳液。用于织物整理不泛黄，不使染料变色，不仅有很好的柔软效果，而且还有一定的防皱和防水性能。

10.3.4　抗静电剂和柔软剂的发展趋势

10.3.4.1　抗静电剂的发展趋势

① 应加强对各种低毒、无毒抗静电剂的开发和研究。随着人们环保意识的不断增强，绿色化工已成为今后发展的主要方向。各类低毒、无毒的抗静电剂将越来越受到食品包装业、电子产业的青睐，这类抗静电剂的研究已日益受到关注。

② 在不断完善现有抗静电剂品种的基础上，开发与高分子材料相容性好、耐热性好、价格低廉的抗静电剂，尤其要加强对高效新型的季铵盐和两性型抗静电剂的开发研究[24]。

③ 非离子型抗静电剂　非离子型抗静电剂热稳定性能好，价格较便宜，使用方便，对皮肤无刺激，是抗静电基材中不可缺少的抗静电剂，具有良好的应用前景。

④ 复合型抗静电剂　复合型抗静电剂是利用各组分的协调效应原理开发出来的，各组分互补性强，抗静电效果远优于单一组分。但要注意各种抗静电剂之间的对抗作用。如阳离子型和阴离子型的抗静电剂不能同时使用。

⑤ 多功能浓缩抗静电母粒　由于抗静电剂多为黏稠液体，而且其中一部分为极性聚合物，在塑料中分散困难，带来使用上的不便。多功能浓缩母粒分散性均匀，操作方便，具有发展前途。

⑥ 高分子永久性抗静电剂　由于高分子永久性抗静电剂的耐久性好，所以一般用于对抗静电效果要求严格的塑料制品，如家用电器外壳、汽车外壳、电子仪表零部件、精密机械零部件等。

⑦ 纳米导电填料　纳米材料的特点就是粒子尺寸小，有效表面积大，这些特点使纳米材料具有特殊的表面效应、量子尺寸效应和宏观量子隧道效应，纳米材料可改变材料原有的

性能。

10.3.4.2 柔软剂的发展趋势

① 柔软剂的绿色合成和可降解性，提高原料的经济性，设法降低能耗，尽量在常温、常压下合成。只要有可能，不论原料、中间产物和最终产品均应对人体和环境无害。在技术可行、经济合理的情况下，原料要采用可再生资源代替不可再生资源。在合成时，可选用高效的催化剂提高反应效率。随着环保问题的日益突出，柔软剂应向着环保型方向发展。要求柔软剂使用后在自然环境中能够快速地被微生物分解，不会在环境中存留很长时间，不会对环境和人体造成毒害。在开发新的柔软剂品种时应选用可降解的原料，使用完后应及时地分解有毒产品，尽量把污染程度降到最低[25]。

② 从柔软剂的产品形式上看，烘干型柔软剂的市场份额逐渐被漂洗型和洗涤/柔软二合一型产品代替。由于洗涤/柔软二合一产品虽然使用方便，但柔软效果不是十分理想，如果能很好地解决阴-阳离子表面活性剂复配问题的话，这种产品还是很有市场前景的。漂洗型柔软剂现已占据了柔软剂市场的绝大部分，在洗涤/柔软二合一产品技术上没有大的突破之前，它将继续是柔软剂的主要形式。

③ 漂洗型柔软剂的主体发展趋势是逐渐浓缩化和超浓缩化。在发达国家浓缩型和超浓缩型产品已被消费者所接受，但在发展中国家，人们的消费习惯使得人们不愿意花高价钱去买一瓶浓缩化产品，黏稠的低固体物含量的配方产品将继续占主导地位。

④ 柔软剂产品的功能也逐渐从单一的柔软作用向多功能发展，例如使衣物除皱，赋予弹力，易于熨烫，以及衣物具有一定香味等[26]。

⑤ 开发复配技术。根据协同作用原理，将两种或两种以上的织物整理剂进行复配，获得比单组分性能更优异的新型整理剂，这也是新型柔软剂开发的方向之一。如弱阳离子柔软剂和阴离子黏合剂的复配，非离子和阳离子、阴离子整理剂的复配，按照客户需要配制性能更优、功能更多的新型整理剂。目前市面上已有部分柔软吸水、柔软滑爽、柔软回弹、超柔软多功能整理剂的销售。

⑥ 开发耐久型柔软剂。在健康环保的基础上，提高织物的耐洗性和柔软持久性也成为当今纺织助剂行业间竞争的方向。根据柔软机理，可从柔软剂分子结构上进行调整，如改变聚酯、聚醚的比例；在原柔软剂结构基础上引入另一种柔软剂的功能基团等，从而获得高耐洗性的新型柔软剂。

⑦ 开发双子表面活性剂型柔软剂。两个传统的表面活性剂分子通过特殊的连接基团，以化学键方式连接成一种新型表面活性剂，即双子表面活性剂。此方法可直观化为化学键和型的复配技术。双子表面活性剂具有较高的表面活性、良好的协同效应、较好的生物相容性。将柔软剂分子和其他表面活性剂分子键连成双子表面活性剂，可在提高柔软效果的同时赋予织物其他特性。

⑧ 微乳化技术。目前微乳化技术在有机硅柔软剂中的应用较多。乳化后的柔软剂在应用时自身不会发生交联，且有利于向纤维内的渗入和包裹，整理后的织物稳定性高、白度好、柔软效果明显提高[27]。

10.4 防腐防霉剂及防锈剂

由微生物引起的霉变、腐败给人类的生产和生活带来很大的影响，造成了巨大损失，因此，食品、日化品以及工业品的防腐防霉就成为科学研究的一个重要课题。防菌防霉的主要手段之一是采用化学药剂和生物制剂,因此防菌防霉剂的开发一直是人类所关注的课题,迄今已开发了数百种药剂,并广泛地用于生产和生活的各个领域。

10.4.1 概述

10.4.1.1 概念

实际上,防腐剂、防霉剂、杀菌剂三者在概念上没有严格的区分界限,通常把杀死或抑制霉菌生长,防止物品霉变的药剂称为防霉剂;把杀死或抑制细菌、酵母菌生长,防止物品腐败的药品叫做防腐剂。杀菌剂则是指具有杀菌作用的物质。前两者主要以抑菌作用为主,但杀菌和抑菌作用常常不易严格区分。例如,同一物质浓度高时可杀菌,浓度低时只能抑菌;作用时间长则可以杀菌,缩短作用时间则只能抑菌;还有由于各种微生物性质的不同,同一种物质对一种微生物具有杀菌作用,而对另一种微生物仅具有抑菌作用。所以防腐防霉剂和杀菌剂,并没有绝对严格的界限,有时防腐剂及防霉剂也称为杀菌剂。

10.4.1.2 分类

防腐防霉剂根据其应用对象的不同可分为五大类,如表 10-9 所示。

表 10-9 防腐防霉剂的分类

类别	防腐防霉剂
工业用	纤维抗菌防臭剂,木材防腐防霉剂,涂料用防菌防霉剂,皮革用防菌防霉剂,黏液(泥)去除剂,水处理剂,水池、水库或游泳池消毒、防藻剂,木屑、纸浆用防菌防霉剂,橡胶、塑料、薄膜(胶片)、电线包衣、树脂、乳胶漆、电子通信器械用防菌防霉剂,油剂用(金属加工切削油等)、润滑油,纤维助剂,石油制品)防菌防霉剂,黏合剂用(糨糊、胶料)防菌防霉剂,文物及文化用品(颜料、绘画用品)用防菌防霉剂,防污用(涂蜡)防菌防霉剂,环境杀菌剂(工业用杀菌洗涤剂),印刷用(墨水等)防菌防霉剂,包装材料用防菌防霉剂
农业、林业用	农用杀菌剂,林业用杀菌剂
食品用	储存用防菌防霉剂,灭菌用药剂
医药、化妆品用	医药品用防菌防霉剂,化妆品用防菌防霉剂,外用消毒剂
饲料用	饲料用抗菌剂

作为一种理想的防霉剂、防腐剂,其必须是抗菌效果好,抗菌谱广,毒性低,稳定性好,无色、无臭、无刺激性、无腐蚀性,能与物品良好结合且均匀分布,不与物品发生化学反应而降低药效或影响物品质量,价格低廉,使用方便等。当然,要研制开发出满足上述要求的防霉剂是困难的,有时甚至是不可能的。每种防腐防霉剂本身都有自己的特点,可能在某些方面表现出长处,而另一方面则表现出不足。实际选用时,可发挥两种或两种以上杀菌剂的协同效应,配制成复方使用。

10.4.1.3 作用原理

细菌和真菌等微生物的细胞外侧有葡萄糖几丁质、肽聚糖等的合成酶、甾醇及磷脂的合成酶、黑色素合成酶等;在微生物细胞内则有电子传递系统酶、能量代谢酶、蛋白质和核酸的生物合成酶等,这些酶均为防菌防霉剂的作用点。微生物的细胞膜、细胞质及细胞核都可以成为杀菌和抑菌的作用点。也就是说,防菌防霉药剂通过阻碍氧化磷酸化和电子传递系统,抑制巯基和脱氧核酸的全合成,干扰细胞表层的机能和脂质代谢及破坏几丁质的形成,从而起到灭菌或抑菌的作用。简而言之就是破坏细胞的构造,影响有丝分裂,抑制染色体分裂,影响孢子萌发和生长,阻止代谢作用,抑制酶的合成等。

10.4.1.4 防腐防霉剂的使用方法

防腐防霉剂的使用方法可根据使用环境的不同以及制剂的差异分为五种,即添加法、浸渍法、涂布法、喷雾法和熏蒸法。

(1) 添加法 也叫调入法，就是将一定比例的防腐防霉剂添加到材料或制品中去。可以与原料同时加入，也可以在生产的某一环节或最终成品中加入。

(2) 浸渍法 将预防腐或防霉的材料浸入一定浓度的防腐防霉剂溶液中，在一定的时间和温度条件下处理，然后取出晾干或烘干。

(3) 涂布法 在材料或制品的表面用一定浓度的制剂进行涂覆。

(4) 喷雾法 将一定浓度的防腐防霉剂用喷雾器喷洒在材料或制品的表面，喷雾尽量注意均匀。

(5) 熏蒸法 尤其适用于易挥发的防霉剂。将其粉末、液体或片剂置于仓库、书库等需要防霉处。任其挥发，起到防霉的作用，同时也可采用适当加温等方法促使其快速挥发。

10.4.1.5 防腐防霉剂抗菌能力的测定

防腐防霉剂的能力是指其抑制或杀死霉菌、细菌、酵母菌以及其他必要微生物的能力。一般用抑菌圈或对微生物的最低抑制浓度（MIC）或最低杀死浓度（MLC）来表示。测定方法有滤纸抑菌圈法、最低抑制浓度法和液体振荡培养法。

10.4.2 防腐防霉剂的种类及应用

用于防腐剂及杀菌剂的化合物种类很多，一般可分为无机物及有机物两种，如硼酸、硼酸钠、过氧化氢、漂白粉等均属于无机化合物范畴；而化合物如碘仿、乙醇、山梨酸、酚、苯甲酸类、杂环化合物等则属于有机化合物的范畴。本节将按照防霉防腐剂及杀菌剂的用途，介绍不同领域中的重要品种及其应用。

10.4.2.1 食品用防菌防腐剂

由于食品营养丰富，适合于微生物生长繁殖，而微生物又是到处都有、无孔不入，所以细菌、霉菌和酵母之类微生物的侵袭，通常是导致食品腐败变质的主要原因。为了保存食品，人们已发明采用了罐藏、冷藏、干制、腌制等方法，但离不开使用防腐防霉剂的化学保护法。用于食品的防腐防霉剂必须具备如下条件：①对人类安全；②抑菌或灭菌效果好；③对食品品质如营养价值等无不良影响；④使用方便；⑤不能影响消化道酶的作用，也不能影响有益于肠道正常菌群的生长和行为。

现用的防腐剂有天然和化学防腐剂两大类。在食品行业应用较多的化学防腐剂主要有苯甲酸、苯甲酸钠、山梨酸、山梨酸盐、丙酸盐及尼泊金酯类化合物。

(1) 苯甲酸及其钠盐 苯甲酸别名安息香酸，它能非选择性地抑制广泛范围内微生物细胞的呼吸酶系统的活性，特别是具有很强地阻碍乙酰辅酶 A 缩合反应的作用，因此具有较好的广谱抗菌性。至于其毒性，除对肝功能衰弱的人可能不适外，目前认为苯甲酸及其钠盐是比较安全的防腐剂，以小剂量添加于食品中，未发现严重毒性作用。工厂中使用，一般是把苯甲酸转化为盐的形式。

(2) 山梨酸及其钾盐 山梨酸是低毒高效的防腐剂，联合国粮农组织（FAO）向各国推荐使用。其工业生产是采用巴豆油醛和乙烯酮为原料，以氯化锌、氯化铝等为催化剂，进行氧化反应来制备，反应式为：

$$\text{—CHO} + H_2C{=}C{=}O \longrightarrow \left[\begin{array}{c}\end{array}\right]_n \xrightarrow{\text{水解}} \text{—COOH}$$

山梨酸对霉菌、酵母和好氧性菌均有抑制作用，但对厌氧性芽孢形成菌与嗜酸乳杆菌几乎无效。由于山梨酸不溶于水，使用不方便，因此一般通过碳酸钾或氢氧化钾进行中和制备成山梨酸钾使用，其抗菌作用和山梨酸相同，可广泛应用于酱油、醋、果酱、果汁、果子露、葡萄酒等食品。

(3) 丙酸盐　丙酸盐对霉菌及芽孢杆菌有显著的抑制作用，而对酵母没有作用，故特别适合于面制品塑料包装的防腐，常用的丙酸盐一般是丙酸钙和丙酸钠。

(4) 尼泊金酯类（对羟基苯甲酸酯类）　常用的有尼泊金甲酯、乙酯、丙酯、丁酯和戊酯。该类食品防腐剂对霉菌、酵母与细菌有广泛的抗菌作用，对霉菌与酵母作用较强，对细菌特别是对革兰阴性杆菌及乳酸菌的作用较差。其抗菌性随着烷基链的增长而增加，为此科研工作者开发了含丁基及戊基的新品种，其抗菌作用较山梨酸类强。但由于它们难溶于水，只溶于乙醇和油脂类化合物，因此影响了其在食品中的广泛应用。

(5) 富马酸酯类（反丁烯二酸酯）　这是一种高效、低毒、广谱的抑菌剂，也是一类在国际上较新型的食品添加剂。

10.4.2.2　化妆品用防菌防腐剂

化妆品大多是由水、油、表面活性剂组合而成的乳化物或可溶性物质。与食品一样，微生物容易在化妆品中繁殖，引起分层、变臭、变色和生霉等现象，这不仅降低了化妆品的使用价值，还会对皮肤产生不良影响。为此，几乎所有的化妆品中都加入了防菌防腐剂。此外，加入防菌防腐剂后，还可以杀灭皮肤上不受欢迎的微生物，保持皮肤清洁，从而防止微生物引起的皮疹和其他症状，如粉刺、头屑、汗臭等。

一个理想的化妆品防菌防腐剂应具备如下条件：①对自然界中的微生物有广谱的药效；②少量即可有效；③有良好的配伍性；④溶解性、分散性优良，不影响产品的基本效能和香气；⑤安全性高，对人体无毒，无刺激，不会产生过敏。实际上，完全符合上述要求的防腐剂很少，绝大多数适用范围较窄。常用的化妆品防菌防腐剂有尼泊金甲酯、乙酯、丙酯和丁酯类，山梨酸类，脱氢醋酸类，噁唑烷类化合物，甲基异噻唑啉酮及其氯代物，取代咪唑烷基脲，溴硝二噁烷，已内酰脲（或二羟甲基二甲基海因）。

10.4.2.3　农业用杀菌剂[28]

由于各种植物病原菌的危害，造成许多作物减产、绝收等巨大损失，为此，迫使人们不得不使用杀菌剂来防治病害。农业是杀菌剂用量最大、所用杀菌剂品种最多、杀菌剂使用范围最广的领域之一。

杀菌剂按照杀菌原理可分为：甲基甾醇合成抑制剂；甾醇合成抑制剂；多作用点杀菌剂；线粒体呼吸抑制剂；细胞有丝分裂抑制剂；破坏 RNA 聚合酶、核酸合成抑制剂；细胞色素 C 还原酶破坏类酯类和膜的合成抑制剂；琥珀酸脱氢酶抑制剂；细胞壁分解酶抑制剂等。

杀菌剂按照分子结构可分为：三唑类杀菌剂；吗啉类杀菌剂；二硫代氨基甲酸酯类杀菌剂；苯类和酞酰亚胺类杀菌剂；甲氧基丙烯酸酯类杀菌剂；苯并咪唑类杀菌剂；苯胺类杀菌剂；二羧酰亚胺类杀菌剂；酰胺类杀菌剂；苯氨基嘧啶类杀菌剂。

10.4.2.4　工业用防腐防霉剂及杀菌剂

(1) 木材及竹、草藤制品防霉剂　木材工业所用的主要为有机防腐剂，主要有有机锡类、卤代酚、苯并咪唑、苯并噻唑、三卤代丙烯类、有机碘类、腈类和季铵盐类，是应用较广的品种。

(2) 纸及纸浆用杀菌防霉防腐剂　在造纸过程中循环水，纸浆、铜版纸用涂料，纸制品包装用纸等中均需添加防霉防腐剂。铜版纸涂料防霉剂，常用的有有机卤素、季铵盐、金属硼酸盐、二甲基二硫代氨基甲酸钠、2-巯基苯并噻唑等。包装纸用防腐剂，主要用山梨酸、安息香酸、尼泊金酯类、脱氢醋酸及其酯，其中以尼泊金酯类最佳，山梨酸次之。

(3) 皮革防霉防腐剂 原皮以及湿蓝皮、轻革加脂、重革植鞣等工序和涂饰剂、光亮剂中均需加入防霉剂，目前国外常用的皮革防霉剂是由 40％油酸五氯酚酯与 60％硬脂酸五氯酚酯组成的，还有由苯并噻唑衍生物及有机金属与酚类化合物组成的防腐剂等，如 1,2-苯并异噻唑、溴代硝基丙二醇等。

(4) 纤维用防菌防霉剂 能使纤维变质的菌类约有 40 种，为了防止菌类对纤维的作用，可在某些纤维油剂中加入防菌防霉剂，再使之作用于纤维上。常用的药剂大致有有机硅季铵盐类、二苯醚类及其他杂环化合物类。

(5) 塑料与薄膜用防菌防霉剂 塑料和合成橡胶的抗微生物性能较其他天然有机材料强，但由于加入助剂后往往易受到微生物的侵袭。目前，广泛用于塑料表面处理的防菌防霉剂有：酚醚化合物、N-卤代烷基硫代类化合物（抑菌灵、克菌母等）、咪唑类化合物（噻菌灵）及矾类化合物等，它们均可用于塑料电子元件及绝缘电线中以防菌，通常使用浓度为 0.3％～1.5％。

10.4.2.5　养殖业用防霉防腐剂及杀菌剂

随着畜牧业及水产养殖业的发展，养殖越来越趋向于专业化、集约化和机械化，因此禽畜在感染疾病时更易引发传染，引发病害，造成经济损失。为此杀菌消毒剂就显得极其重要。用于禽畜饲养的杀菌消毒剂，要求具有高效安全、无毒无残留等特点，常见品种主要有：具有苯酚基的阴离子消毒剂，卤代化合物和表面活性剂等。

水产养殖主要涉及鱼病防治剂、养殖水消毒剂及渔网防污消毒剂等。鱼病防治剂主要以抗生素及消炎类磺胺药为主。而养殖水则大多通过氯气、漂白粉、高锰酸钾、吖啶黄、亚甲蓝等消毒。而渔网防污剂主要有三丁基锡与丙烯酸酯的共聚物。但在海水中易失效，因此目前尚无理想的渔网防污剂。

除以上领域外，防菌防霉剂在建筑材料、金属加工液、给水及废水消毒，文物保护、光学医疗仪器、医疗环境及医药品中也有着广泛地应用。防腐防霉及杀菌剂的应用已涉及人们的日常生活、工业等各个领域，是一门多学科跨行业的技术。

10.4.3　防锈剂及缓蚀剂

除食品、农业及各工业领域均需要防腐、防霉及杀菌剂外，钢铁及其制品的防腐防锈也是一个重要的领域。"金属的腐蚀"从广义上讲是指金属受周围介质的电化学作用或化学作用而发生破坏的现象。按照介质的不同，可以区分为大气腐蚀、地下腐蚀、海水腐蚀及细菌腐蚀等，最常见的形式是大气腐蚀。

为了防止金属腐蚀造成的危害，人们常采用几种预防方法，如采用改变金属内部组织结构制成各种合金，金属表面永久覆层及转化层阴极保护，防锈剂及缓蚀剂的使用等。防锈剂和缓蚀剂均属"暂时性"防锈。这里的"暂时"是指当金属制件使用时，可顺利地除去防锈材料，因此，其对于金属制件生产、运输和储存时的防锈，具有极其重要的意义。防锈剂一般是指改变金属存在表面的环境或电极状态，使之不产生锈蚀作用的物质。而缓蚀剂则是指通过使金属表面起化学反应而发生钝化，或于金属表面进行物理的或化学的吸附，以阻止腐蚀性物质接近金属表面的物质。这两者的概念没有本质区别，因此经常混用。

10.4.3.1　缓蚀剂

(1) 羧酸类 很少直接使用游离羧酸。脂肪类化合物应用最广，通常是长链脂肪酸。最常用的芳香族羧酸是苯甲酸的钠盐。羧酸的金属盐通常称为金属皂，狭义而言，是指水溶性金属盐以外的金属盐，它们多数不溶于水。如硬脂酸铝用来配制防锈剂，软脂酸锌和烷酸的铅盐、锌盐和镁盐都耐盐水腐蚀。

（2）磺酸 炼油时得到的副产品石油磺酸盐被用来作为防锈剂和润滑添加剂，它们多是单磺酸或二磺酸的钠盐、钙盐、钡盐、铝盐、铵盐和胺盐等。以钠盐形式使用较多，对铁的防锈常用其镁、钙、钡等盐类。根据需要也可采用其锡盐、铬盐，但还是以铵盐和有机胺盐防锈效果最优异。

（3）胺 胺类化合物被用作中和剂，抑制蒸汽冷凝器中由二氧化碳引起的腐蚀，所用的胺有环己胺、苯胺及吗啉等。在酸洗的腐蚀抑制剂中，为了抑制阳极反应，可选择如下几种胺和硫化物等一起使用，如乙胺、二乙胺、二戊胺、萘胺、苯基萘胺、吡啶等。胺的防锈作用和羧酸类化合物一样，在一定范围内烷基的碳越多，防锈效率越强。

（4）酯 脂肪酸的聚乙烯醇酯在较多水分存在时便成为有效的防锈剂。一般多元脂肪酸的一元醇酯的防锈效果差，是因为它在金属表面上吸附性小，不能形成完整的保护膜。而其分子中含有极性基的羟基时，就有了防锈作用。因此，丙三醇和丙二醇的单酯有防锈能力，山梨醇和季戊四醇的单酯特别有效。当脂肪胺、脂肪酸胺盐和酯类配合使用时，则效果更为明显。

（5）杂环化合物 巯基苯并噻唑是一个阳极缓蚀剂，它与铜作用形成一层稳定的不溶性膜，阻止铜继续溶于溶液中。同样，苯并三氮唑主要用于抑制铜及合金的腐蚀。

10.4.3.2 防锈水及防锈油

防锈水是指含有一定量缓蚀剂的水溶液。常年用于工序间作为防锈处理，但有时也作为较长时间的防锈手段，实践中常选择两种以上的添加剂作缓蚀剂，这样能较好地抑止腐蚀速率，降低其使用浓度，并可相应保护多种金属。

常用的防锈水由无机缓蚀剂和有机缓蚀剂配制而成。所采用的无机缓蚀剂有亚硝酸钠、铬酸盐及重铬酸盐、磷酸盐、硅酸盐及铝酸钠等；常用的有机缓蚀剂水溶液有苯甲酸钠、单（三）亚乙基胺、巯基苯并噻唑、苯并三氮唑等，此外琼脂、阿拉伯树胶、明胶和杂氮蒽的水溶液以及一些气相缓蚀剂（如亚硝酸二环己胺、碳酸二环己胺、铬酸二环己胺、六次甲基亚胺等）的水溶液也得到广泛应用。

防锈油通常是指用石油溶剂稀释一定的防锈剂，然后以水乳化制备而成的乳剂，其主要由基础油、乳化剂、防锈剂（缓蚀剂）、稳定剂、防霉剂、抗泡剂、助溶剂和极压添加剂等组成。其中常用的防锈剂有碱金属（钠、钾或锂）的磺酸盐、二壬基萘磺酸钡、十二烯基丁二酸、环烷酸锌、羊毛脂及苯并三氮唑等。

10.4.4 防腐防霉剂及防锈剂的发展趋势

随着人们生活水平的提高以及保健意识的增强，化学防腐剂受到严峻挑战，开发抗菌性强、安全无毒、适用性广和性能稳定的食品防腐剂成为食品科学研究的新热点之一，当前食品防腐剂的发展呈如下趋势：开发更安全的新型防腐剂；由化学合成食品防腐剂向天然食品防腐剂发展；由高价格的天然食品防腐剂向低价格方向发展；由单一防腐向广谱防腐方向发展；由苛刻的使用环境向方便使用方向发展[29]。

随着化妆品行业的迅速发展以及多功效组分在化妆品中的应用，选择一个高效安全的防腐体系是研究者非常关注的问题。目前化妆品防腐剂的发展趋势如下：复合型防腐剂成为基础与必然；天然防腐剂引导潮流；功效性防腐剂逐步引起人们关注[30]。

未来防腐防霉剂的研究和开发应朝着优质高效、低成本的方向发展，从单一型向复合型发展，从化学合成防霉剂向天然防霉剂方向发展，防霉剂的载体由接触型向气雾型方向发展。一些因含有对人体及动物有害物质，或在应用中存在潜在危害的防霉剂已经或将被禁用。因此，开发复合型天然防霉剂和选择有利于防霉剂扩散的载体，提高防霉剂的使用效果，研制无毒副作用、无残留的绿色环保型防霉剂将成为今后研究和开发的热点[31]。

未来防锈剂的发展趋势是：纳米技术的应用；利用工农业的副产品提取防锈剂，并经复配改性处理，提高防锈性能，这样可变废为宝，实现资源充分利用；多功能水基防锈剂的研究开发及应用渐成趋势，如除油、除锈"二合一"，除油、除锈、防锈三合一的产品也日益增多；研究和开发防锈性好，性质稳定，价格低廉，减少污染，功能齐全，使用方便的金属防锈剂是今后的方向[32]。

缓蚀剂技术已成为腐蚀与防护的重要手段，其发展趋势是：结合工程实践，不断开发混凝土钢筋阻锈剂、多相系统用缓蚀剂和耐高温缓蚀剂等特殊体系用的缓蚀剂应用技术；加快有毒、有害缓蚀剂的替代工作，通过天然产物、农副产品和工业副产品作为缓蚀剂的研究，开发高效的环境友好型缓蚀剂新品种；运用现代物质结构理论和先进的分析测试技术，结合量子化学理论研究，研究缓蚀剂分子在金属表面上的行为及作用机理，深入了解缓蚀剂的缓蚀协同作用机理，指导缓蚀剂研究和开发应用[33]。

10.5 聚丙烯成核剂

10.5.1 概述

聚丙烯是一种高结晶性聚合物，具有力学性能较好、无毒、相对密度低、热稳定性及化学稳定性高、易于加工成型等优良特性，是合成树脂中增长速度最快、新品开发最为活跃的品种之一[34]。聚丙烯消费增长的一个重要驱动力在于对其他合成树脂的可替代性，在薄膜、无纺布、硬包装、家用器具、汽车行业、地毯等市场领域可替代常用的各种合成材料，如PA、PET、PE、PVC、PS和ABS等[35,36]。通用聚丙烯的综合力学性能较好，但由于其结晶速率较慢，易形成较大的球晶，致使材料的冲击性能较差、成型收缩率较大、透明性较低、使用中容易发生应力开裂，这些缺点限制了它的使用范围。为此，国内外对聚丙烯进行了大量的改性研究，结晶改性作为聚丙烯塑料工程化改性的重要途径显示出巨大的潜力[37]。

成核剂在聚烯烃结晶改性中具有举足轻重的作用。成核剂是一种用来改变不完全结晶聚合物树脂结晶度，加快其结晶速率的加工改性助剂。一般来说，一种优秀的成核剂必须具备以下五个特征：①在聚合物的熔点以下不熔；②与聚合物有良好的共混性；③在聚合物中能以微颗粒形式分散；④与聚合物具有相似的结晶结构；⑤无毒或低毒。按照应用性能进行分类，可以将聚丙烯成核剂分为增透型成核剂以及增强型成核剂等两大类。

目前经过增透型成核剂改性的透明聚丙烯产品已在食品、化妆品和药用吹塑瓶领域、小型器具部件和家用器皿领域，以及注塑成型和热成型食品容器领域取得一定市场份额。注拉吹成型制品也是透明聚丙烯最具发展潜力的市场之一。在热成型市场，高透明聚丙烯可替代聚苯乙烯/耐冲击聚苯乙烯共混物。另外，将透明聚丙烯替代聚酯，已应用于水瓶、米酒瓶、香皂盒和洗涤剂瓶等。透明聚丙烯尤其可以应用于对透明性要求高、需高温下使用或消毒的器具方面，如透明饮料杯、微波炉炊具、婴儿奶瓶、医用注射器和文件夹等。随着市场及应用领域的不断开拓，透明聚丙烯在市场上具有巨大发展潜力，美国透明聚丙烯制品的发展速度高出普通聚丙烯制品7%~9%，日本透明聚丙烯的年产量在40万吨以上。

经增强、增韧型成核剂改性处理后的聚丙烯材料具有许多优异的性能，被广泛用于汽车工业（如制造汽车保险杠、汽车仪表板、发动机冷却风扇、蓄电池外壳、汽车方向盘等）、电子电器工业（如洗衣机、电冰箱专用料等）等多个领域。

总之，添加成核剂能够促进结晶过程的迅速完成，有利于缩短成型周期，保证最终产品的尺寸稳定性，并且能赋予制品良好的物理、机械性能。聚烯烃成核剂的品种开发引起了全球范围的广泛关注，是塑料助剂中发展速度最快的门类之一[38]。

10.5.2 成核剂的品种与应用

10.5.2.1 聚合物结晶理论与成核机理

聚丙烯在加工过程（熔体结晶）中，一般生成多角晶粒、树枝状晶粒和球晶。球晶的大小对聚丙烯的力学性能、物理性能和光学性能有着重要影响。大的球晶通常使聚丙烯的断裂伸长率和韧性降低。成核剂在聚合物加工过程中的应用，增大了异相成核发生的概率，改善了加工性能，同时提高了制品的应用性能。

球晶是聚合物结晶的最常见形态，是由一个晶核开始，以相同生长速率、同时向空间各个方向放射生长而形成的。聚合物熔体冷却过程中，处于熔融状态的大分子链的运动是无规的，但在某些区域会出现几个链段聚集在一起呈现有序的结晶；当有序区尺寸达到了临界值便能稳定存在、形成晶核。聚合物晶核的形成一般可分为均相成核和异相成核两种成核机理。均相成核是依靠熔体中分子链段所形成的局部有序，在时集时散的过程中某些超过临界尺寸的有序区稳定下来所形成的晶核，由于它在较高温度下易被分子链的热运动破坏，所以这种均相成核只有在较低温度下才可保持；异相成核是聚合物分子链在熔体中的某些不溶物质粗糙表面上进行依附，在不溶物质与熔体之间产生某些化学结合力（如氢键）的情况下所生成的有序排列，它们在较高温度下即能成核结晶[39,40]。无论均相成核还是异相成核，都是一个无规大分子链段重排进入晶格，由无序到有序的松弛过程，晶核的存在能大大加快结晶速率。

聚丙烯中的杂质对其结晶过程有很大的影响：有些杂质阻碍结晶，而另一些杂质能够促进结晶。促进结晶的杂质在聚丙烯的结晶过程中起到晶核作用，成核剂正是这种能够促进结晶的杂质[41]。在聚丙烯中加入成核剂，能够加快聚丙烯的结晶速率：成核剂在聚丙烯结晶过程中作为异相晶核先于聚丙烯熔体结晶，并形成均匀分散的网络，使原有的均相成核变成异相成核；该网络表面即为异相结晶的成核中心，从而增加了体系内的晶核数目，使生成的球晶高度均一细微化，形成细小致密的球晶颗粒，改变了球晶尺寸，使分子链在较高温度下具有很快的结晶速率，生成的球晶数目多，尺寸小，并且分布均匀。这可改善和提高聚丙烯的抗冲击性能、拉伸强度与模量、热变形温度、硬度、透明性及光泽度，缩短了成型周期，提高制品的结晶度和结晶温度。

不同化学结构的成核剂在聚丙烯熔体中的聚集状态不同，因而成核的机理和作用效果也不同，对材料各方面性能改善的程度也不一样。目前商用成核剂一般分为两大类：一类以增透为主，其成核机理是使聚丙烯形成空间网状半结晶；另一类以增强为主，兼具增透，其成核机理是细化聚丙烯的球晶。

10.5.2.2 聚丙烯成核剂的分类

等规聚丙烯是一种结晶性聚合物，具有 α、β、γ、δ 和拟六方态 5 种晶型。其中，α 晶型是单斜晶方式形成的最普通和最稳定的形式，商品化聚丙烯树脂中主要含有 α 晶型。β 晶型属于六方晶系，具有 β 晶型的聚丙烯材料的韧性较高。商用聚丙烯按其晶型一般可分为 α 型和 β 型两种类型，其两种晶态具有显著的结构差异（见表 10-10）。

表 10-10　聚丙烯的 α，β 晶型特征参数

晶型	晶系	晶胞参数	晶系等级	密度/(g/cm³)	熔点/℃
α	单斜	$a=0.666$nm；$b=2.078$nm；$c=0.6459$nm；$\alpha=\gamma=90°$；$\beta=99.62°$	初级	0.936	165
β	六方	$a=b=1.274$nm；$c=0.635$nm；$\alpha=\beta=90°$；$\gamma=120°$	高级	0.922	145～150

按照成核剂应用对象的不同，聚丙烯成核剂可分为 α 型成核剂和 β 型成核剂两大类。目前使用最广泛的成核剂是 α 型成核剂。按化学结构的不同，α 型成核剂又可分为无机类、有机类和高分子类[42,43]。

(1) 无机类　无机成核剂主要有滑石粉、氮化硼、碳酸钠、碳酸钾、碳酸钙、二氧化钛、氧化镁、炭黑以及各种硅胶等。无机成核剂成本低，较有机成核剂成核作用弱，主要用于聚丙烯增韧以及改善其介电性能等。无机成核剂的粒径应小于可见光波长，否则会极大地影响材料的透明度。无机成核剂的缺点是用量大、制品透明性较差。

(2) 有机类　近年来国内外研究开发的有机类成核剂主要有以下几类：①羧酸金属盐类，如苯甲酸钠、苯甲酸铝等；②缩醛类成核剂，即二亚苯亚甲基山梨醇衍生物，如：(1,3：2,4)-二 (3,4-二甲基) 苯亚甲基山梨醇等；③磷酸酯类金属盐，如 2,2'-亚甲基-双 (4,6-二叔丁基苯酚) 磷酸钠（NA-11）等；④松香型成核剂，如脱氢枞酸与其钠盐或钾盐复合的脱氢枞酸钠盐型或钾盐型成核剂。

(3) 高分子类　高分子聚合物型成核剂是在聚丙烯合成过程中加入反应体系，在聚丙烯分子链形成的过程中参与反应，形成有成核剂特性的端基，主要品种有聚乙烯基环己烷、聚乙烯基戊烷等。

在 α 型成核剂中，使用最广泛的是有机类成核剂；按照应用性能分为 α 型增透成核剂和 α 型增强成核剂。

10.5.2.3　α 型增透成核剂

在聚丙烯加工过程中，加入 α 型增透成核剂可以使聚丙烯结晶均质化、微细化，从而降低了聚丙烯的雾度，提高了光泽度，改进了透明性。山梨醇类 α 型增透成核剂是目前使用最广泛、用量最大的聚丙烯成核剂。这类成核剂能够赋予聚丙烯制品很好的透明性、表面光泽度和其他物理机械性能。到目前为止，山梨醇类成核剂已商品化开发了三代产品，第一代产品为 (1,3：2,4) 二苯亚甲基山梨醇 (DBS)；第二代产品的代表为 (1,3：2,4)-二(4-甲基) 苯亚甲基山梨醇 (MDBS)；第三代产品是 (1,3：2,4)-二(3,4-二甲基) 苯亚甲基山梨醇 (DMDBS)；其结构式为：

Nucleating agent DBS　　　　Nucleating agent MDBS　　　　Nucleating agent DMDBS

此三代产品的性能各不相同：第一代产品的缺点是聚丙烯制品的透明性不够好，但气味较小；第二代产品较第一代产品透明性和成核效率有进一步提高，但在加工过程中会分解，导致聚丙烯制品的令人不愉快的气味较大；第三代产品的特点是聚丙烯制品的气味小，生物相容性好，透明性好，成核效率高，是目前世界上使用最广泛、用量最大的成核剂。另外，成核剂产品的质量（如颜色、气味、流动性等）直接影响到聚丙烯制品的性能。

此类产品是以山梨醇为原料，在酸性催化剂的作用下，与相应的芳醛进行缩合反应，通

过共沸脱水制备得到的，制备 DMDBS 的反应方程式为：

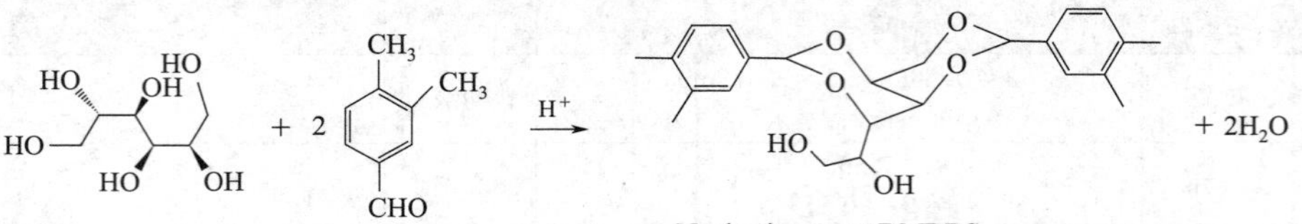

Nucleating agent DMDBS

10.5.2.4 α 型增强成核剂

成核剂通过改变聚丙烯结晶形态来影响其物理力学性能，通常成核聚丙烯具有较高的拉伸强度与模量、高的热变形温度、硬度和透明性[44]。在 α 型增强成核剂中，目前使用最广泛的是有机磷酸盐类成核剂，主要包括磷酸酯金属盐和磷酸酯碱式金属盐及其复配物等，该类产品亦可分为三代：第一代产品问世于 20 世纪的 80 年代初，以日本旭电化公司的 NA-10 为代表；第二代产品是 80 年代中期旭电化公司推出的 NA-11，其成核性能优于 NA-10，在配合量低于 0.1％时增透和增刚效果甚至高于 DBS 类成核剂；第三代产品的代表是 NA-21，与 NA-11 相比，NA-21 熔点较低，分散性较好，成核效率更高。其结构式为：

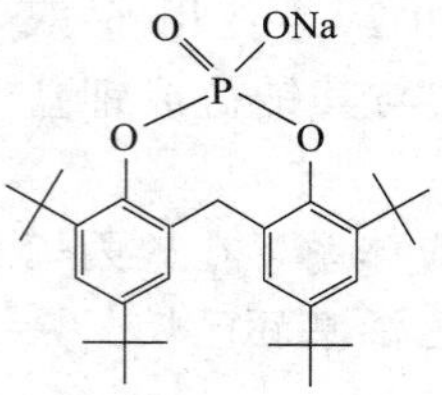

Nucleating agent NA-10 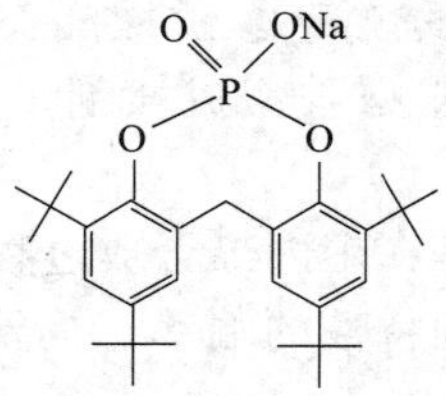   Nucleating agent NA-11 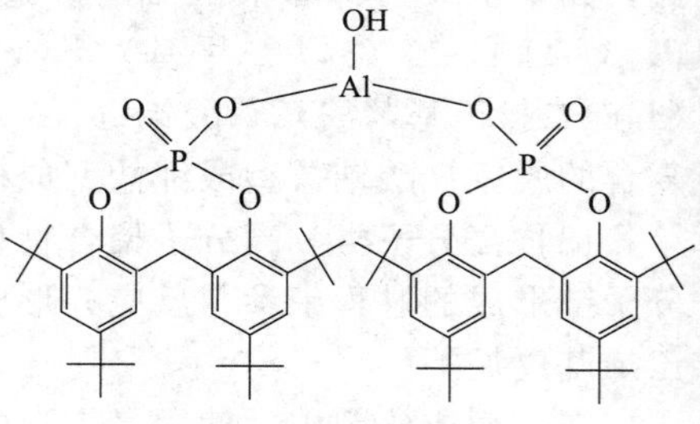   Nucleating agent NA-21

有机磷酸盐类成核剂在高结晶度的聚丙烯加工中应用较多，它能赋予制品更高的透明性、刚性、热变形温度和结晶温度[45,46]。其添加量比较少，一般为树脂的 0.05％～0.5％，推荐用量为 0.1％～0.3％。同山梨醇衍生物类成核剂相比，NA 系列成核剂的透明效果差一些，但它能显著地改善聚丙烯制品的刚性和结晶速率，而且该产品在聚丙烯加工及使用过程中没有任何令人难以接受的气味，已经被 FDA 认可为可接触食品、药品的材料，成为生产增强型聚丙烯的主要成核剂。

通过在聚丙烯中添加成核剂 NA-11 可使聚丙烯树脂的热变形温度从 110℃提高到135℃，使得聚丙烯制品可在更高的温度范围内使用；可使聚丙烯树脂的刚性提高 40％，而且抗冲击强度不降低。成核剂产品的颜色、粒度、溶解后的透明性等质量指标直接影响到聚丙烯制品的性能。

此类产品是以 2,4-二叔丁基苯酚为原料，在酸性催化剂的作用下，与甲醛进行缩合反应；继而与三氯氧磷进行酯化反应；最后进行中和反应制备得到的。以 NA-11 为例，其反应方程式为：

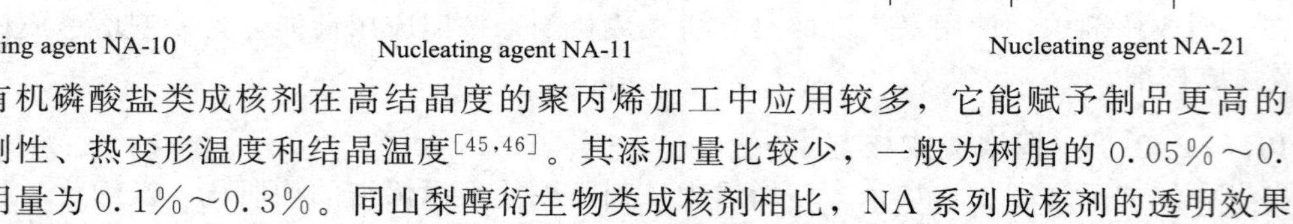

Nucleating agent NA-11

10.5.2.5　β型增强成核剂

β晶型聚丙烯目前应用范围比较小，是成核剂中比较小的一个品种。当将聚丙烯以α晶型为主转变为以β晶型为主时，聚丙烯管材料的常温冲击强度和热变形温度可以大幅提高，同时具有高气孔率。要获得高含量的β晶型，最主要的方法是加入β型成核剂。β型成核剂的研究开发历史较短，是聚丙烯成核剂开发的新领域。目前，β型成核剂主要有两类：一类是芳香族酰胺类化合物；另一类则是由某些二元羧酸与周期表ⅡA族金属的氧化物、氢氧化物与盐组成[47]。

芳香族酰胺类β晶型成核剂具有无色无毒、成核效率高、热稳定性好的优点，是最早实现商品化的品种。代表性的品种为：N,N'-二环己基-对苯二甲酰胺，N,N'-二环己基-2,6-萘二甲酰胺（商品名 STAR NU-100）。

β晶型聚丙烯改性后的聚丙烯树脂适于制作薄膜制品、微孔聚丙烯纤维、聚丙烯-R热水管、汽车注塑件、蓄电池槽、家电产品及其他要求高抗冲击性和高热稳定性的改性聚丙烯制品。

10.5.3　成核剂的发展趋势

聚烯烃成核剂的开发和应用历史可追溯到20世纪70年代。滑石粉、二氧化硅等无机材料对于聚丙烯的成核效果首先被认识到。随后，Shell化学公司等企业开发了具有苯甲酸盐结构特征的成核剂产品，并成功地应用到聚丙烯注塑制品中。20世纪80年代初，日本新日本理化株式会社、美国Milliken化学公司等发现了二苯亚甲基山梨醇类化合物的成核效果，进而推出DBS、MDBS等结构，促进了聚烯烃成核剂的开发与应用的进程。同时，日本旭电化公司开发了ADK Stab NA-10和NA-11系列芳基磷酸酯盐类成核剂品种，构成了成核透明剂的又一个新的体系。

20世纪90年代是聚烯烃成核剂开发和应用的鼎盛时期，代表性品种有Millad 3988（DMDBS）、ADK Stab NA-21。同时，日本荒川化学推出具有脱氢松香酸皂结构的新型成核透明剂产品，使聚烯烃成核剂的低成本化成为现实。以日本新日本理化株式会社开发研究的Star NU-100为代表的β晶型成核剂开始实用。

目前，对于α晶型成核剂来说，虽然成核机理比较清晰，但是新型成核剂的结构设计仍然比较困难。对于α型增透成核剂来说，开发可以降低加工温度的成核剂是有必要的；另外，从自组装能力强的分子中筛选新型成核剂可能是一种有价值的研究思路。对于α型增强成核剂来说，复配技术是未来研发的重点。

对于β晶型成核剂来说，β成核剂成核机理尚不清晰，因此新型成核剂的结构设计比较困难。所以通过确定β晶型成核剂的成核机理，有助于开发成本更低的β晶型成核剂。另外，对于β晶型成核剂的工业化应用条件也需要进行精细化研究；需要开拓β晶型聚丙烯的更加广泛的应用领域。

成核剂近年来多向复配成核剂方向发展，开发"助剂包"是未来重要的发展方向。另外，在设计新型成核剂分子结构时，使其兼具其他助剂功能的产品也是未来的发展方向。

参　考　文　献

[1]　天津轻工业化学研究所. 合成纤维油剂. 北京：纺织工业出版社，1980.

[2]　桂一枝. 高分子材料用有机助剂. 北京：人民教育出版社，1981.

[3]　杨国文. 塑料助剂作用原理. 成都：成都科技大学出版社，1991.

[4]　山西省化工研究所编. 塑料橡胶加工助剂. 北京：化学工业出版社，1983.

[5] EMC 编辑部编. 塑料橡胶用新型添加剂. 吕世光译. 北京：化学工业出版社，1989.

[6] 段予忠. 常用塑料原料与加工助剂. 北京：科技文献出版社，1991.

[7] 张景河. 现代润滑油与燃料添加剂. 北京：中国石化出版社，1991.

[8] 王永根. 乳化油和金属轧制用油. 北京：烃加工出版社，1990.

[9] 黄文轩，韩长宁. 润滑油与燃料添加剂手册. 北京：中国石化出版社，1994.

[10] D Klamann 著. 润滑剂及其有关产品. 张溥译. 北京：烃加工出版社，1990.

[11] 丁忠传，杨新玮. 纺织染整助剂. 北京：化学工业出版社，1988.

[12] 刘程. 表面活性剂应用大全（修订版）. 北京：北京工业大学出版社，1994.

[13] 彭少贤，张传吉，张燕. 塑料加工用润滑剂. 塑料助剂，2006，3：47-49.

[14] 杨士亮，杨宏伟，马玉红等. 塑料润滑剂的发展现状及应用. 广州化工，2013，41（2）：20-21.

[15] 欧阳平，陈国需，李华峰. 传统润滑油抗磨剂的研究趋势. 润滑与密封，2006，6：165-167.

[16] 欧阳平，陈国需，李华峰. 新兴润滑油抗磨剂的研究进展. 润滑与密封，2006，3：166-169.

[17] 蔡继权. 世界化纤油剂换代进展与国内生产及应用. 化学工业，2012，30（5）：19-25.

[18] 张亨. 发泡剂研究进展. 塑料助剂，2001，4：1-6.

[19] 张济邦. 纺织印染用消泡剂（一）. 印染，1997，10：32-34.

[20] 张济邦. 纺织印染用消泡剂（二）. 印染，1997，11：38-40.

[21] 王芸，吴飞，曹治平. 消泡剂的研究现状与展望. 化学工程师，2008，9：26-28.

[22] 钱逢麟. 涂料助剂——品种和性能手册. 北京：化学工业出版，1990.

[23] 孙杰. 表面活性剂的基础和应用. 大连：大连理工大学出版社，1992.

[24] 黄良仙，安秋凤，李临生. 抗静电剂及其在工业领域的应用. 日用化学工业，2004，34（5）：308-311.

[25] 周弟，赵新，陈琳等. 织物柔软剂的研究进展. 化学工程师，2009，10：31-35.

[26] 邹文苑. 织物柔软剂的发展趋势. 日用化学品科学，1999，10：11-16.

[27] 王莉莉，刘光伟，张玉林. 柔软剂发展概述. 化工管理，2013，9：26-27.

[28] 程天恩，张一宾. 防菌防霉剂手册. 上海：上海科技文献出版社，1993.

[29] 王丽，张毓，陈翠岚. 我国食品防腐剂的应用及发展趋势. 食品安全质量检测学报，2011，2（2）：83-87.

[30] 王友升，朱昱燕，董银卯. 化妆品用防腐剂的研究现状及发展趋势. 日用化学品科学，2007，30（12）：15-18.

[31] 苏军，汪莉. 饲料防霉剂的应用研究及发展趋势. 饲料工业，2005，26（7）：57-59.

[32] 李志林，韩立兴，陈泽民. 水基防锈剂的研究进展. 表面技术，2006，35（5）：51-53.

[33] 张大全，高立新，周国定. 国内外缓蚀剂研究开发与展望. 腐蚀与防护，2009，30（9）：604-610.

[34] 李宏伟，高绪珊，童俨. 聚丙烯/多壁碳纳米管复合材料的结晶行为. 中国塑料，2005，19（4）：23-28.

[35] 涂志刚，麦堪成，吴增青. 聚丙烯成核剂的成核活性研究. 高分子材料科学与工程，2005，1（1）：203-205.

[36] Cahleiner M，Wolfschwenger J，Backnet C，et al. Crystallinity and mechanical properties of PP-homopolymers as influenced by molecular structure and nucleation. J. Appl. Polym. Sci.，1996，61：649-657.

[37] 朱胜杰，陈占勋. 成核剂对聚丙烯力学性能的影响. 现代塑料加工应用，2005，17（1）：55-57.

[38] 王淑荣. 成核剂的开发现状与技术进展. 聚合物与助剂，2004，1：9-14.

[39] 王克智，李训刚，代燕琴. 成核剂与聚烯烃的结晶改性. 塑胶工业，2004，4（2）：32-35.

[40] Dekkers，Theodorus A M，Hamersma，et al. Polymer mixture comporising polyester, glass fiber, flame-retardant and filler. US 5147920. 1992.

[41] 张国辉，王雷，王丽. 不同晶型成核剂在聚丙烯改性中的应用. 塑料制造，2009，（3）：49-52.

[42] 郑宇来. 聚丙烯成核剂的现状与发展趋势. 江苏化工，2005，33（5）：1-5.

[43] Eric M Moore，Diana L Ortiz，Vishnu T Marla，Robert L Shambaugh，Brian P Grady. Enhancing the strength of polypropylene fibers with carbon nanotubes. J Appl Polym Sci，2004，93：2926-2933.

[44] Cho K，Saheb D N，Choi J，et al. Real time in situ X-ray diffraction studies on the melting memory effect in the crystallization of β-isotactic polypropylene. Polymer，2002，43：1407-1416.

[45] Kilwon Choa，Nabi Sahcba D，Hoichang Yanga，et al. Memory effect of locally ordered α-phase in the melting and phase transformation behavior of β-isotactic polypropylene. Polymer，2003，44：4053-4059.

[46] Win Hde Jeu，Li Liangbin. Shear-induced smectic ordering as a precursor of crystallization in is tactic polypropylene. Macromolecules，2003，36：4862-4867.

[47] 祝景云，赵和英. β晶型成核剂对 PP 结晶行为及性能的影响. 合成树脂及塑料，2004，21（5）：23-27.